Geoarchäologie

Christian Stolz · Christopher E. Miller
(Hrsg.)

Geoarchäologie

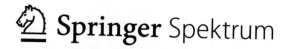 Springer Spektrum

Hrsg.
Christian Stolz
Physische Geographie
Europa-Universität Flensburg
Flensburg, Schleswig-Holstein, Deutschland

Christopher E. Miller
Institut für Naturwissenschaftliche
Archäologie
Eberhard Karls Universität Tübingen
Tübingen, Baden-Württemberg
Deutschland

ISBN 978-3-662-62773-0   ISBN 978-3-662-62774-7   (eBook)
https://doi.org/10.1007/978-3-662-62774-7

Die Deutsche Nationalbibliothek verzeichnet diese Publikation in der Deutschen Nationalbibliografie; detaillierte bibliografische Daten sind im Internet über ▶ http://dnb.d-nb.de abrufbar.

Planung/Lektorat: Simon Rohlfs
Springer Spektrum ist ein Imprint der eingetragenen Gesellschaft Springer-Verlag GmbH, DE und ist ein Teil von Springer Nature.
Die Anschrift der Gesellschaft ist: Heidelberger Platz 3, 14197 Berlin, Germany

Geleitwort

Geländearchäologie beginnt zwangsläufig mit Geoarchäologie, und jegliche aussagekräftige Kontextualisierung archäologischer Funde und Befunde ist ohne diese schwer vorstellbar. Dennoch wird der Begriff Geoarchäologie nach wie vor auf unterschiedliche Weise verstanden, und es wurde viel Mühe aufgewandt, um zu erklären, was Geoarchäologie eigentlich ist und wie sie definiert werden kann (siehe Rapp und Hill (2006), zur Geschichte und Entwicklung des Fachs; siehe auch Goldberg und Macphail (2006) sowie Karkanas und Goldberg (2018), mit einem umfassenden Überblick über die Disziplin). Wenn wir davon ausgehen, dass die Geoarchäologie an der Schnittstelle von Archäologie und Geowissenschaften agiert, können wir konstatieren, dass sie ihre Geburtsstunde bereits vor über 150 Jahren hatte, als erste archäologische Objekte in pleistozänen Ablagerungen gefunden wurden und mihilfe geoarchäologischer Methoden als sehr alt anerkannt wurden. Der erste universitäre Studiengang der Urgeschichte in Deutschland wurde im späten 19. Jahrhundert etabliert. Er entstand aus den Geowissenschaften heraus, und an der Universität Tübingen waren Urgeschichte und Geowissenschaften von Anfang an untrennbar miteinander verknüpft (Conard 2010). In diesem Sinne war und ist die Geoarchäologie ein integraler Aspekt der Archäologie. Interessanterweise bezeichneten sich die frühen Forscher, wie z. B. Oscar Friedrich von Fraas (1867), Charles Lyell (1853), Robert Rudolf Schmidt (1912) und Wolfgang Soergel (1919), nicht als „Geoarchäologen". Nicht einmal der bedeutende französische Prähistoriker François Bordes, der ein ausgebildeter Geologe war, nannte sich so (Bordes 1954). Der Begriff „Geoarchäologie" entstand erst vor relativ kurzer Zeit, als er im Wesentlichen von Colin Renfrew (1976) in einem wegweisenden Sammelband geprägt wurde. Darin wurden verschiedene um diese Zeit herum durchgeführte Studien vorgestellt (Davidson und Shackley 1976). Einzelne Abschnitte des Sammelbandes befassten sich mit Techniken, geologischen Gegebenheiten, wie zum Beispiel Küsten, Seen und verschiedenen Festlandumgebungen, darüber hinaus mit biologischen Sedimenten. Der Band diente in vielerlei Hinsicht als Sammelstelle für die Verfestigung einer Disziplin, die bis dato noch keinen Namen trug.

Obwohl sich die Geoarchäologie in der Vergangenheit primär auf prähistorische Stätten konzentrierte, wird sie heute an Fundplätzen jeden Alters praktiziert. Die Spanne reicht von Untersuchungen drei Millionen Jahre alter Stätten in Afrika bis hin zu mittelalterlichen und noch jüngeren Fundorten. Darüber hinaus war die Geoarchäologie in der Vergangenheit vor allem in der englischsprachigen Welt sichtbar, während geoarchäologische Forschungen in anderen Ländern, darunter Frankreich, Spanien, Russland und Deutschland, weniger deutlich in den Vordergrund traten. In diesen Ländern wurde zwar Geoarchäologie betrieben, jedoch mit weniger Aufwand und geringerer internationaler Sichtbarkeit.

Die Amerikanische Geologische Gesellschaft (*Geological Society of America*) beispielsweise gründete in den 1970er Jahren ihre Abteilung für Archäologische Geologie, kurz nachdem der Band von Davidson und Shackley (1976) veröffentlicht worden war. In gleicher Weise gründete die Gesellschaft für Amerikanische Archäologie (*Society for American Archaeology*) 1998 die Geoarchäologische Interessensgruppe (GIG), um „... die Wissenschaft der Geoarchäologie voranzubringen, die kontinuierliche berufliche Entwicklung der Mitglieder dieser Gruppe zu gewähr-leisten und bei der Ausbildung zukünftiger Geoarchäologen zu helfen" (▶ https://www.saa.org/quick-nav/about-saa/interest-groups).

Soweit uns bekannt ist, gibt es innerhalb der britischen archäologischen und geologischen Gesellschaften keine geoarchäologischen Abteilungen. In Deutschland existierte die Geoarchäologie mit Sicherheit mindestens seit der zweiten Hälfte des 20. Jahrhunderts. Ihr Selbstverständnis war jedoch bislang nicht sehr ausgeprägt. Das liegt daran, dass Akteure der geoarchäologischen Forschung meist in einem schlecht definierten Niemandsland zwischen Archäologie und Geographie tätig waren. Praktiker des Faches wurden eher als Hilfswissenschaftler statt als eigenständige Archäologen angesehen, obwohl auch früher in der archäologischen Ausbildung schon oft die Bedeutung geowissenschaftlicher Schulungen für Archäologen betont wurde. Trotzdem waren die meisten Forscher letztlich entweder Archäologen im engeren Sinne, die sich in den Geowissenschaften versuchten, oder umgekehrt. Dank eines Alexander-von-Humboldt-Stipendiums im Jahr 2004 begannen wir damit, den Stellenwert der Geoarchäologie im archäologischen Lehrplan der Universität Tübingen zu verbessern.

Vor diesem Hintergrund eines gestiegenen Bewusstseins für die Bedeutung der Geoarchäologie haben wir, gemeinsam mit Solveig Schiegl, die jedoch später das Fachgebiet aufgegeben hat, im Mai 2004 beschlossen, das Gründungstreffen des Arbeitskreises Geoarchäologie auf Schloss Hohentübingen auszurichten. Wir hielten es für die richtige Zeit, die Geoarchäologie in Deutschland formal ins Rampenlicht zu rücken und zu versuchen, Wissenschaftler verschiedener Fachgebiete zusammenzubringen. Während der Fokus des Treffens geographisch auf dem Mittelmeerraum und dem Nahen Osten lag, waren die Themen breit gefächert und umfassten pleistozäne Natur- und Kulturlandschaften, analytische Geoarchäologie (Weiner et al. 1995), Fernerkundung, Datierung und Chronostratigraphie sowie regionale holozäne Landschaften. Der rote Faden dieser Veranstaltung war die Geoarchäologie auf regionaler Ebene. Bei diesem Treffen wurde dann schließlich der Vorschlag zur Gründung eines deutschen Arbeitskreises für Geoarchäologie gemacht, und mit breiter Unterstützung der anwesenden Archäologen und Geowissenschaftler konnte das Projekt beginnen.

Das vorliegende Lehrbuch stellt einen Meilenstein für den deutschen Arbeitskreis Geoarchäologie dar. Es zeigt, dass sich die deutsche Geoarchäologie etabliert hat und nun ein zusammenhängendes Fachgebiet ist und nicht das Beschäftigungsfeld einer heterogenen Gruppe von Forschern, die versuchen, die Grenzen des Terrains ihrer Nachbarwissenschaften auszuloten. Das zeigt sich schon allein daran, dass an einigen deutschen Universitäten die Geoarchäologie heute zum regulären Lehrplan gehört. Als wir den Arbeitskreis gründeten, gab es darüber hinaus nahezu keine Geoarchäologen in archäologischen Abteilungen, während heutzutage mehrere Professuren für Geoarchäologie existieren. Obwohl viele der in diesem Band behandelten Themen nicht neu sind, enthält er auch Kapitel zu Methoden, die mittlerweile in die vorderste Reihe geoarchäologischer Forschung gehören, darunter Geoinformatik, analytische Geoarchäologie, Biomarker, Mikromorphologie, digitale Geoarchäologie und Studien zu Anthrosolen. Dennoch liegt der Schwerpunkt auf dem deutschen geoarchäologischen Kontext und den damit verbundenen Fragen. In vielerlei Hinsicht dient dieses Projekt nicht nur in wirksamer Weise der deutschen geoarchäologischen Fachgemeinschaft, sondern es ist auch eine durch und durch deutsche Aussage darüber, wo sich die Disziplin heute befindet und wie wir dorthin gelangt sind. Gleichzeitig hoffen wir, dass diese Publikation aufzeigt, wohin sich die Geoarchäologie entwickeln wird.

Paul Goldberg
Nicholas J. Conard
Universität Tübingen
im Februar 2020

Vorwort

Vor uns liegt das erste deutschsprachige Lehrbuch zur Geoarchäologie, einer im mitteleuropäischen Raum jungen Disziplin, die gleichsam interdisziplinär ist. Im Umfeld von Archäologie, Geographie und Geowissenschaften entstand mit ihr ein neuer Wissenschaftszweig, der für sich alleine steht, trotzdem aber ein Teil jener Disziplinen bleibt, aus denen er hervorgegangen ist. In der Archäologie wird geoarchäologisches Know-how längst mehr und mehr unverzichtbar, während die Disziplin innerhalb der Physischen Geographie zu einem zentralen Themenblock herangewachsen ist. Dabei kommt ihr nicht nur zugute, dass sie methodisch stets offen und am Puls der Zeit arbeitet, sondern auch, dass sie alte, von manchen bereits verloren geglaubte historisch-geographische Perspektiven mit innovativem Schwung aufzugreifen vermag. Mögen auch einige Fragestellungen durchaus traditionell daherkommen, so ist eine Vielzahl der angewandten Methoden nicht selten brandneu und in der Entwicklung begriffen – genauso wie das Wort Geoarchäologie selbst im Deutschen vergleichsweise jung ist, obwohl es im angloamerikanischen Raum auf eine bereits viel ältere Begriffstradition verweist. Dort existieren auch schon seit längerer Zeit dementsprechende Lehrbücher.

Unser Buch, an dem fast 80 Einzelpersonen und über 30 Arbeitsgruppen aus ganz Deutschland und den angrenzenden Ländern integral beteiligt waren, schließt damit folglich eine Lücke in der Literaturliste der mitteleuropäischen Geoarchäologie und ihrer beteiligten Fächer. Das Fundament dafür bildete der vor gut 15 Jahren mit Enthusiasmus gegründete Arbeitskreis Geoarchäologie, der mittlerweile aus weit über 200 Fachvertretern aus dem In- und Ausland besteht und seither alljährlich teils über 100 Personen auf seine Jahrestagung lockt. Diese findet stets an einem anderen Austragungsort statt und spiegelt die aktuelle Forschung an unterschiedlichen Orten und mittels unterschiedlicher Ansätze und Methoden wider. So versucht nun auch dieses Buch, die Vielfalt geoarchäologischer Themen und Methoden aufzuzeigen und beweist damit einmal mehr die disziplinäre Offenheit des Fachs, das sich gleichzeitig im Bereich der Natur- wie auch der Kultur- und Sozialwissenschaften verorten lässt. Die Autorinnen und Autoren der einzelnen Kapitel und Abschnitte sind demzufolge auch nicht irgendwer, der über irgendein Thema schreibt, sondern in der Community durchweg anerkannte Fachleute mit ihrem hoch qualifiziertem wissenschaftlichem Nachwuchs, deren tiefes Verständnis in Bezug auf ihr Teilgebiet dazu beigetragen hat, auch komplizierte Sachverhalte allgemein verständlich darzustellen, ohne allzu kompliziert oder übervereinfacht rüberzukommen. Denn die Zielgruppe unseres Buches sind nicht zuletzt Studierende unterschiedlicher Studiengänge, aber auch Fachkollegen selbst, wie auch interessierte Laien. So eignet es sich als Einstieg in ein Fachgebiet für Lernende, als spannender Einblick in die Wissenschaft für Interessierte und als Nachschlagewerk und Methodenüberblick für Insider und Praktiker.

Das vorliegende Buch gliedert sich in einen breiten Einführungs- und in einen Sach- und Methodenteil. Der Einführungsteil befasst sich mit der Geschichte der Geoarchäologie (▶ Kap. 2) und speziell mit dem deutschen *Arbeitskreis Geoarchäologie* (▶ Kap. 3). Er schließt mit den praktischen Perspektiven der Geoarchäologie (▶ Kap. 4) sowie der Ausbildungssituation des Faches in Deutschland (▶ Kap. 5) ab.

Der Sach- und Methodenteil ist in Anlehnung an das US-amerikanische Lehrbuch von Goldberg und Macphail (2006) gegliedert. Die einzelnen Teilgebiete wurden von in den internationalen Diskurs zum jeweiligen Thema eingebundene Fachkollegen bearbeitet, für die die dargestellten Landschaftsräume, Forschungsgegenstände und Methoden sozusagen tägliches Brot sind. Eine wichtige Hilfestellung, insbesondere für Anfänger, ist die Darstellung archäologischer Zeitreihen in Deutschland (▶ Kap. 6). Danach folgen die Kapitel zu Sedimentologie und Stratigraphie (▶ Kap. 7) und allgemein zu geoökologischen Folgen historischer Landnutzung (▶ Kap. 8), einem Kernthema der Geoarchäologie.

Umfangreich ist ▶ Kap. 9, das die spezifischen geoarchäologischen Befundsituationen in Bezug auf unterschiedliche, global verbreitete Landschaftstypen betrachtet. Dabei wird zwischen fluvialen Systemen, Hochgebirgen, Hängen, Seen, Lösslandschaften, Küsten, Mooren, Höhlen und Quellen unterschieden. Die Gliederung entspricht damit einer typisch geomorphologischen Herangehensweise. ▶ Kap. 10 bedient die archäologisch-historische Sicht und betrachtet künstliche Ablagerungen, die wiederum – wie zuvor beschrieben – in ganz unterschiedlichen Landschaftsräumen auftreten. Kolluvien (junge Ablagerungen infolge von Bodenerosion) erhielten aufgrund ihrer herausragenden Bedeutung innerhalb der Geoarchäologie ein eigenes Kapitel (▶ Kap. 11). Die bodengeographisch-bodenkundliche Perspektive betrachtet ▶ Kap. 12, die Thematik der Funderhaltung ▶ Kap. 13.

Die ▶ Kap. 14 bis 17 widmen sich umfangreich der Methodik: Im Fokus von ▶ Kap. 14 und ▶ Kap. 15 stehen Feld- und Analysemethoden. Es folgen geophysikalische Methoden, Datierungsmethoden und Methoden der Geoinformatik und Kartographie.

Am Schluss des Buches finden die Leserin und der Leser eine Auflistung relevanter internationaler geoarchäologischer Zeitschriften und Publikationsorgane. Das sich anschließende Literaturverzeichnis dient als Fundgrube zur Literatursuche. Für Fragen, Anregungen und Verbesserungsvorschläge sind die Herausgeber wie auch die jeweiligen Autoren dankbar.

Alle Beiträge sind in allgemein verständlicher Sprache verfasst. Fachbegriffe werden erläutert und es gibt Verweise auf weiterführende Literatur im internationalen Kontext. Das Werk eignet sich auch für die Literatursuche zu unterschiedlichen Teilbereichen und Methoden der Geoarchäologie. Es ersetzt jedoch nicht die eingehende Lektüre spezifischer Fallstudien, sondern ist als Überblick gedacht und weitgehend überregional gehalten. Wenn Einzelfallstudien und regionale Beispiele zum Vergleich herangezogen werden, geschieht dies in der Regel in Form von sogenannten Infoboxen, die einen speziellen Sachverhalt kurz vorstellen.

An dieser Stelle möchten wir folgenden Personen unseren Dank ausdrücken, die bei der Verwirklichung dieses Buches mitgewirkt haben: Dr. Markus Dotterweich, der die Idee hatte, Dr. Max Engel (Heidelberg) für Mithilfe bei der Textkorrektur, den Hiwis Matthias Czechowski (Tübingen), Julia Lutz (Tübingen), Caroline Schuricke (Tübingen), Marie-Sophie Bothe (Flensburg), Lisa Hamer (Flensburg), Katharina Vogel (Flensburg) und Hauke Weidler (Flensburg), dem betreuenden Team des Springer-Verlags sowie allen Autorinnen und Autoren aus dem Arbeitskreis Geoarchäologie und darüber hinaus.

Noch ein Hinweis zum Schluss: als eine nach allen Seiten offene Disziplin ist uns das Thema Gleichstellung ein wichtiges Anliegen. Im Hinblick auf die einfachere

Lesbarkeit wird in den nachfolgenden Kapiteln dennoch auf das generische Maskulinum zurückgegriffen. Begriffe wie Wissenschaftler, Geographen, Archäologen usw. stehen damit stellvertretend und vollkommen geschlechtsunspezifisch für Wissenschaftler*innen, Geograph*innen, Archäolog*innen usw.

Wir wünschen uns, dass dieses Buch von Anlass zu Anlass immer wieder hervorgeholt wird, und hoffen auf eine spannende Lektüre.

Christian Stolz
Christopher E. Miller
im Winter 2021/22

Inhaltsverzeichnis

I Einführung

1 Was ist Geoarchäologie? – Eine Einführung 3
Helmut Brückner, Christopher E. Miller und Christian Stolz
1.1 Definition und Forschungsdesign 4
1.2 Interdisziplinarität 6
1.3 Kulturwissenschaften 7
1.4 Naturwissenschaften... 9

2 Geschichte, Gegenwart und Zukunft der Geoarchäologie 13
Max Engel und Helmut Brückner
2.1 Von den Anfängen der geoarchäologischen Forschung im internationalen
Kontext 14
2.2 Entwicklung der Geoarchäologie im deutschsprachigen Raum 18
2.3 Gegenwart und Zukunft der Geoarchäologie 20

3 Geoarchäologische Arbeitskreise in Deutschland........................ 23
*Markus Fuchs, Katleen Deckers, Eileen Eckmeier, Renate Gerlach,
Mechthild Klamm und Marlen Schlöffel*
3.1 Arbeitskreis Geoarchäologie 24
3.2 Arbeitsgruppe „Boden und Archäologie"........................... 26
Literatur.. 27

4 Praktische Anwendung und Perspektiven der Geoarchäologie 29
Renate Gerlach, Stefanie Berg und Martin Nadler
4.1 Prospektion: Überlieferungsbedingungen der archäologischen Substanz........ 32
4.2 Ausgrabung: Der „Dreck" als archäologischer Befund........................ 35
4.3 Auswertung: Der landschaftsarchäologische Kontext........................ 38

5 Ausbildung von Geoarchäologen und berufliche Perspektiven 41
Renate Gerlach, Felix Henselowsky und Bertil Mächtle

II Sachthemen

6 Archäologische und naturwissenschaftliche Chronologien.............. 49
Stefanie Berg und Christian Tinapp

7 Stratigraphie und Sedimentologie................................. 55
Hans von Suchodoletz, Christian Tinapp und Lukas Werther
7.1 Sedimenttypen 56
7.2 Das Prinzip der Stratigraphie 64

8 Geoökologische Folgen historischer Landnutzung 71
Thomas Raab, Florian Hirsch, Anna Schneider und Alexandra Raab

9   Geoarchäologie in unterschiedlichen Landschaftsräumen 79
Thomas Birndorfer, Helmut Brückner, Olaf Bubenzer, Markus Dotterweich,
Stefan Dreibrodt, Hanna Hadler, Peter Houben, Katja Kothieringer,
Frank Lehmkuhl, Susan M. Mentzer, Christopher E. Miller, Dirk Nowacki,
Thomas Reitmaier, Astrid Röpke, Wolfgang Schirmer, Martin Seeliger,
Christian Stolz, Hans von Suchodoletz, Christian Tinapp,
Johann Friedrich Tolksdorf, Andreas Vött und Christoph Zielhofer

9.1   Fluviale Systeme in humiden Räumen.............................. 81
9.2   Fluviale Systeme in Trockengebieten.............................. 95
9.3   Hochgebirge... 108
9.4   Hangsysteme im Mittelgebirge und Gully-Erosion 115
9.5   Seen 120
9.6   Äolische Systeme 125
9.7   Lösslandschaften 129
9.8   Küsten 136
9.9   Höhlen und Abris..................................... 150
9.10   Quellen 156

10   Künstliche Ablagerungen 165
Hans-Rudolf Bork, Dagmar Fritzsch, Svetlana Khamnueva-Wendt,
Dirk Meier, Susan M. Mentzer, Christopher E. Miller, Thomas Raab,
Astrid Röpke, Mara Lou Schumacher, Mareike C. Stahlschmidt,
Harald Stäuble, Christian Stolz und Jann Wendt

10.1   Anthropogene Aufschüttungen 167
10.2   Tells.. 180
10.3   Formen der Agrarlandschaft............................... 187
10.4   Gruben- und Grabenfüllungen 192
10.5   Anthropogene Ablagerungen im Siedlungsbereich.................. 197
10.6   Bergbaurelikte....................................... 203

11   Kolluvien.. 207
Britta Kopecky-Hermanns, Richard Vogt und Stefanie Berg

11.1   Datierung und Stratigraphie 210
11.2   Kolluvien in der Archäologie 211
11.3   Landschaftsveränderung durch Kolluvien....................... 213

12   Böden und Bodenbildung.................................... 217
Dagmar Fritzsch, Peter Kühn, Dana Pietsch, Astrid Röpke, Thomas Scholten
und Heinrich Thiemeyer

12.1   Bodengenese und Bodenbildungsprozesse 218
12.2   Böden in archäologischen Fundstellen 227
12.3   Anthrosole... 232

13   Taphonomie und postsedimentäre Prozesse...................... 239
Christopher E. Miller, Inga Kretschmer, Michael Strobel,
Richard Vogt und Thomas Westphalen

13.1   Physikalische postsedimentäre Prozesse........................ 242
13.2   Chemische postsedimentäre Prozesse 248

III Methoden

14 Feldmethoden 255
Olaf Bubenzer, Carsten Casselmann, Jörg Faßbinder, Peter Fischer, Markus Forbriger, Stefan Hecht, Karsten Lambers, Sven Linzen, Bertil Mächtle, Frank Schlütz, Christoph Siart, Till F. Sonnemann, Christian Stolz, Andreas Vött, Ulrike Werban, Lukas Werther und Christoph Zielhofer

14.1 Aufschlusstechniken, Bohrungen und Direct-Push-Sondierungen 256
14.2 Fernerkundung 264
14.3 Digitale Geoarchäologie 272
14.4 Geophysikalische Methoden 275

15 Analysemethoden 287
Katleen Deckers, Eileen Eckmeier, Peter Frenzel, Dagmar Fritzsch, Carolin Langan, Lucia Leierer, Susan M. Mentzer, Anna Pint, Alexandra Raab, Simone Riehl, Astrid Röpke, Frank Schlütz, Lyudmila S. Shumilovskikh und Katja Wiedner

15.1 Bodenchemische und bodenphysikalische Methoden 289
15.2 Pollenanalyse 300
15.3 Nichtpollen-Palynomorphe 303
15.4 Archäobotanische Makroreste 306
15.5 Anthrakologie (Holzkohlenanalyse) 307
15.6 Mikromorphologie 312
15.7 Biomarker 318
15.8 Foraminiferen und Ostrakoden 327
15.9 Phytolithe 329
15.10 Fourier-Transformations-Infrarotspektrometrie (FTIR) 331

16 Datierungsmethoden 337
Ronny Friedrich, Markus Fuchs, Peter Haupt, Nicole Klasen, Ernst Pernicka, Christoph Schmidt, Johann Friedrich Tolksdorf und Lukas Werther

16.1 Archäologische Datierung 338
16.2 Dendrochronologie und Holzfunde 345
16.3 Radiokohlenstoffmethode 346
16.4 Lumineszenzdatierung 352

17 Methoden der Geoinformatik in der Geoarchäologie 363
Bernhard Pröschel, Frank Lehmkuhl, Ulrike Grimm, Johannes Schmidt und Lukas Werther

17.1 Datenquellen 364
17.2 Höhenmodelle 369

18 Geoarchäologische Zeitschriften und Publikationsorgane 379
Christian Stolz und Christopher E. Miller

Serviceteil
Literatur 384
Stichwortverzeichnis 437

Herausgeber- und Autorenverzeichnis

Über die Herausgeber

Christian Stolz (geb. 1977 in Bad Schwalbach, Rheingau-Taunus-Kreis)
ist habilitierter Geograph, Geomorphologe und Geoarchäologe. Er studierte Geographie, Botanik und Publizistik in Mainz und lehrt seit 2004 an unterschiedlichen Universitäten. 2005 promovierte er bei Jörg Grunert und Helmut Hildebrandt zu Gully-Erosion im Taunus. Nach Forschungsaufenthalten in der Mongolei folgte 2011 seine Habilitation, in der er sich u. a. mit periglazialer Formung und holozäner Auengenese befasste. Heute ist er außerplanmäßiger Professor und Akademischer Rat an der Europa-Universität Flensburg. Bis 2020 war er zusätzlich noch als Privatdozent an der Johannes Gutenberg-Universität Mainz und bis 2021 als Lehrbeauftragter an der Universität Rostock tätig. Seit Mai 2015 ist er gemeinsam mit Christopher E. Miller Co-Sprecher des Deutschen Arbeitskreises für Geoarchäologie, dem er seit 2005 aktiv angehört. Stolz befasst sich mit historischen Bodenerosionsprozessen, Kolluvien, Auensedimenten, Binnendünen, Seen im Jungmoränenland, Waldgeschichte und Landschaftsmodellierung in Mittel- und Nordeuropa sowie in Zentralasien. Dabei verfolgt er spezifische Konzepte zur Einbindung moderner Forschung in die Hochschullehre. Weitere Schwerpunkte sind Exkursionsdidaktik, Naturschutz, Landschaftsplanung und Historische Geographie. In der Lehre liegen seine Schwerpunkte in der Lehrerinnen- und Lehrerbildung und in der Zusammenarbeit mit ost- und ostmitteleuropäischen Partneruniversitäten sowie in der Erwachsenbildung. Stolz ist Autor von mehr als 100 Veröffentlichungen und verfasste u. a. ein Lehrbuch zur Exkursionsdidaktik.

Christopher E. Miller (geb. 1982 in Altoona, Pennsylvania, USA)
ist Professor für Geoarchäologie am Institut für Naturwissenschaftliche Archäologie der Universität Tübingen. Er erhielt seinen Bachelor-Abschluss in Archäologie und Geowissenschaften an der Boston University im Jahr 2004 und erwarb 2006 einen Master-Abschluss in Geowissenschaften an der University of Maine, wo er sich auf Meeresgeophysik, Küstengeomorphologie und Geoarchäologie spezialisierte und eine Masterarbeit über ein untergetauchtes prähistorisches Fischwehr geschrieben hat. 2006 zog er im Rahmen eines DAAD-Stipendiums nach Deutschland, um an der Universität Tübingen zu studieren, wo er 2010 unter Nicholas Conard

und Paul Goldberg in Urgeschichte promovierte und sich auf die Mikromorphologie pleistozäner Höhlenablagerungen auf der Schwäbischen Alb spezialisierte. 2010 nahm er auch den Ruf nach einer Juniorprofessur für Geoarchäologie in Tübingen an. Seit 2016 hat er eine ordentliche Professur in Tübingen, wo er die Arbeitsgruppe Geoarchäologie im Institut für Naturwissenschaftliche Archäologie leitet. 2017 trat er dem *Senckenberg Centre for Human Evolution and Paleoenvironment* bei und nahm 2018 eine zusätzliche Professur an der Universität Bergen (Norwegen) als Mitglied des *Centre for Early Sapiens Behaviour (SapienCE)* an. Seit 2015 ist er zusammen mit Christian Stolz Co-Sprecher des Arbeitskreises Geoarchäologie. Seit 2013 ist er Chefredakteur der Zeitschrift *Archaeological and Anthropological Sciences* und seit 2018 Präsident der UISPP-Kommission für „Pyroarchaeology". Christopher Miller forscht weltweit mit aktiven Geländeprojekten in Europa (Deutschland und Italien), Afrika (Südafrika und Malawi) und Südamerika (Peru). Er untersucht die Entstehungsprozesse archäologischer Fundplätze mit unterschiedlichen Techniken, darunter Mikromorphologie, FTIR und RFA, mit besonderem Schwerpunkt auf Höhlen. Er ist ein führender Forscher in der Untersuchung der Rolle des Feuers in der menschlichen Evolution und hat eine Reihe neuartiger mikroanalytischer Techniken zur Untersuchung von Verbrennungsmerkmalen entwickelt. Ein Großteil seiner Forschung konzentriert sich auf die Verhaltensvielfalt paläolithischer Jäger und Sammler und ihre biogeographische Ausbreitung während des Pleistozäns.

Autorenverzeichnis

Dr. Stefanie Berg   Bayerisches Landesamt für Denkmalpflege, München, Deutschland

Thomas Birndorfer   Institut für Ökosystemforschung, Christian-Albrechts-Universität Kiel, Kiel, Deutschland

Prof. Dr. Hans-Rudolf Bork   Institut für Ökosystemforschung, Christian-Albrechts-Universität Kiel, Kiel, Deutschland

Prof. Dr. Helmut Brückner   Geographisches Institut, Universität zu Köln, Köln, Deutschland

Prof. Dr. Olaf Bubenzer   Geographisches Institut, Universität Heidelberg, Heidelberg, Deutschland

Dr. Carsten Casselmann   Institut für Ur- und Frühgeschichte und Vorderasiatische Archäologie, Universität Heidelberg, Heidelberg, Deutschland

Prof. Nicholas Conard Ph.D.   Institut für Ur- und Frühgeschichte und Archäologie des Mittelalters, Eberhard Karls Universität Tübingen und Senckenberg Center for Human Evolution and Paleoenvironment, Tübingen, Deutschland

PD Dr. Katleen Deckers   Institut für Naturwissenschaftliche Archäologie, Eberhard Karls Universität Tübingen, Tübingen, Deutschland

Dr. Markus Dotterweich   UDATA GmbH – Umwelt & Bildung, Neustadt/Wstr., Deutschland

Dr. habil. Stefan Dreibrodt   Institut für Ökosystemforschung, Christian-Albrechts-Universität Kiel, Kiel, Deutschland

Prof. Dr. Eileen Eckmeier   LMU München, München, Deutschland

Dr. Max Engel   Geographisches Institut, Universität Heidelberg, Heidelberg, Deutschland

Dr. Jörg Faßbinder   Geophysik Department für Geo- und Umweltwissenschaften, Ludwig-Maximilians-Universität München, München, Deutschland

Dr. Peter Fischer   Geographisches Institut, Johannes Gutenberg-Universität Mainz, Mainz, Deutschland

Markus Forbriger   Bonn, Deutschland

Prof. Dr. Peter Frenzel   Institut für Geowissenschaften, Universität Jena, Jena, Deutschland

Dr. Ronny Friedrich   Curt-Engelhorn-Zentrum Archäometrie gGmbH, Mannheim, Deutschland

Dr. Dagmar Fritzsch   Institut für Physische Geographie, Goethe Universität Frankfurt, Frankfurt am Main, Deutschland

Prof. Dr. Markus Fuchs   Institut für Geographie, Justus-Liebig-Universität Gießen, Gießen, Deutschland

Prof. Dr. Renate Gerlach   LVR-Amt für Bodendenkmalpflege im Rheinland, Bonn, Deutschland

Prof. Dr. Paul Goldberg   Institut für Naturwissenschaftliche Archäologie, Eberhard-Karls-Universität Tübingen, Tübingen, Deutschland

Dr. Ulrike Grimm   Thüringer Ministerium für Wirtschaft, Wissenschaft und digitale Gesellschaft, Erfurt, Deutschland

Dr. Hanna Hadler   Geographisches Institut, Johannes Gutenberg-Universität Mainz, Mainz, Deutschland

Dr. habil. Peter Haupt Institut für Altertumswissenschaften, Arbeitsbereich Vor- und Frühgeschichtliche Archäologie, Johannes Gutenberg-Universität Mainz, Mainz, Deutschland

Dr. Stefan Hecht Geographisches Institut, Universität Heidelberg, Heidelberg, Deutschland

Dr. Felix Henselowsky Geographisches Institut, Universität Mainz, Mainz, Deutschland

Dr. Florian Hirsch Lehrstuhl Geopedologie und Landschaftsentwicklung, BTU Cottbus – Senftenberg, Cottbus, Deutschland

Dr. Peter Houben Leiden University College The Hague, Den Haag, Niederlande

Dr. Svetlana Khamnueva-Wendt Institut für Ökosystemforschung, Christian-Albrechts-Universität Kiel, Kiel, Deutschland

Mechthild Klamm Landesamt für Denkmalpflege und Archäologie Sachsen-Anhalt, Halle (Saale), Deutschland

Dr. Nicole Klasen Geographisches Institut, Universität Köln, Köln, Deutschland

Britta Kopecky-Hermanns Büro für Bodenkunde und Geoarchäologie, Aystetten, Deutschland

Dr. Katja Kothieringer Institut für Archäologische Wissenschaften, Denkmalwissenschaften und Kunstgeschichte, Otto-Friedrich-Universität Bamberg, Bamberg, Deutschland

Dr. Inga Kretschmer Landesamt für Denkmalpflege, Regierungspräsidium Stuttgart, Karlsruhe, Deutschland

Dr. Peter Kühn Soil Science and Geomorphology, Universität Tübingen, Tübingen, Deutschland

Dr. Karsten Lambers Universiteit Leiden, Leiden, Niederlande

Dr. Carolin Langan Institut für Physische Geographie, Goethe Universität Frankfurt, Frankfurt am Main, Deutschland

Prof. Dr. Frank Lehmkuhl Lehrstuhl für Physische Geographie und Geoökologie, RWTH Aachen, Aachen, Deutschland

Lucia Leierer Instituto Universitario de Bio-Orgánica Antonio González (IUBO), La Laguna, Spanien

Dr. Sven Linzen Leibniz-Institut für Photonische Technologien e. V, Jena, Deutschland

Dr. habil. Dirk Meier Wesselburen, Deutschland

Susan M. Mentzer Ph.D.   Institut für Naturwissenschaftliche Archäologie, Eberhard Karls Universität Tübingen, Tübingen, Deutschland

Prof. Dr. Christopher E. Miller   Institut für Naturwissenschaftliche Archäologie, Eberhard Karls Universität Tübingen, Tübingen, Deutschland

Dr. Bertil Mächtle Geographisches Institut, Universität Heidelberg, Heidelberg, Deutschland

Martin Nadler   Bayerisches Landesamt für Denkmalpflege, Nürnberg, Deutschland

Dr. Dirk Nowacki   Institut für Physische Geographie, Goethe Universität Frankfurt, Frankfurt am Main, Deutschland

Prof. Dr. Ernst Pernicka   Curt-Engelhorn-Zentrum Archäometrie gGmbH, Mannheim, Deutschland

Dr. Dana Pietsch   Geographisches Institut, Eberhard Karls Universität Tübingen, Tübingen, Deutschland

Dr. Anna Pint Institut für Geowissenschaften Friedrich-Schiller-Universität Jena, Jena, Deutschland

Dr. Bernhard Pröschel   Lehrstuhl für Physische Geographie und Geoökologie, RWTH Aachen, Aachen, Deutschland

Dr. Alexandra Raab   Lehrstuhl Geopedologie und Landschaftsentwicklung, BTU Cottbus – Senftenberg, Cottbus, Deutschland

Prof. Dr. Thomas Raab   Lehrstuhl Geopedologie und Landschaftsentwicklung, BTU Cottbus – Senftenberg, Cottbus, Deutschland

Dr. Thomas Reitmaier   Archäologischer Dienst Graubünden/Amt für Kultur, Chur, Schweiz

Dr. Simone Riehl Institut für Naturwissenschaftliche Archäologie – Archäobotanik, Eberhard Karls Universität Tübingen, Tübingen, Deutschland

Dr. Astrid Röpke   Institut für Ur- und Frühgeschichte, Universität Köln, Köln, Deutschland

Prof. Dr. Wolfgang Schirmer   Ebermannstadt, Deutschland

Dr. Marlen Schlöffel Deutsche Archäologisches Institut, Abteilung Rom, Rom, Italien

Dr. Frank Schlütz   Niedersächsisches Institut für historische Küstenforschung (NIhK), Wilhelmshaven, Deutschland

PD Dr. Christoph Schmidt Institute of Earth Surface Dynamics, Universität Lausanne, Lausanne, Schweiz

Dr. Johannes Schmidt Institut für Geographie, Universität Leipzig, Leipzig, Deutschland

Dr. Anna Schneider Lehrstuhl Geopedologie und Landschaftsentwicklung, BTU Cottbus – Senftenberg, Cottbus, Deutschland

Prof. Dr. Thomas Scholten Geographisches Institut, Eberhard Karls Universität Tübingen, Tübingen, Deutschland

Mara Lou Schumacher Karlsruhe, Deutschland

Dr. Martin Seeliger Fachbereich Geowissenschaften/Geographie, Universität Frankfurt, Frankfurt am Main, Deutschland

Dr. Lyudmila S. Shumilovskikh Abteilung Palynologie und Klimadynamik, Georg-August-Universität Göttingen, Göttingen, Deutschland

Dr. Christoph Siart Dezernat Forschung, Universität Heidelberg, Heidelberg, Deutschland

Prof. Dr. Till F. Sonnemann Institut für Archäologische Wissenschaften, Denkmalwissenschaften und Kunstgeschichte, Otto-Friedrich-Universität Bamberg, Bamberg, Deutschland

Dr. Mareike C. Stahlschmidt Max-Planck-Institut für evolutionäre Anthropologie, Leipzig, Deutschland

Prof. Dr. Christian Stolz Abteilung für Biologie und ihre Didaktik (Physisches Geographie), Europa-Universität Flensburg, Flensburg, Deutschland

Dr. Michael Strobel Zentrale Fachdienste, Landesamt für Archäologie Sachsen, Dresden, Deutschland

PD Dr. Hans von Suchodoletz Institut für Geographie, Universität Leipzig, Leipzig, Deutschland

Dr. Harald Stäuble Landesamt für Archäologie Sachsen, Dresden, Deutschland

Prof. Dr. Heinrich Thiemeyer Institut für Physische Geographie, Goethe Universität Frankfurt, Frankfurt am Main, Deutschland

Dr. Christian Tinapp Institut für Geographie, Universität Leipzig, Leipzig, Deutschland

Dr. Johann Friedrich Tolksdorf Dienststelle Thierhaupten, Bayerisches Landesamt für Denkmalpflege, Thierhaupten, Deutschland

Dr. Richard Vogt Landesamt für Denkmalpflege, Regierungspräsidium Stuttgart, Gaienhofen-Hemmenhofen, Deutschland

Prof. Dr. Andreas Vött Geographisches Institut, Johannes Gutenberg-Universität Mainz, Mainz, Deutschland

Jann Wendt Institut für Ökosystemforschung, Christian-Albrechts-Universität Kiel, Kiel, Deutschland

Dr. Ulrike Werban UFZ Helmholtz-Zentrum Leipzig, Leipzig, Deutschland

PD Dr. Lukas Werther Institut für Ur- und Frühgeschichte und Archäologie des Mittelalters, Eberhard-Karls-Universität Tübingen, Tübingen, Deutschland

Dr. Thomas Westphalen Archäologische Denkmalpflege, Landesamt für Archäologie Sachsen, Dresden, Deutschland

Dr. Katja Wiedner SEnSol - Sustainable Environmental Solutions, Doberlug-Kirchhain, Deutschland

Prof. Dr. Christoph Zielhofer Institut für Geographie, Universität Leipzig, Leipzig, Deutschland

Einführung

Inhaltsverzeichnis

Kapitel 1   **Was ist Geoarchäologie? – Eine Einführung – 3**
Helmut Brückner, Christopher E. Miller und
Christian Stolz

Kapitel 2   **Geschichte, Gegenwart und Zukunft der**
Geoarchäologie – 13
Max Engel und Helmut Brückner

Kapitel 3   **Geoarchäologische Arbeitskreise in**
Deutschland – 23
Markus Fuchs, Katleen Deckers, Eileen Eckmeier,
Renate Gerlach, Mechthild Klamm und Marlen
Schlöffel

Kapitel 4   **Praktische Anwendung und Perspektiven der**
Geoarchäologie – 29
Renate Gerlach, Stefanie Berg und Martin Nadler

Kapitel 5   **Ausbildung von Geoarchäologen und berufliche**
Perspektiven – 41
Renate Gerlach, Felix Henselowsky und Bertil Mächtle

Was ist Geoarchäologie? – Eine Einführung

Helmut Brückner, Christopher E. Miller und Christian Stolz

Inhaltsverzeichnis

1.1   Definition und Forschungsdesign – 4

1.2   Interdisziplinarität – 6

1.3   Kulturwissenschaften – 7
1.3.1   Archäologie – 7
1.3.2   Geschichtswissenschaften – 8
1.3.3   Humangeographie – 8

1.4   Naturwissenschaften – 9
1.4.1   Geomorphologie – 9
1.4.2   Sedimentologie – 9
1.4.3   Bodenkunde – 10
1.4.4   Biologie – 10
1.4.5   Geochemie – 11
1.4.6   Geophysik – 11
1.4.7   Vermessung – 12

© Springer-Verlag GmbH Deutschland, ein Teil von Springer Nature 2022
C. Stolz und C. E. Miller (Hrsg.), *Geoarchäologie*,
https://doi.org/10.1007/978-3-662-62774-7_1

1

Zusammenfassung

Das erste deutschsprachige Lehrbuch der Geoarchäologie ist das Produkt von fast 80 Autorinnen und Autoren aus mehr als 30 Arbeitsgruppen, die in dem seit 2004 bestehenden *Arbeitskreis Geoarchäologie* organisiert sind. Es gliedert sich in einen Einführungs- und in einen umfangreichen Sach- und Methodenteil, der die geoarchäologische Herangehensweise vor dem Hintergrund unterschiedlicher Landschaftsräume betrachtet und sowohl auf Feld- als auch auf Labormethoden eingeht. Bei der Geoarchäologie handelt es sich um eine junge Disziplin, die interdisziplinär an der Schnittstelle zwischen Natur- und Kulturwissenschaften arbeitet. Ziel ist die Rekonstruktion der Wechselbeziehung zwischen Mensch und Umwelt im archäologischen Kontext mithilfe naturwissenschaftlicher Methoden und anhand von Geobioarchiven. Insbesondere Physische Geographen und Archäologen, aber auch Geo- und Biowissenschaftler, Historiker und Vertreter anderer Disziplinen befassen sich mit den Fragestellungen der Geoarchäologie.

Die Geoarchäologie ist eine noch junge Wissenschaft im Grenzbereich zwischen Natur- und Kulturwissenschaften. Dabei steht die Mensch-Umwelt-Interaktion in unterschiedlichen zeitlichen und räumlichen Dimensionen im Zentrum der Betrachtung. Deutlich wird, dass durch die Etablierung dieser eigenständigen Disziplin mit interdisziplinärem Ansatz ein Mehrwert an Erkenntnis erzielt wird, den eines der beteiligten Fächer alleine nicht erreichen kann.

1.1 Definition und Forschungsdesign

» Geoarchäologie befasst sich mit dem Studium von Geobioarchiven in einem archäologischen Kontext mit den Werkzeugen und Methoden der Physischen Geographie und der Geowissenschaften, um die Entwicklung und Nutzung früherer Siedlungen, Landschaften und Ökosysteme – insbesondere mit Blick auf die Wechselbeziehungen zwischen Mensch und Umwelt – zu rekonstruieren (nach Brückner 2011, S. 9).

Anhand des künstlich geschaffenen Begriffs *Geoarchäologie* wird deutlich, dass hier zwei Wissenschaftsdomänen zusammenwirken – nämlich Natur- und Kulturwissenschaften (◘ Abb. 1.1). Die Erträge geoarchäologischer Forschung zeigen deutlich: das Ganze ist weit mehr als die Summe der einzelnen Teile (viele Beispiele in Engel und Brückner 2014; Gilbert 2017; Brückner 2020). Begriffe wie **Landschaftsarchäologie** oder *naturwissenschaftliche Archäologie* sind nicht synonym zu gebrauchen, haben aber mit der Geoarchäologie große Schnittmengen. Einschlägige englischsprachige Werke sind Rapp und Hill (2006) und Goldberg und Macphail (2006) sowie die mehr als eintausend Seiten starke *Encyclopedia of Geoarchaeology* (Gilbert 2017).

Die Jugendlichkeit dieser Wissenschaft wird u. a. daran deutlich, dass man erst seit 2005 in Deutschland das Fach „Geoarchäologie" studieren kann und dass der deutsche *Arbeitskreis Geoarchäologie* 2021 seine 16. Jahrestagung veranstaltete. Andererseits hat sich die Geoarchäologie in den einschlägigen *scientific communities* schnell etabliert: geoarchäologische Themensitzungen sind mittlerweile fester Bestandteil von bedeutenden internationalen Tagungen, wie der alljährlich im Frühjahr in Wien stattfindenden Tagung der EGU *(European Geosciences Union)* und der in den USA veranstalteten Tagungen von GSA *(The Geological Society of America)* und SAA *(Society for American Archaeology)* sowie auf dem *Deutschen Kongress für Geographie* (von 1865 bis 2015 *Deutscher Geographentag;* alle zwei Jahre) und dem *Deutschen Archäologie-Kongress* (alle drei Jahre).

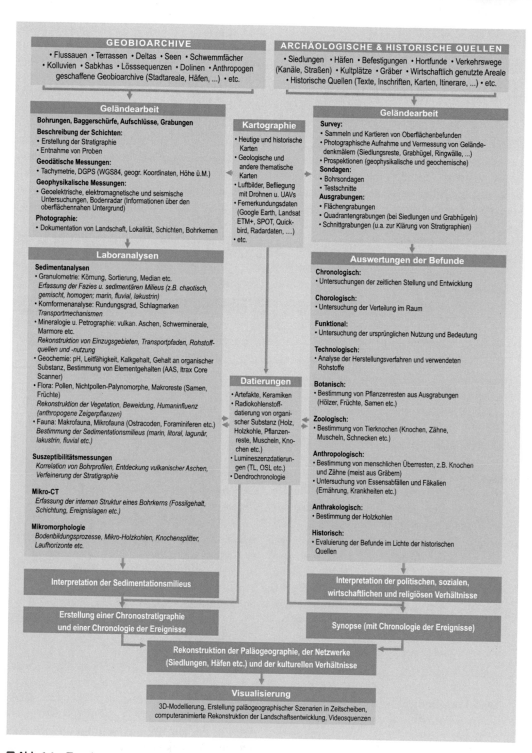

Abb. 1.1 Forschungsdesign der Geoarchäologie (nach Brückner 2020 und Brückner und Gerlach 2020)

1.2 Interdisziplinarität

Die Definition in ▶ Abschn. 1.1 macht mehreres deutlich, was auch in ◨ Abb. 1.1 zum Ausdruck kommt: Aus naturwissenschaftlicher Sicht sind die Objekte der Forschung in aller Regel Geobioarchive. Diese können natürlich sein, wie Flussauen, Seen und Deltas, oder aber vom Menschen geschaffen, wie Häfen, Teiche und Siedlungshügel. Dabei geht es jeweils um die Mensch-Umwelt-Interaktion: Wie haben einerseits die natürlichen Archive und die mit ihnen verbundenen Prozesse menschliches Handeln beeinflusst und wie haben andererseits Menschen die natürliche Umwelt verändert? Wie, wann und in welchem Ausmaß ist der Fußabdruck des Menschen in den untersuchten Archiven erfolgt?

Geht man ins Detail, so erkennt man, dass der geoarchäologische Ansatz die Gegenstände, Perspektiven und Methoden einer Fülle von sehr unterschiedlichen Wissenschaften integriert. Besonders spannend sind dabei Projekte, bei denen aus beiden Bereichen, also sowohl aus den Natur- als auch aus den Kulturwissenschaften, Belege für die Richtigkeit einer Arbeitshypothese beigebracht werden können (siehe ▶ Infobox 1.1).

Infobox 1.1

Die Naturgeschichte Plinius' des Älteren im Licht geoarchäologischer Forschung

Wenn Plinius der Ältere (23–79 n. Chr.) in seiner um 77 n. Chr. verfassten Naturgeschichte schreibt: „Andererseits hat sie [die Natur] dem Meer Inseln genommen und mit dem Land verbunden: Antissa mit Lesbos, Zephyrion mit Halikarnassos, … Hybanda in Ionien, einst eine Insel, ist nun 200 Stadien vom Meer entfernt…" (Naturalis historia 2.204; Übersetzung König und Winkler 1986), so gilt es, diese historische Quelle mit geoarchäologischen Werkzeugen zu überprüfen. Die althistorische und archäologische Aufgabe ist es, die Ortsbezeichnungen in der heutigen Landschaft zu verorten und ggf. durch Ausgrabungen Belege zu finden. Aufgrund von kritischer Textanalyse wurde das oben erwähnte Hybanda mit der heute Özbaşı genannten Hügellandschaft in der Mäanderebene nördlich der antiken Stadt Myus (Westtürkei) identifiziert. Von geowissenschaftlicher Seite konnte gezeigt werden, dass es sich in der Tat ursprünglich um eine Insel handelte, denn alle dafür relevanten Bohrungen in der heute Özbaşı umgebenden Ebene erteuften marine Sedimente. Dazu kommt, dass der unmittelbar benachbarte See Azap Gölü gemeinsam mit dem weiter südlich gelegenen Bafa Gölü die limnischen Überreste einer ursprünglich weit ins Hinterland reichenden Meeresbucht sind. Lediglich die von Plinius genannte Entfernung zum Meer von „200 Stadien", etwa 36 km, ist eine „rhetorische Übertreibung", denn nach den Bohrbefunden lag die Meeresküste im 1. Jh. n. Chr. nur etwa 112 Stadien (ca. 20 km) entfernt (Brückner et al. 2017; Herda et al. 2019).

Das Forschungsdesign (◨ Abb. 1.1) verdeutlicht diese Multidisziplinarität. Die Zusammenschau aller Funde und Befunde ergibt die Möglichkeit einer raumzeitlichen Rekonstruktion der Mensch-Umwelt-Interaktion. Die Synopse mit computeranimierter Visualisierung der Landschafts- und Siedlungsentwicklung ist ein wichtiger *Service to Society,* der zur Bildung beiträgt und die Akzeptanz der Wissenschaft in der Bevölkerung erhöht (sog. *Third Mission* der Hochschulen).

1.3 Kulturwissenschaften

Der Anstoß zu geoarchäologischen Projekten geht häufig von den Kulturwissenschaften aus, meist von der Archäologie – und dies traditionell im Rahmen von Ausgrabungen und Oberflächenbegehungen (Surveys). Die Ausgräber erwarten einen Erkenntnisgewinn von den Naturwissenschaften bzgl. der Ausstattung des Naturraumes während einer bestimmten Epoche oder gar zu einem bestimmten Zeitpunkt. Denn die Landschaft, das Klima, die Verfügbarkeit von Trinkwasser und anderen Naturressourcen waren entscheidende Faktoren für die Besiedlung. Leiter von Grabungen integrieren Geoarchäologen in ihr Team, damit diese Fragen über die jeweils ausgegrabene Lokalität klären, etwa in Bezug auf die Abfolge der verschiedenen Schichten (Stratigraphie), ggf. auch über deren Datierung (Chronostratigraphie) und über die Prozesse, die zu ihrer Bildung führten.

1.3.1 Archäologie

Die humanwissenschaftliche Seite der Geoarchäologie vertritt vor allem die verschiedenen „Spatenwissenschaften", also die Archäologien, insbesondere die Klassische Archäologie sowie die Vor- und Frühgeschichte. Bei ihnen ist der Austausch mit den Geowissenschaften evident. Wenn z. B. ein antikes Gebäude ausgegraben wird, stellt sich oft die Frage nach Vorgängerbauten. Wenn nicht tiefer gegraben werden kann oder soll, lässt sich doch häufig mittels geophysikalischer Methoden klären, ob weitere Strukturen vorhanden sind. Die Interpretation der geophysikalischen Bilder sollte zunächst durch Bohrungen verifiziert, modifiziert oder falsifiziert werden,

bevor – falls möglich, gewünscht und bezahlbar – weiter gegraben wird.

Dabei wird noch etwas deutlich: Archäologie ist immer auch Zerstörung. Sollen ältere Schichten ergraben werden, müssen die darüber liegenden abgetragen werden; sie sind damit für immer zerstört. Daher kommt der sorgfältigen Bergung der Funde und der Dokumentation der Befunde eine wichtige Aufgabe zu. Ein Beispiel ist das Areal der im 3. Jh. v. Chr. angelegten Tetragonos Agora in Ephesus: Dieser viereckige Marktplatz wurde über einer seit dem 8. Jh. v. Chr. existierenden Dorfsiedlung angelegt, in der frühen Kaiserzeit erweitert, im späten 4. Jh. n. Chr. restauriert, im 6. Jh. n. Chr. grundlegend neu gestaltet; Funde reichen bis in die byzantinische Zeit (Scherrer und Trinkl 2006). Um die archaische Erstbesiedlung zu ergraben, mussten in einem Teilbereich des Marktplatzes alle darüberliegenden Schichten abgetragen werden; der *in-situ*-Befund war damit dort unwiederbringlich verloren.

Hier bietet es sich an, zunächst die zerstörungsfreien Methoden der Geophysik einzusetzen, dann mikroinvasiv mit Bohrungen zu sondieren, um schließlich gezielt an den höffigsten Stellen auszugraben. Bei wichtigen Lokalitäten und Funden muss die Grabung durch eine umfängliche Dokumentation mit Fotografie, 3-D-Vermessung, *Structure-from-Motion*-Fotogrammetrie und ggf. einen maßstabsgetreuen Nachbau begleitet werden. Damit lässt sich zumindest eine möglichst naturnahe 3-D-Visualisierung erzeugen, anhand derer spätere Forschungen trotzdem noch möglich sein werden. Die Sicherung auf langlebigen Datenträgern und in einer international zugänglichen Datenbank ist eine nicht zu unterschätzende Notwendigkeit.

1.3.2 Geschichtswissenschaften

Zu den „Spatenwissenschaften" kommen die „Buchwissenschaften", also die historischen Wissenschaften, die sich auf schriftliche Quellen stützen. Hier hat die Alte Geschichte eine besondere Bedeutung. Darunter sind regional fokussierte Disziplinen wie Ägyptologie, Hethitologie und Altorientalistik oder stärker thematisch ausgerichtete wie Papyrologie, Mediävistik und christliche Archäologie; häufig greifen die ausgrabenden und literarischen Zweige ineinander. Belege für den holistischen Blick sind nach vielen Jahren der Ausgrabung einer archäologischen Stätte vorgelegte Werke, die möglichst umfänglich alle Aspekte berücksichtigen, wie etwa die Monographie über die hethitische Stadt Kuşaklı-Sarissa in Zentralanatolien (Müller-Karpe 2017). Ebenso sind Altkarten wichtige Quellen für die Geoarchäologie (z. B. Brückner et al. 2014b; siehe ▶ Infobox 17.1).

Bezüglich der Nutzung historischer Quellen ist die Hinzuziehung von Althistorikern unabdingbar, die einen Text im damals geschriebenen Kontext deuten können. Die 17-bändige *Geographie* des griechischen Geschichtsschreibers und Geographen Strabon ist ein hervorragendes literarisches Werk aus der ersten Hälfte des 1. Jh. n. Chr. Doch muss bei der Beschreibung einer Örtlichkeit geklärt werden, ob Strabon sie auf einer Reise selbst besucht hat, dann sind die Ausführungen verlässlich, oder ob er sich einer Sekundärquelle bedient, deren Qualität wir nicht kennen.

Dazu kommt, dass es bzgl. der Begrifflichkeit der althistorischen Expertise bedarf. Welche Übersetzung der antiken Autoren – etwa der Werke von Herodot, Plinius dem Älteren, Strabon und Pausanias – kommt dem Urtext am nächsten? Was steht in dem uns überlieferten Text? Und wie ist er zu interpretieren (siehe ▶ Abschn. 9.8; besonders ▶ Infobox 9.5)?

Dass eine auf Bohrungen basierte Landschaftsrekonstruktion helfen kann, antike Texte besser zu verstehen, wird an dem Beispiel der zwischen dem Schwarzen Meer und dem Asowschen Meer gelegenen Tamanhalbinsel in Russland deutlich (Kelterbaum et al. 2011; Giaime et al. 2016). Die geoarchäologischen Studien zeigen, dass die heutige Halbinsel aus einem Archipel hervorging und es zur Zeit der griechischen Kolonisation im 7. und 6. Jh. v. Chr. – anders als heute – etliche beide Meere verbindende Wasserstraßen gab. Althistoriker lernen dank dieses Befundes Strabon (7.4, 11.2) neu zu lesen: Nun erst sind die von ihm beschriebene Landschaft und das Wegenetz *(Itinerare)* stimmig (Anca Dan, CNRS Paris; freundl. mündl. Mittlg.).

1.3.3 Humangeographie

Der Beitrag der Humangeographie zu geoarchäologischen Forschungsprojekten war in früheren Jahrzehnten deutlich größer als heute. Dabei könnten vor allem die Historische Geographie, aber auch Bereiche der Siedlungs- und Stadtgeographie wertvolle Ergänzungen liefern. Beispielsweise kann die Historische Geographie der Montanarchäologie zuarbeiten, indem sie über die schriftlichen Quellen zum Bergbau, den Abbaumethoden und der Vermarktung eines Bodenschatzes aus einer Region informiert (siehe ▶ Abschn. 10.6). Ein gutes Beispiel aus jüngster Zeit ist der holistische Blick auf die Steinkohle und das Ruhrgebiet, wo der Abbau bereits im Mittelalter in Form von Pingen begann, die industrielle Blüte zwischen den 30er- und 70er-Jahren des vergangenen Jahrhunderts erreicht wurde und mit Prosper Haniel in Bottrop am 31.12.2018 die letzte Zeche schloss (Müller 2018).

Die Siedlungsgeographie kann helfen, die Lage und Entwicklung einer Siedlung zu erhellen, Besiedlungsmuster im Lichte topographischer, historischer und politischer Faktoren zu erkennen und Siedlungstypen zu differenzieren. Die Stadtgeographie klassifiziert Stadttypen nach Größe und Grundrissen, sie erforscht die historische Entwicklung einer Stadt. Dies lässt sich für ein geoarchäologisches Projekt fruchtbar machen: Was waren die Gründe für die Ansiedlung an einer bestimmten Lokalität? Wie entwickelte sich diese Siedlung? Warum kam es zum Aufstieg, zur Blüte, zum Niedergang, zur Aufgabe einer Stadt? Ein einschlägiges Beispiel ist Troia, eine der berühmtesten archäologischen Städte überhaupt, von der bereits Homer in der vermutlich um 730 v. Chr. verfassten Ilias berichtet; der geoarchäologische Zugang zu ihr wird in dem Sammelband von Wagner et al. (2003) präsentiert.

1.4 Naturwissenschaften

Darunter fallen im geoarchäologischen Kontext die Geographie, insbesondere die Physische Geographie mit den Teilbereichen Geomorphologie, Bodengeographie, Hydrologie, Klimageographie und Geoökologie, sowie die Geowissenschaften mit den Teildisziplinen Geologie, Sedimentologie, Mineralogie und Paläontologie, ferner die Bodenkunde sowie die Biologie mit Paläo- und Archäobotanik, Palynologie, Archäozoologie und Paläogenetik. Und diese Aufzählung ist nicht vollständig. Bereits ein Blick in das Inhaltsverzeichnis des vorliegenden Buches oder auch der *Encyclopedia of Geoarchaeology* (Gilbert 2017) zeigt weitere Wissenschaften, die in ein geoarchäologisches Forschungsprojekt eingebunden werden können und deren Beitrag einen Mehrwert an Erkenntnis erzeugt.

1.4.1 Geomorphologie

Die Geomorphologie kann mit ihrem Verständnis der Erdoberflächenprozesse und der Faktoren der Landschaftsformung beitragen, den natürlichen Wandel einer Landschaft von dem anthropogenen zu trennen. Dabei ist die Ermittlung von Sedimentationsraten hilfreich. Die ersten folgenschweren Eingriffe in die Ökosysteme kamen mit dem Ackerbau. Die nächsten bedeutenden Faktoren des Landschaftsverbrauchs waren die Beweidung und die Einführung des Eisenpflugs. Geomorphologische Untersuchungen können helfen, die zu den Erosionsformen korrelaten Akkumulationen zu entdecken und zu datieren. Dabei hilft das Kaskadenmodell zum Verständnis: Die rodungsbedingte Hangerosion führt zunächst zur Auffüllung von Zwischenspeichern am Hang selbst (z. B. Dellen), dann zur Kolluvienbildung (► Kap. 11) am Hangfuß, bevor das Signal in der Flussaue nachgewiesen werden kann. Zahlreiche Beispiele lassen sich in Gebieten mit langer Besiedlung nachweisen. Die Erforschung der Erdoberflächenprozesse hat dank der Möglichkeiten des Einsatzes kosmogener Nuklide neuen Aufschwung erhalten.

1.4.2 Sedimentologie

Ihr kommt eine besondere Bedeutung zu, denn Korngröße, Sortierung und Rundungsgrad sind wichtige erste Hinweise auf die ehemaligen Transportprozesse und Ablagerungsmilieus (► Kap. 7). Dem dient auch die Bestimmung der faunistischen Makro- und Mikrofossilien, etwa Ostrakoden und Foraminiferen (Handl et al. 1999; Pint et al. 2015, 2017). Es gibt zahlreiche Beispiele dafür, dass mittels Granulometrie und Mikropaläontologie sehr erfolgreich Sedimentationsmilieus differenziert werden können, was ein ganz bedeutender Schlüssel für die Rekonstruktion der Landschaftsentwicklung ist. In Küstenarchiven dokumentiert das Standardprofil (z. B. Brückner et al. 2006) den Landschaftswandel im Zuge der postglazialen-frühholozänen Transgression und der nachfolgenden Regression mit sekundärer Küstenbildung bzw. Deltavorbau. Ist das Terrain konsolidiert, eignet es sich für die Besiedlung. Zahlreiche antike Küstenstädte sind zumindest in Teilbereichen über einst marinen Sedimenten erbaut, beispielsweise Ephesus und Milet in der Westtürkei (Kraft et al. 2005; Brückner et al. 2006). Schwerminerale können bei der Herkunftsanalyse eines Sediments helfen. Mit ihnen lässt sich auch ein Verarbeitungsprozess nachweisen: Im römischen Hafen von Ephesus tritt zur Zeit der Hafennutzung in hohem Maße Korund auf, der als Schleifmittel bei der Marmorverarbeitung verwandt und mit dem Abfall im Hafenbecken entsorgt wurde. Ein antiker Korundsteinbruch liegt in der Nähe von Ephesus.

argillans) zu erkennen, während bei allochthonen, also verlagerten Bodensedimenten eine Bodenstruktur fehlt. Die mächtigen Alluvionen (Anschwemmungen) der süditalienischen Flüsse Bradano und Cavone sind durch fossile Böden und Bodensedimente einerseits und Artefakte andererseits gegliedert. Ihre Datierung (▶ Kap. 16) mittels ^{14}C und diagnostischer Keramik kann mit der Besiedlungsgeschichte des Raumes in Verbindung gebracht werden (Brückner und Hoffmann 1992).

Die gerade erwähnte Technik der Mikromorphologie eignet sich auch hervorragend, um die Besiedlung von Höhlen und anderen Siedlungsbereichen zu erhellen (Laufhorizonte, Mikroholzkohle, Knochensplitter, Phytolithe). Günstigenfalls lassen sich bei Warven die Jahreszeiten differenzieren. Bodendegradation kann nach Art und Intensität ermittelt werden. Keramikdünnschliffe helfen, die Bemalung und Magerung einer Amphore sowie Reste ihres Inhalts zu erforschen. Einschlägige Beispiele finden sich in dem umfangreichen Werk von Nicosia und Stoops (2017).

1.4.3 Bodenkunde

Der Beitrag der Bodenkunde (▶ Kap. 12) zur Geoarchäologie besteht im Studium der Bodentypen und der Intensität ihrer Bildung. Lange Phasen der ökologischen Stabilität, etwa durch starken Bevölkerungsrückgang (Kriege, Seuchen), können zur Ausbildung reifer Böden führen. Dagegen zeigen Bodensedimente gerade das Gegenteil, nämlich eine ökologische Labilität mit Mobilisierung und Verlagerung der obersten Horizonte. Ausmaß und Ursachen für Bodenerosion sind ein weites Themenfeld. Für die Trennung zwischen Böden und Bodensedimenten hat sich die Mikromorphologie bewährt (siehe ▶ Abschn. 15.7). Dünnschliffe helfen, z. B. fossile Bt-Horizonte anhand von Toncutanen (*illuviation*

1.4.4 Biologie

Seitens der Biologie leisten – neben der oben bereits erwähnten Mikropaläontologie – insbesondere die Palynologie und die Großrestanalyse einen wichtigen Beitrag (siehe ▶ Abschn. 15.3 und 15.5). Sie zeigen den Wandel von der ursprünglichen Vegetation (Klimaxvegetation) zu den verschiedenen Degradationsstufen bzw. zur völligen Rodung aufgrund ackerbaulicher Nutzung. Auch wird deutlich, wann welche Neophyten eingeschleppt wurden. Das lässt sich häufig anhand des Besiedlungsgangs nachvollziehen. Anthropogene Zeiger sind Getreide (Cerealia), Spitzwegerich (*Plantago lanceolata*) und Fruchtbäume (siehe ▶ Abschn. 14.4.5). Auch hier hilft der Abgleich mit archäologischen Funden (z. B. Reibsteine, Ölmühlen) und schriftlichen Quellen. Heute wird das Sediment meist so aufbereitet, dass neben Pollen auch Nichtpollen-Palynomorphe (NPP) (siehe ▶ Abschn. 15.4) sowie Mikroholzkohlen bestimmt werden können. NPP sind Indikatoren für die Paläoökologie: Pilzsporen von Dung ein Hinweis auf Viehzucht, Sporen von Wurzelpilzen (Mykorrhizae) ein indirekter Beleg für Bodenerosion, weil nun die Wurzeln freiliegen; Holzkohlen unterstreichen die Intensität der Humaninfluenz (Shumilovskikh et al. 2016). Die Großrestanalyse hat den Vorteil, dass hier der beim Pollen mögliche Fernflug ausgeschlossen ist, denn Samen und Früchte repräsentieren die lokale Vegetation.

1.4.5 Geochemie

Der Beitrag der Geochemie soll hier nur kurz angedeutet werden. Die automatisierte Messung einer Vielzahl von chemischen Elementen, z. B. mittels Itrax Core Scanner, ist eine gute Möglichkeit, durch das Verhältnis ausgewählter Elemente zueinander einen Hinweis auf die paläoökologischen Bedingungen zu erhalten (z. B. terrestrisch, lagunär, marin) oder Eventlagen zu detektieren (Tephren, Stäube). In antiken Häfen können von Schiffen oder von Produktionsprozessen an Land stammende Kontaminationen anorganischer Art, z. B. durch Schwermetalle wie Kupfer (Cu), Blei (Pb) und Zink (Zn), oder organischer Art, wie PAKs (Harze, Teere, ätherische Öle), nachgewiesen werden (Delile et al. 2015; Schwarzbauer et al. 2018). Archäologisch lassen sich die Befunde etwa durch die Ausgrabung von hafenorientierten Werkstätten, Wasserleitungen aus Blei, Amphoren mit Resten des Inhalts und Schiffswracks belegen, historisch über entsprechende Berichte.

1.4.6 Geophysik

Mit geophysikalischen Methoden (Geomagnetik, Georadar, Geoelektrik und Geoseismik) kann der oberflächennahe Untergrund zerstörungsfrei erkundet werden (siehe ▶ Abschn. 14.4). Messungen mittels ERT *(electrical resistivity tomography)* geben einen Eindruck über den Aufbau der Schichten im Untergrund. Mittels Geoelektrik ist es ggf. möglich, die Mächtigkeit eines Geoarchivs zu ermitteln. Das mit Geomagnetik und Georadar erzeugte Bild stellt summarisch alle bis in eine Tiefe von etwa 5 m vorhandenen Befunde dar. Günstigenfalls lassen sich die Messungen für unterschiedliche Teufen differenzieren, wodurch ein räumliches Bild entsteht. Man sieht dann, in welchem Tiefenabschnitt eine Struktur, z. B. eine Mauer, liegt. In unzugänglichem Gelände ist die Erkundung aus der Luft vielversprechend *(airborne radar, airborne magnetic)*, zumal die Tragkraft der Drohnen immer größer und die Sensoren immer leichter werden.

Jede der genannten Methoden hat ihre spezifischen Stärken und Schwächen (Rabbel et al. 2015). Nach dem Prozessieren der Messdaten werden die Ergebnisse mit den in das Projekt eingebundenen Archäologen und Historikern interpretiert und diskutiert. Der nächste Schritt ist, an höffig erscheinenden Stellen zu bohren bzw. einen Suchschnitt anzulegen. Im dritten Schritt folgt an den geeignetsten Stellen die Ausgrabung. Sie ist einerseits die Königsdisziplin, andererseits langwierig, kostenträchtig und bedeutet – wie bereits erwähnt – immer auch Zerstörung. Naturwissenschaftliche, insbesondere geophysikalische Methoden können auch dort Wesentliches zum Erkenntnisgewinn beitragen, wo eine Ausgrabung aufgrund von hoch liegendem Grundwasser nur mit erheblichem technischen und finanziellen Aufwand durch Sümpfung des Areals möglich ist (etwa in Auen, Sümpfen, ehemaligen Küstensiedlungen, flachmarinen Bereichen; s. Schwardt et al. 2020).

1.4.7 Vermessung

Mittels satellitengestützter Geodäsie (differenzielles GPS, DGPS) ist heute eine bis auf wenige Zentimeter genaue Vermessung möglich – und das auch in schwer zugänglichem Gebiet. Dadurch lassen sich naturgetreue Modelle des heutigen Geländes erstellen. Durch die Befliegung mit Drohnen kann kleinräumlich ein noch präziseres Relief erzeugt werden. In Verbindung mit geophysikalischen Methoden sind so Strukturen erkennbar, die auf frühere Eingriffe des Menschen in die Landschaft (Bauwerke, Wallanlagen, Pfostenlöcher etc.) schließen lassen. Dadurch können Grabungen gezielt erfolgen. Die *Structure-from-Motion*-Technik sowie das terrestrische Laserscanning haben die Vermessung dreidimensionaler Objekte wesentlich vereinfacht. Nach der 3-D-Erfassung der einzelnen Blöcke ist es günstigenfalls möglich, mithilfe von Computerprogrammen ein durch ein Erdbeben zerstörtes Gebäude wieder virtuell zu errichten. Ein aufgrund der hohen Anschaffungskosten noch wenig eingesetztes Werkzeug ist die Fernerkundung mittels grünem Laser. Im Idealfall können damit Unterwasserstrukturen bis in eine Tiefe von etwa 10 m erfasst werden. Nach einer derartigen Prospektion lassen sich die Kosten für die aufwendige Unterwasserarchäologie deutlich dämpfen.

Geschichte, Gegenwart und Zukunft der Geoarchäologie

Max Engel und Helmut Brückner

Inhaltsverzeichnis

2.1   Von den Anfängen der geoarchäologischen Forschung im internationalen Kontext – 14

2.2   Entwicklung der Geoarchäologie im deutschsprachigen Raum – 18

2.3   Gegenwart und Zukunft der Geoarchäologie – 20

© Springer-Verlag GmbH Deutschland, ein Teil von Springer Nature 2022
C. Stolz und C. E. Miller (Hrsg.), *Geoarchäologie*,
https://doi.org/10.1007/978-3-662-62774-7_2

Zusammenfassung

Die Geoarchäologie ist eine äußerst breit gefächerte wissenschaftliche Disziplin, die sich international und im deutschsprachigen Raum auf unterschiedliche Weise entwickelt hat. Die Beziehung zwischen Archäologie und Geowissenschaften reicht mutmaßlich bis ins 18. Jahrhundert zurück. Dabei ging es in erster Linie um die Erforschung der Vor- und Frühgeschichte. Zudem wurde die *human-antiquity*-Forschung durch den Vater der Geoarchäologie, Sir Charles Lyell, geprägt und etabliert. Im 20. Jahrhundert bildete sich hauptsächlich im anglo-amerikanischen Raum eine erste Institutionalisierung heraus und Kooperationen zwischen den Disziplinen entstanden, wobei der Begriff *geoarchaeology* erstmals Verwendung fand. Im deutschsprachigen Raum erfolgte die Verwendung erst später. Heute verfügt die Geoarchäologie über ein breites Spektrum an interdisziplinären Methoden. Technische Neuerungen und methodische Weiterentwicklungen aus den Geowissenschaften bedingen zumeist den Fortschritt in der archäologischen Forschung, worauf auch die die Geoarchäologie in Zukunft aufbauen wird.

Sowohl im Rahmen der Anwendung geowissenschaftlicher Konzepte oder Methoden zur Klärung archäologischer Fragestellungen (Rapp und Hill 2006) als auch in der generellen Analyse von Mensch-Umwelt-Interaktionen, d. h. des Einflusses vergangener Gesellschaften auf die sie umgebende Landschaft und *vice versa* (Fuchs und Zöller 2006; Brückner 2007, 2011; Brückner und Gerlach 2020; Engel und Brückner 2014), umfasst die wissenschaftliche Disziplin Geoarchäologie eine enorme Bandbreite an konkreten Beispielen. Konzepte und Definitionen existieren in großer Zahl und sind meist geprägt vom fachlichen Hintergrund und der Herkunft des Urhebers. Geoarchäologische Forschung (im weitesten Sinne) und darüber hinausgehende angewandte Aktivitäten reichen weit in die Geschichte der beiden wesentlichen konstituierenden Disziplinen zurück. Dabei lassen sich Unterschiede zwischen der Entwicklung der Geoarchäologie auf globaler Ebene und im deutschsprachigen Raum erkennen, die im Folgenden zusammengefasst werden. Ausgehend von der Geschichte und den im Anschluss aufgezeigten aktuellen Strömungen der geoarchäologischen Forschung und Praxis werden schließlich mögliche zukünftige Schwerpunkte skizziert.

2.1 Von den Anfängen der geoarchäologischen Forschung im internationalen Kontext

Punktuelle bilaterale, oft von Pragmatik geprägte Beziehungen zwischen der Archäologie und den Geowissenschaften (hier insbesondere der Physischen Geographie) haben eine lange Tradition und reichen – zumindest soweit dies ausreichend dokumentiert ist – wahrscheinlich bis in das 18. Jahrhundert zurück, als elementare geologische Konzepte, wie das stratigraphische Grundgesetz (Stenonis 1669) und das Prinzip des Aktualismus (Hutton 1788), bereits existierten (◘ Abb. 2.1). Einige Forschungsberichte aus jener Zeit, wie etwa der zum Fundkontext paläolithischer Steinäxte in Suffolk von Frere (1800), reflektieren ein umfassendes Verständnis des Zusammenhangs von stratigraphischer Abfolge, korrelaten Sedimentationsbedingungen und archäologischer Signifikanz. Während dieser „Gründungsphase der Geoarchäologie" (*foundational phase*) bis etwa 1900 war ein wesentliches Ziel der interdisziplinären Forschung aus Geowissenschaften und Archäologie die Entschlüsselung der Vor- und Frühgeschichte des Menschen, insbesondere während der Kaltzeiten (Rapp und Hill 2006).

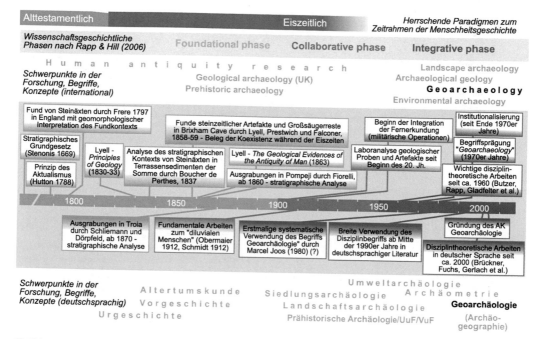

Abb. 2.1 Zusammenschau der Entwicklung der Geoarchäologie auf internationaler Ebene (oberhalb der zentralen Zeitleiste) und im deutschsprachigen Raum (unterhalb der Zeitleiste). UuF = Ur- und Frühgeschichte; VuF = Vor- und Frühgeschichte

So bildeten etwa die detailliert dokumentierten Funde von Knochen eiszeitlicher Säugetierfauna in stratigraphischer Vergesellschaftung mit steinzeitlichen Artefakten, die 1837 von Boucher de Perthes (1847) in den Terrassensedimenten der Somme in einem interdisziplinären Unterfangen getätigt wurden (□ Abb. 2.2), einen wichtigen Baustein zur späteren Akzeptanz menschlicher Existenz in den Kaltzeiten (Rapp und Gifford 1982; Rapp und Hill 2006). Während im 17. und bis weit in das 18. Jahrhundert hinein menschliche Knochenfunde noch meist als alttestamentlich gedeutet wurden (Rapp und Gifford 1982), so wuchs durch Funde und chronologische Interpretation wie die von Boucher de Perthes (1847) die Erkenntnis über eine Existenz des Menschen über den sog. „biblischen" Zeitrahmen von ca. 6000 Jahren hinaus (*antediluvial man*) (□ Abb. 2.1). In diesem Zusammenhang wurde der Begriff der *human antiquity* geprägt und schließlich maßgeblich etabliert durch Sir Charles

Lyell (Cohen 1998), der nicht nur als „Gründer der modernen Historischen Geologie" (Eiseley 1959, S. 89), sondern auch als „Vater der Geoarchäologie" (Rapp und Hill 2006, S. 6) angesehen werden kann. Die durch ihn und zwei weitere Geologen, Hugh Falconer und Joseph Prestwich, im Rahmen einer archäologischen Grabung in der Brixham Cave, Devonshire, in den Jahren 1858/9 getätigten Funde (Prestwich 1859) manifestierten die Theorie des eiszeitlichen Menschen auch in der öffentlichen Wahrnehmung. Knochen ausgestorbener Vertebraten gemeinsam eingebettet mit Steinwerkzeugen in ein und derselben Höhlensedimentschicht, überlagert von ungestörtem Höhlensinter, ließen keinen Zweifel an der Koexistenz des Menschen und kaltzeitlicher Großsäuger (Rapp und Hill 2006). Lyells Werk *The Geological Evidences of the Antiquity of Man* (Lyell 1863) dokumentierte diese Fundsituation akribisch und lieferte eine nie dagewesene Synthese zahlreicher weiterer Beispiele menschlicher Knochen

2

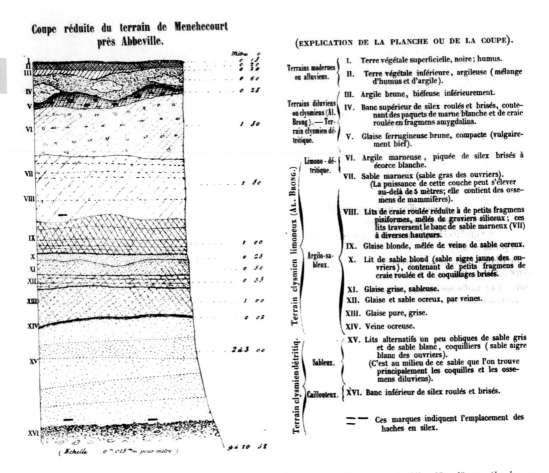

Abb. 2.2 Stratigraphisches Profil aus dem Tal der Somme bei Abbeville mit Silex-Handäxten (*haches en silex*, Balkensignatur in den stratigraphischen Einheiten VIII und XV) in den Terrassen- und Decksedimenten (Boucher de Perthes 1847, S. 235–236)

oder Artefakte in unterschiedlichen sedimentären Kontexten weltweit – einschließlich des ersten Teilskelettfunds des *Homo neanderthalensis* im Neandertal nahe Düsseldorf –, die sowohl archäologisch als auch in Zusammenhang mit der Dynamik der sie umgebenden Landschaft interpretiert wurden (Cohen 1998). Aufgrund dessen wird dieses Werk nachvollziehbarerweise auch als das erste Lehrbuch der Geoarchäologie bezeichnet (Rapp und Hill 2006). Hatte sich die Archäologie bis zu diesem Zeitpunkt im Wesentlichen noch ausschließlich mit der Erforschung der Antike und des Mittelalters beschäftigt, so wurde dieses Spektrum

nun um die frühe Menschheitsgeschichte erweitert (Van Riper 1993; Cohen 1998) – weil Archäologen die Geowissenschaften als wertvolle Quelle relevanter Information hinsichtlich Stratigraphie, Landschaftsrekonstruktion und zunehmend auch Geochronologie erkannten (Hassan 1979).

Wenngleich von einer wissenschaftlichen Disziplin namens „Geoarchäologie" noch keine Rede sein konnte, lassen sich die Jahre um 1860 zweifelsohne als Geburtsstunde der Prähistorischen Archäologie *(prehistoric archaeology)* bezeichnen (Cohen 1998), die in ihrem Konzept durchaus Überschneidungen mit unserer heutigen Idee der Geoarchäologie aufweist (siehe ▶ Kap. 1). In Großbritannien entstand in der Folge um John Evans, John Lubbock, Augustus Pitt-Rivers und William Boyd-Dawkins eine neue Generation von Archäologen mit einem dezidierten ur- und frühgeschichtlichen Interesse, die sich in starkem Maße auf geologische und anthropologische Daten berief, wissenschaftlich eng mit Kollegen aus der Geologie sozialisiert war und sich daher als *geological archaeologists* verstand (Van Riper 1993). Über das Vereinigte Königreich hinaus wurde in der zweiten Hälfte des 19. Jahrhunderts die Relevanz des geowissenschaftlichen Methodeninventars in der stratigraphischen Analyse im Kontext größerer archäologischer Grabungen deutlich, wie etwa in Pompeji durch Giuseppe Fiorelli (ab 1860) oder am Tell von Troia durch Heinrich Schliemann (ab 1870) und vor allem Wilhelm Dörpfeld (ab 1882). Die Funde von Boucher de Perthes ab den 1830er-Jahren sowie die darauf basierenden Konzepte der *prehistoric archaeology* fanden auch in Nordamerika unmittelbar Beachtung, etwa im Rahmen der pionierhaften Arbeiten zu den anthropogenen Hügelstrukturen in den Tälern des Mississippi und des Ohio durch Ephraim G. Squier oder Edwin H. Davis (Rapp und Hill 2006).

Mit dem Übergang ins 20. Jahrhundert erfuhren die Kooperationen zwischen Archäologie und Geowissenschaften sowohl ein höheres Maß an Spezialisierung als auch eine Erweiterung der inhaltlichen Fragestellungen (Rapp und Hill 2006), wenngleich die Entschlüsselung der *human antiquity* weiterhin im Fokus stand (Rapp und Gifford 1982). Gerlach (2003, S. 10) konstatiert im Rahmen dieser zunehmenden Spezialisierung hingegen eine Entfernung der Archäologie von den Geowissenschaften, sogar den „Totalverlust an geowissenschaftlichen Kenntnissen" aufseiten der Archäologie, mit Ausnahme der Altsteinzeitforschung. Dennoch – oder

vielleicht gerade deshalb – bezeichnen Rapp und Hill (2006) diese Zeit zwischen 1900 und 1950 als *collaborative phase* mit der Implikation, dass eine Zusammenarbeit der Spezialisten weiterhin stattfand, sich sogar spürbar intensivierte. Neben den Kontexten der Fundstättenbildung *(site formation)* und der unmittelbaren archäologischen Rekonstruktion lokaler Stratigraphien wurden immer häufiger Fragen hinsichtlich der räumlich weiter gefassten Paläoumwelt und Paläoklimatologie gestellt und bearbeitet. Ebenso kam ein zunehmendes Interesse an der Provenienz von Rohmaterialien auf und Methoden der Fernerkundung hielten Einzug, insbesondere durch die Fülle an während militärischer Operationen erzeugten Luftaufnahmen (z. B. Beazeley 1920; Casson 1936; Reeves 1936).

Die chronologische Interpretation auf Basis paläontologischer Funde, stratigraphischer Abfolgen sowie der Geomorphologie wurde kontinuierlich weiterentwickelt, während zum Ende der *collaborative phase* bereits die ersten „absoluten" Datierungsmethoden zur Verfügung standen (Rapp und Hill 2006). Konkret war zur Jahrhundertwende bis weit in das 20. Jahrhundert hinein die von den Inhalten stark geoarchäologisch geprägte *human-antiquity*-Forschung eng verwoben mit den Versuchen, den chronologischen Rahmen der Existenz der Erde, den Beginn des Lebens auf ihr sowie das Alter der Eiszeiten zu bestimmen (Rapp und Gifford 1982; Rapp und Hill 2006). Des Weiteren wurden durch zielgerichtete Laboruntersuchungen von Sediment- und Bodenproben sowie Artefakten die Beschreibung und Interpretation archäosedimentärer Kontexte präziser, vergleichbarer und gewissermaßen systematisiert. Geoarchäologische Ansätze im Kontext steinzeitlicher Forschung verbreiteten sich – ausgehend von Europa und Nord-/Mittelamerika, wo die Rekonstruktion der Chronologie, Herkunft und Ausbreitung der indigenen Bevölkerung im Fokus stand – und erreichten den asiatischen Kontinent mit Schwerpunkten im Nahen und Mittleren Osten sowie in China (Rapp und Hill 2006).

Die „geochronologische Revolution" zur Mitte des 20. Jahrhunderts mit der Entwicklung der Radiokohlenstoffmethode (^{14}C-Datierung) und – insbesondere relevant für ältere paläolithische Kontexte – der Kalium-Argon-Datierung, läutete die *integrative phase* (*sensu* Rapp und Hill 2006) der Entwicklung geoarchäologischer Forschung ein. Zu Beginn dieser Phase entstand erstmals ein disziplintheoretischer Unterbau (Rapp und Hill 2006). Wesentliche Beiträge hierzu lieferten die einflussreichen Arbeiten etwa von Movius (1949), Pewe (1954) oder Butzer (1960). Der eigentliche Begriff *geoarchaeology* erfuhr seine erste Prägung in den 1970er-Jahren, reflektiert in zahlreichen Arbeiten definitorischer Art aus dem anglo-amerikanischen Raum, die die Disziplin in Beziehung zu benachbarten oder überlappenden Feldern wie Umweltarchäologie *(environmental archaeology)* oder Archäologische Geologie *(archaeological geology)* setzen (z. B. Rapp 1975; Gladfelter 1977, 1981; Hassan 1979).

Die Fachzeitschriften *Journal of Archaeological Science* (seit 1977) und *Geoarchaeology* (seit 1986) wurden gegründet und haben sich als wichtige Publikationsorgane geoarchäologischer Forschung international etabliert. Geoarchäologische Studien finden sich zudem weit gestreut in zahlreichen Zeitschriften und Publikationsreihen der Geomorphologie, Archäometrie, Archäologie, Geologie, Quartärwissenschaften etc. bis hin zu wegweisenden Arbeiten in Zeitschriften wie *Science* (z. B. Butzer 1960; Kraft et al. 1977; Weiss et al. 1993) mit Strahlkraft weit über die unmittelbar beteiligten Disziplinen hinaus. Geoarchäologische Themen sind fest verankert auf den wichtigsten internationalen Fachtagungen, sowohl im Bereich der Geowissenschaften als auch der Archäologie. Die Gründung spezieller geoarchäologischer Sektionen innerhalb geowissenschaftlicher und archäologischer Gesellschaften, wie etwa der *Archaeological Geology Division* der *Geological Society of America (GSA)* 1977 (Rapp 1987) oder der *Working Group on Geoarchaeology* der *International Association of Geomorphologists (IAG)* 1997 (Fouache et al. 2010) sind als weiterer Schritt der internationalen Institutionalisierung zu interpretieren.

2.2 Entwicklung der Geoarchäologie im deutschsprachigen Raum

Die Adaption geowissenschaftlicher Konzepte und Methoden in der archäologischen Forschung reicht auch im deutschsprachigen Raum weit zurück, meist im Kontext ur- und frühgeschichtlicher Untersuchungen. Prominente Beispiele sind die Arbeiten Rudolf Schmidts seit Beginn des 20. Jahrhunderts zum Altpaläolithikum unter anderem der Schwäbischen Alb, die in dem Monumentalwerk *Die diluviale Vorzeit Deutschlands* (Schmidt 1912) kulminierten und gemeinsam mit den Werken von Hoernes (1903) und Obermaier (1912) die menschzentrierte deutschsprachige Eiszeitforschung begründeten (Bolus und Conard 2012). Weitere Beispiele sind die Ausgrabungen von Bersu (1926) an Burgwallanlagen, die Maßstäbe hinsichtlich der Integration geologischer Methodik in der Grabungstechnik setzten, oder – in der Folge und auf internationaler Ebene – die Untersuchungen paläolithischer Artefakte der fluvio-lakustrinen Hadar-Schichten in Äthiopien (z. B. Corvinus 1976). Mit dem *Niedersächsischen Institut für historische Küstenforschung (NIhK)* widmet sich seit dessen Gründung im Jahr 1938 als Provinzialstelle für Marschen- und Wurtenforschung ein gesamtes Institut – nach unserem heutigen Verständnis – geoarchäologischen Themen, nämlich der Erforschung der Siedlungsentwicklung der südlichen Nordseeküste im Kontext der dynamischen Landschaftsgeschichte (Jöns 2018).

Überwog im Rahmen solcher Aktivitäten der archäologische Kontext, so wurden sie meist als Beiträge zu den Disziplinen Siedlungsarchäologie, Umweltarchäologie oder Landschaftsarchäologie verstanden, die wiederum untereinander oft deutliche inhaltliche und konzeptionelle Überschneidungen im Sinne der retrospektiven Mensch-Umwelt-Interaktion aufweisen und – ebenso wie die Geoarchäologie – teils unscharfen und abweichenden Definitionen unterliegen (Meier 2009). Überwog hingegen der geowissenschaftliche Hintergrund, so verband man die Aktivitäten meist mit der Quartärforschung. Nüchtern betrachtet sind die Überschneidungsbereiche von Umweltarchäologie und Geoarchäologie sehr groß. Meier (2009) deutet gar eine Konkurrenzsituation zwischen beiden Konzepten an. Die Tatsache, dass, im Gegensatz etwa zu Nordamerika, als „Geoarchäologie" deklarierte Forschung im deutschsprachigen Raum schwerpunktmäßig von Geographinnen und Geographen betrieben wird (Gerlach 2003), mag diese Einschätzung stützen.

Obwohl der menschliche Einfluss auf die oberflächenformenden Prozesse in der Geographie bereits lange Zeit diskutiert wird (z. B. Rathjens 1979), erfolgte eine Adaption des Begriffs „Geoarchäologie" im Zuge der anglo-amerikanischen disziplintheoretischen Arbeiten der 1970er-Jahre im deutschen Sprachraum nur sehr zögerlich. Die erste systematische Übernahme geht möglicherweise auf einen Vortrag des Schweizer Archäologen Marcel Joos am 18. März 1980 vor dem Baseler Zirkel für Ur- und Frühgeschichte zurück, der den Titel „Geoarchäologie – Gespräch mit dem Untergrund" trug. Nur sehr wenige deutschsprachige Autorinnen und Autoren nutzten den Begriff in den 1980er- und frühen 1990er-Jahren, wie etwa Aigner (1982), Jagher und Joos (1985), De Maigret (1987), Dittmann (1990), Siepen et al. (1995), Brückner (1996) oder Preuss et al. (1996), wenngleich er sich in den Jahren danach doch rasch etablieren konnte (◘ Abb. 2.3).

Dabei erscheint bis heute die Beziehung der Geoarchäologie zu der im deutschsprachigen Raum traditionell sehr starken Disziplin der Archäometrie nicht vollständig geklärt. Während Gerlach (2003) das Betreiben von Archäologie mit geowissenschaftlichen Methoden – Geoarchäologie – strikt von der naturwissenschaftlichen Analyse einzelner Artefakte als Hauptgegenstand der Archäometrie trennt, betrachten Zöller (2002) und Fuchs und Zöller (2006) Letztere als Überbegriff und die Geoarchäologie als den geowissenschaftlich geprägten Teilbereich. Die Nähe der Geoarchäologie zur Geographie hinsichtlich der Integration von Anthroposphäre und physischer Umwelt sowie des interdisziplinären Ansatzes spiegelt sich im Begriff der Archäogeographie in Abgrenzung zur rein naturwissenschaftlichen Paläogeographie wider (Zöller 2002). Fuchs und Zöller (2006) thematisieren diese Nähe und plädieren für eine Einordnung der Geoarchäologie als Teilbereich der historisch-genetischen Geomorphologie, deren Kernbereiche sowohl die „vom Menschen geschaffenen oder beeinflussten Formen und Formungsvorgänge" als auch die tatsächlichen und potenziellen „Einflüsse geomorphologischer Systeme auf die sozialen, kulturellen und vor allem wirtschaftlichen Belange des Menschen" (Ahnert 1996, S. 394) umfassen.

Die Institutionalisierung der Geoarchäologie in Deutschland erfolgte im Jahr 2004 mit der Gründung des *Arbeitskreises Geoarchäologie* in Tübingen, der kurze Zeit später als offizieller Arbeitskreis der *Deutschen Gesellschaft für Geographie (DGfG)* und der *Gesellschaft für Naturwissenschaftliche Archäologie ARCHAEOMETRIE e. V. (GNAA)* anerkannt wurde (siehe auch ► Kap. 3). Im Rahmen der universitären Lehre etablierte sich die Geoarchäologie in Form spezialisierter Studiengänge zunächst an der Universität Marburg (M.Sc. Geoarchäologie, ab WS 2009), gefolgt von den Universitäten Trier (B.A. Geoarchäologie,

2

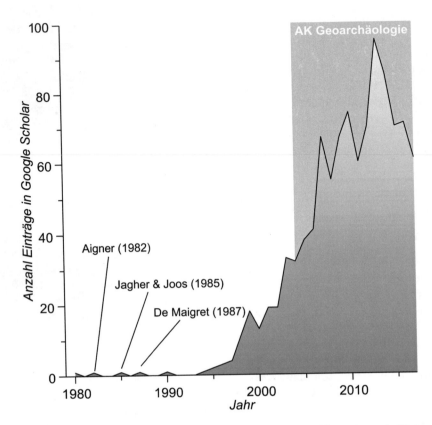

Abb. 2.3 Verbreitung des Begriffs „Geoarchäologie" in der deutschsprachigen wissenschaftlichen Literatur. Dargestellt sind Einträge in Google Scholar für die einzelnen Jahre (Query: Artikel finden mit irgendeinem der Wörter geoarchäologie OR „geo-archäologie" OR geoarchäologisch OR „geo-archäologisch" OR geoarchäologische OR „geo-archäologische"). Trotz eines massiven Trends der Veröffentlichung in englischer Sprache spätestens seit den 1990er-Jahren, insbesondere aufseiten der Geowissenschaften, erfolgte die allgemeine Akzeptanz und Adaption des Begriffs gegen Ende eben jenes Jahrzehnts. Dabei ist zu vermuten, dass auch die Institutionalisierung der Geoarchäologie durch die Gründung des gleichnamigen Arbeitskreises im Jahr 2004 zu einer gesteigerten Nutzung des Begriffs beigetragen hat

M.Sc. Geoarchäologie), Köln (M.Sc. *Quaternary Science and Geoarchaeology*) und anderen, sowie der Einrichtung von Juniorprofessuren (Brückner und Gerlach 2020). In der deutschsprachigen wissenschaftlichen Grundlagenliteratur ist die Geoarchäologie bisher – abgesehen von dem hier vorliegenden Lehrbuch – noch kaum vertreten, wohingegen im englischsprachigen Raum monographische Basisliteratur bereits seit vielen Jahrzehnten vorliegt (z. B. Butzer 1964; Davidson und Shackley 1976; Brown 1997; Goldberg und Macphail 2006; Rapp und Hill 2006), ebenso in anderen, weitaus

kleineren Sprachräumen wie dem Niederländischen (z. B. Ervynck et al. 2009).

2.3 Gegenwart und Zukunft der Geoarchäologie

Der Geoarchäologie steht heute ein breites Spektrum an interdisziplinärer Methodik zur Verfügung, zudem ist sie zu einer Standardkomponente archäologischer Ausgrabungen und Surveys geworden (Brückner 2007, 2011). Der Fortschritt in der geoarchäologischen Forschung geht in den meisten Fällen einher mit technologischen Neuerungen und der Weiterentwicklung wissenschaftlicher Methodik, insbesondere im Bereich der Geowissenschaften. Beispiele hierzu sind zahlreich; einige der wichtigsten sollen hier genannt werden: So erlaubt die Verfügbarkeit portabler FTIR-Spektrometer (Fourier-Transform-Infrarotspektroskopie) in der jüngeren Vergangenheit in Verbindung mit mikromorphologischen Untersuchungen ein deutlich verbessertes Verständnis postsedimentärer chemischer Prozesse und somit auch der originalen Einbettungsbedingungen in komplexen Sedimentarchiven, etwa in Höhlen. In diesem Zusammenhang sind auch Phytolithe, fäkale Sphärulite, Knochen und Holzkohle als wichtige Informationsträger zu Verbrennungsumständen, Lebensformen und Ernährung weiter ins Zentrum des Interesses gerückt (Canti und Huisman 2015). Große Potenziale bieten Untersuchungen molekularer Biomarker an archäologischen Kontexten zur Rekonstruktion menschlicher Aktivität – von Evershed (2008) gar als *„the archaeological biomarker revolution"* bezeichnet. Darüber hinaus ist eine Zunahme an Analysen stabiler Isotope von Kohlenstoff ($\delta^{13}C$) und Stickstoff ($\delta^{15}N$) innerhalb der Fraktion organischer Substanz zu beobachten, die Hinweise auf Vegetationszusammensetzung und Landnutzung liefern (Canti und Huisman 2015). Stabile Isotope spielen eine wachsende Rolle in der Paläoumweltrekonstruktion (z. B. Leng und Henderson 2013) als einem wesentlichen Aspekt der Geoarchäologie, ebenso wie die Weiterentwicklung von Transferfunktionen mikropaläontologischer Proxies (z. B. Pint et al. 2012; Mischke et al. 2014a) und die Synthese isolierter Datensätze in Metastudien (z. B. Tolksdorf und Kaiser 2012; Weiberg et al. 2019). *Ancient DNA (aDNA)* in Kombination mit geoarchäologischen Untersuchungen und Datierungen verbessern kontinuierlich unser Verständnis der weltweiten Ausbreitung sowohl von Hominiden

als auch des anatomisch modernen Menschen (z. B. Clarkson et al. 2017). Im Rahmen flächenhafter Bodenuntersuchungen an archäologischen Fundorten existiert ein Trend von der reinen Phosphatanalyse zur Multielementanalyse, die von einem breiten Aufkommen günstiger ICP-Messtechnik getragen wird und in zahlreichen Fällen die räumliche Zuweisung von Funktionalitäten wie Kochstelle (P), Metallverarbeitung (z. B. Pb, Cu, Hg, Fe, seltene Erden) oder Viehhaltung (z. B. Ba, Ca, P, Sr) ermöglicht (Canti und Huisman 2015). „Digitale Geoarchäologie" bietet mehr Möglichkeiten, sowohl physische Paläoumwelten als auch archäologische Rekonstruktionen zu visualisieren und hierdurch die Kommunikation zwischen Archäologen, Geowissenschaftlern und der interessierten Öffentlichkeit zu fördern. Die zunehmend verbesserte Qualität freier oder bezahlbarer Geodaten und die Verfügbarkeit von LiDAR-Daten führen zu einer noch intensiveren Nutzung von GIS- und fernerkundlichen Anwendungen, um archäologische Fragen zu beantworten (siehe z. B. Beiträge in Siart et al. 2018). Fortschritte hinsichtlich Genauigkeit und Präzision von Datierungen in geoarchäologischen Kontexten finden sich etwa im Bereich der TL-Datierung von erhitztem Silex (z. B. Schmidt 2013) oder im Bereich der optischen Datierung von Sedimenten, etwa durch korngenaue Äquivalenzdosismessungen (Single-Grain-Datierung) (Roberts et al. 2015). Weiterhin schreitet die Nutzung terrestrischer kosmogener Nuklide zur Datierung pleistozäner archäologischer Sequenzen voran (z. B. Rixhon et al. 2014; Vallverdù et al. 2014). Hinsichtlich geophysikalischer Prospektion im Rahmen geoarchäologischer Forschung sind die in den 1960er- bis 1980er-Jahren entwickelten Techniken der geoelektrischen, geomagnetischen und Georadar-Prospektion noch immer am weitesten verbreitet. Neue Möglichkeiten ergeben sich durch Radarmessungen mit Drohnen, insbesondere für unzugängliches

2

Gelände. Die Unterwasserarchäologie wird durch den Einsatz der Technik mit grünem Laser – sowohl vom Boot aus als auch mit Drohnen – wichtige neue Impulse erhalten. Das Fortschreiten digitaler Möglichkeiten in jüngster Zeit hat das Gerätedesign sowie die Datenauswertung in diesem Bereich revolutioniert (Garrison 2016).

Zukünftige Herausforderungen für die Geoarchäologie umfassen die Synthese immer komplexerer Multi-Proxy-Studien zur Paläoumwelt. Ein Trend der letzten Jahre, der sich höchstwahrscheinlich fortsetzen wird, ist die Verlagerung von Sediment-, Boden- und Artefaktanalyse ins Gelände. Die zunehmende Nutzung portabler Röntgenfluoreszenzanalysatoren, deren Ergebnisqualität noch kontrovers diskutiert wird (Shackley 2010), oder auch portabler Messgeräte für Lumineszenzsignale (Sanderson und Murphy 2010) bilden die Vorhut. Hinsichtlich der in der geoarchäologischen Forschung weitverbreiteten optischen Datierungsmethoden äußern Roberts et al. (2015) die Hoffnung, dass die Altersbestimmung mittels einzelner Minerale in naher Zukunft direkt im Gelände durchgeführt und die Anwendbarkeit der Methoden durch die Erschließung neuer Lumineszenzsignale erweitert werden kann sowie Datierungen über das gesamte Quartär möglich sein werden. Die Themenkomplexe der numerischen und experimentellen Modellierung sowie die digital gestützte Visualisierung werden ebenfalls an Bedeutung gewinnen. Ein Fokus wird auf dem Einsatz der genannten methodischen Weiterentwicklungen im Sinne der Archäoprognose liegen, mit dem Ziel der Erfassung potenzieller Bodendenkmäler oder archäologischer Befunde (Brückner und Gerlach 2020).

Geoarchäologische Arbeitskreise in Deutschland

Markus Fuchs, Katleen Deckers, Eileen Eckmeier, Renate Gerlach, Mechthild Klamm und Marlen Schlöffel

Inhaltsverzeichnis

3.1   Arbeitskreis Geoarchäologie – 24
3.1.1   Organisation und Ziele des Arbeitskreises – 24
3.1.2   Entwicklung und Zusammensetzung der Jahrestreffen – 24
3.1.3   Hintergrundinformation zur Analyse von Netzwerken im Arbeitskreis Geoarchäologie – 25

3.2   Arbeitsgruppe „Boden und Archäologie" – 26

        Literatur – 27

© Springer-Verlag GmbH Deutschland, ein Teil von Springer Nature 2022
C. Stolz und C. E. Miller (Hrsg.), *Geoarchäologie*,
https://doi.org/10.1007/978-3-662-62774-7_3

3

Zusammenfassung

In Deutschland existieren mit dem Arbeitskreis Geoarchäologie und der Arbeitsgruppe Boden und Archäologie zwei geoarchäologische Arbeitskreise. Der Arbeitskreis Geoarchäologie, gegründet im Mai 2004, ist ein Forum für den interdisziplinären wissenschaftlichen Austausch zu geoarchäologischen Themen. Ziel des Arbeitskreises ist die Schaffung einer Diskussionsplattform, die Stärkung der Präsenz der Geoarchäologie in der universitären Lehre sowie die Förderung des wissenschaftlichen Nachwuchses. Zentraler Treffpunkt sind die jährlichen Tagungen, auf denen bisher Forscher aus 20 unterschiedlichen Fachrichtungen ihre geoarchäologischen Ergebnisse und viele Nachwuchswissenschaftler ihre Forschungsarbeiten präsentiert haben. Auch außeruniversitäre Einrichtungen beteiligen sich am fachlichen Austausch. Eine Studie basierend auf bibliometrischen Netzwerkanalysen untersuchte den Arbeitskreis mit der Fragestellung, ob sich der interdisziplinäre Anspruch der Geoarchäologie tatsächlich in der Wissenschaftspraxis widerspiegelt. Die Arbeitsgruppe Boden und Archäologie setzt sich aus einem offenen, interdisziplinären Teilnehmerkreis zusammen. Ihr zentrales Thema sind bodenkundliche Phänomene in der praktischen Archäologie. Sie besteht seit 2010 als Austauschplattform mit regelmäßigen Grabungsexkursionen zu bestehenden archäologischen Ausgrabungsstätten.

3.1 Arbeitskreis Geoarchäologie

Markus Fuchs, Katleen Deckers und Marlen Schlöffel

3.1.1 Organisation und Ziele des Arbeitskreises

Der Arbeitskreis Geoarchäologie wurde am 22. Mai 2004 auf Initiative des Physischen Geographen Prof. Dr. Markus Fuchs, sowie der Archäologen PD Dr. Katleen Deckers und Prof. Dr. Nicholas Conard in Tübingen gegründet und stellt ein Forum dar, das dem interdisziplinären wissenschaftlichen Austausch über geoarchäologische Themen dient. Der Arbeitskreis ermöglicht es, geoarchäologische Fragestellungen aus den unterschiedlichen Fachperspektiven heraus zu betrachten, die sich aus den disziplinären Feldern der Naturwissenschaften, hier insbesondere der Physischen Geographie und der Geowissenschaften, sowie der Archäologie ergeben. Neben dem Auftrag, der geoarchäologischen Forschung ein Diskussionsforum zu bieten, verfolgt der Arbeitskreis auch das Ziel, die Sichtbarkeit der Geoarchäologie in der universitären Lehre zu stärken, sowie den wissenschaftlichen Nachwuchs in seinen Aktivitäten zu fördern.

Der Arbeitskreis Geoarchäologie ist Mitglied zweier Dachverbände, der Deutschen Gesellschaft für Geographie (DGfG) und der Gesellschaft für naturwissenschaftliche Archäologie ARCHAEOMETRIE e. V. (GNAA). Die seit der Gründung 2004 stattfindenden Jahrestagungen werden an wechselnden Orten im deutschsprachigen Raum ausgetragen und stellen die zentrale Diskussionsplattform des Arbeitskreises dar. Daneben werden von den Mitgliedern des Arbeitskreises Sitzungen mit geoarchäologischen Themenschwerpunkten organisiert, die sowohl national (z. B. Deutscher Kongress für Geographie – DKG), als auch international (z. B. European Geoscience Union – EGU) ausgerichtet sind.

3.1.2 Entwicklung und Zusammensetzung der Jahrestreffen

Die rege Teilnahme an den Jahrestreffen belegt den hohen Zuspruch, den der Arbeitskreis Geoarchäologie erfährt. Dass der Arbeitskreis in der Tat eine Plattform für einen intensiven fächerübergreifenden Wissensaustausch bietet, zeigt eine netzwerkanalytische Untersuchung der Referenten für den Zeitraum 2005–2018 (◘ Abb. 3.1). Der Grundidee und Organisationsstruktur des Arbeitskreises entsprechend ist die Zusammensetzung der aktiven Teilnehmer ausgesprochen interdisziplinär: Bislang haben Forscher aus 20 verschiedenen Fachrichtungen ihre geoarchäologischen Forschungsergebnisse zur Diskussion gestellt. Zahlenmäßig am stärksten vertreten sind Geographen (45 %) und Archäologen bzw. Prähistoriker (24 %), gefolgt von Geologen (10 %) und Biologen (5 %) (◘ Abb. 3.2).

Auf den Arbeitskreistreffen präsentieren vor allem Nachwuchswissenschaftler (Doktoranden und Postdocs) ihre aktuellen Forschungsarbeiten. Der fachliche Austausch erfolgt allerdings nicht nur auf universitärer Ebene: Mit steigender Tendenz sind auch Vertreter außeruniversitärer Forschungsinstitute, Behörden, Museen und privatwirtschaftlicher Unternehmen aktiv beteiligt (2018: 27 %).

3.1.3 Hintergrundinformation zur Analyse von Netzwerken im Arbeitskreis Geoarchäologie

Der Arbeitskreis und die Forschungspraxis in der deutschsprachigen Geoarchäologie werden aktuell von Dr. Marlen Schlöffel, Dr. Steffen Schneider, Prof. Dr. Malte Steinbrink und Dipl.-Geogr. Philipp Aufenvenne empirisch untersucht. Am Beispiel der Geoarchäologie soll die Debatte um Interdisziplinarität und Integration von Natur- und Geisteswissenschaften konkretisiert und empirisch unterfüttert werden. Methodisch basiert die Studie auf einer bibliometrischen Netzwerkanalyse, einer etablierten Methode der Wissenschaftsforschung. Ausgangspunkt des Projektes ist die Fragestellung, ob sich der interdisziplinäre Charakter bzw.

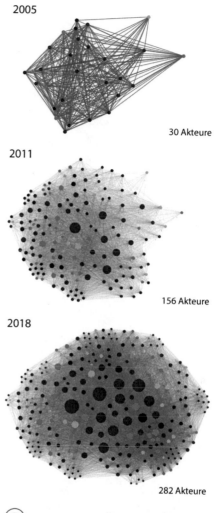

2005

30 Akteure

2011

156 Akteure

2018

282 Akteure

◎ Aktive Tagungsteilnahme (summiert)
— Gemeinsame Tagungsteilnahme

Fachliche Herkunft der Forscher:
● Geographie
● Archäologie / Prähistorie
● Disziplinen der Geowissenschaften
● Sonstige Disziplinen

◘ **Abb. 3.1** Entwicklung des Tagungsnetzes des Arbeitskreises Geoarchäologie 2005–2018: Die Graphen basieren auf der Analyse der Vorträge von 282 Forschern (sog. Akteure, im Graph dargestellt als Knoten). Die Verbindungen zwischen den Akteuren (28 % Frauen, 72 % Männer) repräsentieren die gemeinsame Tagungsteilnahme; die relative Größe der Knoten indiziert die Tagungsaktivität: Je mehr Beiträge, desto größer der Knoten. Die Farbe steht für die fachliche Herkunft der Forscher

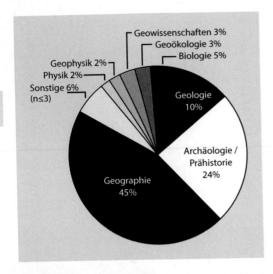

3

◘ **Abb. 3.2** Fachliche Herkunft (Studienabschluss) der aktiven Teilnehmer der Jahrestreffen des Arbeitskreises Geoarchäologie 2005–2018

Anspruch der Geoarchäologie in der Wissenschaftspraxis widerspiegelt. Publikationen mit Mehrautorenschaft, Zitierung und Coreferentenbeziehungen dienen dabei als Indikatoren.

Die Internetpräsenz des Arbeitskreises Geoarchäologie lautet folgendermaßen:
▶ https://akgeoarchaeologie.de

3.2 Arbeitsgruppe „Boden und Archäologie"

Renate Gerlach, Eileen Eckmeier und Mechthild Klamm

Die AG Boden und Archäologie wurde 2010 als Austauschplattform von Bodenkundlern und Archäologen gegründet, da in der praktischen Archäologie die Erklärung bodenkundlicher Phänomene eine zentrale Stellung einnimmt und eine solche bundesweite Austauschplattform bislang nicht existierte. Die AG Boden und Archäologie ist seither organisatorisch sowohl in die Deutsche Bodenkundliche Gesellschaft (DBG) als auch in die Verbände der Landesarchäologie eingebunden.

Eine der Kernaktivitäten der AG Boden und Archäologie sind Grabungsexkursionen, d. h. Treffen auf aktuellen archäologischen Ausgrabungen mit einer Diskussion der jeweiligen archäologischen und pedologischen Befundsituation. Die Quelle „archäologischer Befund" kann nur dann umfassend erschlossen werden, wenn auch die bodenkundlichen Gegebenheiten berücksichtigt werden. Der fachliche Austausch von Archäologie und Bodenkunde auf archäologischen Ausgrabungen ist überaus fruchtbar, da einerseits über den eigentlichen archäologischen Befund und andererseits auch über bodenkundliche Phänomene im archäologischen Befund selber und in dessen Umfeld diskutiert wird. Auch kann erörtert werden, welche weiterführenden bodenkundlichen Laboranalysen zur Klärung der Befundsituation sinnvoll sind, und es können entsprechende Kooperationen besprochen werden. Sollte kein Treffen vor Ort möglich sein, hat es sich als sinnvoll erwiesen, zu einer angetroffenen Befundsituation erste Expertisen auch über direkte Anfragen per E-Mail einzuholen.

Darüber hinaus beteiligt sich die AG Boden und Archäologie jährlich mit einer eigenen Sitzung an Fachtagungen, und zwar alternierend an den Jahrestagungen der Deutschen Bodenkundlichen Gesellschaft (DBG) sowie an den archäologischen Verbandstagungen (Nordwestdeutscher, Mittel- und Ostdeutscher, Südwestdeutscher Verband für Altertumsforschung, Deutscher Archäologie-Kongress).

Gemäß des interdisziplinären Gedankens besteht der offene Mitgliederkreis der AG Boden und Archäologie aus Experten aus der Archäologie, Grabungstechnik, Geoarchäologie, ebenso wie aus der Feldbodenkunde, der Bodengeographie, dem Bodenschutz, der Bodenchemie und -physik.

Personen, die an archäologisch-bodenkundlichen Fragestellungen interessiert sind, können sich formlos bei der AG anmelden. Sie werden regelmäßig über die Aktivitäten informiert:

Literatur

Aufenvenne P, Steinbrink M (2014) Brücken und Brüche: Netzwerk- und zitationsanalytische Beobachtungen zur Einheit der Geographie. Berichte. Geographie und Landeskunde 87(3/4):257–292

Fuchs M, Zöller L (2006) Geoarchäologie aus geomorphologischer Sicht – Eine konzeptionelle Betrachtung. Erdkunde 60:139–146

Geographische Netzwerkstatt an der Universität Passau: ▶ https://geographische-netzwerkstatt.uni-passau.de

Internetauftritt der Arbeitsgruppe Boden und Archäologie: ▶ https://www.dbges.de/de/arbeitsgruppen/boden-und-archaeologie

Praktische Anwendung und Perspektiven der Geoarchäologie

Renate Gerlach, Stefanie Berg und Martin Nadler

Inhaltsverzeichnis

4.1 Prospektion: Überlieferungsbedingungen der archäologischen Substanz – 32

4.2 Ausgrabung: Der „Dreck" als archäologischer Befund – 35

4.3 Auswertung: Der landschaftsarchäologische Kontext – 38

4

Zusammenfassung

In der Geoarchäologie werden archäologische Fragestellungen mithilfe geowissenschaftlicher Kenntnisse und Methoden beantwortet. Davon profitieren besonders archäologische Ausgrabungsprojekte, die häufig durch die Landesämter organisiert werden und durch die sich auch Arbeitsplätze für Geoarchäologen ergeben. Das Anforderungsprofil der Geoarchäologie setzt sich in der Praxis aus drei Schritten zusammen: Der erste ist die Prospektion. Damit ist das Suchen und Auffinden von Fundstellen mithilfe von Prospektionsmethoden gemeint. Danach folgt die archäologische Ausgrabung mit der notwendigen geowissenschaftlichen Begleitung. Dies bedingt sich dadurch, dass die größte Fundgattung das Bodenmaterial ist, dem oft eine hohe Bedeutung zukommt. Zudem helfen Geowissenschaftler bei der Planung und Ausführung von Ausgrabungen, informieren über weitere methodische Möglichkeiten und stellen den Kontakt zu weiteren Spezialisten her. Drittens ist auch bei der Auswertung archäologischer Befunde eine geowissenschaftliche Expertise gefragt.

Renate Gerlach

In Hinblick auf die praktische Anwendung der Geoarchäologie – jenseits der Universitätskarriere – stellen sich zwei Fragen: Wer braucht das und was wird gebraucht? Da Geoarchäologie in vielen Fällen die Beantwortung archäologischer Fragen mithilfe geowissenschaftlicher Kenntnisse und Methoden zum Inhalt hat, liegen die professionellen Möglichkeiten primär im Arbeitsgebiet der Archäologie. In Europa ist der Kulturgüterschutz, welcher auch das archäologische Erbe umfasst, eine Aufgabe des Staates. Daher existieren entsprechende Fachinstitutionen, die potenziell auch Geoarchäologen Arbeitsplätze bieten können.

In Deutschland sind dies die 19 archäologischen Fachämter bzw. Bodendenkmalbehörden (zur Organisation siehe ▶ Infobox 4.1), welche die große Mehrzahl aller archäologischen Maßnahmen planen, veranlassen und/oder durchführen. Sie schöpfen nicht nur die meisten archäologischen Basisdaten, sie stellen bzw. schaffen (direkt und indirekt) auch die Mehrzahl aller archäologischen Arbeitsplätze, sei es über Stellen in den Fachbehörden selbst, oder über archäologische Fachfirmen, welche die von den Bodendenkmalämtern – bei drohender Zerstörung archäologischer Fundstellen – geforderten Auflagen im Rahmen von Verursachergrabungen ausführen. Dabei stehen die Schritte 1) Finden und/oder Überprüfen von Fundstellen (Prospektion), 2) die häufig nachfolgenden Ausgrabungen bei Nichterhalt der Fundstelle sowie 3) die landschaftsarchäologische Auswertung im Vordergrund. Eines der ganz zentralen Qualifikationsmerkmale für Geographen und andere Geowissenschaftler in der Bodendenkmalpflege ist daher eine fundierte Gelände- und Grabungserfahrung, wie auch die Bereitschaft und Fähigkeit, sich einerseits auf die archäologischen Fragen zu konzentrieren und andererseits zwischen den Disziplinen zu vermitteln.

Anhand der häufigsten Fragen vonseiten der Archäologie und typischer Beispiele aus dem Arbeitsalltag eines Fachamtes (LVR-Amt für Bodendenkmalpflege im Rheinland) soll in diesem Kapitel das praktische Anforderungsprofil der Geoarchäologie umrissen werden.

Infobox 4.1

Die Organisation der archäologischen Denkmalpflege in Deutschland (Stefanie Berg und Martin Nadler)

Archäologische Funde und Fundstellen (Bodendenkmäler) genießen in allen Bundesländern gesetzlichen Schutz. Die Kulturhoheit der Länder bringt es mit sich, dass die jeweiligen Denkmalschutzgesetze zwar vergleichbare grundsätzliche Ziele verfolgen, nämlich den bestmöglichen ungestörten Erhalt der Bodendenkmäler, sich in Details der Umsetzung und Regularien aber unterschiedliche Strukturen und Organisationsmodelle ergeben. So existieren rein archäologische Landesämter, teils mit angeschlossenem Landesmuseum, oder Landesämter, in denen Bau- und Bodendenkmalpflege in einem Amt zusammengefasst sind (Planck 2002; Horn 2002).

Amtliche Strukturen und öffentliche Einrichtungen zur Erforschung und zum Schutz von Bodendenkmälern gibt es in Ansätzen seit über 100 Jahren. Bereits 1949 wurde im Bereich der Bundesrepublik als Dachorganisation der Verband der Landesarchäologen gegründet (Kunow 2002). Eine wichtige Zäsur stellt das erste Europäische Kulturerbejahr 1973 dar. Es führte erstmals, und zwar in Bayern, zur Verabschiedung eines modernen Denkmalschutzgesetzes. Die anderen Bundesländer folgten im Lauf der Jahre, wobei das bayerische Gesetz meist als Blaupause diente. Nach der Wende orientierten sich die neuen Bundesländer an den bestehenden Gesetzen und den aus der Praxis gewonnenen Erfahrungen und konnten so den modernen Gegebenheiten gut angepasste Gesetze entwickeln. Als zentrale Bestimmung kann gelten, dass Bodeneingriffe im Bereich von Bodendenkmälern grundsätzlich erlaubnispflichtig sind und nur unter Auflagen zum Schutz und Erhalt der archäologischen Substanz überhaupt möglich sind.

Aus der historischen Entwicklung und regionalen Forschungstraditionen ergeben sich einzelne Unterschiede im Denkmalbegriff (siehe die jeweiligen Denkmalschutzgesetze). Während beispielsweise in Bayern in sehr knapper Form „von Menschen geschaffene Sachen oder Teile davon", „die sich im Boden befinden oder befanden" als wesentliche Definition genügen muss, sprechen viele andere Gesetze von „Kulturdenkmälern" in einem teils sehr weiten Sinne, worunter häufig auch „Reste menschlichen oder tierischen Lebens", oder explizit auch Zeugnisse der Erdgeschichte, also paläontologische Überreste, subsumiert sind (Hessen, Niedersachsen, Nordrhein-Westfalen, Rheinland-Pfalz, Thüringen). Für die Geoarchäologie sind insbesondere die Gesetze in Niedersachsen, Nordrhein-Westfalen und Mecklenburg-Vorpommern von Interesse, die den Schutz auch auf „Veränderungen und Verfärbungen in der natürlichen Bodenbeschaffenheit" ausdehnen, die – auch ohne Kontext von Artefakten – auf menschliches Tun zurückgehen.

Aus diesen verschiedenen Definitionen erklären sich Unterschiede in der Ausstattung mit naturwissenschaftlichen Arbeitsbereichen (siehe ◘ Tab. 4.1). Nordrhein-Westfalen verfügt im Landschaftsverband Rheinland (LVR) als einzige Fachbehörde über eine institutionalisierte bodenkundliche Betreuung (Planstelle), die durch die Geoarchäologin Renate Gerlach wahrgenommen wird. In Baden-Württemberg und Sachsen-Anhalt sind bodenkundliche Experten und Expertinnen auf archäologischen Stellen tätig. Sie nehmen archäologische Aufgaben wahr, können aber auch geoarchäologisch beraten. Es existieren aber auch Schwerpunkte im Bereich der

4

Archäobotanik (z. B. Baden-Württemberg), zur Mikromorphologie (Sachsen-Anhalt), Dendrochronologie (Baden-Württemberg und Bayern), zur Osteologie (Baden-Württemberg und Brandenburg) und Anthropologie (Baden-Württemberg, Brandenburg und Thüringen). Die Ämter verfügen über eigene spezialisierte Restaurierungswerkstätten, die teils eng mit verschiedenen Forschungseinrichtungen kooperieren. Zur personellen Grundausstattung gehören neben Zeichnern, Fotografen oder Redaktionsmitarbeitern ferner Grabungstechniker, die zunehmend auch im Bereich der Beratung und Fachaufsicht tätig sind. Die archäologischen Ausgrabungen selbst werden heute in den meisten Bundesländern durch private Grabungsfirmen ausgeführt.

Die grundsätzlichen Ziele der staatlichen Bodendenkmalpflege bestehen neben der Erfassung bzw. Inventarisation der Denkmäler und dem Führen der Denkmalliste in der Durchführung bzw. Überwachung von Ausgrabungen sowie der Erforschung der Bodendenkmäler im Rahmen und auf der Grundlage der jeweiligen Bestimmungen. In der Regel arbeiten die Landesämter gutachterlich und beratend als Fachbehörden bzw. Fachämter, die z. B. als Träger öffentlicher Belange fachliche Stellungnahmen zu Planungen der unterschiedlichen Ebenen abgeben und die Genehmigungsbehörden (Untere Denkmalschutzbehörden, Bezirksregierungen usw.) fachlich beraten. Die Fachreferenten benötigen für diese Arbeit breit angelegte archäologische Grundkenntnisse und eine Weiterbildung in Verwaltungsvorgängen. Häufig sind die Ämter den Ministerien unmittelbar nachgeordnete Behörden, in Einzelfällen sind oder waren sie Regierungspräsidien zugeordnet. In manchen Regionen werden die Aufgaben der Bodendenkmalpflege zusätzlich von Kommunalarchäologen wahrgenommen, die teils auch in Personalunion als Vollzugsorgan die Untere Denkmalschutzbehörde vertreten.

4.1 Prospektion: Überlieferungsbedingungen der archäologischen Substanz

Übersicht
- Ist der Boden intakt?
- Gibt es einen ehemaligen Laufhorizont?
- Sind die Artefakte *in situ*?

Um Fundstellen zu schützen, muss man sie erst einmal kennen. Dafür stehen diverse zerstörungsfreie Prospektionsmethoden zur Verfügung, wie Feldbegehungen mit Aufnahme der Fundverteilung, geophysikalische Messungen, Auswertung von Luftbildern und LiDAR-Daten (siehe ▶ Kap. 14). Die Aussagekraft der so gewonnenen Daten hängt ganz entscheidend von der Unversehrtheit der heutigen Oberfläche ab: Quasinatürliche Prozesse wie Erosion und Akkumulation, aber auch direkte anthropogene Bodenab- und -aufträge können Fundstellen abtragen bzw. überdecken und dabei Funde verlagern oder unsichtbar machen (Nadler 2001). Eine Überprüfung der geologisch-bodenkundlichen Situation – mithilfe von Sondageschnitten – ist daher für die Evaluierung von Funden an der Oberfläche notwendiger Bestandteil einer Prospektion (Wohlfarth 2019, S. 107). Die Existenz von verkürzten Bodenprofilen bis hin zu fehlenden Horizonten weist auf die Intensität eines Bodenabtrages hin. Anhand der von Erosion betroffenen Profile ist es daher möglich, die natürliche Oberflächenhöhe – und damit das originäre Laufniveau sowie die Tiefen von Gräben, Gruben und Pfosten – zu rekon-

☐ Tab. 4.1 Übersicht der Denkmalfachbehörden in Deutschland und deren jeweiligen naturwissenschaftlichen Schwerpunkten, die jeweils durch Fachleute vertreten sind

Bundesland	Fachbehörde	Link	Fachstellen im Bereich der Naturwissenschaften
Baden-Württemberg	Landesamt für Denkmalpflege Baden-Württemberg	► www.denkmalpflege-bw.de	Anthropologie, Archäozoologie, Unterwasser- und Feuchtbodenarchäologie, Botanik und Dendrochronologie, Bodenkunde, Geophysik
Bayern	Bayerisches Landesamt für Denkmalpflege	► www.blfd.bayern.de	Dendrochronologie, Zentrallabor, geophysikalische Prospektion
Berlin	Landesdenkmalamt Berlin	► www.berlin.de/landesdenk-malamt/	Keine
Brandenburg	Brandenburgisches Landesamt für Denkmalpflege und Archäologisches Landesmuseum	► www.bldam-brandenburg.de	Archäozoologie, Archäobotanik
Bremen	Landesarchäologie Bremen	► www.landesarchaeologie.bremen.de	Keine
Hamburg	Archäologisches Museum Hamburg/Helmsmuseum	► www.helmsmuseum.de	Keine
Hessen	Landesamt für Denkmalpflege Hessen	► www.lfd.hessen.de	Paläontologie, Archäobotanik, Montanarchäologie
Niedersachsen	Niedersächsisches Landesamt für Denkmalpflege	► www.denkmalpflege.niedersachsen.de	Montanarchäologie, Moorarchäologie, Paläoökologie
Nordrhein-Westfalen	LVR-Amt für Bodendenkmalpflege im Rheinland; LWL-Archäologie für Westfalen, Römisch-Germanisches Museum der Stadt Köln	► www.bodendenkmalpflege.lvr.de ► www.lwl-archaeologie.de ► https://www.roemisch-ger-manisches-museum.de	Rheinland: Geoarchäologie, Geophysik Westfalen: Paläontologie
Mecklenburg-Vorpommern	Landesamt für Kultur und Denkmalpflege Mecklenburg-Vorpommern	► www.kulturwerte-mv.de	Keine
Rheinland-Pfalz	Generaldirektion Kulturelles Erbe Rheinland-Pfalz	► www.archaeologie-mainz.de	Keine
Saarland	Landesdenkmalamt Saarland	► www.denkmal.saarland.de	Keine
Sachsen	Landesamt für Archäologie Sachsen	► www.archaeologie.sachsen.de	Keine
Sachsen-Anhalt	Landesamt für Denkmalpflege und Archäologie Sachsen-Anhalt	► www.lda-lsa.de	Archäologische Prospektion, Geoarchäologie, Archäobotanik, Archäozoologie
Schleswig–Holstein	Archäologisches Landesamt Schleswig–Holstein, Hansestadt Lübeck	► www.archaeologie.schleswig-holstein.de ► www.luebeck.de	Keine
Thüringen	Thüringisches Landesamt für Denkmalpflege und Archäologie	► www.thueringen.de/denk-malpflege	Archäometrielabor, Anthropologie, geophysikalische Prospektion

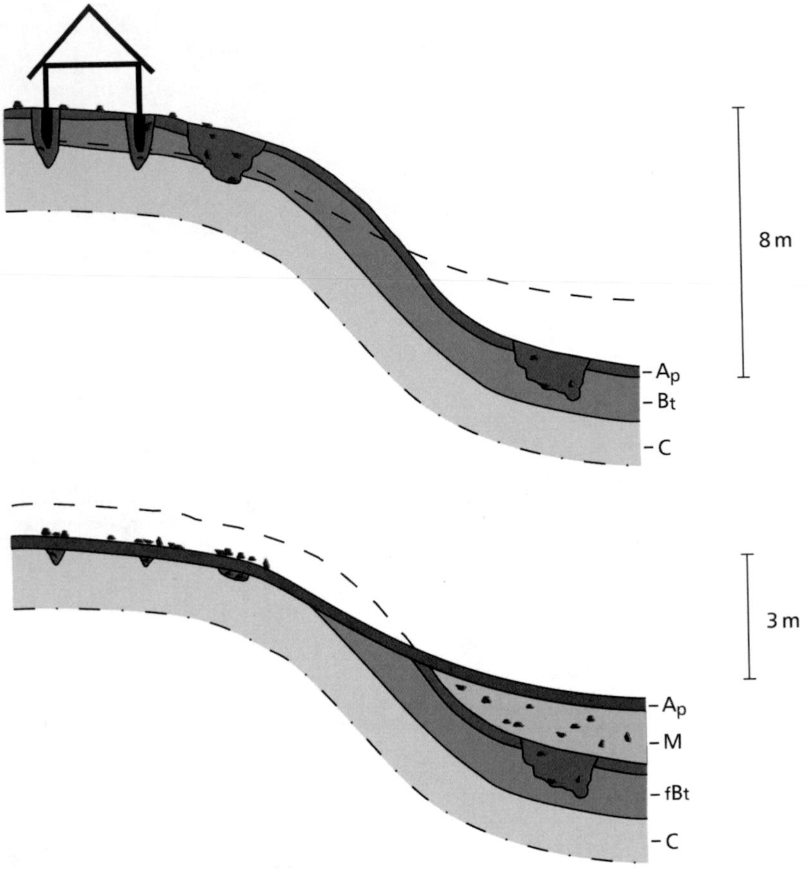

4

◘ Abb. 4.1 Schema von Erosion und Akkumulation auf einem Fundplatz, am Beispiel des Pulheimer Bachtales (westlich von Köln). Ein römischer Siedlungsplatz wird durch Erosion abgetragen: Die Funde reichern sich an der Oberfläche an (Kondensatfundplatz), während die Funde in dem langsam aufwachsenden Kolluvium im Tal als Zeugen diverser Oberflächenstadien weitgehend *in situ* liegen. Die zur Römerzeit noch existierende Höhendifferenz von 8 m ist bis heute auf 3 m geschrumpft (aus Gerlach 2006)

struieren. Da der abfließende Regen zumeist eine flächenhafte Erosion auslöst, werden bevorzugt nur die feinerdereichen Befundfüllungen erodiert. Gröbere Artefakte (Keramik, Steine) brauchen eine höhere Transportenergie und bleiben daher auf der Oberfläche liegen, wo sie sich wie auf einem Sieb konzentrieren können (◘ Abb. 4.1). Die korrelaten Sedimente der Erosion, nämlich Kolluvien und Auenlehm, bedecken hingegen die Fundplätze und können sie schützen. Allerdings werden so Fundstellen an der Oberfläche auch unsichtbar. Was die Bewertung archäologischer Funde in diesen Sedimenten

angeht, gilt, dass in den meisten Fällen weder der abfließende Regen noch die Hochwasser im Auenraum eine entsprechende Transportenergie besitzen, um Artefakte wie Keramikscherben mit zu bewegen, weshalb diese überwiegend *in situ* liegen. Diese markieren in den langsam aufwachsenden Sedimenten ehemalige Lauf- und Nutzungsoberflächen. Eine Ausnahme stellen die plötzlichen, gewaltigen Erosionsereignisse dar, die zum Einreißen von metertiefen Schluchten (Gullys) geführt haben, wobei aufgrund der großen Fließenergie auch grobes Material mitgerissen wurde (Bork 2006).

◪ Abb. 4.2 Baesweiler (Deutsche Grundkarte 1:5000): Luftbild, Bodenkarte und DGM 10 mit Materialentnahmegruben (aus Gerlach 2011)

Neben den quasinatürlichen Prozessen von Erosion und Akkumulation existiert vor allem in den altbesiedelten Gunsträumen eine Vielzahl von direkten anthropogenen Bodenab- und -aufträgen. Diverse Techniken der „Erddüngung" haben über die Zeit die Oberfläche großflächig verändert. Solche Bodenab- und -aufträge sind natürlich nicht nur ein „Störfaktor", sondern zugleich auch wichtige Relikte einer historischen Landwirtschaft. Der bekannteste Auftragsboden ist der Eschboden, der vor allem in sandigen Regionen verbreitet ist. In vielen Fällen wurden aber nicht die klassischen Plaggen (abgestochene Heide- oder Grassoden), sondern „nur" mit Stalldung angereicherte sandige Sedimente aufgetragen. Diese sind als anthropogene Auftragsböden nur schwer zu erkennen. So konnten die als „tiefreichend humose Braunerden" kartierten Böden am Niederrhein erst infolge geoarchäologischer Untersuchungen als „Erdesche" erkannt werden, wodurch sich der Flächenanteil potenzieller „Erddüngungsböden" – verlagerte Artefakte inklusive – fast vervierfachte (Gerlach 2017).

Andere historische Eingriffe mit Folgen für Funderhaltung und Fundverteilung sind Materialentnahmegruben, bei denen es sich um Relikte eines bäuerlichen Kleinbergbaus handelt, der mancherorts – z. B. im Lössgebiet des Rheinlandes – eine „durchlöcherte" Landschaft zurückgelassen hat. Diese Löcher und Abbaustellen entstanden überwiegend durch einen offenen oder untertägigen Abbau von Lehm (Feldziegeleien), Mergel (Düngung) und Sand/Kies; manche dienten zur Entwässerung von Staunässeböden (Gerlach 2019) (◪ Abb. 4.2). Viele dieser Löcher wurden mit allochthonem Boden und ggf. mit Fundmaterial aufgefüllt.

4.2 Ausgrabung: Der „Dreck" als archäologischer Befund

Übersicht

- Wo ist der „natürliche Boden"?
- Was ist Befund, was nicht?
- Wie hat sich der Befund verändert?
- Welche Analysemethoden gibt es?

Das Erkennen und Interpretieren archäologischer Befunde während einer Ausgrabung ist zunächst eine Kernaufgabe der Archäologie. Die Notwendigkeit geowissenschaftlicher Begleitung von Ausgrabungen ergibt sich aus der Tatsache, dass auf mitteleuropäischen Fundplätzen die Mehrzahl der Befunde

4

aus mit Bodenmaterial verfüllten Strukturen wie Gräben, Gruben und Pfostenlöchern besteht. Dieser „Dreck" stellt die mit Abstand größte Fundgattung auf Ausgrabungen dar – eine Fundgattung, die lange weitgehend unbeachtet blieb. Ihre Bedeutung liegt vor allem darin, dass es sich bei dem eingefüllten (oder eingeschwemmten) Bodenmaterial zumeist um vermischte Reste des ehemaligen Oberbodens aus der nahen Umgebung, also um Relikte des „Laufhorizontes", handelt, worunter bei *on-site*-Befunden der Siedlungsboden und im *off-site*-Bereich die ehemalige landwirtschaftliche Nutzfläche zu verstehen ist. Vor allem bei den fundleeren *off-site*-Befunden stellen dieses Bodenmaterial und seine Inhaltstoffe die einzige Informationsquelle dar, um Zustand und Nutzung des Oberbodens zu rekonstruieren (siehe ▶ Kap. 15).

Anthropogene Schichten und Verfüllungen sind auf einer Grabung immer anhand farblicher und stofflicher Veränderungen gegenüber dem natürlichen Umgebungsboden erkennbar. Nicht immer – vor allem dann, wenn die Befunde fundleer sind – gelingt aber eine eindeutige Zuweisung, zumal viele Archäologen nicht über ein bodenkundliches Fachwissen verfügen. Das Trennen natürlicher von anthropogenen Horizonten, die Abgrenzung von Gruben und Gräben von den sie umgebenden (quasi-)natürlichen Bodenbildungsschatten gehört daher zu einer der wesentlichen Aufgaben geowissenschaftlicher Grabungsbegleitung. Die Befundfüllungen unterliegen – wie ihre unmittelbare Umgebung – einer eigenen Bodenbildung, die je nach Ausgangsmaterial, Bodenregion und Alter unterschiedlich ausfallen kann. Typische Prozesse der Veränderung sind u. a. Humusabbau (Vergrisung), Aggregatbildung,

Redoximorphoseerscheinungen an den Befundgrenzen, Entkalkung, Verbraunung/Bänderung in und um den Befund herum (Bodenbildungsschatten) (◐ Abb. 4.3), Versauerung und Tonverlagerung. Je nach Art und Intensität der Bodenbildung innerhalb und außerhalb eines Befundes ist dann – unabhängig von Artefakten, die letztlich immer nur einen *terminus post quem* darstellen – bereits auf der Grabung eine Alterseinschätzung möglich. So kann z. B. in einer Parabraunerde-Region eine Grube ohne eigene Bodenbildungsmerkmale in Füllung und Umgebung, trotz eines eventuell vorhandenen neolithischen Artefakts, nicht tausende von Jahren alt sein. Daneben gibt es eine Vielzahl natürlicher Erscheinungen wie Pseudogleyfahnen in Staunässeböden, girlandenförmige Bsh-Horizonte von Podsolen oder Frostmusterböden mit verschiedenen Ausprägungen von Kryoturbationen und Eiskeilen, die sowohl im Planum als auch im Profil leicht mit Gruben, Pfosten oder Gräben verwechselt werden können (◐ Abb. 4.4).

Das Erkennen von Auf- und Abträgen, seien sie (quasi-)natürlicher oder anthropogener Natur, dient auf einer Grabung u. a. dazu, die Tiefenlage eines Grabungsplanums für die Dokumentation der archäologischen Befunde zu ermitteln. Das Grabungsplanum hängt auch von der Sichtbarkeit der Befunde ab. So können Befundgrenzen – obwohl es keine Ab- und Aufträge gibt – z. B. in den lessivierten Al-Horizonten von Parabraunerden sehr häufig nicht mehr erkannt werden, da mit der Verlagerung der Tonteilchen auch die färbenden Oxide und humosen Bestandteile ausgewaschen werden. Der Befund „verschwindet" optisch und wird erst wieder auf der Ebene des Bt-Horizontes sichtbar (Schalich 1981, S. 513) (◐ Abb. 4.5).

◨ **Abb. 4.3** Bodenbildungsschatten (hier eine Verbraunung) um einen Befund (Fotos: R. Gerlach, LVR-ABR)

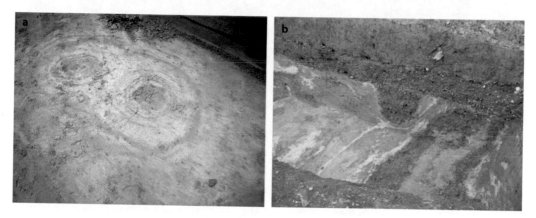

◨ **Abb. 4.4** **a** Kreisrunde Kryoturbationen (ca. 1 m Durchmesser) täuschen im Planum einen Befund vor. (Foto: A. Schuler, LVR-ABR). **b** Unter anthropogenen Aufschüttungen täuscht eine Kryoturbation im Profil einen Pfosten vor (Foto: R. Gerlach, LVR-ABR)

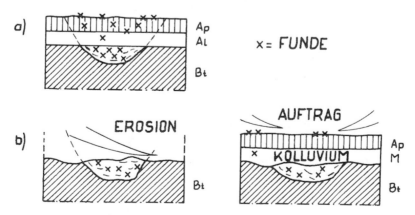

◨ **Abb. 4.5** Verschwinden der oberflächennahen Befundgrenzen im Boden durch **a** Lessivierung oder **b** Erosion und Akkumulation (aus Gerlach und Kopecky 1998)

4

Abb. 4.6 Probennahme für Geochemie, OSL-Datierung und Mikromorphologie an einem Befund (Foto: R. Gerlach, LVR-ABR)

Bei der Ausführung, aber auch schon bei der Planung archäologischer Maßnahmen, informieren Geowissenschaftler über die Möglichkeiten und Grenzen diverser Analysemethoden und Datierungsmöglichkeiten, stellen den Kontakt zu anderen Spezialisten her und sorgen für eine fachgerechte Probennahme (**Abb. 4.6). Nachfolgend kommt dann häufig auch die Koordinierung der naturwissenschaftlichen Arbeiten untereinander sowie mit der Archäologie hinzu. Da grundlegende Kenntnisse in Sedimentologie und Bodenkunde letztlich für jeden Ausgräber unerlässlich sind, gehört die Schulung von wissenschaftlichen Grabungsleitern, Technikern und Arbeitern z. B. im Hinblick auf die korrekte Bodenansprache (nach Ad-hoc-AG Boden 2009) ebenfalls zu den typischen Tätigkeiten von Geoarchäologen bzw. Bodenkundlern.

Die langjährigen Erfahrungen zeigen, dass im Rahmen praktischer bodendenkmalpflegerischer Aufgaben im Gelände vor allem der bodenkundliche Aspekt der Geoarchäologie gefragt ist. Diesen Aspekt zu stärken hat sich die AG Boden und Archäologie zur Aufgabe gemacht (siehe ▶ Abschn. 3.2). Auf deren Webseite sind weitere Beispiele zu bodenkundlichen Phänomenen im Rahmen der Archäologie aufgeführt.

4.3 Auswertung: Der landschaftsarchäologische Kontext

Übersicht

— Wie sahen die Geofaktoren Relief, Boden und Wasser (z. B. Bäche und Flüsse) ehemals aus?
— Wie haben sie sich verändert?
— Welchen Anteil hat der Mensch daran?

Last but not least ist geowissenschaftliche Expertise in der Praxis auch bei der wissenschaftlichen Auswertung gefragt, die ebenfalls zu den zentralen Aufgaben der Landesarchäologie gehört. Dabei unterscheiden sich Fragen und Anforderungen grundsätzlich kaum von denen der universitären Geoarchäologie und der Landschaftsarchäologie. Seit Beginn der bäuerlichen Nutzung der Landschaft, ab dem Neolithikum, werden die Geofaktoren stetig verändert, sodass die Landschaft inzwischen selbst ein Kulturerzeugnis ist. Gerade bei der syn- und diachronen Analyse der menschengemachten Landschaft bilden die langen und umfangreichen Datenreihen der Landesarchäologie die unverzichtbare Basis für wissenschaftliche Hypothesenbildungen und Auswertungen. Nahezu tagtäglich werden, vor allem im Rahmen der Verursacherarchäologie, Flächen und Profile in großem Stil (Gasleitungen, Straßenneubauten, Tagebaue, Gewerbegebiete etc.) geöffnet und untersucht. Angesichts der Fülle von Aufschlüssen muss man sich regelrecht anstrengen, um nichts Neues zu entdecken. Und so gehört natürlich auch wissenschaftliche Neugier und Offenheit zum Anforderungsprofil von Geoarchäologen und Geoarchäologinnen.

Ausbildung von Geoarchäologen und berufliche Perspektiven

Renate Gerlach, Felix Henselowsky und Bertil Mächtle

Zusammenfassung

Es besteht auf vielen Ebenen der Wissenschaft ein Bedarf an geowissenschaftlicher Expertise. Betrachtet man den Arbeitskreis Geoarchäologie, so stammen viele Forschende, die sich selbst als Geoarchäologen bezeichnen, aus dem Bereich der Physischen Geographie. Denn dieses Teilgebiet der Geographie bietet die notwendige Expertise über Bodenkunde und Geomorphologie. Darüber hinaus bestehen seit einigen Jahren auch eigene geoarchäologische Studiengänge an deutschen Hochschulen. Es kommt jedoch trotzdem nur langsam zu einer Herkunftsveränderung. Der Arbeitsmarkt für Geoarchäologen birgt Schwierigkeiten. Die meisten Absolventen arbeiten an Universitäten als Wissenschaftliche Mitarbeiter oder Doktoranden. In anderen staatlichen Institutionen existieren nur wenige feste Stellen. Einen weiteren Arbeitsmarkt bildet die Anstellung durch Fachfirmen oder die freiberufliche Projektbegleitung. In absehbarer Zukunft wird sich an diesem Umstand nichts ändern; es wird sogar über ein Sinken der Stellenzahlen gemutmaßt.

Renate Gerlach

Seit der Etablierung der ur- und frühgeschichtlichen Archäologie um die Mitte des 19. Jahrhunderts – unter maßgeblicher Beteiligung des ebenfalls noch jungen Faches Geologie – existierte ein steter Bedarf an geowissenschaftlicher Expertise auf allen Ebenen der wissenschaftlichen Wertschöpfungskette von der Geländearbeit bis hin zu wissenschaftlichen Projekten. Vor allem Teildisziplinen wie die Paläolithikumsforschung oder in jüngerer Zeit die Landschaftsarchäologie waren und sind eng mit den Geowissenschaften verbunden. Mit der Zusammenführung diverser Lehrinhalte aus Physischer Geographie, Geologie und Archäologie/Ur- und Frühgeschichte unter der „Dachmarke" Geoarchäologie wurde also kein neues, aber ein neu fokussiertes, attraktives Forschungsfeld etabliert (siehe Kap. 2).

Auch wenn keine offiziellen Zahlen existieren, sieht es doch so aus, dass die seit einigen Jahren „auf dem Markt" befindlichen Absolventen der Geoarchäologiestudiengänge (Infobox 5.1) am ehesten Anschlussverträge in der archäologisch-geoarchäologischen Forschung an den Universitäten finden: Zumeist als wissenschaftliche Mitarbeiter, Doktoranden oder Postdocs in den großen durch Drittmittel finanzierten Verbundprojekten (SFB, SPP, Graduiertenschule etc.) mit ihren Fragestellungen zur Mensch-Umwelt-Interaktion in vergangenen Epochen. Allerdings bieten diese Beschäftigungsverhältnisse in der Regel dauerhaft keine Perspektive.

Es existieren zurzeit auch keine Angaben über die fachliche Heimat der Absolventen und Studierenden. Nimmt man aber die Provenienz der Teilnehmer in den Sitzungen des Arbeitskreises Geoarchäologie zum Maßstab, dann kommt die ganz überwiegende Zahl derjenigen, die sich als Geoarchäologen verstehen, aus der Physischen Geographie – ein Umstand der bereits in den Anfängen der „Geoarchäologie-Bewegung" zu konstatieren war (Gerlach 2003), und der sich durch die neuen Studiengänge erst langsam zu verändern scheint.

Auch für den Verband der Landesarchäologen (2006) sind Geoarchäologen in erster Linie spezialisierte Geowissenschaftler, die aus der Geographie, Bodenkunde oder Quartärgeologie kommen (dem heutigen Stand entsprechend muss dieser Liste ein Abschluss in Geoarchäologie hinzugefügt werden), welche Erfahrungen in Bodenkunde mit dem Schwerpunkt landschaftsbezogene Paläopedologie, in Physischer Geographie mit dem Schwerpunkt Geomorphologie sowie in Quartärgeologie und/oder holozäner Landschaftsgeschichte haben sollten (Verband der Landesarchäologen 2006, S. 9–10). Dies alles sind praxisrelevante Inhalte, um die sich auch die meisten Geoarchäologie-Studiengänge bemühen. Neben solchen Studieninhalten zählt in der

Archäologie auch die praktische Grabungserfahrung zu den wichtigen „Skills" (Krausse und Nübold 2008, S. 43). Diese kann z. B. durch Mitarbeit auf Forschungsgrabungen, Grabungen der Denkmalpflege oder bei Grabungsfirmen in den Semesterferien gewonnen werden. Hier ist die Eigeninitiative der Studierenden gefragt.

Angesichts der Relevanz und der Tradition, welche die Mitarbeit von spezialisierten Geographen und Geowissenschaftlern in der Archäologie hat, ist es schon bemerkenswert, dass in den staatlichen Bodendenkmalpflegeämtern (▶ Kap. 4) nur drei festangestellte Personen aus den Geowissenschaften und der Bodenkunde existieren (Baden-Württemberg, Landschaftsverband Rheinland in NRW, Sachsen-Anhalt). Diese Situation unterscheidet sich jedoch nur wenig von der anderer Spezialisten, z. B. aus der Archäobotanik mit sechs Stellen oder der Geophysik mit drei Stellen. Dass die Ämter überhaupt solche Stellen anbieten, liegt am Ausbau, zunächst ab den 1970er-, vor allem aber ab den 1990er-Jahren, als nicht nur Archäologen, sondern auch diverse Naturwissenschaftler neu eingestellt wurden (Krausse und Nübold 2008, S. 10). Dies bedeutet allerdings nicht, dass es in den Fachämtern ohne fest angestellte Geoarchäologen keine entsprechende Begleitung von Projekten gibt: Sie wird zum Teil seit langen Jahren durch freiberuflich tätige Geoarchäologen oder durch hinzugezogene Wissenschaftler aus den Universitäten gewährleistet. Ein bedeutender eigener Arbeitsmarkt hat sich ebenfalls seit den 1990er-Jahren im Rahmen der Verursachermaßnahmen herausgebildet: Viele private archäologische Fachfirmen beschäftigen, wenn auch nur projektbezogen mit befristeten Verträgen, auf ihren Grabungsmaßnahmen Geowissenschaftler oder Bodenkundler. Im Gelände kommen die Vorteile einer geowissenschaftlich-bodenkundlichen Expertise am ehesten zur Geltung (▶ Kap. 4). Die konkrete Stellensituation im privaten Sektor hängt dabei nicht nur stark von der Baukonjunktur ab – je mehr Bauprojekte, umso mehr Verursachergrabungen –, sondern auch von den Auflagen der jeweiligen Fachämter. Im Rheinland, dem westlichen Landesteil von NRW (LVR-Amt für Bodendenkmalpflege im Rheinland), ist eine Beteiligung von Geowissenschaftlern in den Grabungsrichtlinien vorgeschrieben. In anderen Fachämtern hängt eine mögliche Beteiligung von Geowissenschaftlern bzw. Bodenkundlern eher von konkreten Fragen ab, z. B., wenn Befundsituationen auf Grabungen rein archäologisch nicht mehr eindeutig zu klären sind (▶ Kap. 4). Am ehesten bietet dieser Arbeitsmarkt wohl denjenigen Geoarchäologen/Bodenkundlern eine Chance, die auch einen archäologischen Abschluss besitzen und daher auch archäologische Arbeiten übernehmen können. Wie oben erwähnt, besteht hier noch Ausbildungsbedarf in der Geoarchäologie.

Eine Veränderung der derzeitigen Stellensituation im außeruniversitären Archäologiesektor ist für die nächsten Jahre nicht zu erwarten. Viele staatliche Organisationen befürchten sogar ein Sinken der Anzahl an festen Stellen (Bentz und Wachter 2014, S. 63). Auch besteht in der Archäologie eine anhaltende Tendenz, das Wissen von Spezialisten für Aufgaben wie Konservierung, Dendrochronologie, Archäobotanik, Radiokohlenstoffdatierung, Physische Anthropologie oder auch für Geologie lieber extern einzukaufen als selbst vorzuhalten (Bentz und Wachter 2014, S. 108–110). Dafür muss es aber solche Spezialisten auch geben – eine Herausforderung für die Ausbildung.

Unabhängig davon, wie man diese Berufsaussichten wertet, ob es sich um ein halb volles oder ein halb leeres Glas handelt, so ist doch eines gewiss: Die geowissenschaftlich-bodenkundliche Beschäftigung mit archäologischen Themen ist eine spannende Tätigkeit.

5

Infobox 5.1

Studiengänge der Geoarchäologie in Deutschland (Felix Henselowsky, Bertil Mächtle)

Durch die Gründung des Arbeitskreises Geoarchäologie im Jahre 2004 fand die Geoarchäologie bald darauf auch ihren Eingang in die akademische Ausbildung, was insbesondere die Förderung des wissenschaftlichen Nachwuchses zum Ziel hatte. In diesem Zusammenhang entstand an der Universität Marburg der erste Masterstudiengang Geoarchäologie zum Wintersemester 2005/2006. Aktuell (Stand Oktober 2020) werden an vier Universitätsstandorten in Deutschland Studiengänge mit der expliziten Nennung des Begriffs „Geoarchäologie" oder „Geoarchaeology" im Titel angeboten (◱ Abb. 5.1). Dabei handelt es sich schwerpunktmäßig um Masterprogramme für Bachelorabsolventen aus der Geographie, den Geowissenschaften und der Archäologie. Ein allgemeines Charakteristikum aller Studiengänge ist ihre große Interdisziplinarität, welche sich in der Anzahl der beteiligten Institute und Fächer widerspiegelt. Der unterschiedliche fachliche Hintergrund der Bachelorstudiengänge bedarf einer starken individuellen Ausrichtung des Masterstudiums, um bereits bekannte Themenbereiche zu vertiefen, während zusätzlich die Vermittlung von Grundlagenkenntnissen aus den Nachbardisziplinen im Vordergrund steht. In den Studiengängen haben insbesondere praktische Geländeübungen und Exkursionen einen großen Stellenwert, da hier geoarchäologische Forschung und Lehre im direkten Befund tatsächlich greifbar und verständlich werden. Die oftmals an aktuelle wissenschaftliche Projekte gekoppelten praktischen Lehrveranstaltungen verdeutlichen den Studierenden die große Relevanz interdisziplinärer Kooperationen und schlagen die Brücke zwischen Lehre und Forschung. Dies spiegelt die zumeist forschungsorientierte Ausrichtung der Studiengänge wider, was besonders anhand der zahlreichen Absolventen deutlich wird, die eine Promotion anstreben. Die Etablierung von spezifischen interdisziplinären Graduiertenkollegs im Themenfeld der Geoarchäologie soll einen fließenden Übergang in ein Promotionsstudium gewährleisten. Wichtig ist bei der Heranführung an die Forschung eine enge Vernetzung mit den staatlichen Aufgabenträgern bzw. ihren Auftragnehmern, die (wenn auch in geringer Zahl) geoarchäologische Arbeitsplätze anbieten. Aufgrund der teilweise geringen Studierendenzahlen in den jeweiligen Studiengängen und damit zusammenhängenden Herausforderungen auf inhaltlicher und organisatorischer Ebene ist eine hohe universitätsinterne Sichtbarkeit Grundvoraussetzung für die Akzeptanz und die erfolgreiche Fortführung dieser Studiengänge. Der große Vorteil einer interdisziplinären Ausbildung mit der besonderen Fähigkeit, sich unterschiedlichen Aufgaben stellen zu können, zeigt sich auch in der Tatsache, dass Absolventen auch außerhalb des Forschungsfelds Geoarchäologie schnell in den Berufsmarkt integriert werden.

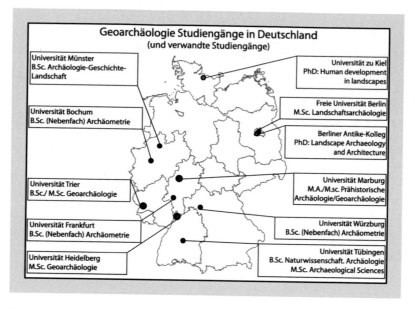

◘ Abb. 5.1 Studiengänge der Geoarchäologie (rot), solche mit verwandten Themenbereichen (schwarz) und Graduiertenkollegs (grau). Eine stetig aktualisierte Auflistung findet sich unter ▶ https://akgeoarchaeologie.de/de/studium

Sachthemen

Inhaltsverzeichnis

Kapitel 6   Archäologische und naturwissenschaftliche
            Chronologien – 49
            Stefanie Berg und Christian Tinapp

Kapitel 7   Stratigraphie und Sedimentologie – 55
            *Hans von Suchodoletz, Christian Tinapp
            und Lukas Werther*

Kapitel 8   Geoökologische Folgen historischer
            Landnutzung – 71
            *Thomas Raab, Florian Hirsch, Anna Schneider
            und Alexandra Raab*

Kapitel 9   Geoarchäologie in unterschiedlichen
            Landschaftsräumen – 79
            *Thomas Birndorfer, Helmut Brückner, Olaf Bubenzer,
            Markus Dotterweich, Stefan Dreibrodt, Hanna Hadler,
            Peter Houben, Katja Kothieringer, Frank Lehmkuhl,
            Susan M. Mentzer, Christopher E. Miller, Dirk
            Nowacki, Thomas Reitmaier, Astrid Röpke, Wolfgang
            Schirmer, Martin Seeliger, Christian Stolz, Hans
            von Suchodoletz, Christian Tinapp, Johann Friedrich
            Tolksdorf, Andreas Vött und Christoph Zielhofer*

Kapitel 10 Künstliche Ablagerungen – 165
            *Hans-Rudolf Bork, Dagmar Fritzsch, Svetlana
            Khamnueva-Wendt, Dirk Meier, Susan M. Mentzer,
            Christopher E. Miller, Thomas Raab, Astrid Röpke,
            Mara Lou Schumacher, Mareike C. Stahlschmidt,
            Harald Stäuble, Christian Stolz und Jann Wendt*

Kapitel 11 Kolluvien – 207
Britta Kopecky-Hermanns, Richard Vogt und
Stefanie Berg

Kapitel 12 Böden und Bodenbildung – 217
Dagmar Fritzsch, Peter Kühn, Dana Pietsch, Astrid
Röpke, Thomas Scholten und Heinrich Thiemeyer

Kapitel 13 Taphonomie und postsedimentäre Prozesse – 239
Christopher E. Miller, Inga Kretschmer, Michael
Strobel, Richard Vogt und Thomas Westphalen

Archäologische und naturwissenschaftliche Chronologien

Stefanie Berg und Christian Tinapp

Zusammenfassung

Das kurze Kapitel führt zur besseren Orientierung für den Leser in die naturwissenschaftliche Gliederung des Quartärs und in die archäologische Epocheneinteilung mit Bezug auf Deutschland ein. Dazu dienen zwei übersichtliche Tabellen.

Die naturwissenschaftliche Unterteilung des Quartärs beruht auf litho-, pedo-, morpho- und biostratigraphischen Merkmalen (Litt 2007; Wagner 1995). Die Einteilung des Holozäns in Chronozonen basiert auf signifikanten Veränderungen in der Vegetationsentwicklung (◘ Abb. 6.1).

Die archäologische Epocheneinteilung der schriftlosen Zeiten in Steinzeit, Bronzezeit und Eisenzeit geht auf Christian Thomsens Einordnung der Funde des Dänischen Nationalmuseums zwischen 1816 und 1825 zurück. Auf der Grundlage des „geschlossenen Fundes", der Typologie, der Stratigraphie und der archäologisch-historischen Methode entwickelte sich eine feinere Unterteilung der drei Hauptepochen. Sie wurden nach für einen Zeitraum und eine Region charakteristischen Funden, nach Fundzusammenhängen oder nach den ersten Fundorten der Erstbeschreibung benannt. So beschreibt der Begriff „Schnurkeramik" eine Verzierungstechnik von Tongefäßen, bei denen im ungebrannten Zustand organische Schnüre waagerecht auf dem Tonkörper eingedrückt wurden; die jungneolithische Altheimer Gruppe wurde z. B. nach dem 1914 ausgegrabenen Erdwerk im eponymen Fundort im Landkreis Landshut bezeichnet. Nur durch Schriftquellen sind z. B. die Namen der Volksstämme im frühen Mittelalter wie Franken, Sachsen, Thüringer, Alamannen und Baiuvaren bekannt. Für einen Großteil der Menschheitsgeschichte fehlen diese Informationen.

Erst durch die Entwicklung der naturwissenschaftlichen Datierungsmethoden (► Kap. 16) wie Dendrochronologie und ¹⁴C-Datierung war es möglich, die zeitlichen Ansätze genauer festzulegen. Dieser Prozess ist bis heute noch nicht abgeschlossen. Die Frage nach Ethnien und Kulturzugehörigkeit auf der Grundlage der materiellen Hinterlassenschaften stellen Bestandteile der archäologischen Forschung seit den 1920er-Jahren dar. Der zunehmende Einsatz von naturwissenschaftlichen Methoden wie die genetische Untersuchung der mitochondrialen DNA (Brandt 2013) und der Strontium-isotopenanalyse (Knipper 2004) bieten umfassende Interpretationsmöglichkeiten zur Klärung der Migration.

Die kulturelle Entwicklung verlief in Mitteleuropa auch aufgrund von unterschiedlichen naturräumlichen, klimatischen und verkehrsgeographischen Voraussetzungen nicht einheitlich ab. Die vorliegende räumliche Differenzierung in einen nördlichen, südlichen, westlichen und östlichen Bereich ist für eine Überblicksdarstellung notwendig, schafft aber künstliche Grenzen.

Der Wechsel von der aneignenden (durch Jagen und Sammeln) zur produzierenden Wirtschaftsweise (mit Ackerbau und Viehzucht) vollzog sich in Mitteleuropa vor etwa 7500 Jahren (◘ Abb. 6.2). In einer Migrationswelle aus dem Nahen Osten breitete sich die neue Wirtschaftsform in den fruchtbaren Regionen Mitteleuropas aus (Lüning 1996; Gronenborn und Haak 2018; Kind 2006; Baales 2006). Ab der Mitte des 5. Jahrtausends prägte die Michelsberger Kultur weite Teile Deutschlands. In dieser Zeit wird die mesolithische Bevölkerung in die bäuerliche Gesellschaft integriert; dies führte zu einer „agropastoralen" Wirtschaftsweise (Gronenborn und Haag 2018), die sich bis nach Norddeutschland ausbreitete. Ab 2900 v. Chr. erfolgte die letzte Migrationswelle im Neolithikum aus den östlichen Steppengebieten. Die Entwicklung in den anderen Gebieten verlief divers und führte zur Ausbildung verschiedener Kulturen (◘ Abb. 6.2). Dies gilt auch für die Epochen der Bronze- und Eisenzeit.

6

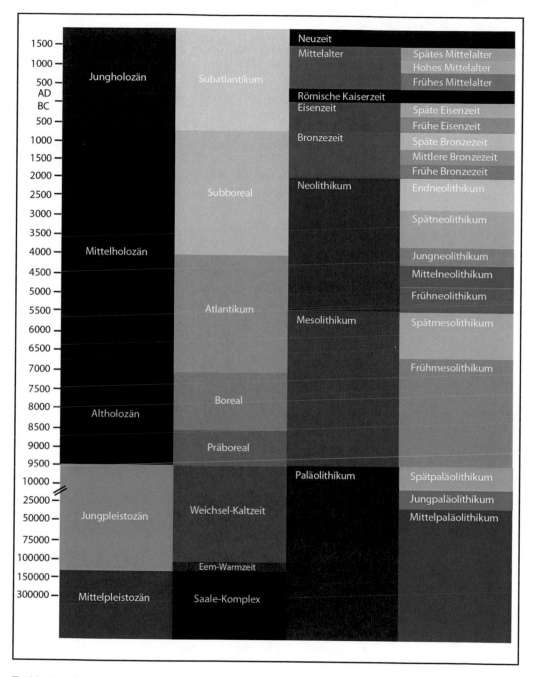

Abb. 6.1 Archäologische und naturwissenschaftliche Zeitreihen für Mitteleuropa mit ungefährer zeitlicher Abgrenzung (verändert nach Wemhoff und Rind 2018)

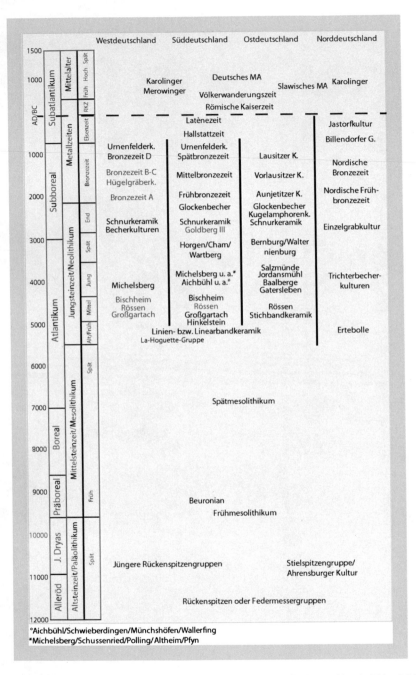

◘ Abb. 6.2   Archäologische Zeitreihen und Kulturen für verschiedene Teile Deutschlands. Zeittafel für das bayerische Neolithikum (2006), Zeittafel für Nordwestdeutschland (2015), Zeittafel für Sachsen (2018) und Zeittafel für das Rheinland (2017)

Der weitreichende kulturelle Einfluss der Römer vor rund 2000 Jahren führte dazu, dass der Zeitabschnitt von der Zeitenwende bis an das Ende des 4. Jahrhunderts in Mitteleuropa als Römische Kaiserzeit bezeichnet wird, auch wenn der Nordosten nicht zum Römischen Reich gehörte. In der Völkerwanderungszeit und im Frühmittelalter entwickelten sich die Regionen unterschiedlich.

Während im Westen und Süden und in weiten Teilen des Nordens die merowingischen und karolingischen Frankenreiche entstanden, wurden die östlichen Gebiete slawisch besiedelt. Diese gelangten im 10./11. Jahrhundert durch das zuvor aus dem östlichen Teil des Frankenreiches entstandene Heilige Römische Reich Deutscher Nation zunehmend unter deutschen Einfluss.

Stratigraphie und Sedimentologie

Hans von Suchodoletz, Christian Tinapp und Lukas Werther

Inhaltsverzeichnis

7.1   Sedimenttypen – 56
7.1.1   Natürliche und quasinatürliche Sedimente – 56
7.1.2   Anthropogene Sedimente – 62
7.1.3   Aufschüttungen – 64

7.2   Das Prinzip der Stratigraphie – 64
7.2.1   Geoarchäologische Definition von Stratigraphie – 64
7.2.2   Geologische Stratigraphie – 65
7.2.3   Archäologische Stratigraphie – 66
7.2.4   Synthese – 69

© Springer-Verlag GmbH Deutschland, ein Teil von Springer Nature 2022
C. Stolz und C. E. Miller (Hrsg.), *Geoarchäologie*,
https://doi.org/10.1007/978-3-662-62774-7_7

7

Zusammenfassung

Zu den Kernthemen der Geoarchäologie zählt der Umgang mit verschiedenartigen natürlichen, quasinatürlichen und anthropogen abgelagerten Sedimenten, die Rückschlüsse auf unterschiedliche geomorphologische Prozesse und menschliche Aktivitäten zulassen. Im ersten Abschnitt betrachtet das Kapitel diese Prozesse eingehend und stellt unterschiedliche Sedimenttypen wie Schwemmfächer- und Deltasedimente, Löss, Dünen- und Flugsande, See- und Moorablagerungen, glaziale Sedimente und Hangablagerungen vor. Darüber hinaus werden im archäologischen Kontext abgelagerte Sedimente wie Siedlungsschichten, Grubenfüllungen und Halden behandelt. Im zweiten Abschnitt geht es um das Prinzip der Stratigraphie und seine Bedeutung im Hinblick auf geomorphologische, bodenkundliche und archäologische Fragestellungen, um Chronostratigraphie und die relative Altersstellung von Ablagerungen in Verbindung mit unterschiedlichen Ablagerungsprozessen.

7.1 Sedimenttypen

Hans von Suchodoletz und Christian Tinapp

Sedimente bilden die Grundlage zahlreicher geoarchäologischer Untersuchungen. Dabei handelt es sich zum einen um an archäologischen Stätten vorkommende anthropogene Sedimente und zum anderen um Sedimente aus (benachbarten) Geoarchiven. Grundsätzlich kann man Sedimente danach unterscheiden, ob sie durch natürliche geomorphologische Prozesse oder menschliche Aktivitäten abgelagert wurden. Allerdings werden die natürlichen Vorgänge mindestens seit dem Neolithikum verstärkt direkt oder indirekt durch den Menschen beeinflusst. Daher spricht man auch von quasinatürlichen geomorphologischen Prozessen, die z. B. durch anthropogene

Veränderungen der natürlichen Vegetation einer Region entsprechende Ablagerungen entstehen lassen. Auch wenn die Unterscheidung nicht immer ganz eindeutig ist, so wird im Folgenden zwischen (i) natürlich und quasinatürlich abgelagerten und (ii) direkt anthropogen verursachten Sedimenten unterschieden. Diese werden weiter nach dem am jeweiligen Ort durch die geomorphologische Position bzw. Art der menschlichen Aktivität bestimmten vorherrschenden Prozess ihrer Ablagerung unterteilt (◨ Abb. 7.1).

7.1.1 Natürliche und quasinatürliche Sedimente

7.1.1.1 Fluviale Sedimente

- **Flusssedimente**

Grundsätzlich gibt es zwei verschiedene Prozesssysteme in Flusstälern: Entsprechend der höheren Fließgeschwindigkeit des Wassers werden im Bereich des Flussbettes gröbere kiesige bis sandige Sedimente abgelagert, und im nur bei Hochwasser überschwemmten, etwas höher gelegenen distalen Auenbereich generell feinkörnigere schluffig-tonige bis sandige Hochflutsedimente. Sedimente, die von Flüssen abgelagert werden, werden als fluviale Sedimente bezeichnet. Regelmäßige Flusslaufverlagerungen führen in fluvialen Stratigraphien zu häufigen Wechseln zwischen beiden Prozesssystemen und ihrer entsprechenden Sedimente. Generell werden während Phasen stärkerer Hochflutaktivität mehr feine Hochflutsedimente abgelagert als während schwächerer Hochflutaktivität, wenn die geringere Sedimentationsrate Bodenbildung ermöglicht. Fluviale Sedimente allgemein, aber vor allem fluviale Sediment-Paläoboden-Abfolgen, sind wertvolle Paläoumweltarchive und können archäologische Funde enthalten (◨ Abb. 7.2; von Suchodoletz et al. 2018).

◘ Abb. 7.1 Das Vorkommen verschiedener Sedimenttypen in einer Landschaft am Beispiel der Region um St. Moritz in der Schweiz (Foto: Hans von Suchodoletz)

◘ Abb. 7.2 Spätpleistozän-holozäne fluviale Sediment-Boden-Sequenz am oberen Alazani in Ostgeorgien, deren Entstehung vermutlich durch mit sogenannten Bond-Events im Nordatlantik verbundene Kälteperioden gesteuert wurde. Die schwarzen Pfeile markieren archäologische Funde in der Sequenz (von Suchodoletz et al. 2018) (Foto: Hans von Suchodoletz)

7

- **Schwemmfächersedimente**

Schwemmfächer entstehen bei plötzlicher Gefällsverminderung und/oder Querschnittserweiterung eines Fließgewässers. Oft finden sie sich am Austritt eines Gebirgsflusses in eine Ebene oder an der Mündung eines kleineren Bachs in die Aue eines größeren Flusses. Durch die plötzlich geringer werdende Transportkapazität werden die Sedimente halbkreisförmig in alle Richtungen geschüttet, wobei die Korngrößen nach außen hin systematisch abnehmen. Rinnen auf der Schwemmfächeroberfläche verlagern sich oft, sodass die Sedimente generell relativ chaotische Mischungen kiesiger bis sandig-schluffiger Ablagerungen darstellen. Schwemmfächer bilden sich vor allem bei dominant physikalischer Verwitterung, extremen Abflussspitzen und geringer Vegetationsbedeckung, wenn relativ viel grobes Material produziert und transportiert wird. Somit kommen sie vor allem in den Periglazialgebieten der hohen Breiten und Hochgebirgen sowie in Trockenregionen vor.

Die meisten Schwemmfächer der Tieflandsregionen Mitteleuropas entstanden im Periglazial der pleistozänen Kaltzeiten, bzw. im Holozän durch menschliche Aktivität. Schwemmfächer sind aufgrund ihrer leicht erhabenen Position über der Flussaue oft reich an archäologischen Fundstellen (Davis 2005). Zudem zeigen holozäne Schwemmfächer in Mitteleuropa oft eine erhöhte menschliche Aktivität mit Rodungen an (Zygmunt 2004). In letzterem Falle sind Schwemmfächersedimente den Hangkolluvien zuzurechnen (vgl. ▶ Kap. 11).

- **Deltasedimente**

Deltasedimente werden in annähernd dreieckiger Form durch die nachlassende Transportkraft an der Mündung eines Flusses in ein Stillgewässer (Meere oder Seen) abgelagert. Durch das sehr flache Gefälle spaltet sich der Fluss hier oft in mehrere Mündungsarme auf, wodurch mehrere

eigene flache Schwemmfächer innerhalb des Deltas entstehen. Permanente Sedimentlieferung verschiebt die Deltafront bei gleichbleibendem Meeresspiegel und nicht zu starker Erosion durch Strömungen, Wellen oder Gezeiten langsam in Richtung Gewässer. Hierdurch, sowie durch die damit einhergehende langsame Erhöhung der Transportkraft an einem bestimmten Ort, zeigen Deltasedimente an der Basis typischerweise feineres tonig-schluffiges und oben gröberes kiesig-sandiges Material.

Die Rate des Deltawachstums wird neben der Sedimentlieferung von der Wassertiefe im Deltabereich, der Erosionsrate an der Deltafront, von der Art und Dichte sedimentfangender Vegetation sowie von der Art und Rate von Meeres- bzw. Seespiegelschwankungen bestimmt. Aufgrund zeitlicher Änderungen der Sedimentationsrate und geochemischer Parameter dienen Deltasedimente als Indikatoren und Archive für veränderte Landnutzungsmuster im Einzugsgebiet (Stock et al. 2016). Außerdem können sie archäologische Funde enthalten, die jedoch häufig verlagert sind, oder aber Fundstätten aufweisen, die durch darüber abgelagerte Sedimente konserviert sind (Stanley und Toscano 2009).

7.1.1.2 Äolische Sedimente

- **Löss**

Löss ist ein durch Wind (d. h. äolisch) über teils weite Strecken transportiertes Sediment. In Mitteleuropa wurde er während der quartären Kaltzeiten unter periglazialen Bedingungen im trocken-kalten Steppenklima abgelagert, da durch die dominierende physikalische Verwitterung und eine nur spärliche Vegetationsdecke in Gletschervorfeldern und Flusstälern viel Material der Korngröße Schluff äolisch mobilisierbar war. Während der Warmzeiten wurde der oberflächennah liegende Löss durch Bodenbildung überprägt

◘ Abb. 7.3 a Vermutlich mittel- bis spätpleistozäne Löss-Paläoboden-Sequenz an der ukrainischen Schwarz-meerküste; **b** Sequenz kolluvial verlagerten und teilweise pedogenetisch überprägten mittelpleistozänen bis holozänen Saharastaubs (Wüstenlöss) auf Lanzarote/Kanarische Inseln. Der weiße Pfeil markiert eine mittelholozäne Schicht, welche vermutlich aufgrund menschlich verursachter Destabilisierung in der Staubherkunftsregion in der Westsahara ungewöhnlich grobe Korngrößen aufweist (von Suchodoletz et al. 2010) (Fotos: Hans von Suchodoletz)

(◘ Abb. 7.3a). Die dominierende Korngrößenfraktion im Löss ist Grobschluff, wobei je nach Materialherkunft und Transportdistanz unterschiedliche Mengen Mittelschluff bis Ton bzw. Sand beigemischt sein können. Äolische Stäube aus Trockengebieten werden Wüstenlöss genannt (◘ Abb. 7.3b). Dieser bildet sich aufgrund der dort vorherrschenden dominanten physikalischen Verwitterung und Vegetationsarmut bis heute.

Löss-Paläoboden-Sequenzen sind wertvolle Archive der quartären Landschafts- und Klimageschichte. Sie können archäologische Funde, und in holozänen Wüstenlössen auch menschlich verursachte Signale enthalten (◘ Abb. 7.3b; von Suchodoletz et al. 2010; Terhorst et al. 2014).

■ **Dünen und Flugsande**

Dünen sind äolische Akkumulationsformen aus Sand. Die Sandkörner werden vorwiegend durch Saltation und Reptation (das Springen von Körnern in einer parabelförmigen Bahn und das Anstoßen anderer Körner) transportiert. Hierbei geben bereits mobilisierte Sandkörner beim Aufprall ihre Energie an andere Körner weiter, welche so ebenfalls mobilisiert werden. Da Saltation nur in einem relativ engen Korngrößenbereich stattfinden kann, besitzen Dünen sehr gut sortierte Korngrößen im Fein- bis Mittelsandbereich. Im Gegensatz zu den feineren und daher weiter transportierten Lössen finden sich Dünen immer nahe der Materialquellen, d. h. in Gebieten mit nicht stabilisierten und daher leicht mobilisierbaren oberflächennahen Sanden. In Trockengebieten betrifft dies heute relativ große Bereiche. In Mitteleuropa findet man natürliche Dünen heute vor allem entlang von Küsten und Flussläufen, während im weitgehend vegetationsarmen Pleistozän Dünenbildung in weitaus größeren Gebieten wie beispielsweise in Altmoränenlandschaften möglich war. Bei wiederholter Mobilisierung und Stabilisierung von Dünen durch Vegetation können in Dünen

Paläobodensequenzen entstehen, welche wertvolle Paläoumweltarchive darstellen (Faust et al. 2015). Eine Remobilisierung älterer Dünen aufgrund anthropogener Eingriffe, wie Entwaldung und Überweidung, wurde anhand zahlreicher Beispiele nachgewiesen (z. B. Völkel et al. 2011). Auch können Dünen archäologische Fundplätze enthalten oder überdecken (Vardi et al. 2018).

Wenn Dünen keine morphologische Vollform bilden und der Sand flächenhaft abgelagert wird, spricht man von Flugsanddecken.

7.1.1.3 Seesedimente

Seesedimente (lakustrine Sedimente) entstehen grundsätzlich aus zwei unterschiedlichen Quellen: Die erste ist *in situ* im See entstandenes Material. Dieses besteht zum einen aus organischem Material oder Mikrofossilien, welche von im See lebenden Lebewesen stammen (z. B. Ostracoden oder Diatomeen). Außerdem können aus dem Seewasser Minerale wie beispielsweise Calcit oder Gips ausgefällt werden. Die zweite Quelle bildet klastisches oder organisches Material, welches durch Erosion der Seeufer, oder durch fluviale, glaziale, gravitative oder äolische Prozesse aus dem Einzugsgebiet (bzw. weiter entfernten Gebieten) in den See eingetragen wurde. Die meisten Seesedimente bestehen aus feinkörnigem schluffig-tonigem Material, wobei die Korngrößen in Richtung Seemitte feiner werden. Kontinuierliche Seesedimente sind wertvolle Paläoumweltarchive. Bei Sauerstoffmangel am Seegrund können sich wegen fehlender Bodenfauna auch sedimentäre Jahresschichten (Warven) bilden. Diese erlauben eine jahrgenaue zeitliche Auflösung der Paläoumweltinformation. Neben Daten zur regionalen Paläoumwelt können Seesedimente auch Informationen über lokale oder regionale menschliche Aktivität enthalten (Litt et al. 2009).

7.1.1.4 Moorablagerungen

Moorablagerungen bestehen überwiegend aus abgestorbener organischer Substanz (Torf). Sie bilden sich bei Wasserstau durch hoch anstehendes Grund- oder Oberflächenwasser bzw. hohe Niederschläge. Dies führt zu anaeroben Bedingungen mit einer stark gehemmten Zersetzung organischer Substanz.

Niedermoore werden aus Grund- und Oberflächenwasser gespeist und sind relativ nährstoffreich. In Mitteleuropa sind sie vor allem in Flussauen und Verlandungsbereichen von Seen verbreitet. Hochmoore werden ausschließlich von Regenwasser gespeist und sind sehr nährstoffarm. Der Name leitet sich von der nach oben gewölbten Form, u. a. aufgrund der *Sphagnum*-Moosvegetation, ab. Sie kommen in Mitteleuropa beispielsweise an regenreichen Küsten und in Gebirgslagen vor, und flächenhaft in der kühl-gemäßigten borealen Vegetationszone. Zwischenstadien zwischen Nieder- und Hochmooren werden als Übergangsmoore bezeichnet.

Aufgrund der guten Erhaltungsbedingungen für organische menschliche Artefakte und natürliche Makroreste wie Pollen sind Moorablagerungen wertvolle archäologische bzw. Paläoumweltarchive (Monna et al. 2004). Moore gelten in Mitteleuropa als stark gefährdete Ökosysteme und wurden vielerorts bereits komplett verändert oder vernichtet. Aufgrund des intensiven Torfabbaus, insbesondere seit dem 19. Jahrhundert, traten in ihnen zahlreiche archäologische Fundstellen zutage.

7.1.1.5 Glaziale Sedimente

Glaziale Sedimente entstehen im direkten Zusammenhang mit Eis (z. B. Eisschilde oder Talgletscher). Moränen bilden sich aus vom Eis transportiertem und abgelagertem Material, und zeigen eine unsortierte Mischung verschiedener Korngrößen bis hin zu metergroßen Blöcken

(Findlingen). Entsprechend ihrer Lage zum Eiskörper werden unterschiedliche Moränentypen wie beispielsweise Grund-, End- oder Ufermoränen unterschieden. Durch Schmelzwässer werden fluvioglaziale Sedimente abgelagert. Die wichtigsten fluvioglazialen Formen sind Sander (am Rand von Inlandvereisungen) oder Schotterflächen (bei Gebirgsvergletscherungen), welche durch Schmelzwasserbäche vor den Gletschertoren abgelagert werden. Diese besondere Form der Schwemmfächer weisen vom Gletschertor weg abnehmende kiesige bis sandige Korngrößen auf. Die regelhafte Abfolge (fluvio)glazialer geomorphologischer Formen und Sedimente wird Glaziale Serie genannt. Diese umfasst im Idealfall Grundmoräne, Endmoräne, Sander und Urstromtal, wobei Letzteres als große glazifluviale Entwässerungsrinne bei Gebirgsvergletscherungen fehlt. Durch die Abhängigkeit der Gletscherdynamik von Temperatur und Feuchtigkeit liefert die Verteilung glazialer Sedimente paläoklimatische Informationen. Außerdem können sie archäologische Funde enthalten (Hafner 2012). So geben insbesondere in Hochgebirgsregionen schmelzende Gletscher immer wieder archäologische Funde frei. Die Eisverbreitung während unterschiedlicher Phasen der beiden letzten Kaltzeiten kann zudem relevant für archäologische Fragestellungen sein, die sich mit dem Paläolithikum befassen.

7.1.1.6 Hangkolluvien

Der englische Begriff *colluvium* umfasst sämtliche Arten von Hangsedimenten. Dagegen bezeichnet der deutsche Begriff „Kolluvium" nur direkt oder indirekt menschlich verursachte Hangsedimente. Bei den letztgenannten handelt es sich um die korrelaten Sedimente der vom Menschen ausgelösten Bodenerosion. Sie stellen somit ein Übergangsprodukt hin zu rein anthropogenen Sedimenten dar. Direkt nach Ablagerung zeigen Kolluvien oft eine Schichtung, welche aber im Laufe der Zeit durch postsedimentäre Prozesse wie Bioturbation oder Pflügen zerstört werden kann. Kolluvien sind generell schlecht sortiert und besitzen aufgrund der Erosion von Oberböden oft einen erhöhten Anteil organischer Substanz (◘ Abb. 7.4). Sie liefern Informationen über Umweltfaktoren, die (i) vor ihrer Erosion herrschten, (ii) ihren Transportprozess beeinflussten, und (iii) sie überprägten (Leopold und Völkel 2007). Außerdem enthalten sie oft archäologische Funde (Pietsch und Machado 2014).

7.1.1.7 Ausgefällte Sedimente

Die wichtigsten ausgefällten Sedimente auf dem Festland sind terrestrische Carbonatgesteine. Diese entstehen durch Kalkausfällung aus stark kalkhaltigem Wasser. Es können zwei unterschiedliche Typen unterschieden werden: (i) Stark poröse Kalktuffe entstehen an oder nahe nichtthermaler (kalter) Quellaustritte, wo es durch die Erwärmung und durch Druckänderungen des Wassers zum Austritt von CO_2 und somit zur Kalkübersättigung des Wassers kommt. Oft enthält Kalktuff Abdrücke ehemals vom Kalk eingeschlossener Pflanzen oder Zweige. (ii) Travertine sind nur wenig porös und werden aus höher mineralisiertem bzw. thermalem (warmem) Wasser durch Entgasung von CO_2 ausgeschieden. Sie sind oft fein geschichtet, und durch kleine Beimengungen von Eisenoxiden teilweise rötlich bis bräunlich gefärbt. Nicht marine Carbonatgesteine sind zum einen wertvolle Paläoumweltarchive vor allem der quartären Warmzeiten, und zum anderen können sie chronologisch gut aufgelöste archäologische Fundhorizonte enthalten (Dabkowski 2014).

7.1.1.8 Höhlensedimente

Die meisten Höhlen bildeten sich durch Verkarstung von Kalkgesteinen, d. h. durch die chemische Lösung von Carbonatgesteinen durch Kohlensäure, und ihre

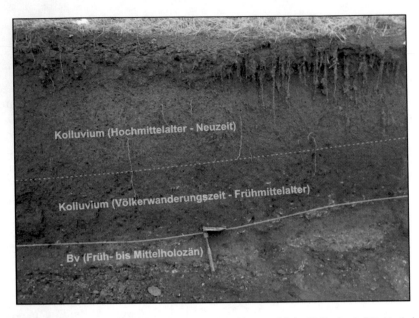

7

□ Abb. 7.4   Knapp 2 m mächtige völkerwanderungszeitliche bis neuzeitliche Kolluvien bei Dettenheim in Mittelfranken, welche einen im Früh- bis Mittelholozän gebildeten Bv-Horizont überlagern. Die dunkle Farbe des älteren Kolluviums ist auf erhöhte Humusgehalte vermutlich aufgrund verstärkter Erosion von Oberbodenmaterial zurückzuführen (Foto: Hans von Suchodoletz)

Sedimente bestehen aus sehr unterschiedlichen Materialien: Den größten Teil bilden von Dach und Wänden der Höhle stammende Kalksteinbruchstücke unterschiedlicher Größe. Weiterhin kann tonigschluffiger Höhlenlehm vorkommen. Dieser stammt zum einen aus dem residualen Lösungsrückstand des Kalksteins, und zum anderen aus allochthonem feinklastischem Material, das fluvial oder äolisch (Lösseinwehung) bzw. durch menschliche Aktivität in die Höhle eingetragen wurde. Mit zunehmender Entfernung vom Höhleneingang nimmt der Anteil des allochthonen Materials ab und der des Lösungsrückstands zu. Schließlich kommen noch durch Wiederausfällung aus Tropf- und Sickerwasser entstandene Sinterbildungen sowie organisches Material hinzu. Letzteres kann beispielsweise aus dem Kot von Fledermäusen stammen (Höhlenguano). Da Höhlen einen natürlichen Schutz vor Wettereinflüssen bilden, wurden sie vor allem von paläolithischen Menschen teilweise intensiv und mehrphasig besiedelt. Daher finden sich in den Stratigraphien von Höhlensedimenten oft paläolithische Kulturschichten (Goldberg et al. 2003).

7.1.2 Anthropogene Sedimente

7.1.2.1 Siedlungsschichten

Die längere Besiedlung eines Ortes kann zur Akkumulation anthropogenen humosen Materials im Oberbodenbereich in Form von Siedlungsschichten führen. Diese bestehen aus einer Mischung aus anstehendem Oberbodenmaterial, den eingearbeiteten Baumaterialien zerfallener Häuser, z. B. in Form gebrannten Lehms, und anthropogen direkt eingebrachten Materialien, wie Keramik, Steinen etc. Siedlungsschichten bleiben in erosionsgeschützten Lagen erhalten, wo sie durch spätere Sedimentüberdeckung vor Bodenbearbeitung und Bioturbation zumindest teilweise geschützt sind. Im Fall der Überlagerung mehrerer Siedlungsschichten an einem Standort kommt es zur Vermengung jüngeren Materials mit älteren Siedlungsschichten, da neu angelegte Gruben in ältere Ablagerungen eingreifen. Siedlungsschichten liefern wichtige Informationen u. a. über Zeitraum und Dauer vergangener Siedlungsaktivitäten (Tinapp et al. 2016; Lubos et al. 2011).

7.1.2.2 Gruben-/Grabenfüllungen

Vor- und frühgeschichtliche Aktivitäten führten zu unterschiedlichen Arten von Eingrabungen in den Boden. Die dort entstandenen Sedimente hängen mit der Funktion und der Entwicklung nach der jeweiligen Nutzung zusammen. Eine Art von Eingrabungen sind beim Bau von Holzständerbauten entstandene Pfostengruben, die mit zwei verschiedenen Sedimentarten gefüllt sind: (i) Zur Stabilisierung des aufgerichteten Pfostens wurde die Baugrube mit aus der nahen Umgebung stammendem Sedimentmaterial verfüllt, welches ein originäres Archiv der Bauzeit darstellt. (ii) Die dunkleren humosen Sedimente der Pfostenstandspur selbst bildeten sich langsam quasinatürlich durch Zerfall des Holzes und laterales Nachdringen von Umgebungsmaterial (◘ Abb. 7.5a; Dalidowski et al. 2016). Eine andere Art von Eingrabungen sind meist trapezförmige

Vorratsgruben zur Getreidespeicherung. Diese wurden anschließend teilweise als Abfallgruben genutzt, während parallel Teile der Grubenwände abbrachen und Oberbodenmaterial eingeschwemmt wurde. Dieser Grubentyp wurde wie auch viele andere allmählich durch quasinatürliche Prozesse verfüllt. Andere Gruben wurden im Zusammenhang mit Bestattungen oder zur Gewinnung von Sedimentmaterial wie Ton, Lehm, Sand oder Kies, als Räucheröfen, Brunnen oder metertiefe Latrinen angelegt (◘ Abb. 7.5b). Letztere waren eine frühe Form von Toiletten in mittelalterlichen und frühneuzeitlichen Städten und sind fast ausschließlich mit stark organischem anthropogenem Material verfüllt. Gräben dienten meist der Abgrenzung oder der Umfassung von Arealen. Es gibt kreisförmige, parallele Spitzgräben neben durchlaufenden oder unterbrochenen Gräben bzw. Grubenreihen. Die quasinatürlich entstandenen Sedimentfüllungen bestehen aus Oberbodenmaterial, von den Wänden abgebrochenem Material und limnischen bzw. fluvialen Ablagerungen, die von zeitweiliger Wasserfüllung herrühren können. Aus diesen Sedimenten lassen sich neben Aussagen zur Verfüllungsgeschichte (Kinne et al. 2012) auch Schlüsse über ehemalige Böden ziehen (Leopold et al. 2011).

◘ **Abb. 7.5 a** Frühneolithische Pfostengrube bei Mügeln in Mittelsachsen. I = zur Stabilisierung des stehenden Pfostens zur Bauzeit anthropogen eingebrachtes Material, II = die insgesamt dunklere Verfüllung der Pfostenstandspur. **b** Mit humosem schwarzem Material verfüllte frühneolithische Grube unbekannter Funktion bei Lützschena in Westsachsen (Fotos: LfA Sachsen)

7.1.3 Aufschüttungen

Anthropogene Sedimentaufschüttungen fanden zum einen während Bauaktivitäten durch die Errichtung von Wällen, Rampen oder Grabhügeln statt, und zum anderen zum Zweck der Entsorgung, z. B. während der Gewinnung von Rohstoffen.

7.1.3.1 Wälle, Rampen, Grabhügel

Zu verschiedenen Zeiten der Vor- und Frühgeschichte wurden Wälle errichtet. Während der Stichbandkeramik – um etwa 4800 BC – erbaute Kreisgrabenanlagen gehören zu den ersten großen Bauwerken Mitteleuropas. Zwar sind Wälle hier heute nicht mehr sichtbar, aber es gibt starke Hinweise auf deren Errichtung mit aus den Gräben gewonnenem Material (Kinne et al. 2012). In der Bronze- und Eisenzeit waren Siedlungen oft von aus Material aus der näheren Umgebung aufgeschütteten Wällen umgeben, wobei häufig das beim Ausheben benachbarter Gräben gewonnene Material wiederverwendet wurde. Später kombinierte man beispielsweise im keltischen Oppidium von Manching die Stadtmauer mit einer aufgeschütteten Rampe (Sievers 2003). Je nach Sedimentherkunft weisen Wallsedimente eine Mischung unterschiedlicher Korngrößen auf. Ebenfalls nicht einheitlich ist die Verwendung von Sedimenten zur Aufschüttung von Grabhügeln. Wenn noch vorhanden, dann besteht das Material meist aus in der Nähe oberflächennah anstehenden Materialien.

7.1.3.2 Halden

Mit Beginn der bergmännischen Gewinnung von Rohstoffen, zunächst vor allem von Feuerstein und seit der Bronzezeit unterschiedlicher Erze, entstanden in den Abbaugebieten Halden verschiedener Größe. Diese bestehen meist aus nicht nutzbaren Materialien, welche von den Abbaustellen entfernt werden mussten. Diese Haldensedimente sind daher meist grobklastisch. Oft enthalten sie Reste des geförderten Materials und z. T. bereits bearbeitete Stücke, was Aussagen zur Ausbeutung der Lagerstätten zu verschiedenen Zeiten ermöglicht (Tolksdorf et al. 2015).

7.2 Das Prinzip der Stratigraphie

Hans von Suchodoletz und Lukas Werther

7.2.1 Geoarchäologische Definition von Stratigraphie

Archäologische Befunde wie Grubenfüllungen oder Siedlungsschichten stehen untereinander und mit den sie umgebenden natürlichen Ablagerungen in einem raumzeitlichen Zusammenhang. Dieser wird als Stratigraphie bezeichnet. Eine Stratigraphie beschreibt die relative chronologische Abfolge und räumliche Anordnung der im Gelände vorgefundenen **stratigraphischen Einheiten** *(units of stratification)*. Der Begriff Stratigraphie setzt sich aus dem lateinischen Wort *stratum* (= Schicht) und dem altgriechischen Wort *γράφειν/graphein* (= schreiben) zusammen. Die sorgfältige Erfassung und Dokumentation der Stratigraphie im Gelände ist die Basis aller nachfolgenden Analysen und stellt den ersten Schritt einer geoarchäologischen Untersuchung dar. Aus der Stratigraphie kann anschließend die **relative Altersstellung** der Befunde und damit auch die relativchronologische Abfolge der eingebetteten archäologischen Funde rekonstruiert werden. **Das absolute Kalenderalter** der stratigraphischen Einheiten kann mithilfe archäologischer Datierungen (siehe ▶ Abschn. 16.1), Dendrochronologie (siehe ▶ Abschn. 16.2) oder physikalisch-numerischer Datierungsmethoden, wie beispielsweise der Radiokohlenstoffdatierung (siehe ▶ Abschn. 16.3) oder Lumineszenzmethoden (siehe ▶ Abschn. 16.4) bestimmt werden. Ist die absolutchronologische Einordnung der stratigraphischen Einheiten erfolgt, spricht man auch von **Chronostratigraphien** (griech. χρόνος/*chronos* = Zeit) (Geyh 2005).

7.2.2 Geologische Stratigraphie

Das Konzept der Stratigraphie stammt ursprünglich aus der Geologie. Die Stratifizierung ist auf Akkumulations- und Erosionsprozesse zurückzuführen, welche in erster Linie mit regelmäßiger Hebung und Senkung von Landmassen verbunden sind. Die erodierten Sedimente werden hierbei durch schwerkraftgetriebene Massenbewegungen bzw. äolische, fluviale und glaziale Transportprozesse verlagert, und am Ende der Transportkette überwiegend subaquatisch am Boden mariner oder lakustriner Becken (d. h. in Meeren und Seen) abgelagert (Huggett 2016). Nach dem 1669 vom dänischen Mediziner, Naturwissenschaftler und späteren Bischof Nicolaus Steno (Nils Stensen) formulierten **Lagerungsgesetz** (auch: stratigraphisches Grundgesetz; *law of superposition*) liegen bei ungestörter Lagerung stets jüngere auf älteren Schichten (◘ Abb. 7.6a). Dieses Grundprinzip kann jedoch durch verschiedene natürliche Prozesse außer Kraft gesetzt werden. Dazu zählen beispielsweise der Aufstieg von Magma, postsedimentäre tektonische Bewegungen oder kryoturbate (durch Tauen

und Gefrieren von Lockersubstraten), bioturbate (durch bodenwühlende Tiere) und peloturbate (durch Schrumpfen und Quellen tonreicher Lockersubstrate) Durchmischungsprozesse (Huggett 2016). Neben dem Lagerungsgesetz gelten daher in der geologischen Stratigraphie zwei weitere Grundprinzipien (Eggert 2012):

- Das **Prinzip der ursprünglichen Horizontalität** *(law of original horizontality)* besagt, dass in stehendem oder langsam fließendem Wasser abgelagerte Schichten aus unverfestigten Materialien waagerechte Oberflächen besitzen. Dieses Prinzip gilt mit Einschränkungen auch für Sedimente, die durch andere Prozesse entstanden sind (◘ Abb. 7.6a).
- Das **Prinzip der ursprünglichen Kontinuität** *(law of original continuity)* besagt, dass eine Sedimentschicht ursprünglich entweder durch vorgegebene Oberflächenformen begrenzt wird oder an den Rändern langsam und ohne scharfe Kanten auskeilt. Wenn doch scharfe Kanten auftreten, müssen diese durch nachträgliche Erosionsprozesse entstanden sein.
- Das **Prinzip der Fossilfolge** (auch: Leitfossilprinzip; *law of faunal succession*) besagt, dass eine bestimmte regionale Fossiliengemeinschaft im Laufe der Zeit durch eine andere ersetzt wird. Ursache hierfür sind evolutionäre Prozesse und/oder Umweltveränderungen. Das Prinzip der Fossilfolge erlaubt somit anhand der

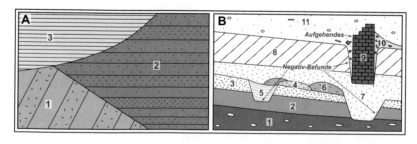

◘ **Abb. 7.6** **a** Beispiel einer geologischen Stratigraphie, **b** Beispiel einer archäologischen Stratigraphie. Mit aufsteigender Nummerierung werden die stratigraphischen Einheiten jünger

eingelagerten Fossilien auch im Fall einer postsedimentären Störung des ursprünglichen Zusammenhangs der Schichten die Rekonstruktion einer relativen Sedimentationsabfolge.

- Das **Prinzip des Aktualismus** (auch: Aktualitätsprinzip; *uniformitarianism*) wurde 1785 vom schottischen Geologen James Hutton formuliert, und geht von einer stetigen Gültigkeit der physikalischen, chemischen und biologischen Gesetze aus. Daher müssen geologische und geomorphologische Prozesse zumindest in der jüngeren Erdgeschichte in vergleichbarer Weise wie heute abgelaufen sein: „Die Gegenwart ist der Schlüssel zur Vergangenheit". Somit können die stratigraphischen Prinzipien auf Ablagerungen jeder Zeitstellung angewendet werden.

7.2.3 Archäologische Stratigraphie

Das geologische Konzept der Stratigraphie wurde im 19. Jahrhundert von der Archäologie übernommen (Harris 1989). Wichtige Meilensteine waren die relativchronologische Gliederung des Paläolithikums auf Basis von Stratigraphien in Höhlen und Abris (Felsüberhängen) und die Anwendung stratigraphischer Methoden bei der Ausgrabung des Siedlungshügels von Troia.

Eine eigenständige Weiterentwicklung und kritische Reflexion der geologischen Grundprinzipien innerhalb der Archäologie erfolgte aber erst im Laufe des 20. Jahrhunderts (Harris 1989). Insbesondere die komplexen Stratigraphien von Stadtkerngrabungen zeigten, dass anthropogene Prozesse die Lagerung von Schichten erheblich beeinflusst haben und die geologischen Grundprinzipien nicht ausreichen, um entsprechende Stratigraphien zu analysieren (◘ Abb. 7.6b). Hinzu kommt, dass der hohe Informationsgehalt

von Stratigraphien für die Rekonstruktion menschlicher Aktivitäten – und zwar völlig unabhängig von den enthaltenen archäologischen Funden – zunehmend in den Fokus der Forschung gerückt ist.

Im Gegensatz zu geologischen Schichtenfolgen entstehen archäologische Stratigraphien nicht überwiegend durch schwerkraftbeeinflusste Transportprozesse, sondern in erheblichem Maße auch durch **menschliche Transport-** und **Verlagerungsprozesse.** Beispiele hierfür sind die Aufschüttung von Wällen, der Auftrag von Planierschichten oder auch der Bau von Gebäuden. Das Prinzip der ursprünglichen Horizontalität gilt daher in der Archäologie nur mit Einschränkungen. Anders als in geologischen Stratigraphien entsteht dabei häufig auch vertikal gelagertes **Aufgehendes,** beispielsweise in Form von Mauern oder Pfostensetzungen (Eggert 2012) (◘ Abb. 7.6b).

Auch das in der Archäologie stark verwurzelte Prinzip der Fossilienfolge bzw. die auf dessen Prinzipien basierende Nutzung von Leitartefakten wurde zurecht hinterfragt. Dies liegt daran, dass in archäologische Schichten eingelagerte Objekte angesichts komplexer Verlagerungs- und Durchmischungsprozesse keinesfalls das gleiche Alter und auch nicht die gleiche Herkunft haben müssen. Hierbei sind auch **postsedimentäre Prozesse** zu berücksichtigen.

Eine weit stärkere Bedeutung als in vielen geologischen Stratigraphien haben in archäologischen Schichtenfolgen **Grenzflächen** *(feature interfaces).* Diese stellen eigenständige stratigraphische Einheiten dar. Diese Grenzflächen können mit früheren Oberflächen identisch sein und repräsentieren chronologisch gesehen das Ende des Akkumulationsprozesses. In vielen Fällen handelt es sich aber um erosive Grenzflächen, die durch die postsedimentäre Abtragung älterer Schichten entstanden sind – beispielsweise durch den Aushub einer Grube oder eines Grabens oder den Abbruch einer Mauer. Wenn es sich um eingetiefte Strukturen wie Gruben oder Gräben handelt, bei denen die erosive Grenzfläche mit der Unterseite der Hohlform identisch ist, wird in der Archäologie häufig von Negativbefunden gesprochen (Eggert 2012) (◻ Abb. 7.6b).

Archäologische Stratigraphien können eine sehr unterschiedliche Komplexität aufweisen. Die oft nur geringe Ausdehnung archäologischer Befunde kann innerhalb eines archäologischen Fundplatzes zu einem engen räumlichen Nebeneinander individueller Sedimentationsräume führen. Hinzu kommt, dass grabungsbedingt häufig nicht alle Schichten in einem Grabungsschnitt erfasst werden können und stratigraphische Informationen aus vielen Einzelschnitten zusammengeführt werden müssen. **Unilineare Stratigraphien,** die aus einer einfachen Kette von Überlagerungen stratigraphischer Einheiten in unmittelbarem räumlichen Zusammenhang bestehen, sind daher eher selten. Häufiger sind komplexe **multilineare Stratigraphien,** die aus diversen stratigraphischen Abfolgen bestehen, die nicht in direktem räumlichen Zusammenhang stehen oder nur durch einzelne Leithorizonte verknüpft sind (◻ Abb. 7.6b). Dies ist vor allem bei Siedlungs- und Stadtkerngrabungen mit bisweilen mehreren Tausend einzelnen stratigraphischen Einheiten der Fall (Eggert 2012).

Um derart komplexe Stratigraphien auswerten und die einzelnen stratigraphischen Beziehungen auf das Wesentliche reduzieren zu können, hat der britische Archäologe Edward C. Harris die bereits vorgestellten stratigraphischen Prinzipien um das **Prinzip der stratigraphischen Abfolge** *(law of stratigraphic succession)* ergänzt. Es besagt, dass die stratigraphische Position einer Schicht durch ihre Lage zwischen der untersten überliegenden (jüngeren) und obersten unterliegenden (älteren) Schicht bestimmt wird.

Alle weiteren stratigraphischen Beziehungen sind für die Festlegung der Position der Schicht irrelevant (Eggert 2012).

Zusammen mit den übrigen stratigraphischen Prinzipien bildet dies die Grundlage für die Erstellung einer sogenannten **Harris-Matrix** (ursprünglich Harris-Winchester-Matrix). Dieses 1973 von Harris entwickelte Hilfsmittel bietet eine relativ einfache Möglichkeit, die Beziehungen aller stratigraphischer Einheiten eines archäologischen Fundplatzes nach Art eines Flussdiagrammes zu visualisieren (Harris 1989, 2016).

Die Harris-Matrix wird nach rein stratigraphisch-relativchronologischen Kriterien erstellt, d. h. ohne Berücksichtigung der absoluten Alter der in den Schichten enthaltenen archäologischen Funde. Grundsätzlich gibt es dabei nur drei logisch-stratigraphische Beziehungen zwischen zwei Einheiten bzw. Befunden (◻ Abb. 7.7):

- Keine direkte stratigraphische Verbindung: Beide Einheiten sind eigenständig. Das zeitliche Verhältnis beider Einheiten ist nicht bestimmbar.
- Überlagerung: Eine Einheit B überlagert eine andere Einheit A direkt. Somit ist Einheit B jünger als Einheit A.
- Korrelation zweier Einheiten als separate Teile einer ursprünglich zusammenhängenden Einheit: Beide Einheiten besitzen eigene Nummern, aber werden als Teil einer ursprünglich zusammenhängenden Einheit erkannt. Somit sind beide Einheiten gleich alt.

Die aus den Einzelbeziehungen generierte **stratigraphische Sequenz** zeigt zusammenfassend die relativchronologische Abfolge aller stratigraphischen Einheiten (Schichten, Aufgehendes, Grenzflächen). Die Visualisierung erfolgt meist in Form von Kästen mit den jeweiligen Befundnummern. Diese Kästen werden gemäß ihrer stratigraphischen Lage von oben (jung) nach unten (alt) angeordnet, und Linien zwischen den Kästen verdeutlichen die grundlegenden Lagebeziehungen (◻ Abb. 7.8).

Durch die Verknüpfung mehrerer orts- bzw. fundplatzspezifischer Stratigraphien

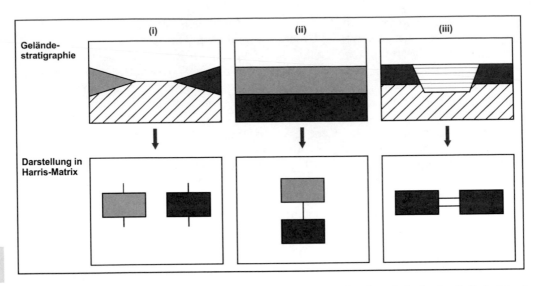

◘ Abb. 7.7 Logisch-stratigraphische Beziehungen zwischen zwei Einheiten bzw. Befunden im Gelände (oben) und in einer Harris-Matrix (unten): (i) Keine direkte stratigraphische Verbindung, (ii) Überlagerung, (iii) Korrelation zweier Einheiten als separate Teile einer ursprünglich zusammenhängenden Einheit (nach Harris 1989)

über größere Distanzen hinweg kann eine **vergleichende Stratigraphie** *(stratigraphie comparée)* erstellt werden. Die Zuverlässigkeit und Qualität derartiger vergleichend-synthetischer Stratigraphien hängt maßgeblich von Qualität und Quantität der miteinander verknüpften Stratigraphien und Leithorizonte ab. Das eingelagerte Fundmaterial und absolutchronologische Daten spielen für die Verlinkung bzw. Synchronisierung eine zentralere Rolle als bei einzelnen stratigraphischen Sequenzen. Da sich hierbei Unsicherheiten ergeben (Geyh 2005), liegt die Stärke der stratigraphischen Methode weniger in ihrer regionalen oder überregionalen Anwendung.

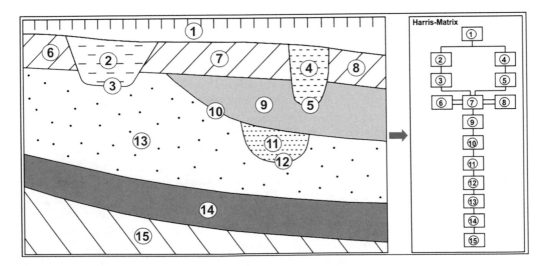

◘ Abb. 7.8 Beispiel für die Erstellung einer Harris-Matrix aus einer geoarchäologischen Stratigraphie

7.2.4 Synthese

Geoarchäologische Arbeiten sind interdisziplinär und finden an der Schnittstelle Natur- und archäologischer Wissenschaften statt (siehe ▶ Kap. 1). Daher ist für Geoarchäologen die Kenntnis der stratigraphischen Konzepte beider Disziplinen notwendig. Unabhängig von konzeptionellen Unterschieden darf nicht vergessen werden, dass sich im Gelände auch die praktische Ansprache und Abgrenzung einzelner stratigraphischer Einheiten unterscheidet, wenn sedimentologische, bodenkundliche oder archäologische Kriterien im Vordergrund stehen. In diesem Zusammenhang wird auch von Lithostratigraphien, Bodenstratigraphien und archäologischen Stratigraphien gesprochen.

Nichtsdestotrotz kann das stratigraphische Prinzip unabhängig von den individuellen Abgrenzungskriterien und der spezifischen Altersstellung auf jeden archäologischen Fundplatz und sein Umfeld angewendet werden, da sich die Genese von Stratigraphien in den hier betrachteten Zeiträumen nicht grundsätzlich verändert hat (◻ Abb. 7.9).

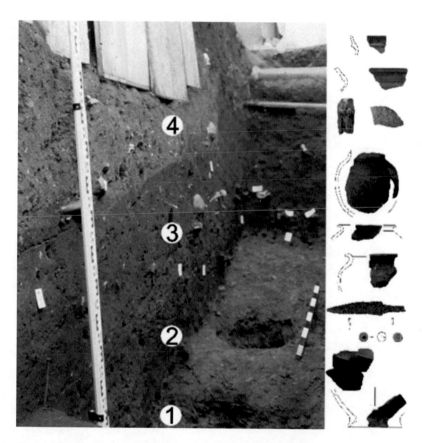

◻ **Abb. 7.9** Geoarchäologische Stratigraphie mit stratigraphisch geborgenem Fundmaterial. Seußling (Bayern) 1: Terrassenkante mit eingetieften Pfostengruben der ältesten völkerwanderungszeitlichen Siedlung. 2: Frühmittelalterliche Kulturschicht *(„dark earth")*. 3: Hoch- und spätmittelalterliche Friedhofshorizonte und Gräber. 4: Spätmittelalterlich-frühneuzeitliche Planierschichten

Geoökologische Folgen historischer Landnutzung

Thomas Raab, Florian Hirsch, Anna Schneider und Alexandra Raab

© Springer-Verlag GmbH Deutschland, ein Teil von Springer Nature 2022
C. Stolz und C. E. Miller (Hrsg.), *Geoarchäologie*,
https://doi.org/10.1007/978-3-662-62774-7_8

Zusammenfassung

Seit dem Neolithikum wirkt sich die Nutzung der Landschaft auf unterschiedliche Weise auf Relief, Böden, Gewässer, Flora, Fauna und Klima aus. Insbesondere die Folgen land- und forstwirtschaftlicher Wirtschaftsweisen waren dafür ausschlaggebend. Grundsätzlich reagieren Ökosysteme auf anthropogene Eingriffe, wie die Umwandlung von Wald in andere Nutzungsformen, mit einer schrittweisen Degradation sowie reversiblen oder irreversiblen Veränderungen. Beispiele sind Bodenerosion und eine veränderte Artenzusammensetzung. Die Abschätzung des Ausmaßes im globalen Maßstab gestaltet sich generell schwierig. Für die Geoarchäologie bedeutsam sind daher hauptsächlich lokale Spuren früherer Bewirtschaftung und Formen im Kleinrelief, die sich im Gelände wiederfinden lassen und als Geoarchive fungieren. Denn sie geben Aufschluss über (prä-)historische Bewirtschaftungsformen. So zeugen Wölbäcker, Hochbeete, Plaggenesche und die Relikte der historischen Teichwirtschaft, Moorkultivierung und Köhlerei von früheren Formen der Land- und Forstwirtschaft.

Das Ausmaß der frühesten Eingriffe in Ökosysteme durch Jäger und Sammler wird derzeit noch diskutiert. Studien weisen aber darauf hin, dass diese menschlichen Einflüsse auf die Ökologie durchaus relevant waren (Boivin et al. 2016). Seit dem Sesshaftwerden und der Verbreitung von Ackerbau und Viehzucht (Neolithisierung) nahmen die anthropogenen Einflüsse sowohl hinsichtlich der räumlichen Dimension als auch an Intensität zu. Die Rahmenbedingungen für die Art und Weise der Landnutzung stellen dabei die bestehenden physisch-geographischen Gegebenheiten dar. Daher wurden zunächst klimatisch und naturräumlich begünstigte Gebiete wie Lösslandschaften oder gewässernahe Areale bevorzugt genutzt. Weitere entscheidende Faktoren sind darüber hinaus regionale soziokulturelle Unterschiede, gesetzliche Vorgaben sowie Besitzverhältnisse. Folglich variieren weltweit Gesamtdauer und räumliche Ausdehnung der Landnutzung sehr stark. Der Zeitpunkt des ersten bedeutenden Einflusses des Menschen auf das Ökosystem der genutzten Landschaftsausschnitte ist dabei unklar. Globale Landnutzungsmodelle kommen bisher zu sehr unterschiedlichen Ergebnissen hinsichtlich der Intensität der (prä-)historischen Landnutzung (Ellis et al. 2013). Neuere Forschungsergebnisse zeigen allerdings zunehmend, dass auch in Gebieten, deren (prä-)historische Landnutzung bislang unbekannt war, die abiotischen und biotischen Ökosystemstrukturen deutlich durch ehemalige Nutzung verändert sein können. Informationen aus geoarchäologischen Untersuchungen sind daher für das Verständnis und die Bewertung rezenter Ökosysteme unabdingbar. Zur Interpretation von lokalen Geoarchiven im Hinblick auf die Rekonstruktion der Landnutzungsgeschichte sind wiederum Informationen über typische Formen der historischen Landnutzung und ihre spezifischen geoökologischen Folgen unerlässlich. Aufgrund technologischer oder kultureller Weiterentwicklungen veränderte sich die Art der Landnutzung, sodass eine Vielzahl unterschiedlicher Nutzungsformen entstand. Eine Unterscheidung in prähistorische, historische und rezente Landnutzungsformen ist nicht immer möglich, auch weil heute in Mitteleuropa nicht mehr übliche Nutzungsarten (bspw. Köhlerei) in anderen Regionen durchaus noch praktiziert werden. Die Erhaltung von Relikten der historischen Landnutzung unterscheidet sich in Abhängigkeit von Nutzungsart und Folgenutzung deutlich. In Gebieten mit einer langen Landnutzungshistorie sind archäologische Befunde häufig durch Nachnutzungen zerstört bzw. überlagert. Das erschwert sowohl die Differenzierung der Befunde als auch deren geoarchäologische Interpretation.

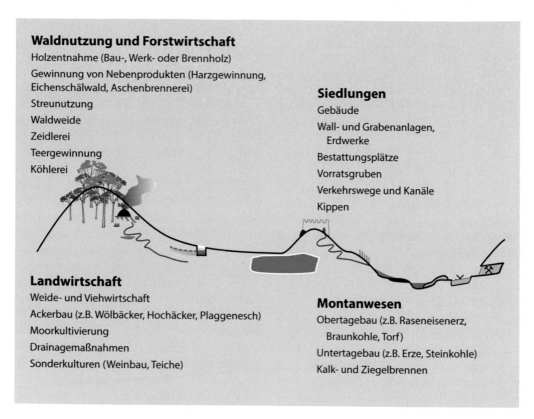

Waldnutzung und Forstwirtschaft

Holzentnahme (Bau-, Werk- oder Brennholz)

Gewinnung von Nebenprodukten (Harzgewinnung, Eichenschälwald, Aschenbrennerei)

Streunutzung

Waldweide

Zeidlerei

Teergewinnung

Köhlerei

Siedlungen

Gebäude

Wall- und Grabenanlagen, Erdwerke

Bestattungsplätze

Vorratsgruben

Verkehrswege und Kanäle

Kippen

Landwirtschaft

Weide- und Viehwirtschaft

Ackerbau (z.B. Wölbäcker, Hochäcker, Plaggenesch)

Moorkultivierung

Drainagemaßnahmen

Sonderkulturen (Weinbau, Teiche)

Montanwesen

Obertagebau (z.B. Raseneisenerz, Braunkohle, Torf)

Untertagebau (z.B. Erze, Steinkohle)

Kalk- und Ziegelbrennen

◘ **Abb. 8.1**   (Prä-)historische Landnutzungsarten

Ebenso vielfältig wie die Arten der Landnutzung sind auch die Folgen des menschlichen Handelns für Natur und Umwelt. Die verschiedenen Arten der Landnutzung lassen sich grob in Waldnutzung und Forstwirtschaft, Landwirtschaft, Siedlungen und Bergbau einteilen (◘ Abb. 8.1). Die Art, Intensität und Dauer der Nutzung wirken sich dabei direkt oder indirekt auf das komplexe Wirkungsgefüge Boden, Relief, Gewässer, Flora, Fauna und Klima aus. Nach Cramer et al. (2008) kann die Landnutzung als eine schrittweise „Degradation" eines Ökosystems betrachtet werden, deren Folgen zunächst meist reversibel sind. Mit zunehmender Dauer oder Intensivierung werden anfangs biotische, später auch abiotische Ökosystemstrukturen irreversibel verändert. Solche anthropogenen Einflüsse auf geoökologische Strukturen und

Prozesse können weit über die eigentlichen Nutzungsphasen hinaus wirksam sein, sodass Landschaften und Ökosysteme stets auch durch das Erbe früherer Landnutzung – sogenannte *legacy effects* (Wohl 2015; James 2013) – geprägt sind.

Atmosphäre – Luft und Klima

- Emissionen aus Tierhaltung (v. a. Methan) und Düngung (Stickoxide)
- Emission von Kohlendioxid (aus fossilen Brennstoffen und Böden)
- Staubemissionen (v. a. aus Landwirtschaft und Verbrennung von Festbrennstoffen)

Biosphäre – Flora und Fauna

- Veränderung der Vegetationsbedeckung: Reduzierung der Waldflächen bzw. Zunahme von Offenlandflächen

- Veränderung von Biodiversität und Artenzusammensetzung: Einführung neuer Arten (Archäo- und Neobiota, Kulturpflanzen), Verdrängung bzw. Extinktion heimischer Arten, Homogenisierung der Artenzusammensetzung
- Homogenisierung der Altersstrukturen in Wäldern
- Charakteristische Wuchsformen: Kopfweiden, mehrstämmige Bäume
- Verarmung der Bodensamenbank und Bodenorganismen

Pedosphäre und Reliefsphäre- Böden und Oberflächenformen
- Bildung von Kleinreliefformen: Ackerterrassen, Wölbäcker, Hohlwege, Gullys, Pingen, Halden
- Bodenerosion, -umlagerung und -sedimentation: Profilverkürzung, Entstehung von Kolluvien und Auenlehmen, Fossilisierung von Böden
- Ablagerung technogener Substrate
- Bodenverdichtung oder -versiegelung
- Bodenversauerung oder Alkalisierung
- Verarmung an Nährstoffen und organischer Substanz

Hydrosphäre – Grundwasser und Oberflächengewässer
- Nährstoffeintrag und Eutrophierung
- Veränderungen von Fließgeschwindigkeit und Gerinnegeometrie
- Veränderung des Grundwasserspiegels: Absenkung durch Drainage, Anstieg durch reduzierte Wasseraufnahme durch Pflanzen, verringerte Infiltration, vermehrter Oberflächenabfluss

Den meist frühesten und bedeutendsten Eingriff in das Ökosystem stellt die Umwandlung von Waldflächen in Acker- oder Siedlungsflächen dar. Ausgehend von vereinzelten Rodungsinseln oder Lichtungen wurden die Waldflächen zugunsten von Siedlungen und Landwirtschaft bis in die Neuzeit zunehmend dezimiert. Die

Größe der Waldflächen hat zeitweise aber im Mittelalter wieder stark zugenommen (Ellenberg und Leuschner 2010). Bei der Rodung zur Gewinnung von Weide- und Ackerflächen und ackerbaulicher Nutzung werden zunächst biotische Faktoren (z. B. Bodensamenbank, Bodenorganismen) und später auch abiotische Faktoren (Böden, Hydrologie, Mikrorelief) verändert. Auf wiederbewaldeten historischen Acker-, Grünland- oder Siedlungsflächen weicht daher die Artenzusammensetzung im Vergleich zu historisch alten Wäldern meist ab (Wulf 2004). Ein Zusammenhang zwischen ersten Phasen starker anthropogen induzierter Bodenerosion und der erstmaligen Umwandlung von Wald- in Ackerflächen konnte weltweit in vielen Gebieten gezeigt werden (vgl. Dotterweich 2013). Mit der Rodung, der Entfernung der Krautschicht und dem Pflügen geht auch ein gesteigertes Erosionspotential der Böden einher. Bereits bei geringem Relief führt vorwiegend wassergebundene Erosion zu einer Verkürzung der Bodenprofile am Oberhang. In Senken oder am Hangfuß werden Kolluvien (▶ Kap. 11) als korrelate Sedimente der Bodenerosion abgelagert. Bei topographisch bedingter Konzentration von Oberflächenabfluss wird vielfach die Entstehung und Ausbreitung von markanten Erosionsformen an den Hängen sowie die Bildung von Akkumulationsformen wie Schwemmfächern am Hangfuß verursacht (Bork et al. 1998). Der Transport von erodiertem Solummaterial bis in die Fließgewässer führte zur Ablagerung teils mächtiger Auenlehme. Ackerterrassen und Waldrandstufen (◘ Abb. 8.2) entstanden infolge von Umlagerungsprozessen an Flurgrenzen und damit am räumlichen Wechsel zwischen Bewirtschaftungsformen. Auch Winderosion wurde vielfach durch intensive ackerbauliche Nutzung ausgelöst und führte zur Entstehung oder Reaktivierung von Binnendünenfeldern oder zur Überdünung von Ackerhorizonten

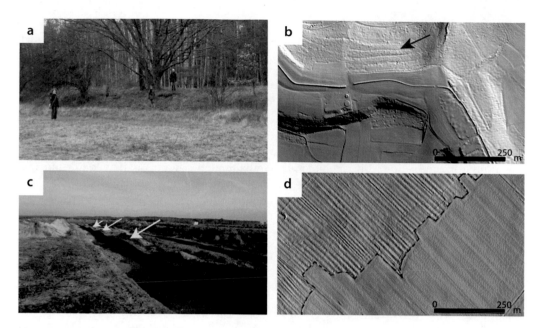

⬛ Abb. 8.2 **a** Ackerrandstufe im Nuthe-Nieplitz-Tal (Brandenburg), **b** Ackerterrassen im digitalen Gelände-modell (Oberpfalz; Schummerungskarte auf Basis von Geobasisdaten der Bayerischen Vermessungsverwaltung), **c** archäologischer Querschnitt durch einen Wölbacker bei Grießen (Tagebau Jänschwalde, Brandenburg; DGM ©Markscheiderei LEAG), **d** Wölbacker bei Grießen (vgl. **c**) im digitalen Geländemodell. Im Nordwesten ist der Wölbacker unter Wald gut erhalten. Dagegen ist südöstlich der ehemaligen Waldgrenze (rot gestrichelte Linie) der Wölbacker aufgrund rezenter Ackernutzung stark überprägt

(Lungershausen et al. 2018; Nicolay et al. 2014). Darüber hinaus veränderte die acker-bauliche Nutzung nicht nur die Bodenstrati-graphie (▶ Kap. 12), sondern auch die phy-sikalischen und chemischen Eigenschaften von Böden. Während die frühesten Anbau-techniken mittels Pflanzstock nur eine ge-ringe Durchmischung der Böden bewirkten, war mit dem Aufkommen des Pfluges und der Weiterentwicklung der Pflugtechnik eine tiefere und großflächigere Durch-mischung der Oberböden möglich (Bentzien 1969). Der Einsatz des Pfluges führte zu einer Homogenisierung der Bodenstruktur und bei fortdauernder Nutzung zur Aus-bildung von deutlich abgegrenzten Pflug-horizonten und einer Verdichtung unter-halb dieser Horizonte (Pflugsohle). Durch Verlagerung von Bodenmaterial beim Pflü-gen bildeten sich, je nach verfügbarer Pflugtechnik und Standortbedingungen, teils charakteristische Oberflächenformen

wie Wölbäcker (⬛ Abb. 8.2) oder Hoch-beete aus (Bönisch 2013). Der Stoffhaushalt der Böden veränderte sich je nach Form der Landnutzung auf unterschiedliche Art und Weise. In frühen Phasen der Kultivierung wurden Böden im Anschluss an die (Brand-) Rodung meist ohne zusätzliche Düngung bewirtschaftet, sodass durch wiederholten Biomassenentzug und verstärkten Ab-bau die Gehalte an organischer Substanz und Stickstoff schnell zurückgingen. Mit der Anwendung von (organischen) Dünge-mitteln entstanden hingegen auch Acker-böden mit erhöhten Gehalten an organi-scher Substanz, Stickstoff und Phosphor. Eine heute nicht mehr praktizierte Form der Bodenverbesserung ist die Plaggen-wirtschaft, bei der die organischen Boden-horizonte auf nicht landwirtschaftlich ge-nutzten Flächen abgetragen, als Einstreu ge-nutzt und anschließend auf Feldern wieder als Dünger ausgebracht wurden. Sie führte zu großen räumlichen Unterschieden in den Bodeneigenschaften: Während die zur Plaggengewinnung genutzten Flächen degradierten und sich häufig zu Heideflächen entwickelten, weisen die gedüngten Böden (Plaggenesche) deutlich erhöhte Humus- und Phosphorgehalte auf (Lüning et al. 1997, S. 394).

Nach Aufgabe von Ackerflächen werden Pflughorizonte durch bodenbildende Prozesse überprägt, charakteristische Veränderungen der Bodenparameter können aber über Jahrhunderte oder Jahrtausende fortbestehen. Auf weiterhin ackerbaulich genutzten Flächen sind die Spuren vorangegangener Nutzung wegen der fortwährenden Umarbeitung der obersten Dezimeter des Bodens meist nicht mehr ersichtlich. Nur vereinzelt sind historische Pflughorizonte erhalten, wenn diese nachfolgend z. B. durch Sedimente infolge anthropogen induzierter Bodenerosion in der Umgebung überdeckt wurden. Ackerterrassen, Hochbeete, Wölbäcker oder Grenzmauern sind an wiederbewaldeten Standorten häufig gut als Kleinreliefformen erhalten und in hoch aufgelösten LiDAR-Karten erkennbar (◗ Abb. 8.2) (Johnson und Ouimet 2014).

Neben der räumlichen Ausdehnung des Waldes wurde auch sein Erscheinungsbild durch Waldnutzung und Forstwirtschaft verändert. Das größte Ausmaß an Waldverwüstung aufgrund ungeregelter Wirtschaftsweisen wurde in der Neuzeit erreicht und motivierte schließlich die Einführung von Wald- und Forstordnungen sowie der systematischen Forstkultur und später der nachhaltigen und geregelten Forstwirtschaft. Verschiedene Nutzungsarten des Waldes (Nieder-, Mittel- und Hochwaldwirtschaft) führten zu unterschiedlichen und oft charakteristischen Artenzusammensetzungen (Ellenberg und Leuschner 2010). Die Holzentnahme erfolgte entweder selektiv (Plenterwirtschaft), in Gruppen (Femelwirtschaft) oder als flächenhafte Rodung. Allgemein ergeben sich durch Holzeinschlag

meist homogenere Arten- und Altersstrukturen (Foster et al. 2003). Neben der Gewinnung von Bau-, Werk- und Brennholz wurden die Wälder über lange Zeit auf vielfältige und heute in Mitteleuropa z. T. nicht mehr relevante Weisen genutzt, so u. a. für Streunutzung, Waldweide und Köhlerei (Ellenberg and Leuschner 2010; Lüning et al. 1997). Einen bedeutenden und langanhaltenden Effekt auf den Wald und insbesondere auf die Böden hatte die Entnahme von Laub- und Nadelstreu, welche als Stalleinstreu oder Brennmaterial verwendet wurde. Die großflächige Streuentnahme führte zu einer Nährstoff- und Basenverarmung der Böden und schädigte darüber hinaus die Mykorrhiza (Ellenberg und Leuschner 2010). Auch die Nutzung zur Waldweide für Schweine, Rinder und Schafe beeinträchtigte das Ökosystem Wald durch den Entzug von Biomasse sowie durch Verbiss- und Trittschäden.

Siedlungen und Siedlungsaktivitäten hatten vielfältige geoökologische Folgen. Bodenüberdeckung und -versiegelung durch die Errichtung von Wallanlagen, Erdwerken und Gebäuden verändern neben dem Bodenaufbau auch den Bodenwasserhaushalt und dadurch die Hydrosphäre (◗ Abb. 8.1 und 8.2). Das Montanwesen verursachte ebenfalls gravierende Veränderungen in der Landschaft, der Hydrosphäre und dem Stoffhaushalt (vgl. ▶ Abschn. 10.6 zum Thema Bergbaurelikte). Die Anlage und Nutzung von Verkehrswegen ermöglichte den Austausch von Waren, Technologie und Kultur, führte aber auch zur Veränderung der Flora und Fauna (Lüning et al. 1997), unter anderem zur Ausbreitung von Archäo- und Neobiota (durch den Menschen eingeschleppte Pflanzen und Tiere). Durch die Nutzung und den Umbau von Fließgewässern und die Errichtung von Kanälen wurden hydrologische Strukturen unmittelbar verändert. Gerade kleinere Fließgewässer wurden historisch häufig sehr viel intensiver und vielfältiger genutzt als heute. Eingriffe in die Gerinnegeometrie zur Nutzung der

Gewässer als Verkehrs- und Transportwege und Aufstauung zur Bewässerung von Wiesen oder zur Schaffung von Mühlenteichen führten zu Veränderungen der Fließgeschwindigkeiten und des Sedimenttransports. Ab dem frühen Mittelalter wurde in verschiedenen Regionen (z. B. Oberpfalz, Franken, Niederlausitz) mittels Überstauung und Teichwirtschaft die Nahrungsversorgung gesichert. Nicht zuletzt hat der Mensch die Hydrologie großräumig durch Drainagemaßnahmen und Eindeichung zur Landgewinnung verändert. Große Moorflächen wurden in Ackerland umgewandelt und mittels verschiedener Kultivierungsformen wie z. B. Fehnkultur oder Sanddeckkultur nutzbar gemacht (Göttlich 1990; Succow und Joosten 2001; Luthardt und Zeitz 2014). Unabhängig davon und schon vor der ackerbaulichen Erschließung der Moore war das Torfstechen zur Gewinnung von Brennmaterial verbreitet. Infolge der notwendigen Entwässerung führte die Kultivierung von Moorflächen zu starker Sackung und Verdichtung der Böden, außerdem zur Humifizierung und Mineralisierung des Torfes (Vermulmung), die mit Freisetzung von CO_2 in die Atmosphäre einhergeht.

Geoarchäologie in unterschiedlichen Landschaftsräumen

Thomas Birndorfer, Helmut Brückner, Olaf Bubenzer,
Markus Dotterweich, Stefan Dreibrodt, Hanna Hadler, Peter Houben,
Katja Kothieringer, Frank Lehmkuhl, Susan M. Mentzer,
Christopher E. Miller, Dirk Nowacki, Thomas Reitmaier,
Astrid Röpke, Wolfgang Schirmer, Martin Seeliger,
Christian Stolz, Hans von Suchodoletz, Christian Tinapp,
Johann Friedrich Tolksdorf, Andreas Vött und Christoph Zielhofer

Inhaltsverzeichnis

9.1   Fluviale Systeme in humiden Räumen – 81
9.1.1   Fluviale Prozesse – 82
9.1.2   Die quartäre Entwicklung fluvialer Systeme – 85
9.1.3   Fluviale Systeme im geoarchäologischen Kontext – 88

9.2   Fluviale Systeme in Trockengebieten – 95
9.2.1   Fluviale Geoarchive in Trockengebieten und deren Interpretation – 97
9.2.2   Fallbeispiele für geoarchäologische Studien in Auen semiarider und arider Klimate – 104

9.3   Hochgebirge – 108
9.3.1   Zur prähistorischen Siedlungs- und Wirtschaftsgeschichte im Hochgebirge – 109

9.4   Hangsysteme im Mittelgebirge und Gully-Erosion – 115

Das vorliegende Kapitel besteht aus mehreren Teilen, die von unterschiedlichen Arbeitsgruppen und Einzelpersonen getrennt voneinander erstellt worden sind. Da eine Gewichtung nach dem Umfang der Teilbeiträge aus diesem Grund nicht möglich ist, erfolgt die Angabe der Autorinnen und Autoren in alphabetischer Reihenfolge.

© Springer-Verlag GmbH Deutschland, ein Teil von Springer Nature 2022
C. Stolz und C. E. Miller (Hrsg.), *Geoarchäologie*,
https://doi.org/10.1007/978-3-662-62774-7_9

9.5   Seen – 120
9.5.1   Sedimentationsprozesse in Seen – 121
9.5.2   Seesedimente als Archive der Landschafts- und
          Siedlungsgeschichte – 123

9.6   Äolische Systeme – 125

9.7   Lösslandschaften – 129
9.7.1   Definition und Verbreitung von Löss – 129
9.7.2   Löss und (Geo-)Archäologie – 133
9.7.3   Lössstratigraphie, Datierung und Paläoproxies – 133

9.8   Küsten – 136
9.8.1   Küsten als Interface zwischen Land und Meer – 136
9.8.2   Meeresspiegelschwankungen – 139
9.8.3   Häfen – 147
9.8.4   Tsunamis im Mittelmeerraum – 148

9.9   Höhlen und Abris – 150
9.9.1   Entstehung von Höhlen und Abris – 150
9.9.2   Höhlen- und Abris-Sedimente – 152

9.10   Quellen – 156
9.10.1   Klimatischer Einfluss auf Quellen – 157
9.10.2   Tektonischer Einfluss auf Quellen – 157
9.10.3   Rekonstruktion von Wasserchemie und Temperatur – 160
9.10.4   Identifizierung von reliktischen Quellen – 161
9.10.5   Konservierung von archäologischem Material – 162
9.10.6   Menschliche Modifikation von Quellen – 162
9.10.7   Geochronologie – 163

Zusammenfassung

Die geoarchäologische Forschung ist in starkem Maße vom jeweiligen Naturraum und seiner geomorphologischen und klimageographischen Ausstattung abhängig. Das Kapitel betrachtet zunächst fluviale Systeme in humiden und ariden Räumen, das heißt Flusslandschaften im Hinblick auf ihre Bedeutung für die menschliche Besiedelungsgeschichte und ihre Erforschung. Dabei geht es konkret um die Bilanzierung von Sedimenten, die durch fließendes Wasser abgelagert wurden, und um Veränderungen in fluvialen Systemen durch den Menschen. Der Abschnitt Hochgebirge legt einen Schwerpunkt auf die Alpen und generell auf die frühere Besiedelung und Nutzung von Gebirgsräumen. Weitere Abschnitte betrachten Hangsysteme und ihre geoarchäologische Bedeutung, Seen als Sedimentarchive, Räume, die durch äolische Ablagerungen und durch den Wind geschaffene Formen geprägt sind, wie etwa Dünen- und Lössgebiete. Insbesondere Lössgebieten als Initialräume der Besiedelungsentwicklung kommt in der kulturräumlichen Forschung eine Schlüsselrolle zu. Ein weiterer Abschnitt befasst sich mit geoarchäologischer Forschung an Küsten, damit verbundener paläogeographischer Erkundung, mit den Auswirkungen vergangener Tsunamiereignisse und mit antiken Häfen. Am Schluss stehen Betrachtungen zu Höhlen, ihren Sedimentfüllungen und ihrer Besiedlung sowie zum Thema Quellen als archäologische Fundplätze.

9.1 Fluviale Systeme in humiden Räumen

Christian Tinapp, Hans von Suchodoletz und Christoph Zielhofer

Fluviale Prozesse haben den Oberflächenformenschatz humider Regionen signifikant geprägt (Charlton 2008; Notebaert et al. 2011; Houben 2012). Bestimmende Faktoren für natürlicherweise in fluvialen Systemen (Bäche und Flüsse) stattfindende Prozesse sind Sedimentfracht und Transportleistung. Im Quartär haben Kalt- und Warmzeiten zur Bildung von verschiedenen Ablagerungen geführt, die den geologischen Aufbau und die Morphologie des Talgrundes bestimmen. Während des Holozäns griffen Menschen seit dem Frühneolithikum vor etwa 7500 Jahren mit der Anlage erster Ackerflächen in das natürlich ablaufende Abflussregime indirekt ein, da in der Folge durch Bodenerosion mehr Sedimentfracht in die fluvialen Systeme gelangte und sich im Tal absetzte. Auf diese Weise sind in fluvialen Systemen Sedimentpakete entstanden, deren unterschiedliche Mächtigkeiten Hinweise auf Aktivitäts- und Stabilitätsphasen aufgrund variierender Nutzungsintensitäten liefern. Der Mensch hat stets die Nähe von Wasserläufen gesucht und dabei seine Spuren hinterlassen, denn hier gab es Nahrung, Wasser und Transportmöglichkeiten.

Von der Quelle bis zu ihrer Mündung ins Meer bilden fluviale Systeme ein wichtiges geoarchäologisches Archiv. Das Wasser folgt dem Gefälle und transportiert klastisches Material wie Ton, Schluff, Sand, Kies und Lösungsfracht. Alle in dieses System gelangenden klastischen Sedimente tragen zur Formung von Tälern sowie zum Aufbau fluvialer Sedimentkörper bei. Geoarchäologisch rücken diese Räume dann in den Fokus, sobald der Mensch Flussauen besiedelte bzw. direkt oder indirekt die natürlichen fluvialen Prozesse im Einzugsgebiet beeinflusste und somit die Akkumulation von Sedimenten begünstigte oder auslöste.

Flusstäler waren zu allen Zeiten ein bevorzugter Nutzungsraum des Menschen. Neben der zumindest in größeren Tälern direkt gegebenen permanenten Wasserversorgung bieten sie wichtige Möglichkeiten zur Nahrungsversorgung, zur Energiegewinnung (Wassermühlen) sowie zum Transport von Gütern und Menschen. Vielfach befinden sich daher vor- und frühgeschichtliche Siedlungsreste auf hochwassersicheren pleistozänen Terrassen entlang der holozänen Auen, die damit wichtige Leitlinien früherer Besiedlung darstellen. Dementsprechend gehäuft finden sich hier, aber oft auch auf dem überschwemmungsgefährdeten holozänen Talgrund, vor- und frühgeschichtliche Überreste vergangener menschlicher Aktivitäten.

9.1.1 Fluviale Prozesse

Übergeordnete fluvial-geomorphologische Prozesse in einem Einzugsgebiet sind Erosion, Transport und Ablagerung von Sedimenten, wobei es entlang eines Flusslaufs zu wiederholter sekundärer Sedimentumlagerung kommen kann. Bestimmende Faktoren für natürlicherweise in fluvialen Systemen stattfindende Prozesse sind Sedimentfracht und Transportleistung, wobei der zweite Faktor durch das Längsgefälle und den Abfluss bestimmt wird. Nach einem steilen Gefälle im Oberlauf verflacht das Gefälle bei allen aus den Alpen oder Mittelgebirgen kommenden Flüssen Mitteleuropas stark in Richtung Vorfluter oder Mündung. Dieser verbreitet vorkommende Typ des Flusslängsprofils bedeutet eine höhere Transportleistung und somit vermehrte Erosion im Oberlauf und eine geringere Transportleistung und somit stärkere Akkumulation im Mittel- und Unterlauf.

Während das Gefälle vom vorherrschenden Relief abhängig ist, wird der Abfluss vor allem klimatisch gesteuert. Die Höhe der Niederschläge sowie die Verdunstung im Einzugsgebiet eines Fließgewässers bestimmen maßgeblich die Menge des abfließenden Wassers. Feuchtere Phasen führen somit zu verstärkten Hochwassern, und trockenere Zeitabschnitte zu Perioden mit überwiegendem Niedrigwasser. Die Mobilisierung von Sedimenten findet verstärkt während feuchter Phasen mit hoher Transportleistung statt, d. h., wenn viel Wasser mit hoher Geschwindigkeit durch ein Tal fließt. Ändert sich der Flusslauf nicht und kommt es zu keiner Überschwemmung der Flussaue, so gibt es hier außer einem temporären Anstieg des Grundwassers keine Veränderung. Tritt der Fluss jedoch über seine Ufer, dann ergießt sich Wasser über den Talboden. Auf den überfluteten Flächen ist die Fließgeschwindigkeit und somit die Transportleistung des Wassers eher gering, und die im Wasser enthaltenen Schwebstoffe sedimentieren auf dem Talgrund als feinklastische Auensedimente (engl. *overbank fines*, vgl. ◘ Abb. 9.1). Wo sich während eines Hochwassers neue Abflussbahnen gebildet haben, wird älteres Sediment abgetragen, und es kann möglicherweise ein neuer Flusslauf entstehen. Somit finden in fluvialen Systemen nebeneinander Prozesse der Abtragung und Sedimentation statt (Brown 1997). Um fluviale Ablagerungen interpretieren zu können, müssen daher die oft zeitgleich ablaufenden Prozesse von Erosion und Ablagerung verstanden werden.

Fluviale Systeme setzen sich in breiteren Tälern aus zwei verschiedenen Prozesssystemen zusammen: So gibt es den vom fließenden Wasser bestimmten tiefer liegenden Bereich des Gerinnes oder Flussbetts, und den nur bei Hochwasser überfluteten, etwas höher gelegenen Bereich der Talaue. Tritt der Fluss über seine Ufer, so verlangsamt sich schlagartig seine Fließgeschwindigkeit und somit auch seine Transportkapazität. Daher setzen sich im rinnennahen Auenbereich gröbere sandig-schluffige Sedimente ab, und führen hier zur Entstehung eines flussbettparallelen Uferwalls (*levée*, vgl. ◘ Abb. 9.1 und 9.2). Dieser bildet einen leicht erhöhten Bereich innerhalb der Aue, welcher an vielen Flüssen der bevorzugte Aktivitätsbereich des prähistorischen und historischen Menschen im Bereich der Aue war (Tinapp et al. 2014; Gerlach 1993). Im rinnenfernen Auenbereich setzt sich bei Hochwasser hingegen feineres schluffig-toniges, in Gebieten mit viel Sand auch feinst- bis mittelsandiges Material ab,

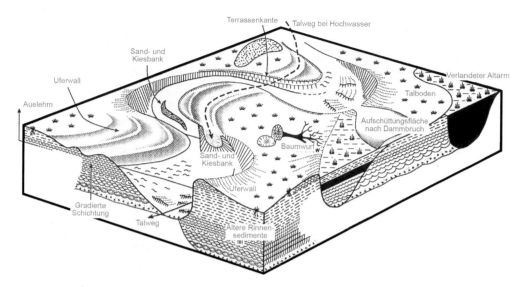

Abb. 9.1 Blockbild eines Ausschnittes einer Tieflandsaue (nach Brown 1997). Neben der aktiven, mäandrie-renden und von Uferwällen begleiteten Rinne liegen z. T. limnisch verfüllte Altarme und bei Überschwemmungen abgelagerte Auenlehme

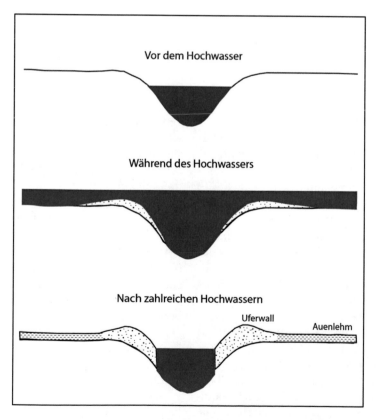

Abb. 9.2 Entwicklung einer Rinne mit Uferwällen seit dem Frühholozän (nach Goudie 2001)

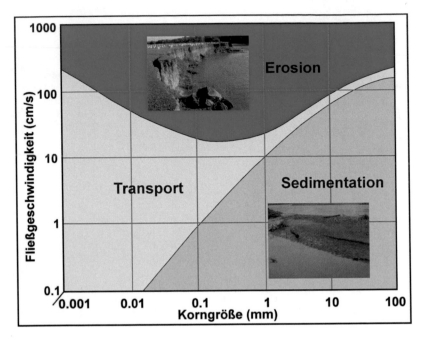

◘ Abb. 9.3 Sedimentation, Erosion und Transport von unterschiedlichen Korngrößen in fluvialen Systemen (nach Hjulström 1935)

was bei regelmäßigen Überschwemmungen zur Entstehung einer Decke feinklastischer Auensedimente führt (Kirchner et al. 2018).

Fließendes Wasser führt Lösungsfracht, klastische Schweb- oder Suspensionsfracht und bei ausreichender Geschwindigkeit auch grobklastische Geröllfracht mit sich (◘ Abb. 9.3). Produkte chemischer Verwitterung und organische Stoffe bilden die Hauptanteile der im Wasser gelösten Lösungsfracht (Zielhofer 2004), welche auch bei geringsten Fließgeschwindigkeiten im Wasser verbleiben. Je geringer der Abfluss und somit die Transportkapazität, desto kleiner sind die in Suspension transportierten Teilchen der klastischen Schwebfracht. Diese besteht in der Regel vorwiegend aus Ton- und Schluffpartikeln, und stammt überwiegend aus abgetragenen Böden sowie Lockergesteinen im Einzugsgebiet. Bei starker Strömung und somit höherer Transportkapazität werden auch Sandkörner zeitweise in Schwebe gehalten. Die grobe klastische Geröllfracht wird durch die starke Strömung und somit hohe Transportkapazität des Wassers an der Flussbettsohle rollend, schiebend oder springend transportiert. Entsprechend weisen Sedimente ehemaliger Rinnen auf die verschiedenen Geschwindigkeiten des Wassers während der Ablagerung hin (siehe Infobox 9.1): Während tonig-schluffiges Material auf langsam fließendes Wasser und somit die Ablagerung von Suspensionsfracht hinweist, belegen sandig-kiesige Sedimente die Ablagerung durch eine starke und somit vermutlich flussbettnahe Strömung (◘ Abb. 9.3). Die Korngröße ist folglich ein Indiz für die zum Ablagerungszeitpunkt vorherrschenden fluvialen Sedimentationsbedingungen.

Die Menge des in Fließgewässer eingebrachten klastischen Materials, und somit die Menge der in ihnen enthaltenen Sedimentfracht, hängt auch vom Anteil leicht erodierbarer Lockergesteine im Einzugsgebiet ab (► Kap. 12). So sind Korngrößen um 0,1 mm besonders erosionsgefährdet.

Diese erreichen u. a. in pleistozänen Lössen relativ hohe Anteile (vgl. ◨ Abb. 9.3). Entsprechend steigt in lössreichen im Vergleich mit lössarmen Einzugsgebieten bei ansonsten gleichen Voraussetzungen der Eintrag klastischer Sedimente in Fließgewässer.

Infobox 9.1

Paläorinnen (Thomas Birndorfer)

Paläorinnen sind bedeutende Geoarchive für die Rekonstruktion der Paläoumwelt. Die Untersuchung der darin abgelagerten Sedimente gibt Antworten auf interdisziplinäre Fragen mit lokaler und regionaler Tragweite. Ein Beispiel sind die Auswirkungen des Ausbruchs des Laacher-See-Vulkans vor rund 12.900 Jahren auf Mensch und Umwelt. In Hessen wurde eine Vielzahl von Aufschlüssen untersucht, in denen Laacher-See-Tephra (LST) in ehemaligen Rinnensystemen abgelagert worden ist (z. B. Gießener Talweitung, Marburger Lahntalsenke). Neben vollständig verlandeten Flussrinnen wurden auch Paläorinnen untersucht, deren Abflussdynamik aufgrund des Fallouts erheblich gestört wurde (◨ Abb. 9.4). Durch Korngrößenanalysen und die Untersuchung der organischen Substanz einzelner Ablagerungsschichten sowie durch stratigraphische Grenzflächenbetrachtung können fluviale Architekturelemente, Erosions- und Sedimentationsphasen der ehemaligen Rinnensysteme bestimmt werden (Miall 1985, S. 268). Die Rekonstruktion der Flussgeschichte zeigt eine immer wiederkehrende Verminderung der Transportkraft, bis das Gewässer aufgrund der Auswurfmassen verlandete.

Welche Folgen lassen sich aus den Ergebnissen der Sedimentarchive für die Jäger und Sammler des Spätpaläolithikums ableiten? Die vulkanischen Förderprodukte wurden durch Denudationsprozesse (d. h. flächenhafte Abtragung) mobilisiert und in den Tälern abgelagert. Ihre Mächtigkeit in den Rinnen konnte auf bis zu 2,65 m ansteigen und zur Verlandung der Flüsse führen (Poetsch 1975, S. 125). Eingeschränkte Rohmaterialversorgung (z. B. Feuerstein, Chalzedon), mangelnde Trinkwasserverfügbarkeit (Riede 2012, S. 62) und abwandernde Tierherden waren mögliche Folgen. Demnach stellten die mittelhessischen Auen- und Tallandschaften um die Zeit des Ausbruchs des Laacher-See-Vulkans keine geeigneten Aufenthaltsräume für die Fauna sowie für Jäger und Sammler dar.

9.1.2 Die quartäre Entwicklung fluvialer Systeme

Die pleistozänen Kaltzeiten hatten einen starken Einfluss auf die Talbildung Mitteleuropas: Während dieser Zeiten dominierten in den eisfreien Periglazialgebieten physikalische Verwitterungsprozesse, sodass vor allem grobklastisches Material in die verwilderten Flusssysteme *(braided rivers)* gelangte. Es wurde beim Transport abgerundet und als Kies in flacheren Talabschnitten der breiten Mittel- und Unterläufe abgelagert, wo es heute ausgedehnte Schotterkörper bildet (vgl. Eissmann 1997; Semmel 2002b). Transport und Sedimentation geschahen im Wesentlichen während großer Überschwemmungsereignisse nach der Schneeschmelze im späten Frühjahr und Sommer. Über den Rest des Jahres wurden die Talböden von einem verzweigten System kleiner, nur flach eingeschnittener Fließgewässer durchzogen. Nach jedem Schmelzhochwasser bildete sich ein neues Gerinnenetz aus (Fetzler et al. 1995; Kaiser et al. 2012). Dieser Wechsel führte zum typischen Erscheinungsbild

9

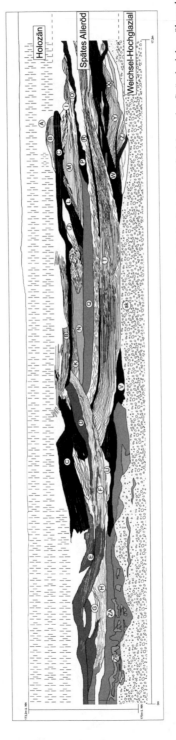

■ **Abb. 9.4** Paläorinnen aus Argenstein, Lkr. Marburg-Biedenkopf. sk – pleistozäne Schotter; ZA, ZB – feinklastische Hochflutlehme des Spätglazials, während des Alleröds gebildet; X, Y, Z – sandige Sedimentkörper mit trogförmigen, kreuzgeschichteten Sanden (Reste dreidimensionaler Dünen); V, W – Pyroklastika durchmischt mit fluvialen Sanden (umgelagerte LST); T – Nebenrinne („sandy river"); R – Schicht mit hoher Fließgeschwindigkeit; P –massiger Feinsand, Unterbrechung des Abflusses; Q – massige Ablagerung vulkanischer Asche; O – Ablagerung von Suspension, Fluktuationen der Strömungsgeschwindigkeit am Ende von Überschwemmungen; N – Stillwassersediment, stark verminderte Transportkraft des Gewässers; L – LST-Ablagerungen; M – Uferdamm; I, J – rippelgeschichtete Sande, niedrige Strömungsgeschwindigkeit; K – trogförmige Ablagerungen, höhere Fließgeschwindigkeit; U, G, H, F – Altarme; K – trogförmige Ablagerungen, höhere Fließgeschwindigkeit; D, E – massige Sedimentationsphasen; C – massige LST-Ablagerungen; B – laminare Schichten, Überschwemmungsebene; A – holozäne Bodenbildung (Daten: Masterarbeit von T. Birndorfer, Univ. Marburg 2015)

der pleistozänen Schotterkörper, wobei in den Kiesen zwischengeschaltete Sandlinsen die Position kurzzeitiger flacher Abflussbahnen anzeigen. Die breiten pleistozänen Täler wurden schon im Paläolithikum häufig von Jägern und Sammlern aufgesucht. Aus kaltzeitlichen fluvialen Schotterkörpern stammen daher zahlreiche altsteinzeitliche Hinterlassenschaften des Menschen (Lauer und Weiss 2018; Schäfer 2003).

Nach erfolgter Aufschotterung führte Einschneidung zur Bildung pleistozäner Flussterrassen. Dies sind Reste des ehemaligen Talgrundes, welcher aufgrund der weiteren Eintiefung des Flussbetts zurückblieb. Ihre Bildung konnte verschiedene Ursachen haben, wobei vor allem klimatische, aber auch tektonische Prozesse eine Rolle spielten (Bridgland und Westaway 2008). So werden die Talauen der größeren Flüsse Mitteleuropas an vielen Stellen heute von weichselzeitlichen und älteren Terrassen eingerahmt (◘ Abb. 9.5). Durch die Einschneidung entstanden große, nicht mehr überflutete Ebenheiten, die später häufig durch Lösse verschiedener Mächtigkeiten äolisch überdeckt wurden. Die dort

entstandenen fruchtbaren Böden in naher Entfernung zum Flussbett sorgten für besonders günstige Standorte für die Landwirtschaft, was sich in einer entsprechend intensiven Besiedlungsgeschichte seit dem Neolithikum ausdrückt (Brown 1997; Heynowski und Reiß 2010) (◘ Abb. 9.4).

Mit der Klimaerwärmung am Übergang von der Weichsel-Kaltzeit zur holozänen Warmzeit kam es zur Umstellung vieler Flusssysteme in Mitteleuropa (Lipps und Caspers 1990; Mol 1995): Die während der Kaltzeiten in Periglazialräumen dominierenden verwilderten Flüsse *(braided rivers)* mit dem überwiegenden Transport groben Materials besaßen nur wenig erosive Kraft für die Eintiefung von Rinnen. Im Gegensatz dazu bildeten sich bei nachlassenden Periglazialbedingungen ab Ende der letzten Kaltzeit vermehrt mäandrierende Fließsysteme mit einer einzelnen, tiefer eingeschnittenen Rinne heraus (Kaiser et al. 2012). Dies führte zur Einengung der meisten mitteleuropäischen Flusstäler (Schirmer 1995; Eissmann 1997). Die mit steigenden Temperaturen zunehmende chemische Verwitterung und abnehmende Frostsprengung ab

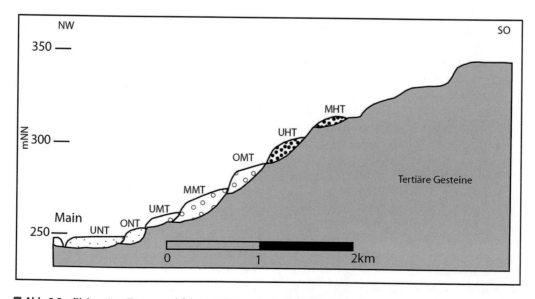

◘ **Abb. 9.5** Pleistozäne Terrassenabfolge am Obermain (nach Semmel 2002b)

Beginn des Holozäns sorgte für die Bereitstellung feinerer Materials, wovon nun wesentlich größere Mengen als vorher in die Flüsse gelangten und in den Tälern abgelagert wurden. Je nach Einzugsgebiet und Talgefälle ist dieses sandig bis schluffig-tonig. Stets wurde auch schon vorher abgelagertes Material durch die Einschneidung von Rinnen reaktiviert und an anderer Stelle wieder abgelagert. Während also in Paläorinnen Fein- bis Grobsedimente vorkommen, fehlen holozäne Kiese in Talablagerungen jenseits der Gerinne weitgehend (vgl. Kirchner et al. 2018).

Die dichte Vegetation sorgte in den frühholozänen Auen für einen vermehrten Anfall organischer Substanz, welche durch das relativ hoch anstehende Grundwasser nicht oder nur teilweise zersetzt wurde. Torflagen und organische Mudden bilden in den mitteleuropäischen Tieflandstälern daher häufig die ältesten holozänen Sedimente (Wildhagen und Meier 1972; Huckriede 1972; Hiller et al. 1991; Tinapp 2003, Notebaert et al. 2018; Brown et al. 2018). In manchen fluvialen Systemen werden diese oft fleckenhaft vorkommenden organogenen Lagen durch flächig vorkommende, tonreiche, humose Sedimente überlagert („*black floodplain soil*", Rittweger 2000, oder „Schwarzer Ton", Tinapp et al. 2019; Neumeister 1964), die große Flächen der Aue einnehmen können. Abweichend von den offenbar gleichmäßig feuchten Sedimentationsbedingungen im Präboreal sind anschließend im Boreal und Atlantikum Sedimente entstanden, die durch zeitweise Trockenphasen Zersetzungsprozesse unterlagen. Sie befinden sich stets unterhalb der Auenlehme.

Auch während des Holozäns kam es zu Terrassenbildungen. Im Bereich von Main, Rhein und Donau wurden bis zu sieben Ablagerungsfolgen identifiziert, die als sogenannte Reihenterrassen bezeichnet werden (Schellmann 1990; Schirmer 1995). Es handelt sich hierbei ebenfalls um Taloberflächen, welche im Gegensatz zu den pleis-

tozänen Terrassen heute aber morphologisch auf einem Niveau liegen und daher im Relief kaum unterschieden werden können. Da am Beginn der Entstehung einer Reihenterrasse immer Einschneidungen von Rinnen stattfanden, ist die Abfolge der in den Terrassen enthaltenen Sedimente stets ähnlich: Grobe Sedimente an der Basis gehen nach oben in feineres Material über. Mit zunehmendem menschlichem Einfluss erhöhte sich der Anteil feinklastischer Ablagerungen. Ausgelöst wurden Einschneidungen und damit die Bildung von Reihenterrassen durch holozäne Klimaschwankungen (humidere Phasen während des Holozäns), aber beispielsweise auch durch spezielle, individuelle Bedingungen im jeweiligen Flusstal (Schirmer 1995; Erkens et al. 2009).

Nach Abschneiden eines früheren Flussmäanders entsteht ein langsam verlandendes Stillgewässer mit limnischer Sedimentation (Altwasser, englisch: *oxbow lake*). Anfangs bilden sich hier Feuchtsedimente (Mudden, Torfe, vgl. ◘ Abb. 9.1), welche durch spätere Hochwasserereignisse von Auenlehm überdeckt werden. Die dadurch entstandenen Sedimentarchive ermöglichen dank permanent anaerober Bedingungen paläobotanische Untersuchungen der dort erhalten gebliebenen Pollenkörner und organischer Makroreste (vgl. ▶ Abschn. 9.10).

9.1.3 Fluviale Systeme im geoarchäologischen Kontext

Die meisten geoarchäologischen Untersuchungen versuchen, den Einfluss des Menschen auf die Umwelt zu rekonstruieren. Dieser kann auf zwei verschiedene Arten die Talentwicklung beeinflussen: i) Direkte Eingriffe in das Flussregime fanden beispielsweise durch den Aufstau im Bereich von Wassermühlen statt, wodurch die früher vorherrschende Erosion durch Akkumulation feinklastischer Sedimente ersetzt wurde. ii) Indirekt beeinflusste der Mensch Flusssysteme mehr oder weniger stark durch die Rodung und Inkulturnahme von Land im Einzugsgebiet. Dadurch gelangten bei gleichem Niederschlag mehr Wasser und erodierte Feinsedimente in die Auen. Infolge dessen beeinflussten diese den Abfluss, und über Änderungen des Verhältnisses von Sedimentfracht und Transportleistung auch das Erosions- und Sedimentationsregime (Bork et al. 1998).

In nicht direkt gerinnebeeinflussten, sondern nur bei Überschwemmungen unter Wasser stehenden Auenbereichen entstanden somit aus den durch menschliche Aktivitäten eingebrachten und fluvial transportierten feinklastischen Materialien Feinsedimentablagerungen. Dabei handelte es sich vor allem um Ton- und Schluffpartikel aus der Suspensionsfracht. Das jenseits kleiner Fließrinnen stehende Wasser versickerte und verdunstete nach Abebben der Überschwemmung. Dabei setzte sich das im Wasser enthaltene Material auf der Auenoberfläche ab, wobei sich stets grobe Korngrößen zuerst und feine Bestandteile als Letztes absetzen. Dies führte daher im Laufe eines Überschwemmungsereignisses zu einer nach oben feiner werdenden Abfolge bzw. einer Kornverfeinerungssequenz (engl. *fining upward*). Mehrmalige Hochwasser könnten zu einer Serie übereinanderliegender Lagen mit ähnlichen Sequenzen führen. Da aber Monate oder sogar mehrere Jahre zwischen einzelnen Überschwemmungen liegen können, wurden die nur wenige Millimeter bis Zentimeter mächtigen gradierten Feinschichtungen auf den Auenböden Mitteleuropas meist durch bioturbate Prozesse sowie oberflächennahe chemische und physikalische Verwitterung noch vor dem nächsten Hochwasserereignis homogenisiert und damit beseitigt.

Für fluviale Systeme im warmzeitlichen, humiden Mitteleuropa lassen sich übergeordnet zwei unterschiedliche Zustände bzw. Phasen unterscheiden (Rohdenburg 1989): Phasen **geomorphodynamischer Aktivität** sind meist gekennzeichnet durch menschlich verursachte Bodenerosion im Einzugsgebiet und die Sedimentation feinklastischer Auensedimente im Bereich der Tieflandsauen. Im Gegensatz dazu weisen Phasen **geomorphodynamischer Stabilität** eine reduzierte Bodenerosion im Einzugsgebiet sowie eine geringe feinklastische Auensedimentation auf, sodass Bodenbildung in den Auen stattfinden kann (vgl. Hiller et al. 1991; Tinapp 2008; ◘ Abb. 9.6). Auf Basis dieser Annahmen werden durch Böden untergliederte feinklastische Auensedimentabfolgen entsprechend interpretiert. Die während Phasen geomorphodynamischer Aktivität abgelagerten feinklastischen Sedimente werden als Auenlehm bezeichnet (vgl. Mensching 1957; Niller 1998; Bork 1998). Dieser zeichnet sich durch die bereits erwähnte fehlende Feinschichtung sowie einen stets vorhandenen Grundgehalt an organischem Kohlenstoff aus, welcher durch die Materialherkunft aus umgelagertem Oberbodenmaterial erklärbar ist (vgl. Tinapp 2003; Suchodoletz et al. 2015). Je nach Einzugsgebiet, Talbreite und Nähe zur Mündung ändert sich die Korngrößenverteilung der Auenlehme. Schon aufgrund der nassen Ablagerungsbedingungen sind hydromorphe Merkmale häufig. Postsedimentäre bodenbildende Prozesse führten zu weiteren Veränderungen. Humusanreicherungen aus Bodenbildungsphasen sind aufgrund des Grundgehaltes an Kohlenstoff allerdings oft nur schwer nachweisbar (Kirchner et al. 2018). Auch wenn Auenlehmdecken meist keine sichtbare Schichtung aufweisen, gibt es doch Methoden, welche bei ihrer stratigraphischen Gliederung helfen. Hierbei kommt archäologischen und numerischen Datierungen eine große Bedeutung zu, da nur diese eine chronostratigraphische Einordnung mit der Unterscheidung von Aktivitäts- und Ruhephasen erlauben. Bisher war dies allerdings nur in wenigen Einzugsgebieten möglich: So erlaubten archäologische Befunde im Tal der Weißen Elster die Identifikation einer mit-

9

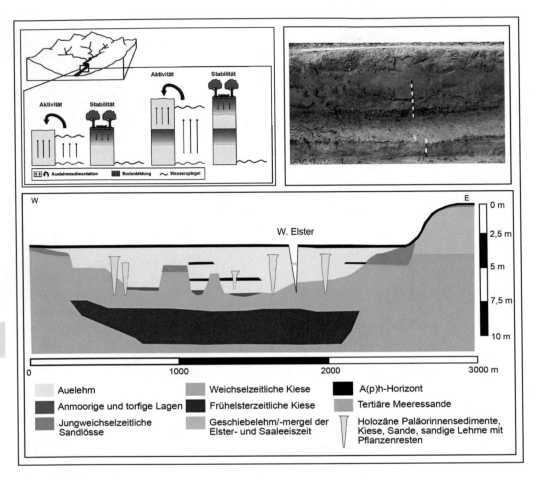

☐ **Abb. 9.6**   Stabilitäts- und Aktivitätsphasen und halbschematischer Querschnitt durch das untere Tal der Weißen Elster bei Zwenkau. Die Auenlehmdecke ist durch zwei Bodenbildungen gegliedert. An den Talrändern bedeckt Auenlehm die im Früh- und Mittelholozän hochwassersichere weichselzeitliche Terrasse

tel- bis spätbronzezeitlichen sowie einer jungeisenzeitlich bis frühmittelalterlichen Oberfläche (Hiller et al. 1991; Tinapp et al. 2008). Fehlen archäologische Hinterlassenschaften, so ermöglichen in Auenablagerungen häufig vorhandene organische Makroreste oder Holzkohlestückchen Radiokohlenstoffdatierungen (vgl. Hiller et al. 1991). Auch Lumineszenzmethoden (OSL, IRSL) können für eine Altersbestimmung der Auenlehme genutzt werden (vgl. Fuchs et al. 2011) (▶ Abschn. 16.4).

Die Menge des abgelagerten Auenlehms steht in engem Zusammenhang mit im Einzugsgebiet vorhandenen, leicht erodierbaren und schluffreichen Lockermaterialien. Diese gelangen über verschiedene Vorfluter in die größeren Täler, werden dort als Schwebfracht transportiert und bei Überflutungen auf dem Talgrund abgesetzt. Auf diesem Weg wurden in manchen Flusstälern über 4 m mächtige Auenlehme abgelagert. Während in den Mittelgebirgsregionen deren Sedimentation häufig erst im Mittelalter begann, reicht der Ablagerungsbeginn in manchen Altsiedellandschaften z. T. bis in das Neolithikum bzw. Atlantikum zurück (Tinapp et al. 2019; Tinapp et al. 2008; Pretzsch 1994). In den meisten vor- und frühgeschichtlichen Landschaften begann die Auenlehmakkumulation in der Bronze- oder Eisenzeit bzw. im Subboreal und Subatlantikum (vgl. Stolz et al. 2013).

Die durch die Ablagerung von Auenlehm verursachte Aufhöhung weiter Teile der Talböden führte dazu, dass sich bei Hochfluten die gleiche Wassermenge auf eine größere Fläche im Tal verteilte und somit auch auf tiefere Bereiche lössbedeckter pleistozäner Terrassen ausdehnte. Daher kam es im Laufe des Holozäns teilweise zu deren Überdeckung mit Auenlehm (Heusch et al. 1996; Tinapp et al. 2008; Tinapp und Stäuble 2016). Dies ist geoarchäologisch relevant, da diese heute scheinbar in der Aue gelegenen, ehemals erhöhten Areale eine lange vor- und frühgeschichtliche Nutzungsgeschichte haben können.

Die Einordnung archäologischer Funde und Befunde in den fluvialen Kontext ist ein wichtiger Bereich geoarchäologischer Forschung, da nur mit diesem Wissen wichtige Fragen wie beispielsweise: „Welche Plätze am Fluss wurden bevorzugt für Häfen genutzt und welche nicht?", „Wo lagen die besten Furten?" etc. beantwortbar sind. Hierfür ist eine detaillierte Erfassung und Datierung der Sedimente nötig, denn oftmals hat sich die geomorphologische Situation im Zuge der fluvialen Dynamik beispielsweise durch Flusslaufverlegungen grundlegend verändert. So konnten Gerlach et al. (2016) durch die Datierung eines Rheinmäanders bei Duisburg nachweisen, dass sich die Römer entlang des Rheins nicht nur auf linksrheinische Befestigungen beschränkten, sondern solche vereinzelt auch an strategisch wichtigen Stellen rechtsrheinisch angelegt wurden. Diese liegen heute aber teilweise auf der linken Flussseite. Entgegen der früheren Annahme einer häufigen Anlage von Hafenanlagen in Totwasserarmen großer Ströme bevorzugten die Römer stattdessen offenbar steile

Prallhangufer. Dies belegen Funde und Befunde bei Xanten und Kalkar (Gerlach und Meurers-Balke 2014). Nur dort war ganzjährig eine für das Be- und Entladen von Schiffen notwendige Wassertiefe gegeben. Daher muss bei archäologischen Prospektionen in Tälern auch auf ehemalige Prallhangsituation geachtet werden, denn dort kann am ehemaligen Ufer vermehrt mit Überresten früherer Nutzungsphasen gerechnet werden.

Ab dem Mittelalter sorgten die Errichtung von Wassermühlen, aber auch wasserbauliche Eingriffe zur Verbesserung der Binnenschifffahrt, für starke Eingriffe in das natürliche fluviale System vieler mitteleuropäischer Flüsse (Brown et al. 2018; Schmidt et al. 2018; Werther et al. 2017; Zielhofer et al. 2014). Die Anlage von Mühlgräben und Abläufen mit ausreichend Gefälle erforderte Staustufen, Uferbefestigungen und die Errichtung von Dämmen. Oft wurden spätestens im Mittelalter parallel zum Hauptgerinne auch neue Abflussrinnen angelegt, die als sogenannte Mühlgräben in zahlreichen Talauen bis heute Bestand haben (Tinapp 2003). Durch den Bau von Mühlteichen entstanden Sedimentationssenken, welche anschließend limnisch verfüllt wurden (Berthold 2015). Statt entlang eines gleichmäßigen Gefälles flossen die Gerinne daher nun von Staustufe zu Staustufe.

Die meisten fluvialen Systeme in Mitteleuropa sind heute durch anthropogene Eingriffe stark überprägt (siehe auch Infobox 9.2 und 9.3). Diese reichen von Begradigungen des ursprünglich mäandrierenden Flusslaufs im Rheingraben bis zur Errichtung von Dämmen, sodass viele Flussauen nicht mehr bei Hochwasserereignissen überschwemmt werden. Durch die Errichtung von Staustufen ist das Abflussregime vieler Flüsse heute anders als in vor- und frühgeschichtlicher Zeit (Brown et al. 2018).

Infobox 9.2

Einzelbefund versus Kontext – quantitative Sedimenttransfers in einem integrierten Mensch-Umwelt-System (Peter Houben)

Archäologen, Geomorphologen und Geowissenschaftler müssen sich häufig in ähnlicher Weise der methodologischen Herausforderung stellen, gestützt auf wenige punktuelle Informationen auf ein größeres Ganzes zu schließen. Wie repräsentativ sind ein oder mehrere Einzelbefunde, sei es ein einzelner Fundplatz, eine Sequenz aus Auensedimenten, eine Altersdatierung oder ein Bodenprofil? Wären 50 cm Bodenverlust als Zeichen ackerbaulicher Misswirtschaft oder als ressourcenschonender Umgang im Vergleich zu anderen Landschaften, Wirtschaftsformen oder Epochen zu beurteilen?

Zumindest für die Frage nach den anthropogenen Veränderungen von Boden- und Auenlandschaften bietet sich der quantitative Ansatz des Sedimenthaushaltes an. Losgelöstes Bodenmaterial bewegt sich unidirektional über Hangoberflächen und in Gerinnen wie in einem Kaskadensystem von einem Hang-, einer Hohlform oder einem Auenbereich in den nächsten tieferliegenden Bereich. Jeder Teilbereich des Kaskadensystems kann wie Geld betrachtet werden, das über hintereinander verkettete Bankkonten fließt. Auch hier ist ein einzelner Guthabenwert—für sich betrachtet wie ein einzelnes Bodenprofil – nicht sinnvoll zu beurteilen. Jedoch kann man auf der Grundlage des rechnerischen Zusammenhangs zwischen Geldeingang, Guthaben und Geldausgang die transferierte Geldmenge ermitteln, bestimmen, wie sich Einzelwerte kausal zueinander verhalten, den Status bewerten, und schließlich Vorhersagen über das Verhalten dieses Minisystems treffen, wenn sich Variablen ändern. Wie bei einem Bankkonto handelt es sich bei der Abtragung (Erosion, Sedimentproduktion) oder deren Ergebnis (Profilkappung), der teilweisen Ablagerung andernorts (Sedimentation, Retention, Überdeckung) und/oder dem Export aus einem lokalen System heraus um messbare Veränderungen von Systemkomponenten, die über Sedimentflüsse quantitativ miteinander verbunden und in der Bilanz ausgeglichen sind.

Ackerbauliche Tätigkeiten und die Bewirtschaftung des fluvialen Systems (z. B. Dammbau, Trockenlegung, Bewässerung) redefinieren die Intensitäten und das räumliche Auftreten von Erosions- und Sedimentationsprozessen und hinterlassen messbare Spuren in der Stratigraphie menschlich genutzter Boden- und Auenlandschaften. Folglich lassen sich in der umweltgeschichtlichen Forschung mit dem Sedimenthaushaltsansatz das Wesen und die Größenordnung anthropogen beeinflusster Sedimenttransfers (Clemens und Stahr 1994) und ihre zeitliche Variation beschreiben (Trimble 1983; Verstraeten et al. 2009). Eine Studie des Einzugsgebiets um Rockenberg in der Wetterau (Hessen) zeigt beispielhaft, wie sich eine 7500 Jahre zurückreichende ackerbaulichen Tätigkeit auf die Boden- und Auenstratigraphie einer klassischen Lössbeckenlandschaft auswirkt (Houben 2012). Wie viel Sediment, z. B. gemessen in Tonnen, wurde landnutzungsbedingt umgelagert, wie viel Bodenmaterial ging auf den Hängen verloren, welche Menge wurde im angrenzenden Talboden sedimentiert? Wie verhalten sich historische, agrarisch geprägte Sedimentflüsse im Unterschied zu rein natürlichen Systemen?

Mehr als 700 über das 10 km^2 große Einzugsgebiet verteilte Punktdaten zur Profilerosion und anthropogenen Sedimentation liefern die Grunddaten der GIS-gestützten Quantifizierung, die den stratigraphischen Status der Systemkomponenten Hang, Delle (eine muldenförmige Trockentalform), und Aue (Abb. 9.7) erfasst (Houben 2012).

Der methodische Ansatz stützt sich auf ein konzeptionelles Modell der ungestörten natürlichen Stratigraphie periglazialer Decklagen und holozäner Lössböden der letzten 5000 Jahre. Das Modell dient der Bestimmung der ackerbaulich bedingten Erosion der Horizonte und/oder Überdeckung mit kolluvialen oder alluvialen Sedimenten, die von der Bodenerosion herrühren.

In der nur leicht geneigten Lösslandschaft sind die Hangeinzugsgebiete nicht nur, wie erwartet, die größten Sedimentproduzenten, sondern zugleich mit einer Retention von fast 60 % die quantitativ bedeutendsten Speicher im System (◘ Abb. 9.7). Nur etwa 9 % des abgetragenen Bodenmaterials finden sich in Gestalt einer alluvialen Feinsedimentdecke in der Aue wieder. Dellen und insbesondere die Aue erfüllen die Rolle effizienter Sedimentförderbänder des Systems: Durch die Aue wurden 77 % des von den Hangeinzugsgebieten ankommenden Sediments aus dem System heraustransportiert. Die unterschiedlichen Funktionen der Systemkomponenten spiegeln sich in den (rein rechnerisch-statistischen) Verweilzeiten und Transportgeschwindigkeiten wider: Während sich kolluviale Sedimente mit ca. 3 cm/Jahr über die Hänge in Richtung Aue bewegen und eine Verweildauer von ca. 8100 Jahren aufweisen, beträgt die virtuelle Geschwindigkeit des alluvialen Austrags ca. 130 cm/Jahr (Verweildauer: ca. 1500 Jahre). Dieser Befund steht in Einklang mit einer allgemein beobachteten geringen Verschleppung archäologischer Lesefunde.

Die Menge der anthropogenen Sedimentproduktion beläuft sich auf ca. 9400 t/ha, von denen ~6700 t/ha als kolluviales bzw. alluviales Sediment im Einzugsgebiet verblieben sind. Diese Werte entsprechen einer durchschnittlichen Profilerosion von 64 cm bzw. einer durchschnittlichen Überdeckung mit 46 cm Kolluvium oder Alluvium im Einzugsgebiet. Die hohe Retention bewirkt auch, dass die effektive anthropogene Erosionsrate des Einzugsgebietes nur um etwa das 6fache höher liegt als gemessene Erosionsraten unter natürlichen Bedingungen.

Die räumliche Analyse der auf der Hang- und Einzugsgebietsskale irregulären Muster der Bodenerosion und Sedimentation brachte ein überraschendes Ergebnis. Weder die Erosionsbeträge noch die Mächtigkeit der ubiquitär auftretenden Hangkolluvien korrelieren mit der Topographie der Hänge (◘ Abb. 9.7; vgl. Houben 2008). Räumlich-statistisch betrachtet verhalten sich sowohl die Kappungs- als Überdeckungsbeträge jenseits einer Distanz von 8–10 m zwischen Bodenprofilen zufallsverteilt (Houben 2008).

Die Erklärung des speziell anthropogenen Bodenmusters verweist auf die Rolle kleinskalierter, gesellschaftlich gemanagter Flursysteme (Houben 2008). Zahlreiche Feldgrenzen fragmentieren natürliche Hangeinzugsgebiete, und kontinuierliche Flurumlegungen durch die Jahrhunderte setzten stets neue räumliche Bezüge für die Bodenerosionsprozesse. Es sind demnach agrarstrukturelle und kulturelle Faktoren, die über die räumliche Verteilung der Sedimentflüsse mitentscheiden. Dadurch kennzeichnet sich das untersuchte Sedimentkaskadensystem als integriertes Mensch-Umwelt-System, welches sich insbesondere durch das anthropogene Zufallsmuster der Bodenlandschaft sowie eine ungewöhnlich hohe Retention charakterisiert.

Die räumliche Zufallsverteilung der Erosions- und Sedimentationsbeträge lässt zudem Zweifel an der Sinnhaftigkeit der Rekonstruktion der Bodenerosionsgeschichte mithilfe implizit räumlich korrelierender Bodencatenen (Abfolgen von Bodenprofilen) aufkommen (vgl. Lang und Höhnscheid 1999). Auch gestalten sich Vorhersagen zum archäologischen Erhaltungspotenzial der untersuchten Landschaft schwierig, solange topographisch-geomorphologisch definierte Kriterien im Vordergrund stehen.

Die Bedeutung der anthropogen erhöhten Sedimentretention im Einzugsgebiet betrifft zum einen das Erhaltungspotenzial für archäologische Plätze im Unterschied zu stärker geneigten Altsiedellandschaften im Löss (Froehlicher et al. 2016).

Zum anderen wurde über das gesamte Einzugsgebiet von Rockenberg kolluviales Sediment verbreitet, das als Teil der irreversiblen Transformation der Bodenressource einige grundlegende Landschaftsfunktionen wie Bodenfruchtbarkeit und den lokalen Wasserhaushalt entscheidend verändert hat. Das agrargesellschaftlich nutzbare Ressourcenpotenzial hat daher im Lauf der Jahrtausende langen Nutzungsgeschichte eine erhebliche anthropogene Modifikation erfahren, die bei entsprechenden Untersuchungen zu berücksichtigen ist.

9

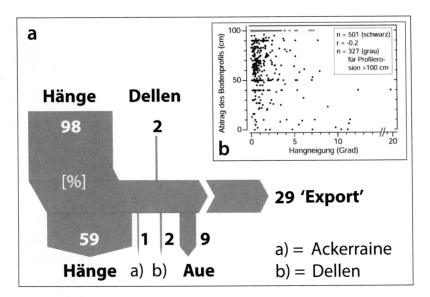

○ **Abb. 9.7   a** Sedimentfluss-Diagramm für anthropogene Bodenerosion und Sedimentation für die vergangenen 5000 Jahre. **b** Das Streudiagramm, in dem der Erosionsbetrag für jedes aufgenommene Bodenprofil gegen die Hangneigung aufgetragen wurde, verdeutlicht die fehlende Korrelation

Infobox 9.3

Talveränderungen seit der Bandkeramik (Wolfgang Schirmer)

Täler waren stets Einwanderungswege: nach der Kaltzeit für die Flora und auch für die Fauna und den Menschen. Tätigkeit und Hinterlassenschaften des jagenden und sammelnden Menschen haben aber das Tal nicht wesentlich verändert. Das geschieht erst seit der neolithischen Siedlungstätigkeit, also seit der Bandkeramik.

Rodung auf Hängen und Höhen lockert den Boden auf, gibt ihn zur Abspülung frei. Dadurch werden die bis dahin versumpften Täler und Seitentäler, ebenso wie Hangmulden, besonders durch feines Bodenmaterial aufgefüllt. Die Talsohlen werden dabei aufgehöht und erstmals begehbar gemacht. Das reicht bis hin zur Beackerung der Talböden.

Täler werden aber auch durch wechselnden Klimagang – Sturzregenphasen contra ruhige Phasen – gestaltet. In bestimmten Klimaphasen legen die größeren Flüsse durch erhöhte Umlagerungstätigkeit neue Aufschüttungsterrassen an (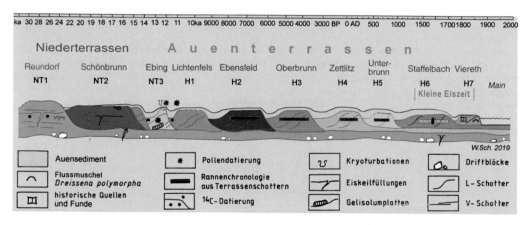 Abb. 9.8). Die Wirkung heftiger Klimaphasen wird durch die anthropogene Aktivität verstärkt. Dabei wird dem Fluss aufgrund erhöhter Abtragung auf gerodetem Land viel feinkörnige Sedimentfracht zugeführt. Das äußert sich durch Auensediment-Aufhöhung in den Tälern. Kleine Täler können dabei völlig durch Abtragsmaterial verstopft werden. Der Bach fließt dann nur noch in der eigenen feinen Aufschüttung. Fazit: Die Täler werden klimatisch gestaltet, und seit dem Neolithikum zunehmend anthropogen modifiziert und mitgestaltet (Bork 2006; Schirmer 1993, 1995, 2008).

Seit die anthropogen völlig neu gestalteten Talböden begehbar wurden, sind sie zu wertvollen archäologischen Archiven geworden. Hochwasser- und Sturzflutschlamm konserviert in Tal- und Hangsedimenten viele anthropogene Hinterlassenschaften.

Abb. 9.8 Schema der Talgrundterrassen des Mains. Rannen = fossile Baumstämme, L- bzw. V-Schotter = lateral bzw. vertikal akkumulierter Schotter

9.2 Fluviale Systeme in Trockengebieten

Olaf Bubenzer und Christoph Zielhofer

Betrachtet man das Abflussgeschehen, die Sedimentführung und -nachlieferung sowie die Abtragungs- und Ablagerungsbedingungen fluvialer Systeme in den Trockengebieten der Erde (Abb. 9.9), so ergeben sich zu den in ▶ Abschn. 9.1 beschriebenen fluvialen Systemen der humiden Regionen teils signifikante Unterschiede (s. ◘ Tab. 9.1). Diese wirken sich auch auf die Entstehung, Ausprägung und Erhaltung geoarchäologisch verwertbarer Archive aus. In semiariden Gebieten, die in der Regel ein periodisches (phasenweises/saisonales) Abflussregime aufweisen, lassen sich meist sehr gut Sediment-Boden-Abfolgen in feinkörnigen Hochflutablagerungen untersuchen. Dagegen weisen fluviale Systeme in ariden Regionen überwiegend nur einen kurzzeitigen (episodischen) oberflächigen Abfluss und eine lückenhafte Vegetationsdecke auf (Powell 2009). Zudem bildet hier häufig sehr lockeres und vom Wind transportables Material die Oberfläche (Bubenzer 2011). Neben

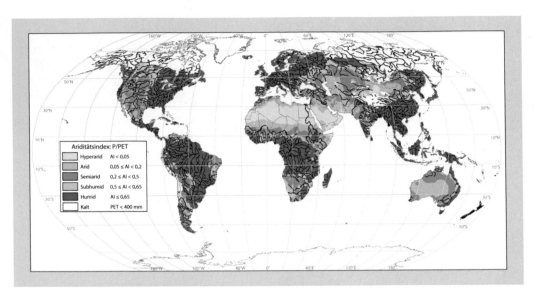

◨ Abb. 9.9   Globale Verbreitung der humiden und ariden Gebiete nach dem Ariditätsindex der Vereinten Nationen sowie Hydrographie. Trockengebiete nehmen etwa 41 % der festen Landoberfläche bzw. 44 % der Kulturflächen ein und beherbergen etwa ein Drittel der Weltbevölkerung (MEA 2005; Davies et al. 2016). Die dargestellte Hydrographie umfasst nur größere dauerhaft fließende (perennierend) Systeme, die in Trockengebieten überwiegend Fremdlingsflüsse bilden (Entwurf: F. Henselowsky. Quellen: Ariditätsindex basierend auf United Nations Environment Programme – Global Resource Information Database (UNEP-GRID), Ländergrenzen und Flüsse nach NaturalEarth Datenbank (▶ https://www.naturalearthdata.com/). Kartendarstellung: Robinson-Projektion)

den zeitlich und räumlich (hoch-)variablen Abflüssen mit, z. B. nach extremen Einzelniederschlagsereignissen, teils extremen Wassermengen (hohe Abflussamplituden), müssen daher auch Wechselwirkungen zwischen äolischen und fluvialen Prozessen berücksichtigt werden. Dort, wo äolische Prozesse zeitweise dominieren, kann es sogar zur Abdämmung von fluvialen Systemen bzw. Wadis kommen (Linstädter und Kröpelin 2004). Auch von Seitentälern eingeschüttete Schwemmfächer können dies bewirken, sodass in der Folge nur ein abschnittsweiser Abfluss und ein unausgeglichenes Längsprofil entstehen. Dennoch haben viele Wadis im Untergrund einen ganzjährig fließenden Grundwasserstrom und sind daher wichtig für die Wasserversorgung von Pflanzen, Tieren und Menschen. Der mindestens seit dem Pleistozän nachzuweisende Wechsel von Feucht- und Trockenphasen führte auch in den Trockengebieten zur Ausbildung von fluvialen Terrassen, die jedoch insbesondere in deren ariden Teilen, im Gegensatz zu den Flussterrassen der humiden und teils auch semiariden Breiten, nicht immer synchron entstanden sein müssen (Busche 2001). Ganzjährig wasserführende fluviale Systeme kommen zumeist aus einem humiden Klima und bilden in Trockengebieten sogenannte Fremdlingsflüsse (z. B. Nil, Niger, Oranje, Indus, Euphrat, Tigris, Jordan, Amu- und Syr-Darja, Huang He, Muray, Darling, Colorado und Rio Grande). Diese stellten wichtige Leitlinien für die Ausbreitung des modernen Menschen (Macklin und Lewin 2015) und die Kulturentwicklung dar (vgl. z. B. den Sonderforschungsbereich Nr. 806 „Unser Weg nach Europa", ▶ www.sfb806.uni-koeln.de).

◻ Tab. 9.1 Vergleich von Niederschlags- und Abflussbedingungen humider und arider Klimate (schematisch, verändert nach Knighton 1998)

	Humides Klima	Arides Klima
Niederschlag	Vergleichsweise hoch und zuverlässig (oft saisonal)	Gering und unzuverlässig
	Länger andauernd mit variabler Intensität	Geringe Dauer, jedoch häufig intensiv
	Geringe zeitliche Variabilität	Extrem variabel (kurz- und langfristig)
	Meist große Flächen betroffen	Räumlich konzentrierte Ereignisse
Infiltration und Abfluss	Infiltration, Durchfluss und Grundwasserabfluss	Dominierender Oberflächenabfluss (Horton)
	Lange Verzögerungszeiten zw. Niederschlag und Abfluss	Schnell eintretender Oberflächenabfluss
	Geringer Abflusskoeffizient (Quotient aus mittlerem monatl. u. mittlerem jährl. Abfluss)	Relativ hoher Abflusskoeffizient
	Zunehmender Abfluss flussabwärts durch Zuflüsse	Abnehmender Abfluss wadiabwärts durch fehlende Zuflüsse
	Strömungsgeschwindigkeiten in Mittel- und Unterläufen meist gering bis moderat (<4 m/s)	Häufig hohe Strömungsgeschwindigkeiten (>4 m/s)
	Vor allem perennierend	Größtenteils episodisch
	Relativ beständiges Abflussregime	Extrem unbeständiges Abflussregime
	Abflussganglinie hat nach Niederschlägen relativ geringe Amplitude	Abflussganglinie hat hohe Amplitude und zeitlich kurzen Verlauf
	Verlässlicher Zwischenabfluss	Stark variabler Zwischenabfluss

9.2.1 Fluviale Geoarchive in Trockengebieten und deren Interpretation

Auensedimente in Trockengebieten sind wertvolle Umweltarchive und gehören zu den wenigen Geoarchiven überhaupt, welche eine direkte sedimentologische Verzahnung von natürlichen Umweltprozessen (insbesondere Hochflutdynamik) und menschlicher Aktivität seit der Steinzeit zulassen. Die Nähe zum Wasser ist in Trockenräumen ein wichtiger Faktor, sodass Auensedimente in Trockenräumen häufig Spuren früh- und urgeschichtlicher menschlicher Aktivitäten aufweisen. Im Folgenden werden exemplarisch geomorphologische Konzepte fluvialer Systeme in Trockengebieten mit ihren Geoarchiven sowie Methoden vorgestellt, die geoarchäologische Aussagen zu Mensch-Umwelt-Interaktionen zulassen.

9.2.1.1 Semiaride kohäsive Hochflutebenen

Die Auenlandschaften in Trockengebieten unterscheiden sich nicht nur hinsichtlich der fehlenden oder schütteren Vegetationsdecke von den Auen humider Klimazonen, sondern insbesondere auch durch ihren lithostratigraphischen Bauplan. In Anlehnung an das genetische Klassifikationssystem von Nanson und Croke (1992) handelt es sich bei den Auentypen von Flüssen in semiariden Gebieten häufig um kohäsive Hochflutebenen, welche durch eine deut-

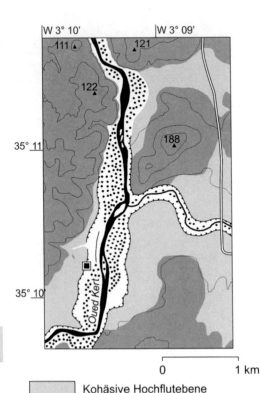

	Kohäsive Hochflutebene
	Proximale Lockersedimente
	Dokumentiertes Sediment-Boden-Profil

□ Abb. 9.10 Kohäsive Hochflutebene des Oued Kert in Nordostmarokko. Die kohäsiven Hochflutsedimente sind räumlich deutlich von dem verwilderten Flussbett getrennt. Sedimentumlagerung und Erosion finden überwiegend in den nicht verfestigten sandig-kiesigen Bereichen der Aue statt. Die kohäsiven Hochflutsedimente (s. a. □ Abb. 9.11) bleiben dagegen von Erosion verschont. In □ Abb. 9.12 ist ein Sediment-Boden-Profil des Oued Kert beispielhaft dokumentiert (Zielhofer et al. 2008)

fines) liegen in einer stratigraphisch sauberen Schichtenabfolge vor und sind häufig mit zwischengeschalteten „Laufhorizonten" und/oder alluvialen Böden vergesellschaftet. Die stratigraphischen Abfolgen lassen sich häufig über weite Strecken innerhalb der Aue nachverfolgen und sind daher hervorragend geeignet für die Rekonstruktion von fluvialen Chronostratigraphien, welche die Hochflutgeschichte des Flusses über Jahrtausende, teilweise Jahrzehntausende widerspiegeln.

Aufgrund der kohäsiven Verfestigung der feinen Hochflutsedimente sind diese gegenüber Lateralerosion geschützt und werden durch die wiederkehrenden Hochflutereignisse kaum abgetragen. In den kohäsiven Hochflutebenen findet die Sedimentumlagerung insbesondere in den proximalen Bereichen des Flusslaufes statt. Das Flussbett ist häufig verwildert (engl. *braided river*) und die dazugehörigen Sand- und Schotterlagen gestalten sich nach jedem Hochflutereignis neu. Es gibt aber auch mäandrierende Flüsse, welche zu kohäsiven Hochflutebenen neigen. Jedenfalls herrscht jeweils eine deutliche Zweigliederung der Aue mit den kohäsiven Feinsedimenten einerseits und den durch ständige Umlagerung gekennzeichneten Flussbetten andererseits vor. Die räumliche Trennung erfolgt hierbei meist durch mächtige Profilaufschlüsse bis zu mehreren Dekametern (□ Abb. 9.11). Für flussgeomorphologische aber insbesondere auch geoarchäologische Untersuchungen sind die kohäsiven Hochflutebenen hervorragend geeignet, da die mächtigen Profilwände die fluvialen Schichtenfolgen, aber auch begrabene archäologische Stationen offenlegen und leicht betret- und bearbeitbar machen.

Ein Beispiel für eine kohäsive Hochflutebene liefert der Oued Kert in Nordostmarokko. Der Fluss entwässert ein semiarides bis subhumides Einzugsgebiet im östlichen Rif-Gebirge und besitzt im Unterlauf mächtige Profile (□ Abb. 9.11), welche aus kohäsiven Hochflutsedimen-

liche räumliche Separation von Feinsedimenten einerseits und Sand- und Schotterlagen andererseits gekennzeichnet sind (□ Abb. 9.10). Die Feinsedimente gehen aus episodischen Hochflutereignissen hervor, sind meist durch eine weiträumige horizontale Ablagerung gekennzeichnet und kohäsiv verfestigt. Die horizontal gelagerten Feinsedimente (engl. *overbank*

9

◘ Abb. 9.11 Die kohäsiven Hochflutsedimente des Oued Kert in Nordostmarokko sind sauber horizontal ge-gliedert und durch mächtige Profilwände gekennzeichnet, welche die feinen Hochflutsedimente von dem san-dig-kiesigen Flussbett trennen (Zielhofer et al. 2008)

ten aufgebaut sind. Charakteristisch für den Oued Kert sind begrabene holozäne Böden (◘ Abb. 9.12). Begrabene Auen-böden bezeugen ehemalige Phasen ver-ringerter Hochflutdynamik, da die Böden das Resultat einer fortschreitenden Ver-witterung der ehemaligen Auenoberfläche darstellen.

9.2.1.2 Slack-Water Deposits

Der zweite Typ an fluvialen Sedimenten, welcher sich hervorragend für die paläohy-drologische Analyse eignet, wird durch *slack-water deposits* repräsentiert (Baker 1987; Heine 2004). Hierbei handelt es sich um Sedimentreste, die in den distalen Sedi-mentationsbereichen von Schluchten (engl. *bedrock rivers*) abgelagert wurden. Die Ni-veaus von *slack-water deposits* markieren fluviale Extremereignisse. Über ihre Da-tierung lassen sich Chronologien extremer Hochflutereignisse erstellen. *Slack-water deposits* kommen nicht nur in Trockenge-bieten vor, allerdings sind sie hier wegen der schütteren oder fehlenden Vegetationsdecke leichter in der Landschaft zu erkennen.

9.2.1.3 Rekonstruktion der Hochflutgeschichte über das Auszählen von Hochflutereignissen

Die bekannteste Methode zur Rekonstruk-tion der Hochflutgeschichte eines Flusses ist das Auszählen von Hochflutlagen. Die Methode wurde insbesondere über die Ar-beiten von Victor R. Baker bekannt (Ba-ker 1987; Baker et al. 1983, 1993; Ely et al. 1993) und wird vor allem in Trockengebie-ten angewandt. Es existieren mittlerweile auch Studien hierzu aus europäischen Tro-ckengebieten, insbesondere dem westli-chen Mediterranraum (Benito et al. 2003; Thorndycraft et al. 2005). Das Auszählen von Hochflutlagen ist bei Hochflutsedimen-ten in Trockengebieten deshalb so gut mög-lich, da geringe Bodenbildungsintensitäten und geringe Bioturbation die Struktur des abgelagerten Sediments wenig verändern und somit die einzelnen Hochflutlagen mit erkennbaren Schichtgrenzen erhalten blei-ben. Die Methode wird insbesondere bei *slack-water deposits* (u. a. Baker et al. 1983; Benito et al. 2003) und innerhalb kohäsiver

9

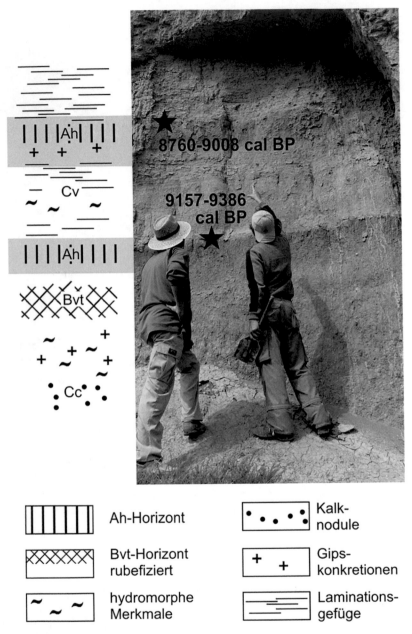

Ah-Horizont	Kalk-nodule
Bvt-Horizont rubefiziert	Gips-konkretionen
hydromorphe Merkmale	Laminations-gefüge

◨ **Abb. 9.12** Begrabene alluviale Böden in der Aue des Oued Kert. Begrabene Böden lassen sich von umgelagerten Bodensedimenten unterscheiden. Böden sind durch eine Zunahme des Kalkgehaltes vom organischen Oberboden zum mineralischen Unterboden gekennzeichnet. Stärker entwickelte mediterrane Auenböden sind durch einen initialen hämatithaltigen B-Horizont und durch Carbonatnodule im Unterboden gekennzeichnet. Der Übergang vom Ober- zum Unterboden ist diffus. Der Profilstandort ist in ◨ Abb. 9.10 dargestellt (Zielhofer et al. 2008)

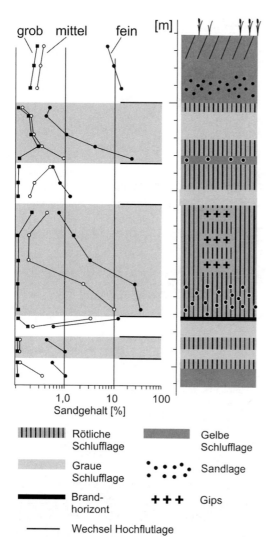

Rötliche Schlufflage

Graue Schlufflage

Brand-horizont

Wechsel Hochflutlage

Gelbe Schlufflage

Sandlage

+ + + Gips

◘ **Abb. 9.13** Rekonstruktion von Hochflutereignissen über Kornverfeinerungssequenzen *(fining up sequences)*. Diese lassen sich mithilfe von Korngrößenanalysen aus hoch aufgelösten, möglichst äquidistanten Probenentnahmen ableiten, welche als Stellvertreterparameter für Hochflutereignisse genutzt werden können. Untere Moulouya, Nordostmarokko (Zielhofer et al. 2010)

Hochflutsequenzen (Zielhofer et al. 2010) angewandt. Entweder werden die einzelnen Lagen direkt ausgezählt, oder aber als Kornverfeinerungssequenz *(fining up sequence)* über Korngrößenanalysen erfasst (◘ Abb. 9.13). Gekoppelt mit einem Alters-

modell ergeben sich daraus dann Hochflutereignisse pro Zeiteinheit.

9.2.1.4 Rekonstruktion von Hochflutphasen über alluviale Sediment-Boden-Abfolgen

Fluviale Systeme lassen sich übergeordnet in zwei unterschiedliche Zustände bzw. Phasen unterteilen (Rohdenburg 1989). Die Phase **geomorphodynamischer Aktivität** ist gekennzeichnet durch Bodenerosion im Einzugsgebiet und Sedimentation im Bereich der Unterhangpositionen und Auenräume. Im Gegensatz dazu weisen Phasen **geomorphodynamischer Stabilität** eine reduzierte Bodenerosion, aber auch eine geringe Sedimentation im gesamten Einzugsgebiet auf, was mit erkennbarer Bodenbildung in den Hangpositionen aber auch in den Auen einhergeht. Unter günstigen Umständen lässt sich aus der Intensität der Bodenbildung die ungefähre Dauer der Phase geomorphodynamischer Stabilität ableiten (Taylor 1988; Birkeland 1999; Zielhofer et al. 2009). Der konzeptionelle Ansatz von Rohdenburg ist wohletabliert in semiariden Trockengebieten, insbesondere in mediterranen Einzugsgebieten, welche eine hohe hydrosedimentäre Variabilität aufweisen (u. a. Rohdenburg 1970; Sabelberg 1977; Faust et al. 2004). Hieraus lassen sich dann für das Holozän und teilweise auch für das Pleistozän Phasen wechselnder Hochflutdynamik rekonstruieren (◘ Abb. 9.14).

9.2.1.5 Rekonstruktion von Hochflutphasen über „kumulative Wahrscheinlichkeitskurven"

Seit etwa 2005 werden für zahlreiche Einzugsgebiete die verfügbaren ^{14}C-Alter von Auensedimenten verstärkt recherchiert, systematisch in Datenbanken aufgenommen und anschließend deren Häufigkeit in sogenannten „kumulativen Wahrscheinlichkeitskurven"

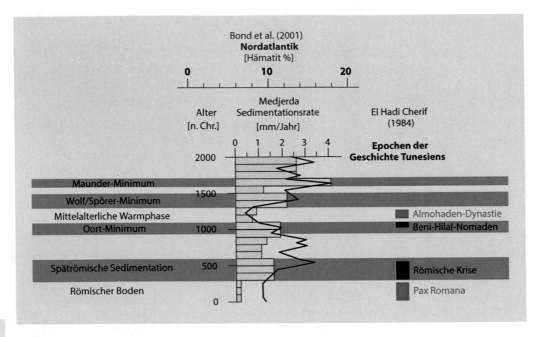

◘ Abb. 9.14   Sediment-Boden-Abfolgen innerhalb der Medjerda-Aue in Nordtunesien. Hohe Sedimentationsraten korrespondieren mit globalen Abkühlungsphasen und/oder kulturellen Krisen (orangefarbenen Balken). Geringe Sedimentationsphasen gehen mit Bodenbildung in der Aue einher und fallen in Phasen klimatischer (mittelalterliche Warmphase) und/oder sozioökonomischer Gunst (Almohadendynastie, Pax Romana). Die blaue Kurve repräsentiert Eisbergvorstöße im Nordatlantik. Die Kurve zeigt einen ähnlichen Verlauf wie die Medjerda-Sedimentationsrate, was den potenziellen nordatlantischen Einfluss auf die hydrosedimentäre Dynamik in Nordafrika verdeutlicht (Zielhofer 2006)

dargestellt (Hoffmann et al. 2008; Macklin et al. 2006; Starkel et al. 2006). Die Methode wird in der flussgeomorphologischen Wissenschaftsgemeinde kontrovers diskutiert (Chiverrell et al. 2011). Allerdings deuten beispielsweise die erstellten Kurvenverläufe aus den Trockengebieten des westlichen (Thorndycraft und Benito 2006; Benito et al. 2015) und zentralen Mediterranraums (Zielhofer und Faust 2008) auffällige Parallelen mit der klimatischen Entwicklung im Bereich des Nordatlantiks an (Bond et al. 2001), welcher für die holozäne Niederschlagsvariabilität eine entscheidende Rolle spielt (Zielhofer et al. 2017, 2019). ◘ Abb. 9.15a zeigt kumulative ^{14}C-Wahrscheinlichkeitskurven aus Auensedimenten in Nordtunesien. Die beiden Kurven sind auffällig gegenläufig. In Phasen akzentuierter Hochflutdynamik

(aktive Geomorphodynamik) geht die andere Kurve zurück, welche Bodenbildung (stabile Geomorphodynamik) in der Aue anzeigt. Die braunen Balken deuten mögliche Mensch-Umwelt-Relationen an: Phasen akzentuierter Hochflutdynamik gehen mit Rückgängen archäologischer Stationen (◘ Abb. 9.15b) einher.

9.2.1.6 Untersuchung und Rekonstruktion von (Paläo-) Drainagesystemen in ariden Gebieten

Obwohl mit zunehmender Aridität die Wirkung des Windes in der Reliefformung mehr und mehr vorherrscht, lassen sich selbst in den trockensten Gebieten Abfluss-

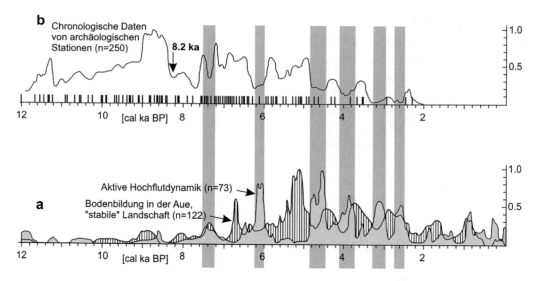

Abb. 9.15 Kumulative ^{14}C-Wahrscheinlichkeitskurven von **a** tunesischen Hochflutsedimenten und **b** archäologischen Stationen aus Marokko, Algerien und Tunesien. Die x-Achse zeigt die letzten 12.000 Jahre in cal ka BP. Je höher der Wert auf der y-Achse, desto häufiger kommen ^{14}C-Alter in den Hochflutsedimenten und in den archäologischen Stationen vor (Zielhofer 2007)

linien und fluviale Sedimente finden. Dies liegt vor allem in der „Formungsstärke" des fließenden Wassers begründet, welches, physikalisch betrachtet, etwa tausendmal dichter und fünfzigmal viskoser als Luft ist (Bubenzer 2011). Ausnahmen bilden große Dünengebiete (Ergs) mit starker äolischer Akkumulation und hyperaride Regionen, in denen ebenfalls stark durchlässige, quell- und schrumpffähige Sulfat- oder Chloridgesteine die Oberfläche bilden, wie z. B. in Teilen der Atacama (Chile).

Da das anthropogene Nutzungspotenzial von ariden Landschaften maßgeblich durch die dortige Wasserverfügbarkeit bestimmt wird, bietet sich die Untersuchung von Drainagesystemen im Zusammenhang mit geoarchäologischen Fragestellungen in besonderer Weise an. Hierfür lassen sich inzwischen verschiedene Satellitendaten (optisch, Radar) nutzen, aus denen digitale Geländemodelle berechnet werden können (s. z. B. ▶ https://www.sciencedirect.com/topics/earth-and-planetary-sciences/digital-elevation-models). Je nach Re-

gion und Auflösung sind diese frei verfügbar oder müssen käuflich erworben werden. Sie lassen sich z. B. in Geographischen Informationssystemen (GIS) analysieren und visualisieren, etwa zur Bestimmung von (ehemaligen) Abflusslinien und Abflussakkumulationen (vgl. ▶ Kap. 17). In Kombination mit lagegenau erfassten archäologischen Daten konnten so z. B. im Rahmen des Sonderforschungsbereiches „Arid Climate, Adaptation and Cultural Innovation in Africa (ACACIA)" (SFB 389, s. ▶ https://www.uni-koeln.de/sfb389/) holozäne Landnutzungspotenziale von Jäger-Sammler-Gruppen in der ägyptischen Westwüste abgeleitet werden (Bolten et al. 2006; Kindermann et al. 2006; Bubenzer et al. 2007a). Im Umkehrschluss lassen sich mithilfe digitaler Geländemodelle hydrologische Gunstpositionen mit potenziellen (zu vermutenden) archäologischen Funden auskartieren, etwa die Lage von Senken oder Staupositionen vor Dünenbarrieren (Wendorf et al. 2001; Bubenzer und Riemer 2007; Yousif et al. 2018).

9.2.2 Fallbeispiele für geoarchäologische Studien in Auen semiarider und arider Klimate

9.2.2.1 Fallbeispiel semiarides Nordostmarokko: Wechselnde Besiedlung in der Moulouya-Aue während des Holozäns

An der Unteren Moulouya im semiariden Nordosten Marokkos lassen sich begrabene Freilandstationen (◘ Abb. 9.16) über ^{14}C-Datierungen und die Verknüpfung mit archäologischem Fundmaterial zu kulturellen Epochen eindeutig zuordnen. Aufgrund der eindeutigen Verzahnung der begrabenen Freilandstationen in die Auenstratigraphie sind Verknüpfungen zwischen archäologischen Veränderungen und Wechseln fluvialer Dynamik möglich. Im Epipaläolithikum und im Neolithikum zeigen die Feuerstellen und archäologischen Stationen (◘ Abb. 9.17) längere Aufenthaltszeiten der Menschen in Flussnähe an, aufgrund des umfangreicheren Fundmaterials aber auch der größeren Mächtigkeit der archäologischen Lagen. Der Fluss war in dieser Zeit dauerhaft wasserführend, die sandige Aue wies ein flaches und ausgeglichenes Relief auf und die Hochflutdynamik war vermutlich gering bei gleichzeitig feuchteren Bedingungen. Dagegen war die Aue ab der Frühgeschichte durch akzentuierte Hochflutdynamik gekennzeichnet (schluffig-tonige Hochflutlagen) bei gleichzeitig verringertem Basisabfluss. Wahrscheinlich ist der Fluss in ariden Jahren auch sommerlich trockengefallen. Die Spuren und Intensität menschlicher Aktivität in der Aue sind ab der Frühgeschichte deutlich rückläufig. Hinweise auf längere Aufenthalte in Flussnähe sind nicht mehr vorhanden. Kurzfristige Aufenthalte in Flussnähe sind durch Reste kleiner Feuerstellen belegt.

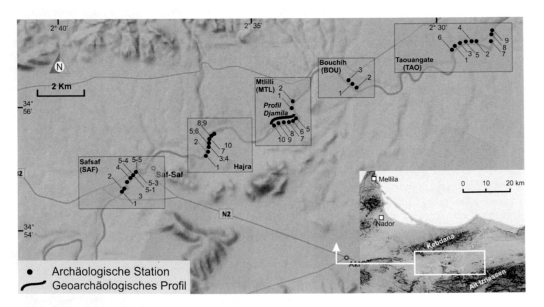

◘ **Abb. 9.16** Räumlicher Überblick zu archäologischen Stationen an der Unteren Moulouya. Die Stationen liegen innerhalb der holozänen Auenstratigraphie und lassen sich dadurch mit der Hochflutgeschichte (◘ Abb. 9.17) eindeutig verknüpfen (Ibouhouten et al. 2010)

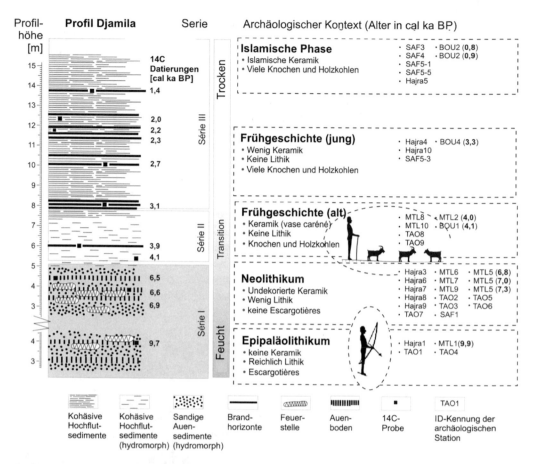

▣ Abb. 9.17 Holozäne Auenstratigraphie und Besiedlungsphasen an der Unteren Moulouya in Marokko (vgl. ▣ Abb. 9.16). Hier haben sich im Verlauf des Holozäns die Sedimentabfolgen geändert. Im Frühholozän dominierten in der Aue sandige Sedimente bei einem hohen Grundwasserspiegel. Zahlreiche archäologische Stationen sind für diese Zeit belegt. Im Spätholozän entwickelte sich eine kohäsive Hochflutebene mit deutlich weniger Spuren des siedelnden Menschen (Ibouhouten et al. 2010)

9.2.2.2 Zeitliche und klimatische Einordnung von Sedimentationszeiträumen und prähistorischer Landschaftsnutzung arider Gebiete – Das Fallbeispiel Abu Tartur, Ägypten

Aride Gebiete zeichnen sich naturgemäß durch eine geringe bis fehlende Vegetationsbedeckung aus und weisen damit nur geringe bis fehlende Mengen organischer Substanz auf, mit der etwa mittels der Radiokohlenstoffmethode (vgl. ► Ab-

schn. 16.3) für den Zeitraum der letzten ca. 50.000 Jahre eine Datierung möglich wäre. Annuelle (einjährige) Pflanzen (z. B. Gräser) wachsen zwar bei seltenen Niederschlägen, verholzen aber nicht. Dauerhafte (mehrjährige) Pflanzen konzentrieren sich zumeist auf grundwassernahe Standorte, wie z. B. die Tiefenlinien fluvialer Systeme.

Mehr als 500 Radiokohlenstoffdatierungen von Holzkohlenbruchstücken und Knochen im archäologischen Kontext (Kuper und Kröpelin 2006; Bubenzer et al. 2007a) zeigen, dass in der Ostsahara für die letzten 12.000 Jahre eine Abhängigkeit zwischen dem Auftreten und der Häufigkeit datierter und archäologischer Fundstellen und den natürlich gegebenen klimatischen Feuchteverhältnissen besteht. Die holozäne Besiedlungsgeschichte der Ostsahara, die von etwa 12.000 bis 5000 Jahren vor heute andauerte, war demnach klimatisch gesteuert und wird der *„Holocene humid period"* zugeordnet.

Die o. g. Erkenntnisse wurden durch die sorgfältige Untersuchung von mehr als 150 überwiegend stratifizierten archäologischen Fundstellen gewonnen. Neben den Radiokohlenstoffdatierungen von Holzkohlen- und Knochenfragmenten wurden stets auch im Fundzusammenhang angetroffene Steinartefakte untersucht, die sich unter Berück-

sichtigung ihres Ausgangsmaterials, ihrer Form und Herstellungsweise ebenfalls bestimmten Besiedlungsphasen zuordnen lassen. Darüber hinaus bieten sich weitere Datierungsverfahren an, wie etwa die Lumineszenzdatierung (vgl. ▶ Abschn. 16.4). Letztere ist insbesondere für äolische Sedimente geeignet, die aufgrund ihres Transportes durch die Luft vor ihrer Sedimentation vollständig gebleicht wurden. Inzwischen lassen sich jedoch auch die Depositionsalter von nur kurz bewegten fluvialen Sedimenten messen.

Die Kombination verschiedener Datierungsmethoden dient zum Ausschluss von Fehlern und/oder der Absicherung. Wie wichtig solche *cross checks* sind, zeigt das Fallbeispiel Abu Tartur/Wadi Asfura in

9

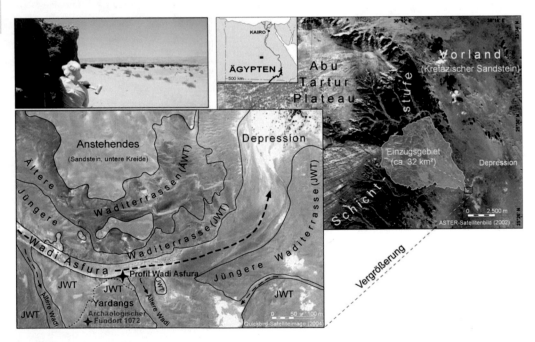

◾ **Abb. 9.18**   Satellitenbild des Abu-Tartur-Plateaus in der Ostsahara und seines östlichen Vorlandes mit vergrößerter Kartenskizze des unteren Wadi Asfura mit der Lage des untersuchten Sedimentprofils. Dieses (s. a. kleines Foto) hat ein hypothetisches Einzugsgebiet von 32 km² (berechnet mittels *„Watershed Modelling System"* (WMS) aus ASTER-Höhendaten des Satellits Terra). Die geomorphologische Kartierung erfolgte im Gelände und auf Basis eines Quickbird-Satellitenbildes (maximale Auflösung 0,61 m pro Pixel). Sie zeigt, dass das Wadi Asfura von mehreren höher gelegenen Terrassen begleitet wird, die sich bis in das angrenzende abflusslose (endorhëische) Becken verfolgen lassen. Auf der Jüngeren Terrasse südlich des Wadiprofils befindet sich der archäologische Fundplatz 1072 inmitten eines Yardangfeldes. Verändert nach Bubenzer et al. (2007b), Foto: D. Bubenzer

Zentralägypten (vgl. ◘ Abb. 9.18 und 9.19). Hier sind über mehrere hundert Meter Länge Wadisedimente aufgeschlossen, die eine Wechsellagerung fluvial-lakustriner Sedimente aufweisen, aus denen sich die Paläoumweltbedingungen ableiten lassen (Bubenzer et al. 2007b).

Im Umfeld gefundene Feuerstellen von Jäger- und Sammlergruppen der Phasen A–C lassen sich in den Zeitraum 9000–6000 Jahre cal BC (ca. 10.950–7950 Jahre vor heute) datieren und sind in die bereits genannte holozäne Feuchtphase zu stellen. Eine unmittelbar angrenzende Fundstelle lässt sich mit der Phase B (ca. 6500 Jahre cal BC, ca. 8450 Jahre vor heute) korrelieren. Die kurze Phase D wird nur durch wenige Funde repräsentiert und lässt sich

mit der obersten und jüngsten feinkörnigen Lage im Sedimentprofil korrelieren. Die Lumineszenz-Datierungsergebnisse erbrachten, dass die über dem aktuellen Wadi-Talboden offenliegenden untersten zwei Meter des Profils im Zeitraum 7200 bis 6300 vor heute zur Ablagerung kamen (Nr. 1, 2, 3 und 4 in ◘ Abb. 9.19).

Dagegen erbrachten die beiden Radiokohlenstoffdatierungen Alter von 6170 ± 60 Jahre cal BC (ca. 8120 ± 60 Jahre vor heute in 1,4 m) und 5930 ± 50 Jahre cal BC (also ca. 7880 ± 50 Jahre vor heute in 0,58 m), also um etwa 1500 Jahre ältere und nur wenig untereinander differierende Alter. Ein solch großer Unterschied der Datierungsmethoden lässt sich mit möglichen Ungenauigkeiten der OSL-Me-

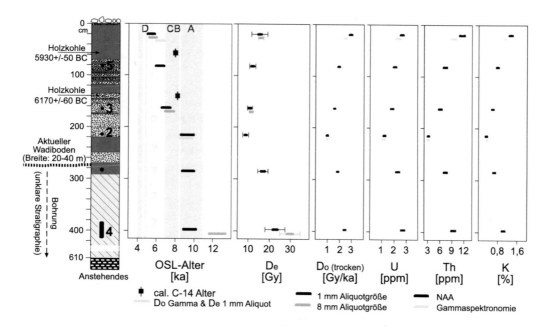

◘ **Abb. 9.19** Schematische Skizze des untersuchten Sedimentprofils im Wadi Asfura. Das Profil zeigt eine Wechsellagerung feinkörniger (schluffig-sandiger) fluvialer Wadiablagerungen (im Profil dunkel dargestellt) und sandiger, teils äolisch eingebrachter Sedimentlagen (helle Bereiche). Die mit 1–6 gekennzeichnet Probenpunkte wurden mittels optisch stimulierter Lumineszenz (Äquivalenzdosisbestimmung) nach *single-aliquote regenerative-dose protocol* (SAR) untersucht. Zwei im Profil entnommene Holzkohlefragmente wurden radiometrisch mit der Radiokohlenstoffmethode bestimmt (kalibrierte Alter). Die dargestellten Altersspannen für verschiedene Aliquotgrößen repräsentieren 1-Sigma Standardabweichungen. Die grau markierten Bereiche A–D kennzeichnen archäologische Besiedlungsphasen, die sich aus mehr als 130 vergleichbaren Fundplätzen im näheren und weiteren Umfeld (einschließlich Artefaktinventaren und weiteren Datierungen) ableiten lassen. Verändert nach Bubenzer et al. (2007b)

thode nicht erklären. Vielmehr muss gefolgert werden, dass die gefundenen Holzkohlen aus Feuerstellen der Besiedlungsphase B stammen und damit aus den im Umfeld auf den Wadi-Terrassen vorzufindenden älteren Feuerstellen (z. B. Fundstelle 1072, s. ◘ Abb. 9.18). Sie liegen demnach im Profil nicht *in situ* vor, sondern wurden ca. 1500 Jahre nach ihrer Entstehung kleinräumig verlagert und in die fluvial sedimentierten Wadiablagerungen eingebettet.

Die Studie belegt, wie wichtig eine interdisziplinäre Vorgehensweise, hier unter Nutzung geomorphologischer, sedimentologischer, archäologischer und geochronologischer Daten, zur Rekonstruktion von Paläolandschaften und Ableitungen von paläoklimatischen klima- und Umweltbedingen ist. Dies gilt in besonderer Weise für die Untersuchung hochdynamischer fluvialer Systeme in den Trockengebieten der Erde.

9.3 Hochgebirge

Astrid Röpke, Thomas Reitmaier und Katja Kothieringer

Hochgebirge sind vertikal gegliederte Landschaften mit vielfältigen Lebensräumen. Sie nehmen weltweit etwa ein Drittel der Landfläche ein und beherbergen ein Viertel der Landpflanzen- und -Tierarten (Messerli und Ives 1997; Burga et al. 2004; Borsdorf 2013). Im Allgemeinen werden dazu Faltengebirge wie der Himalaya, das Karakorum, der Hohe Atlas, die Rocky Mountains und die Alpen sowie auch jene mit Vulkanismus (Anden und Ostafrika) und Hochplateaus (Tibet, Altiplano und Lesotho) gezählt. Hochgebirge sind gekennzeichnet durch hohe Reliefenergie, höhenabhängige Vegetationszonen sowie das Vorhandensein von Eis und Schnee. Bis heute existiert jedoch keine global anwendbare Definition. Allgemeine Charakteristika sind physikalische Gegebenheiten wie der Anstieg von UV- und direkter Sonneneinstrahlung mit zunehmender Höhe, während Wasserdampfgehalt, atmosphärische Dichte, Luftdruck, Sauerstoffgehalt sowie Temperatur (ca. 0,6 C pro 100 m) abnehmen (Troll 1955; Barsch und Caine 1984; Nüsser 2010; Zech et al. 2014). Die absolute Höhe ist dabei nicht aussagekräftig, denn die Vegetationszonierung bzw. die Höhenstufen sind stark vom Klima abhängig. Ähnliche Vegetationsgürtel (montan, subalpin, alpin, nival) finden sich global in vielen Gebirgszügen, aber in unterschiedlichen Höhenlagen. Diese vertikale Landschaftsstruktur hat die Entwicklung spezifischer Landnutzungsstrategien hervorgerufen, was wiederum zu einer schrittweisen, bzw. dynamischen Entwicklung typischer Gebirgskulturlandschaften führte. In den letzten Jahrzehnten hat eine steigende Anzahl interdisziplinärer Projekte und im Besonderen die Geoarchäologie zum verbesserten Verständnis früherer Mensch-Umwelt-Interaktionen in den Hochgebirgen geführt.

Die Hochgebirgsforschung setzte mit ersten Messungen des Naturforschers Horace Bénédict in den Alpen im 18. Jahrhundert ein. Anfang des 19. Jahrhunderts nutzte Humboldt höhenbedingte Vegetationsunterschiede in den Anden Ecuadors, um mit ihrem Vergleich Naturgesetzmäßigkeiten zu erkennen. Er legte damit den Grundstein für die sich besonders im deutschsprachigen Raum im 20. Jahrhundert etablierende vergleichende Hochgebirgsforschung, die Carl Troll in seinem Artikel „Zum Wesen des Hochgebirges" im Jahr 1955 zusammenfasste. Mit der Erweiterung dieser geodeterministischen Betrachtungsweise hat sich in den letzten Jahrzehnten der Fokus zunehmend auf Mensch-Umwelt-Interaktionen und Ressourcennutzung verlagert, und damit sind auch die Geoarchäologie und andere Paläoumweltwissenschaften stärker in den Vordergrund gerückt (Messerli und Ives 1997; Nüsser 2010; Price et al. 2013).

9.3.1 Zur prähistorischen Siedlungs- und Wirtschaftsgeschichte im Hochgebirge

Die traditionellen vertikalen Nutzungsmuster in den Hochgebirgen werden allgemein als resiliente, gut angepasste Wirtschafts- und Lebensformen betrachtet, die kulturell geprägte regional spezifische Besonderheiten zeigen. Die meisten von ihnen weisen pastorale Elemente (durch Weidewirtschaft geprägt) in verschiedenartiger Modifikation auf, ob mobil, agropastoral oder quasi permanenter Natur. Dass der Extremraum Hochgebirge auch schon im Paläolithikum regelmäßig aufgesucht und genutzt wurde, belegen zahlreiche neue Untersuchungen aus den Anden, Tibet und Ostafrika (Chen et al. 2019; Rademaker et al. 2014; Ossendorf et al. 2019). Die Fähigkeit der Erschließung von Höhenlagen wie dem Tibet-Plateau wurde bisher nur dem *Homo sapiens* zugesprochen, da angenommen wurde, dass das Leben in großer Höhe eine biologische und kulturelle Anpassung erfordere (Meyer et al. 2017). Chen et al. (2019) präsentierten zuletzt Indizien dafür, dass bereits der Denisova-Mensch, ein dem Neandertaler naher Hominide, im Mittelpleistozän vor 160.000 Jahren das Tibet Plateau (Xiahe cave, 3280 m NHN) aufsuchte und nutzte. Ebenso belegen Untersuchungen aus den peruanischen Anden, dass im ausklingenden Pleistozän auf 4500 m NHN unter dem Cuncaicha-Felsüberhang kontinuierlich Lagerplätze *(base camps)* aufgesucht wurden und für das Leben in der Höhe somit keine lange evolutionäre Entwicklung notwendig war (Rademaker et al. 2014). Der älteste Höhensiedlungsnachweis in Afrika stammt aus der Hochgebirgsregion der Bale-Berge (Äthiopien) im Fincha Habera rock shelter (3469 m NHN) und datiert auf ein Alter von 47.000–31.000 Jahre (Ossendorf et al. 2019). Die Autoren nehmen an, dass die Hochlage in ariden Phasen einen Gunstraum darstellte und den Bedarf an Rohstoffen deckte.

Erste Formen von Pastoralismus, d. h. die extensive Beweidung durch Nutztiere, entwickelten sich vor etwa 11.000 bis 9000 Jahren (Budiansky 1999). Der Pastoralismus im Hochgebirge ist durch seine starke vertikale Komponente charakterisiert und seine mannigfaltigen Ausprägungen haben gemein, dass unterschiedliche Höhenlagen kombiniert miteinander genutzt werden (Galaty und Johnson 1990; Montero et al. 2009). Eine Änderung im pastoralen System kann auch immer ein Hinweis auf veränderte klimatische, sozioökonomische oder politisch-historische Bedingungen sein (Kreutzmann 2012).

Historisch bedingt sowie durch die verstärkte Aufmerksamkeit archäologischer Sensationsfunde wie der Südtiroler Eismumie „Ötzi" ist der Alpenraum Europas diesbezüglich besonders gut untersucht. Die in den Sommermonaten (Juni bis September) genutzten Bergweiden oder auch Almen/Alpen sind die Namensgeber für dieses Hochgebirge (Bätzing 2015). Die saisonale Beweidung unterschiedlicher Höhenvegetationszonen diente primär der Expansion der im Tal limitiert vorhandenen Futterflächen bzw. der Schonung des wichtigen siedlungsnahen Winterfutters, das letztlich die Größe des zu überwinternden Viehbestandes bestimmte. In Anlehnung an den seit dem Mittelalter historisch tradierten und bis heute im Alpenraum praktizierten saisonalen (Vieh-)Wirtschaftszyklus ist daher eine verwandte Form auch für die prähistorischen Epochen anzunehmen: Von agropastoral wirtschaftenden Dauersiedlungen im Tal wurden sommerliche Temporärsiedlungen in höheren Lagen besetzt und zur dreimonatigen Viehsömmerung genutzt (◘ Abb. 9.20). Spätestens ab der Bronzezeit ist alpenweit von einer Ausdehnung von Weideflächen auszugehen. Dies wurde erreicht, indem der Wald in subalpinen Lagen gerodet wurde (z. B. Tinner et al. 2003; Röpke et al. 2011; Dietre et al. 2017). Kombinierte geoarchäologische/archäologische *on-site* Untersuchun-

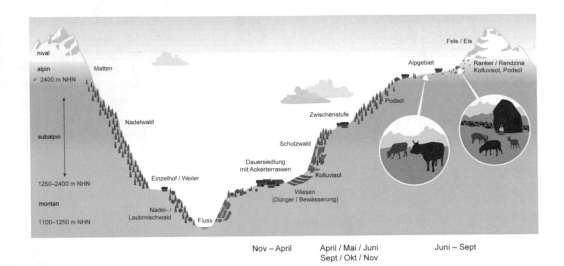

▣ Abb. 9.20 Idealisierter Querschnitt eines Alpentales mit den typischen Höhen- bzw. Vegetationszonen samt Bodentypen in den drei zentralen jahreszeitlichen Betriebsstufen Dorf, Zwischen- und Alpstufe (modifiziert nach W. Meyer mit Grafik von ikonaut GmbH, Brugg)

9

gen von Viehpferchen und Alphütten bestätigen die temporäre Anwesenheit von Hirten und Viehherden ebenso seit mindestens der Bronzezeit (Reitmaier 2017; Kothieringer et al. 2018b). Wertvolles „Nebenprodukt" einer solchen Hochweide- bzw. besser Alpwirtschaft war eine Milchnutzung und die Erzeugung halt-, transportier- und speicherbarer Milchprodukte (Carrer et al. 2016). Maßgeblichs ist, dass durch die Verwertung der Alpweiden als Futterbasis eine Vergrößerung der Viehbestände um ca. 25–30 % und (erst) damit das „gewohnte" Ausmaß alpiner Viehhaltung erreicht wurde (Rohner 1972, S. 101). Talbetrieb mit Winterfütterung, ggf. eine Zwischenstufe und noch höher liegende, baulich diversifiziert ausgestattete Alpweiden bilden somit ein zusammengehöriges System.

In anderen Regionen wie ariden Hochgebirgen überwiegt dagegen die Transhumanz. Dabei handelt es sich um eine mobile vertikal angelegte Weidewirtschaft, bei der die Hirten und das Vieh (i. d. R. Schafe und Ziegen) nahrungsbedingt dem jahreszeitlichen Rhythmus folgen.

Veyret (1951) zufolge nutzt die Transhumanz „deux steppes complémentaires", also zwei einander ergänzende Steppen. Durch jahreszeitliche Nutzung der mediterranen und alpinen Weide wird eine ganzjährige Beweidung möglich (▣ Abb. 9.21). Nur in klimatischen Sondersituationen werden die Tiere aufgestallt, während dies bei der Alpwirtschaft den Normalfall darstellt. Neben dem Unterschied der Wirtschaftsform ist bei Transhumanz auch die Haltung anderer Nutztiere von Bedeutung, wie Yaks in Asien oder Lamas und Alpakas in Südamerika (Montero et al. 2009).

In vielen (sub-)tropischen und ariden bis semiariden Regionen spielt dagegen das Anlegen von Terrassen mit Bewässerung eine große Rolle. Terrassen gehören zur intensivsten Bewirtschaftsform im Hochgebirge. Bei der Terrassierung werden die Hänge segmentiert und stufenförmig abgeflacht, um stabile, fast ebene Felder zu schaffen (Homburg und Sandor 2011). In Süd- und Ostasien werden bis in Höhen von 2000 m NHN meist Reis und Gemüse angebaut (z. B. Fuller und Stevens 2019;

◘ Abb. 9.21   Nomadenlager mit Viehpferch im Hohen Atlas (Marokko) (Bild: Abdellah Azizi)

Jiang et al. 2014), in Südamerika in Höhen bis zu 3000–4000 m NHN überwiegen Mais und Kartoffeln (Knapp 1991; Sherbondy 1998; Kemp et al. 2006; Branch et al. 2007). Altersdatierungen berühmter Terrassenlandschaften wie die Batad-Reisterrassen (Philippinen) seit dem 10. Jh. sowie die Longji-Terrassen (China) und die Inka-Terrassen von Machu Picchu, Maroy oder Pisac in den Anden aus dem 13./14. Jh. n. Chr. weisen auf eine intensive Nutzung seit dem letzten Jahrtausend hin.

Im Hochgebirge ist die klimatische Höhenstufung und Exposition für die Boden- und Vegetationsbildung von zentraler Bedeutung. Mit der Höhe nehmen Temperatur, chemische Verwitterung, Mineralisierung und Humifizierung ab und nur die physikalische Verwitterung nimmt zu, was zu einer Verlangsamung der Bodenbildung führt. Letztere wird außerdem im Rahmen der hohen Geomorphodynamik häufig durch Erosions- und Akkumulationsprozesse gestört (Veit 2002; Egli und Poulenard 2017; Amelung et al. 2018). Ergiebige Niederschläge auf der Luvseite – wie der Nordseite der Alpen, der Ostseite der Anden oder der Südseite des Himalayas – führen zu mächtiger organischer Auflage; es kommt zur Bodenbildung. Die trockeneren Leelagen weisen dagegen oftmals nur Rohböden auf. Beispielsweise kommen daher Podsole in Luvlage in den Alpen, in Skandinavien oder den Rocky Mountains genauso vor wie im Himalaya. Generell überwiegen oberhalb der Waldgrenze in allen Gebirgszonen Leptosole (Syroseme, Ranker, Rendzinen) und mit steigender Höhe treten Permafrostböden auf (Veit 2002; Zech et al. 2014; IUSS Working Group WRB 2015). ◘ Abb. 9.20 zeigt die repräsentative Verbreitung von Bodentypen in den Alpen in den entsprechenden Höhenstufen, wobei dies sogenannte Klimaxböden sind, die nur sehr selten in ihrem finalen Entwicklungsstadium ausgeprägt sind. Sie treten daher meistens in unterschiedlichen Zwischenformen und Erosionsgraden auf, da ihre Mächtigkeit aufgrund der kleinräumigen Heterogenität des Reliefs und der unterschiedlichen Vegetationsbedeckung sehr variabel ist. Ein weiterer starker landschafts- und bodenbildender Faktor in diesen sensiblen Lebensräumen ist die Nutzung durch Mensch und Tier. Hier kommen verstärkt geoarchäologische Untersuchungen zum Einsatz, welche die Entwicklung der Landschaft im Spiegel des Bodenaufbaus lesen können. Besonders in Kombination mit der Pollenanalyse oder anderen bioarchäologischen Methoden kann man sich der Genese der Kulturlandschaft im Hochgebirge entscheidend nähern. Untersuchungen von Schlütz und Lehmkuhl (2007) und Miehe et al. (2008) vom Tibet-Plateau ergaben, dass diese grasreiche Landschaft bereits seit 6000 Jahren weidewirtschaftlich genutzt wird und die modernen madischen Routen bereits vor mindestens 2200 Jahren eingerichtet wurden. Die jahrtausendealte Nutzung von Graslandschaften durch Weidewirtschaft und der intentionelle Einsatz von Feuer, um auf effiziente Weise Freiflächen für diese und weitere Siedlungsaktivitäten zu schaffen oder Wildtiere anzulocken, sind auch für die präkolumbische Bevölkerung Amerikas z. B. in den südlichen Appalachen und in New Mexico belegt (Delcourt und Delcourt 1997; Periman 2006). Die Schaffung von Weideflächen und

deren Nutzung haben die Böden stark verändert. Sie können aus geoarchäologischer Sicht als Anthrosole angesprochen werden (nähere Ausführungen siehe Infobox 9.4). Noch stärker überprägt sind die Böden in angelegten Terrassen. In den meisten Fällen wird der ursprüngliche Boden komplett durch eingebrachtes, fruchtbareres Bodenmaterial ersetzt oder zumindest stark gedüngt. Hinzu kommt, dass diese Böden nachträglich durch Bewässerung weiter überprägt werden (siehe auch ▶ Abschn. 12.3). Die Terrassen und ihre Bewirtschaftung sind allerdings schwer direkt zu datieren. Dies gelingt meist nur, wenn noch ein Rest des ursprünglichen Bodens an der Basis vorhanden ist (Kemp et al. 2006). Selbst wenn nur Rohböden vorhanden sind, lassen sich via GIS und Fernerkundung pastorale geoarchäologische bzw. archäologische Strukturen wie z. B. Viehpferche und Anbauterrassen erkennen und deren mögliches Alter, Verbreitungsmuster und Intensität der Nutzung dokumentieren (Zingman et al. 2016; Zickel 2019).

Infobox 9.4

Alpen (Astrid Röpke, Katja Kothieringer, Thomas Reitmaier)

Noch bis vor wenigen Jahrzehnten wurde angenommen, dass viele Regionen der Alpen erst seit dem Mittelalter intensiver genutzt und besiedelt wurden. Kombinierte Untersuchungen der Disziplinen Archäologie, Geoarchäologie und Bioarchäologie belegen jedoch rege Jagdaktivitäten in den alpinen Lagen seit dem Mesolithikum, Ackerbau in den zentralalpinen Trockentälern seit dem Neolithikum und eine verstärkte Hochweidewirtschaft seit der Bronzezeit (z. B. Zoller et al. 1996; Röpke et al. 2011; Kothieringer et al. 2015; Reitmaier 2017; Hafner und Schwörer 2018). Dabei illustrieren die Ausrüstung des kupferzeitlichen Eismannes Ötzi und weitere prähistorische Funde aus alpinen Gletschern bzw. Eisfeldern, wie gut der Mensch bereits vor vielen Jahrtausenden auf die ex-

tremen Bedingungen im Hochgebirge eingestellt war (z. B. Kutschera und Müller 2003; Fleckinger 2011).

Im Vordergrund interdisziplinärer Projekte stehen dabei Fragen der Besiedlungsgeschichte, der Landnutzung, -veränderung bzw. -organisation sowie insbesondere der (sozio-)ökonomischen Rahmenbedingungen, welche die auf eine lange Dauer angelegte Erschließung inneralpiner Talschaften ab dem 2. Jahrtausend v. Chr. ermöglicht haben (Aerni et al. 1991; Würfel et al. 2010; Walsh et al. 2014; im Folgenden nach Reitmaier und Kruse 2019). Für die besondere Standortwahl dieser ganzjährig bewohnten Siedlungen am Rande der Ökumene werden zumeist demographische oder klimatische Veränderungen, land- und viehwirtschaftliche Aspekte, Sicherheit bzw. Verteidigungs-möglichkeit, die favorisierte Lage an Verkehrs- und Handelsrouten sowie der Zugang zu Erzvorkommen als maßgebliche Faktoren angenommen (Della Casa 2001).

Die wirtschaftliche Basis der Siedlungen bildete bis ins 20. Jahrhundert ein zweckgerichtetes (silvo-)agropastorales Subsistenzsystem (Jacquat und Della Casa 2018), das in seiner idealtypischen, interdependenten Kombination aus kleinflächigem Ackerbau und einer intensiv betriebenen, wohl „von Beginn an" auch die Hochweidezonen einschliessenden Viehzucht die bestmögliche Verwertung der vorhandenen Ressourcen und Biotope gestattete. Pollenanalysen, prähistorische Pflugspuren bzw. ausgedehnte Ackerterrassen, Geräte für die Bodenbearbeitung, Ernte sowie für Zug- und Tragtiere, Vorrats- und Kochgefäße und insbesondere die charakteristischen, meist nur verkohlt erhaltenen alpinen Kulturpflanzen erlauben heute einen guten Einblick in das landwirtschaftliche System alpiner Siedlungen der Bronze- und Eisenzeit (Jacomet 1999). Die drei häufigsten Nutztierarten Rind, Schaf/Ziege und Schwein bestimmen in (natur-)räumlich bzw. klimatisch sowie sozioökonomisch bzw. soziokulturell variierenden Anteilen den Charakter bronze- und eisenzeitlicher Siedlungen im Alpenraum und die Gestalt verschiedener Strategien mobiler Viehzucht (Reitmaier 2017).

Den ersten geoarchäologisch ausgerichteten Untersuchungen gingen rein pedologische Forschungen zur Bodenbildung auf Quartärablagerungen wie Moränen oder periglazialen Deckschichten voraus (Fitze 1980; Veit et al. 2002). Als Vordenkerin hinsichtlich des *human impact* auf (sub-)alpine Böden gilt Neuwinger (1970), die dem Menschen im Verhältnis zu anderen Einflussfaktoren auf die Bodengenese, wie Klima, Gestein, Relief, Bodenwasser, Tierwelt, Vegetation und Zeit, einen besonderen Platz einräumt. Typische Vertreter aus der subalpinen Zone sind gekappte Podsole, deren Oberboden im Zuge von Rodungen für die Weidenutzung erodiert ist.

Vielfach finden sich überdeckte Bs-Horizonte dieses Bodentyps oberhalb der heutigen Waldgrenze in der subalpinen und sogar alpinen Stufe der Nördlichen Randalpen und der Zentralalpen (Neuwinger 1970; Röpke 2011; Kothieringer 2015; ◧ Abb. 9.22a). Veit (2002) deutet diese als Klimazeiger einer ehemaligen (Nadel-)Waldvegetation, die klimatisch wärmere Phasen des Holozäns bezeugen, bevor Weiden geschaffen wurden. Allerdings findet auch heute in vielen subalpinen Regionen unter Sekundärvegetation (Strauchvegetation, z. B. Alpenrose) und Nadelwald Podsolierung statt. Initiale Podsole sind aus dem 18. Jahrhundert im Prättigau belegt (Röpke 2011).

Eine zeitliche Einordnung der anthropogen beeinflussten Weideböden ist mittels ^{14}C-Datierung (► Abschn. 16.3) möglich, wenn Holzkohlefragmente oder Holzkohlelagen, auch „Brandhorizonte" genannt, aus der Zeit der Rodungen vorhanden sind (Patzelt 1996; Röpke 2011; Röpke und Krause 2013). Geochemische Analysen von organischem Kohlenstoff (C_{org}) und Gesamtphosphat eignen sich, um vergangene Weideaktivitäten nachzuweisen (Kothieringer et al. 2018a, b; Kothieringer et al. 2018b). In der Silvretta sind diese Böden vor allem in der oberen subalpinen Zone zwischen 2000 und 2400 m NHN vertreten (◧ Abb. 9.22a). Rodungsaktivitäten sind hier vom Neolithikum bis in das Mittelalter, verstärkt jedoch für die Bronzezeit belegt (Kothieringer et al. 2015; Reitmaier 2017; Kothieringer et al. 2018a, b).

Im extremen Fall liegen die Bs-Horizonte in umgelagerter Form vor und sind dann als Kolluvisole anzusprechen. Diese polygenetischen (innerhalb von verschiedenen Phasen entstandenen) Anthrosole lassen sich als Umweltarchiv auswerten (siehe auch ► Kap. 11). Im leicht verwitterbaren Gesteinsmaterial wie Flysch oder Glimmerschiefer werden am Hangfuß bis zu 2 m mächtige Kolluvisole abgelagert (Röpke und Krause 2013). Gerade diese Reliefsituation ist für geoarchäologische Untersuchungen interessant, da in geschützter Position Böden mit unterschiedlich alten kolluvialen Lagen erhalten sind (Röpke 2011). Im Montafon ließ sich so eine pollenanalytisch doku- mentierte bronzezeitliche Öffnung des Wal- des für Weideland am Hang direkt lokali- sieren (Oeggl et al. 2005; Röpke und Krause 2013; ◘ Abb. 9.22b).

9

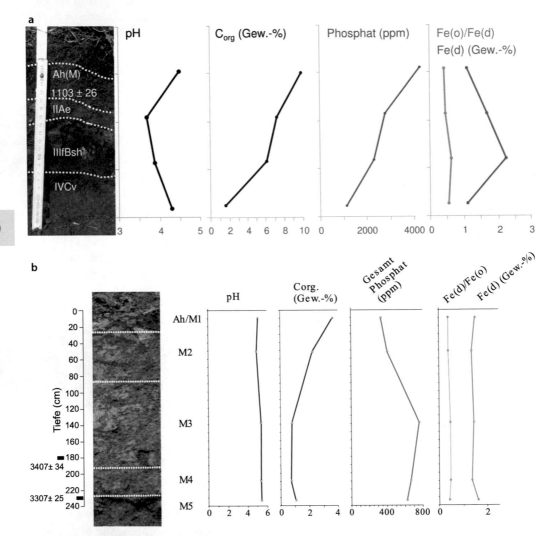

◘ **Abb. 9.22** Typische Böden in der subalpinen Zone in den Nord- und Zentralalpen: **a** Anthropogen über- prägter, gekappter Podsol im Val Tasna (südliche Silvretta-Seite) auf 2050 m NHN, der rezent beweidet wird. Ein hoher Gehalt an pedogenem kristallinen Eisens (Fe$_d$) von 2,4 Gew.-% weist darauf hin, dass es sich vermut- lich um einen fossilen Bs-Horizont handelt. In das 9./10. Jh. n. Chr. datierte Holzkohlefragmente am Übergang Ah(M)-Ae bezeugen Rodungen mit Feuer. Die „Störung" des Bodens zeigt sich auch in hohen P- und C$_{org}$-Ge- halten im Bs-Horizont (modifiziert nach Kothieringer et al. 2018a). **b** Mehrgliedriger Kolluvisol im Weidebe- zirk Allmein (1500 m NHN) oberhalb von Bartholomäberg (Montafon, Österreich). Ein bronzezeitlich datier- tes Holzkohleband in einer Tiefe von 230 cm belegt die ersten Rodungen mit Feuer. Kennzeichen der kolluvialen Lagen sind ähnliche pH- und Sesquioxidwerte sowie auch an der Basis des Profils noch erhöhte C$_{org}$-Gehalte. Be- merkenswert sind die höheren Phosphatwerte in den bronzezeitlichen kolluvialen Lagen, sie weisen auf Weideak- tivität hin (Bild: Röpke und Krause 2013, modifiziert)

9.4 Hangsysteme im Mittelgebirge und Gully-Erosion

Christian Stolz und Markus Dotterweich

Hänge sind komplexe Systeme, was die Verteilung und Auffindbarkeit archäologischer Funde und damit auch auf die Bedeutung archäologischer Befunde erheblich beeinflusst. In der Geomorphologie versteht man unter Hängen allgemein geneigte Flächen im Gelände, die natürlichen oder künstlichen Ursprungs sein können. Differenziert werden Hänge sowohl nach der Hangneigung (gewöhnlich angegeben in Grad, seltener in Prozent), nach der Hanglänge, der Hangform bzw. dem Hangprofil (gestreckt, konvex, konkav), der Exposition in eine bestimmte Himmelsrichtung und nach dem Hangrelief (Leser 1997). Darunter versteht man das Vorhandensein von Stufen, Terrassen, Dellen oder andersartigen Hohl- oder Vollformen am Hang. Die Möglichkeit von Oberflächenabfluss ergibt sich durch Niederschlagsmenge, Untergrundeigenschaften, Verdichtung, Hangform, Auflage und Nutzung bzw. Bewuchs. Bei schuttreichen Deckschichten kommt es zudem häufig zu oberflächennahem, hangparallelem Abfluss, dem sogenanntem Interflow oder Zwischenabfluss, der Einfluss auf die Funderhaltung und insbesondere auf die Anlage von Grabungsschnitten am Hang haben kann (Volllaufen von Gruben oberhalb des lokalen Grundwasserniveaus). Bezüglich der Hangnutzung ist es bedeutsam, ob ein Hang aufgrund von Hangneigung, Hangrelief und Bodeneigenschaften begeh- bzw. befahr- oder beackerbar ist, was auch für frühere Gesellschaften von Relevanz war.

Für die Geoarchäologie sind in erster Linie die Hangprozesse und deren Auslösefaktoren relevant, die den Hang in der Vergangenheit geformt haben oder bis heute formen. Im Mittelgebirge besitzen Hänge meistens keine Festgesteinsoberfläche, son-dern sind von unterschiedlichen Deckschichten aus Lockergesteinen, wie lokalem Gesteinsschutt, Löss, Schwemmlöss, Flugsand oder kolluvialen (auf Bodenerosion beruhenden) Sedimenten, überlagert, in denen sich Böden gebildet haben können. Handelt es sich bei den Deckschichten um schutthaltige periglaziale Bildungen (kaltzeitliche Ablagerungen unter dem Einfluss von Permafrost in unvergletscherten Gebieten), spricht man in Mitteleuropa von periglazialen Lagen. Sie sind durch unterschiedliche Prozesse, wie Gelisolifluktion (Bodenfließen über gefrorenem Untergrund), seltener durch Abspülungsprozesse (Abluation), in der Periglaziallandschaft entstanden. Allgemein können Lagenprofile in Haupt-, Mittel- und Basislage(n) gegliedert werden, wobei es sich dabei nicht um chronostratigraphische Begriffe handelt. Nach Arno Semmel ist die Hauptlage in einigen Naturräumen nahezu omnipräsent (bestehend aus äolischen Komponenten, eingeregeltem lokalem Schutt und ggf. Laacher Bims, der Asche der letzten Eruption des Laacher-See-Vulkans in der Eifel vor ca. 12.900 Jahren, ebenso eine oder mehrere Basislagen (bestehend aus Frostschutt). Die in der Regel ebenfalls löss- und schutthaltige Mittellage tritt nur in geschützten Hangarealen in Leepositionen (Windschattenseite gegen die Hauptwindrichtung) auf und fehlt anderswo vollständig. Örtlich oben aufliegender Schutt wird als Oberlage bezeichnet. Seine Entstehung ist umstritten (Kleber und Terhorst 2013; Semmel und Terhorst 2010; Raab et al. 2007; Semmel 2002a). Aus anderen Teilen der Welt, wie z. B. aus Nordamerika, wurden vergleichbare Bildungen beschrieben (Kleber et al. 2013).

In den ehemals vergletscherten Naturräumen im Norden Mitteleuropas bestehen Hänge oftmals vollständig aus Lockergesteinen, die örtlich von periglazial beeinflusstem Geschiebedecksand überlagert sein können.

9

Ein maßgeblicher und archäologisch höchst relevanter Hangprozess ist die Bodenerosion. Darunter werden im deutschen Sprachraum fast durchgängig Sedimentverlagerungsprozesse verstanden, die durch menschliche Eingriffe ausgelöst, verstärkt oder beeinflusst worden sind und die natürliche Abtragungsprozesse quantitativ bei Weitem übersteigen (Richter 1998; Leser 1997). Als Auslöser gelten insbesondere die landwirtschaftliche Nutzung von Hängen oder Hangeinzugsgebieten (durch Ackerbau, aber auch durch (Über-)Beweidung), künstliche Entwaldung und andere künstliche Vegetations- und Bodenveränderungen, Bodenverdichtung und -versiegelung sowie die Veränderung hydrologischer Systeme. Die Bodenerosion gilt als verheerendes globales Problem. Sie vermindert im starken Maße die Bodenfruchtbarkeit und ist in der Regel irreparabel. Weltweit wird von einer Bodenabtragsmenge von bis zu 26 Mrd. Tonnen pro Jahr ausgegangen (den Biggelaar et al. 2004). Der Bodenabtrag kann durch Wasser (Abspülung) oder Wind (Deflation) erfolgen und teilweise durch künstliche Bodenverlagerung, wie z. B. Pflügen, verstärkt werden. Wassererosion erfolgt grundsätzlich zunächst in Rillenform, wobei sich dabei großflächige Abträge (Denudation) ergeben können. Kommt es zu exzessiver linienhafter Bodenerosion während extremer Abflussereignisse, entstehen Rinnen und Schluchten, sogenannte Gullys, Runsen oder Erosionsschluchten, die in Abhängigkeit unterschiedlicher Faktoren mehrere Zehner von Metern tief und mehrere Kilometer lang werden können. Die Wiederablagerung von Bodenerosionssedimenten erfolgt am Hangfuß, in weniger stark geneigten Hangbereichen oder vor Erosionsfallen, wie Feldrainen oder Vegetationsbestandteilen. Derartige wieder abgelagerte Sedimente bezeichnet man als Kolluvien (siehe ▶ Kap. 11). Ein Teil der Sedimente kann aus dem Hangsystem ausgetragen werden, gelangt in den nächsten Vorfluter (z. B. einen Bach) und führt auf dessen Aue häufig zur Bildung von Auensedimenten (Alluvien). Werden am Oberhang unterschiedliche Bodenhorizonte oder Sedimentschichten in zeitlicher Abfolge abgetragen, kann es am Hangfuß zu einer inversen Lagerung kommen (◘ Abb. 9.23). Die mit dem Sediment verlagerten archäologischen Funde treten dann oft in einer stratigraphisch umgekehrten Reihenfolge auf. Bei einer mehrfachen Befüllung, Ausräumung und Wiederauffüllung kann es so zu einem komplizierten Aufbau unterschiedlicher Sedimente und Erosionsstrukturen kommen, die bei archäologischen Grabungen berücksichtigt werden müssen (Kaskadenmodell; Niller 1998; vgl. ◘ Abb. 9.24). Hangprozesse sind demnach in der Lage, archäologische Funde über teilweise weite Strecken zu verlagern, was in Bezug auf Ursprung und Bedeutung der Funde leicht zu Fehlinterpretationen führen kann, wenn das Sediment, in dem sie eingebettet sind, nicht genau eingeordnet wird.

Die Einflussfaktoren, die an einem bestimmten Standort zur Bodenerosion führen können, sind durch die **Allgemeine Bodenabtragsgleichung** (ABAG) definiert. Sie lautet:

$$A = R \cdot K \cdot L \cdot S \cdot C \cdot P$$

(*A*: mittlerer Abtrag, *R*: Regenfaktor, *K*: Bodenfaktor in Bezug auf die bodenphysikalische Erodierbarkeit, *L*: Hanglängenfaktor, *S*: Hangneigungsfaktor, *C*: Bewirtschaftungsfaktor; *P*: Erosionsschutzfaktor in Bezug auf den Einfluss erosionshemmender Gegebenheiten; Richter 1998).

Aus der Gleichung ergibt sich, dass nicht nur Hanglänge und Hangneigung, sondern auch die Beschaffenheit des Bodensubstrats und die Bewirtschaftung des Standorts ausschlaggebend sind, ob an einem Hang Bodenerosion zu erwarten ist oder nicht. So kommt es auch an steilen Hängen in den Mittelgebirgen kaum zum Abtrag, wenn sie forstwirtschaftlich genutzt

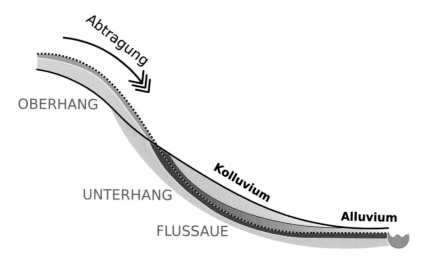

☐ Abb. 9.23 Erosionsschema eines Hangsystems: Die durchgezogene Linie beschreibt die heutige, die gestrichelte die alte Oberfläche vor dem Einsetzen der Bodenerosion. Auslöser für die Bodenerosion kann hier Entwaldung und Etablierung des Ackerbaus gewesen sein. Durch die Farben wird die Umkehr der Stratigraphie im Kolluvialprofil am Unterhang verdeutlicht. Das ältere Kolluvium (braun) setzt sich vornehmlich aus Oberbodenmaterial vom Oberhang zusammen. Danach erst folgte das jüngere Kolluvium (gelb), das hauptsächlich aus Unterbodenmaterial hervorgegangen ist (in Anlehnung an Fuchs 2006)

werden und/oder ein entsprechender Unterbewuchs vorhanden ist. Wird der Standort jedoch gerodet, können die Erosionsschäden in kürzester Zeit immens sein. Der Regenfaktor beschreibt den Einfluss der Niederschlagsmenge am Standort, wobei der Niederschlagsintensität, d. h. starken und extremen Niederschlags- bzw. Abflussereignissen, im Gegensatz zu über einen längeren Zeitraum betrachteten Niederschlägen eine Schlüsselrolle zukommt (Bork et al. 1998; vgl. Ries et al. 2009). Bewuchs, insbesondere dessen Wurzeln, Auflagehorizonte und bestimmte Gegebenheiten am Hang, wie z. B. Terrassenstrukturen, wirken erosionsmindernd bzw. verhindern, dass es überhaupt zu Oberflächenabfluss kommt.

Seit dem Neolithikum kam es in Mitteleuropa durch menschliche Bewirtschaftung zu Bodenverlagerungen, die die natürliche Erosionsrate bei Weitem übertrafen. Zunächst waren die Altsiedelräume betroffen. Hauptgrund dafür waren die Etablierung des Ackerbaus und die fortschreitende Inkulturnahme unterschiedli-

cher Landschaftsteile sowie eine gesteigerte Landnutzungsintensität. Daraus resultierende Kolluvialprofile können als Geo- oder Landschaftsarchive betrachtet werden (Bork 2006), selbst wenn sie aus archäologischer Sicht fundleer sind. Eine Datierung derartiger Sedimente ist stratigraphisch (mittels Schichtung), pedologisch (anhand von enthaltenen oder überdeckten Bodenbildungen) oder mit physikalischen Datierungsmethoden, insbesondere Lumineszenzmethoden (siehe ▶ Abschn. 16.4) möglich. Der Anzahl vorliegender Datierungen nach zu folgen, steigt seit ungefähr 7500 BP die Zahl der Kolluvien in Deutschland stark an und korreliert z. T. mit der Bevölkerungsentwicklung. Als besonders erosionsintensive Phasen gelten das späte Neolithikum, die vorrömische Eisenzeit, die Römische Kaiserzeit in Süddeutschland, das Hoch- und Spätmittelalter sowie die Frühe Neuzeit (Dreibrodt et al. 2010). Bekanntheit erlangte das Extremwetterereignis vom Juli 1342 (Magdalenenhochwasser), auf das ein Großteil des kumulierten Bodenabtrags in

9

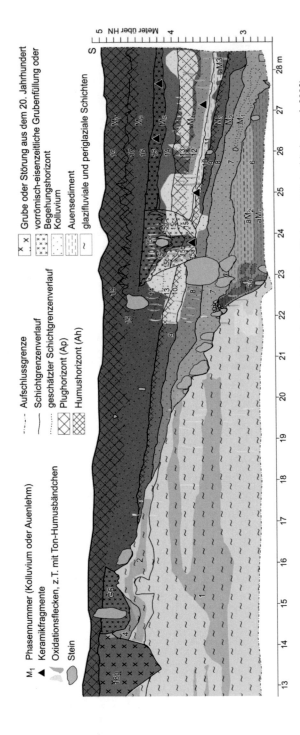

□ **Abb. 9.24** Geoarchäologische Darstellung einer Boden-Sediment-Folge an einem Unterhangbereich (modifiziert nach Schmidtchen et al. 2003)

◙ **Abb. 9.25** **a** Ein fossiler Gully bei Bad Schwalbach im Aartal (Untertaunus), mittelalterlich-frühneuzeitlich, entstanden durch Entwaldung (Bild: Christian Stolz, 2005); **b** ein aktiver, moderner Gully bei Ulan-Bator (Mongolei), entstanden infolge von Überweidung (Bild: Christian Stolz, September 2007); **c** und **d** extreme Bodenerosion im Puriceni-Bahnari-Einzugsgebiet (Moldavisches Plateau, Rumänien). Intensive Landnutzung ermöglichte bei Starkniederschlägen Oberflächenabfluss und flächenhafte Bodenerosion. Es lagerten sich bis zu 3 m mächtige Kolluvien am Unterhang ab, während am Oberhang der Boden entsprechend abgetragen wurde. Jüngste Veränderungen in der Landnutzungsstruktur forcierten linearen Oberflächenabfluss. Während weniger Starkniederschläge entstanden innerhalb von 30 Jahren tiefe Rillen am Hang und eine bis zu 15 m tiefe und 30 m breite Schlucht entlang des Talbodens (Ionita 2011; Fotos: Ion Ionita, 2.4.2010)

den letzten 1500 Jahren in Mitteleuropa außerhalb der Alpen entfällt (Bork 2006).

Besonders bedeutsam war in den vergangenen Jahrzehnten die Erforschung von **Gully-Landschaften** (◙ Abb. 9.25). Die Erosionsschluchten gelten als die extremste Form exzessiver Bodenerosion und führen örtlich zur Ausbildung stark zerschluchteter Badlands. Gullys entstehen in erster Linie in Lockergesteinen wie Sanden und Lössen, seltener in Saprolithen (stark chemisch verwittertem Festgestein; Stolz und Grunert 2006), und können sich in der Frühphase der Entstehung an Mikrostrukturen wie Weg- und Ackerspuren, Feldrainen oder reihenförmigem Pflanzenbewuchs orientieren. Auf der Makroebene spielen auch Vorformen wie Hangmulden und Dellen (Thiemeyer 1988), aber auch kolluvial wieder verfüllte Gullys und Hohlwege eine Rolle (vgl. Dotterweich 2008). Gullys können nach ihrer Entstehung für lange Zeit permanent überdauern, oder aber – je nach Klima und Untergrundeigenschaften – nach kurzer Zeit wieder zusammenstürzen oder wieder verfüllt werden. Insbesondere im stabilen Löss gehen der Gullybildung Subrosions- oder Piping-Prozesse voraus, bei denen sich das rasant abfließende Niederschlagswasser unterirdisch seinen Weg sucht. Ein interessantes Beispiel für durch Piping gebildete Röhren als Archive der Geoarchäologie sind die altsteinzeitlichen Funde von Dmanisi in Georgien. Hier findet sich ein Großteil der Hominiden- und Tierfossilien in eingestürzten Röhren. Die Autoren argumentieren, dass dies die hervorragende Konservierung des Materials erklärt (Ferring et al. 2011).

Bei andauernder Erosion verlängern sich Gullys zudem vom Hangfuß aufwärts bis zur Wasserscheide, wobei oft sukzessive der untere Bereich des Gullys wieder mit Sedimenten verfüllt werden kann. Man spricht hier von rückschreitender Erosion. In einigen Fällen konnte beobachtet werden, dass durch die Gully-Erosion der lokale Hang- oder Grundwasserleiter angeschnitten wurde, was zur Ausbildung perennierender (dauerhaft abfließender) Gerinne führte.

Am Fuß eines Gullys bilden sich regulär Schwemmfächer und/oder es kommt zur teilweisen oder kompletten Wiederverfüllung des Gully-Unterlaufs durch kolluviale Sedimente. Mithilfe des im GIS ermittelten Hohlraumvolumens eines Gully-Systems, mit Daten zu erodierten Bodenprofilen und kolluvialen Ablagerungen im Gully-Einzugsgebiet und dem Schwemmfächervolumen ist eine Bilanzierung der Erosionsprozesse möglich, die mithilfe unterschiedlicher Datierungsmethoden zeitlich eingeordnet und modelliert werden kann. Jedoch sind Schwemmfächer in der Regel nicht homogen geschichtet, sondern setzen sich aus mehreren unterschiedlichen Sedimentpaketen zusammen, die während unterschiedlicher Extremereignisse in der Vergangenheit gebildet worden sein können. Verstärkt treten Gullys in Deutschland seit der Bronzezeit auf (Dotterweich 2008). Weitere Phasen waren die Römische Kaiserzeit im Südwesten, das Frühe, das Hohe und besonders das Späte Mittelalter (1342) sowie die Frühe Neuzeit. In Deutschland werden Gully-Dichten von mehr als 3 km/km^2 erreicht, in Spanien örtlich sogar von bis zu 30 km/km^2 (Zgłobicki et al. 2017, Nadal-Romero et al. 2011). Die wichtigsten Gully-Vorkommen in Deutschland befinden sich im Bereich Südniedersachsen, Nordhessen, Nordwestthüringen und im östlichen Sachsen-Anhalt, außerdem im Rheinischen Schiefergebirge (Taunus und Eifel; Dotterweich 2015, Stolz und Grunert 2006), im südwestdeutschen Schichtstufenland (Odenwald, Pfälzerwald; Moldenhauer 2010, Dotterweich 2008) sowie in Ostbayern und Oberfranken (Heine und Niller 2008, Dotterweich 2003) und – außerhalb der Mittelgebirge – in Brandenburg (Bork et al. 1998). Gut untersuchte Gully-Vorkommen in Europa befinden sich u. a. in Südostpolen (bei Lublin; Dotterweich et al. 2012), Südspanien, Südfrankreich, in Italien (u. a. Toskana), in der Westslowakei und in Rumänien an der Grenze zu Moldawien (Zgłobicki et al. 2017).

9.5 Seen

Stefan Dreibrodt und Dirk Nowacki

Seen sind festländische, mit Wasser gefüllte Hohlformen. Die Entstehung der Geländedepressionen kann durch verschiedene endogene oder exogene Prozesse hervorgerufen sein. Der Wasserüberschuss ist klimatisch bedingt. Die meisten permanenten Seen befinden sich in humiden Klimaten. Diese Seen enthalten Süßwasser. Seen können aber auch in ariden Landschaften durch zufließendes Wasser entstehen (Endseen, endorheische Abflusssysteme). In Endseen kann das Wasser durch erhöhte Verdunstung auch erhöhte bis extreme Salzgehalte aufweisen.

Für die biogeochemischen Prozesse in Seen sind die Größe des Wasser liefernden Einzugsgebietes, der geologische Aufbau dieses Einzugsgebietes und der Jahresgang der Witterung von entscheidender Bedeutung. Basierend auf den dominierenden Gesteinen kann man silikatische und carbonatische Einzugsgebiete unterscheiden.

Als Ergebnis der Ablagerung von im See durch chemische und biologische Prozesse gebildeten Stoffen (autochthon) sowie von außerhalb durch Oberflächenabfluss und atmosphärischen Eintrag zugeführten Materials (allochthon) werden Seenbecken im Laufe der Zeit vollständig mit Material aufgefüllt. Dieses Material enthält sowohl organische als auch anorganische Partikel und wird als Seesediment bezeichnet. Auf geologischen Zeitskalen betrachtet sind Seen relativ kurzlebige Phänomene. Für die Geoarchäologie sind Seen sehr interessant, weil in ihren Sedimenten zeitlich hoch aufgelöst Informationen der quartären Umweltgeschichte gespeichert sind und Seen für den siedelnden Menschen wegen der Verfügbarkeit von Wasser und Nahrung (Fische, Wasservögel) Gunststandorte zur Besiedelung darstellen.

9.5.1 Sedimentationsprozesse in Seen

In allen Seen existieren, zumindest saisonal, charakteristische seeinterne Strömungssysteme. Diese entstehen durch die Wechselwirkung von Zuflüssen, Wind und Dichteunterschiede im Wasserkörper, welche wiederum chemisch und/oder temperaturbedingt sein können. Daher stellt das Montan- oder Breitenklima, in dem sich der See befindet, einen wesentlichen Einflussfaktor für seeinterne Strömungssysteme dar. Die Modifikation des Strömungssystems im Jahresgang führt wiederum zu Änderungen von Bioproduktion und chemischen Prozessen im See und steuert somit die Bildung und Akkumulation des Sediments.

Das klimatisch bedingte, saisonale Strömungs- und Akkumulationssystem eines Sees wird im Folgenden am Beispiel eines zweimal jährlich zirkulierenden (dimiktischen) Sees näher veranschaulicht (◘ Abb. 9.26). Dabei handelt es sich um einen typischen See der humiden gemäßigten Breiten.

Im zeitigen Frühjahr erwärmt sich der größte Teil des Seewassers auf ca. 4°C. Bei dieser Temperatur ist die Dichte von Wasser am höchsten und das Volumen am geringsten. Dies bewirkt, dass 4°C kaltes Wasser stets bis zum Grund des Sees absinkt und kälteres oder wärmeres Wasser verdrängt, welches wiederum aufsteigt. Verstärkt durch an der Wasseroberfläche angreifende Winde führt dies zu einer kompletten Mischung des Oberflächen- und Tiefenwassers des Sees (◘ Abb. 9.26a unten). Diese Durchmischung des Wasserkörpers hat eine Nährstoffzufuhr aus dem Seetiefsten (Profundal) ins Oberflächenwasser zur Folge, da sich während des Winters durch den Abbau des organischen autochthonen Materials (abgestorbene Biomasse) des Vorjahres im Tiefenwasser Nährstoffe angereichert hatten. Gleichzeitig nimmt die Intensität der Sonneneinstrahlung im Frühjahr zu, sodass es zu ersten planktischen Algenblüten, vor allem von Kieselalgen, im lichtdurchfluteten Oberflächenwasser (Pelagial) kommt. Abgestorbene Algen sinken herab und reichern sich im Seetiefsten an, da das Algen verzehrende Zooplankton in dieser Jahreszeit noch gering entwickelt ist (◘ Abb. 9.26b). In Seen mit vorwiegend carbonatischen Einzugsgebieten, sogenannten „Hartwasserseen", werden durch die Algenblüten und den damit einhergehenden CO_2-Entzug oft auch erste Carbonatkristalle aus dem Wasser gefällt und mit den Algenresten am Seegrund abgelagert.

Infolge zunehmender Erwärmung des Oberflächenwassers im Sommer stellt sich eine dichtebedingte Schichtung des Wassers ein, die zur Trennung in Oberflächen- und Tiefenwasser führt (◘ Abb. 9.26a). Die trennende Wasserschicht (Thermokline) bildet sich etwa in der seespezifischen Tiefe aus, in der das Wasser noch immer ca. 4°C warm ist. Nun angreifende Winde durchmischen vorwiegend das Oberflächenwasser; der stoffliche Austausch zwischen Oberflächen- und Tiefenwasser ist stark vermin-

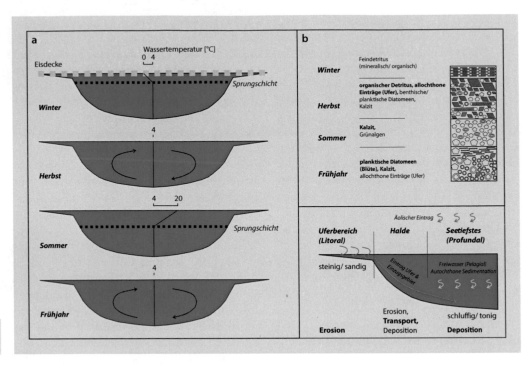

■ **Abb. 9.26** **a** Abfolge von Zirkulations- und Schichtungsphasen eines holomiktisch dimitischen Sees, von unten nach oben: Frühjahr, Sommer, Herbst, Winter; **b** während der verschiedenen Jahreszeiten abgelagertes Seesediment (Profundal); **c** verschiedene Ablagerungsbereiche und -prozesse in einem See

dert. Weil Nährstoffe nun in geringerem Maße aus dem Tiefenwasser nachgeliefert werden und diese permanent durch Algenwachstum entzogen werden, kommt es im Oberflächenwasser zu einer Limitierung an Nährstoffen. Andere, an die veränderten Verhältnisse angepasste Algenfamilien kommen zur Blüte. In der Folge kommt es durch CO_2-Entzug oder auch durch temperaturbegünstigtes Entweichen von CO_2 an der Seeoberfläche (Diffusion in die Atmosphäre) zur Hauptcarbonatfällung in vielen Seen (■ Abb. 9.26e). In Seen mit carbonatfreien Gesteinen in den Einzugsgebieten tritt die sommerliche Kalkfällung stark zurück oder fehlt ganz (z. B. Eifelmaare).

Bei Abkühlung des Seewassers im Herbst wird erneut der dichtebedingte Schwellenwert von 4°C durchschritten (■ Abb. 9.26a). Infolge der Aufhebung der Dichteunterschiede im Wasserkörper kommt es zu einer erneuten Durchmischungsphase. Die herbstliche Mischungsphase kann in Jahren mit warmen und sonnigen Witterungsbedingungen zu erneuten planktischen Algenblüten (Kieselalgen) und zu Carbonatfällung führen. Als typische Ablagerungsschicht des Spätherbstes ist in vielen mitteleuropäischen Seen die Sedimentation von abgestorbener Biomasse (organischer Detritus), vermischt mit aus dem Uferbereich umgelagertem Sediment zu beobachten (■ Abb. 9.26e).

Im Winter, wenn das Oberflächenwasser kühler als 4°C ist, kann sich eine erneute thermische Schichtung im See ausbilden, da nun das kalte, leichtere Wasser über dem ca. 4°C „warmen" Wasser liegt (■ Abb. 9.26d). Bei langen Eisbedeckungsphasen besonders strenger Winter kommt nahezu jegliche Wasserbewegung im See zum Stillstand und feinste organische oder mineralische Partikel können zum Seegrund abseigern (◘ Abb. 9.26e). Mit dem folgenden Frühjahr wiederholt sich der beschriebene Zyklus.

Bleibt das Sediment, das sich in dem beschriebenen, sich jährlich wiederholenden Zyklus gebildet hat, ungestört am Seegrund erhalten, lassen sich die Feinschichten konkreten Jahren bzw. Jahreszeiten zuordnen (◘ Abb. 9.26b). Diese Jahresschichten, sogenannte Warven, besitzen als Geoarchiv eine mit Baumringen vergleichbar hohe zeitliche Auflösung (Brauer 2004; Zolitschka 2007; Zolitschka et al. 2015). In die Warven können Ablagerungen eingeschaltet sein, die auf Ereignisse innerhalb und außerhalb des Sees zurückzuführen sind, z. B. Erosion oder Hochwasser im Seeeinzugsgebiet, Bergstürze, Aschepartikel aus Vulkanausbrüchen oder auch äolische Ferneinträge, was deren präzise Datierung ermöglicht. Die Auszählung von Warven (Warvenchronologie) an Sedimentdünnschliffen ist eine Methode, die in zunehmendem Maße zur präzisen Rekonstruktion der mitteleuropäischen Umweltgeschichte des Jungquartärs beiträgt (De Geer 1912; Brauer et al. 1994).

Die Zusammensetzung der Seesedimente variiert stark. Diese Unterschiede sind auf verschiedene Eigenschaften der Seeeinzugsgebiete und der in diesen ablaufenden Prozesse zurückzuführen. Bei zunehmendem Einfluss des mit dem zufließenden Wasser eingetragenen Materials, z. B. in Gebirgs- oder Flussseen, die ein relativ großes Einzugsgebiet aufweisen, nimmt der Anteil des autochthonen Sedimentes am Gesamtsediment stark ab. Teilweise sind hier zyklische Einträge (z. B. Schmelzwassereinträge in Gebirgsseen, Frühjahrshochwasser) in das beschriebene Schema eingeschaltet. In großen Flussseesystemen kann der allochthone Anteil am Sediment sogar nahezu 100 % betragen.

Die Ablagerungsbedingungen für Seesedimente variieren seeintern zum Teil recht stark (Håkanson und Jansson 1986). Wäh-

rend im ufernahen Bereich (Litoral) Ufererosion durch Wellenschlag vorherrscht, wird die sogenannte Halde weitgehend vom Durchtransport des vom Ufer und vom Einzugsgebiet gelieferten Sedimentes bestimmt (◘ Abb. 9.26c). Bei Seen mit starkem Einfluss von durchfließendem Wasser (Gebirgsseen, Flussseen) kann im Mündungsbereich des Zuflusses ein Mündungsdelta mit zugehörigem Schwemmfächer ausgebildet sein. Im Seetiefsten (Profundal) findet in der Regel ausschließlich Ablagerung statt. Deshalb sind dort die Sedimentsequenzen am vollständigsten, und Studien, die sich der Rekonstruktion der Landschaftsgeschichte widmen (z. B. Pollenanalysen) werden bevorzugt an Sedimentserien aus dem Seetiefsten durchgeführt. Aber auch ufernahe Bereiche liefern z. B. durch die Ausbildung von Terrassen oder in situ erhaltene archäologische Befunde Informationen über die Landschaftsgeschichte, wie etwa Seespiegeländerungen.

9.5.2 Seesedimente als Archive der Landschafts- und Siedlungsgeschichte

In wasserführenden Seen wird das Sediment des Seetiefsten von einer Bohrplattform aus mittels verschiedener Stechrohrkernsysteme gewonnen, bei verlandeten Seen (Paläoseen) kann auch auf Rammkernsondagen zurückgegriffen werden (siehe ▶ Abschn. 14.1). Die im letzten Abschnitt beschriebenen Ablagerungsprozesse bedingen das Potenzial von Seesedimenten verschiedener Seentypen und Ablagerungsbereiche zur Rekonstruktion der Landschaftsgeschichte. Das in der Regel vollständige und zeitlich am höchsten aufgelöste Sediment des Profundals ist ein einzigartiges Schlüsselarchiv der Umwelt- und Besiedlungsgeschichte. Untersuchungen an den Sedimenten des Profundals erlauben Rückschlüsse auf die Entwicklung/ Evolution eines Sees, seines Einzugsgebietes und des Klimas.

Für die Paläomilieurekonstruktion an Seesedimenten spielen Untersuchungen von Mikrofossilien eine bedeutende Rolle. Als Mikrofossilien werden die Überreste von Kleinstlebewesen mit einer Körpergröße von weniger als 1 mm bezeichnet. Beispielsweise lassen sich durch Untersuchung der im Sediment enthaltenen Kieselalgenschalen (Battarbee et al. 2001) Phasen von Versauerung (z. B. Battarbee 1991), von Eutrophierung (z. B. Schönfelder 1997) und Phasen mit Wechseln in der Salinität des Wassers (z. B. Fritz et al. 1999) identifizieren. Daneben gibt es zahlreiche weitere indikative Mikrofossilien in Seen, wie Ostrakoden, Cyanobakterien, Chrysophyceen, Dinoflaggelaten, Foraminiferen sowie Grünalgen oder Schwämme.

Geochemische, geophysikalische und mineralogische Analysen von Seesedimenten sind ein weiteres wichtiges Werkzeug zur Entschlüsselung der Umweltgeschichte eines Sees. Ergebnisse dieser Untersuchungen geben Hinweise auf Veränderungen des Nährstoffgehaltes eines Sees. Außerdem können allochthone Einträge oder eine Luftverschmutzung festgestellt und quantifiziert werden. Präzise Rekonstruktionen der Bodenerosionsgeschichte im Einzugsgebiet von Seen werden seit Langem mit verschiedenen Methoden (magnetische Suszeptibilität, Aluminium- oder Kaliumeinträge, Quarzgehalte) an Seesedimenten durchgeführt (Dearing 1991; Zolitschka und Negendank 1998b; Dreibrodt und Wiethold 2015). Die Analyse von im Sediment eingebetteten Mikrotephraschichten (vulkanische Aschelagen) erlaubt die präzise Parallelisierung verschiedener Seesedimentsequenzen in Regionen, die vom selben vulkanischen Niederschlag betroffen waren (z. B. Dörfler et al. 2012).

Verschiedene geochemische Messungen können Veränderungen im Nährstoffgehalt des Sees belegen. Das Verhältnis von Kohlenstoff zu Stickstoff (C-N-Verhältnis) ist ein Anzeiger für die im Sediment enthaltene authochtone Biomasse (Meyers und Ishiwatari 1995). Sinkende oder gleichbleibende C-N-Verhältnisse bei gleichzeitig hohen oder steigenden Gehalten an organischem Kohlenstoff weisen auf erhöhte Biomasseanteile aus Algenblüten und daher meist auf eine Eutrophierung hin. Das Verhältnis der Gehalte von Mangan zu Eisen zeigt an, wie sich der Sauerstoffgehalt am Seegrund während der Ablagerung einer Sedimentsequenz verändert hat (z. B. Wersin et al. 1991; Nowacki et al. 2018). Veränderungen des Sauerstoffgehalts können klimatische Ursachen haben, z. B. durch veränderte Windgeschwindigkeiten während der Mischungsphasen. Sie können aber auch auf erhöhte Sauerstoffzehrung im Tiefenwasser infolge vermehrter Algenblüten (Eutrophierung) hinweisen (z. B. Dreibrodt und Wiethold 2015). Einträge von Schwermetallen in Seen geben Hinweise auf historische (z. B. Garbe-Schönberg et al. 1998) und moderne Luftverschmutzung.

In Flussseesystemen können Veränderungen geochemischer und geophysikalischer Parameter auf Veränderungen der Liefergebiete des Sedimentes hinweisen. Neben den genannten Beispielen existiert eine Fülle von weiteren geophysikalischen, geochemischen und mineralogischen Anwendungen, die erfolgreich zur Rekonstruktion der Landschaftsgeschichte aus Seesedimenten angewandt werden.

Wegen der sauerstoffarmen Verhältnisse am Seegrund werden in den See eingetragene Pollenkörner ebenfalls exzellent erhalten. Pollenanalysen (siehe ▶ Abschn. 15.2) an Seesedimentsequenzen liefern Informationen zur Landschaftsgeschichte. Deren Aussagemöglichkeiten reichen je nach Größe des Sees und Einzugsgebietes von lokal (kleine Seen) bis regional (große Seen) (Wiethold 1998; Feeser und Dörfler 2015).

Eine Analyse der Feinstruktur von Jahresschichten an Dünnschliffen (Mikrofaziesanalyse) ermöglicht die jahreszeitliche Rekonstruktion von Prozessen im See, die auf Witterung (Zahrer et al. 2013) und Klima (Brauer et al. 2008; Czymzik et al. 2016) oder geomorphologische Prozesse im Seeeinzugsgebiet (Zolitschka und Negendank 1998a; Enters et al. 2008) hinweisen.

Untersuchungen im Flachwasser und Haldenbereich von Seen werden oft zur Rekonstruktion von Seespiegelschwankungen als Auswirkung der hydroklimatischen Variabilität (z. B. Digerfeldt 1986; Harrison und Digerfeldt 1993) oder wasserbaulicher Eingriffe des Menschen (z. B. Kaiser 1998) eingesetzt.

Auch Paläoseen können der Geoarchäologie außerordentlich bedeutsame Informationen liefern, die für das Verständnis der Landschaftsgeschichte und von prähistorischen Siedlungsnetzen Bedeutung haben (z. B. Pachur und Wünnemann 1996).

Die besten Ergebnisse werden durch Kombination der aufgezählten Untersuchungsmethoden an Sedimentsequenzen in sogenannten „Multi-Proxy-Untersuchungen" erzielt. Künftige Rekonstruktionen von Landschafts- und Besiedlungsgeschichte aus Seesedimenten sollten daher solche „Multi-Proxy-Ansätze" verfolgen (z. B. Heymann et al. 2013; Dreibrodt und Wiethold 2015; Feeser et al. 2016).

Übersichten zu Methoden der Rekonstruktion der Umwelt- und Landschaftsgeschichte aus Seesedimenten geben Berglund (1986), Lerman et al. (1995) oder Smol et al. (2001).

In unmittelbarer Ufernähe bestehen, falls die Erosion nicht zu stark ist, auch ideale Erhaltungsbedingen für den archäologischen Befund. Der dauerhaft hohe Grundwasserspiegel oder die Überstauung durch Seewasser an solchen Standorten bedingt wegen des stark verminderten Sauerstoffzutritts eine oft sehr gute Erhaltung organischer Reste und Artefakte, die auf anderen archäologischen Fundplätzen in der Regel nicht konserviert sind. Damit lassen sich an solchen Fundplätzen zumeist Lebens- und Wirtschaftsweisen der Menschen der Vergangenheit einzigartig detailliert rekonstruieren. Sind zudem Holzreste von ausreichendem Durchmesser erhalten, sind durch Anwendung der Dendrochronologie zusätzlich außerordentlich präzise zeitliche Rekonstruktionen des betreffenden Siedlungsgeschehens möglich.

Hervorragende Einblicke in die Lebenswelt des Menschen im Paläolithikum lieferten die Standorte in Bilzingsleben (Mania und Mania, 2004) oder Schöningen (Thieme 2002). Auch die archäologische Forschung zum Mesolithikum hat aufgrund der Funderhaltung an Seeuferrandsiedlungen die besten Resultate geliefert (Groß et al. 2018, 2019a, b). Berühmte Fundplätze von Seeufersiedlungen liegen aus Süddeutschland für das Neolithikum (Hartz et al. 2002), die Bronze- und Eisenzeit vor (Schlichtherle 1997; Krause 2002). Neben detaillierten Rekonstruktionen von Haus- und Siedlungsgrundrissen und der zeitlichen Dynamik des prähistorischen Baugeschehens konnten durch Baumartenanalysen auch Holzgewinnungs- und Waldwirtschaftssysteme belegt werden. Die Untersuchung tausender erhaltener Objekte wie Werkzeuge, Produkte, Halbfabrikate, Kunst- und Schmuckgegenstände und Abfälle in einzelnen Häusern ermöglichte einzigartige Einblicke in Leben, Vorstellungswelt und Wirtschaftsweise prähistorischer menschlicher Gemeinschaften.

9.6 Äolische Systeme

Johann Friedrich Tolksdorf

Die Umlagerung von Sedimenten durch Wind wird in Anlehnung an Aiolos, den griechischen Gott der Winde, als äolische Dynamik bezeichnet. Sie setzt im Regelfall

9

bei fehlender Stabilisierung der Oberfläche durch Vegetation aufgrund extremer Aridität oder durch menschliche Aktivitäten wie Rodung, Plaggenwirtschaft, Beweidung und Tritt ein. Umgekehrt deuten erhaltene ehemalige Oberflächen (Paläoböden bzw. fossile Böden) auf Stabilisierungsphasen unter einer sich schließenden Vegetationsdecke und damit nachlassende menschliche Aktivitäten oder verbesserte klimatisch-ökologische Rahmenbedingungen hin.

Während es sich bei Löss um die periglazialen äolischen Ablagerungen mit Korngrößen im Schluffbereich handelt (vgl. ▶ Abschn. 9.7), stehen in diesem Kapitel die Eigenschaften der sandigen Sedimente als geoarchäologisches Archiv im Vordergrund. Der Transport von sandigen Sedimenten erfolgt anders als bei Schluffen über größere Distanzen kaum durch eine Bewegung im Luftstrom (Suspension) sondern überwiegend bodennah durch eine „springende" Umlagerung (Saltation) und das Vorwärtsschieben einzelner Körner durch Anstoßen (Reptation). Die hieraus resultierenden Formen sind in hohem Maße von Faktoren wie einem geeigneten Ausgangssubstrat und der Distanz zum Liefergebiet, der Reibung der Ablagerungsoberfläche, dem Vorhandensein von Strömungswiderständen sowie der Windgeschwindigkeit abhängig (Pye und Tsoar 2008). Durch Akkumulation entstehen somit unterschiedliche Formen, von flächigen Ablagerungen (Flugsandflächen) bis hin zu Dünen (◘ Abb. 9.27), die bei anhaltender Bewegung der Sandkörner als freie Dünen, bei einer Ablagerung an einem Hindernis als gebundene Dünen klassifiziert werden. Die durch Auswehung des Feinmaterials (Deflation) entstehenden Formen reichen von kleinen wannenartigen Auswehungen (Deflationswannen) und der Teilreaktivierung von Dünen bis zur großflächigen Auswehung von Feinsedimenten. Für die Entstehung sogenannter „Wüstenpflaster", also der Ausbildung einer aus eingeregeltem Grobmaterial bestehenden und damit an Pflasterung erinnernden Oberfläche, ist die Auswehung hingegen nur teilweise ursächlich. Stattdessen scheint hier auch die Aufwärtsbewegung von Grobmaterial durch unterschiedliche Luft- und Wasserdruckverhältnisse im Porenraum neben und unterhalb des Grobmaterials eine Rolle zu spielen.

Eine Identifikation von Flugsanden und ihre Abgrenzung gegenüber fluviatilen Sanden kann durch eine überwiegend gute Korngrößensortierung (Hauptkorngrößen: Mittel- und Feinsand), einen hohen Rundungsgrad der Einzelkörner sowie eine häufig zu beobachtende Schrägschichtung erfolgen.

Als landschaftsprägende Formen treten Dünen und Flugsandflächen in Küstenzonen, den ehemals vergletscherten Bereichen der mitteleuropäischen Tiefebene (◘ Abb. 9.27b, sog. *European sand-belt*) und Nordamerikas, sowie in ariden Zonen der Erde auf (Koster 2005; Zeeberg 2008; Lancaster et al. 2015). Die Verbindung von Dünendynamik mit klimatischen Effekten und menschlichen Einflüssen lässt sich idealtypisch an der Entwicklung in der europäischen Tiefebene nachvollziehen (Hilgers 2007; Tolksdorf und Kaiser 2012). Hier kommt es unter der noch geringen Vegetationsdecke bis in die Ältere Dryas zu einer ersten äolischen Umlagerung der glazifluvialen Sande und der Entstehung von Dünen durch klimatisch-ökologische Ursachen. Mit der Erwärmung und Wiederbewaldung während des Allerød stabilisierten sich diese Formen und es kam in der nordeuropäischen Tiefebene zur Ausbildung der sogenannten Usselo- und Finowböden (◘ Abb. 9.27d; Kaiser et al. 2009). Mit der erneuten klimatischen Verschlechterung während der Jüngeren Dryas kam es zu einer erneuten Überdeckung dieser Oberflächen durch äolische Sande. Früheste Spuren für eine äolische Reaktivierung von Sanden als Folge menschlicher Aktivitäten finden sich ab dem Mesolithikum, als die trockenen und die umgebende Landschaft

◻ **Abb. 9.27** **A** Aktive Düne in einem ariden Gebiet (Ghurd Abū Muḥarrik, Ägypten) mit wellenförmiger Ausprägung der Oberfläche (Rippeln) als Reibungsoberfläche zwischen Sand und Luft. **B** Durch Trockenrasen und Kieferbewaldung weitgehend fixierte Binnendüne im Urstromtal der Elbe (Klein Schmölen, Mecklenburg-Vorpommern, Deutschland). In Bereichen mit durch Beweidung und Tritt zerstörter Vegetation ist äolische Dynamik weiterhin aktiv. **C** Waldbestand wird durch die aktive Küstendüne überfahren (Lonskedüne, Leba, Polen). Der Name erinnert an den ab dem 16. Jahrhundert verschütteten Ort Lonske. **D** Eine als dünnes humoses Band erkennbare fossile Oberfläche des Allerød (Usselo-Boden) in Dünensedimenten des Altdarß (Mecklenburg-Vorpommern, Deutschland) als paläoklimatischer Indikator (Foto K. Kaiser). **E** Fossile frühholozäne Oberfläche in Form eines Podsol bei Laasche (Hannoversches Wendland, Deutschland). **F** Großflächige „pflasterartige" Freilegung von Artefakten durch Deflationsprozesse und aktive äolische Sedimentation an freigelegten Gebäudebefunden (Amḥeida, Ägypten). **G** Detailaufnahme von Oberflächenfunden in Deflationsbereichen

überragenden Dünenzüge in der nordeuropäischen Tiefebene als Siedlungsstellen genutzt wurden (Tolksdorf et al. 2013; Sevink et al. 2018). In den folgenden Jahrtausenden lassen sich überregional sowohl Phasen der Stabilisierung und Bodenbildung (◻ Abb. 9.27e) als auch korrespondierende Phasen der äolischen Remobilisierung gut mit archäologischen Hinweisen auf nachlassende bzw. intensivierte Nutzung (insbesondere Entwaldung und Beweidung) dieser Räume korrelieren. Einen letzten Höhepunkt erreichte die äolische Mobilisierung von Sanden während des Mittelalters und der Frühen Neuzeit (◻ Abb. 9.27c; Küster et al. 2014; Lungershausen 2018).

In den ariden Gebieten der Erde steht die äolische Dynamik in einem Zusammenhang mit sich verändernden Niederschlagsregimen und kann damit für paläohydrologische Rekonstruktionen und den Vergleich dieser Trends zur Siedlungsdynamik herangezogen werden (Bubenzer et al. 2007c; Fitzsimmons et al. 2012). Grundlage ist, dass hier die Verfügbarkeit mobilisierbarer Sande stark an trockenfallende Gewässer und einen Vegetationsrückgang gebunden ist.

In Bezug auf die Erhaltung archäologischer Relikte bieten äolische Systeme sowohl Gunstfaktoren als auch Risiken: Überwiegt die Sedimentation im Bereich eine Fundstelle, so kommt es zur Überdeckung archäologischer Strukturen und im günstigsten Fall zur Ausbildung einer Stratigraphie, in der ehemalige Oberflächen und damit in Zusammenhang stehende Besiedlungsspuren durch Schichten äolischer Sande voneinander getrennt sind und damit eine sichere relativchronologische Abfolge bieten (1a in ◻ Abb. 9.28; Fuchs et al. 2008). Regelhaft tritt hierbei auch Holzkohle auf, die sich in dem trockenen Substrat gut erhält und als Archiv zur Vegetation im Umfeld genutzt werden kann (▶ Abschn. 15.5; Jansen u. a. 2013). Die ^{14}C-Analyse (▶ Abschn. 16.3) dieser Holzkohlen oder der Artefakte bietet allerdings nur ein Mindestalter für die Stabilisierung der Oberfläche, da die menschlichen Aktivitäten auf dieser Oberfläche über einen längeren Zeitraum stattgefunden haben können. Deutlich besser gelingt hingegen eine chronologische Analyse von äolischen Stratigraphien mit der optisch stimulierten Lumineszenzmethode (OSL, ▶ Abschn. 16.4), da die überwiegend aus Quarzen bestehenden Sedimente im Laufe ihres Transportes häufig intensiv der Sonneneinstrahlung ausgesetzt sind und damit eine verlässliche Datierung des letzten Umlagerungszeitpunktes auch jenseits der Reichweite der ^{14}C-Datierung hinaus ermöglicht wird (Hilgers 2007). Geoarchäologische Anwendung hat OSL-Datierung daher auch dort gefunden, wo in den Siedlungsbereich eingedrungene Flugsande archäologische Strukturen und Bauphasen überdeckt haben und diese damit ein Mindestalter für das Siedlungsende bieten (1b in ◻ Abb. 9.28; Klasen et al. 2011; Junge 2016). Da ehemalige Oberflächen durch Deflation auch abgetragen sein können, ermöglicht die OSL-Datierung auch die Aufdeckung von Sedimentationsunterbrechungen in scheinbar kontinuierlich abgelagerten Horizonten. Einen Sonderfall im Hinblick auf die Verlagerung von Artefakten stellt wiederum das Wüstenpflaster dar, in dem nicht nur die Anreicherung der Artefakte durch Deflation stattfindet, sondern offenbar auch komplexe Prozesse zu einer vertikalen Trennung nach Artefaktgröße führen (Adelsberger et al. 2013).

Sind mehrphasige archäologische Fundstellen hingegen überwiegend von einer Auswehung des um und unter den Funden gelagerten Sandes betroffen (Deflation), so kann es zu seitlichen Verlagerungsprozessen und – durch vertikale Umlagerung der für äolischen Transport zu schweren Artefakte – zur Vermischung ehemals getrennter Fundhorizonte an dieser Deflationsoberfläche kommen (◻ Abb. 9.27e, f; 2 in ◻ Abb. 9.28; Wandsnider 1988; Cameron et al. 1990). Anhaltspunkte für eine solche Vermischung können das Zusammenpassungsmuster von Artefakten innerhalb einer Fundstelle (Cziesla 1990), die Analyse der Gewichtsverteilung von Kleinartefakten sowie die Intensität der durch Reptation und Saltation erzeugten Oberflächenschäden an den Artefakten bieten (Schön 2013).

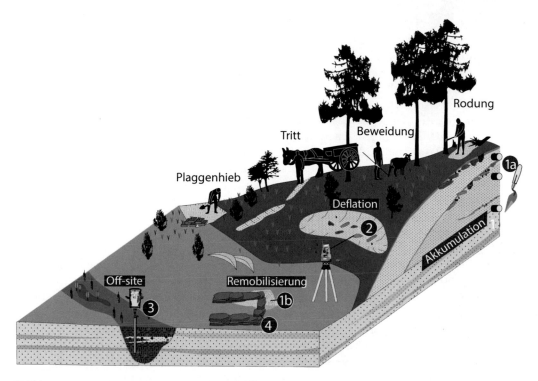

Abb. 9.28 Methodisches Schema zur Analyse äolischer Sedimente als geoarchäologische Archive: Eine idealtypische Abfolge mit archäologischen Funden und Befunden auf fossilen Oberflächen und späteren äolischen Überdeckungen (1a) bietet einen breiten Ansatz für chronologische (¹⁴C und OSL) und landschaftsgeschichtliche Analysen (Anthrakologie, Aktivierungsphasen). Werden Baustrukturen von äolischen Sedimenten begraben (1b), bietet die OSL-Analyse einen zeitlichen Rahmen für die Aufgabe der Siedlung. Problematisch ist das Freilegen von Artfakten durch Deflationsprozesse (2), da hierdurch die Funde ehemals getrennter Siedlungsschichten vermischt werden. Der äolische Eintrag von Sanden in limnische Sedimente oder Torfe ermöglicht eine Verbindung mit pollenanalytischer Umweltrekonstruktion (3). In der Neuzeit nehmen die Quellen zu, die exakte Datierungen für das Verschütten von Siedlungen und damit das Auftreten äolischer Sedimentumlagerungen liefern (4)

Mit intensiver Landnutzung verbundene äolische Aktivitätsphasen können sich in Seesedimenten oder Torfen in einem erhöhten minerogenen Niederschlag abzeichnen (3 in ▪ Abb. 9.28; Vuorela 1983; Heinsalu und Veski 2009) und bieten damit eine ausgezeichnete Verknüpfung zur Pollenanalyse (▶ Abschn. 15.2). Ab der Neuzeit treten äolische Sedimente dann wegen ihrer dramatischen Auswirkungen auf Acker- und Weideland sowie Siedlungen und Infrastruktur auch zunehmend in den Fokus historischer Quellen (▪ Abb. 9.27c und 4 in ▪ Abb. 9.28; Pyritz 1971; Žaromskis 2007; Nicolay et al. 2014).

9.7 Lösslandschaften

Frank Lehmkuhl

9.7.1 Definition und Verbreitung von Löss

Löss bedeckt mindestens 10 % der Landoberflächen der Erde (Pye 1987). Trotz der weiten Verbreitung gibt es keine einheitliche Definition, ob es sich bei Löss um ein Sediment oder einen Boden handelt (Sprafke und Obreht 2016). Für „reinen" Löss wurde von manchen Autoren (z. B.

Pécsi und Richter 1996) eine Vielzahl z. T. enger Kriterien vorgeschlagen, und davon abweichende Sedimente können als Lössderivate oder lössähnliche Sedimente bezeichnet werden (Koch und Neumeister 2005). Andere Autoren (z. B. Pye 1984) fassen den Begriff Löss wesentlich weiter. Zöller et al. (2017) schlagen einen Kompromiss unter Betonung ökologischer Faktoren vor. Danach handelt es sich bei Löss um äolischen, gelblichen, porösen und kalkhaltigen Schluff mit geringen Anteilen von Ton und Sand. Aus diesem Staubsediment wird erst unter bestimmten ökologischen Bedingungen durch diagenetische Prozesse (Lössifizierung, s. Sprafke and Obreht 2016) Löss. Dabei wird durch die Bildung feinster Kalkbrücken zwischen den Körnern eine hohe Standfestigkeit erzeugt. Dies begünstigt auch die Bildung von Steilwänden im Löss. Die Porosität des Lösses wird durch eine frühere Durchwurzelung erklärt. In humiden Klimaten (in Deutschland > 500 mm Jahresniederschlag) wird das Carbonat im Oberboden ausgewaschen und kann im Unterboden ausfällen. Dabei können sich Kalkkonkretionen, sogenannte Lösskindel, bilden. Durch Verwitterung (Lösung von Carbonaten und Silikaten) im Oberboden entsteht sogenannter Lösslehm. Schwemmlöss hat zumeist eine Schichtung und ist durch fluviale und periglaziale Prozesse umgelagert worden. Allgemein werden solche verwitterten (entkalkten) und umgelagerten Lösssedimente als Lössderivate bezeichnet.

Löss wurde in Europa und vielen anderen Regionen der Erde wie Nordamerika und Argentinien als äolisches Sediment während der Kaltzeiten des Quartärs abgelagert. In vielen anderen Regionen, vor allem in den Steppenlandschaften Eurasiens und in China, ist die Lössanwehung jedoch kontinuierlich. In wärmeren Phasen des Quartärs sind bodenbildende Prozesse dominant: es bilden sich die typischen Löss-Paläoboden-Sequenzen (LPS) aus (s. ▪ Abb. 9.31 und 9.32).

Die Lössbildung erfordert sowohl im Liefer- als auch im Ablagerungsgebiet ein recht enges „ökologisches Fenster" (Zöller und Lehmkuhl 2019). Auswehungsgebiete für die Stäube sind nicht nur die während der Kaltzeiten trockengefallenen Schelfe (Antoine et al. 2009), sondern auch proglaziale Sander- und Schotterflächen, periglaziale Regionen mit Frostschuttdecken und vor allem auch die großen periglazialen Flusstäler mit verwilderten Flüssen, z. B. des Rheins oder der Donau (Lehmkuhl et al. 2016, 2018). Darüber hinaus sind in ariden und semiariden Regionen Fußflächen und Schwemmfächer sowie Paläoseeböden wichtige Staublieferanten (Lehmkuhl und Haselein 2000). Für die Ablagerung von Staub und damit für die Entstehung von Lössdecken wird eine Staubfalle, in der Regel eine Vegetationsdecke, benötigt. Manche Autoren gehen auch davon aus, dass biologische Bodenkrusten auch als „Lössfänger" fungieren (Svirčev et al. 2013). Je nach Landschaftszone können auch verschiedene Lössvarietäten identifiziert werden. Es wird auch von verschiedenen Autoren zwischen den „glazialen Lössen" und den „Wüstenlössen" nach ihrer Genese und Verbreitung unterschieden (u. a. Muhs und Bettis 2003).

Die globale Lössverbreitung ist bei Muhs (2013) und Schaetzel et al. (2018) präsentiert und diskutiert. ▪ Abb. 9.29 zeigt die Verbreitung von Lössen in Europa nach Haase et al. (2007). Zusätzlich sind die südliche Permafrostgrenze sowie die nördliche Waldgrenze während des letztglazialen Maximums (LGM) dargestellt. Permafrosterscheinungen und periglaziale Prozesse führen zu starken Umlagerungsprozessen und speziellen Bodenbil-

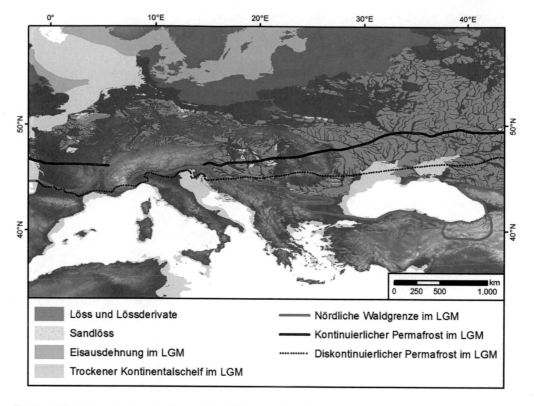

▣ Abb. 9.29 Lössverbreitung in Europa (nach Haase et al. 2007) mit der Ausdehnung der letztglazialen Vereisung (nach Ehlers et al. 2004, 2011), den eiszeitlich trockengefallenen kontinentalen Schelfen (Willmes 2015), der Südgrenze der letztglazialen Verbreitung von Permafrost (Vandenberghe et al. 2014) und der letztglazialen nördlichen Waldgrenze (Grichuk 1992)

dungen (z. B. Tundrennassböden). Diese kryogenen Merkmale finden sich in allen Lössprofilen in Europa nördlich von ca. 50 N. Die Lössverbreitung im Norden Europas und ebenso in der Höhe ist nach den meisten Autoren durch die Verbreitung der Paläovegetation bedingt. Wald z. B. ist limitierend für die Lössakkumulation. Für Deutschland ergibt sich nach Analyse der geologischen Karten eine Obergrenze der Lössverbreitung von ca. 300 m NHN in Norddeutschland und bis zu 800 m NHN in Süddeutschland (Lehmkuhl et al. 2018).

Löss bildet das Ausgangssubstrat für die mitunter fruchtbarsten Böden der Welt. Bei Lössregionen handelt es sich also zumeist um Altsiedellandschaften mit einer weit zurückreichenden Ackerbaugeschichte. Darüber hinaus befinden sich viele archäologische Fundstellen im Löss: In Mitteleuropa sind diese aus dem Paläolithikum (s. Infobox 9.5), in Zentralasien und China auch aus dem Neolithikum und jüngeren Kulturen. So wurde beispielsweise die weltberühmte „Terrakotta-Armee" aus der Qin-Dynastie bei Xi'an unter Löss begraben gefunden.

Infobox 9.5

Paläolithikum im Löss (Frank Lehmkuhl)

In Lössaufschlüssen und -gruben wurden schon sehr früh wichtige paläolithische Artefakte gefunden. So wurde bereits 1908 bei Abgrabungen im Löss für den Bau der Donauuferbahn in Willendorf in der Wachau (Niederösterreich) die berühmte Figurine „Venus von Willendorf" entdeckt. Diese wird dem Gravettien zugeordnet (Antl-Weiser 2009). Insgesamt gibt es aber auch ältere Fundschichten aus dem Aurignacien (Nigst et al. 2014). Bekannt sind auch neuere Funde in Krems-Wachtberg nordöstlich von Willendorf. Hier wurden 2005 unter einem Mammutschulterblatt im Löss die gut erhaltenen Skelettreste zweier Säuglinge gefunden (◘ Abb. 9.30; Neugebauer-Maresch et al. 2014; Einwögerer et al. 2006). Dieser Fund ist nicht mit einer Paläobodenbildung assoziiert, sodass während bzw. auch unmittelbar nach der Besiedlung der Fundstelle eine kontinuierliche und rasche Lössakkumulation angenommen werden kann. Die Bestattung wurde über das Fundinventar der Kulturschicht dem Gravettien zugeordnet und durch OSL-Datierungen der Lösse und ^{14}C-Datierungen an organischem Material datiert (Händel et al. 2014; Groza et al. 2019).

Es gibt in Belgien und Frankreich gut dokumentierte Artefakte aus unterpleistozänem Löss (Antoine et al. 2010, 2016; Meijs et al. 2012). Dass Altersstellungen von paläolithischen Funden vor allem in älteren Lössen problematisch sein können, zeigt die kontroverse Diskussion von altsteinzeitlichen Artefakten einer ehemaligen Ziegeleigrube bei Rheindahlen (Niederrheinische Bucht). Die zeitliche Stellung der dem Neandertaler zugeordneten Artefakte erfolgte hier über die Zuordnung von Löss-Paläoboden-Sequenzen (LPS). Aufgrund der stark erodierten LPS gehört die Fundstelle nach Schirmer (2002a, b; Kels und Schirmer 2010) in das MIS 7 und nicht in das MIS 5 wie von Schmitz und Thissen (1997) und Thissen (2006) angenommen. Der Eemboden (MIS 5) ist hier unmittelbar unter der Oberfläche; letztglaziale Lösse wurden an dieser Stelle erodiert.

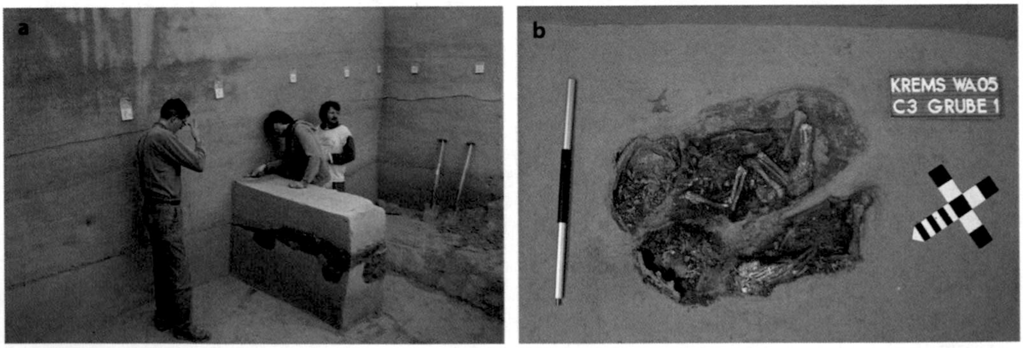

◘ Abb. 9.30 **a** Aufschlusswand der Grabung in Krems-Wachtberg (West) 2007 mit Ausgrabungsleiter Thomas Einwögerer und seinem Team Marc Händel und Ulrich Simon (von rechts nach links) bei der Präparation eines Lössblockes. Im gut stratifizierten Löss kann man die Kulturschicht und eine Feuerstelle erkennen (Neugebauer-Maresch et al. 2014). **b** Doppelbestattung von zwei Neugeborenen, die in einer Grube mit rotem Ocker gebettet waren, welche von einem Mammutschulterblatt bedeckt wurde. Eine Elfenbeinperlenkette wurde ebenfalls beigelegt (Einwögerer et al. 2006). (Bildquellen: Prähistorische Kommission der Österreichischen Akademie der Wissenschaften, © OREA-OEAW)

9.7.2 Löss und (Geo-)Archäologie

In den Lössen in Mitteleuropa finden sich zumeist Fundreste aus dem Paläolithikum. Aufgrund der hohen Bodenfruchtbarkeit und damit verbundenen frühen Besiedlung kommt es in den Lössregionen auch zu einer verstärkten Bodenerosion durch Wasser und somit zur Bildung von Kolluvien (siehe ▶ Kap. 11). Kolluvien sowie die damit verbundenen Auenlehmdecken können ebenfalls häufig mit archäologischen Funden verknüpft werden.

Für geoarchäologische Fragestellungen ist einerseits die zeitliche (chronologische) Stellung der Funde im Löss wichtig. Andererseits können aus verschiedenen Proxydaten aus LPS wichtige paläoökologische Umweltbedingungen und somit auch Klimabedingungen rekonstruiert werden (s. ◧ Abb. 9.32).

Verschiedene Horizonte können als Leit- und auch als Laufhorizonte bestimmter Kulturen gewertet werden. Untersuchungen verschiedener Aufschlüsse in Belgien sowie in den Tagebauen der Niederrheinischen Bucht ermöglichten u. a. die Zusammenstellung einer generellen Stratigraphie sowie die Rekonstruktionen von Paläooberflächen und Paläoumweltbedingungen (Kels 2007; Schirmer 2016; Lehmkuhl et al. 2015, 2016).

9.7.3 Lössstratigraphie, Datierung und Paläoproxies

Löss-Paläoboden-Sequenzen lassen sich durch Lösspakete und verschiedenartige zonale und azonale fossile Böden untergliedern. Diese fungieren als Klima- und Landschaftsarchive. Die vollständigsten und längsten LPS gibt es im Chinesischen Lössplateau. Hier konnte auch erstmals ein langes terrestrisches Archiv mittels der Magnetostratigraphie mit den Tiefseesedimenten korreliert werden (Heller und Liu 1982; neuere Zusammenfassung bei Schaetzel et al. 2018).

Die Lössablagerungen in Europa sind nördlich der kaltzeitlichen Permafrostgrenze (◧ Abb. 9.29) durch Kryoturbation und Solifluktionsprozesse gestört und weisen Erosionsdiskordanzen auf. In der Lössstratigraphie werden zumeist Lokalnamen für die fossilen Böden verwendet. Diese werden teilweise auch überregional erkannt und verwendet (z. B. Lohner Boden; s. ◧ Abb. 9.31). In anderen Lössregionen (Südosteuropa, China) liegen zumeist vollständige LPS über mehrere Kalt-/Warmzeit-Zyklen vor. Dabei werden die Böden nach ihrer Intensität und Ausprägung verschiedenen Interstadialen und Interglazialen zugeordnet. International hat sich die chinesische LPS-Stratigraphie durchgesetzt. Lösse werden mit L und Böden mit S bezeichnet und durchnummeriert. Der letzte interstadiale Boden (Eem-Boden) ist dabei der S1; der letztglaziale Löss L1 (◧ Abb. 9.31; Marković et al. 2015; Schaetzel et al. 2018). Die LPS von Südosteuropa konnten über mehrere Glazial-Interglazial-Zyklen mit denen aus dem Chinesischen Lössplateau korreliert werden (Zeeden et al. 2018) (◧ Abb. 9.30).

LPS wurden und werden zunächst im Gelände aufgenommen und bodenkundlich-sedimentologisch angesprochen. Über die Ablagerungsbedingungen und Intensität der Verwitterung bzw. der pedogenen Überformung lassen sich bestimmte Ablagerungs- und Bodenbildungsbedingungen und damit Paläoumweltbedingungen ableiten. Dies schließt in Mitteleuropa auch Überformung durch Frost und Wasserstau ein (Antoine et al. 2016). Dabei können Horizonte mit Eiskeilpseudomorphosen Hinweise auf die Existenz von Permafrost und Würgeböden oder Kryoturbationen Hinweise auf starke Fröste liefern. Sedimentologische Laboranalysen, vor allem Korngrößenanalysen, erlauben Rückschlüsse auf die Ablagerungs- und Verwitterungsbedingungen. So werden beispielsweise höhere Sandanteile mit höheren Windgeschwindigkeiten in Verbindung gebracht. Kleinere Korn-

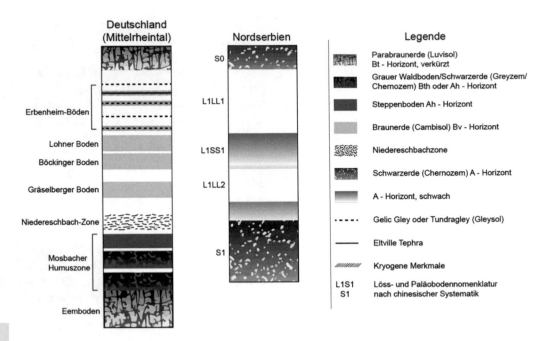

9

◘ **Abb. 9.31** Beispiele für typische Löss-Paläoboden-Abfolgen der letzten 130.000 Jahre in Europa, verändert und ergänzt nach Marković et al. (2008). Links: Mittelrheintal (nach Semmel 1997; Zöller und Semmel 2001; Lehmkuhl et al. 2016). Rechts: Nordserbien (nach Marković et al. 2008, 2015)

größen, wie beispielsweise die Tonfraktion, entstehen durch Verwitterung und Mineralneubildungen. Verschiedene Visualisierungsverfahren (U-Ratio, ΔGSD; Schulte und Lehmkuhl 2018) erlauben eine prozessorientierte Interpretation der Profile. In der älteren Literatur wird auf klassische Korngrößenanalysen mittels Siebanalyse und Schlämmverfahren (DIN ISO 11277) zurückgegriffen, während in neueren Untersuchungen meist Verfahren der Laserdiffraktometrie verwendet werden (Bittelli et al. 2019).

Verschiedene weiterführende geochemische Analysen erlauben Rückschlüsse auf die Herkunft, Transportwege und Verwitterung des Lösses. Dabei werden sowohl Translokations- als auch Transformationsprozesse erfasst. So werden beispielsweise unterschiedliche Verwitterungsintensitäten genutzt, um Paläoböden zu differenzieren. Erste Analysen werden häufig auch über einfache und schnelle Farbmessungen erzielt (Eckmeier et al. 2010; Sprafke 2016).

Bestimmte Schwerminerale lassen sich als Leitminerale für Herkunftsanalysen der Lösse verwenden. Dabei konnten aus den (Schluff-)Ablagerungen des Dehner Maars in der Vulkaneifel Paläowindrichtungen rekonstruiert werden (Römer et al. 2016). In den belgischen Lössen wurde die Grüne Hornblende *(green amphibole)* als Leitmineral für die Lithostratigraphie genutzt (Pirson et al. 2018). Zusätzlich konnten dadurch Höhlensedimente der archäologisch relevanten Scladina-Grotte in Belgien zeitlich korreliert werden (Pirson et al. 2014).

Wichtige paläoökologische Informationen lassen sich aus den Überresten von Lössschnecken (Mollusken) rekonstruieren. Die taxonomische Bestimmung dieser Weichtiere erlaubt Rückschlüsse auf deren Lebensräume und damit auf die Paläoumweltbedingungen. Die ersten Untersuchungen der sogenannten Malakologie wurden in der ehemaligen Tschechoslowakei von Ložek (1964) durchgeführt. Vor allem in Ungarn wurden diese Analysen detail-

◘ Abb. 9.32 Drohnenaufnahme des Lössaufschlusses von Balta Alba (Rumänien). Das hochauflösend beprobte Profil ist durch Paläoböden gegliedert und hat als Markerhorizont die CI-Tephra. Ein holozäner Kurgan (Grabhügel) ist am Top des Profils ausgebildet und angeschnitten. Ein aus den Drohnenbefliegungen erstelltes DGM mit mehreren Kurganen zeigt ◘ Abb. 17.6

liert durchgeführt, da hier andere Archive zur Rekonstruktion der Paläoumweltbedingungen fehlen (Sümegi et al. 2012; Bösken et al. 2018). Neben makroskopischen Analysen der Schneckenschalenreste werden auch Isotopenanalysen und Analysen von weiteren Biomarkern an Molluskenschalen und anderem organischen Material durchgeführt (Zech et al. 2013).

Markerlagen in Lössen erlauben die Korrelation über verschiedene großmaßstäbige Räume. Besonders wichtig sind hierbei vulkanische Ablagerungen (Tephren). Diese lassen sich geochemisch mit bestimmten Vulkangebieten und Ausbrüchen korrelieren. In deutschen Lössen können dies für den letztglazialen Zyklus die Eltville- (Zens et al. 2016) und Wartberg-Tephra sein, in Südost- und Osteuropa ist vor allem der vor ca. 39 ka abgelagerte Kampanische Ignimbrit (CI-Tephra) ein wichtiger Markerhorizont (siehe ◘ Abb. 9.32) (Veres et al. 2013).

Neben der Pedostratigraphie können die Lösse indirekt mittels magnetischer Datierung zeitlich eingeordnet werden. Dabei werden sowohl paläomagnetische als auch umweltmagnetische (gesteinsmagnetische) Methoden verwendet (Hambach et al. 2008; Schmidt et al. 2015). Durch Korrelation der stratigraphischen Variabilität umweltmagnetischer Parameter mit umweltrelevanten Indikatoren unabhängig datierter Archive – wie zum Beispiel Eisbohrkerne, marine Sedimente oder Seesedimente – können LPS indirekt mit hoher Auflösung datiert werden (Rousseau et al. 2017; Antoine et al. 2009; 2013; Schirmer 2016; Zeeden et al. 2018).

Weitere Datierungsmethoden wie die Radiokohlenstoffdatierung und verschiedene Lumineszenzdatierungen (z. B. die optisch stimulierte Lumineszenz-Datierung (OSL) werden in ▶ Kap. 16 beschrieben.

9.8 Küsten

Martin Seeliger, Hanna Hadler, Helmut Brückner und Andreas Vött

9.8.1 Küsten als Interface zwischen Land und Meer

Als Schnittstelle zwischen Land und Meer stellen Küsten bevorzugte Siedlungsbereiche dar, bieten sie doch zahlreiche strategische Vorteile. Das Meer diente seit jeher als Nahrungs- und Rohstoffquelle, etwa für die Fischerei oder zur Salzgewinnung. In vielen Regionen war es als Handelsweg unersetzlich, da sich über den Seeweg günstig große Warenmengen transportieren und neue Territorien erschließen ließen. Darüber hinaus ermöglichte das küstennah gelegene Hinterland Ackerbau, Viehzucht und Jagd. Zudem weisen Küstenregionen oft ein mildes, gemäßigtes Klima auf. Viele für die Kulturgeschichte bedeutende Städte befinden sich daher an oder nahe der Küste und verfügten über ausgedehnte Hafenanlagen, z. B. Alexandria, Karthago, Ephesus, Athen, Korinth und Venedig im Mittelmeerraum oder Haithabu und Lübeck an der deutschen Ostseeküste.

Bis heute haben Küsten nichts von ihrer Attraktivität für den siedelnden und wirtschaftenden Menschen verloren. Mehr als ein Drittel der Erdbevölkerung lebt in Küstennähe, wo sich auch über 75 % der Megastädte unserer Zeit befinden. Hinzu kommt eine immer intensivere Nutzung von Küstenregionen, zum Beispiel durch die Ausweisung von Flächen für Windenergieparks und den stetig wachsenden Schiffsverkehr. Seit dem 20. Jahrhundert tritt der Tourismus als Wirtschaftsfaktor in Küstenregionen hinzu.

Doch der Landschaftsraum „Küste" ist hoch vulnerabel (Brückner 1999). Küstensiedlungen sind vielfältigen Risiken wie Hochwasserereignissen entlang großer Flüsse in Deltagebieten sowie Sturmfluten und Tsunamis ausgesetzt. Vor diesem Hintergrund spielen Küsten auch in der geoarchäologischen Forschung eine bedeutende Rolle (Brückner und Vött 2008).

Das Erscheinungsbild von Küstenzonen wird durch Faktoren wie Erosion, Sedimentation, Seegang, Tiden, Meeresströmungen, Meeresspiegeldynamik und menschliche Aktivität gesteuert, ergänzt durch kurzfristige extreme Wellenereignisse (Sturmfluten, Tsunamis). Überlagert werden diese Faktoren auf lokaler und regionaler Ebene durch tek-

---

Infobox 9.6

Über „Inseln" in historischen Texten und im geoarchäologischer Befund (Helmut Brückner, Martin Seeliger)

In antiken Texten konnte ein größtenteils von Wasser umgebenes Land als „Insel" (*nesos*, νῆσος) bezeichnet werden, auch wenn es eine Halbinsel war. Das berühmteste Beispiel ist die als Peloponnes (*Pelopos + nesos,* „Insel von Pelops") bezeichnete große Halbinsel Südgriechenlands. „Insel der Taurier" hieß die im Schwarzen Meer gelegene Krim. Ehemalige Inseln konnten weiterhin als „Insel" bezeichnet werden, selbst wenn sie bereits verlandet waren. Strabon (13.2.2) erwähnt drei *Arginusae* genannte Inseln bei der antiken Stadt Kane westlich von Pergamon. Zwei davon sind noch heute eindeutig identifizierbar. Die dritte

Arginusen-Insel sah der antike Geograph offenbar in der einstigen Hauptinsel, auf der Kane liegt (Pirson 2016), die aber gemäß unserer geoarchäologischen Forschung im 1. Jh. n. Chr. bereits zur Halbinsel geworden war (Seeliger et al. 2016). Erst dank textkritischer Lesung wissen wir also, dass *nesos* sowohl Insel als auch Halbinsel bedeuten kann (Anca Dan, ENS Paris, frdl. mündl. Mittlg.). Dazu kommt die Perspektive: Vom Schiff aus betrachtet erscheint dem Seefahrer die Arginusen-Landschaft wie ein Archipel aus drei Inseln. Zum Beleg lässt sich dies mit digitalen Geländemodellen und Sichtachsen visualisieren.

tonisch oder isostatisch bedingte Landbewegungen.

Wenn es um die Rekonstruktion antiker Küstensiedlungen und deren Paläoumwelt geht (s. a. Infoboxen 9.6 u. 9.7), sind daher alle in einem Gebiet auftretenden Faktoren zu berücksichtigen (Lambeck und Purcell 2007; Kelletat 2013). So können Küstenerosion und extreme Wellenereignisse Siedlungen und Häfen binnen kurzer Zeit zerstören, Küstenströmungen und Sedimentfracht von Flüssen können die Küste innerhalb von Jahrzehnten bis Jahrhunderten so stark verändern, dass aus offenen Buchten Lagunen oder – bei kompletter Verlandung – sogar Küstenebenen werden (◨ Abb. 9.33). In der geoarchäologischen Forschung werden komplexe Küstenveränderungen im Mensch-Umwelt-Kontext mithilfe geophysikalischer und sedimentologischer Methoden rekonstruiert. Hierbei spielen Multi-Proxy-Analysen entsprechender Küstensedimente eine entscheidende Rolle (◨ Abb. 9.34). Infoboxen 9.7 und 9.8 beschreiben anhand von zwei Fallstudien exemplarisch die geoarchäologische Rekonstruktion von Küstenlandschaften.

Ursachen und Untersuchungstechniken zur Bestimmung von Meeresspiegelschwankungen werden im Folgenden genauer dargestellt.

Infobox 9.7

Elaia, die Hafenstadt Pergamons (Martin Seeliger, Helmut Brückner)

Die antike Hafenstadt Elaia an der türkischen Westküste, eine Region mit mikrotidalem Gezeitenregime (Tidenhub ~20 cm), ist ein Beispiel dafür, wie verstärkte Sedimentation infolge menschlicher Siedlungsstätigkeit zu einem Verlanden der Hafenanlagen führen kann (Seeliger et al. 2017, 2019). Elaia, der Meereshafen von Pergamon, erlebte seine Blüte in hellenistisch-römischer Zeit und bildete zusammen mit Pergamon einen wichtigen Wirtschafts- und Militärfaktor in der östlichen Ägäis (Pirson 2014; Feuser et al. 2018). Die lokale relative Meeresspiegelentwicklung (vgl. ▶ Abschn. 9.8.2, ◨ Abb. 9.37) zeigt einen stetig steigenden Meeresspiegel für die letzten 7500 Jahre, der heute sein Maximum aufweist.

Durch die Analyse zahlreicher Bohrkerne (vgl. ▶ Abschn. 14.1) wurde die paläogeographische Entwicklung Elaias aufgezeigt (◨ Abb. 9.35a; Seeliger et al. 2019). Um 1500 v. Chr. ist das Gebiet noch unbesiedelt und das Meer reicht mehrere hundert Meter in die Bucht hinein. Große Teile der späteren Stadtfläche von Elaia sind vom Meer bedeckt und der spätere Burgberg ist eine Halbinsel. In der Folgezeit kommt es, bedingt durch erhöhten kolluvialen Sedimenteintrag, trotz andauerndem Meeresspiegelanstieg zur meerwärtigen Verlagerung der Küste. Die Klimaxvegetation eines offenen Eichenwalds wird zur Macchie. Das verstärkte Aufkommen von Nutzpflanzen wie Olive, Getreide, Feige und Walnuss verdeutlicht zudem die Kultivierung der Landschaft (Shumilovskikh et al. 2016).

Zur Blütezeit Elaias um 300 v. Chr. sind weite Teile des Stadtareals künstlich aufgeschüttet. Der sogenannte „geschlossene Hafen" – der Haupthandelshafen – wird offensiv ins Meer vorgebaut und durch Molen gegen Wellen und Feinde geschützt. An der Küste entstehen Schiffshäuser zur Reparatur und Überwinterung der Schiffe. Mit dem Strandhafen entwickelt sich aus Sicherheitsgründen ein Bereich außerhalb der Kernstadt, in dem fremde Händler ankern und Waren anlanden dürfen. Fortschreitende Erosion der Hänge bedingt einen weiteren Vorbau der Küste, wie das Szenario um 500 n. Chr. zeigt. Die zunehmende Verschlammung wird zu einem Problem für die Häfen, was sich in ihrer eingeschränkten Funktionsfähigkeit niederschlägt.

Hellenistische und frührömische Handelsschiffe weisen einen Tiefgang von bis zu 2 m auf, während die Kriegsschiffe jener Zeit

– Trireme (drei Reihen von Ruderern) und Pentere (fünf Reihen von Ruderern) – 1,10 m bzw. 1,50 m Tiefgang haben. Die Modellierung der mittleren Wassertiefe des geschlossenen Hafens von Elaia belegt die Möglichkeit der Nutzung für alle genannten Schiffstypen bis etwa 150 n. Chr., für die flachen Triremen sogar fast bis zum Ende der Spätantike (◌ Abb. 9.35b). Im offenen Hafen hingegen ist die Wassertiefe um 150 n. Chr. sogar für Triremen zu gering. Da dieser Hafen als Vorfeld der Schiffshäuser diente, war seine geringe Wassertiefe nicht hinderlich: Über den flachen Meeresgrund und Rampen gelangten die Schiffe in die Schiffshäuser. Bemerkenswert ist, dass es aufgrund des Baus des geschlossenen Hafens und dadurch veränderter Strömungsdynamik in der Bucht zu einer verstärkten Sedimentation im offenen Hafen kommt, die dieses Gebiet schon um Christi Geburt verlanden lässt. Zusammen mit der abnehmenden politischen Bedeutung Pergamons und Elaias seit der Spätantike erfolgt die vollständige Verlandung der Häfen und schließlich die Siedlungsaufgabe (Seeliger et al. 2013, 2017, 2019; Pint et al. 2015).

Infobox 9.8

9

Rungholt und Nordfriesland (Hanna Hadler, Andreas Vött)

Ein eindrucksvolles Beispiel für extreme Veränderung von Küstenräumen in historischer Zeit stellt das als Nationalpark und UNESCO-Weltnaturerbe geschützte Wattenmeer Schleswig-Holsteins (Nordfriesland) dar. Infolge der postglazialen Transgression unterliegt die Region im Holozän einem stetigen, graduellen Landschaftswandel. Ab etwa 2000 v. Chr. entwickelt sich im Gebiet des heutigen Wattenmeers eine von Gewässern (Priele, Seen etc.) geprägte Moor- und Marschlandschaft (Bantelmann 1966; Hoffmann 2004), die – an der Grenze zur Anökumene – für den Menschen lange Zeit nur äußerst schwer zugänglich ist (Kühn 2007).

Die systematische Kultivierung und Besiedlung tiefliegender Marschen und küstenferner (Hoch-)Moorgebiete erfolgt erst ab dem 12. Jh. n. Chr. (Kühn und Panten 1989; ◌ Abb. 9.36a). So gehört z. B. das heutige Wattgebiet zwischen Pellworm und Nordstrand im 13. und 14. Jh. n. Chr. zum historischen Bezirk der Edomsharde (Panten 2016), als dessen wichtigster Ort und vermutlich auch (See-)Handelszentrum – historisch belegt – Rungholt gilt. Die zur Kultivierung der Marschen notwendige Entwässerung, der Abbau von Torf zur Bodenverbesserung und Salzgewinnung sowie natürliche Senkungsprozesse durch postglaziale Isostasie und Kompaktion des holozänen Sedimentkörpers führen binnendeichs jedoch zu einer Absenkung der Geländeoberfläche, teils bis unter das mittlere Tidehochwasserniveau (MThw; Bantelmann 1966; Higelke et al. 1982). Gleichzeitig geht mit dem Deichbau entlang der gesamten Küste ein Anstieg des Tidenhubs einher (Petersen und Rohde 1977; Newig 2014). Die damaligen (Überlauf-)Deiche bieten den tiefliegenden Kulturflächen jedoch nur unzureichenden Schutz gegenüber starken Sturmfluten (Kühn und Panten 1989; Kühn 2007).

Die extreme Vulnerabilität der nordfriesischen Küste wird schließlich am 16. Januar 1362 deutlich, als im Zuge der sog. 1. Großen Mandränke (2. Marcellusflut) weite Teile der jungen Kulturlandschaft – und mit ihr auch Rungholt – überflutet und zerstört werden. In kürzester Zeit dringt die Nordsee teils 25 km weit ins Landesinnere bis an den Geestrand vor (Newig 2001). Die Wiedergewinnung von Siedlungs- und Nutzflächen von 1362 gelingt nur in wenigen Gebieten (z. B.

Pellworm, Nordstrand) – weite Flächen bleiben dauerhaft gezeitengeprägte Flachwassergebiete. Noch heute finden sich im Watt um die Hallig Südfall zahlreiche archäologische Relikte der mittelalterlichen Kulturlandschaft, die mit Rungholt in Verbindung gebracht werden (Hadler und Vött 2016). Im Rahmen jüngster Forschungen konnten erstmals geologisch-geomorphologische Belege für die Zerstörung der Rungholter Kulturlandschaft durch die Mandränke 1362 erbracht werden (Hadler et al. 2018a, b).

In seiner heutigen Gestalt dokumentiert das nordfriesische Wattenmeer somit wie kaum eine andere Küstenregion die Auswirkungen menschlicher Eingriffe auf einen amphibischen Küstenraum, die den zerstörerischen Einfluss außerordentlicher Sturmfluten massiv verstärkt haben. Im Hinblick auf ein umfassendes Verständnis Nordfrieslands als Natur- und Kulturraum nimmt das Wattenmeer eine Schlüsselstellung ein. Hier haben sich bis heute viele mittelalterliche Kulturspuren erhalten, die Einblicke in die untergegangene Landschaft ermöglichen (◘ Abb. 9.36 b–d; Busch 1923; Bantelmann 1966). Meist sind die Funde und Befunde jedoch von Sediment überlagert oder werden durch Strömungen erodiert. Bislang sind die Kulturlandschaftsrelikte – bedingt durch Gezeiten, Witterung etc. – nur unzureichend erforscht (Kühn 2007). Moderne geoarchäologische Methoden (vgl. ◘ Abb. 9.34; ▶ Kap. 14 und 15) – wie magnetische Gradiometrie, marine Seismik, Rammkernbohrungen, Direct-Push-Sondierungen, Multi-Proxy-Analysen und archäologischer Survey – sind unverzichtbar, um die heute noch im Wattenmeer erhaltene Kulturlandschaft systematisch zu erfassen, zu dokumentieren und zu rekonstruieren und damit für die Nachwelt zu erhalten (Hadler et al. 2018a, b).

9.8.2 Meeresspiegelschwankungen

Meeresspiegelschwankungen werden von mehreren Faktoren gesteuert, die in vier Gruppen eingeteilt werden können. Eustasie bezeichnet weltweit gleichartig auftretende Schwankungen des Meeresspiegels durch Veränderungen des Ozeanbeckenvolumens sowie des globalen Wasserhaushaltes vorwiegend durch klimatisch gesteuerte Einflüsse. Darunter fällt vor allem die Erhöhung der ungebundenen Wassermenge durch den Auf- und Abbau von Gletschern und Inlandeis (Glazialeustasie), aber auch die Verfüllung der Meeresbecken durch Sedimente (Sedimenteustasie). Ein weiterer wichtiger Faktor für die Meeresspiegelentwicklung ist die Isostasie. Sie bezeichnet Ausgleichsbewegungen der Lithosphäre im Verhältnis zur flexibleren Asthenosphäre als Reaktion auf glazial, hydrologisch oder sedimentär bedingte Be- und Entlastungsprozesse. Bei Erhöhung bzw. Abnahme der Auflast dringt die Lithosphärenplatte mehr oder weniger stark in die darunterliegende Asthenosphäre ein. Im Speziellen werden Auflasteffekte durch Eismassen als Glazialisostasie, durch steigenden Meeresspiegel als Hydroisostasie und durch auflagerndes Sediment als Sedimentisostasie bezeichnet. Unter dem auch als Hydroeustasie bezeichneten sterischen Effekt versteht man Volumenänderungen des Wasserkörpers aufgrund von Temperatur- (thermosterischer Effekt) und Salzgehaltsschwankungen (halosterischer Effekt). Außerdem hat die unterschiedliche Wasserhaltekapazität in terrestrischen Archiven wie Böden, Gestein, Seen, Talsperren und Grundwasser Auswirkungen auf den Meeresspiegel, weil in ihnen Wasser gespeichert und somit dem Wasserkreislauf entzogen wird.

9

◧ **Abb. 9.33**   Verlandete Häfen im Mittelmeerraum. **a** Küstenparalleler Sedimenttransport und die Entwicklung mächtiger Dünen haben den geschützten Hafen der Stadt Patara (Türkei) vom Meer abgeschnitten und verlanden lassen (Öner 1999; Foto: H. Hadler, 2017); **b** Lechaion, der Hafen des antiken Korinth, wurde durch Tsunamis verschüttet. Die heutige Form des Hafenbeckens spiegelt vermutlich einen späteren Reaktivierungsversuch wider (Hadler et al. 2013; Vött et al. 2018b; Foto: H. Hadler, 2015); **c** Die Westküste Kretas wurde mit dem Erdbeben von 365 n. Chr. um bis zu 9 m gehoben. Der Hafen des antiken Phalasarna liegt etwa 6,5 m über dem heutigen Meeresspiegel (Foto: A. Vött, 2012)

Nie ist nur einer der genannten Faktoren für die Meeresspiegelentwicklung verantwortlich, da sich diese regional überlagern und in verschiedenen Kombinationen gegenseitig abschwächen oder verstärken. Aufgrund der Vielzahl an Parametern ist daher die Erstellung einer weltweit gültigen Meeresspiegelkurve nicht möglich. Zielführend ist dagegen das Studium der Meeresspiegelentwicklung auf regionaler Ebene und relativ zum Hinterland, weshalb man auch von der Rekon-

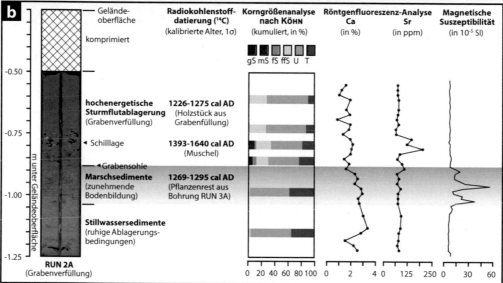

◻ Abb. 9.34   Geoarchäologische Untersuchungen in Küstenräumen am Beispiel Nordfrieslands. **a** Über Bohrungen lässt sich die lokale Stratigraphie erfassen. Sie gibt Einblicke in die Landschaftsgeschichte (hier im Watt südlich der Hallig Südfall; Foto: A. Vött, 2016); **b** Multi-Proxy-Analysen ermöglichen eine Rekonstruktion der Paläoumweltbedingungen und -entwicklung (Hadler und Vött 2016). So lässt sich z. B. die sturmflutbedingte Zerstörung der mittelalterlichen Kulturlandschaft im Bereich des schleswig-holsteinischen Wattenmeers an sedimentverfüllten Entwässerungsgräben nachweisen und datieren (Hadler und Vött 2016)

struktion relativer Meeresspiegelkurven spricht. Somit existieren für Küstenorte lokal gültige Meeresspiegelkurven (Stanley 1995; Pirazzoli 2005; Kelletat 2013; Murray-Wallace und Woodroffe 2014; Khan et al. 2015, 2019), die jeweils die regionalen Besonderheiten in der Faktorenkonstellation abbilden; sie können stark voneinander abweichen. Für mehrere Küstenbereiche Nordwestgriechenlands konnte dadurch der dominante Einfluss des Faktors Tektonik hinsichtlich der Meeresspiegelentwicklung belegt werden (Vött 2007).

9

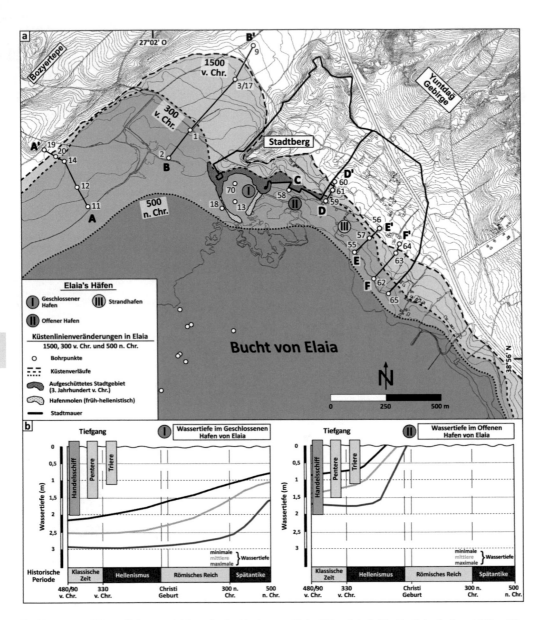

◘ **Abb. 9.35**   **a** Küstenlinienentwicklung in der Bucht von Elaia (Westtürkei) für die Zeitscheiben 1500 v. Chr., 300 v. Chr. sowie 500 n. Chr. (Zusammenstellung nach Seeliger et al. 2019); **b** Modellierung der Wassertiefen und der potenziellen Hafennutzung durch unterschiedliche Schiffstypen für den geschlossenen und den offenen Hafen von Elaia (Seeliger et al. 2017)

◻ Abb. 9.36 Küstenwandel durch Erosion. **a** Im Schutz von Deichen besiedelte Marschen und Sielhäfen prägen das Landschaftsbild entlang der deutschen Nordseeküste (Hadler et al. 2018b); **b, c** In Schleswig-Holstein wurden seit dem Mittelalter weite Teile der Küstenlandschaft durch Sturmfluten zerstört. Bis heute sind im Watt jedoch zahlreiche Kulturspuren (z. B. Siele, Gräben) erhalten geblieben (Fotos: Nordfriesland Museum, Husum 2016; Hadler, 2013); **d** Die Kartierung dieser Relikte bietet einen wichtigen Anhaltspunkt für die geoarchäologische Rekonstruktion der untergegangenen Kulturlandschaft (Karte verändert nach Busch 1923)

9.8.2.1 Meeresspiegelindikatoren

Mithilfe von Meeresspiegelindikatoren lassen sich frühere Meeresspiegelstände ermitteln. Dabei müssen gute Meeresspiegelindikatoren zwei Kriterien erfüllen. Zum einen muss ihre vertikale Lage im Verhältnis zum Meeresspiegel zum Zeitpunkt ihrer Entstehung und unter Einbeziehung des jeweiligen Tidenhubs bekannt sein (Präzision). Ein gutes Beispiel für eine hohe Präzision sind römische Fischbecken zum Aufbewahren lebender Fische, da ihre Funktionsweise im Intertidalbereich die Lage zum Meeresspiegel auf wenige Zenti- bis Dezimeter eingrenzt (Morhange et al. 2013). Schlechte Präzision weisen etwa historische Gräberfelder auf. Zwar ist klar, dass sie einst oberhalb des Meeresspiegels angelegt worden waren, doch ihre exakte Höhe ist oft unbekannt. Sie sind als Meeresspiegelindikatoren ungeeignet. Zum anderen muss der Meeresspiegelindikator zeitlich bestimmbar sein (Datierbarkeit). Hier sind Alterseinschätzungen, die auf bauhistorischem Befund und archäologischem Inventar beruhen sowie geowissenschaftliche Datierungsmethoden (^{14}C, TL, OSL) (vgl. ► Kap. 16) zu nennen.

Diesen Kriterien folgend, sind vier Gruppen von verlässlichen Meeresspiegelindikatoren allgemein anerkannt: Geomorphologische Indikatoren umfassen beispielsweise Brandungshohlkehlen, marine Terrassen, Brandungsplattformen und gehobene Strandwälle. Sedimentologische Indikatoren sind etwa paralische Torfe und Strandsedimente, insbesondere Transgressionsfazies. Als biologische Indikatoren dienen bioerosive Hohlkehlen, Mikroatolle und die Höhlen von Seeigeln sowie die Assoziation der Mikrofauna (Pint et al. 2015).

Archäologische Indikatoren wie Fischteiche und Teile von Hafeninfrastruktur wie Schiffshäuser werden ebenfalls zur Rekonstruktion des Meeresspiegels herangezogen (Pirazzoli 2005; Auriemma und Solinas 2009; Brückner et al. 2010; Kelletat 2013; Morhange et al. 2013; Marriner et al. 2014; Murray-Wallace und Woodroffe 2014; Seeliger et al. 2017; Finkler et al. 2018a, b).

9.8.2.2 Meeresspiegelkurven

Eine Vielzahl von Studien präsentieren regional gültige, relative Meeresspiegelkurven, die auf der Auswertung und Interpretation verschiedener Meeresspiegelindikatoren basieren (◘ Abb. 9.37; z. B. Vött und Brückner 2006; Brückner et al. 2010; Vacchi et al. 2016; Benjamin et al. 2017; Seeliger et al. 2017; Khan et al. 2019). Sie synthetisieren die Gesamtheit aller wirksamen lokalen Faktoren. Im Vergleich von benachbarten Gebieten, für die eine identische klimatische Entwicklung angenommen werden darf, spiegeln unterschiedliche Kurvenverläufe tektonische Ursachen oder Unterschiede in der Sedimentanlieferung aus dem Hinterland wider (Vött 2007). Ein überregional oder gar global gültiger relativer Meeresspiegelverlauf kann nicht rekonstruiert werden. Viele Gebiete Südeuropas erleben seit dem LGM bis heute einen natürlichen Meeresspiegelanstieg, der sich in den letzten Jahren durch den anthropogen bedingten Klimawandel beschleunigt hat. Die Rekonstruktion des Meeresspiegelverlaufs sowie die Szenarien seiner zukünftigen Entwicklung erfolgen auch mit Computersimulationen unter Zugrundelegung verschiedener Geoidmodelle (z. B. Lambeck und Purcell 2005; IPCC 2019).

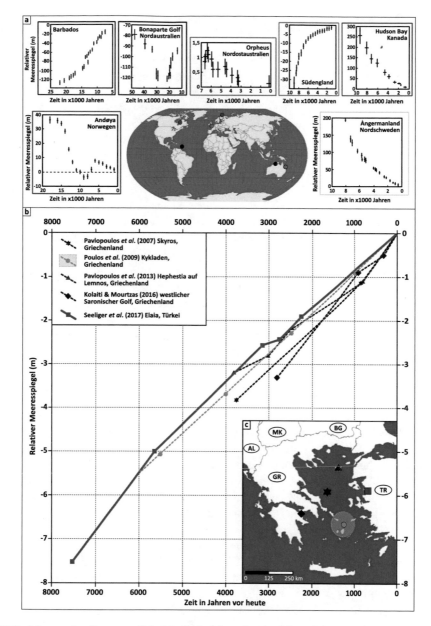

■ **Abb. 9.37** Meeresspiegelkurven. **a** Beispiele für jeweils regional gültige relative Meeresspiegelkurven, die aufgrund unterschiedlicher eustatischer, isostatischer und tektonischer Effekte stark variieren (zusammengestellt nach Lambeck 2004); man beachte, dass sich die Kurven auf sehr unterschiedliche Zeiträume beziehen. **b** Meeresspiegelentwicklung für die Bucht von Elaia und weitere ausgewählte Bereiche der Ägäis (Seeliger et al. 2017); **c** Übersichtskarte der Ägäis mit Verortung der in (b) gezeigten Lokalitäten

9

Erfolgreiche Hafensuche dank geoarchäologischem Ansatz (Helmut Brückner)

Über die Hafensituation des antiken Milet in Westanatolien berichtet Strabon in der ersten Hälfte des 1. Jh. n. Chr.: „Die heutige Stadt hat vier Häfen, von denen einer groß genug ist für eine ganze Flotte (στόλος)" (Geographica 14.1.6; Übersetzung Stefan Radt). Zwei waren seit Langem bekannt: der sog. Löwenhafen – er war verschließbar und eignete sich daher als Kriegshafen für die Beherbergung einer Flotte – und der Theaterhafen als einer der Handelshäfen. Da beide nach Norden offen sind, musste es mindestens einen weiteren Hafen im Lee der Etesien, der im östlichen Mittelmeerraum jahreszeitlich stark wehenden Nordwinde, geben. Bohrungen in der ostexponierten Bucht am Humeitepe im Nordteil der Milesischen Halbinsel hatten gezeigt, dass eine ausreichende Wassertiefe über einen langen Zeitraum der Besiedlung gegeben war. In geomagnetischen Aufnahmen zeichneten sich zudem am Rande der Bucht Gebäudestrukturen ab. Helga Bumke (Halle/Saale) gelang es 2011, das zugehörige Stadttor auszugraben und den in Marmor gemeißelten Brief von Kaiser Hadrian an die Vereinigung der Milesischen Schiffseigner aus dem Jahr 131 n. Chr. zu finden. Damit war klar, dass es sich um das Hafentor handeln musste. Dank geoarchäologischer Kooperation war der sog. Humeitepe-Hafen von Milet entdeckt worden (Brückner et al. 2014; Bumke und Tanrıöver 2017).

In den letzten Jahren widmeten sich zwei interdisziplinäre Forschungsverbundprojekte der Untersuchung historischer Häfen: „*Portus Limen – Rome's Mediterranean Ports*" (ERC Advanced Grant; ▶ https://portuslimen.eu/about/) und „*Häfen – von der Römischen Kaiserzeit bis zum Mittelalter*" (DFG SPP 1630; ▶ https://www.spp-haefen.de/). Die Ergebnisse zeigen, dass antike Häfen wertvolle Studienobjekte für verschiedene Disziplinen und wichtige Umweltarchive sind.

Alle marinen Hafenstandorte entstanden erst im Zuge der postglazial-frühholozänen Meerestransgression. Der typische sedimentologische Aufbau zeigt eine mit einer Erosionsdiskordanz einsetzende grobkörnige Transgressionsfazies, die in flachmarine Sedimente übergeht. Dann folgen feinkörnige Hafensedimente, denn bereits der Bau einer Mole bedingt eine Dämpfung des Wellenregimes (z. B. Seeliger et al. 2013, 2017; Brückner et al. 2014a, b; Finkler et al. 2018a). Mit der Verlandung endet schließlich der Lebenszyklus des Hafens (vgl. Marriner et al. 2014; Brückner et al. 2017).

Als Umschlagsorte zwischen Land und Meer sind Häfen für Handel und Verkehr von zentraler Bedeutung. Gute Erreichbarkeit und Schiffbarkeit der Häfen waren entscheidende Kriterien für den Reichtum von Hafenstädten. Beispielsweise musste durch den kontinuierlichen Deltavorbau des Kaystros das antike Ephesos wiederholt seinen Hafen nach Westen verlegen (◘ Abb. 9.38; Stock et al. 2013, 2019). Bedeutende Siedlungen hatten oft einen Kriegs- und einen Handelshafen (vgl. etwa Strabon 14.1.6 bezüglich der Häfen von Milet; Brückner et al. 2014a, b) (◘ Abb. 9.39, 9.40).

Abb. 9.38 Das verlandete Becken des römischen Hafens von Ephesus mit Hafenkanal. Beide an den Wasserflächen und der Sumpfvegetation erkennbare Konstruktionen sind gute Geobioarchive. Am rechten Bildrand sieht man das griechisch-römische Theater, das mit dem Hafengelände durch eine Prachtstraße (Arkadiane) verbunden war (Foto: H. Brückner, 13.09.2011)

9.8.3 Häfen

Häfen sind gute Archive der Archäologie, weil günstigenfalls Schiffswracks erhalten sind und sie Auskunft über Schiffstypen und Handelsgüter zu unterschiedlichen Zeiten geben. Berühmt sind die über 30 teilweise noch mit Ladung versehenen Schiffe des im Istanbuler Stadtteil Yenikapı entdeckten, unter Kaiser Theodosius I. im späten 4. Jh. n. Chr. angelegten Hafens, der bis ins 7. Jh. n. Chr. genutzt wurde; seine komplette Verlandung erfolgte im 13. Jh. n. Chr. (Külzer 2016). Im ehemaligen römischen Hafen von Marseille wurde das Wrack der Jules Verne 3 aus dem 1.–2. Jh. n. Chr. ausgegraben, die dazu diente, ihn zu reinigen; der Hafengrund zeigt Spuren solcher Dredscharbeiten (Morhange und Marriner 2010).

Häfen sind auch hervorragende Archive für anorganische und organische Verschmutzungen. In den Hafenbecken von Ephesos (Stock et al. 2016), Kerkyra/Korfu (Finkler et al. 2018b), Korinth, Kyllini oder Ostia (Hadler et al. 2013, 2015b, 2019) konnte die Belastung mit Schwermetallen,

insbesondere Blei und Kupfer, nachgewiesen werden. In Ephesos stammen erhöhte Bleigehalte u. a. aus den Bleirohren der Wasserleitungen und von Schiffen (Delile et al. 2015). Organische Kontamination mit PAKs (Teere, Harze, ätherische Öle) sind während der Hafennutzung belegt. Sie wurden zur Abdichtung von Schiffen und Amphoren genutzt sowie aus der Stadt in das Hafenbecken eingeschwemmt (Schwarzbauer et al. 2018). Der hohe Anteil des Schwerminerals Korund (Aluminiumoxid, Al_2O_3) geht auf dessen Einsatz als Schleifmittel bei der Marmorverarbeitung zurück. Aus historischen Quellen wissen wir, dass die Verschlammung des Hafens – auch wegen der unsachgemäßen Entsorgung – ein fortwährendes Problem war: Das Hafenbecken von Ephesos beispielsweise wurde allein im Zeitraum 1.–3. Jh. n. Chr. fünfmal gereinigt; später wurde explizit verboten, darin Steinabfälle zu entsorgen (Zabehlicky 1995; Kraft et al. 2000). Dass Verlandung bereits in hellenistischer Zeit ein Problem war, belegt auch ein Bericht von Strabon (14.1.24): Im 2. Jh. v. Chr. unternahmen Wasserbauer den vergeblichen Versuch, durch den Bau einer Mole das Hafenbecken vor weiterer Verlandung zu schützen. Der erhoffte Selbstreinigungseffekt durch die Tiden blieb aber aus; stattdessen hatte man ungewollt eine Sedimentfalle konstruiert.

Schließlich eignen sich antike Häfen bei hohem Grundwasserspiegel gut als Bioarchive. Mithilfe von Sedimenten aus dem hellenistisch-römischen Hafenbecken von Elaia (Infobox 9.7) konnte der Vegetationswandel in der Umgebung der Hafenstadt Pergamons (Westtürkei) aufgezeigt werden (Seeliger et al. 2013; Shumilovskikh et al. 2016): Zwischen 250 v. Chr. und 180 n. Chr. wich die ursprüngliche Klimaxvegetation (lichte, laubwerfende Eichenwälder) einer Kulturlandschaft mit Ölbäumen, Ackerbau (Getreide) und Beweidung (Sporen von Dungpilzen); das gehäufte Auftreten von Holzkohle und Eiern von Darmparasiten unterstreicht den menschlichen Einfluss. Eine Besonderheit ist der Nachweis von Zysten der im Schwarzen Meer endemischen Dinoflagellate *Peridinium ponticum*. Ihr Vorkommen im Hafen von Elaia belegt regen Schiffsverkehr zwischen der Nordägäis und dem Schwarzmeerraum.

Häfen sind auch Sedimentfallen für den geologischen Fußabdruck von extremen Wellenereignissen (Tsunamite, Tempestite), die sich als grobkörnige Lagen deutlich von den feinkörnigen Hafensedimenten absetzen, etwa im antiken Hafen der Stadt Krane auf Kefalonia (Vött et al. 2014). Ein weiteres Beispiel liefert eine massive Zerstörungsschicht mit Keramikfragmenten in dem bereits erwähnten Theodosianischen Hafen von Konstantinopel/Istanbul, die als Tsunamilage interpretiert wird (Bony et al. 2012).

9.8.4 Tsunamis im Mittelmeerraum

Tsunamis zählen zu den für den Menschen gefährlichsten extremen Wellenereignissen, die Küsten treffen können (Röbke und Vött

2017). Allein im Zuge des IOT 2004 (Indian Ocean Tsunami 2004) sind in mehreren Küstenregionen Asiens rund 230.000 Menschen ums Leben gekommen. Ein Großteil der küstennahen Infrastruktur, z. B. Häfen, Industrieanlagen, Siedlungen, Straßen etc. wurde bei diesem Ereignis zerstört. Die meisten und stärksten Tsunamis werden seismotektonisch verursacht, d. h. durch Plattenbewegungen an aktiven Störungen in größeren Wassertiefen. Die dabei auftretenden Schwingungen werden auf den gesamten Wasserkörper übertragen und pflanzen sich mit hoher Geschwindigkeit lateral fort. Die generierten Wellen treffen auf Küsten, wo sie sich gegebenenfalls beträchtlich aufsteilen und oft weit ins küstennahe Binnenland vordringen. Tsunamis können auch durch vulkanische Eruptionen, Rutschungen (auch unter Wasser) und Meteoriteneinschläge verursacht werden sowie entlang außerordentlicher Luftmassengrenzen auftreten (Meteotsunamis; Röbke und Vött 2017).

Der Mittelmeerraum gehört zu den tektonisch und seismisch aktivsten Regionen der Erde. Er hat sich aus dem ehemaligen Tethys-Ozean entwickelt. Tsunamis stellen daher eine stetige Naturgefahr für den Menschen im Mittelmeerraum dar. Bei der Ausbreitung von Tsunamiwellen und ihrem Auftreffen an Land spielen die vielgestaltige, oft kleinräumig gekammerte Küstenstruktur des Mittelmeers, die Unterwassertopographie und die lokalen Reliefverhältnisse entscheidende Rollen und können bedeutende Diffraktions- und Refraktionseffekte bedingen (z. B. Röbke et al. 2018). In modernen Katalogen zusammengestellte historische Quellen belegen Hunderte von Erdbeben, die häufig Tsunamis mit massiven Schäden auslösten (z. B. Ambraseys 2009). Hingegen gibt es bis dato keine Kataloge mit Sturmereignissen im Mittelmeer; dies liegt unter anderem daran, dass Stürme im Mittelmeerraum im Vergleich zu Tsunamis geringere Schadenshöhen und Zahlen an Todesopfern verursachen (Vött

Abb. 9.39 Der aus Sand und Kies bestehende Gyra-Überspülfächer am Nordrand der Lagune von Leukas (Ionisches Meer, Nordwestgriechenland) ist durch den Tsunami vom 21. Juli 365 n. Chr. gebildet worden (May et al. 2012). Das auslösende Erdbeben lag vor der Westküste Kretas. Die nördlichsten Spuren dieses Tsunamis konnten bislang im nördlichen Ionischen Meer auf Korfu und in Süditalien nachgewiesen werden (De Martini et al. 2010; Finkler et al. 2018a; Foto: A. Vött, 2009)

et al. 2019). Sedimentologisch gibt es eine lebhafte Diskussion über die Unterscheidung von Tsunamiten und Tempestiten, die sich vorwiegend auf Regionen außerhalb des Mediterranraums bezieht (z. B. Mastronuzzi et al. 2010).

Neben historischen Belegen für Tsunamis erlangt der Nachweis geowissenschaftlicher Evidenz für Tsunamiereignisse immer größere Bedeutung (Papadopoulos et al. 2014) – v. a. vor dem Hintergrund, dass historische Quellen nicht alle tatsächlich eingetretenen Ereignisse abbilden (Hadler et al. 2012). Geologisch-geomorphologische Belege tsunamiassoziierter Sedimente, die in Form verlagerter Megaklasten und/oder meist sandig-kiesiger Sedimente in küstennahen Lagunen, Seen und Alluvialebenen zur Ablagerung kamen (◘ Abb. 9.39), können mittels Radiokohlenstoff- und OSL-Methoden datiert werden, die tsunamigene Verlagerung von Megaklasten auch

mittels kosmogener Nuklide (Rixhon et al. 2018).

Besonders verheerende Tsunamis, die weite Teile des Mittelmeerraums betrafen und für die zahlreiche geowissenschaftliche Befunde vorliegen, ereigneten sich am Ende des 17. Jh. v. Chr. im Zusammenhang mit der Santorin-Eruption (Bruins et al. 2008; Werner et al. 2019), am 21. Juli 365 n. Chr. (Vött und May 2009; Werner et al. 2018) sowie 1303 n. Chr. (Vött und Kelletat 2015).

Jüngere Forschungen haben gezeigt, dass auch antike Häfen im Mittelmeerraum Sedimentfallen für Tsunamis darstellen. Zerstörerisch wirkende Ereignisse konnten für den Istanbuler Yenikapı-Hafen für die byzantinische Zeit (Bony et al. 2012) und für die Häfen der antiken Städte Korinth (Hadler et al. 2013; Vött et al. 2018b), Kerkyra/Korfu (Finkler et al. 2018a, b) und Caesarea (Reinhardt et al. 2006) für die römische Epoche nachgewiesen werden.

9.9 Höhlen und Abris

Christopher E. Miller

Höhlen und Abris (Felsüberhänge) nehmen innerhalb der archäologischen Forschung eine gewisse Sonderstellung ein. Sie stellen markante Landschaftselemente dar und bieten einen natürlichen Schutz vor Witterungseinflüssen, weshalb sie für Menschen attraktive Siedlungsplätze sein können. Die große Bedeutung von Höhlen liegt auch in dem Umstand begründet, dass sie üblicherweise klassische Sedimentfallen darstellen, die nicht wie die meisten archäologischen Fundstellen und Denkmäler in unseren Breiten durch moderne Landnutzung (Baumaßnahmen, Erdarbeiten, Landwirtschaft mit chemischen und physikalischen Veränderungen und andere Eingriffe) überprägt oder beeinträchtigt sind. Sofern keine natürlichen oder künstlichen Ausräumungen stattfanden, können die Höhlenfüllungen durch beständige Akkumulation bis zu mehrere Meter mächtige Schichtenfolgen bilden. Diese Stratigraphien sind insbesondere für Geoachäologen von essenzieller Bedeutung, denn sie sind auch einzigartige primäre Archive für die Klima- und Landschaftsgeschichte. Die Analyse der Sedimente sowie pflanzlicher und tierischer Reste liefert hierfür grundlegende Proxydaten. Höhlen können deshalb auch ohne unmittelbare menschliche Hinterlassenschaften wichtige Primärquellen für die geoarchäologische Forschung sein.

Höhlen wurden seit über 2 Mio. Jahren von Homininen genutzt, beispielsweise an den bedeutenden Höhlen Sterkfontein und Swartkrans in der „Wiege der Menschheit" in Südafrika (Walker et al. 2006). Diese Stätten enthalten zahlreiche frühe Homini-Fossilien. Die Stätten waren jedoch wahrscheinlich nicht unmittelbar von Homininen bewohnt, wahrscheinlich wurden diese als Raubtieropfer in die Höhlen verbracht. Menschen scheinen in Höhlen während des Altpaläolithikums (3,3 Mio. bis 300.000 Jahre vor heute) gelebt zu haben. Dies ist an Orten wie der Wonderwerk-Höhle in Südafrika dokumentiert, wo Besatzungshorizonte mit acheuleanischen Steinwerkzeugen auf 1 Mio. Jahre datiert wurden (Chazan et al. 2008). Im Mittelpaläolithikum (um 300.000 Jahre vor heute) scheint jedoch die weitverbreitete Nutzung von Höhlen als Wohnstätte erst zu beginnen (Karkanas und Goldberg 2017). Während des Jungpaläolithikums (beginnend nach 45.000 vor heute) wurden Höhlen auch für scheinbar rituelle Praktiken verwendet, wie die berühmte Höhlenkunst in Frankreich und Spanien und auch die bekannten Löwenmenschen vom Hohlenstein-Stadel auf der Schwäbischen Alb nahelegen (Kind 2019). Während der Jungsteinzeit wurden Höhlen in pastorale Ökonomien eingebunden und zur Einstallung von Tieren genutzt (Brochier et al. 1992). Höhlen und Abris bilden auch für die neolithischen und metallzeitlichen Perioden die wichtigsten Fundstellen zur Gewinnung relativchronologischer Abfolgen. Dies gilt, auch wenn das häufig nicht bedacht wurde, auch für Mitteleuropa, wo es im Unterschied zum südosteuropäischen oder mediterranen Raum keine Tells gibt, anhand derer Abfolgen archäologischer Stufen oder Kulturen gewonnen werden können. Geoarchäologische Methoden wurden bei der Erforschung holozäner Höhlennutzung bisher aber nur selten angewandt, da die rein archäologischen Funde genügend Erkenntnisse zu liefern schienen.

9.9.1 Entstehung von Höhlen und Abris

Höhlen und Abris können durch eine Vielzahl geomorphologischer Prozesse entstehen. Obwohl beide Begriffe von Archäologen oft synonym verwendet werden (z. B. für die Sibudu-Höhle in Südafrika, die ei-

◨ Abb. 9.40 Beispiele für Höhlen und Abris. **a** Die Karsthöhle Hohle Fels bei Schelklingen in Baden-Württemberg ist eine klassische Karsthöhle, die durch unterirdische Lösung von Kalkstein entstand. Ausgrabungen belegen eine Nutzung im Mittel- und Jungpaläolithikum. **b** Sibudu in Südafrika ist ein Überhang, der durch ungleichmäßige Erosion des Sandsteins entstand und in der Mittleren Steinzeit und in der Eisenzeit genutzt wurde (Foto: Edgar Sobkowiak)

gentlich ein großer Felsüberhang ist; Goldberg et al. 2009), unterscheidet die Geomorphologie mehrere Entstehungsmechanismen. Abris sind natürliche, von einer oder mehreren Felswänden umschlossene Hohlräume mit einem schützenden Überhang (Mentzer 2017), zudem sind sie in der Regel breiter als sie tief sind und sie werden normalerweise durch direktes oder indirektes Sonnenlicht von außen her beleuchtet. Höhlen hingegen sind unterirdische Hohlräume, die Bereiche aufweisen, die niemals dem Sonnenlicht ausgesetzt sind (▶ Abschn. 9.9.1). Abgesehen von einigen Ausnahmen, beispielsweise Meereshöhlen und Lavaröhren, bilden sich die meisten Höhlen durch unterirdische Lösung bzw. chemische Zersetzung von Festgestein (Verkarstung). Dies betrifft vor allem Kalkstein, Dolomit und Gipsstein. Atmosphärisches CO_2 wird dabei von Regenwasser gebunden und macht es sauer. Es entsteht Kohlensäure. Zudem kann der pH-Wert des Regenwassers nachträglich noch weiter absinken, sobald es in den Boden eindringt und Säuren aufnimmt, die aus dem Zerfall organischer Reste stammen. Dieses angesäuerte Wasser reagiert dann mit dem Gestein, was zur Korrosion und zur Bildung von Hohlräumen führt. Die Verkarstungsprozesse, die Höhlen bilden, sind auch für die Bildung einer Vielzahl anderer geomorphologischer Formen (wie z. B. Erdfälle) verantwortlich, die ein spezifisches Relief, den Karst, ausmachen.

Abris können sich aufgrund ihrer breiteren Definition durch eine größere Reihe von Erosionsprozessen und in nahezu jeder Art von Gestein bilden. Wie Höhlen bilden sich die meisten Felsüberhänge durch Erosion, entweder aus Festgestein oder aus verfestigten Sedimenten. Einige bilden sich durch unterirdische Auflösungsprozesse, andere hingegen durch Erosion an der Oberfläche, z. B. Unterspülung oder Winderosion, Salzlösung und ungleichmäßige Erosion von unterschiedlich widerstandsfähigen Gesteinen. Aufgrund der vielen Arten von Formungsprozessen sind sie häufiger als Höhlen und in mehr Landschaften auffindbar (Mentzer 2017). Da ihre Entstehung jedoch von aktiven Erosionsprozessen bestimmt wird, bleiben Abris tendenziell weniger lange in der Landschaft erhalten als Höhlen. So erscheinen viele – vor allem die aus der Altsteinzeit – heute nicht mehr als Felsüberhänge, sondern sind entweder vollständig eingestürzt, wegerodiert oder von Hangablagerungen überdeckt.

9.9.2 Höhlen- und Abris-Sedimente

Trotz der Unterschiede bei der Morphologie und den Entstehungsprozessen wird in den meisten Diskussionen über Höhlen- und Abris-Sedimente keine signifikante Unterscheidung zwischen den beiden gemacht, obwohl Farrand (2001) feststellt, dass die Sedimente innerhalb von Abris tendenziell etwas variabler sind. Wie jede Art von archäologischer Stätte können auch Höhlen- und Abrisablagerungen einen geogenen, biogenen oder anthropogenen Ursprung haben (Goldberg und Sherwood 2006). Was diese jedoch von anderen Arten archäologischer Stätten unterscheidet, ist die mögliche Einteilung in Sedimente, die aus dem Inneren der Höhle stammen (autochthon), und solchen, die von außerhalb der Höhle stammen (allochthon). Die Linie, die das „Äußere" einer Höhle vom „Inneren" einer Höhle trennt, ist die so genannte „Tropflinie" – die äußerste Ausdehnung des Felsüberhangs, von der bei Regen typischerweise Wasser tropft.

9.9.2.1 Autochthone geogene Sedimente

Autochthone geogene Sedimente in Höhlen können in chemische oder klastische Sedimente unterteilt werden. Chemische Sedimente, die sich innerhalb von Höhlen bilden, werden als Speläotheme bezeichnet. Sie umfassen Formen wie Stalaktiten, Stalagmiten und andere Tropfsteine und bestehen normalerweise aus Calciumcarbonat ($CaCO_3$). Insbesondere in Höhlen, die sich innerhalb von Kalkstein gebildet haben, kommen diese Formen vor. Speläotheme bilden sich, wenn Wasser, das gelöstes Calciumcarbonat enthält, durch Gesteinsklüfte sickert und dann in die Höhlenumgebung gelangt. Sobald die Lösung der Atmosphäre in der Höhle ausgesetzt wird, entgast sie CO_2. Dies führt zur Ausfällung von Calciumcarbonat. Mit der Zeit bauen sich übereinander dünne Schichten von Calciumcarbonat auf. Im Falle von tropfendem Wasser würde dieser Prozess entweder einen Stalaktit (von der Höhlendecke hängend) oder einen Stalagmit (vom Höhlenboden aufragend) bilden. Speläotheme können auf ihre Isotopenzusammensetzung (in der Regel Kohlenstoff- oder Sauerstoffisotope) analysiert und auch mit Radiokohlenstoff- oder Uran-Thorium-Techniken da-

◘ Abb. 9.41 Sedimentäre Verfüllung in der Karsthöhle Hohle Fels in Baden-Württemberg. Die großen Klasten sind Kalksteinfragmente, die vom Höhlendach und den Wänden gestürzt sind *(éboulis)*. Das Sediment zwischen den großen Blöcken ist überwiegend (allochthoner) Löss, der in die Höhle geschwemmt und anschließend phosphatisiert wurde (Foto: Maria Malina, Univ. Tübingen)

tiert werden. Sie können ein nützliches Archiv vergangener Umweltbedingungen sein. Da Speläotheme radiometrisch datiert werden können, erweisen sie sich, wenn sie innerhalb einer stratigraphischen Sequenz in einer Höhle einer Höhle gefunden werden, oft als wertvoll für die Bestimmung des Alters der Ablagerungen.

Autochthone klastische Sedimente stammen typischerweise aus dem Festgestein an den Wänden und der Decke der Höhle oder des Abris. Der Eingangsbereich von Höhlen oder Abris ist normalerweise stärker den äußeren Witterungsbedingungen ausgesetzt, weshalb sich der Abbruch des Felsdachs typischerweise auf diesen Bereich konzentriert und oft einen Talus (eine Schutthalde) in der Nähe oder direkt unter der Tropfstelle bildet. Grobe, eckige Fragmente des Grundgesteins, die in Höhlen und Abris gefunden wurden, werden gemeinhin mit dem französischen Begriff *éboulis* bezeichnet. In Nord- und Westeuropa wurde die Bildung von *éboulis* traditionell mit Frost-Tau-Prozessen in Verbindung gebracht und ihr Vorhandensein innerhalb einer stratigraphischen Sequenz als Hinweis auf kältere, sogar kaltzeitliche Bedingungen interpretiert (Laville et al. 1980). Neuere Arbeiten zeigen jedoch, dass sich *éboulis* durch mehr Prozesse als nur kältebedingte Frost-Tau-Prozesse bilden können: Zum Beispiel auch durch Salzsprengung und seismische Aktivitäten, die nicht direkt mit Kälte in Verbindung stehen (Woodward und Goldberg 2001; Miller et al. 2013; Miller et al. 2016).

9.9.2.2 Allochthone geogene Sedimente

Während grobkörnige Ablagerungen typischerweise aus dem Inneren der Höhle oder des Abris stammen, werden feinkörnigere Sedimente, die als Höhlenlehm bezeichnet werden, oft von außen eingetragen (◘ Abb. 9.41). Diese Sedimente können durch verschiedene Arten von Prozessen in die Höhle bzw. den Abris gelangen, unter anderem durch fließendes Wasser, Wind oder Hangbewegungen. Hochenergetische fluviale Prozesse sind in archäologischen Höhlen nicht verbreitet (Karkanas und Goldberg 2017), jedoch ist ein niederenergetischer Wasserfluss ein häufiger Prozess, der feinkörnigere Sedimente in der Nähe des Eingangs von Höhlen und Abris transportiert. Der Windtransport von Sand ist eine häufige Quelle allochthoner Sedimente in Höhlen und Abris, insbesondere in Küsten- und Trockengebieten. Windverblasener Schluff, d. h. Löss, ist ebenfalls ein üblicher Bestandteil allochthoner Sedimente in Höhlen, insbesondere in Mitteleuropa. Während einige Höhlen primären Löss enthalten, der direkt durch Wind abgelagert wurde (z. B. im Geißenklösterle auf der Schwäbischen Alb), ist der meiste Löss in Höhlen sekundär und wurde durch energiearmen Wasserfluss oder Massenbewegungen in die Höhle transportiert (z. B. im Hohle Fels auf der Schwäbischen Alb) (Miller 2015). Massenbewegungen sind ein üblicher Prozess in Höhlen und Abris und machen einen erheblichen Anteil der allochthonen Sedimente aus (Karkanas und Goldberg 2017). Beispielsweise enthalten Höhlen im Mittelmeerraum oft Aggregate von umgelagerten Terra-rossa-haltigen Böden, die durch Hangrutschungen in die Höhle gelangt sind (Frumkin et al. 2016). Ähnliche Höhlenablagerungen finden sich auch in Gebieten, in denen oxidhaltige Böden dominieren, wie z. B. in Brasilien (Villagran et al. 2017) und im Landesinneren des südlichen Afrikas (Porraz et al. 2015).

9.9.2.3 Anthropogene Ablagerungen

Menschliche Aktivitäten können ebenfalls zur Anhäufung von Materialien in Höhlen führen. In späteren Zeitabschnitten errichteten Menschen dauerhafte Strukturen und sogar Häuser in Höhlen (z. B. Stahlschmidt et al. 2017). Neben Artefakten und Knochen von Schlachttieren hinterließ der Betrieb von Feuerstellen innerhalb der Höhle Holzkohle, Asche und verbrannte Knochen, die in der Höhlenumgebung gut erhalten geblieben sind. Tatsächlich sind eine Reihe wichtiger paläolithischer Höhlen, wie z. B. Kebara in Israel (Goldberg et al. 2007) und Sibudu in Südafrika (Goldberg et al. 2009), mit mehreren Metern Asche und Holzkohle gefüllt, die vom wiederholten Abbrennen an den Feuerstellen stammen. Seit dem Neolithikum hielten die Menschen auch Tierherden in Höhlen und Abris, oft Schafe und Ziegen, was zu mächtigen Dungablagerungen führte. Die Schäfer zündeten den Mist oft an, um den Ort zu reinigen und das Dungvolumen zu reduzieren und so den Ort für die zukünftige Nutzung vorzubereiten. Durch wiederholtes Verbrennen von Dung entstanden schichtkuchenartige Ablagerungen mit dunkel gefärbten Schichten aus verkohltem Dung, überlagert von weißen Ascheschichten. Diese Arten von Ablagerungen, die auch als *fumier* bezeichnet werden, sind im Mittelmeerraum, im Nahen Osten und in anderen Regionen, in denen Pastoralismus praktiziert wird, weit verbreitet (◘ Abb. 9.42) (Brochier et al. 1992).

9.9.2.4 Biogene Ablagerungen

Unabhängig vom Menschen können auch Tiere auf Höhlen und Abris einen erheblichen Einfluss ausüben. Im Europa des Pleistozäns konkurrierten eine Reihe von Arten, darunter Höhlenbären und Hyänen, mit dem Menschen um die Nutzung von Höhlen als Lebensraum. Hyänen und andere Fleischfresser transportierten Knochen in die Höhlen und sorgten dabei manchmal für die Ausbildung dicker Knochenbettvorkommen. Die überwiegend vegetarisch lebenden Höhlenbären überwinterten in Höhlen. Ihre Knochen

◘ Abb. 9.42 Ein Beispiel für *Fumier-Ablagerungen*. Dieses Material besteht überwiegend aus verbranntem Dung, wobei schwarze Schichten aus verkohltem Dung und weiße Schichten aus Asche bestehen. Die Menschen hielten in der Höhle Schafe und verbannten regelmäßig den sich ansammelnden Dung.

sind in Höhlenablagerungen in ganz Eurasien weit verbreitet. Die Bären gruben flache Vertiefungen in die Höhlenablagerungen, um Bauten anzulegen. Zudem kratzten und scheuerten sie sich an den Höhlenwänden und bildeten eine polierte Oberfläche, die Bärenschliff genannt wird.

Auch Fledermäuse und Vögel leben in Höhlen und können erheblich zur Ansammlung von Ablagerungen beitragen. Guano, wie der von ihnen produzierte Dung genannt wird, kann in Höhlen mehrere Meter dicke Ablagerungen bilden und einen signifikanten Einfluss auf die Erhaltung von archäologischen Materialien haben.

9.9.2.5 Prozesse nach der Ablagerung

Obwohl Höhlen im Allgemeinen als ideales Umfeld für die Konservierung von archäologischem Material angesehen werden, können eine Reihe von Prozessen, die speziell für Höhlen gelten, zum Verlust von archäologischem Material führen. Wenn sich beispielsweise Guano zersetzt, setzt er organische Säuren und Phosphorsäure frei, die in die darunterliegenden Ablagerungen eindringen können. Diese Säuren können mit Fragmenten von Kalkstein und Asche (beide bestehen aus Calciumcarbonat) reagieren und eine Auflösung oder einen Austausch des Carbonats durch Phosphat (ein Prozess, der Phosphatisierung genannt wird) verursachen. Wenn der pH-Wert der Lösung etwa unter 7 liegt, können sich auch Knochen auflösen (Berna et al. 2004). In vielen west- und mitteleuropäischen Höhlensystemen wurde eine Phosphatisierung der Höhlensedimente festgestellt (z. B. Miller 2015). Die Auflösung von archäologischen Knochen als Folge der Guanozersetzung wurde von einer Reihe von Stätten im östlichen Mittelmeerraum berichtet, darunter aus den Höhlen von Kebara und Theopetra (Karkanas et al. 2000).

Vorausgesetzt, dass aktuell kein Wasserdurchfluss mehr besteht, können autochthon entstandene Sedimente (Deckenverbruch, Einwehungen, durch Klüfte eingedrungenes Feinmaterial) ungestört erhalten bleiben, da sie nicht den atmosphärischen Einflüssen der offenen Landschaft ausgesetzt sind. Es finden in der Regel kaum natürliche sekundäre Verlagerungen statt und bereits wenige Meter vom Höhleneingang oder von Trauflinien entfernt im Inneren der Abris sind auch bodenbildende Prozesse nicht mehr wirksam.

Obwohl der geschützte Charakter von Höhlen und Abris die Anhäufung dicker stratigraphischer Sequenzen begünstigt, sind Höhlenablagerungen nicht immer vor Erosion gefeit. Ein Einsturz der Decke am Höhleneingang kann die Ablagerungen destabilisieren und zu Erosion führen. Zusätzlich können Veränderungen in der Landschaft außerhalb der Höhle, wie z. B. Hangabtrag, Absenkung des lokalen Basisniveaus oder fluviale Ausspülungen, die Erosion von Sedimenten innerhalb einer Höhle verursachen. So weisen beispielsweise die berühmten Höhlenstandorte auf der Schwäbischen Alb, darunter der Hohle Fels und der Hohlenstein-Stadel, eine signifikante Erosionsperiode auf, die dem letzten glazialen Maximum (LGM) entspricht. Diese Erosion ist wahrscheinlich die Folge einer allgemeinen Landschaftsdestabilisierung, die durch eine Veränderung der Vegetation und eine Verschiebung hin zu periglazialen Bedingungen in Süddeutschland ausgelöst wurde (Barbieri et al. 2018).

9.10 Quellen

Susan M. Mentzer

Quellen sind hydrologische Erscheinungen an der Erdoberfläche, durch die Grundwasser aus dem Festgesteinsuntergrund oder aus Sedimentkörpern heraus nach außen fließt. Sie erzeugen Bereiche mit lokaler Bodenfeuchte, Sickerwasser, stehende Gewässer oder Abflüsse in Form von Bächen mit oder ohne zugehörige Feuchtgebiete. Eine Quelle kann auf dem Grundwasserspiegel, einem Grundwasserleiter (Aquifer) oder auf einem hängenden Grundwasserleiter beruhen. Der Weg, durch den das Wasser nach außen gelangt und der Punkt, an dem es austritt, wird als Quelltopf oder Quellschlot bezeichnet, während sich außerhalb davon eine Zone befindet, in der sich klastische Sedimente, die im Quellwasser mitgeführt werden, ablagern. Etwas weiter entfernt kann sich das Wasser auf andere Art und abhängig von geomorphologischen Formen wie Tälern, Becken, stehenden Gewässern und Feuchtgebieten konzentrieren.

Quellen werden von Pflanzen, Tieren und Menschen als natürliche Süßwasserressourcen genutzt. Sie können einen Mikrokosmos erzeugen, der sich sehr von der Umgebung unterscheidet. Oasen in Wüsten werden zum Beispiel von Quellen gespeist und können über Hunderte von Kilometern das einzige Vorkommen von Wasser und üppigerer Vegetation sein. Menschen und Tiere werden von Süßwasserquellen angezogen, und viele archäologische Stätten befinden sich daher in der Nähe von Quellen. Die Infobox 17.1 zeigt eine Altkarte als geoarchäologische Informationsquelle, die die Verteilung von Quellen und Wasserwegen in Weißenburg (Bayern) enthält, die im 18. Jahrhundert aktiv waren, aber heute inaktiv sind oder seitdem stark verändert wurden. Reliktische Quellen sind heute inaktiv, waren aber in der Vergangenheit aktiv.

Geoarchäologische Untersuchungen von – sowohl aktiven als auch reliktischen – Quellen konzentrieren sich auf:
- die Identifizierung der Faktoren, die den Wasserfluss steuern, wozu der Grundwasserspiegel und der geologische Untergrund gehören (Ashley 2017: Abb. 1)

- auf die Rekonstruktion der lokalen Mikroumgebung einschließlich der chemischen Zusammensetzung und Temperatur der Quellwässer
- auf die Bewertung der Wirkung des Quellwassers auf die Erhaltung archäologischen Materials
- und auf die Identifizierung von Komponenten der Fundstelle, die mit geochronologischen Methoden datiert werden können.

9.10.1 Klimatischer Einfluss auf Quellen

Die Quellaktivität kann durch die Größe und Form des regionalen Grundwasserleiters gesteuert werden. Perioden mit erhöhter Feuchtigkeit füllen den Grundwasserleiter wieder auf und vergrößern seine Fläche, wodurch Quellen und grundwassergespeiste Feuchtgebiete, die in Perioden mit geringerer Feuchtigkeit trocken liegen, aktiviert werden. In solchen Fällen wird die Schüttung der Quellen daher von den klimatischen Bedingungen bestimmt. Ein Beispiel für Quellenstandorte, die mit extremen klimatischen Ereignissen in Verbindung gebracht werden, ist ein über den Südwesten der USA verteilter großer Komplex paläoindianischer Lokalitäten. Diese Fundstellen, die häufig Überreste der spätpleistozänen Megafauna enthalten, werden mit Quellschloten sowie lateral ausgedehnten organikreichen Sedimentmerkmalen, den sogenannten *„black mats"* (schwarzen Matten), in Verbindung gebracht (Haynes 2008b). Zu den geoarchäologischen Untersuchungen schwarzer Matten gehören die von Harris-Parks (2016) durchgeführten mikromorphologischen Analysen, die drei Hauptfazies zeigen. Zwei Fazies bilden sich als Folge von stehendem Wasser, wovon eine in direktem Zusammenhang mit der Quellenaktivität steht. Weitere geoar-

chäologische Untersuchungen an diesen Standorten umfassen Sedimentanalysen der Quellen selbst. Klassische geoarchäologische Fallstudien sind die Arbeiten von Haynes am Murray Spring Site (Haynes und Huckell 2007) und am Clovis Site (Haynes und Agogino 1966) sowie Holliday (1985) am Lubbock Lake. An allen drei Standorten (◨ Abb. 9.43) zogen Quellen und grundwassergespeiste Feuchtgebiete große Tiere, einschließlich Mammuts, an und die einzigartigen Ablagerungsbedingungen trugen zu ihrer Ablagerung und Erhaltung bei (Holliday 1997).

Die beschriebenen paläoindianischen Fundstellen sind ein Beispiel für eine regional ausgedehnte Quellenlandschaft, die aus zahlreichen Quellschloten und Feuchtgebieten besteht. Die mit vielen dieser Fundstellen verbundenen wertvollen paläoökologischen und archäologischen Befunde werden von Holliday (1997) und Haynes (2008a) beschrieben. Weitere archäologische Beispiele für Quellenlandschaften Kostenki-Borschtschewo im russischen Don-Tal (Holliday et al. 2007) und die holozäne Besiedlung des oberen Ebrobeckens in Spanien (González-Amuchastegui und Serrano 2015).

9.10.2 Tektonischer Einfluss auf Quellen

Ein weiterer Faktor, der die Quellaktivität bestimmt, ist die Strömung des Grundwassers in geologischen Schichten und entlang von Verwerfungen und Klüften. Bestimmte Gesteinstypen sind wasserdurchlässiger als andere, weshalb zum Beispiel Grundwasser in Kalk- und Sandstein leichter fließen kann als in Tonschiefer oder anderen metamorphen Gesteinen. Vor allem in Karstlandschaften kann Wasser aus Karstwasserleitern über Klüfte und Verwerfungen austreten. In diesen Umgebungen können tektonische Bewegungen unabhängig von

9

□ Abb. 9.43   a Die schwarze Matte, die 1967 bei Ausgrabungen in Murray Springs in der Nähe von Tucson, Arizona, freigelegt wurde. Der Pfeil zeigt auf den Rand der schwarzen Matte, die ausgegraben wurde, wodurch Mammutreste in der darunter liegenden Schicht freigelegt wurden. Diese sind in der unteren rechten Ecke sichtbar (Bild: mit freundlicher Genehmigung von C. Vance Haynes Jr.) **b** C. Vance Haynes Jr. inspiziert die im Profil freiliegende schwarze Matte mit darüber liegendem Schnitt und Verfüllung (das Bild wurde von Vance Holliday während einer Exkursion zu einem Geoarchäologiekurs im Jahr 2009 aufgenommen) **c** Mammutüberreste, die 1962 an der Clovis-Fundstelle freigelegt wurden. Das Foto wurde von der Oberseite der Quellleitung aus aufgenommen, die die im Vordergrund sichtbaren Sande direkt ablagerte (Bild: mit freundlicher Genehmigung von Jim Warnica). **d** Der Geoarchäologe Vance T. Holliday zeigt auf eine Diatomitschicht am Lubbock Lake in Texas im Jahr 1978. Der Kieselgur, auch Diatomit genannt, tritt seitlich des Quelltuffs in diesem von reliktischen Quellen gespeisten See- und Feuchtgebietssystem auf (siehe auch Holliday 1997). Die hier sichtbaren Schichten stellen Phasen der Durchnässung und Austrocknung eines Sees dar, gefolgt von der Entwicklung von Feuchtgebieten; die Beschriftungen auf der rechten Seite bedeuten: I = Kieselgur, II = Schlamm, III = Kieselgur, IV = Schlamm und V = palustriner Schlamm, der auf dauerfeuchte Bedingungen hinweist. (Bild: Mit freundlicher Genehmigung von Lubbock Lake Landmark, Museum of Texas Tech University)

Abb. 9.44 Architektonische Merkmale aus der klassischen Periode im unteren Heiligtum von Mount Ly-kaion, Griechenland, im Zusammenhang mit Quellen, die aus Verwerfungen entspringen. **a** Im Vordergrund sind die Bäder zu sehen, von denen man annimmt, dass sie zum Teil von einer jetzt als Relikt erhaltenen artesi-schen Quelle gespeist wurden, die mit einer Verwerfung in Verbindung steht (rot gestrichelte Linie) oder die al-ternativ am Kontakt zwischen Kalkstein und darunter liegendem Flysch an derselben Stelle entspringt. Die gelbe durchgezogene Linie zeigt die Position der Lykaion-Hauptverwerfung, die mit mindestens vier weiteren Quellen in Verbindung steht, von denen zwei in der Antike zu Brunnen umgebaut wurden (beschriftet). Siehe auch Da-vis (Abb. 23b; 2009). Man beachte das Auto als Maßstab knapp oberhalb der Verwerfungslinie beim Bad. **b** Die Rückwand des Badreservoirs. Der Pfeil zeigt einen Bereich an, aus dem früher Wasser floss (Bild: Mit freundli-cher Genehmigung des Mount Lykaion Ausgrabungs- und Vermessungsprojekts). **c** Überreste des Agno-Brun-nens, der ursprünglich auf einer Quelle errichtet wurde, die entlang der Lykaion-Aufschiebung entsprang. Die Quelle ist heute inaktiv; es ist nur noch eine kleine Restversickerung vorhanden (Bild: Mit freundlicher Genehmi-gung des Mount Lykaion Ausgrabungs- und Vermessungsprojekts)

den klimatischen Bedingungen entweder Quellbildungen auslösen oder vorhandene Abflüsse stoppen.

Ein Beispiel für eine archäologische Fundstelle mit tektonischer Regulierung der Quellaktivität ist Mount Lykaion (Griechenland), wo wichtige architektoni-sche Merkmale, beispielsweise Bäder und Brunnen in einem antiken Sportkom-plex, an Quellaustrittszonen gelegen wa-ren (■ Abb. 9.44). Tektonische Studien des Berges, die von Davis (2008, 2009) durchge-führt wurden, zeigen die Korrelation zwi-schen diesen Gebäuden und Verwerfungs-linien. Davis vermutete, dass die Bewegung entlang einer Verwerfung, die mit dem Ba-dekomplex in Verbindung steht, den Was-serfluss zum Stillstand brachte und möglicherweise zur Aufgabe dieses Teils der Fundstelle beitrug.

9.10.3 Rekonstruktion von Wasserchemie und Temperatur

Die Chemie des Quellwassers wird durch das lokale Untergrundgestein bestimmt. Karstwasser ist am Quellaustritt typischerweise neutral bis basisch und verfügt über gelöste Komponenten aus Calcium- und Magnesiumcarbonat. Der rasche Ablauf von Quellwasser aus einem Karstwasserleiter und eine Kombination von verschiedenen Faktoren, wie z. B. der Kontakt mit der Atmosphäre, Verdunstung und Turbulenzen, führen zur Entgasung von gelöstem Kohlendioxid und zur Ausfällung von Calciumcarbonat in Form von Fließsteinen *(flowstones)* und Quelltuff (◻ Abb. 9.45). Auch biogene Aktivität trägt zur Ausfällung von Carbonaten der

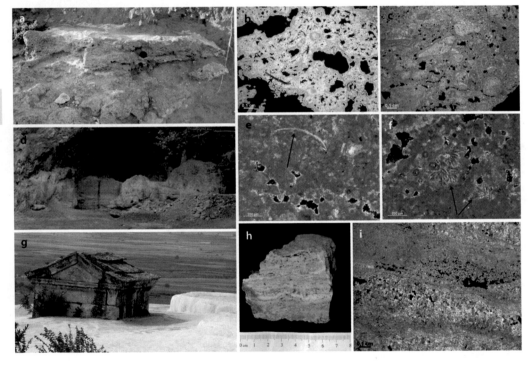

◻ **Abb. 9.45** Quelltuff- und Travertinformationen werden zur Identifizierung von reliktischen Quellen verwendet. **a** Erodierter Quelltuff in einer reliktischen Quelle bei Essaouira, Marokko. **b** Quelltuff am Standort Obi-Rakhmat, Usbekistan (siehe auch Mallol et al. 2010). Ein archäologisches Profil ist links der großen Quelltuffformationen sichtbar (Foto: Mit freundlicher Genehmigung von Patrick Wrinn). **c** Travertin an der Fundstelle Pamukkale/Hierapolis in der Türkei (Bildquelle: Frank K. 2008). **d** Mikrofotografie von modernem Quelltuff aus Serbien an einer Karstversickerung, mit hoher Porosität, pflanzlichem Gefüge und eingebetteten Pflanzenfragmenten (Pfeil); gekreuzt polarisiertes Licht. **e** Mikrofotografie von beschichteten Partikeln in einer Quelltuffprobe aus Obi-Rakhmat. Diese Merkmale können durch Verwirbelung oder mikrobielle Aktivität entstehen; gekreuzt polarisiertes Licht. **f** Mikrofotografie eines Gehäusefragments (Pfeil) und von sparitischem Calcit (unten rechts) in einer Quelltuffprobe aus Obi-Rakhmat; gekreuzt polarisiertes Licht. **g** Mikrofotografie von versteinerten Bryophyten (z. B. Moose; Pfeile) in einer Quelltuffprobe aus Obi-Rakhmat; gekreuzt polarisiertes Licht. **h** Handstück eines geothermisch gebildeten Travertins aus Zentralanatolien mit stark laminiertem Gefüge. **i** Mikrofotografische Aufnahme derselben Probe wie (**h**), mit Laminierungen, die durch abwechselnde Schichten von sparitischem und mikrokristallinem Kalzit gebildet werden; gekreuzt polarisiertes Licht

Quelle in Form von kalkhaltigem Sediment und Quelltuff bei; biogene Beiträge zur Bildung von Quelltuff können anhand charakteristischer pflanzlicher Gefüge, wie versteinerten Pflanzen und Moose sowie mikrobiellen Merkmalen, identifiziert werden (◘ Abb. 9.45d–g; siehe auch Viles und Pentecost 2007). Lineare Quelltuffformationen (Staustufen) und Sinterterrassen innerhalb von Quellbächen können lokal die Bildung von teichähnlichen Gewässern verursachen. Dabkowski (2014) gibt einen Überblick über diese Merkmale und andere Aspekte der Quelltuffbildung, die für die Archäologie von größter Bedeutung sind.

An heißen Quellen tritt Wasser aus, welches aufgrund der Nähe zu vulkanisch aktiven Bereichen oder beim Aufstieg aus großer Tiefe dem geothermischen Gradienten entsprechend erwärmt wurde. Diese Systeme, die auch als Thermalquellen bekannt sind, bilden mineralische Niederschläge, die als Travertin bezeichnet werden (◘ Abb. 9.45 c, h, i). Travertine können charakteristische Haupt- und Spurenelementzusammensetzungen aufweisen, die gelöste Komponenten, z. B. Schwefel, enthalten, die nur in heißem Wasser vorkommen. Chemische Ausfällungen aus diesen Quelltypen können verschiedene Carbonate enthalten, z. B. Aragonit, der hohen Temperatur entsprechend (Jones 2017), und Strontianit, der die Wasserzusammensetzung widerspiegelt (Bonny und Jones 2003). Andere Bildungen sind Gips und Siliziumdioxid (Guidry und Chafetz 2003). Die Identifizierung dieser und weiterer Minerale in archäologischen Fundstellen, die sich an Quellen befinden, kann auf die ehemalige Gegenwart von Thermalwasser hindeuten. Travertine können auch eine charakteristische Mikromorphologie und eine innere Struktur aufweisen, die sie von Quelltuffen unterscheiden (Ford und Pendley 1996, Viles und Pentecost 2007).

Die Artbestimmung fossiler Kieselalgen (Diatomeen), Ostrakoden und Mollusken an Quellstandorten kann auch zum Verständnis der lokalen Wasserchemie und der Umweltbedingungen beitragen (siehe ► Abschn. 15.8). Messungen an stabilen Isotopen (siehe ► Abschn. 15.7.6) können an Carbonaten und Gehäusen durchgeführt werden. Dieser Ansatz wurde beispielsweise von Geoarchäologen zur Rekonstruktion des regionalen Paläoklimas in einer quellendominierten paläolithischen Landschaft in Ägypten verwendet (Smith et al. 2003). Stabile Isotope können auch für die Zurückverfolgung von Travertin verwendet werden, der von Menschen für Bau- und andere Zwecke abgebaut wurde (Scardozzi et al. 2018).

9.10.4 Identifizierung von reliktischen Quellen

Einige archäologische Quellfundstellen stehen nicht mehr mit aktiv fließendem Wasser in Verbindung. In diesen Fällen können Geoarchäologen damit beauftragt werden, Merkmale zu identifizieren, die darauf hindeuten, dass zur Zeit der menschlichen Aktivität Wasser vorhanden war. Zu den Ablagerungen, die direkt mit Quellen in Verbindung gebracht werden, gehören chemische Ausfällungen und klastische Sedimente, die aus der Quelle austreten. Andere Ablagerungen, die weiter entfernt von der Quelle liegen, umfassen durch quellgespeiste Bäche abgelagerte Flusssedimente, Mergel, Diatomeen und andere feine Sedimente, die mit stehendem Wasser zusammenhängen, sowie Feuchtgebietssedimente wie z. B. Torf. Viele dieser Erscheinungen können mithilfe von Sedimentanalysen wie Farbe, Dichte, Granulometrie und Messungen der Gesamtmenge des organischen Kohlenstoffs und von Calciumcarbonat identifiziert werden (Ashley et al. 2013).

Die Analyse von Sediment unter dem Mikroskop ermöglicht die Identifizierung von Diatomeen und spezifischen Arten biogener Präzipitate, wie z. B. sparitischem

Calcit *(sparry calcite)*. Sparitischer Calcit in mikromorphologischen Proben wurde zur Identifizierung nahe gelegener Quellen in den untersten Ebenen der mittelpaläolithischen archäologischen Stätte Obi Rakhmat verwendet (Mallol et al. 2010). Spätere Verlagerungen der Quelle führten zu massiven Quelltuffformationen direkt über der Fundstelle (siehe ◘ Abb. 9.45b). Heute treten Quelltuffformationen mehrere Dutzend Meter bergauf auf. Es wird angenommen, dass die Quelle ein ununterbrochenes Wasservorkommen vom Paläolithikum bis in die Jetztzeit darstellt; der Name der Fundstelle bedeutet übersetzt: „Wasser, danke". Mikromorphologische Analysen sind auch nützlich, um zwischen zementierten Sedimenten und Carbonaten, die durch pedogene Prozesse und Grundwasser entstanden sind, zu unterscheiden (Alonso-Zarza 2003). Dieser Ansatz wurde von Abu Jabar et al. (2020) verwendet, um die Beziehung zwischen Carbonatbildung, Wasserverfügbarkeit und menschlichen Aktivitäten in der Nähe von Petra (Jordanien) zu verstehen. Über Florisbad (Südafrika) berichteten Toffolo et al. (2016), dass eine Kombination aus früheren Sedimentanalysen und mikroskopischen Methoden für die Rekonstruktion der Entstehungsprozesse der Quellfundstelle unerlässlich war.

9.10.5 Konservierung von archäologischem Material

Quellen sind aufgrund einer Kombination aus schneller Überlagerung und ihrem chemischen Milieu im Allgemeinen ein günstiges Umfeld für die Erhaltung archäologischer Materialien. Viele gut erhaltene Überreste von Hominiden stehen im Zusammenhang mit Quellen. In Deutschland gehören zu diesen Fundstellen Bilzingsleben, eine Fundstelle des Homo erectus/heidelbergensis (Mania und Altermann 2005, Mania und Weber 1980), und Eringsdorf-Weimar, eine Neandertaler-Fundstelle (Schäfer et a. 2007) in Thüringen. Weitere in diesem Kapitel behandelte Fundstellen, die Überreste von Hominiden enthalten, sind Obi-Rakhmat und Florisbad. In Florisbad verwendete ein Team unter der Leitung des Geoarchäologen M. Toffolo FTIR (▶ Abschn. 15.10), um den Austausch von primärem Carbonat-Hydroxylapatit in Knochen durch sekundären Karbonat-Fluorapatit in Verbindung mit der Bildung von Calcitkristallen zu identifizieren, was die Hypothese stützt, dass prähistorisches Thermalwasser, das reich an Fluorid ist, zur Knochenversteinerung beigetragen hat (Toffolo et al. 2015).

Fern des Quellursprungs kann sich die Wasserchemie aufgrund der Akkumulation organischer Materialien, die sowohl saure als auch anoxische Bedingungen fördern, verändern (Ashley et al. 2013). Daher können archäologische Materialien, die mit quellgespeisten Feuchtgebieten verbunden sind, sehr unterschiedliche taphonomische Faktoren aufweisen. An einigen Stellen sind Quelltuffe direkt mit Torf durchsetzt, was zu Abweichungen zwischen den Schichten bezüglich der Taphonomie von Materialien wie z. B. Knochen führen kann. Diese Sequenzen wurden so interpretiert, dass sie auf umfassende Verschiebungen von feuchten zu trockenen Bedingungen hindeuten (Ford und Pendley 1996). Sie wurden in archäologischen Landschaften wie beispielsweise dem oberen Ebrobecken identifiziert (González-Amuchastegui und Serrano 2015).

9.10.6 Menschliche Modifikation von Quellen

Im Pleistozän nutzten die Hominiden die Quellen in ihrem natürlichen Zustand. Seit dem Holozän zeigen jedoch viele Quellfundstellen Anzeichen menschlicher Veränderung auf (siehe ◘ Abb. 9.44b, c). Diese wasserwirtschaftlichen Aktivitäten reichen vom Bau von Becken bis zum Graben von Kanälen und Brunnen. Zum Beispiel wurden rätselhafte kreisförmige Sedimentmerkmale, die aus der Zeit nach der paläoindianischen Besiedlung stammen, in Fundstellen wie Mustang Springs und Blackwater Draw (USA) von Melzer und Collins (1987) als Brunnen interpretiert, die gegraben wurden, um Zugang zu Wasser zu erhalten, nachdem das veränderte Klima den Wasserspiegel gesenkt und die Quellaktivität reduziert hatte. In späterer Zeit gehören zu den mit Quellen verbunden, groß angelegten Bauwerken römische Aquädukte, wie das Eifel-Aquädukt (Römerkanal) in Deutschland in der Nähe von Köln, das bis zu 95 km von seiner Karstquelle in Nettersheim entfernt fließendes Wasser lieferte. Das Wasser, das durch das Aquädukt floss, enthielt gelöstes Carbonat, das sich als dicker Fließ- oder Tropfstein niederschlug. Spätere mittelalterliche Einwohner Kölns entfernten die Tropfsteinablagerung aus dem Aquädukt, um sie als Baumaterial zu verwenden. Wenz et al. (2016) nennen den Tropfstein des Aquädukts „Kalksinter", während Curie und Petit (2014) diese Art von Formationen als „anthropogenes Carbonat" bezeichnen. Ihre geoarchäologischen Analysen des Carbonats der römischen Fundstelle Jebel Oust in Tunesien zeigen, dass die Praktiken des Wassermanagements die Zusammensetzung der stabilen Isotopen der Quellwässer beeinflussten.

Schließlich können Quellen neben der Bereitstellung von Trink- und Bewässerungswasser auch religiöse oder medizinische Bedeutung haben. Ein Ort, der beiden Zwecken diente, war die Stadt Hierapolis, die im dritten Jahrhundert v. Chr. an den Thermalquellen von Pamukkale in der Türkei gegründet wurde. Teile der verlassenen Stadtgebäude (welche selbst aus abgebautem Travertin gebaut sind; Scardozzi et al. 2018) sind heute von Quellwasser überflutet und mit neuem Travertin bedeckt. Mit Travertin gefüllte Überreste römischer Bewässerungskanäle liegen nun bis zu 10 m über der sie umgebenden Landschaft (Altunel und Hancock 1993). Die Quellen von Bad Cannstatt in Stuttgart (Deutschland) werden immer noch für medizinische und erholsame Zwecke genutzt. Naheliegende archäologische Fundstellen deuten auf eine menschliche Nutzung der Quellen bereits im Jungpaläolithikum hin (Wagner 1996).

9.10.7 Geochronologie

Die direkte Datierung von ausgefällten Karbonaten wie z. B. Quelltuffen liefert Informationen über den Zeitpunkt des Wasserabflusses aus der Quelle. Archäologisches Material kann mit Carbonat unterlagert, bedeckt oder direkt in das Carbonat eingebettet sein. Die Uran-Thorium-Datierung von Quellkarbonaten kann daher das Alter für assoziiertes archäologisches Material liefern, wobei die Altersgrenze der Methode bis weit in das Pleistozän reicht. Diese Ansätze wurden an den deutschen Fundorten Bilzingsleben (Schwarcz et al. 1989) und Ehringsdorf (Blackwell und Schwarcz 1986) angewandt. Die Uranreihen-Datierung wurde auch bei carbonatverkrusteten Teilen römischer Aquädukte angewendet (Wenz et al. 2016). Weitere Informationen finden sich in der Infobox 9.10. Für jüngere Carbonate ist die Radiokohlenstoffdatierung (▶ Abschn. 16.3) eine Möglichkeit. Diese Technik kann auch bei Gehäusen von Ostrakoden und Gastropoden (z. B. Pigati et al. 2004) sowie bei organischem Material, das sich in Teichen und Feuchtgebieten angesammelt hat, angewendet werden.

Infobox 9.10

Uran-Thorium-Datierung von Carbonaten (Susan M. Mentzer)

Die Uran-Thorium-Datierung funktioniert an kalkhaltigen Materialien, die sich im Zeitraum von vor etwa 600.000 Jahren bis zur Gegenwart gebildet haben. Diese lassen sich in drei Hauptkategorien einteilen: 1) geogene Carbonate wie Höhlenspeläotheme (Stalaktiten, Stalagmiten, Fließsteine), Quelltuffe und Travertine sowie Grundwassercarbonate; 2) pedogene Carbonate, einschließlich Rhizolithe, Knollen und Kalkkonkretionen; und 3) biogene Carbonate, wie zum Beispiel Korallen und Straußeneierschalen. Die besten Materialien zur Datierung stammen aus einem geschlossenen System.

Die Technik beruht auf dem Prinzip, dass das ursprüngliche Carbonat bei seiner Bildung kein Thorium enthält, Uran jedoch in Spuren vorhanden ist. Mit der Zeit zerfällt das Uranisotop ^{234}U zu ^{230}Th, das wiederum zu ^{226}Ra (Radium) zerfällt. Das Alter wird durch Verwendung eines Massenspektrometers zur Messung der relativen Häufigkeit von ^{238}U, ^{234}U und ^{230}Th im Carbonat ermittelt und mit einem iterativen Modell berechnet, das auf den Halbwertszeiten von ^{234}U und ^{230}Th basiert, welche 245 und 75 ka betragen. Nach etwa 600 ka nach der Bildung erreicht das Verhältnis von ^{234}U zu ^{230}Th ein säkulares Gleichgewicht. Dies ist der begrenzende Faktor für die Bestimmung des Alters der durch diese Methode datierbaren Materialien. Einige Carbonate enthalten Einschlüsse von Tonmineralien, die Thorium enthalten. Dieses detritische Thorium kann aufgrund hoher Mengen von ^{232}Th erkannt werden und es können Alterskorrekturen vorgenommen werden.

Der Hauptvorteil der Uran-Thorium-Datierung ist, dass der mögliche Datierungszeitraum einen Großteil des Jungpleistozäns abdeckt, was sie zu einer idealen Methode zur Datierung homininer Besiedlungsplätze macht. Der zweite Vorteil besteht darin, dass im Gegensatz zur Radiokohlenstoffmethode keine Kalibrierung erforderlich ist. Der dritte Vorteil ist, dass die Uran-Thorium-Datierung direkt mit anderen Messungen gekoppelt werden kann, wie z. B. der Häufigkeit der stabilen Isotope von Kohlenstoff und Sauerstoff. Auf diese Weise können Paläoumweltdatensätze werden. Der Hauptnachteil besteht darin, dass die meisten Zielmaterialien nicht direkt von menschlichen Aktivitäten abgeleitet sind, sondern sich stattdessen auf geologische oder pedologische Prozesse beziehen, die älter oder jünger als die archäologischen Materialien sein können. Geoarchäologen können zur Anwendung der Uran-Thorium-Datierung an Fundstellen beitragen, indem sie die stratigraphische Beziehung zwischen dem Carbonat und dem archäologischen Zielereignis bestimmen. Geoarchäologen können auch datierbare Materialien erkennen, wie z. B. pedogene Carbonate, die Krusten auf Steinwerkzeugen bilden.

Ein in Deutschland ansässiges Forscherteam hat kürzlich die Uran-Thorium-Datierung bei einer Calcit-Höhlenwandkruste verwendet, um das Mindestalter der darunter liegenden Felskunst in Spanien zu bestimmen, was die Annahme stützte, dass Neandertaler künstlerische Fähigkeiten besaßen (Hoffmann et al. 2018).

Künstliche Ablagerungen

Hans-Rudolf Bork, Dagmar Fritzsch, Svetlana Khamnueva-Wendt,
Dirk Meier, Susan M. Mentzer, Christopher E. Miller,
Thomas Raab, Astrid Röpke, Mara Lou Schumacher,
Mareike C. Stahlschmidt, Harald Stäuble, Christian Stolz
und Jann Wendt

Inhaltsverzeichnis

10.1 Anthropogene Aufschüttungen – 167
10.1.1 Typen von Erdwerken/anthropogenen Aufschüttungen – 167
10.1.2 Geoarchäologische Relevanz von Erdwerken/anthropogenen
Aufschüttungen – 180

10.2 Tells – 180
10.2.1 Zur Anwendung geoarchäologischer Methoden auf Tells – 182
10.2.2 Geoarchäologische Forschungsfragen und Potenziale – 184

10.3 Formen der Agrarlandschaft – 187
10.3.1 Celtic Fields – 188
10.3.2 Wölbäcker – 188
10.3.3 Raine und Ackerberge – 189
10.3.4 Kulturwechselstufen – 189
10.3.5 Feldmauern und Wallhecken – 190
10.3.6 Sonstige Formen der Agrarlandschaft – 192

10.4 Gruben- und Grabenfüllungen – 192
10.4.1 Geschlossene Befunde – 194
10.4.2 Offene Befunde – 194
10.4.3 Gruben- und Grabensedimente als Artefakte – 195

Das vorliegende Kapitel besteht aus mehreren Teilen, die von unterschiedlichen Arbeitsgruppen
und Einzelpersonen getrennt voneinander erstellt worden sind. Da eine Gewichtung nach dem
Umfang der Teilbeiträge aus diesem Grund nicht möglich ist, erfolgt die Angabe der Autorinnen und
Autoren in alphabetischer Reihenfolge.

© Springer-Verlag GmbH Deutschland, ein Teil von Springer Nature 2022
C. Stolz und C. E. Miller (Hrsg.), *Geoarchäologie,*
https://doi.org/10.1007/978-3-662-62774-7_10

10.5   Anthropogene Ablagerungen im
        Siedlungsbereich – 197
10.5.1 Wohn-/Hausbefunde und Konstruktionsmaterialien – 199
10.5.2 Feuerstellen, Öfen und andere Feuerbefunde – 200
10.5.3 Abfallgruben, Halden, Latrinen, Verfüllungsschichten – 202
10.5.4 Ablagerungen aus Stallungen und andere biogene
        Reste – 202
10.5.5 Siedlungshorizonte, Kulturschichten und andere
        Aktivitätsbefunde – 202

10.6   Bergbaurelikte – 203

Zusammenfassung

Der fachgerechten Einordnung von Ablagerungen, die aktiv durch den Menschen erzeugt wurden, und der daraus resultierenden Formen kommt in der Geoarchäologie eine Schlüsselrolle zu. Das Kapitel befasst sich zunächst mit künstlichen Aufschüttungen in unterschiedlichen Teilen der Welt, wie Hügeln unterschiedlicher Größe, Bedeutung und Funktion, Wallburgen, Ringwällen, Landwehren und Warften, weiterhin mit Siedlungshügeln, sogenannten Tells, sowie mit speziellen Formen der Agrarlandschaft (Raine, Knicks u. a.). Weiterhin geht es um die in der Archäologie stets bedeutsamen Verfüllungen von Gräben, Gruben und anderen menschgemachten Hohlformen, sowie um Ablagerungen im unmittelbaren Siedlungsbereich und deren Einordnung. Der letzte Abschnitt widmet sich künstlichen Ablagerungen und Formen infolge von Bergbau, wie Halden und Pingen und der damit verbundenen Beeinflussung von Böden und Relief.

10.1 Anthropogene Aufschüttungen

Svetlana Khamnueva-Wendt, Hans-Rudolf Bork, Jann Wendt und Dirk Meier

Seit prähistorischer Zeit haben Menschen Böden und Sedimente absichtlich umgelagert und damit anthropogene Aufschüttungen geschaffen, um diverse kulturelle und praktische Ziele zu erreichen. Zu den Prozessen anthropogener Aufschüttungen gehören neben den Bautätigkeiten umfangreiche Vorbereitungen wie die räumliche Planung, die Beschaffung von Baumaterialien, die Verteilung der Ressourcen sowie der Arbeitskräfte. Diese Prozesse benötigen Entscheidungen, die auf Informationen über Kultur, Wirtschaft, Politik und Glauben von Gesellschaften basieren und diese widerspiegeln. Daher ist das Verständnis der Prozesse, die mit der Errichtung von anthropogenen Aufschüttungen verbunden sind, für das Verständnis der Mensch-Landschafts-Interaktionen von großer Bedeutung.

In diesem Abschnitt wird eine Übersicht der durch Menschen seit der Vorgeschichte abgelagerten anthropogenen Aufschüttungen gegeben. In der englischsprachigen Fachliteratur wird der Begriff *earthwork* für solche Strukturen verwendet (Darvill 2008), während sich in der deutschsprachigen Fachliteratur der Begriff „Erdwerk" nur auf (normalerweise neolithische) Bodendenkmäler wie Gräber, Wälle und ggf. Palisaden beschränkt. In diesem Abschnitt werden alle durch Menschen mit Absicht abgelagerten Aufschüttungen „Erdwerke" genannt.

Erdwerke variieren stark in Größe, Funktion, Alter und Vorkommen. Man kann sie auf der Basis verschiedener Kriterien klassifizieren, nach der Form oder dem Zweck. Da die Form allein oftmals keinen Rückschluss auf die Funktion zulässt, ist ein kombinierter Klassifikationsansatz notwendig. In ◘ Tab. 10.1 werden Erdwerke differenziert. Die Interpretation der Funktionen von Erdwerken ist mit Vorsicht durchzuführen, denn diese können in Abhängigkeit von Zeit und kultureller Entwicklung variieren (Herrmann et al. 2014).

10.1.1 Typen von Erdwerken/ anthropogenen Aufschüttungen

10.1.1.1 Rituelle und zeremonielle Hügel und Einhegungen

In zahlreichen Gesellschaften wurden Hügel in unterschiedlichsten Formen und Dimensionen und mit verschiedenen Zwecken errichtet (Shetrone und Lepper 2011): z. B. in neolithischen und bronzezeitlichen Kulturen in Eurasien, im antiken Griechenland, in Kulturen der Römischen Kaiser-

☑ Tab. 10.1	Klassifikation von Erdwerken nach Funktion			
Anthropogene Aufschüttungen/Erdwerke				
Zweck	**1**	**2**	**3**	**4**
	Ritual/Zeremonie	**Siedlung**	**Abwehr/Grenzmarkierung**	**Ingenieursmäßige Erdwerke**
Beispiele	Grab-, Plattform-, Bildnishügel	Siedlungshügel	Wälle und Burgen, Einhegungen	Deiche/Dämme, Einhegungen

zeit, der Wikingerzeit, der vorkolumbischen indigenen Bevölkerung Amerikas sowie in Mikronesien und Polynesien – um nur einige Beispiele zu nennen. Der Bau von Hügeln ist eine Form der Aneignung von Land und die physische Manifestierung kultureller Informationen in der Landschaft (Topping 2010).

Die überwiegende Zahl der prähistorischen Hügel wurde errichtet, um die Überreste von Toten zu bedecken, einzuschließen oder um an ihren Tod zu erinnern (Shetrone und Lepper 2011). In unterschiedlichen Regionen der Erde haben Grabhügel eigene Formen und spezielle Merkmale entwickelt.

Grabhügel aus bodenbürtigen Substraten wurden im Neolithikum und in der Bronzezeit errichtet. Danach, bis etwa 800 n. Chr., kam es zu weniger intensiven Nutzungen von Hügelgräbern und unregelmäßigen Konstruktionen.

Grabhügel sind wichtige Geoarchive. Für nomadische Kulturen, wie jene in den Steppenzonen Zentralasiens, die keine Siedlungsreste hinterließen, stellen Grabhügel („Kurgane") eine der wenigen wertvollen Quellen über ihren Lebensstil und ihre materielle Kultur dar.

Durch die Untersuchung begrabener Böden und von Bodenbildungsprozessen in den Sedimenten der Hügel können Umweltbedingungen vor und nach dem Bau rekonstruiert werden. Dies ist besonders relevant für Großsteingräber, die in Skandinavien und Deutschland im Spätneolithikum verbreitet waren und in mehreren Phasen gebaut wurden (☑ Abb. 10.1).

Die Identifizierung anderer ritueller bzw. zeremonieller Hügel und ihre Zuord-

☑ **Abb. 10.1 a** Das neolithische „Königsgrab" in der Altmark (Sachsen-Anhalt) wurde in mehreren Phasen gebaut. Aufgrund der intensiven landwirtschaftlichen Nutzung, besonders im Mittelalter, ist das Großsteingrab heute nur als flache Wölbung und durch die Megalithen erkennbar (Foto: Svetlana Khamnueva-Wendt). **b** Im zentralen Teil des Hügelgrabs sind Aufschüttungen aus mehreren Bauphasen erkennbar. Jüngere Eisenoxid- und Tonverlagerungen machen die Grenzen zwischen den Aufschüttungen gut sichtbar (Foto: Hans-Rudolf Bork)

nung zu bestimmten Ritualen bzw. Zeremonien ist wesentlich komplizierter als bei Grabhügeln. So waren die Hügelkomplexe im westpolynesischen Tonga aus dem 17. Jh. n. Chr. offenbar multifunktionale Orte, an denen sich Menschen möglicherweise zu Spielen, Zeremonien, Ritualen oder für öffentliche Sitzungen trafen (Clark und Martinsson-Wallin 2007).

Unter den zeremoniellen Hügeln ist die monumentale Architektur präkolumbischer Gesellschaften in Nord- und Mittelamerika hervorzuheben, darunter die Plattformhügel der Mississippi-Kultur (800–1600 n. Chr.). Es sind vorwiegend flach gewölbte Erdpyramiden, die u. a. als Basis für Tempel und Häuser von Häuptlingen oder für Rituale genutzt wurden (Sherwood und Kidder 2011). Der Plattformhügel Monks Mound (Baubeginn 900–955 n. Chr.) besaß eine zentrale Funktion im Cahokia-Komplex (Illinois, USA; ▣ Abb. 10.2). Er war ein zielgerichtetes politisches Instrument für die psychologische Manipulation der Massen (Collins und Chalfant 1993). Die angewandten Bautechniken gelten als hoch entwickelt. Auf der Makroskala bildeten die Böden in einem Hügelteil eine stabilisierende Stützkonstruktion. Auf der Mikroskala hat die Wechsellagerung von Sand- und Tonbändern die innere Struktur gefestigt und verhindert, dass sie aufsättigen oder austrocknen (Collins und Chalfant 1993).

Ein weiteres beeindruckendes Beispiel zeremonieller bzw. ritueller Hügel sind Bildnishügel, die von 600 bis 1200 n. Chr. in Nordamerika entstanden. Es sind Erdwerke, die in Form eines stilisierten Tieres, Symbols, Menschen oder einer anderen Figur gebaut wurden. Auch wenn ihre kulturellen Ziele umstritten sind (Herrmann et al. 2014), wird angenommen, dass sie ihren Ursprung in heiligen oder religiösen Handlungen haben und einen totemistischen Charakter aufweisen. Da sich viele Bildnishügel-Gruppen in der Nähe bedeutender topographischer Merkmale befinden, dürften spirituelle Konnotationen in diese Orte eingebettet worden sein (Topping 2010). Berühmt ist der Great Serpent Mound in Ohio, der vor etwa 2300 Jahren gebaut und ca. 1400 Jahre später modifiziert oder repariert wurde (Herrmann et al. 2014). Das gewundene, 411 m lange Bildnis liegt auf einer ungewöhnlichen geologischen Störung, die wohl eine Attraktion für die lokalen Gemeinschaften darstellte (Topping 2010).

▣ **Abb. 10.2** Der Monks Mound befindet sich im Cahokia-Komplex, Illinois, USA, und ist mit einer Fläche von 6 ha und einer Höhe von 20,1 m das größte präkolumbische Erdwerk Amerikas (Foto: Matt Gush)

Der Körper des Hügels besteht aus einem möglicherweise mit gelbem Ton versiegelten Steinrücken, der mit dunklem Boden bedeckt wurde, um einen Skeuomorphismus des Skeletts und des Gewebes einer Schlange zu erzeugen (Topping 2010). Als Skeuomorphismus wird eine nichtfunktionale Imitation einer Form oder eines Materials bezeichnet (Darvill 2008).

Neben Hügeln gibt es zahlreiche Beispiele für zeremonielle und rituelle Einhegungen, darunter geometrische Erdwerke im südwestlichen Amazonasgebiet (Nutzung 12. Jh. v. Chr.–14. Jh. n. Chr.) (Saunaluoma 2012) oder große Einhegungen in Kombination mit Grabhügeln aus der frühen und mittleren Woodland-Periode (1000 v. Chr.–400 n. Chr.) in Nordamerika (Whittaker und Green 2010). Obwohl die Bedeutung dieser modifizierten Landschaften ungewiss ist, besteht Konsens, dass der Bau und die Erhaltung der meisten dieser Erdwerke und die vermutlich damit verbundenen rituellen Aktivitäten Schlüsselaspekte der kulturellen Werte dieser Menschen widerspiegelten (Whittaker und Green 2010; Saunaluoma 2012).

Bei der Errichtung von prähistorischen Hügeln und Einhegungen spielten bodenbürtige Substrate die Hauptrolle. Steine und Holz wurden zur Stabilisierung der Aufschüttungen genutzt. Die Wahl bestimmter Bodenhorizonte und Sedimente war nicht nur durch ihre Verfügbarkeit bestimmt, sondern sie basierte auf zwei Hauptprinzipien: Geotechnologie und Ritual. Dazu waren ein tiefes Wissen über die Materialeigenschaften und umfangreiche ingenieurtechnische Kompetenzen erforderlich. Die Materialien stammen meist aus der unmittelbaren Umgebung, obwohl auch Transporte über Strecken von mehr als 100 m bekannt sind (Sherwood und Kidder 2011). Grassoden wurden in Nord- und Westeuropa sowie in Nordamerika oft als Baumaterial verwendet. Während sie in Europa mächtig und stets verfügbar waren und oftmals gesamte Hügel aus Grassoden bestanden, waren sie in nordamerikanischen Waldgebieten eine knappe Ressource und nur bestimmte Teile der Hügel, z. B. steile Hänge, sind mit Grassoden befestigt worden. Sie wurden in beiden Regionen oft über Kopf platziert, um die Anfälligkeit für Erosion zu mindern (Sherwood und Kidder 2011). Unterbodensubstrat von lehmigen bis tonreichen B-Horizonten wurde häufig zur Errichtung der Hügelfundamente verwendet, da es dem Gewicht der aufliegenden Ablagerungen besser standhalten konnte. Lockere Ausgangsgesteine stellen eine weitere Materialquelle dar. Oft wurden lehmige, schluffige und sandige Ablagerungen verwendet, die keiner stärkeren Bodenbildung unterlagen. Sie belegen einen Materialabbau unterhalb der Grassoden oder B-Horizonten. Häufig wurden Mischungen aus Bodenhorizonten, Grassoden, unverwitterten Lockergesteinen und anderen Sedimenten genutzt (z. B. kolluviale und alluviale Ablagerungen). Sie wurden mit Absicht *off-site* zu homogenen Füllungen gemischt, sodass die ursprünglichen Komponenten in den Hügeln nicht mehr identifizierbar sind, oder sie wurden als heterogene Füllungen abgelagert, bei denen Grenzen zwischen den Komponenten noch erhalten sind (Abb. 10.3). Seltener wurden andere Naturmaterialien benutzt, so in Grabhügeln in Brasilien, die um 4000 Jahren vor heute aus Muschelschalen gebaut wurden (z. B. Villagran et al. 2011; Klokler 2014).

Bei dem Bau der Hügel lag der Fokus neben dem inneren Kern auf dem äußeren Erscheinungsbild. Verblendungen wurden als dünne Schicht aus verschiedenen Ausgangsmaterialien auf geneigte oder abgestufte Oberflächen aufgebracht. Sie sind in der Regel im Feld durch ihren starken Farbkontrast identifizierbar, eine beeindruckende visuelle Wirkung war offensichtlich ein Ziel. Der

◘ Abb. 10.3 **a** Ausgrabungsprofil von Mound 5 im Cahokia-Komplex mit heterogenen Sedimenten, die aus verschiedenen Quellen stammen (Foto: Matt Gush). **b** Bei dem Bau des Mound 5 im Cahokia-Komplex hat keine absichtliche Vermischung von unterschiedlichen Materialien stattgefunden, sodass einzelne, in humoses Material eingebettete Blöcke aus lehmigen Sedimenten gut zu erkennen sind (Foto: Matt Gush)

Hügelkonstruktion ging oftmals eine aufwendige Baustellenvorbereitung voraus. Für archäologische Stätten in Amerika, die vom mittleren Archaikum (6000–3000 v. Chr.) bis in historische Zeiten reichen, wurde dokumentiert, dass der A-Horizont eines Bodens oder das gesamte Bodenprofil vollständig bis zum Ausgangsgestein entfernt wurde, um Hügel auf dem „reinen" Material zu errichten.

10.1.1.2 Siedlungshügel

Erdmaterialien wurden vorwiegend für die Unterbringung von Wohnungen gesellschaftlicher Eliten u. a. in Nordamerika (Sherwood und Kidder 2011) und Westpolynesien (Clark und Martinsson-Wallin 2007) deponiert. Anders ist die Situation im südlichen Nordseeraum. Hier dienten die von Menschen aus Klei, Mist und Torf aufgetragenen je nach Region unterschiedlich genannten Terpen (Friesland), Wierden (Groningen), Wurten (Land Wursten, Dithmarschen) oder Warften/Warfen (Nordfriesland) (▶ Infobox 10.1) dem Schutz der Menschen, ihrer Güter und ihres Viehbestandes vor Sturmfluten in den zunächst noch unbedeichten Seemarschen (Meier et al. 2013). Mit dem Deichbau seit dem Hochmittelalter und der Urbarmachung bis dahin vermoorter Gebiete für den Getreideanbau durch die künstliche Regelung der Binnenentwässerung entstanden in diesen Landesausbaugebieten Marsch- bzw. Moorhufensiedlungen kleiner, in Reihen angelegter, aus Klei errichteter Hofwarften als Schutz gegen Binnenwasserstau. Auch auf den seit der frühen Neuzeit aufgewachsenen Halligen im nordfriesischen Wattenmeer dienen wiederum hohe Warften dem Schutz vor Sturmfluten (Meier 2020). Die ältesten Warften entstanden bereits in der vorrömischen Eisenzeit in den nördlichen Niederlanden (Ezinge) bzw. im frühen 1. Jh. n. Chr. im Land Wursten (Feddersen Wierde) und in Dithmarschen (Süderbusenwurth), und zwar in den Seemarschen auf Uferwällen in der Nähe von Prielen, oft über zur ebenen Erde angelegten Flachsiedlungen.

Warften – Siedlungshügel als Schutz gegen Sturmfluten und ihre Erforschung (Dirk Meier)

Die Wirtschaftsweise in den Seemarschen vor der hochmittelalterlichen Bedeichung bzw. auf den seit der frühen Neuzeit aufgewachsenen Halligen im nordfriesischen Wattenmeer (Meier 2020) beruhte vor allem auf Viehhaltung, wobei in den Sommermonaten auch Getreideanbau möglich war. Da das salzige Wasser für Mensch und Tier ungenießbar ist, wurden auf den Warften (◘ Abb. 10.4) die verschiedensten Anlagen zur Wasserversorgung errichtet. Diese reichen von einfachen Tränkekuhlen über kompliziertere Anlagen mit Flechtbrunnen und Wasserauffangtrichter und Sodenbrunnen bis hin zu Fethingen (Wasserbecken für das Vieh) und Soden (Wasserversorgung für den Menschen) auf den Halligwarften.

Am Beginn der modernen Forschung von Warften stehen die Ausgrabungen in Ezinge nordwestlich von Groningen zwischen 1923 und 1934. Albert Egges van Giffen grub hier zahlreiche Baureste aus der Zeit zwischen 600 v. Chr. und dem 5. Jahrhundert n. Chr. aus. In der Elbmarsch an der Stör legte Werner Haarnagel mit Hodorf (1935/1936) und Eddelak in Süderdithmarschen (1935) zwei Siedlungen der römischen Kaiserzeit teilweise frei. Im nordfriesischen Wattenmeer begann Albert Bantelmann mit Kartierungen von Kulturspuren als Relikte einer untergegangenen Küstenlandschaft. Diese Untersuchungen erfolgten vor dem Hintergrund der bereits durch Heinrich Schütte (1939) aufgeworfenen Frage der Küstensenkung („Sinkendes Land an der Nordsee") bzw. dem Anstieg des Meeresspiegels.

Flächenhafte Ausgrabungen nahezu ganzer Dorfwurten prägten die geoarchäologische Küstenforschung der 1960er Jahre mit der römisch-kaiserzeitlichen Feddersen Wierde im Land Wursten durch Werner Haarnagel (1979) und der frühmittelalterlichen Marschensiedlung am Elisenhof bei Tönning in Eiderstedt durch Albert Bantelmann (1975).

Seit den 1970er Jahren begann man auf der Basis von Erfassungen von Warften und anderen Elementen der historischen Kulturlandschaft wie Deichen, Deichbruchstellen und archäologischen Funden vor allem in den nördlichen Niederlanden und im schleswig-holsteinischen Küstengebiet mit der geoarchäologischen Untersuchung ganzer Küstenräume. Wegweisend sind hier u. a. das Norderhever-Projekt unter Leitung von Michael Müller-Wille (Müller-Wille u. a. 1988) im südlichen nordfriesischen Wattenmeer und die von Dirk Meier (Meier 2001, 2016) geleiteten Küstenforschungen in Eiderstedt und Dithmarschen.

Im niedersächsischen Küstengebiet erfolgten geoarchäologische Untersuchungen vor allem im Land Wursten (Feddersen Wierde: Haarnagel 1979), in Butjadingen (Niens, Sievertsborch, Langwarden), im Wangerland (Oldorf, Neuwarfen) bei Wilhelmshaven, in der ostfriesischen Krummhörn sowie den Flussmarschen von Weser und Ems, wo Flachsiedlungen der jüngeren Bronzezeit (Rodenkirchen an der Unterweser) und vorrömischen Eisenzeit und römischen Kaiserzeit (Jemgum, Jemgumkloster, Bentumersiel, Bomburg, Midlum an der Unterems) untersucht wurden. In den letzten Jahren rückten erstmals auch Kulturspuren in den niedersächsischen Watten zunehmend in den Fokus der Forschung.

In den nördlichen Niederlanden schließen sich geoarchäologische Untersuchungen in Groningen und den friesischen Seemarschgebieten von Oostergo und Westergo an. Weitere Forschungen zu Mensch Umweltbeziehungen, Fragen der Binnenentwässerung und der Auswirkung von Sturmfluten wurden in Holland und dem Rhein-Maas-Schelde Ästuar durchgeführt (Thoen u. a. 2013).

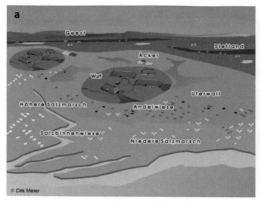

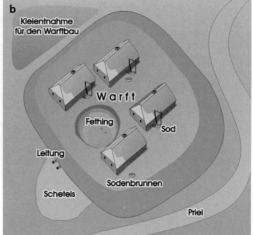

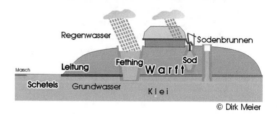

Abb. 10.4 a Wirtschaftsweise einer Wurtsiedlung in der unbedeichten Seemarsch (Graphik: Dirk Meier); **b** Wasserversorgung für Mensch (Sod, Sodenbrunnen) und Vieh (Fething, Schetels) auf einer Halligwarft (Graphik: Dirk Meier)

In den seit dem 12. Jahrhundert bedeichten Seemarschen entstanden neben den runden älteren Warften der Eisenzeit und des frühen Mittelalters rechteckige mit schachbrettartiger Bebauungsstruktur (u. a. Manslagt in der ostfriesischen Krummhörn, Schülp u. Büsumer Deichhausen in Dithmarschen) sowie Langwurten (u. a. Emden) mit kleineren Gewerbebauten. Letztere lagen als Handelsplätze küstennah an Prielen. Die Bedeichung der Seemarschen im Hochmittelalter erlaubte mit der Regelung der Binnenentwässerung durch Sielzüge und Siele die Urbarmachung vermoorter Sietländer für den Getreideanbau. Die letzten Warften wurden auf den nordfriesischen Halligen noch im 19. Jh. errichtet. Aus dem Zusammenschluss einzelner Hofwarften und deren weiterer Erhöhung bildeten sich in der Rö-

mischen Kaiserzeit (Feddersen Wierde, Tofting in Eiderstedt) oder im frühen Mittelalter (Wellinghusen in Dithmarschen, **■** Abb. 10.5a) große Dorfwurten (Behre 2008). Die auf ihnen errichteten dreischiffigen Wohnstallhäuser besaßen eingegrabene Pfosten, Flechtwerkwände und Reetdächer. Durch Sturmfluten sind in den nordfriesischen Uthlanden viele Warften mitsamt der umgebenden Kulturlandschaft untergegangen. Sie kommen als Kulturspuren wieder zutage (**■** Abb. 10.5b). Auf den Halligen, die auf Meeressedimenten über der mittelalterlichen Landoberfläche aufwuchsen, wurden seit der Frühen Neuzeit Warften aus Klei errichtet. Da deren Höhe heute aufgrund des Meeresspiegelanstieges nicht mehr ausreicht, hat man diese in den letzten Jahren zusätzlich mit Ringdeichen umgeben.

▣ Abb. 10.5   a Ausgrabung der Dorfwurt Wellinghusen, Dithmarschen. Vorne rechts ist der Stallausgang eines Wohnstallhauses einer Flachsiedlung um 690/700 n. Chr. erkennbar. Darüber befinden sich Aufträge aus Mist (braun) und Klei (hellere Schichten) des 9.–11. Jahrhunderts, die von Kleiaufträgen des hohen und späten Mittelalters bedeckt werden (Foto: Dirk Meier). **b** Untergegangene Warft mit Aufstreckfluren im Gebiet von Alt-Nordstrand, Nordfriesisches Wattenmeer (Foto: Walter Raabe).

10

Schon im 19. Jh. wurden Warften als wichtige Quelle der geoarchäologischen Forschung entdeckt, da sie nicht nur mit ihren teilweise gut erhaltenen Bauresten Aussagen zur Besiedlungsgeschichte erlauben, sondern auch anhand der Kultur- und Mistschichten zur Umwelthistorie (Meier 2001; Behre 2008; Meier et al. 2013). Unter den Warften sind oft landschaftsgeschichtliche Relikte (Torfe, alte Böden) konserviert, die im Umland aufgrund von Entwässerungen und landwirtschaftlicher Bewirtschaftung verschwunden sind. Die geoarchäologische Erforschung von Warften ist ein zentrales Element der Rekonstruktion der Genese ganzer Küstengebiete. Sie ist im Gesamtkontext der historischen Küstenforschung zu betrachten.

10.1.1.3 Wehranlagen

Neben den rituellen Aufschüttungen und Siedlungshügeln gibt es eine weitere wichtige Gruppe von anthropogenen Aufschüttungen, die allgemein als Befestigungen gelten. Befestigungen, die für Verteidigungszwecke errichtet wurden, werden als Wehranlagen bezeichnet. Die ältesten Wehranlagen in Europa stammen aus dem 6. Jahrtausend v. Chr., als sesshafte Gesellschaften damit anfingen, verschiedene Kombinationen von Befestigungsanlagen wie Wälle, Gräben und Steineinhegungen zu errichten (Parkinson und Duffy 2007). Eine starke Zunahme des Baus von Befestigungen ist in der Bronzezeit zu verzeichnen. Es gibt Studien, die darauf hindeuten, dass paläoklimatische Variationen und eine Veränderung der Umweltbedingungen zu einer Anpassung im Territorialverhalten der Menschen geführt haben könnten (Field 2008).

Außerhalb von Europa sind Wehranlagen wie die Chinesische Mauer (erste Bauarbeiten im 7. Jh. v. Chr.) (Lovell 2007), großflächige Einhegungen und andere Erdwerke in Afrika – insbesondere in der Stadt Benin im Süden Nigerias, wo in der Zeit von 800 n. Chr. bis Mitte des 15. Jh. ein ganzes System von Mauern und Gräben errichtet wurde (Darling 2016) –, Befestigungen mit Wallburgen im Einzugsgebiet des südperuanischen Titicacasees aus der ersten Hälfte des ersten Jahrtausends n. Chr. (Arkush 2011), prähistorische Befestigungen im Nahen Osten (Finkelstein 2013) oder Wehranlagen der Maori in Neuseeland (Bellwood 1971) zu nennen.

Der Fokus lag bei Wehranlagen auf dem Bau einer möglichst langlebigen und stabilen Struktur, was die verwendeten Methoden und Technologien beeinflusste. Landschaftsmerkmale bestimmten oft die exakte Platzierung der Wehranlagen. Das dänische Verteidigungssystem Danewerk zeigt, dass die natürliche Topographie beim Bau von Verteidigungssystemen eine wichtige Rolle spielte. Abschnitte des Danewerks belegen, dass sie bewusst in die hügelige Moränenlandschaft integriert wurden und sumpfige Gebiete oder Flusssysteme als natürliche Barrieren genutzt wurden (Dobat 2008).

Während im Hochland Steine als Baumaterial üblich waren, wurden Wehranlagen im Flachland hauptsächlich aus Feinbodensubstrat errichtet (Finkelstein 2013), typischerweise aus Böden und Lockersedimenten aus der unmittelbaren Umgebung solcher Erdwerke. Hinzu kommen großflächig abgetragene Grassoden und andere organische Bodenhorizonte, die besonders an steilen Standorten die Stabilität erhöhten. Zusätzlich wurden Steine und Baumstämme zur Verstärkung erdbasierter Wehranlagen genutzt, um für eine Langlebigkeit zu sorgen. Walloberflächen wurden manchmal auch gezielt verbrannt, um Schlacken zu erzeugen und die Stabilität zu erhöhen („verglaste Wälle") (Darvill 2008). Wehranlagen ohne Feinbodensubstrat, wie Mauern und Hecken, werden in diesem Abschnitt nicht beschrieben.

Wehranlagen besaßen häufig Gräben, die durch Akkumulationsprozesse heute oft (weitgehend) verfüllt sind. Gräben erhöhten einerseits die Gesamtwirkung der Verteidigungsanlage, andererseits konnte der Aushub für den Wallbau genutzt werden.

Je nach Funktion lassen sich verschiedene Arten von erdbasierten Wehranlagen unterscheiden. Wallanlagen, die seit der Bronzezeit nahezu global verbreitet sind, wurden um Städte und Dörfer zu Verteidigungszwecken gebaut, meistens in Form von länglichen Aufschüttungen oder Mauern, die die defensive Grenze einer Einhegung bildeten (Darvill 2008). Sie wurden häufig mit einem Bohlenwerk (Palisade) kombiniert. Die meisten dieser Wälle sind mit davorliegenden wassergefüllten Außengräben verbunden, die eine zusätzliche Komponente in der Verteidigungsstruktur darstellen. Ein Ringwall ist eine spezifische Form einer Wallanlage. Als kreisförmiger Wall errichtet, dient er zur Verteidigung von innenliegenden Siedlungsstrukturen, für religiöse Zwecke oder als Treffpunkt. Ringwälle entstanden vom Neolithikum bis zum Mittelalter in Europa und Nordamerika. Sie können auf verschiedene Weise gebaut werden: als einfache Erdwälle, als Holz- und Erdbauwerke oder als Mauern. Oft wurden Gräben vorgelagert und mehrere konzentrische Ringe gebaut, was zu einer effektiveren Abwehr der Angreifer führte. Heute sind Ringwälle oft überwachsen und von Gehölzen bedeckt, sodass eine Entdeckung in den meisten Fällen nur durch Luftbildaufnahmen möglich ist. Beispielhaft für Ringwälle stehen „Wikingerburgen" oder „Trelleborge", benannt nach dem ersten Fundort Trelleborg in Dänemark, der im frühen Mittelalter errichtet wurde. Technisch gesehen gehören die Ringburgen der Wikinger zu den Wallburgen, von denen sie sich durch ihre exakte Geometrie abgrenzen.

Eine Wallburg ist eine Befestigung auf einer Anhöhe (Darvill 2008), obwohl derartige Erdwerke nicht auf Hügel beschränkt sind und nicht nur der militärischen Verteidigung dienten (Harding 2012). Die bekanntesten späteren prähistorischen Beispiele stammen aus dem ersten Jahrtausend v. Chr. in Europa, wie das eisenzeitliche Maiden Castle in England. Normalerweise liegen Wallburgen in einer markanten und leicht zu verteidigenden Position. Sie bestehen aus einer oder mehreren Linien von Steinmauern oder Erdwällen sowie Gräben und aufwendigen Verteidigungsanlagen. Das Schlüsselelement ist die Einhegung, d. h. die physische oder konzeptionelle Abgrenzung eines Bereichs, zu dem der Zugang eingeschränkt oder kontrolliert wird. Dies kann durch Wall und Graben, Palisade oder Zaun oder durch die Einbeziehung natürlicher Landmarken wie Steilstufen oder Sümpfe erreicht werden.

Als Analogon zu Wallanlagen um Städte und Dörfer wurden weiträumige Umfassungen um forstlich oder agrarisch geprägte Gebiete gebaut. Sie heißen Landwehren und dienten neben dem Schutz der dortigen Bevölkerung der Kanalisierung der Verkehrsströme und verhinderten das Umgehen oder Umfahren von Kontroll- und Zollstellen. Landwehren bestanden aus Erdwällen, Gräben und oft Gehölzstreifen. Später wurden teils kilometerlange Grenzbefestigungen als politische Grenzen eines Staatsterritoriums errichtet, die Verteidigungsfunktionen oder symbolische Bedeutung besaßen. Die bekanntesten Beispiele sind das Danewerk als dänische Grenzbefestigung im heutigen Norddeutschland, der Limes als Grenze zwischen dem Römischen Reich und dem freien Germanien sowie der römische Hadrianswall nahe der heutigen Grenze zwischen Schottland und England.

Das Danewerk ist mit über 30 km Gesamtlänge das größte Bodendenkmal Nordeuropas (siehe auch ▶ Infobox 10.2). Das System von Wällen, Gräben und Mauern wurde an der schmalsten Stelle der Jütischen Halbinsel als südliche Grenze des Dänischen Reiches im frühen Mittelalter angelegt (◘ Abb. 10.6a). Im Laufe der Zeit wurde das Danewerk mehrmals ausgebaut und erweitert, sodass in den verschiedenen Bauphasen unterschiedliche Baumaterialien verwendet wurden (◘ Abb. 10.6b). Die letzten Modifizierungen wurden 1864 während des Deutsch-Dänischen Krieges durchgeführt. Aufgrund seiner Bedeutung wird das Danewerk oft mit dem berühmten römischen Limes verglichen (Maluck 2014).

Um 100 n. Chr. begann der Bau des Obergermanisch-Raetischen Limes, einer Wall-Graben-Anlage mit Kastellen, Wach- und Signaltürmen (◘ Abb. 10.7). Später wurden Palisaden ergänzt. Ab der Mitte des 2. Jh. n. Chr. verlief der 548 km lange Limes von Rheinbrohl bei Koblenz über Westerwald und Taunus, um die Wetterau zum Main, zum Schwäbisch-Fränkischen Wald bis zur Donau östlich von Ingolstadt. Eine bis zu 3 m hohe Eichenpalisade krönte den obergermanischen Limes, vor dem ein tiefer Graben lag. Am Raetischen Limes ersetzte Ende des 2. Jh. eine massive, bis zu 4 m hohe Steinmauer die Palisaden (Bork 2020). Überfälle von Germanen führten in der 2. Hälfte des 3. Jh. zur Rückverlegung einzelner Abschnitte und Mitte des 5. Jh. zur Aufgabe. Der Limes hat linear das Kleinrelief und die Böden stark verändert. Nach der Aufgabe bewaldeten sich Teile des Limeswalles; Parabraunerden entstanden dort im umgelagerten, entkalkten Löß des Walls (Semmel 1977).

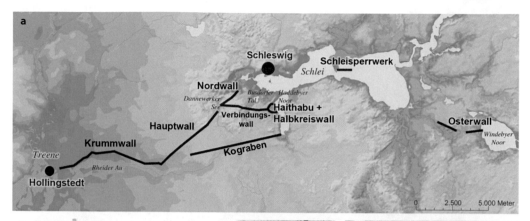

◘ Abb. 10.6 **a** Karte des Verteidigungssystems Danewerk mit markierten Wallabschnitten (Karte: Archäologisches Landesamt Schleswig–Holstein [ALSH], Kartengrundlage: GeoBasis-De/LVermGeo SH). **b** Ausgrabungsprofil mit dem Hauptwall des Danewerks am vor wenigen Jahren entdeckten Tor in der Nähe der Gemeinde Dannewerk. Die Wälle des Danewerks wurden meist aus bodenbürtigen Substraten und Grassoden errichtet (grauschwarze dünne Strukturen auf dem Foto). In einigen Bauphasen wurde die Außenseite zusätzlich mit einem anderen Material verstärkt. Ein besonders aufwendiger Ausbau erfolgte im 8. Jh. n. Chr. in Form einer Feldsteinmauer im Hauptwall (im Foto sichtbar). Diese aus geschätzt etwa 20 Mio. Feldsteinen bestehende Mauer war rund 3 m hoch, ebenso breit und wahrscheinlich über 5 km lang (Foto: Hans-Rudolf Bork)

■ Abb. 10.7 Eine Rekonstruktion des Limes mit Wachturm und Pfahlgraben in seinem letzten Bauzustand im 3. Jh. n. Chr. bei Pohlheim, Hessen (Foto: Hans-Rudolf Bork)

10

Infobox 10.2

Der Halbkreiswall von Haithabu (Jann Wendt, Svetlana Khamnueva-Wendt, Hans-Rudolf Bork)

Der Halbkreiswall des berühmten wikinger-zeitlichen Händler- und Handwerkerzentrums Haithabu in Schleswig–Holstein ist ein gutes Beispiel für eine Befestigungsanlage (■ Abb. 10.8). Der Halbkreiswall wurde in der zweiten Hälfte des 10. Jh. erbaut und an den nördlichen Abschnitt des Danewerks über einen Verbindungswall angeschlossen, um den bedeutenden Handelsplatz Haithabu an der Kreuzung wichtiger Handels- und Verkehrswege der Region zu befestigen. Durch die Halbkreisform umschließt der Wall drei landwärts gerichtete Seiten der Siedlung. Die vierte ist dem Haddebyer Noor zugewandt, heute ein See, früher das westlichste Ende des Ostseearms Schlei. Der Wall wurde aus lehmigen und sandigen pleistozänen Ablagerungen aus der Umgebung sowie aus Material der Bodenhorizonte und Grassoden errichtet. Das pleistozäne Material wurde Gräben entnommen, die entlang des Walls an seiner inneren und äußeren Seite verliefen, sowie aus dem inneren Teil der Siedlung am Haithabu-Bach. Geoarchäologische Untersuchungen der Wallsedimente belegen, dass eine großflächige Abtragung von fruchtbaren Oberböden für den Wallbau stattgefunden hat. In einigen Teilen des Walls wurde der ursprüngliche Boden unterhalb der Wallbasis identifiziert. Er zeigt die Lage der ehemaligen Landoberfläche an und ermöglicht eine Rekonstruktion der lokalen Landschaftsveränderung. Große Steine und Baumstämme wurden für die Stabilisierung der Wallbasis verwendet und Bohlenwerke aufgerichtet, um die ursprünglich steilen Hänge des Walls zu befestigen.

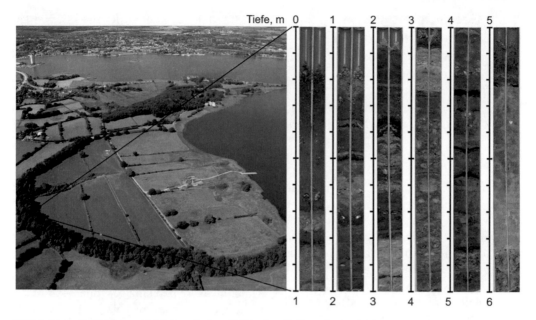

Abb. 10.8 Luftbild von Haithabu mit dem Halbkreiswall (Foto: Archäologisches Landesamt Schleswig-Holstein – ALSH). Der Halbkreiswall von Haithabu wurde im 10. Jh. an den Nordwall des Danewerks über den Verbindungswall angeschlossen. Die geoarchäologische Untersuchung des südwestlichen Segments des Walls belegt, dass dieser aus heterogenen Materialien gebaut wurde: Bodenhorizonte (dunkelbraune Schichten), Grassoden (dünne dunkle Schichten), pleistozäne Sedimente (helle lehmige und sandige Sedimente) sowie Mischungen der genannten Substrate. In einer Tiefe von 5,2–5,6 m ist eine begrabene, podsolierte Braunerde zu erkennen (Foto des Bohrkerns: Svetlana Khamnueva-Wendt)

10.1.1.4 Ingenieursmäßige Erdwerke

Eine weitere Gruppe anthropogener Aufschüttungen sind ingenieursmäßige Erdwerke zum Management von Wasser. Dazu gehören langgestreckte, von Menschen modifizierte Rücken oder gebaute Dämme und Deiche, um den Wasserstand zu regulieren, den Transport zu erleichtern oder die Rückhaltung von Sedimenten zu ermöglichen (Mays 2008).

Einige der ältesten Beispiele für prähistorische Dammsysteme liegen im Industal (heute in Pakistan und Nordindien; ab ca. 2600 v. Chr.) und im alten Ägypten entlang des linken Nilufers (vor etwa 3000 Jahren) auf einer Länge von mehr als 900 km, ebenso in Mesopotamien, China und Mexiko. Die komplexen Deichsysteme in Mesopotamien und dem alten China erforderten eine starke Regierungsgewalt, um die Arbeiten zu planen und zu organisieren. Sie waren möglicherweise ein Katalysator für die Entwicklung von Staatssystemen in frühen Zivilisationen. Bemerkenswert ist die antike Wasserbautechnik bei der mykenischen Stadt Tiryns in Griechenland. Dort wurde etwa im 12. Jh. v. Chr. ein 10 m hoher und 300 m langer Damm in Kombination mit einem 1,5 km langen Kanal gebaut, um den unteren Teil der Stadt vor Überschwemmungen zu schützen (Hinzen et al. 2018).

Künstliche Dämme erfordern ein erhebliches technisches Know-how unter Berücksichtigung der physikalischen Eigenschaften von Baumaterialien in Bezug auf die Beständigkeit gegen Wassererosion und Abrasion. Der Erosion wird mit Bepflanzung oder Installation von Steinen, Felsbrocken, Matten oder Betonverkleidungen begegnet.

10.1.2 Geoarchäologische Relevanz von Erdwerken/ anthropogenen Aufschüttungen

Aufgegebene Erdwerke verändern sich im Laufe der Zeit durch natürliche Bodenbildungs- und Bodenerosionsprozesse und durch agrarische Bodenbearbeitung. Nur wenige Grabhügel sind in Europa in nahezu unbeschädigtem Zustand erhalten. Die meisten sind durch Landwirtschaft beseitigt worden und erscheinen heute höchstens noch als niedrige Erhöhungen oder sie sind nur noch aus der Luft durch spezifische Boden- oder Vegetationsmerkmale sichtbar. Erdwerke werden oft zufällig entdeckt, häufig auf landwirtschaftlichen Flächen (Griffin 1967; Downes 1994; Breuning-Madsen und Holst 2003). Zur gezielten Detektion von prähistorischen Erdwerken werden Luftbilderaufnahmen analysiert und Methoden der Geophysik angewendet (Forte und Pipan 2008).

Traditionell wurden Artefakte und die Architektur von Erdwerken archäologisch untersucht. Aus geoarchäologischer Perspektive werden die anthropogenen Aufschüttungen selbst als Artefakte betrachtet (Sherwood und Kidder 2011). Festzuhalten ist jedoch, dass, obwohl verschiedene rituelle und zeremonielle Hügel in den letzten Jahren von Geoarchäologen recht intensiv untersucht wurden, anthropogene Aufschüttungen von Deichen und Dämmen sowie von Wehranlagen immer noch nur unzureichend geoarchäologisch erforscht sind.

Der Bau von prähistorischen Hügeln wurde früher als einfache Anhäufung von Erdsubstraten mit bestimmter Formgebung interpretiert (Sherwood und Kidder 2011); nur der körperliche Einsatz wurde gewürdigt (Shetrone und Lepper 2011). Heute können wir davon ausgehen, dass oftmals Fachleute mit fundierten geotechnischen Kenntnissen Erdwerke errichteten.

Materialien, aus denen Erdwerke bestehen, sind wichtige Archive der Mensch-Umwelt-Interaktionen, ebenso wie die darunterliegenden begrabenen Böden. Basierend auf den Merkmalen des Materials können Bautechniken rekonstruiert werden. Über das Volumen und den Charakter des Materials kann die Arbeitsleistung abgeschätzt werden, die Hinweise auf die Bevölkerungszahl und den Zustand der verantwortlichen Kultur liefern kann.

Die geoarchäologische Untersuchung eines Erdwerkes – eines Hügels, Walls oder Erddamms – erfordert detaillierte Kenntnisse über Böden und die geomorphologischen Bedingungen in seiner Umgebung. Nur so ist es möglich zu erkennen, ob sein Material aus einer einzigen oder aus mehreren Quellen stammt. Nach der Ablagerung sind sekundäre Bodenbildungsmerkmale von denjenigen zu unterscheiden, die die Materialeigenschaften an einem Quellstandort angeben. Eine detaillierte Beschreibung und Probenahme aus dem Erdwerk sowie die Dokumentation der Bandbreite der potenziellen Quellen im gesamten Gebiet sind sorgfältig im Feld durchzuführen. Wie auch bei der geoarchäologischen Untersuchung anderer Objekte müssen bei der Erforschung der Erdwerke interdisziplinäre Untersuchungen auf multiplen Skalen durchgeführt werden – von der regionalen geographischen Situation bis auf die Mikroskala mit detaillierten mikromorphologischen Analysen (vgl. ▶ Abschn. 15.6) –, um korrekte Aussagen bezüglich der Genese und der diagenetischen Umwandlung von Komponenten zu treffen.

10.2 Tells

Susan M. Mentzer und Mara Lou Schumacher

Ein Tell (auch Tel) ist ein konisch geformter Siedlungshügel, bestehend aus Kulturschichten, die als Folge jahrhunderte-

und jahrtausendelanger und wiederholter Besiedlung und Bauaktivitäten an einem Ort entstehen (◘ Abb. 10.9). Der Begriff leitet sich vom arabischen und hebräischen Wort für Berg oder Hügel ab. Geographisch gesehen sind Tells vor allem im Vorderen Orient, in Nordafrika, in Teilen des Mittelmeerraums und Osteuropas zu finden, allerdings wurden ähnliche Fundstättentypen auch in Südamerika (Rosen 1986) und in Deutschland (Lubos et al. 2011) entdeckt.

Die anthropogenen Sedimentschichten, aus denen Tells bestehen, können eine Mächtigkeit von mehreren Dezimetern erreichen und enthalten eingestürzte Lehmziegel- und Steinartefakte, Abfall, Siedlungsablagerungen, Straßenbeläge, aufgeschüttete Wälle, Zerstörungsschichten und andere Ablagerungen des täglichen Lebens. Ein Großteil

der Sedimente umfasst Komponenten der Architektur aus Lehm und anderen Feinsedimenten (Friesem et al. 2011), einschließlich ungebrannter Lehmziegel, Mörtel und Verputz. Die Entstehung der frühesten Tells fällt mit den Anfängen des Siedlungslebens bis hin zum frühen Urbanismus im Nahen Osten zusammen, eine Epoche, die auch als akeramisches Neolithikum bezeichnet wird.

Die Fundstättengenese und die geographische Verbreitung von Tells sind eine Folge von menschlichen Aktivitäten und spezifischen Umweltbedingungen. Tells finden sich häufig in oder nahe an Flussauen in ariden bis semiariden Landschaften. Die feinkörnigen Überschwemmungsablagerungen stellen einen idealen Rohstoff zur Herstellung von Lehmziegeln dar. Vor allem in ariden Landschaften, wo Holz knapp ist,

◘ **Abb. 10.9** Foto von Tel Megiddo mit Blick nach Nordwesten. Das Ausmaß des Tells als eigenständige geomorphologische Form ist deutlich sichtbar, mit zusätzlichen kleineren Merkmalen in Bezug auf Ausgrabungsphasen, einschließlich der modernen Gräben (a), der modernen Deponien für ausgehobenes Sediment (b), eines großen Grabens, der von Ausgrabungen der Universität Chicago stammt (c), die Deponien der Chicagoer Ausgrabungen (d) und die vergrabene Strecke der Eisenbahnlinie, auf der Sedimente zu den Deponien transportiert wurden (e) (Bild mit freundlicher Genehmigung der Megiddo-Expedition der Universität Tel Aviv)

sind Lehmziegel das bevorzugte Baumaterial, da die geringen Niederschlagsmengen und der Mangel an stehendem Oberflächenwasser die Degeneration der baulichen Strukturen vermindern. Lehmziegelmauern können durch Dachaufbauten oder verputzte Außenwände zusätzlich vor Verfall geschützt werden. In einigen Fällen haben steinerne Fundamente wohl zum Schutz vor Erosion durch Unterspülung und Salzverwitterung beigetragen.

Allerdings entstehen Tells nicht allein durch die Lehmziegelbauweise, sondern vor allem durch die sich wiederholenden Bauaktivitäten, die (Ab-)Nutzung der Siedlungen und die damit einhergehende Anhäufung von Schutt; dies trägt zu einer Anhäufung von Sedimenten und damit zu einem kontinuierlichen Höhenwachstum der Tells im Laufe ihrer Nutzungszeit bei. Zerstörungsschichten sind ebenfalls verbreitete Merkmale von Tells. Diese Ablagerungen bestehen aus eingestürzten und oft verbrannten Baumaterialien, die je nach Befund als gewaltsame Eingriffe (Namdar et al. 2011) oder als Naturkatastrophe (Rapp 1986) interpretiert werden. Sie überdecken ältere Ablagerungen und tragen so zu der für Tells typischen hervorragenden Erhaltung bei. Nach Rosen (1986) erreichen Tells schnell eine Höhe, bei der geogene Sedimentquellen und erosive Prozesse wie Überflutungen selten oder gar nicht vorkommen. Auf großen Tells stellen äolische Sedimente die einzige natürliche Ablagerungsform dar, während Sedimentabtrag vor allem in Form von Flächenerosion stattfindet. Darüber hinaus werden Erosionsprozesse durch bauliche Strukturen wie Verteidigungsmauern oder aufgeschüttete Wälle zum Beispiel in bronze- und eisenzeitlichen Siedlungen verringert. Durchmischungsprozesse der Tellsedimente finden sowohl während der Besiedlung durch Bioturbation und anthropogenen Bodenaushub statt als auch nach Ende der Besiedlung in Form von moderner Agrarwirtschaft.

10.2.1 Zur Anwendung geoarchäologischer Methoden auf Tells

Die Forschungsgeschichte von Tells reicht weit zurück und schließt mehrere langandauernde Ausgrabungen unter deutscher Leitung ein, wie beispielsweise in Hisarlık (antikes Troia, u. a. Korfmann 2006) oder am Tell Halaf (Oppenheim 1931). Während dieser Kampagnen wurden häufig Geologen beschäftigt, um im landschaftlichen Umfeld die lokale Geomorphologie und anthropogene Strukturen wie Häfen zu rekonstruieren (z. B. Kraft et al. 2003). Die erste geoarchäologische Studie der Tellentstehung und -erosion stammt von Rosen aus dem Jahre 1986. In den sich anschließenden Jahrzehnten wurde die archäologische Forschung an Tells zunehmend interdisziplinär. Geoarchäologen wurden aktiv in die Untersuchung der Ablagerungen miteinbezogen und tragen mittlerweile dazu bei, Fragen zu sozialen Systemen und zum Verhältnis der Menschen zu dem Naturraum, den sie bewohnen, zu beantworten. Geoarchäologen bedienen sich dafür einer Reihe von Daten aus der Mikroskala (Boivin 2000), der Fundstättenskala (McAnany und Hodder 2009) bis hin zur Landschaftsskala (Wilkinson 2003).

Aufgrund ihrer Größe und ihrer komplexen Stratigraphie, die aus mehrfachen Besiedlungs- und Bauphasen resultiert, erstrecken sich Ausgrabungen von Tells häufig über viele Jahre. Grabungsteams beschäftigen oft mehrere Geoarchäologen, die sich auf verschiedene Teilaspekte des Projektes spezialisieren (siehe Infobox 10.3). Geophysiker führen vorab Geländebegehungen auf dem Tell und seiner Umgebung durch (Sarris et al. 2013). Aufgrund der Ablagerungsmächtigkeit und der typischen Korngrößen der Tellsedimente sind Bodenradar und Geoelektrik die am besten geeigneten Techniken zur Sondierung und Kartierung von unterirdischen Strukturen (Casana et al. 2008). Während der Ausgrabung führen Geoarchäologen spezielle sedimentologische Analysen durch, wie die Bestimmung des Carbonatgehalts (▶ Abschn. 15.1), die infrarotspektroskopische Identifikation von mineralischen Substanzen (▶ Abschn. 15.10) und die Analyse von Mikroskoppräparaten (z. B. *smear slides*). Die Ergebnisse der vor Ort durchgeführten Analysen können genutzt werden, um die Ausgrabungsstrategie anzupassen, und sie können Hinweise hinsichtlich der Beprobung für zeitaufwendigere Laboranalysen geben (Weiner 2010). Es kann allerdings nur ein Bruchteil der anthropogenen Ablagerungen auf Tells beprobt werden. Da die architek-

tonischen Überreste einen Großteil der Tellsedimente darstellen, sind sie häufig Gegenstand von sedimentologischen (Love 2012), mikromorphologischen (Gé et al. 1993), experimentellen (Friesem et al. 2011) und ethnographischen (Boivin 2000) Untersuchungen. Mikromorphologie wird außerdem verwendet, um eine Vielzahl von anthropogenen Sedimenten und Strukturen zu untersuchen (vgl. ◘ Abb. 10.11b; Shahack-Gross et al. 2005; Matthews 2010; Shillito 2011a) und den stratigraphischen Kontext für die Datierung zu bestimmen (Toffolo et al. 2012).

Infobox 10.3

Çatalhöyük (Zentralanatolien) (Susan M. Mentzer, Mara Lou Schumacher)

Çatalhöyük (von türk. *"höyük"* für Tell) besteht aus zwei Hauptsiedlungshügeln, deren bis zu 20 m mächtige archäologische Ablagerungen Artefakte und architektonische Strukturen des neolithischen und chalkolithischen Siedlungslebens hervorbrachten. Während der von I. Hodder geleiteten Ausgrabungen wurden geoarchäologische und andere naturwissenschaftliche Analysen durchgeführt. Ein einzigartiger Aspekt des Projekts war der tägliche Austausch vor Ort mit naturwissenschaftlichen Archäologen, der interdisziplinäre Forschung ermöglichte (◘ Abb. 10.10). Zentrale Themen und Ergebnisse dieser Studien werden im Folgenden vorgestellt. Die vollständige Bibliographie und Jahresberichte sind online unter ▶ https://www.catalhoyuk.com/research zu finden.

■■ **Geomorphologie und Paläoklima**
Erste geoarchäologische Untersuchungen befassten sich mit den Böden, dem geomorphologischen Kontext und Kernbohrungen am Tell. N. Roberts wies anhand der Geomorphologie und Stratigraphie der Ablagerungen nach, dass der Siedlungshügel sich

auf einem alluvialen Schwemmkegel erhebt. Anhand von Kernbohrungen aus dem Paläosee konnten die regionalen paläoklimatischen Verhältnisse während des Pleistozäns und Holozäns rekonstruiert werden. Diese Studie zeigte außerdem, dass Kalkmergel als Rohstoffquelle für Baumaterialien verwendet wurde.

■■ **Vegetationsgeschichte und Landnutzung im Neolithikum**
N. Roberts identifizierte holozäne Schwemmablagerungen, die den neolithischen Bodenhorizont überdeckten und somit direkte Untersuchungen der agrarwirtschaftlichen Landnutzung erschwerten. Hierzu konnte interdisziplinäre Forschung neue Erkenntnisse liefern: Von W.J. Eastwood durchgeführte Pollenstudien zeigen Pflanzengesellschaften auf, während A. Bogaard mithilfe von Isotopen die Beweidung mit Pflanzenfressern rekonstruierte.

■■ **Anthropogene Ablagerungen**
W. Matthews und L.M. Shillito führten mikromorphologische Untersuchungen zahlreicher anthropogener Ablagerungen und

Strukturen durch, darunter Müllhalden, Feuerstellen, Besiedlungsschutt und Verfüllungen. Sie dokumentierten unter anderem Aktivitätszonen in Innen- und Außenräumen und zeigten, dass Fußböden und Feuerstellen durch regelmäßiges Fegen instand gehalten wurden.

▪▪ Fäkale Biomarker und Dung
L. M. Shillito identifizierte Fäkalrückstände in Müllhalden mithilfe von FTIR und lipiden Biomarkern. Ihre Arbeit beinhaltete zudem die Analyse von Phytolithen und zeigte Strukturen der Abfallentsorgung auf. W. Matthews identifizierte verbrannte und unverbrannte Dungablagerungen in Dünnschliffen, während die interdisziplinäre Forschung von E. Asouti und A. Fairbairn an verbranntem Dung und Holzkohleüberresten als Nachweis für ihre Verwendung als Brennstoff dienten.

▪▪ Baumaterialien aus Lehm und anderen Sedimenten
Studien an Lehmziegeln von S. Love zeigten, dass die Modifikation der Rohstoffe durch den Menschen wie beispielsweise Magerung

die Beschaffenheit der Ziegel stärker beeinflusst als ihre Sedimentquelle. Die Verwendung verschiedener Rezepturen spiegelt sich in den sozialen Strukturen wider. Die mikromorphologische (N. Boivin) und IR-spektroskopische Untersuchung (J. Wiles) von Hauswänden und Fußböden offenbarte mehrere Schichten der Putzerneuerung.

▪▪ Gesteine und andere mineralische Ressourcen
T. Carter verband die Herkunftsanalyse von Obsidian mit vulkanischen Studien des Hasan-Dağı-Komplexes. A.J. Nazaroff bestimmte lokale und regionale Quellen von Feuerstein. B. Erdoğu und M. Özbasaran nahmen an, dass Salz vom Tuz Gölü eine lebensnotwendige Ressource war. Alle drei Rohstoffe wurden in ganz Zentralanatolien gehandelt.

▪▪ Neolithische Vorstellungen der Geologie
Eine berühmte Wandmalerei stellt vermutlich den Ausbruch des Vulkans Hasan Dağ dar. Ein Forschungsteam um A. Schmitt datierte andesitischen Bimsstein mit radiometrischen Methoden um 8900 BP.

10

10.2.2 Geoarchäologische Forschungsfragen und Potenziale

Geoarchäologische Forschungsansätze bieten hervorragende Möglichkeiten zur Erforschung von Tellsiedlungen. Die kontinuierliche Siedlungsaktivität, die häufige Überbauung sowie insbesondere die schnelle Verfüllung älterer Strukturen haben meist eine sehr gute Erhaltung der Stratigraphie zur Folge. Ihre Komplexität und die damit einhergehenden Zeugnisse menschlicher Aktivität ergeben sich oft erst aus den mikroskopisch feinen Ablagerungsschichten. Das geoarchäologische Potenzial liegt vor allem darin, innerhalb dieser Mikrostratigraphie kleinräumige und kurzzeitige Prozesse zu identifizieren, die für das menschliche Auge

nicht fassbar sind. So ist es anhand der feinen Schichten unter anderem möglich, zwischen natürlichen und anthropogenen Ablagerungsprozessen zu unterscheiden.

Dank der häufig außergewöhnlich hohen Konzentration an archäologischen Befunden kann die interne wirtschaftliche, kulturelle und soziale Organisation der Tellsiedlung anhand der räumlichen Anordnung von architektonischen Strukturen, Straßen, Freiflächen und Gräbern zueinander rekonstruiert werden (◻ Abb. 10.11a). Auch für das direkte Umfeld der Siedlungshügel hält die Geoarchäologie Methoden zur Erforschung der anthropogenen Landnutzung bereit: Durch die Untersuchung der Sedimentverfüllung konnten Wilkinson et al. (2010) die Nutzung von Hohlwegen als überregionales Kommunikations- und

Handelsnetzwerk während des 3. Jahrtausends v. Chr. im nördlichen Mesopotamien nachweisen.

Ein besonderes geoarchäologisches Potenzial haben Müllhalden (engl. *middens*). Sie bestehen aus Abfallprodukten wie Essensresten, Bauschutt und Exkrementen und wurden häufig über Jahrtausende hinweg angehäuft. Aufgrund ihres kontinuierlichen Wachstums spiegeln sie das Alltagsleben der Vergangenheit über lange Zeiträume hinweg wider (Shillito 2015). Großflächige Dungablagerungen können Aufschluss geben über die Organisation und Nutzung von Siedlungsarealen. Sie haben sich insbesondere in neolithischen Kontexten des Vorderen Orients und Anatoliens als wichtige Hinweise für die einsetzende Domestizierung von Tieren erwiesen (u. a. Shillito et al. 2011a, 2013; Matthews 2012).

Die Stratigraphie und insbesondere die Unterscheidung zwischen natürlichen und anthropogenen Ablagerungen können Hinweise darauf geben, ob und warum eine Tellsiedlung zerstört oder aufgegeben wurde. Äolische Verfüllungssedimente

◾ **Abb. 10.10** Eine Gruppe von Spezialisten auf einer täglichen „Prioritätstour" (Çatalhöyük research project)

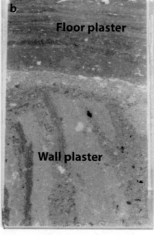

◾ **Abb. 10.11** Anthropogene Ablagerungen in der neolithischen Fundstelle Aşıklı Höyük (Zentralanatolien). **a** Ein Gebäude während der Ausgrabung. Die sichtbaren Ablagerungen zeigen eine Mauer, mehrere Fußbodenbeläge und eine Feuerstelle einer früheren Bau- und Besiedlungsphase des Gebäudes. Oben rechts sind Ablagerungen einer Müllhalde zu erkennen. Die gelbe Box markiert die Position der Probe in **b**. **b** Auflichtscan eines Dünnschliffes. Zu sehen sind Schichten des Wandverputzes einer früheren Bauphase, die von den Bodenbelägen der darauffolgenden Phase geschnitten und überbaut wurden können Indikatoren für eine nachlassende Siedlungsaktivität sein, während Verbrennungsrückstände (Berna et al. 2007) und eingestürztes Baumaterial auf Zerstörungshorizonte hinweisen können. Auch die Prozesse, die nach dem Ende der Besiedlung stattfinden, stellen eine wichtige Quelle für Geoarchäologen dar: Sie ermöglichen uns zu verstehen, wie anthropogene Sedimente während und nach der Ablagerung durch natürliche Umweltprozesse wie Verwitterung oder Mineralneubildung verändert wurden.

Die geoarchäologische Erforschung von Tells hat sich seit ihren Anfängen vor allem hinsichtlich der Größe der untersuchten archäologischen Funde gewandelt. Frühe Untersuchungen befassten sich weitestgehend mit den Baumaterialien und der Bautechnik sowie mit dem Einfluss von Erosionsprozessen auf die archäologischen Sedimente. Davidson (1976) hat als einer der Ersten bodenkundliche Methoden wie die Korngrößenanalyse und den Phosphatgehalt anthropogener Ablagerungen dazu genutzt, um Rückschlüsse auf die Siedlungs- und Bauaktivitäten auf dem Tell Sitagroi in Nordgriechenland zu ziehen. Goldberg (1979) und Rosen (1986) haben mikroskopische Untersuchungen von Lehmziegeln und Laufhorizonten vom Tell Lachish vorgenommen. Sie gehörten zu den Ersten, die das Potenzial mikroskopischer Spuren für die Rekonstruktion menschlicher Aktivitäten erkannten.

Heutige Forschungsschwerpunkte konzentrieren sich vor allem auf die Lehmziegelarchitektur, die Besiedlungsablagerungen (engl. *occupation deposits*) sowie auf die Ursachen von Aufgabe oder Zerstörung der Tellsiedlung und der anschließenden postsedimentären (engl. *post-depositional*) Prozesse. Die Untersuchung der Bestandteile und der Herstellung von ungebrannten Lehmziegeln und anderer Baumaterialien ist nach wie vor ein zentrales Thema der Tellgeoarchäologie. Eine von Regev et al. (2010a,b) entwickelte spektroskopische Methode nutzt die mineralische Struktur zur Unterscheidung zwischen geogenem, biogenem und pyrogenem (durch Feuer erzeugtem) Kalzit und hat dazu beigetragen, gebrannten Kalkestrich zu identifizieren.

Daneben sind die einzelnen Besiedlungsschichten von großem Interesse für die Forschung: Mithilfe von Dünnschliffanalysen können einzelne Laufhorizonte und Mikroartefakte untersucht werden und einen Einblick in die Aktivitäten des täglichen Lebens geben. Biochemische und mikroskopische Untersuchungen der Füllsedimente eines Wohngebäudes in Sheik-e-Abad ergaben, dass das Gebäude vor der Aufgabe und Überbauung sekundär als Latrine genutzt wurde (Shillito et al. 2013). Mikromorphologische Untersuchungen ausgewählter Kulturschichten auf dem Tell Chuera ergaben, dass die Fußböden eines Hauses mit Pflanzenmatten ausgelegt waren und wohl als Schlaf- oder Essstätte genutzt wurden (Fritzsch 2011).

Geoethnoarchäologische und experimentelle Ansätze haben in den letzten Jahrzehnten zunehmend das Interesse der Forschung geweckt und bilden mittlerweile einen wesentlichen Bestandteil geoarchäologischer Forschung (Tsartsidou 2017; Macphail 2017). Sie tragen zu einem besseren Verständnis der Zusammensetzung, Herstellung und Verwitterung von Lehmziegeln und anderen Baumaterialien bei (Boivin 2000; Friesem et al. 2011, 2014). Auch einzelne Bestandteile archäologischer Ablagerungen wie Phytolithen (Tsartsidou et al. 2008, 2009), Asche und andere Verbrennungsrückstände (Gur-Arieh et al. 2013, 2014; Friesem 2018) sowie Tierdung (Shahack-Gross 2011; Gur-Arieh et al. 2018) sind zunehmend Gegenstand geoethnoarchäologischer Forschung geworden. Sie können durch den Vergleich mit modernen oder ethnographischen Referenzproben aus verschiedenen Zeiträumen und Kulturen einen wertvollen Beitrag zur Morphologie und Taphonomie (▶ Kap. 13) verschiedener Materialien in archäologischen Ablagerungen liefern (Matthews 2017).

Die gute Erhaltung baulicher Strukturen, die komplexe Mikrostratigraphie und die Kombination mit geoethnoarchäologischen Ansätzen bilden die spezifischen Elemente des geoarchäologischen Forschungspotentials von Tellsiedlungen.

> **Weblinks**
> Çatalhöyük: ▶ www.catalhoyuk.com
> Aşıklı Höyük: ▶ www.asiklihoyuk.org
> Ashkelon: ▶ https://digashkelon.com/
> Megiddo: ▶ https://megiddoexpedition.
> wordpress.com/

10.3 Formen der Agrarlandschaft

Christian Stolz

Formen der Agrarlandschaft kommen weltweit in nahezu allen historischen Kulturlandschaften vor. Sie zählten in Deutschland bis in die 1970er-Jahre zu den Forschungsgegenständen der bis dato fast ausschließlich typologisch verfahrenden Historischen Geographie (Schreg 2016; vgl. Schenk 2011). In der Mittelalterarchäologie gilt ihre Bedeutung bis heute als gering (Schreg 2016). Zumeist handelt es sich um historische oder prähistorische Flurformen, sogenannte Altfluren, und um die Begrenzungen von Besitz- oder Betriebsparzellen, ferner um Anlagen zum Einpferchen von Tieren, zur Lagerung oder zur Be- und Entwässerung sowie um andersartige Kleinformen des Acker- und Weidelandes. Fast immer treten sie in Form von Rainen, Stufen, Terrassen, Wölbungen, Planierungen, Erd- oder Steinwällen, Steinsetzungen oder Trockenmauern auf und sind teilweise nur schwer von anderen archäologischen Befunden oder geomorphologischen Kleinformen zu unterscheiden. Feldabgrenzungen und vergleichbare Relikte gelten gemeinhin als fundarm.

Grundsätzlich kann zwischen Altfluren unterschieden werden, die bis heute in Funktion sind und solchen, die als Relikte vorliegen. In Mitteleuropa haben sie sich insbesondere an Waldstandorten erhalten, die früher agrarisch genutzt wurden. Im Offenland fielen sie seit dem 19. Jahrhundert vermehrt Flurbereinigungsverfahren zum Opfer. Sie gehören damit auch zu den Elementen der Wüstungsforschung. Handelt es sich bei dem betreffenden Areal um eine ehemals landwirtschaftlich genutzte Fläche, spricht man von einer Flurwüstung. Besteht die Siedlung noch, zu der der Flurteil einst gehörte, liegt eine partielle Wüstung vor, da eine Totalwüstung immer eine gleichzeitige Siedlungs- und Flurwüstung voraussetzt. Insbesondere während des Spätmittelalters fielen zahlreiche Siedlungen und die dazugehörigen Fluren in Deutschland wüst. Der Anteil wüst gefallener Orte an allen noch während des Hochmittelalters vorhanden gewesenen Siedlungen liegt zwischen 20 % im Frankenwald und 66 % in Nordthüringen (Abel 1976).

Zur Unterscheidung agrarischer Geländeformen ist es außerdem relevant, ob es sich um geplante Strukturen handelt, oder um Formen, die quasinatürlich entstanden sind, wie z. B. klassische Feldraine als Folge von Bodenerosion. Unterschieden werden kann ferner nach dem Alter, nach der (früheren) Funktion, nach dem Baumaterial und der Bauweise, nach Größe und Ausdehnung sowie nach dem Erhaltungszustand.

Zur Datierung agrarischer Kulturlandschaftsrelikte stehen unterschiedliche Methoden zur Verfügung. Bei jüngeren Fluren ist eine archivalische Datierung, z. B. mittels Altkarten oder Lagerbüchern möglich. Die Datierung mittels archäologischer Funde wird insbesondere in Hanglage und wegen der Verlagerung von Sedimenten durch Bodenerosionsprozesse erschwert, obwohl sich auf Äckern häufig datierbare Relikte wie Scherbenfragmente, Tierknochen oder Holzkohle finden, die wahrscheinlich als häusliche Abfälle mit dem Dung auf die Felder gelangten. Unter künstlichen und kolluvialen Aufschüttungen bzw. zwischen verschieden alten Ablagerungen können sich außerdem verschüttete Böden oder Humushorizonte befinden, die eine stratigraphische oder physikalische Datierung zulassen. Insbesondere bei Holzkohle oder Knochen (weniger gut bei Humus oder Detritus) kann die Radiokohlenstoffdatierung angewandt werden, ansonsten Lumineszenzmethoden am Sediment selbst. Verstärkt gewinnen auch in der Altflurenforschung geo- und bodenchemische Methoden an Bedeutung, die Rückschlüsse auf frühere Bewirtschaftungsweisen zulassen (Schreg 2016), z. B. Untersuchungen von Lipiden, Holzkohle oder der sogenannten Boden-DNA (Evershed 1993; Eckmeier et al. 2007; Hebsgaard et al. 2009).

Das Auffinden der Relikte in der Landschaft ist vor Ort im Gelände und dort insbesondere unter Bewuchs nicht immer auf Anhieb möglich. Die Methoden der Fernerkundung helfen daher nur bedingt weiter. Als hervorragendes Werkzeug erweisen sich dagegen durch Laserscans gewonnene digitale Landschaftsmodelle (DGM) mit hoch aufgelöster Höhendarstellung (Sittler und Hauger 2005).

10.3.1 Celtic Fields

Celtic fields sind ein Beispiel für vorgeschichtliche, überwiegend eisenzeitliche bzw. römisch-kaiserzeitliche Feldsysteme, die hauptsächlich aus Norddeutschland und anderen Teilen Nordwestmittel- und Nordeuropas (Dänemark, Niederlande) und von den Britischen Inseln beschrieben worden sind (Nielsen und Dalsgaard 2017; Arnold 2011). Der Begriff ist jedoch nicht ethnisch zu verstehen (Klamm 1992). Sie bestehen aus kleinräumigen, wannenförmigen Parzellen, sog. Blöcken, die von bis zu 20 m breiten und bis zu 1 m hohen, flachen Wällen

begrenzt werden, die netzförmig verbreitet sind (Klamm 1992). Die Entstehung der Wälle wurde vielfach diskutiert. Ein langsames Aufwachsen durch die kreuzweise Verlagerung von Bodenmaterial durch den Pflug und eine Aufhöhung durch Lesesteine scheint in vielen Fällen wahrscheinlich. Einwirkungen von Wind- oder Wassererosion können meist nicht nachgewiesen werden. Es handelt sich vielfach um Parzellengrenzen, die in die Nutzung mit einbezogen, aber wahrscheinlich nicht mit Gebüschen bewachsen waren (Klamm 1992). Einen besonderen Typus von *celtic fields* in der kuppigen Jungmoränenlandschaft Angelns und Schwansens (Schleswig-Holstein) bezeichnet Arnold (2011) als „irreguläre Bank-Senken-Feldsysteme". Sie erstrecken sich blockförmig über natürliche Kuppen und Senken.

10.3.2 Wölbäcker

Wölbäcker (auch Hochäcker) sind langgezogene, rechteckige, parallel zueinander verlaufende, künstliche Feld- bzw. Beetstrukturen, die durch den gezielten Einsatz eines Beetpflugs bzw. durch Aufschaufeln entstanden sind. Beim Beetflug handelt es sich im Gegensatz zum Wendepflug um ein Ackergerät, mit dem die Scholle mithilfe eines Streichbretts zwar zur Seite gelegt, aber nicht vollständig gewendet werden kann. Da er in beide Zugrichtungen verwendet wurde, verlagerte sich das Sediment mit der Zeit zum Zentrum der Parzelle hin. Wölbäcker bilden damit eine (Lang-)Streifenflur oder Gewannflur, wobei mehrere Wölbäcker gemeinsam eine Parzelle bilden können (Leser 1997). Ihre Dimensionen werden mit einer nachgewiesenen Länge von bis zu 3800 m, einer Breite zwischen 3 und 30 m und einer Scheitelhöhe von 0,3–1 m angegeben (Schenk 2011). Der Vorteil einer Wölbackerflur liegt in der kleinräumigen Verteilung unterschiedlicher edaphischer Bedingungen zwischen

Scheitel und Furche. So ist ein Anbau auch in besonders feuchten bzw. trockenen Jahren möglich. Zudem kommt es zu einer Humusanreicherung im Scheitelbereich. Die meisten Wölbackerfluren datieren ins Frühe bis Hohe Mittelalter, können jedoch noch bis ins 19. oder vereinzelt sogar bis ins 20. Jahrhundert weiter bewirtschaftet worden sein (Schreg 2016). Verbreitet sind Wölbackerfluren insbesondere in den Altsiedelräumen Süddeutschlands, aber z. T. auch im Norden und darüber hinaus. Die in Mitteleuropa vorkommenden Wölbäcker sind mit ähnlichen Hochackerformen in anderen Teilen der Welt vergleichbar. Auch Wässerwiesen (Wiesenbewässerungssysteme, meist entlang von Bächen) verfügen über eine Wölbackerstruktur (Schreg 2016), wobei das Gefälle vom Scheitel zur Furche für Berieselungszwecke genutzt wird.

10.3.3 Raine und Ackerberge

Feld-, Stufen- oder Hochraine (im Südwesten auch Reche; Stolz und Böhnke 2016) sind stufen- bzw. terrassenartige Strukturen an Hängen oder im schwach geneigten Terrain, die quasinatürlich durch Bodenerosion und Pflugverlagerung entstanden sind (◘ Abb. 10.12a und 10.13a). Es handelt sich dabei um Parzellengrenzen, die häufig als Gehölzstandorte und Ablageplatz für Lesesteine dienten und damit als Sedimentfalle wirkten. Auf diese Weise wurde ein Rain mit der Zeit ungeplant immer weiter erhöht und die darüber liegende Terrassenfläche verflacht. Eine weitere Erhöhung kommt durch die Profilverkürzung auf der sich nach unten anschließenden nächsten Terrassenfläche zustande (◘ Abb. 10.12a). Auf ebener Fläche spricht man von Ackerbergen (auch Anwanden; Schäfer 1957). Sie entstehen hauptsächlich an der Quergrenze von Streifenfluren und Gewannen (Flurform im Zuge der Dreifelderwirtschaft) durch das dem Pflug anhaftende Bodenmaterial, das an der Parzellengrenze durch die Pflugwende abfällt. Auch sie enthalten oft Lesesteine, die von der eigentlichen Parzellenfläche abgesammelt wurden. Stufenraine gehören zu den typischen mittelalterlich-frühneuzeitlichen Flurformen im Mittelgebirge, die sich vornehmlich im Wald und unter Grünland erhalten haben. Häufig weisen in Rainen angelegte Bodenschürfe eine Schichtung auf, ebenso wie initiale Bodenbildungen, die auf Nutzungsunterbrechungen hinweisen können (Stolz et al. 2012; Stolz 2011). Datierungen sind anhand von Holzkohlen im Kolluvium oder mit Lumineszenzmethoden möglich. Vergleichbare Formen sind nahezu weltweit verbreitet und dienen vielfach der Prävention von Bodenerosion (Bork 2006).

Lesesteinhaufen treten auch an anderen Stellen in der Kulturlandschaft auf. Sie können sowohl aus wenigen Einzelsteinen bestehen, als auch regelrechte Halden bilden. In einigen Regionen sind Lesesteinwälle verbreitet, die auch trockenmauerartig aufgesetzt sein können. In Rheinhessen spricht man von Rosseln. Auch darunter können Böden konserviert sein.

10.3.4 Kulturwechselstufen

An der Grenze zwischen unterschiedlichen Nutzungsbereichen können sich ebenfalls Stufen bilden. Ihr Entstehungsmechanismus ist eng verknüpft mit dem eines Rains. An Waldrändern (oder früheren Waldrändern) kann beobachtet werden, dass der Übergang in das angrenzende Ackerland von einer deutlich sichtbaren Stufe gebildet wird, da das Profil im Ackerland stärker erodiert ist. Andererseits bilden sich auch Stufen, wenn Ackerland nach unten hin in Grünland oder Wald übergeht. Am Ende des beackerten Bereichs werden mit der Zeit Kolluvien abgelagert, sodass eine Stufe entsteht (◘ Abb. 10.12a).

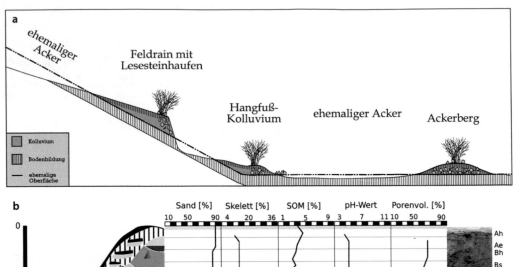

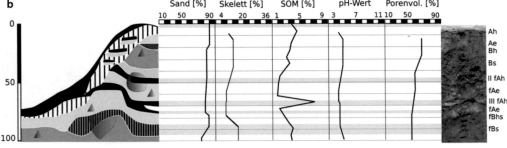

◘ Abb. 10.12 **a** Schema zu Rainen und Ackerbergen (nach Stolz et al. 2012, verändert; Zeichnung: Sebastian Böhnke); **b** Schnitt durch einen Knick in den Fröruper Bergen bei Flensburg (Zeichnung: Christian Stolz)

10.3.5 Feldmauern und Wallhecken

In Europa und weltweit existiert eine Vielzahl unterschiedlicher Formen historischer Feldabgrenzungen (Müller 2013), die neben ihrer archäologischen Bedeutung meist auch einen hohen ökologischen Wert haben. Eine Einteilung ist nach der Funktion, dem Aufbau, der Anordnung im Gelände und nach der Miteinbeziehung von Bewuchs (Hecken oder Bäume) möglich. Einfache Feldeinfriedungen bestehen lediglich aus Hecken, jedoch nicht aus einem Erd- oder Gesteinskörper, und sind teilweise als Gebücke oder Biegehecken ausgeführt. Es existieren unterschiedliche Stile wie Stufenhecken, Kreuz- oder Kopfbaumhecken (Müller 2013). Erdwälle mit Hecke, z. T. mit Graben, werden Wallhecken genannt, in Norddeutschland auch Knicks (◘ Abb. 10.12b und 10.13c). Sie sind dort ein wirkungsvolles Mittel zur Abgrenzung und als Windschutz. Eine Vielzahl der Knicks in Schleswig–Holstein entstand im 18. Jahrhundert während der Verkoppelung, einer Agrarreform, die die Auflösung gemeinschaftlich genutzter Ländereien zum Ziel hatte. Auch ältere und jüngere Knicks existieren. Durch das Wiederaufsetzen, d. h. die nachträgliche Renovierung, kann ein Knickwall mehrere Böden oder Humushorizonte enthalten (Beyer und Schleuß 1991). Vorsicht geboten ist bei der Interpretation, da Knicks auch abgestochene Oberbodenstücke, Torfsoden oder Plaggen enthalten können, die fehlinterpretiert werden können.

Steinwälle, wie sie insbesondere in Nordwest- und Südeuropa vorkommen (◘ Abb. 10.13d,e), sind klar von Feldmauern abzugrenzen, was aufgrund von Versturz im Gelände nicht immer einfach ist. Sie dienten in der Regel ebenfalls der Ab-

☐ Abb 10.13 Beispielhafte Formen der Agrarlandschaft: **a** Stufenrain unter Wald (Wüstung Seelbach, Rheingau-Taunus-Kreis); **b** Weinbergsmauer in einer Brache im Oberen Mittelrheintal (zuletzt renoviert 1948); **c** niedriger, fossiler Knick im Kreis Schleswig-Flensburg; **d** Trockenmauern auf Bornholm, Dänemark; **e** Trockenmauern auf der Insel Hvar, Kroatien; **f** Hohlweg im Taunus; **g** Lösshohlweg bei Kazimierz Dolny, Polen (alle Bilder: Christian Stolz)

grenzung von (Weide-)Arealen, außerdem der Entsorgung von Lesesteinen. Dasselbe gilt für Feldmauern. Ein Sonderfall sind Feldmauern, die der Terrassierung und damit dem Schutz vor Wassererosion und der Nivellierung dienen. Ein Beispiel dafür sind Weinbergsmauern (Abb. 10.13b), u. a. an Rhein und Mosel. In Weinbergs- und Weidearealen kommen außerdem steinerne Schutzhütten oder deren Fundamente vor, außerdem Lägerfluren (mit Phosphatanreicherung) und Pferche im Weideland, die ebenfalls durch Steinsetzungen auffallen und in Feldmauersysteme integriert sein können.

10.3.6 Sonstige Formen der Agrarlandschaft

Der Formenschatz historischer Agrarlandschaften ist immens. Zusätzlich zu Flurformen sei noch auf Hohlwege (Altstraßen, Abb. 10.13f, g) hingewiesen, die oft mehrere parallele Verläufe aufweisen (Hohlwegbündel) und mit Gullys verwechselt werden können. Im Jungmoränenland kommen Mergelgruben zur Gewinnung von Karbonatdünger vor (Verwechslung mit Toteisformen möglich), Rübengruben zur Lagerung von Futterrüben, Be- und Entwässerungssysteme (z. B. Wässerwiesen im Steigerwald oder die Levadas auf Madeira), Hülben (Wasserreservoirs) auf der Schwäbischen Alb, Formen der Moorkolonisation (wie Kanäle), Relikte von Flachsbrechen, Grenzsteine, Mühlen- und Fisch-Teiche (Oberpfalz, Westerwald), seit den 1970-er Jahren auch künstlich angelegte Naturschutzgewässer (schnell verlandend; Stolz und Riedel 2014).

10.4 Gruben- und Grabenfüllungen

Harald Stäuble, Dagmar Fritzsch und Astrid Röpke

Gruben sind in den Boden eingegrabene prähistorische Strukturen und die vor allem in Mitteleuropa häufigste primäre Quelle archäologischer Forschung (Petrasch und Stäuble 2016; Mölders und Wolfram 2014, S. 233–234, 262, 285–289). Der ursprüngliche Zweck der in prähistorischer Zeit angelegten Ausgrabungen kann vielfältig sein und reicht von Gruben zur Aufstellung von Baustrukturen (z. B. Pfostengruben) über Materialentnahmegruben bis hin zu Speichergruben und solchen unbekannten Zwecks (z. B. die sog. Schlitzgruben, Brandgruben etc.). Einige Gruben werden aufgrund ihrer regelmäßigen rechteckigen Form, steilen Wänden und flachen Böden als Grubenhäuser gedeutet. Gruben mit weiteren funktionalen Zwecken dienten z. B. der Grabniederlegungen, als Öfen oder als Brunnen. Eine weitere recht häufig vorkommende eingegrabene archäologische Struktur sind Gräben, die als Feld- oder Besitzgrenzen und Umfassungen von Siedlungen oder Plätzen gedeutet werden. Dort wo Laufhorizonte durch Überprägung und Bodenabtrag nicht erhalten sind, was typisch für den größten Teil prähistorischer Kulturen auf Mineralböden in Mitteleuropa ist, sind Gruben und Gräben meistens die einzige archäologische Quelle (Abb. 10.14). Prähistorische Kulturen, die keine Eingrabungen vorgenommen haben, bleiben uns aufgrund dessen dagegen oftmals verborgen (Mölders und Wolfram 2014, S. 63, 233, 261, 285; Renfrew und

Abb. 10.14 Typische Siedlungsspuren einer Ausgrabung auf Mineralböden (hier Sandlöss) mit Pfosten und Gruben einer linienbandkeramischen Siedlung (ca. 5200–5000 v. Chr.) bei Rötha, Lkr. Leipzig (Foto: LfA Sachsen)

Bahn 2008, S. 51–72; Karkanas und Goldberg 2018).

Eine nähere Bestimmung des in Boden eingegrabenen Befundes beruht einerseits auf der Grubenform (sowohl in der Fläche als auch im Profil), auf der Tiefe, aber oftmals auch auf dem Inhalt. Prinzipiell muss zwischen primärer und sekundärer Nutzung unterschieden werden. Vom Grubeninhalt lässt sich nicht zwingend auf die Grubenfunktion oder auf die Zeitstellung schließen.

Um die Geschichte einer Grube und deren Verfüllung lesen und interpretieren zu können, bedarf es einer Kombination unterschiedlicher Untersuchungsmethoden. Alle Aspekte wie die Grubenform, die Zusammensetzung der Verfüllung, deren Schichtung, Lagerung, enthaltene archäologischen Arte- und Biofakte sollten von den Blickwinkeln verschiedener Disziplinen aus betrachtet werden (Weiner 2010). Typischerweise besteht ein Großteil der Verfüllung aus lokal vorkommenden häufig humosen, dunklen Sedimenten, mit variierenden organischen und anthropogenen Bestandteilen. Aus diesem Grund ist der Kontrast zum natürlichen Boden in der Regel gut erkennbar. Manchmal sind Gruben allerdings mit dem Umgebungsmaterial wiederverfüllt worden, sodass man diese fast nur durch Zufall optisch erkennen kann. Es ist daher von besonderer Bedeutung, das Sediment selbst zu analysieren, da schließlich das grundsätzliche Wissen über Siedlungsstrukturen und allgemein über prähistorische Siedlungen auf der kombinierten Analyse von Gruben und deren Inhalt beruht. Nach Aufgabe und Verfüllung der Gruben und Gräben werden die Inhalte postsedimentär überprägt (Schiffer 1987; Sommer 1991; Goldberg und Macphail

2006; ▶ Kap. 13) und spiegeln deshalb weder die ehemalige Aktivität noch den ursprünglichen Inhalt wider.

10.4.1 Geschlossene Befunde

Bei Gräbern, Pfostengruben und Brunnen oder anderen Befunden mit einer Innenbebauung muss man davon ausgehen, dass die Baugruben unmittelbar nach deren Anlage verfüllt worden sein müssen, entweder um den Toten zu bestatten, den Pfosten eines Hauses oder einer Palisade zu stabilisieren, oder um die darin aufgebaute Baustruktur, z. B. einem Brunnenkasten, zu umschließen. Im Falle der Baustrukturen kann man davon ausgehen, dass ein Unterschied zwischen der äußeren Verfüllung um den Pfosten bzw. um die Baustruktur herum (der Brunnenkasten, Sarg oder auch nur der Bestattete selbst) und der späteren Verfüllung existiert, die in den Hohlraum der ehemaligen Holzstruktur gelangt ist

(◻ Abb. 10.15). Je nachdem, ob der Pfosten gezogen wurde oder ob er dort verrottet ist, unterlagen diese Bereiche später in der Regel anderen Verfüllungsprozessen, sodass sich die Sedimente gelegentlich mit dem bloßen Auge, manchmal jedoch erst in einer detaillierten Sedimentanalyse (im Dünnschliff, ▶ Abschn. 15.6) (Nicosia und Stoops 2017; Heinrich et al. 2019), durch geochemische und bioarchäologische Analysen (▶ Kap. 15) voneinander trennen lassen. Idealerweise haben wir hier prähistorisches Material, das durch zwei verschiedene Verfüllungsarten und während zweier unterschiedlicher zeitlicher Phasen entstanden ist (Huisman et al. 2013).

10.4.2 Offene Befunde

Die meisten Siedlungsgruben (darunter auch die als Grubenhäuser gedeuteten Strukturen) und Gräben müssen zumindest einige Zeit offengelassen worden sein –

◻ **Abb. 10.15**   Pfostengrube des linienbandkeramischen Hauses (◻ Abb. 10.14) mit deutlich erkennbarer Pfostenstellung (schwarzes Sediment mit Holzkohlen und gebrannten Lehmfragmenten im Mittelteil) und der Pfostengrubenverfüllung mit nur wenig durchmischtem Sandlöss. Offensichtlich wurde die Pfostengrube vor über 7000 Jahren zu tief ausgegraben und vor Einsetzen des Pfostens mit etwa 10 cm mächtigem Sediment aufgefüllt (Foto: LfA Sachsen)

z. B., weil sie benutzt wurden oder im Falle der Gräben, weil sie die Siedlung umfassen und sichtbar abgrenzen sollten – und wurden erst im Laufe der Zeit entweder auf natürliche Weise wieder verfüllt, oder ab einem gewissen Zeitpunkt absichtlich geschlossen (Loishandl-Weisz und Peticzka 2007; Leopold et al. 2011; Kinne et al. 2012; Lisá et al. 2014; Tofollo et al. 2018; ◘ Abb. 10.16). Am meisten plausibel ist jedoch eine Kombination davon (Stäuble 1997). Dass Gruben bloß gegraben wurden, um Siedlungsmüll zu entsorgen – womit sie in die erste Kategorie fallen würden –, wird für prähistorische Kulturen auch aufgrund von ethnologischen Analogien nicht angenommen.

Prähistorische Siedlungsbereiche werden durch das Vorhandensein von Gruben bestimmt. Wenn in der Nähe auch Hausgrundrisse liegen – diese selbst kann man in der Regel nicht direkt datieren –, so werden Letztere entweder typologisch oder mithilfe der Grubeninhalte im Umfeld eingeordnet. Für viele archäologische Kulturen gibt es allerdings noch kein klares Bild derartiger Siedlungszusammenhänge. Entweder sind keine Hausgrundrisse bekannt – z. B. wenn die Bautradition es nicht erforderlich machte, dass tiefe Pfostengruben angelegt werden mussten – oder die Siedlungsgruben befanden sich nicht in Hausnähe, sodass darin auch selten Siedlungsschutt zu liegen kam. Dieser ist zudem unbestimmt und kann somit chronologisch nicht eingeordnet werden. Doch sogar für gut erforschte Kulturen wie der Bandkeramik, für die es schon gut ausgeprägte und fest etablierte Siedlungsmodelle gibt, ist noch viel Deutungsspielraum vorhanden, der unterschiedliche Narrative erlaubt (Stäuble 2013; Petrasch und Stäuble 2016). Deshalb ist es umso wichtiger, zusätzlich weitere Aspekte zu berücksichtigen, als nur typologische Fund- oder Befundunterschiede, so z. B. absolute Datierungen von organischen Materialien oder eben Sedimentanalysen. Doch auch dafür muss vorab geklärt werden, wie sich die Gruben und Gräben zusammen mit den darin liegenden Funden – d. h. sowohl die Artefakte als auch die Biofakte und die Bodensedimente selbst – verfüllt haben können und wie die jeweilige Zusammensetzung zustande gekommen ist (Stäuble und Wolfram 2012; Huisman et al. 2013).

10.4.3 Gruben- und Grabensedimente als Artefakte

Während die archäologischen Funde entweder durch Archäologen selbst oder durch Archäozoologen und Archäobotaniker bearbeitet werden, so werden die in den Befunden eingeschlossenen Sedimente ebenfalls als Artefakte betrachtet und entsprechend geoarchäologisch analysiert (Gerlach 2007). Die Sedimentation kann natürlich erfolgen. Die Verfüllung ist aber auch häufig durch menschliche Aktivitäten geprägt und transformiert worden, was mithilfe geoarchäologischer Methoden genauer dokumentiert und analysiert werden kann (siehe ▶ Abschn. 15.6; Nicosia und Stoops 2017; Balbo et al. 2015; Lisá et al. 2015). In günstigen Fällen lässt eine sichtbare Schichtung auf natürliche oder intentionelle Verfüllung schließen. Darüber hinaus können aber auch makroskopisch homogen aussehende Verfüllungen im Dünnschliff dennoch eine Schichtung aufweisen. Eine feine Laminierung, gute Kornsortierung und horizontal eingeregelte Mikroreste deuten auf natürliche, aquatische Prozesse hin. Dagegen weisen eine schlechte Sortierung mit nicht eingeregelten Artefakten, wie große Holzkohlen, gut erhaltene Keramik und Knochen etc. auf eine anthropogene Verfüllgeschichte hin. In Gruben, die zur Speicherung von Nahrungsmitteln angelegt wurden, können an der Grubenbasis Makroreste, Phytolithe oder auch Stärke nachweisbar sein. Jauchegruben zeichnen sich durch hohe Phosphatgehalte und hohe Ge-

10

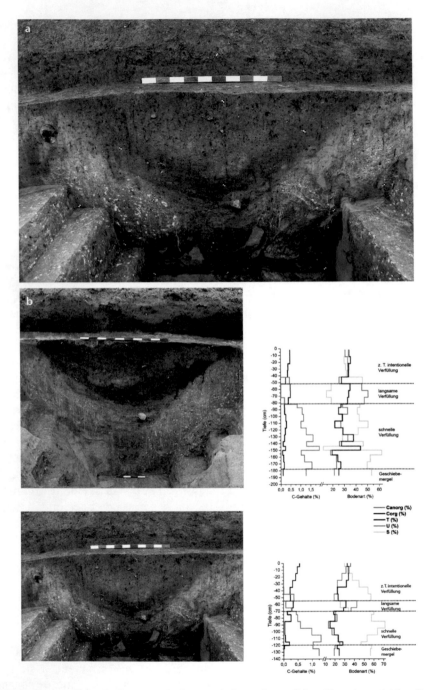

◘ Abb. 10.16   Querprofil durch einen von vier konzentrisch angelegten Spitzgräben einer stichbandkeramischen Kreisgrabenanlage (ca. 4800–4600 v. Chr.) aus Kyhna, Lkr. Nordsachsen mit den Resultaten der geochemischen Untersuchungen durch B. Schneider (Leipzig). Das Grabenwerk wurde in den auch heute noch kalkreichen saalezeitlichen Geschiebemergel eingegraben, im unteren Drittel des Verfüllungsbereichs zeigen sich viele dünne natürliche Einfüllschichten, darüber sind teilweise intentionelle Verfüllungsvorgänge nachweisbar (T = Ton, U = Schluff, S = Sand, C = Kohlenstoff, org = organisch, anorg = anorganisch) (Foto: LfA Sachsen)

halte an organischer Substanz aus. Daraus resultieren blaue Vivianitkristalle (Eisenphosphat), die unter anaeroben Bedingungen entstehen und makroskopisch erkennbar sein können (Nicosia et al. 2017). Es können zudem Hinweise auf Produktionsstätten, wie z. B. Schlackereste, die auf Metallverarbeitung deuten, erkannt werden (Nicosia und Stoops 2017). Ausbrennen und Kalkung in Gruben werden als hygienische Maßnahmen gedeutet (Balbo et al. 2015).

Menschliche oder tierische Aktivitäten, die während oder nach der Verfüllung eingegriffen und deren „primäre" Zusammensetzung gestört haben, werden im Allgemeinen unter „taphonomische Prozesse" zusammengefasst (▶ Kap. 13). Landwirtschaftliche Prozesse wie z. B. das Pflügen und die dadurch begünstigten Erosionsprozesse zerstören regelmäßig die oberen Teile eines archäologischen Befundes bzw. der Gruben und Gräben. Weiterhin kommt eine Reihe von natürlichen Bodenbildungsprozessen hinzu (▶ Abschn. 12.1), welche die Grubengrenzen und -füllungen überprägen und eventuell für die Deutung wichtige Spuren verwischen können. Dazu gehören mikrobielle Zersetzung ebenso wie Verlagerungsprozesse, z. B. die Verlagerung von Kalk oder Ton. Auch die Durchmischung durch bodenwühlende Lebewesen und durch Wurzelwachstum (Bioturbation) kann Abgrenzungen überprägen. Häufig sind diese pedogenen Prozesse innerhalb von Gruben- und Grabenfüllungen stärker ausgeprägt als im umgebenen natürlichen Boden, da eine lockerere Lagerung und eine pedogene Vorprägung innerhalb der Verfüllung begünstigend wirken (Thiemeyer 1991). Postdepositionale Überprägungen können in der Regel mit detaillierten Analysen, die aus einer engen interdisziplinären Zusammenarbeit von Geoarchäologen und Archäologen resultieren, erkannt werden, sodass die Entstehungsgeschichte einer Gruben- und Grabenverfüllung dennoch interpretiert werden kann.

10.5 Anthropogene Ablagerungen im Siedlungsbereich

Mareike C. Stahlschmidt und Christopher E. Miller

Während einer Ausgrabung wird das geborgene Material in verschiedene Kategorien eingeteilt. Der Hauptunterschied besteht zwischen „natürlichen" und „kulturellen" Materialien. Jedes Objekt, das vom Menschen hergestellt oder verändert wurde und transportiert werden kann, wird als Artefakt oder **Fund** bezeichnet, wohingegen alles, was bei Ausgrabungen freigelegt wurde und von Menschen hergestellt oder verändert wurde und nicht transportiert werden kann, **Befund** oder Merkmal genannt wird (Eggert 2001, nach Renfew und Bahn 1991). Ein Fund wäre also so etwas wie eine Handaxt, ein Keramikgefäß oder eine Glasvase, wohingegen eine Grube, eine Feuerstelle oder ein Pfostenloch als Befund eingeordnet wird. Um diese „kulturellen" Materialien herum befindet sich die sedimentäre Matrix, die oft als natürlich angesehen wird. Das Sediment oder Bodenmaterial einer archäologischen Stätte kann auch nichtkulturelle Objekte, sogenannte „Ökofakte" enthalten, die über vergangene Umweltbedingungen Auskunft geben können (Renfew und Bahn 1991). Obwohl diese Art der Klassifikation während des täglichen Betriebs einer Ausgrabung nützlich sein kann, haben einige Forschende darauf hingewiesen, dass diese Art der Unterscheidung bei der Interpretation eines Fundplatzes auch problematisch sein kann (z. B. Schiffer 1972, 1983). Karkanas und Goldberg (2019) argumentieren überzeugend, dass menschliches Handeln in hohem Maße zur Anhäufung von Ablagerungen in archäologischen Stätten beitragen kann, aber dennoch ein Verständnis der natürlichen Sedimentationsprozesse für die Interpretation von diesen sogenannten anthropogenen Ablagerungen notwendig ist.

Anthropogene Ablagerungen im Siedlungsbereich sind eine sehr gute Informationsquelle für das Leben an Siedlungsplätzen, da sie durch menschliche Handlungen entstehen und somit Informationen über diese Handlungen enthalten. Mikroskopisch kleine Artefakte werden als Abfall abgelagert und werden zu Sedimentkomponenten in den Siedlungsablagerungen. Ebenso produzieren Menschen auch selbst Sedimentablagerungen und hinterlassen dabei charakteristische Strukturen und Mikrostrukturen. Sowohl die anthropogenen Sedimentkomponenten als auch die Sedimentstrukturen können geoarchäologisch erkannt und interpretiert werden. Da Ablagerungen auch Informationen – „Ökofakte" – über die Umwelt und das Klima zur Zeit der Besiedlung enthalten, sind sie eine wichtige Schnittstelle für die Rekonstruktion von Umweltbedingungen und menschlichen Verhaltensweisen.

Aber was versteht man nun genau unter anthropogenen Ablagerungen? Vereinfacht dargestellt sind anthropogene Ablagerungen durch anthropogene Prozesse entstanden und/oder enthalten anthropogene Bestandteile. Es wird dabei zwischen zwei unterschiedlichen Kategorien von anthropogenen Ablagerungen unterschieden. Zum einen handelt es sich um Ablagerungen, die intentionell von Menschen hergestellt wurden und einen Zweck erfüllen. Im Siedlungsbereich können das zum Beispiel Konstruktionsmaterialien oder Feuerstellen sein. Die andere Kategorie beinhaltet Ablagerungen mit anthropogenen Bestandteilen, die unabsichtlich abgelagert wurden. In Siedlungen treten zum Beispiel häufig dunkle Schichten auf, die mit gebranntem oder organischem Material angereichert sind, aber keinen singulären Befund darstellen.

Wie eine Ablagerung entstanden ist und welche anthropogenen, aber auch natürlichen Prozesse zu ihrer Ablagerung führten, wird mit geoarchäologischen Methoden erforscht. Als theoretischer archäologischer Rahmen dient hierfür die Fundplatzgenese nach Schiffer (1972, 1983), die sich mit dem Lebenszyklus von Artefakten, zu denen auch anthropogene Ablagerungen gehören, beschäftigt. Zu diesem Lebenszyklus gehören der Ursprung des Materials, sein Transport, seine Ablagerung sowie postsedimentäre Überprägungen bis hin zur Ausgrabung (◘ Abb. 10.17). Immer wichtig zu bedenken ist, dass uns in Ausgrabungen nur der letzte Zustand eines Artefaktes gegenübertritt, nachdem es nicht mehr genutzt wurde und es aus dem systemischen Kontext heraus und in den archäologischen Kontext getreten ist. In den meisten Fällen reflektieren Artefakte und Ablagerungen im Siedlungsbereich daher das Verlassen einer Struktur und weniger ihren Nutzen (Milek 2012).

Typische geoarchäologische Untersuchungsmethoden sind die geophysikalische Prospektion und die Luftbildauswertung zum Erkennen der Siedlungsstrukturen unter der Oberfläche sowie bodenkundliche, chemische und mikroskopische Untersuchungen zur Genese der anthropogenen Ablagerungen. Der Hauptfokus dieses Abschnitts liegt dabei auf mikrokontextuellen Untersuchungen, da menschliche Tätigkeiten sowohl mikroskopische Bestandteile als auch spezifische Mikrostrukturen hinterlassen, die nur durch kontextuelle Untersuchungen umfassend erkannt werden können (Methodenübersicht siehe ▶ Kap. 14 und 15). Die folgenden Abschnitte enthalten eine Übersicht über die häufigsten anthropogenen Ablagerungen im Siedlungsbereich: an Freiland- und Höhlensiedlungsplätzen des Paläolithikums, Mesolithikums und der afrikanischen Steinzeiten bis zu den ersten festen Ansiedlungen ab dem Epipaläolithikum und Neolithikum und der Urbanisierung von der Bronzezeit bis heute.

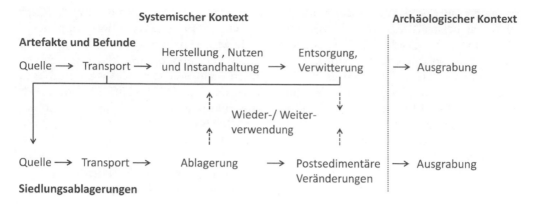

☐ **Abb. 10.17** Modell zum Lebenszyklus von Artefakten und Befunden sowie Siedlungsablagerungen. Während des Transports, der Nutzung und der Entsorgung von Artefakten entstehen Mikroartefakte (zum Beispiel mikroskopische Schlacke oder Knochensplitter), die neben natürlichen Materialien abgelagert werden. Zudem können Artefakte, Befunde sowie auch anthropogene Ablagerungen wieder- oder weiterverwendet werden, zum Beispiel eine Siedlungsablagerung oder Dung als Baumaterial. Nach der Entsorgung, Ablagerung und Überprägung gelangen sie vom systemischen Kontext in den archäologischen Kontext, in dem wir sie bei Ausgrabungen antreffen – rekonstruieren wollen wir aber den systemischen Kontext

10.5.1 Wohn-/Hausbefunde und Konstruktionsmaterialien

Forschende in der Archäologie sind bestrebt, das Leben an einem Siedlungsplatz zu rekonstruieren und sie stellen sich dabei folgende allgemeine Fragen: Wie war eine Siedlung aufgebaut, wie war sie organisiert und in ein Siedlungssystem integriert? Wie war das Leben an einem Siedlungsplatz und welche Aktivitäten fanden dort statt? Welche handwerklichen Fähigkeiten und welchen Status hatten die Anwohnerschaft einer Siedlung?

Die Untersuchung von Hausstrukturen kann diese Fragen mit beantworten, allerdings sind komplette Hausstrukturen im archäologischen Kontext selten oder schlecht erhalten und sie sind häufig mit späteren Ablagerungen verfüllt, die nicht in direktem Zusammenhang mit der Nutzung der Struktur stehen. Die Lage, der Aufbau und der Nutzen von Hausstrukturen lassen sich aber dennoch rekonstruieren, mit der Untersuchung von Pfostenlöchern, Fußböden, Stein- und Ziegelwänden sowie Ablagerungen, die aus dem Verfall aber auch aus der Nutzung einer Hausstruktur resultieren.

Die beiden letztgenannten Ablagerungstypen können durch geoarchäologische Untersuchungen unterschieden werden, anhand von Schichtzusammensetzung, Sedimentstruktur und Schichtgrenzen. So sind Hausstrukturen oftmals mit natürlichen Sedimenten verfüllt, die während der Nutzung des Hauses gar nicht in dieses hineingelangen konnten oder regelmäßig durch Putzen beseitigt wurden. Verwitterungserscheinungen, Bioturbationen und andere (post-)sedimentäre Befunde in den Ablagerungen einer Siedlung können ebenso auf ein Verlassen der Struktur hinweisen wie die Anwesenheit von Zerfallsprodukten der Hausstruktur, verwitterte Lehmziegel und Reste der Dachkonstruktion (Friesem et al. 2014). Da eine Hausstruktur während ihrer Nutzung instand gehalten wurde, sind Reinigungsbefunde, mikroskopische eingetrampelte Funde in Fußböden und mikroskopisch kleine Veränderungen letzterer oft eine der wenigen Hinweise auf die tatsächliche Nutzung.

Mikrokontextuelle Untersuchungen von Konstruktionsmaterialien lassen auch Aussagen über ihre Herstellung zu, wie auch zu den handwerklichen Fähigkeiten der

10

Personen, die das Haus errichtet haben. Fußböden beispielsweise wurden aus Ton, Lehm, Branntkalk oder -gips hergestellt und jedes dieser Materialien erfordert unterschiedliche Herstellungsprozesse und -anforderungen. Fußböden aus Ton und Lehm (◘ Abb. 10.18a) benötigen den geringsten Arbeitsaufwand. Nach dem Sammeln des Tons oder Lehms kann dieser mit unterschiedlichen Materialien angereichert werden, mit Wasser gestreckt und bearbeitbar gemacht oder mit Hitze ausgehärtet werden. Ton- und Lehmböden sind aber auch am wenigsten verwitterungsresistent. Fußböden aus Gips und Kalk sind haltbarer, wobei Gips aber auch wasserlöslich und damit weniger für den Außenbereich geeignet ist. Für Fußböden aus Gips und Kalk wurden spezielle Ofenstrukturen benötigt, in denen aus gesammelten Kalk- oder Gipssteinen bei einer Temperatur von über 800 °C (Kalk) bzw. über 150 °C (Gips) pulveriger Branntkalk oder -gips hergestellt wird (Kingery et al. 1988). Der konstruierte Fußboden unterscheidet sich chemisch nicht von seinem Ausgangsprodukt, kann aber im Dünnschliff über seine Mikrostruktur erkannt und interpretiert werden (◘ Abb. 10.18b).

10.5.2 Feuerstellen, Öfen und andere Feuerbefunde

Feuernutzung ist besonders im Paläolithikum ein viel diskutiertes Forschungsgebiet, da die Feuernutzung viele Vorteile mit sich brachte, zum Beispiel Nahrungserweiterung und technologische Fortschritte. Übliche archäologische Fragestellungen zur Untersuchung der Feuernutzung sind folgende: Ist gebranntes Material natürlichen Ursprungs

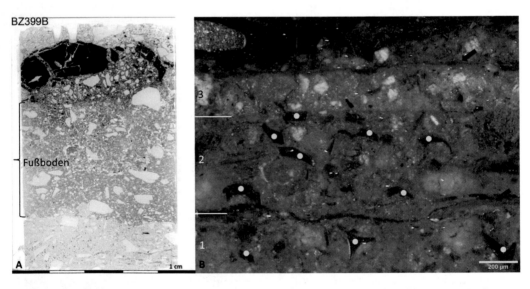

◘ **Abb. 10.18** Fußböden: **a** Dünnschliff eines lehmigen Fußbodens in der epipaläolithischen Fundstelle Baaz, Syrien. Die obere Hälfte dieses Fußbodens ist durch Tritt verformt und enthält Holzkohle als Folge von Feuernutzung während seiner Nutzung. Darauf weist auch die 1 cm dicke aufliegende Holzkohleschicht hin. **b** Fußboden aus Kalkverputz von der mesoamerikanischen Stadt Teotihuacan, Mexiko. Das Mikrofoto zeigt, dass der Fußboden tatsächlich aus einer Abfolge von drei Fußböden besteht. Die untersten zwei Fußböden enthalten als besonderen Bestandteil Tephra-Beimischungen (gelbe Punkte). Der oberste und der unterste Fußboden weisen eine rote mineralische Verfärbung an ihrer Oberkante auf (rote Pfeile), sie wurden vermutlich mit Eisenoxid rot bemalt. Die Abwesenheit von anderen Komponenten zwischen den einzelnen Fußböden weist auf intensive Reinigungstätigkeiten hin

oder wurden es von Menschen genutzt, kontrolliert oder hergestellt? Welches Verhalten genau steckt hinter einem Brandbefund? Wofür wurden Feuerstellen und Öfen angelegt und wie wurde Feuer in einer Siedlung genutzt? Makroskopische Bestimmungen von gebranntem Material sind wenig belastbar, da natürliche Prozesse wie Verwitterung, Humifizierung und Mineralneu- und -umbildungen ähnliche Farb- und Strukturveränderungen bewirken können wie Hitzeeinwirkungen. Zudem tritt Feuer auch natürlich auf und nicht jedes Holzkohlefragment von einem archäologischen Fundplatz kann daher zwangsläufig als ein Resultat menschlicher Feuernutzung interpretiert werden (James et al. 1989). Mikrokontextuelle Untersuchungen hingegen können feststellen, ob etwas gebrannt hat, ob menschliches Verhalten involviert war und unter Umständen auch, wie Feuer genutzt wurde. Mikrokontextuelle Untersuchungen an der

pleistozänen Fundstelle Qesem Cave in Israel haben einige der ältesten sicheren Hinweise auf Feuerstellen, die sogar wiederkehrend genutzt wurden, feststellen können (Shahack-Gross et al. 2014). An der aus dem *Middle Stone Age* stammenden Fundstelle Sibudu in Südafrika konte mithilfe geoarchäologischer Untersuchungen die Verwendung von anthropogenem Pflanzeneinstreu *(bedding)* und dessen anschließende Verbrennung rekonstruiert werden (Goldberg et al. 2009; ◘ Abb. 10.19). Aus jüngeren Zeiten ist die Verwendung von Öfen zur Nahrungszubereitung, Keramikherstellung, zur Werkstoff- und Metallgewinnung bekannt. Mikrokontextuelle Untersuchungen können zwischen diesen Nutzungen unterscheiden, zum Beispiel anhand von mikroskopischen Funden von Schlacke, und gleichzeitig auch Aussagen über Brennstoffe und Brenntemperatur ermöglichen (Berna et al. 2007). Siedlungsbrände sind eine andere wichtige

◘ **Abb. 10.19**   Feuerbefunde aus Sibudu, Südafrika. Verbrannte Pflanzenmatten und eine Feuerstelle: *Middle Stone Age* (ca. 58.000 Jahre vor heute). Die feinen Laminierungen, die hier zu sehen sind, stellen einzelne Ablagerungsepisoden unter menschlichem Einfluss dar. Die mikromorphologische Analyse zeigt, dass diese das Ergebnis verschiedener Aktivitäten sind: vom Betrieb eines Herdes, der Verteilung von Asche auf dem Boden, vom Festtreten und vom Aufbringen und der Verbrennung von Pflanzeneinstreu

Kategorie und mikrokontextuelle Untersuchungen können hier zwischen gebranntem Konstruktionsmaterial und gebranntem Material infolge des Siedlungsbrandes unterscheiden, und auch die Dauer und Intensität des oder der Siedlungsbrände aufzeigen (Namdar et al. 2011; Forget und Shahack-Gross 2016).

10.5.3 Abfallgruben, Halden, Latrinen, Verfüllungsschichten

Ein weiterer wichtiger archäologischer Forschungsbereich ist die Untersuchung von Siedlungsabfällen und -befunden sowie deren systematische Sammlung, Weiterverwendung und Entsorgung. Bereits im Neolithikum sind Abfallgruben bekannt. Derartige Verfüllungen sind in ▶ Abschn. 10.4 ausführlich dargestellt. Allerdings gibt es auch bereits im Paläolithikum Hinweise auf erste Entsorgungspraktiken. Das Auftreten von in-situ-Feuerstellen ohne mikroskopisch erkennbare Ascheauflage aber einer klaren, erosiven Oberkante in Kombination mit lokalem Auftreten von unstrukturierten, mikroskopisch verrundeten Ascheabfalllagerungen wurden als eine erste systematische Abfallentsorgung interpretiert. Solche räumlichen Aktivitätsmuster können auf eine gesteigerte Siedlungsintensität hinweisen.

10.5.4 Ablagerungen aus Stallungen und andere biogene Reste

Geoarchäologische Untersuchungen von organikreichen Sedimenten können über vorhandene Ausscheidungsprodukte direkte Aussagen über Menschen und Tiere erlauben. Dies gilt besonders bei fehlenden Knochenfunden bzw. ungenügender Knochenerhaltung. Im Idealfall lassen sich so unterschiedliche archäologische Fragestellungen beantworten: Welche Tiere waren an einem Siedlungsplatz vorhanden und wie stand ihre Anwesenheit im Zusammenhang mit der menschlichen Nutzung des Siedlungsplatzes? Wie war das Zusammenleben zwischen Menschen und Tieren organisiert? Wo in einer Siedlung wurden welche Arten von Tieren gehalten? Womit wurden die Tiere gefüttert? Koprolithen (versteinerte Exkremente) von Menschen, Herbivoren, Omnivoren und Karnivoren können sowohl chemisch als auch mikromorphologisch identifiziert werden. Eine gesteigerte Häufigkeit von Koprolithen von Karnivoren in paläolithischen Höhlen und Abris (Felsüberhängen) kann auf menschliche Abwesenheit hinweisen (Miller 2015), während das gehäufte Vorkommen von Herbivoren-Koprolith mit diagnostischen Sphärolithen (Mineralstrukturen; Brochier et al. 1992) auf Tierhaltung hinweisen kann, zum Beispiel an der neolithischen Kouveleiki-Höhle in Griechenland (Karkanas 2006). Dung wurde zudem auch als Brennstoff verwendet sowie als Baumaterial (siehe ▶ Abschn. 10.2).

10.5.5 Siedlungshorizonte, Kulturschichten und andere Aktivitätsbefunde

Am häufigsten treten schlussendlich unspezifische humose Siedlungsschichten auf. Diese bestehen aus einer Ansammlung von verschiedensten unstrukturierten Siedlungsabfällen, wie Nahrung und Nahrungsresten, gebrannten Materialien, Hausabfällen, Resten von handwerklichen oder industriellen Tätigkeiten, Fäkalien und den Bestandteilen natürlicher Sedimentation. Die Untersuchung von undiagnostischen Siedlungsschichten erlaubt allgemeine Rekonstruktionen zum Leben in einer Siedlung. Einen besonders aufschlussreichen

Siedlungstyp stellen dabei Seeufersiedlungen dar, mit ihrer exzellenten Erhaltung von organischem Material und Artefakten in wassergesättigten Sedimenten (siehe auch ▶ Abschn. 9.10). Mikromorphologische Untersuchungen können dabei die komplexen Interaktionen dieses speziellen Siedlungstyps mit seiner unmittelbaren Umwelt, geprägt vor allem durch Seespiegelschwankungen, detailliert rekonstruieren (Ismail-Meyer et al. 2013). Als typische Mikrostruktur in verschiedenartigen Siedlungsschichten können sogenannte Tretbefunde oder Gehniveaus auftreten, erkennbar z. B. anhand von *in-situ*-Brüchen von Knochen oder Holzkohle (Rentzel und Narten 2000).

10.6 Bergbaurelikte

Thomas Raab

Der Bergbau bildete neben der Land- und Forstwirtschaft die Grundlage für Entwicklung und Prosperität von historischen und prähistorischen Gesellschaften. In der Archäologie zeigt sich die herausragende Bedeutung des Bergbaus – gemeinhin verstanden als eine Prozesskette aus Prospektion, Exploration, Gewinnung und Aufbereitung von Bodenschätzen – durch die klassische Einteilung der Kulturgeschichte in Stein-, Kupfer-, Bronze- und Eisenzeit. Aufgrund der langen Dauer und der weiten Verbreitung ist der Bergbau auch ein wesentlicher Faktor der anthropogen bedingten Landschaftsentwicklung im Holozän. Insbesondere in den Montangebieten Europas, die im Mittelalter und der frühen Neuzeit an herausragender Bedeutung gewonnen haben (u. a. Schwarzwald, Harz, Erzgebirge, Oberpfalz, Steiermark), hat der Bergbau bis heute seine Spuren hinterlassen, die stellenweise bis in die Jetztzeit reichende geoökologische Folgen mit sich bringen (vgl. ▶ Kap. 8). Es ist daher logisch und naheliegend, den Kultur-

landschaftsbegriff von Bork et al. (1998) auszuweiten und historische und prähistorische Montanlandschaften zu definieren „(…) als Landschaften, die durch ehemalige montanwirtschaftliche Aktivitäten und damit unmittelbar in Verbindung stehenden menschlichen Tätigkeiten dauerhaft beeinflusst und strukturiert wurden" (Raab 2005, S. 2).

Klassifikationen von Bergbaurelikten sind abhängig von der Sichtweise und dem Betrachtungsgegenstand. Sie können nach naturräumlichen und montanistischen Gesichtspunkten betrachtet werden oder lassen sich nach Zeitstellung gruppieren, wobei gewisse Zusammenhänge zwischen diesen Kriterien bestehen. So findet sich sehr alter Bergbau in Gebieten mit gut zugänglichen oberflächennahen Rohstoffen, die mit einfachen Mitteln abgebaut werden konnten, während tief liegende Erze erst in jüngeren Epochen unter Einsatz ausgefeilter Technik gewonnen wurden. Bergbauliche Aktivitäten in geringem Umfang beginnen mit der Nutzung von Steinen und Erden im Paläolithikum. Abbaustellen für Steinwerkzeuge aus Quarzit, Obsidian oder Feuerstein (Silex) und für Minerale mit oft roter Farbe, die durch Hämatit bedingt ist, können als Bergbaurelikte im weitesten Sinne angesehen werden. Bekannt ist vor allem die Verwendung von rotem Ocker (Rötel) für Körper- und Wandbemalung seit dem Mittelpleistozän, wobei Herstellungs- und Weiterverarbeitungsprozesse teilweise ungeklärt sind, sodass Raum für Spekulationen und unterschiedliche Interpretationen bleibt (Watts 2010; Roebroeks et al. 2012). Deutlichere Spuren hat der Abbau von Silex hinterlassen, und paläolithische bis neolithische Feuersteinbergwerke sind in vielen Teilen Europas gefunden worden. In Arnhofen (Niederbayern) wurde auf einer Fläche von 40 ha Hornstein in 120.000 Schächten abgebaut (Roth 2008). Die Schächte wurden in Duckelbauweise – einem Abbauverfahren, bei dem kleine, vertikale Schächte, sog. Duckel, zu flachgründigen Lagerstätten niedergebracht werden

– bis zu 8 m tief in die hellen Molassesande des Tertiärs abgeteuft. An der Schachtbasis konnten so auf den Malmkalken aufliegende Silexknollen abgebaut werden. Nach der Ausbeutung der Schächte wurden diese wieder mit Lockermaterial verfüllt, oft mit braunem Schotter, der weitflächig die Molassesande überlagert. Signifikante, eindeutig anthropogen bedingte Strukturen waren die Folge (◘ Abb. 10.20). Der Silexabbau in Arnhofen ist auch geoarchäologisch intensiv untersucht, zum Einsatz kamen dabei Rammkernsondierungen zur Ermittlung der stratigraphischen Situation und Bodenradar zur zerstörungsfreien Erfassung der Bergbaurelikte im Untergrund (Leopold und Völkel 2004).

Bis zum frühen Mittelalter veränderte sich die Technik zum Abbau von Bodenschätzen kaum, und Innovationen blieben die Ausnahme (Bayerl 2013). Entsprechend gering waren die Abbautiefen in den Bergwerken. Trotzdem zeigt sich im Gegensatz zu üblichen archäologischen Befunden die wahre Dimension der bergbaulichen Hinterlassenschaften erst im Untergrund. Viele untertägige Bergbaurelikte sind kaum zugänglich, aber dennoch meist weitläufig und weit über 10 m tief. Die Schächte der bronzezeitlichen Kupferminen am Great Orme's Head in Nordwales wurden über 40 m abgeteuft (Craddock 1995) und im griechischen Attika erreichen die Stollen der Silberminen von Laurion bis zu 120 m Teufe (Shepherd 1993, S. 86 ff.). Derartige Minen und Relikte des Untertagebaus im Allgemeinen stellen in der Regel ein komplexes Bodendenkmal dar, deren Untersuchung auch aus technologischer Sicht entsprechend aufwendig ist. Neben archäologischer Herangehensweise und geowissenschaftlichen Methoden ist nicht minder bergmännische Expertise gefordert, um Funde sichern, dokumentieren und interpretieren zu können, sodass eine schlüssige Rekonstruktion prähistorischer und historischer Bergbaulandschaften möglich ist.

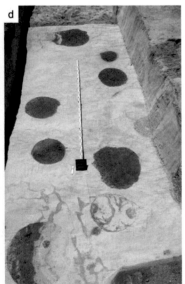

◘ **Abb. 10.20** Das Feuersteinbergwerk von Arnhofen in Niederbayern. **a** Prof. Dr. Rind in einem ausgegrabenen, freipräparierten Schacht. **b** Über dem Malm liegende Hornsteinknolle. **c** Profil eines verfüllten Schachtes. In der unteren Bildhälfte sind die hellen Molassesande zu sehen. Darüber liegen braune Schotter, die oft zur Verfüllung der Schächte genutzt wurden. **d** Im Planum sichtbare Schachtverfüllungen. Die dunklen Schotter heben sich deutlich von den hellen Molassesanden ab

Im Hochmittelalter und der frühen Neuzeit erreichte der Bergbau durch technische Innovationen wie Wasserkünste (u. a. Agricola 1556, S. 143 ff.) Teufen weit über 100 m. Im Erzgebirge steigerten sich die maximalen Schachttiefen im Zuge des Wechsels von Handhaspel (von 1158 bis ca. 1880) mit 45 m Teufe, über Pferdegöpel (vom 15. Jh. bis 1870) mit bis zu 250 m Teufe, zum Wassergöpel bzw. Wasserkehrrad (1769 bis 1913) mit bis zu 550 m Teufe (Wagenbreth und Wächtler 1986, S. 34). Die Relikte des Untertagebaus werden seit einigen Jahrzehnten verstärkt von der Forschung betrachtet. Auch das öffentliche Interesse an dieser Thematik hat zugenommen – nicht zuletzt aufgrund von national und international sichtbaren Aktivitäten wie dem Projekt *ArchaeoMontan* zur grenzüberschreitenden Untersuchung des mittelalterlichen Bergbaus in Sachsen und Böhmen (Tolksdorf et al. 2018).

Im Vergleich zum Bergbau unter Tage hat der obertägige Abbau von Bodenschätzen in der Regel wesentlich deutlichere Spuren hinterlassen. Dabei sind die markantesten Relikte anthropogene Voll- und Hohlformen, die im Zuge der bergmännischen Tätigkeit entstanden sind (◘ Abb. 10.21).

Allerdings ist zu berücksichtigen, dass in lange genutzten Montanregionen ein Untertagebau oftmals einem ursprünglichen, obertägigen Bergbau folgte, sodass typische Formen verschliffen und Relikte zerstört sein können. Darüber hinaus lassen sich viele Hinterlassenschaften nicht sinnvoll trennen und bergbaubedingte Reliefformen wie Halden sind lediglich das morphologische Resultat von größtenteils unter Tage stattfindenden Geschehnissen. Am deutlichsten wird dies bei durch Einbrüche entstehenden Hohlformen, den Pingen, die eine Folge des bergbaubedingten Volumen- und Massenverlustes unter Tage sind und Durchmesser von mehreren Hundert Metern erreichen können (Falun, Schweden; Altenberg, Sachsen).

Ein weitverbreitetes Relikt des Bergbaus sind Halden und die sie aufbauenden Substrate. Die durch den Bergbau an die Oberfläche gebrachten, auch als Kippen bezeichneten Haldensubstrate haben meist gänzlich andere Eigenschaften als die „natürlich gewachsenen" Böden. Haldensubstrate sind in der Regel humusfrei und werden dominiert von primären, unverwitterten Mineralen. Erhöhte Metallgehalte sind ebenfalls sehr typisch und können zu weitrei-

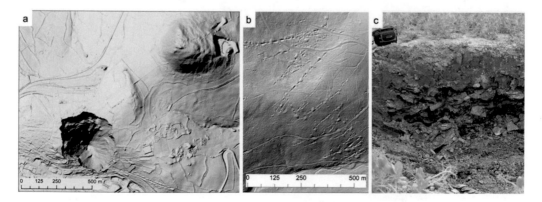

◘ **Abb. 10.21** Beispiele von Oberflächenformen und Sedimenten als Hinterlassenschaft des mittelalterlichen Bergbaus. **a** Altenberger Pinge, Sachsen *(shaded relief map)*. Pinge im Bildausschnitt unten links mit einer Tiefe bis zu 150 m unter GOK, oben rechts der Geisingberg erreicht eine Höhe von 821 m NN. **b** Spuren des Abbaus bei Altenberg, Sachsen *(shaded relief map)*. Die linearen Strukturen zeigen den Verlauf der Erzgänge im Untergrund. **c** Profil einer „vergrabenen Halde" im Mansfelder Land, Sachsen-Anhalt. Das dunkle, skelettreiche Haldenmaterial wurde überdeckt mit einem braunen, feinererreichen Boden, der landwirtschaftlich genutzt wird

chenden, langanhaltenden Veränderungen des Stoffkreislaufs von Ökosystemen führen (vgl. ▶ Kap. 8). Ein eindrucksvolles Beispiel dieser Art sind die „vergrabenen Halden" im Mansfelder Land, Sachsen-Anhalt (Oertel 2003). Die Oberböden von Ackerflächen in der Region sind kleinräumig stark mit Schwermetallen belastet, da Klein- und Kleinsthalden des mittelalterlichen Kupferschieferbergbaus am Ende des 19. und Anfang des 20. Jahrhunderts vergraben wurden, um eine nachbergbauliche, landwirtschaftliche Nutzung zu ermöglichen. Das schwermetallreiche Haldensubstrat wurde mit dem Solum von Parabraunerden abgedeckt, um eine kulturfähige Ackerscholle zu erhalten (◘ Abb. 10.21). Allerdings sind infolge jahrzehntelanger, intensiver Bodenbearbeitung die Haldensubstrate zwischenzeitlich wieder exhumiert worden, sodass die Schwermetallgehalte der Oberböden regelhaft erhöht sind und Störungen des Pflanzenwachstums auftreten (Oertel 2003).

10

Kolluvien

Britta Kopecky-Hermanns, Richard Vogt und Stefanie Berg

Inhaltsverzeichnis

11.1   Datierung und Stratigraphie – 210

11.2   Kolluvien in der Archäologie – 211

11.3   Landschaftsveränderung durch Kolluvien – 213

© Springer-Verlag GmbH Deutschland, ein Teil von Springer Nature 2022
C. Stolz und C. E. Miller (Hrsg.), *Geoarchäologie*,
https://doi.org/10.1007/978-3-662-62774-7_11

Zusammenfassung

Kolluvien sind die korrelaten Sedimente der holozänen Bodenerosion. Es handelt sich dabei um quasinatürliche Ablagerungen, die zwar durch natürliche Prozesse entstanden, jedoch erst durch anthropogene Eingriffe wie Rodung und Ackerbau ermöglicht worden sind. Bei Kolluvien handelt es sich um Bodenmaterial, das aufgrund von Erosionsprozessen von vegetationsfreien oder -armen Hängen abgespült und in Tiefenlinien und konkaven Unterhangpositionen wieder abgelagert wurde. Ihre Entwicklung reicht bis in die heutige Zeit. Kolluvien verfügen meist über ein spezielles Gefüge, durch Humusbeimengung über eine typische Farbgebung und sie können Fremdkomponenten wie z.B. Holzkohlen oder sonstige archäologische Artefakte enthalten. Mit unterschiedlichen Datierungsmethoden lassen sie sich zeitlich einordnen und in siedlungsgeschichtlichen Zusammenhang bringen. Kolluvien sind also Bodenarchive, die vielfältige Informationen enthalten. Sie sind besonders häufig in Lössgebieten verbreitet und können die Erhaltung und Konservierung von Fundstellen nachhaltig beeinflussen. Das Kapitel beinhaltet eine tabellarische Zusammenstellung wichtiger datierter Kolluvienprofile in Deutschland und stellt ausführlicher zwei Fallstudien aus Bayern und Baden-Württemberg vor.

In der *Bodenkundlichen Kartieranleitung* wird der Kolluvisol, der Bodentyp aus Umlagerungsmassen, bodensystematisch in die Klasse der terrestrischen anthropogenen Böden eingeordnet. Als Horizonthauptsymbol wird der Buchstabe M benutzt, von lateinisch *migrare* = wandern. Der Kolluvisol besteht aus sedimentiertem, holozänem, humosen Solummaterial und kann durch voran- und nachgestellte Symbole weiter klassifiziert und beschrieben werden (Arbeitsgruppe Boden 2005). Der Begriff Kolluvium (lat.) bedeutet „Zusammengeschwemmtes" (Mückenhausen 1985). Nach Bork et al (1998) wird das Kolluvium als ein korrelates Sediment der Bodenerosion angesprochen, welches durch Erosionsprozesse auf vegetationsarmen und -freien Hängen entstanden ist bzw. heute noch entsteht.

Es handelt sich also um eine „quasinatürliche" Ablagerung, die zwar durch natürliche Prozesse entstanden ist, die aber anthropogenen Ursprungs ist (Bork et al. 1998). Im angloamerikanischen Sprachgebrauch steht der Begriff *colluvium* für alle Arten von Hangsedimenten *(hillslope deposits)*, die somit auch eiszeitlichen Ursprungs sein können (Bußmann 2014). Ein im Holozän unter menschlichem Einfluss entstandenes Kolluvium wird daher auch als *holocene colluvium* bezeichnet (Leopold und Völkel 2007).

„Der Begriff Kolluviation fasst alle Prozesse zusammen, die bei der Bildung von Kolluvien beteiligt sind. Dies sind Erosion, Transport und Akkumulation" (Schulz 2007, S. 83). Unter Bodenerosion werden generell die Ablösung und der Transport von Bodenteilchen (Primärteilchen oder Aggregate) an einer Bodenoberfläche verstanden, je nach Transportmedium ist zwischen Wasser- und Winderosion zu unterscheiden (Blume et al. 2010). Bei der Wassererosion werden zuerst die Bodenaggregate durch die kinetische Energie der Regentropfen (Splash-Wirkung) zerschlagen. Dadurch entsteht transportfähiges Feinmaterial, das durch Oberflächenwasser zusammen mit dem bereits vorhandenen Lockermaterial hangabwärts fließen kann (Schachtschabel et al. 1989). Mit nachlassender Transportkraft wird der größte Teil an konkaven Unterhängen und den vorgelagerten Talauen als Kolluvium akkumuliert (◘ Abb. 11.1). Je nach Neigung des Geländes, der Bodenart oder der Ausprägung des Untergrunds kann es zur Flächenerosion (Denudation) oder zur linearen Bodenerosion (engl. *gully erosion*) kommen (siehe ► Abschn. 9.4). Bei der flächigen Bodenerosion werden vor allem die humosen Oberböden abgetragen, die zum Zeitpunkt der Ero-

Abb. 11.1 Kolluvienabfolge in einem Grabungsprofil im Landkreis Weißenburg-Gunzenhausen (Mittelfranken): Die unterschiedlich mächtigen und unterschiedlich gefärbten Kolluvien liegen über der fossilen Bodenoberfläche eines Pseudogleys. Archäologische Befunde unterschiedlicher Zeitstellungen sind in dem Kolluvium und darunter erhalten (Foto: B. Kopecky-Hermanns)

sion entwickelt waren. Der Ab- und Auftrag homogenisiert die Bodensubstrate, weshalb diese oft humos angereichert sind. Die Aggregatgefüge sind kaum entwickelt und es ist wenig bis keine Bioturbation oder Pseudovergleyung zu erkennen. Der Einschluss kleinerer Fremdkomponenten wie Kies, Grus (kantige Gesteinsbruchstücke), Rotlehm-, Holzkohle, Keramikbruchstücken und der meist erhöhte Humusgehalt geben zentrale Hinweise auf die Existenz eines Kolluviums.

Bei der Geländebestimmung von Kolluvien sind tiefe Bodenprofile anzulegen, um die Ausprägung der vorliegenden Schichten vertikal zu verfolgen und um die Grenze zum anstehenden *in-situ*-Boden zu bestimmen. Bezüglich geoarchäologischer Fragestellungen ist es eminent wichtig, die ursprüngliche Bodenoberfläche mit potenziel-

len archäologischen Befunden zu erreichen und zu klären, ob alte Oberflächen durch Kolluvien überdeckt sind oder mehrere Abfolgen von Kolluvien einer gekappten Bodenoberfläche aufliegen. Hier gibt es eine Vielzahl von Varianten, die von den Standortfaktoren der jeweiligen Landschaft abhängig sind. Die abgelagerten Schichten werden wiederum durch horizontale und vertikale Stoffflüsse überprägt. Je älter die Kolluvien sind, desto stärker ist die voranschreitende Bodenentwicklung. Gerade ältere Kolluvien sind im Gelände schwer zu erkennen, da die Horizontgrenzen durch die Bodenbildung verwischen und neue Merkmale die Ablagerungen überprägen. Hierbei kann z. B. die Entnahme von ungestörten Bodenproben für eine mikromorphologische Untersuchung weiterhelfen und die Geländebestimmung unterstützen (siehe ► Abschn. 15.6). Die Bodenarten der Kolluvien, die sich aus unterschiedlichen Korngrößen zusammensetzen, können Hinweise auf die Intensität des Erosionsereignisses geben, die sie entstehen ließen. Je grobkörniger sie sind, desto stärkere Niederschlagsereignisse gab es in deren Einzugsbereich. So sind bei linearen Erosionsereignissen (z. B. Schluchtenreißen) oft auch Fließstrukturen und Schichtungen in den Kolluvien ausgebildet. Bei dieser Erosionsart können wesentlich gröbere Bodenteilchen verlagert und auch archäologische Funde wie z. B. Keramikfragmente mitgerissen werden. Damit stellen Kolluvien Bodenarchive dar, die eine Vielzahl von Informationen enthalten, die mit entsprechenden Methoden herausgearbeitet werden können. So können anhand der Verteilung bestimmter Korngrößen, Humusgehalte, organischer Substanzen oder Karbonatgehalte innerhalb der Kolluvienentwicklung Rückschlüsse auf die Erosion bestimmter Bodenhorizonte im Einzugsgebiet und auf die dort verbreiteten Bodentypen gezogen werden. Als Beispiel wäre hier eine inverse Schichtenfolge einer Parabraunerde in der Kolluvienstratigraphie zu nennen (Vogt 2014, S. 41).

11.1 Datierung und Stratigraphie

Die gezielte Entnahme von Bodenproben, organischen Resten und Artefakten bildet die Voraussetzung für eine chronologische Einordnung von Kolluvien. Im Gelände kann eine solche nur relativchronologisch vonstattengehen. D. h., die Schichtenabfolge entspricht der Altersabfolge: jüngere Schichten liegen über älteren. Dabei datiert der jüngste Fund die Schicht. Bei der absoluten

Altersdatierung von Sedimenten, Bodenhorizonten, organischen Resten oder Artefakten kann auf verschiedenste Methoden zurückgegriffen werden (siehe ► Abschn. 16.3 und 16.4). Je nach vorhandenem Fundgut ist die entsprechende Methode auszuwählen. Während die konventionelle ^{14}C-Methode aufgrund der notwendigen großen Probenmengen für Kolluviendatierungen meist ungeeignet war, ermöglichte das weiterentwickelte Verfahren mit dem Atommassenspektrometer (AMS), mit äußerst geringen Probenmaterialmengen von Holz, Holzkohle, Makrofossilien, Torf, Sedimenten, Knochen, Textilien, Muscheln oder Karbonaten zuverlässige Datierungsresultate (Mindestmenge ca. 1 mg Kohlenstoff) in kürzeren Messzeiten zu erzielen (siehe ► Abschn. 16.3). Durch die kleinen Probenmengen lassen sich die Schäden an wertvollen bzw. sehr kleinen Fundobjekten minimieren. Für Artefakte wie für die organische Substanz gilt bei ^{14}C-AMS-Datierungen, dass diese sowohl in autochthoner als auch allochthoner Lage vorkommen können. Da sich Kolluvien meist zwiebelschalenartig aus mehreren Schüttungsphasen aufbauen, können in den Stratigraphien zahlreiche „vorübergehende" Oberflächen enthalten sein, auf denen datierbare Reste entstanden, abgelagert und nachfolgend überdeckt worden sein können. Dagegen wurden bei allochthoner Lagerung die Artefakte oder botanischen Makroreste in den kolluvialen Umlagerungen mittransportiert. Hier gilt, dass das Artefakt ein Maximalalter für die Schicht angibt (Schulz 2007, S. 20). Bei den Probenahmen muss sorgfältig darauf geachtet werden, dass das zu datierende Material nicht durch Bodenwühler oder Wurzelbahnen in tiefere und damit ältere Bereiche gelangte. Über die spezielle Auswahl von organischem Material für ^{14}C-AMS-Datierungen, also botanischen Makroresten oder Holzkohleflittern, lässt sich die Präzision der Resultate verbessern, indem z. B. annuelle Pflanzenreste wie Samen und Früchte zur Datierung verwendet werden (Vogt 2014, S. 74). Bei Holzkohlen kann die Holzartbestimmung vorab vermeiden, dass solche von besonders langlebigen Arten (z. B. Eichen) für die Datierung herangezogen werden (Altholzeffekte). Verschiedentlich wird auch die ^{14}C-Datierung von organischer Substanz des Bodens angewendet, wobei das Ergebnis ein Mischalter aus pedogenetisch und somit an Ort und Stelle gebildetem Humus („topogenem Humus") und kolluvial verlagerten Humusteilchen (lithogenem Humus) darstellt und dadurch eingeschränkte Aussagekraft besitzt (Schulz 2007, S. 22 ff.; Berg-Hobohm und Kopecky-Hermanns 2011, S. 414 ff.). Soll der Zeitpunkt der Ablagerung älterer Sedimente bestimmt werden, empfiehlt sich die Datierung mittels OSL (optisch stimulierter Lumineszenz) oder IRSL (infrarot stimulierter Lumineszenz). Der Vorteil bei diesen Altersbestimmungen besteht in der fast unbegrenzten Verfügbarkeit der Minerale Quarz und Feldspat als Ausgangsstoffe zur Datierung (siehe ▶ Abschn. 16.4). Bei diesem Verfahren muss die vollständige Belichtung der Minerale erfolgt sein, sonst ergeben sich zu alte Datierungsresultate (Schulz 2007, S. 23; Vogt 2014, S. 61 ff.).

11.2 Kolluvien in der Archäologie

Das Erkennen von Kolluvien ist für die archäologische und geoarchäologische Praxis so wichtig, weil die Existenz einer kolluvialen Überdeckung direkt die Erhaltung und Konservierung von archäologischen Fundstellen beeinflussen kann (siehe auch Infobox 11.1). Denn bei ausreichender Kolluvienmächtigkeit sind die Befunde vor Erosion und Zerstörung durch landwirtschaftliche Geräte geschützt (◘ Abb. 11.1). Aber auch für die Durchführung archäologischer Ausgrabungen ist diese Kenntnis von großer Wichtigkeit. Durch Bohrprospektionen oder kleinere Sondageschnitte sollten deshalb Flächen im Vorfeld bodenkundlich-geoarchäologisch untersucht werden und die Ergebnisse in die Grabungsplanung einfließen. So wird vermieden, dass Fundstellen übersehen und möglicherweise undokumentiert abgebaggert werden. In der archäologischen Dokumentation werden kolluviale Schichten, in denen z. B. umgelagerte Artefakte (Holzkohle, verbrannter Lehm, Keramikscherben etc.) von Fundplätzen und Befunden im Hangbereich enthalten sind, als archäologischer Befund beschrieben (Entwicklung eines „Kondensatfundplatzes", siehe ◘ Abb. 11.1; Gerlach 2006). Die in Kolluvien gespeicherten Geoinformationen werden häufig erst im Zusammenhang mit größeren Bodeneingriffen (z. B. bei linearen Bauvorhaben) und den im Vorfeld durchgeführten Ausgrabungen zutage gefördert. Dabei ist die lokale Komponente der Kolluvien besonders für die Interpretation der Besiedlungsgeschichte solcher Regionen bedeutsam, in denen archäologische Fundplätze bisher unbekannt sind. Sie können in Bodenerosions- und Landschaftsentwicklungsmodelle einfließen und somit einen Beitrag zur angewandten Landschaftsarchäologie liefern (Niller 1998).

11

Landschaftsrekonstruktion im Umfeld des römischen Limes im Landkreis Eichstätt (Britta Kopecky-Hermanns, Richard Vogt, Stefanie Berg)

Im Bereich einer Grabungsfläche an einem mittelstark geneigten Hangabschnitt am Limes westlich von Kelheim (Lkr. Eichstätt, Oberbayern) war obertägig nur das aufgehende Mauerwerk der römischen Limesmauer sichtbar. Erst in tiefen Baggersondagen wurde der parallel verlaufende Palisadengraben unter einem fast 1 m mächtigen Kolluvium sichtbar. Das Profil zeigt eine komplexe Stratigraphie, die in Kombination von Geländeansprache, Dünnschliffanalytik und OSL-Datierungen zeitlich eingeordnet werden konnte (Kopecky-Hermanns et al. 2021; siehe ◨ Abb. 11.2). Der Palisadengraben und die ca. 50 Jahre später errichtete römische Mauer gründen in einem in vorgeschichtlicher Zeit abgelagerten Kolluvium (17-2), das an dem eingemischten vorgeschichtlichen Siedlungsmaterial wie Keramik, Rotlehm und Holzkohle zu erkennen war. Dieses liegt dem Bt-Horizont (Schicht 21-1) einer Parabraunerde auf. Die zerfallende Mauer konservierte dann unter sich die älteren Kolluvien (17-1,

17-2), während die Schichten weiter oberhalb erodiert wurden. Später wirkte der Mauerversturz als Sedimentfalle für hangabwärts transportiertes Bodenmaterial. Der aufgelassene Palisadengraben sedimentierte allmählich zu und weitere kolluviale Schichten wurden darüber abgelagert (10-4 bis 10-1). Anhand der OSL-Datierungen (optisch stimulierte Lumineszenz) (◨ Abb. 11.2) konnte das untere Kolluvium (17-2) als spätbronzezeitlich bis früheisenzeitlich eingeordnet werden und es korreliert mit Veränderungen der Landschafts- und Klimabedingungen zu Beginn des Subatlantikums (ab ca. 800 v. Chr.). Das in ca. 40 cm Tiefe anstehende Kolluvium (10-2) datiert um 1000 ± 100 n. Chr., dem Übergang der Karolingerzeit zum Hochmittelalter. Lokale Rodungen in und um den Limesbereich haben zur Bildung dieses Kolluviums geführt. Damit wurde das Relief in kürzester Zeit völlig umgestaltet und die Befunde wurden durch die mächtige Überdeckung konserviert.

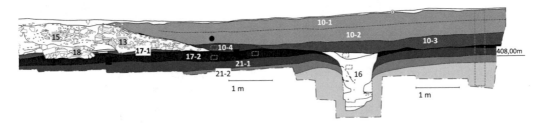

◨ **Abb. 11.2** Landschaftsentwicklung und Kolluvienstratigraphie am Limes in Oberbayern. 10-1 bis 10-4: jüngere Kolluvien über Palisadengraben (Bef. 16) und Mauer (Bef. 18); 17-1 bis 17-2: vorrömische Kolluvien; 21-1: Bt-Horizont einer Parabraunerde; 21-2: Bt/IIBtv-Horizont einer Parabraunerde; 21-3: IIBv/Cv-Übergangshorizont zum Ausgangsmaterial der Bodenbildung; blauer Punkt: Entnahme OSL-Proben; roter Kasten: mikromorphologische Proben; gestrichelter Kasten: Entnahme von Bodenproben für allgem. Bodenanalytik (Kopecky-Hermanns et al. 2021)

11.3 Landschaftsveränderung durch Kolluvien

Am stärksten sind die Lössgebiete von Erosion und einhergehender Kolluvienbildung betroffen. Dies sind gleichzeitig die Regionen, in denen in Mitteleuropa der prähistorische Mensch aufgrund der hervorragenden Bodenqualitäten vor ca. 7500 Jahren (Niller 1998) mit Ackerbau und Viehzucht begann. Entsprechend entstanden die ersten, eher schwach ausgeprägten Kolluvien mit diesen ersten Siedlern. Hiermit endet auch die altholozäne geomorphologische Stabilitätszeit (Bork et al. 1998). Die intensiver werdende ackerbauliche Landschaftsnutzung führt seit dieser Zeit durch Erosion und entsprechende Kolluvienbildung in den Tiefenlinien zu einer Nivellierung der Landschaft (◘ Abb. 11.1). Dies hat zur Folge, dass sich die natürliche, großflächige Bodentypenverteilung auflöst und ein wesentlich differenzierteres Bodenmosaik mit vielfältigeren Standorten entsteht (Vogt 1990, S. 137 ff.). Neben den anthropogen bedingten Erosionsphasen folgen im Laufe des Holozäns immer wieder Stabilitätsphasen mit unterschiedlich mächtiger Bodenentwicklung, wie das Aktivitäts- und Stabilitätskonzept von Rohdenburg von 1969

und 1971 aufzeigt (Bork et al. 1998). In der Bronze- und Eisenzeit sowie der Römischen Kaiserzeit nimmt die flächenhafte Bodenerosion aufgrund der intensiveren Besiedlung und ackerbaulichen Nutzung zu (Knörzer et al. 1999). Während der Völkerwanderungszeit ist ein extremer Rückgang der Kolluvienbildung festzustellen, da der enorme Bevölkerungsrückgang eine großflächige, seit dem Neolithikum nicht da gewesene Wiederbewaldung begünstigte (Bork et al. 1998, S. 219). Im Früh- bis Hochmittelalter endet die geomorphologische Stabilitätsphase. Durch Rodungsperioden, intensivere Landwirtschaft und klimatische Verschlechterungen werden starke lineare Bodenumlagerungen (Schluchtenreißen, Runsenbildung) ausgelöst (Bork et al. 1998, S. 221). Diese komplexen Mensch-Umwelt-Beziehungen müssen bei der wissenschaftlichen Auswertung von Kolluvien immer berücksichtigt werden, denn Kolluvien repräsentieren nur die lokalen Bedingungen in einem lokalen Einzugsgebiet (Niller 1998, S. 3). Infobox 11.2 zeigt, dass auch unterschiedliche Zwischenspeicher kolluvialer Umlagerungsmassen eine Rolle spielen können. Die Untersuchungsergebnisse von Kolluvien verschiedener Landschaftsräume sind in ◘ Tab. 11.1 zusammengestellt.

◘ Tab. 11.1 Zusammenstellung ausgewählter Untersuchungen an Kolluvien in Deutschland

Region	Zeitstellung	Ergebnis	Literatur
Allgäu (Baden-Württemberg)	Frühbronzezeit und Mittelalter	Starke Kolluvienbildung ab Frühbronzezeit, verstärkt wieder im Hoch- und Spätmittelalter	Vogt (2015)
Hegau (Baden-Württemb.)	Vorgeschichte	Nachweis neolithischer und bronzezeitlicher Kolluvien	Schulte und Stumböck (2000)
Kraichgau (Baden-Württemb.)	Frühes Neolithikum bis Römische Kaiserzeit	Entwicklung der Kolluvien bereits im frühen Neolithikum, verstärkt in Eisen- und Römerzeit	Lang (2003)
Südlicher und mittlerer Oberrhein (Baden-Württemb.)	Neolithikum bis Mittelalter	Massenbilanzen und potenzielle Erosionsflächen, ab Neolithikum Entwicklung von Auenlehmen	Seidel (2004)

(Fortsetzung)

◘ Tab. 11.1 (Fortsetzung)

Region	Zeitstellung	Ergebnis	Literatur
Oberschwaben (Baden-Württemb.)	Neolithikum bis Neuzeit	Regionale Differenzierung von Kolluvienschüben, deutlich ausgeprägt in Frühbronzezeit, Späte Eisenzeit, Römerzeit und ab dem Hochmittelalter	Maier und Vogt (2007)
Westlicher Bodensee (Baden-Württemb.)	Endneolithikum bis Hochmittelalter	Erosion und Kolluviation in Frühbronzezeit, Urnenfelderzeit / beginnende Hallstattzeit, Späte Eisenzeit, Früh- und Hochmittelalter	Vogt (2014)
Westlicher Bodensee (Baden-Württemb.)	Vorgeschichte, Mittelalter	Frühbronzezeitliche Kolluvienbildung; Nachweis Anwendbarkeit von AMS bei Kolluviendatierung	Vogt (1995)
Boos (Bayern)	Hoch- bis Spätmittelalter	Spätmittelalterliche lineare Hangerosion und Ablagerung mächtiger Kolluvien	Seiler und Kopecky-Hermanns (2012)
Dettenheim (Bayern)	Eisenzeit bis Neuzeit	Verzahnung von mittelalterlichen bis neuzeitlichen Kolluvien über latènezeitlicher Bodenbildung	Suchodoletz et al. (2016)
Friesen bei Kronach (Bayern)	Mittelalter	Starke Bodenerosion im 14. Jh	Dotterweich et al. (2003)
Poign (Bayern)	Latènezeit	Massive Bodenerosion während der Spätlatènezeit außerhalb der Viereckschanze	Leopold (2003)
Schlossberg Kallmünz (Bayern)	Vorgeschichte und frühes Mittelalter	Keine Kolluvien der Bronzezeit und des frühen Mittelalters	Schmidgall (2009)
Vils (Bayern)	Bronze- bis Eisenzeit, frühe Neuzeit	Kolluvien seit der Bronzezeit, verstärkt in der Eisenzeit; Ausbildung der Runsen seit Ende des 15. Jh	Beckmann (2007)
Wolfsgraben (Bayern)	Mittelalter	Kerbenreißen in der 1. Hälfte des 14. Jh. und im 18./19.Jh	Schmitt und Dotterweich (2003)
Mecklenburg	Bronzezeit, Mittelalter	Erosion in der Bronzezeit, Mittelalter bis Neuzeit	Küster et al. (2012)
Westl. Kölner Bucht (NRW)	Neolithikum bis Neuzeit	Fünf kolluviale Schichten; Kolluviation ab 2000 v. Chr. und neuzeitlich	Schulz (2007)
Halle (Sachsen-Anhalt) und Niederrh. Bucht (NRW)	Neolithikum bis Mittelalter	Landschaftsentwicklung ab dem Neolithikum bis in die Römische Kaiserzeit, mittelalterliche Kolluvien	Gerz (2017)
Nordwestsachsen	Neolithikum bis Neuzeit	Mittelneolithische, bronzezeitliche und hochmittelalterlicher Kolluvien, Verzahnung mit Auenlehmen	Tinapp (2008)
Mittelsachsen	Spätneolithikum, Jungbronzezeit, Spätmittelalter/ Neuzeit	Nachweis spätneolithischer, jungbronzezeitlicher, spätmittelalterlicher/neuzeitlicher Kolluvien über Parabraunerde	Schmalfuß et al. (2018)

11

Landschaftsrekonstruktion im Altmoränengebiet der Federseeregion
(Britta Kopecky-Hermanns, Richard Vogt, Stefanie Berg)

Im Bereich einer Geländemulde im Altmoränengebiet der nördlichen Federseeumgebung nahe Alleshausen sind zwei Baggerschürfe – Alleshausen-Grund (Ag2) und Grundwiesen (Ag1) – angelegt worden, um die Verfüllungsgeschichte und Landschaftsveränderung in diesem Hangsystem zu erfassen (Maier und Vogt 2007). Während das muldenaufwärts gelegene Profil Ag2 eine mehrfach gegliederte Kolluvienstratigraphie mit ca. 2 m Mächtigkeit über einem Parabraunerderest umfasst, ist das Profil Ag1 auf dem Schwemmkegel der in das Federseebecken mündenden Mulde angelegt worden. Die ^{14}C-AMS-Datierungen von 15 Proben aus Profil Ag2 ergaben ein normalstratigraphisches Zeitspektrum von Jungneolithikum bis zur Mittleren Bronzezeit (MBZ). Darüber folgen zwischen der MBZ und der Römischen Kaiserzeit mehrfach alternierende Datierungen, die nahelegen, dass hier unterschiedliche Zwischenspeicher kolluvialer Umlagerungsmassen geleert und das Material an anderer Stelle resedimentiert wurde. Gemäß der Kolluvienmächtigkeit sind vom Jungneolithikum bis zur Römerzeit über rund 3500 Jahre hinweg ca. 75 cm akkumuliert. In nachrömischer Zeit steigt dann die Umlagerungsrate im Mittelalter und der Neuzeit mit rund 110 cm abgespültem Bodenmaterial innerhalb knapp 2 Jahrtausenden wesentlich stärker an. Nur 110 m von Standort Ag2 entfernt zeigt sich im Bereich des Schwemmkegels ein ganz anderes Bild. Dort liegt auf ufernahen Sedimenten des Federsees und Niedermoortorfen ein rund 120 cm mächtiges Kolluvium (◘ Abb. 11.3). ^{14}C-AMS-Datierungen von 10 aus diesem Profil entnommenen Holzkohleproben zeigen, dass der Torfaufwuchs in der Frühbronzezeit begann und bis zur Karolingerzeit anhielt, ehe das Wachstum durch die Schüttung der kolluvialen Umlagerungsmassen abrupt beendet wurde. Alle Kolluviendatierungen danach fallen ohne Ausnahme in das Mittelalter und die Neuzeit. Zusammenfassend zeigen die beiden Profile, dass in älteren Zeitabschnitten zunächst muldenaufwärts gelegene Kolluvienzwischenspeicher im Umfeld von Ag2 aufgefüllt wurden, ehe dort jüngeres kolluviales Material überzulaufen begann und sich bis in den Bereich des Schwemmkegels ergossen hat. Die dargestellten Prozessabläufe entsprechen denen des von Lang und Hönscheidt (1999) entwickelten Kaskadenmodells. Obiges Beispiel verdeutlicht, dass zur Rekonstruktion der Landschaftsgeschichte auch verschiedene Abschnitte eines Hangeinzuggebietes untersucht und miteinander verglichen werden müssen, um gesicherte und aussagekräftige Ergebnisse liefern zu können.

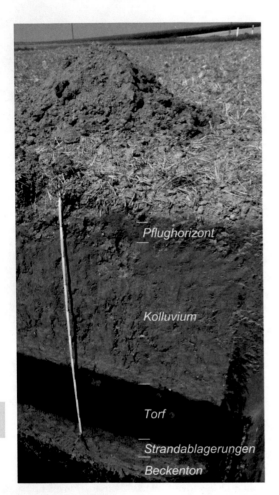

Abb. 11.3 Beispiel eines Niedermoortorfes mit rund 1,2 m mächtiger, seit dem Mittelalter entstandener Kolluvienüberdeckung im Altmoränengebiet des nördlichen Federsees bei Alleshausen (Foto: R. Vogt)

11

Böden und Bodenbildung

Dagmar Fritzsch, Peter Kühn, Dana Pietsch, Astrid Röpke,
Thomas Scholten und Heinrich Thiemeyer

Inhaltsverzeichnis

12.1 **Bodengenese und Bodenbildungsprozesse** – 218
12.1.1 Bodengenese – 218
12.1.2 Bodenbildende Prozesse – 222
12.1.3 Bodenklassifikation – 226

12.2 **Böden in archäologischen Fundstellen** – 227
12.2.1 Archäopedologie – 227
12.2.2 Methoden der Archäopedologie – 228
12.2.3 Standardisierte bodenkundliche Aufnahme von Sedimenten
in Ausgrabungen – 229
12.2.4 Mikromorphologie von Paläoböden und Krotowinen – 231
12.2.5 Mehr Boden in der Geoarchäologie! – 231

12.3 **Anthrosole** – 232
12.3.1 Anwendung in der Geoarchäologie – 238

Das vorliegende Kapitel besteht aus mehreren Teilen, die von unterschiedlichen Arbeitsgruppen und Einzelpersonen getrennt voneinander erstellt worden sind. Da eine Gewichtung nach dem Umfang der Teilbeiträge aus diesem Grund nicht möglich ist, erfolgt die Angabe der Autorinnen und Autoren in alphabetischer Reihenfolge.

© Springer-Verlag GmbH Deutschland, ein Teil von Springer Nature 2022
C. Stolz und C. E. Miller (Hrsg.), *Geoarchäologie*,
https://doi.org/10.1007/978-3-662-62774-7_12

12

Zusammenfassung

Kenntnisse zu Prozessen der Bodenbildung und die systematische Einordnung von Bodentypen gehören zu den Grundvoraussetzungen der Geoarchäologie. Das Kapitel befasst sich mit der Entstehung von Böden, mit bodenbildenden Faktoren und Prozessen sowie mit unterschiedlichen Bodensystematiken. Dabei werden auch die wichtigsten in Mitteleuropa und darüber hinaus vorkommenden Bodentypen besprochen. Im zweiten Abschnitten geht es um Böden speziell im archäologischen Kontext (Archäopedologie) und um bodenkundliche Methoden in der Archäologie. Der dritte Teil befasst sich noch einmal ganz speziell mit sogenannten Anthrosolen, d.h. mit Böden, die unter dem Einfluss des Menschen entstanden sind. Beispiele sind Kolluvisole, Rigosole, Hortisole, Plaggenesche und redoximorphe Anthrosole, wie sie z.B. infolge von Nassreisanbau vorkommen.

12.1 Bodengenese und Bodenbildungsprozesse

Thomas Scholten

12.1.1 Bodengenese

Bei der Entwicklung oder Genese von Böden, auch als Pedogenese bezeichnet, betrachten wir Böden aus zeitlicher Perspektive ausgehend von deren Istzustand retrospektiv oder prospektiv. Gegenstand sind die Bestandteile von Böden und deren Veränderung mit der Zeit im Verlauf bodenbildender Prozesse. Dabei wird davon ausgegangen, dass Böden aus natürlichen Bestandteilen aufgebaut sind. Dies sind Gesteine und deren Verwitterungs- und Umwandlungsprodukte, Pflanzen und deren lebende und abgestorbene Bestandteile sowie Tiere und deren Stoffwechselprodukte und

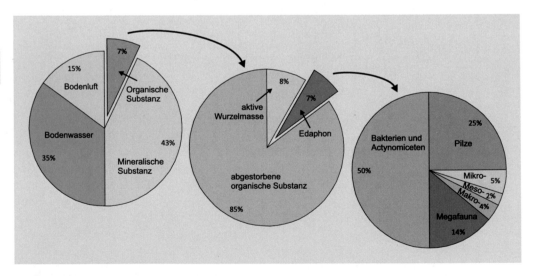

◻ **Abb. 12.1** Mittlere volumetrische Zusammensetzung der wesentlichen Bodenkomponenten. Der Anteil der organischen Komponenten und des Organismenbesatzes bezieht sich auf Waldböden (Angaben nach Dunger 2008)

Kadaver (◧ Abb. 12.1). Der im Boden lebende Anteil von Pflanzen und Tieren wird als Edaphon (von griech. *edaphos* = Erdboden) bezeichnet. Man unterscheidet pflanzliche (Bodenflora) und tierische (Bodenfauna) Bodenorganismen. Dazu gehören die Protisten, ein- oder wenigzellige eukaryotische Mikroorganismen, zu denen neben pflanzlichen und tierischen Arten unter anderem auch Pilze zählen.

Mithin kann man Böden definieren als das mit Wasser, Luft und Lebewesen durchsetzte, unter dem Einfluss der Umweltfaktoren an der Erdoberfläche im Lauf der Zeit sich entwickelnde Umwandlungsprodukt mineralischer und organischer Substanzen. Im Sinne eines raumzeitlichen Kontinuums bilden Böden die Pedosphäre als äußerste Schicht der Erdkruste, in der sich Hydrosphäre, Atmosphäre, Lithosphäre und Biosphäre überschneiden und durchdringen. Aus anthropozentrischer Perspektive sind Böden Träger von spezifischen Bodenfunktionen. Man unterscheidet natürliche Funktionen und Nutzungsfunktionen. Zu den natürlichen Funktionen zählen z. B. Böden als Lebensgrundlage und Lebensraum für Menschen, Tiere, Pflanzen und Bodenorganismen oder Böden als Archiv der Natur- und Kulturgeschichte, etwa Paläoböden aus Löss, die unter anderen Umweltbedingungen gebildet wurden und in nördlichen und mittleren Breiten häufig Bodenentwicklungsphasen in Interglazialen und Interstadialen (Warmzeiten und Warmphasen) anzeigen. Beispiele für Nutzungsfunktionen sind Böden als Rohstofflagerstätte oder als Standort für land- und forstwirtschaftliche Nutzung. All diese Funktionen werden per se als schützens- bzw. erhaltenswert angesehen.

Im Zuge des dauerhaften Lebens von Menschen an einem Ort gelangen zunehmend anthropogene Substanzen und Merkmale in den Boden. Diese treten verstärkt seit der Industrialisierung auf und kommen in der Regel innerhalb und im Umfeld von Siedlungen, Städten und anderen – z. B. industrieller – Zentren menschlicher Aktivität vor. Dies betrifft auch den stofflichen Bestand des Bodens, bestehend aus anthropogen veränderten natürlichen Substraten, wie z. B. Verbrennungsrückständen und Bauschutt, und künstlichen Substraten, wie z.B. Plastikpartikel. Hinzu kommen einzelne Stoffe und Stoffgruppen wie Chemikalien und deren Metabolite, Schwermetalle und Rückstände von Medikamenten. Typische stoffliche Quellen sind Industrie, Unfälle, Deponien, Militär, Verkehr, Haushalte, Abwasser und Landwirtschaft. Deren Betrachtung wird an dieser Stelle nicht weiter vertieft und im Folgenden nicht weiter berücksichtigt.

Eine Unterscheidung zwischen Boden und Sediment im Zuge der Bodengenese, oder die Ausweisung von Bodensedimenten, erscheint aus bodengenetischer Perspektive nicht immer sinnvoll, denn jegliche Materialablagerung bzw. Sedimentation an der Erdoberfläche ist unmittelbar Teil biogeochemischer und physikalischer Prozesse und mithin der Entwicklung von Böden. Sedimentation und Beginn der Bodenbildung erfolgen zeitgleich. Ein typisches Beispiel ist die synsedimentäre Entkalkung rezenter Marschböden, sogenannter Rohmarschen, an Küsten unter brackischen oder marinen Bedingungen (Giani et al. 2003). Eine Indexierung von frisch transportiertem Lockermaterial als Sediment wird vielmehr als Teilprozess der Gesteinsbildung im geologischen Sinn verstanden. Das resultierende Sedimentgestein ist dann Ausgangsgestein der Bodenbildung. Typischerweise unterschieden man nach dem Transportprozess äolische (durch Wind), fluviatile (durch fließendes Wasser) und glazigene (durch Gletscherbewegungen) Sedimente oder nach der Genese und dem Bildungsmilieu biogene, chemische und klastische bzw. terrestrische (auf dem Festland), lakustrine (in Seen) und marine (im Meer) Sedimente.

Im paläopedologischen (Teilgebiet der Bodenwissenschaften, das sich mit der wissenschaftlichen Untersuchung von Paläoböden befasst) und geoarchäologischen Kontext von besonderer Bedeutung ist die Umlagerung von Bodenkomponenten. Dieser wichtige Aspekt der Bodenentwicklung führt einerseits zu einer Profilverkürzung, wenn die Erosions- bzw. Abtragsrate die Bodenneubildungsrate überschreitet. Andererseits kommt es zur Profilerhöhung, wenn zusätzliches Material äolisch, fluviatil oder glazigen auf der Bodenoberfläche aufgelagert wird. Erosions- bzw. Abtragsprozesse führen in der Regel nicht zu einer Veränderung der Materialzusammensetzung der verbleibenden Böden. Auftragsprozesse hingegen können eine starke Veränderung der Material- und mithin der Bodeneigenschaften bewirken. Ein typisches

Beispiel ist die Aufwehung von Löss in Periglazialgebieten (d. h. Gebiete außerhalb vergletscherter Bereiche, aber in der Regel mit Permafrost). Im Solling, einem Teil des Weserberglands in Niedersachsen (Deutschland), wurden sorptionsarme, grobporige Böden aus rötlichem Buntsandstein während der letzten Kaltzeit von mehreren Dezimeter mächtigen Lössablagerungen überzogen (◘ Abb. 12.2c). Die schluffreichen Lösse enthalten viele Makronährstoffe, haben eine hohe Säureneutralisationskapazität und können vergleichsweise große Mengen an Wasser entgegen der Schwerkraft speichern. Die Standorteigenschaften verbesserten sich durch die Lössablagerung signifikant. Weitere typische Auftragsprozesse beobachtet man an Unterhängen und auch an Hangverflachungen im Mittelhang, wo oberhalb erodiertes Material als soge-

12

◘ **Abb. 12.2** Böden unterschiedlichen Alters und unterschiedlicher Zusammensetzung. **a** Ferralsol über Saprolit aus Diorit (Swasiland, südliches Afrika). **b** Braunerde aus holozänen Schmelzwassersanden (Helenesee in Brandenburg). **c** Parabraunerde aus Löss (Hauptlage) über Buntsandstein (Basislage, Solling im Weserbergland, Hessen) (Fotos: Thomas Scholten 1998, 2004, 2001)

nanntes Bodenkolluvium abgelagert wird (◼ Abb. 12.3). Entlang von Flüssen, wo bei Hochwasser fluviatile Sedimente abgelagert werden, kommt es häufig regelmäßig und in jährlichen Abständen, z. B. nach der Schneeschmelze oder während der Regenzeiten, zur Akkumulation von Bodenmaterial. Generell kann man annehmen, dass *ex-situ*-Anteile an der Bodenmatrix mit zunehmender Entwicklungsdauer der Böden ebenfalls zunehmen.

Böden sind in Habitus und Eigenschaften weltweit sehr verschieden (◼ Abb. 12.2, 12.3) und bilden ein hochkomplexes vierdimensionales System aus drei Raum- und einer Zeitdimension. Diese Diversität und Komplexität erklärt sich im Wesentlichen aus den folgenden drei Zusammenhängen. Zunächst nimmt die Verwitterung des frischen Gesteins und die Zersetzung der Biomasse einen sehr vielgestaltigen Verlauf in Abhängigkeit von Klima, Gesteinsart, Relief, Flora, Fauna und auch der Nutzung durch den Menschen und resultiert in stark gegliederten Böden. Diese sogenannten Bodenbildungsfaktoren können theoretisch kontingent (d. h. zufällig, im Rahmen der naturgegebenen Möglichkeiten) ausgeprägt sein. Allerdings beobachtet man in der Regel typische Faktorenkonstellationen, die in definierte Bodenbildungsprozesse münden. So sind z. B. deszendente (abwärtsgerichtete) Wasserbewegungen im Boden an eine positive klimatische Wasserbilanz gebunden, aszendente (aufwärtsgerichtete) Wasserbewegungen dagegen typisch für aride Klimate. Der Kausalkette der Pedogenese folgend werden dadurch spezifische Bodenmerkmale ausgebildet, die man dann am Bodenprofil erkennen, beschreiben und analysieren kann. Ein zweiter Zusammenhang, der die extrem hohe Komplexität erklären kann, ist die

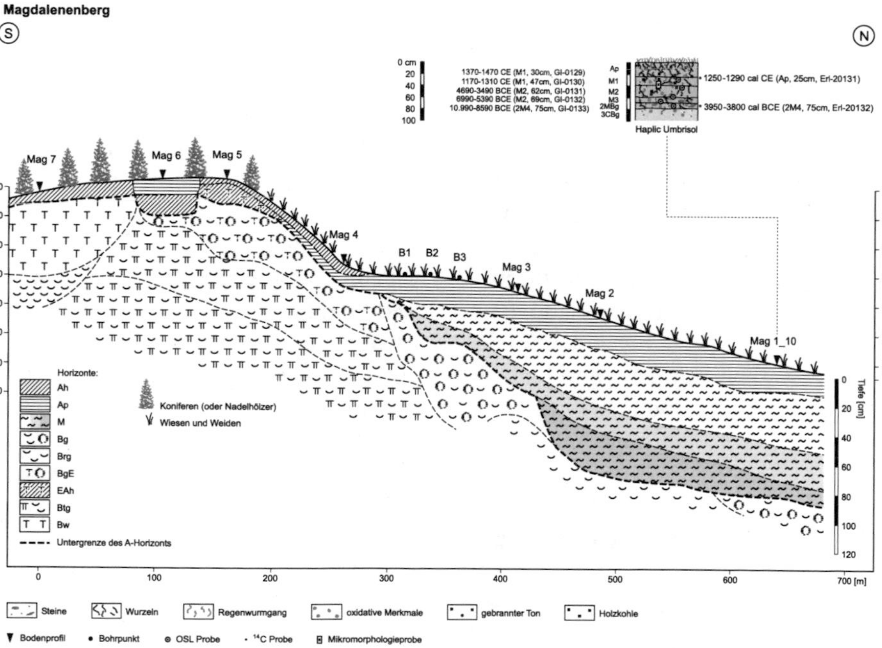

◼ **Abb. 12.3** Catena am Magdalenenberg auf der Baar, Baden-Württemberg. Im Hangverlauf sind bis zu vier kolluviale Horizonte übereinander gelagert, mit Höchstalter im untersten Kolluvium von 3950 Jahren vor Christus (aus Henkner et al. 2017, Übersetzung und Kartographie: Richard Szydlak)

mehrphasige Zusammensetzung der Böden. Sie bestehen im Mittel je hälftig aus Festsubstanz – der Matrix – und Hohlräumen – den Bodenporen. Letztere sind im Mittel zu zwei Dritteln mit Bodenwasser und zu einem Drittel mit Bodenluft gefüllt (◨ Abb. 12.1). So reagieren alle drei Phasen – fest, flüssig und gasförmig – an nahezu jedem Ort und zu jedem Zeitpunkt miteinander. Ein dritter, grundlegender Aspekt jedes in der Natur ablaufenden Vorgangs ist die Zeit. Die Bodenentwicklung ist mit der Zeit durch vorschreitende Materialaufbereitung und Auslaugung durch mechanische (Erosion) und biochemische (Lösung und Auswaschung) Prozesse gekennzeichnet. Das Bodenprofil differenziert sich zunehmend von seinen anorganischen und organischen Ausgangsmaterialien. So enthalten Ferralsole auf alten Landoberflächen kaum noch verwitterbare Minerale (◨ Abb. 12.2a). Sie sind tiefgründig verwittert, versauert, nährstoffverarmt und meist intensiv gelblich bis tiefrot gefärbt. In der Tonfraktion überwiegt das Tonmineral Kaolinit. Eisen- und Aluminiumoxide wurden im Zuge der Verwitterung relativ angereichert. Die relativ jungen Böden der im Pleistozän glazial und periglazial überformten Landschaften Mitteleuropas mit Altern von Jahrtausenden bis wenigen Jahrzehntausenden sind dagegen noch maßgeblich vom Ausgangsgestein und im mineralischen Oberboden von Flora und Fauna geprägt (◨ Abb. 12.2b). Sie unterscheiden sich mithin deutlich von den zum Teil Millionen Jahre zählenden Böden alter, subtropischer und tropischer Landoberflächen.

12.1.2 Bodenbildende Prozesse

Bodenbildende Prozesse sind biogeochemische und physikalische Prozesse der Stoffumwandlung und Stoffverlagerung, verbunden mit entsprechenden Energieumsätzen und Wechselwirkungen. Sie werden durch spezifische Kombinationen von Bodenbildungsfaktoren induziert. Man unterscheidet grob Transformation- und Translokationsprozesse (◨ Abb. 12.4). Viele der Reaktionen sind nicht oder nur eingeschränkt reversibel und bewirken Veränderungen, die mit der Zeit charakteristische, in der Regel makroskopisch erkennbare Bodenmerkmale und quasihomogene, diagnostische Bodenhorizonte ausbilden (◨ Abb. 12.5). Deren regelhafte Abfolge ergibt den Bodentyp. Im Bodenprofil von oben nach unten sind dies:

- die organische Auflage (O-Horizont, typischerweise unter Wald), die im Wesentlichen von Streu aufgebaut wird,
- der mineralische Oberbodenhorizont (A-Horizont), in dem die zersetzte und zum Teil biochemisch umgewandelte organische Substanz sich mit der mineralischen Komponente vermischt,
- der mineralische Unterbodenhorizont (B-Horizont), aufgebaut in erster Linie aus mineralischen Verwitterungsprodukten des Ausgangsgesteins,
- und abschließend der Unterboden (C-Horizont), der das in der Regel in Verwitterung befindliche Ausgangsgestein des Bodens umfasst.

Unter Verwitterung werden alle physikalischen, chemischen und biologischen Prozesse subsumiert, die das mineralische und organische Ausgangsmaterial der Bodenentwicklung ab- und umbauen. Dies geht mit einer Zerkleinerung des Gesteins und der Vergrößerung der Oberfläche einher. Zunächst führt die Protolyse von Carbonaten zur Auflösung und Auswaschung von Calcit und Dolomit. Als Säurequellen dienen das CO_2 der Atmosphäre, Wurzelexsudate (aus organischen Verbindungen bestehende Ausscheidungsprodukte der Wurzeln), Abbau von organischer Substanz im Boden unter Bildung organischer Säuren sowie der Eintrag säurebildender Stoffe aus

Prozesse der Bodenentwicklung

Transformationsprozesse

Verwitterung

Mineralneubildung

Humusanreicherung

Verbraunung und Verlehmung

Gefügebildung

Ferralitisierung und Desilifizierung

Redoximorphose

Translokationsprozesse

Entkalkung und Carbonatisierung

Lessivierung

Podsolierung

Versalzung

Silifizierung

Lateritisierung

Turbation

☐ **Abb. 12.4** Transformations- und Translokationsprozesse der Bodenentwicklung

der Atmosphäre und aus Düngung, z. B. SO_4 und Cl. Wenn der Boden entkalkt ist, greifen freie Protonen die Silikate an und setzen Alkali- und Erdalkalielemente sowie Fe(II), Mn und Al frei. Hydrolyse bzw. Protolyse differenziert dabei nach der Verwitterungsresistenz der Minerale. Sie beginnt mit wenig verwitterungsresistenten Mineralen wie Olivin und Ca-Plagioklas und endet mit Quarz. Die Reihenfolge entspricht der sog. Bowen'schen Reihe, d. h. der Kristallisationsreihenfolge in Magmen bei der magmatischen Differenziation durch fraktionierte Kristallisation Dabei verändert sich gleichzeitig die chemische und mineralogische Zusammensetzung des Bodens. Diese Idealfolge wird in der Natur stark vom Klima überprägt, wobei höhere Temperaturen und humideres Klima eine exponentielle Zunahme der Verwitterungsrate bewirken können. Zudem wird die Mineralverwitterung durch das Sickerwasser beeinflusst, welches die Lösungsprodukte abführt, und durch die Größe der angreifba-

Cambisol

O – Horizont

A – Horizont

B – Horizont

C – Horizont

Anstehendes
Gestein

◨ **Abb. 12.5** Schematische Darstellung eines Bodenprofils mit typischen Bodenhorizonten am Beispiel eines Cambisols (in der internationalen Bodensystematik) bzw. einer Braunerde. Die gezeigte quasihomogene räumliche Einheit mit einer Grundfläche von im
Mittel 1 m² wird auch als Pedon bezeichnet. Die obere
Grenzfläche des Bodens bildet die Atmosphäre, die
untere Grenzfläche das anstehende Gestein (aus Scholten 2014)

brauner Goethit. Damit einher geht auch
die Oxidation von Mn und Al, die zusammen mit den Eisenoxiden als sogenannte
pedogene Oxide bezeichnet werden. Unter
gemäßigtem Klima und in jungen Böden
bildet sich überwiegend Goethit. Mithin ist
die Verbraunung ein typischer Bodenbil-
dungsprozess junger Böden der Mittelbrei-
ten. Es entwickelt sich ein Ah/Bv/C-Profil,
das bodensystematisch als Braunerde klassifiziert wird.

Aus der Verwitterungslösung der Silikate können Minerale neu gebildet werden,
z. B. der zu den Tonpartikel zählende Kaolinit aus der Feldspatverwitterung. Ebenfalls neu gebildet und angereichert werden häufig Carbonate. Diese Sekundär-
kalke treten in der Regel als fein verteilte
Pseudomycelien (Kalkausfällungen geformt wie Pilzfäden), als Kalkkonkretionen, z. B. sogenannte Lösskindel, oder als
harte Kalkbänke auf, sogenannte Calcretes. Vergleichbares gilt für wasserlösliche
Natrium-, Kalium-, Calcium- und Mag-
nesiumsalze bei aszendenter Wasserbewegung im Boden. Typische Ursachen sind die
Überschreitung des Löslichkeitsprodukts
durch Verdunstung in ariden Klimaten. In
warm-feuchten tropischen Klimaten mit
hoher Verwitterungsintensität bewirkt die
Protolyse der Silikate auch die Lösung und
Auswaschung von Si unter relativer Anreicherung von pedogenen Fe- und Al-Oxiden
sowie Kaolinit und Al-Chloriten. Ergebnisse dieser Desilifizierung und Ferralitisierung sind rote, basenarme Ferralsole bis
hin zu Lateritkrusten und Silcretes. Letztere
ist ein Ausfällungsprodukt translozierter
Kieselsäure, das häufig auch als Residuum
in Trockengebieten und Wüsten anzutreffen ist und auf vormals warm-feuchte Klimabedingungen hinweist.

Vergleichbar mit der Verwitterung der
Gesteine und Minerale kommt es während
der Bodenentwicklung zur Zersetzung des organischen Materials unter Bildung von Humus. Diese biochemische Zersetzung von
z. B. Lignin, Wachsen, Harzen, Gerbstoffen,

12

ren Oberfläche als wesentliches Ergebnis
der physikalischen Verwitterung. Auch bei
der chemischen Verwitterung können durch
Lösung Kanäle und Hohlräume entstehen,
was die innere Oberfläche vergrößert. Im
Vergleich zu physikalischen Prozessen spielen Lösungsprozesse allerdings eine deutlich geringere Rolle für die Oberflächenbil-
dung in Böden.

Neben der damit einhergehende Verlehmung infolge der Zersetzung der Silikate
und Bildung von Tonpartikeln kommt es
zur Verbraunung des Bodens durch die Oxidation von Fe(II) zu Fe(III)-(Hydr)oxid.
Die Eisenoxide werden auf Mineral- und
Gefügeoberflächen gefällt, z. B. als roter
Ferrihydrit, orangener Lepidokrokit und

Zellulose, Stärke, Fetten, Zucker und Proteinen in niedermolekulare organische Verbindungen wird als Humifizierung bezeichnet und bewirkt die Anreicherung von Humus im Boden. Sie wird in erster Linie von Bodenorganismen geleistet, beginnend mit der Fermentierung der abgestorbenen pflanzlichen und tierischen Streu durch Bakterien und deren Einarbeitung in den Boden durch wühlende Tiere und Regenwürmer. Es baut sich so ein grauer bis schwarzer Oberbodenhorizont auf, der neben den mineralischen Komponenten z. B. unter Wald etwa 7 Vol.-% Humus enthält (◻ Abb. 12.1). Der weitergehende mikrobielle Abbau, z. B. in CO_2 und H_2O sowie die damit verbundene Freisetzung von K, Ca, Mg, Fe, S aus organischen Verbindungen wird als Mineralisierung bezeichnet.

Ein weltweit häufig anzutreffender Transformationsprozess ist die Redoximorphose (Bildung grüner, blauer oder schwarzer Reduktionsfarben). Der Wechsel von oxidierenden zu reduzierenden Bedingungen wird im Boden typischerweise durch Vernässung hervorgerufen. Zeitweise durch Niederschlagswasser (charakteristischer Bodentyp ist ein Pseudogley) oder permanent durch Grundwasser (charakteristischer Bodentyp ist ein Gley) werden alle Poren mit Wasser gefüllt. Den fehlenden Sauerstoff gewinnen Bodenbakterien, indem sie Fe-, Mn- und Al-Oxide reduzieren. Die so gelösten pedogenen Oxide diffundieren über kurze Distanzen und werden mit dem Kapillarwasserstrom im Bodenprofil nach oben in den ungesättigten Bereich oder in das Innere von Luft führenden Aggregaten transportiert. Dort werden sie dann erneut oxidiert und ausgefällt. Ebenso kommt es bei anschließender Belüftung zur Oxidation. Das makroskopische Ergebnis ist eine Marmorierung des Bodenprofils mit grau gefärbten reduzierten und orange-rot gefärbten oxidierten Bereichen. Aufgrund der höheren Bakterienhäufigkeiten (Anzahl der Individuen) bei höheren Gehalten von organischer Substanz im Boden zeichnet die

Redoximorphose häufig ehemalige Wurzelbahnen und Anreicherungen von organischer Substanz in Makroporen oder auf Aggregatoberflächen nach. Eine Reduktion kann neben der Wassersättigung auch durch Reduktgase (CO_2, CH_4 oder H_2S) hervorgerufen werden. Mit einem Anteil in der Bodenluft von zeitweilig > 10 Vol.-% verdrängen sie den Sauerstoff und führen zur mikrobiellen Reduktion. Reduktgase treten in der Umgebung von postvulkanischen Mofetten und bei Leckagen von Gasleitungen auf und entstehen auch in leicht zersetzbaren organischen Auflagen.

Ein typischer Translokationsprozess in humiden Klimaten der mittleren Breiten ist die Lessivierung bzw. Tonverlagerung (charakteristischer Bodentyp ist die Parabraunerde). Durch diese abwärtsgerichtete Verlagerung von Tonpartikeln mit dem Sickerwasser und anschließende Deposition in tiefer liegenden Abschnitten des Bodens entsteht im Oberboden ein tonverarmter, lessivierter Eluvialhorizont und im Unterboden ein tonangereicherter Illuvialhorizont. Voraussetzung für diesen bodenbildenden Prozess ist im Wesentlichen die Dispergierung von Tonpartikeln bei niedriger Ca-Konzentration und niedriger Al-Sättigung der Bodenlösung bei insgesamt geringer Aggregatstabilität, wodurch eine Koagulation bzw. Flockung der Tonpartikel verhindert wird. Hinzu kommen eine rasche Versickerung in groben Bodenporen und anschließend die Flockung der Tonpartikel infolge steigender Ca-Konzentration im Unterboden, die Abnahme der Fließgeschwindigkeit des Sickerwassers sowie kleinere Porendurchmesser im Unterboden, die sich im Bereich der Partikelgröße von Tonen von etwa 2 μm und darunter bewegen.

Vergleichbare Umweltbedingungen hinsichtlich eines humiden Klimas und der schnellen Versickerung erfordert die Podsolierung (charakteristischer Bodentyp ist der Podsol). Hier werden bei niedrigen pH-Werten < 4 und gehemmtem oder verzögertem Abbau der organischen Bodensubstanz durch Mikroorganismen bei niedrigen Temperaturen wasserlösliche organische Säuren gebildet. Ein Beispiel sind Fulvo- oder Fulvinsäuren, die man in Moorwässern an der bräunlich-gelblichen Färbung des Wassers erkennen kann. Diese lösen zusammen mit Huminsäuren die Überzüge aus pedogenen Oxiden von den Mineral- und Gefügeoberflächen und verlagern sie mit dem Sickerwasser. Es kommt zur einer starken Bleichung des Eluvialhorizonts im Oberboden. Bei der verzögerten Versickerung im Unterboden werden die organischen Säuren unter Beteiligung von Bakterien und Oberflächenreaktionen neutralisiert und die pedogenen Oxide fallen bei zunehmender Fe-, Mn- und Al-Sättigung aus.

Neben diesen Transformations- und Translokationsprozessen bewirkt die Turbation (Vermischung) von Bodenmaterial eine horizontübergreifende, -vermischende und -verwischende Durchmischung im Bodenprofil. Typisch sind die Bioturbation durch Maulwürfe, Mäuse, Hamster, Regenwürmer, Ameisen und andere Bodenwühler, die Kryoturbation durch Frost-Tau-Zyklen und die Peloturbation durch Quellen und Schrumpfen des Bodens bei wechselfeuchtem Klima. Letzteres bewirkt die Entstehung von Pelosolen bei tonreichem Ausgangsgestein und von Vertisolen entlang von Flüssen und in feuchten Niederungen der Subtropen mit ausgeprägten Trockenphasen. Auch die Bodenbearbeitung durch den Menschen, z. B. das Pflügen, zählt zu den Turbationsprozessen im Boden.

Ein weiterer wesentlicher Prozess der Differenzierung im Bodenprofil ist die Gefügebildung. Sie bewirkt eine Veränderung der räumlichen Struktur des Bodens, hervorgerufen durch Aggregierung oder Segregation von Bodenpartikeln. Als Resultat beider Prozesse entstehen Bodenaggregate unterschiedlicher Größe, Form und Symmetrie, angefangen bei Einzelkorngefügen, z. B. in

Dünen und Schmelzwassersanden, oder einem diffusen, wenig strukturierten Kohärentgefüge in Lössen. Stark strukturierte Böden weisen scharfkantige Polyeder im Zentimeterbereich auf, oder dezimeterbreite und meterhohe Säulen in tonreichen Böden wie Pelosolen und Vertisolen. Typische gefügebildende Prozesse sind:

- die mikropedologische Lebendverbauung, z. B. Krümel aus Lumbricidenkot, Kotpillen von Enchytraeiden, Pilzhyphen und Exsudate von Bakterien,
- Wechselwirkungen zwischen fester und flüssiger Phase im Boden, z. B. Quellung und Schrumpfung,
- Flockung und Peptisation sowie
- Benetzungs- und Meniskeneffekte.

12.1.3 Bodenklassifikation

Weltweit werden Böden unterteilt und klassifiziert nach ihrem Profilaufbau (◻ Abb. 12.5), ihrer von der Bodenentwicklung bestimmten Horizontausbildung und Horizontfolge sowie der spezifischen Kombinationen von physikalischen, chemischen und biologischen Bodeneigenschaften, die bodengenetische sowie anwendungs- und nutzungsorientierte Bedeutung besitzen. Grundlage der Bodenklassifikation ist die morphologische Abgrenzung von diagnostischen Horizonten und die Ausweisung von diagnostischen Eigenschaften, die spezifische pedogene Prozesse und Standorteigenschaften widerspiegeln. Dieses morphogenetische Konzept der Bodenklassifikation ist die Grundlage sowohl der deutschen Bodensystematik als auch der weltweit verwendeten *World Reference Base for Soil Resources* (IUSS Working Group WRB 2015). Die dort ausgewiesenen Bodentypen (z. B. die Braunerde in der deutschen Bodensystematik) bzw. *Soil Reference Groups* (z. B. *Cambisols* in der *World Reference Base for Soil Resources*) sind allerdings nicht wie Syn-

onyme oder eine Übersetzung austausch-
bar. Aufgrund der unterschiedlichen Definition entsprechen sie sich je nach Bodentyp mehr oder weniger. In Deutschland sind
die Kriterien der Klassifikation und Bodensystematik in der *Bodenkundliche Kartieranleitung* niedergelegt (Ad-hoc-Arbeitsgruppe
Boden 2005), herausgegeben durch die Arbeitsgemeinschaft Bodenkunde der Geologischen Landesämter als Richtlinie für
die Kartenaufnahme, die Ansprache und
die Aufzeichnung der Bodenmerkmale sowie für deren Darstellung in Karte, Legende
und Erläuterung. Aktuell arbeitet die Arbeitsgruppe Boden der staatlichen geologischen Dienste der Bundesländer der Bundesrepublik Deutschland an der Fertigstel-
lung der 6. Auflage der Kartieranleitung. Sie
ist das zentrale Regelwerk für die Ansprache von Bodeneigenschaften und die Ableitung von Bodenfunktionen im Gelände
und auf Basis von Labordaten für die
Agrar-, Umwelt- und speziellen Bodenwissenschaften. Auf Basis von Konventionen
und Konsens werden Kriterien für die Bodenansprache und die Bodenklassifikation
dargestellt.

Die Bodenhorizonte bilden dabei nach typischen morphologischen, bodenphysikalischen und bodenchemischen Eigenschaften
gemäß der deutschen Bodensystematik klas-
sifizierte Merkmalskomplexe, die etwa ober-
flächenparallel verlaufen und sich zur Tiefe
hin mehr oder weniger gleitend verändern.
Sie werden mit Großbuchstaben (Haupt-
symbol) bezeichnet (◗ Abb. 12.5), die durch
nachgestellte Kleinbuchstaben (Merkmals-
symbol) pedogenetisch auf Grundlage der
bodenbildenden Prozesse näher klassifiziert
werden können. Zur Kennzeichnung von
speziellen geogenen und anthropogenen Eigenschaften dienen vorangestellten Kleinbuchstaben. Bei Kombination von Haupt-
symbolen und/oder Merkmalssymbolen in
Übergangshorizonten und Verzahnungsho-
rizonten liegt die Betonung auf dem jeweils
letzten Symbol.

12.2 Böden in archäologischen Fundstellen

Dana Pietsch und Peter Kühn

12.2.1 Archäopedologie

Nikiforoff (1943) prägte den Begriff „Archäopedologie" im Zusammenhang mit Paläoböden und bezeichnete damit schon damals die Anwendung bodenkundlicher Methoden in der Archäologie mit dem Ziel,
Antworten auf Fragen der Stratigraphie innerhalb und im Umfeld von archäologischen Fundstellen zu finden. Da Böden in
und um Ausgrabungen immer im Zusammenhang mit alten Landoberflächen und
den jeweiligen sedimentären und klimatischen Bedingungen stehen, sind sie gleichzeitig prädestiniert, Archive der Paläoumwelt und der veränderten Landnutzungs-
praktiken zum Zeitpunkt der Entstehung
eines Bauwerkes oder einer ganzen Kultur
zu sein.

Der Ansatz, Sedimente, Kolluvien und
Böden als Geoarchive und auch Teil der archäologischen Stratigraphie zu verstehen,
wurde in den darauffolgenden Jahrzehnten
innerhalb der Geoarchäologie und Paläopedologie weiterentwickelt (u. a. Schiffer 1983;
Courty et al. 1989; Holliday 1992; Felix-Henningsen und Bleich 1996; Scudder et al. 1996;
Goldberg und MacPhail 2006; Rapp und
Hill 2006; Walkington 2010; Pietsch und
Machado 2012; Pietsch et al. 2014; Pietsch
und Kühn 2017; Beverly et al. 2018; Karkansas und Goldberg 2019; Cornwall 1985). Dabei kam vor allem in den letzten Jahrzehnten eine ganze Bandbreite von Methoden,
vor allem Datierungsmethoden, zum Einsatz, welche die Stratigraphien in archäologischen Fundstellen auf eine vertretbare chronologische Basis gestellt hat. Darunter zählt
auch die Methode, Bodenrelikte in Klein-
säugerbauten als stratigraphische Zusatzin-
formation zu verwenden (Pietsch 2013). Von

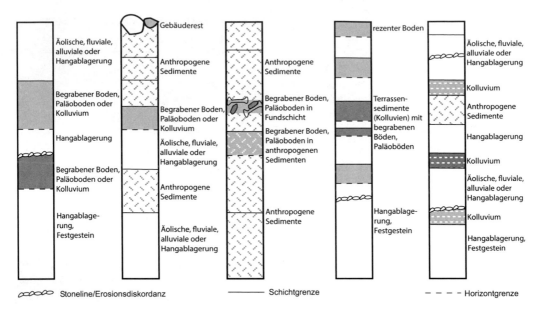

◻ Abb. 12.6 Beispiele für begrabene Böden *on-site* und *off-site* archäologischer Fundstellen (nach Pietsch und Kühn 2017)

Bedeutung ist dabei die Anwendung von Mikroskopie und Mikromorphologie an Sedimenten und Böden in archäologischen Fundstellen. Dabei sind Phänomene, die weder im Gelände sichtbar sind noch mit herkömmlichen Labormethoden erfasst werden können, in den archäologischen Kontext einzuordnen. Dabei rücken die Eigenschaften der Sediment- und Bodenbestandteile und deren räumliche Verteilung in den Fokus, um genetische und chronologische Fragen der Sedimentation und Bodenbildung zu beantworten (u. a. French 2002; Weiner 2010; Nicosia und Stoops 2017; Stoops et al. 2018).

◻ Abb. 12.6 zeigt, wie vielfältig Stratigraphien mit begrabenen Böden sein können. Begrabene Böden entwickeln sich in natürlich und anthropogen abgelagerten Sedimenten. Sie zeigen vom Ausgangssubstrat der Bodenbildung unabhängige Farben, Tiefen oder auch Verwitterungsintensitäten. Im Gegensatz zu den begrabenen Böden, die bei rezenter Überdeckung sehr jung sein können, entstanden Paläoböden unter anderen klimatischen Bedingungen als heute und können entweder an der heutigen Landoberfläche als Reliktböden vorkommen oder unter Sediment begraben als fossile Böden (Felix-Henningsen und Bleich 1996; Pietsch und Kühn 2017; Beverly et al. 2018).

Im vorliegenden Buchkapitel wird anhand zweier Ansätze gezeigt, wie man bodenkundliche Gelände- und Labormethoden in der Archäologie anwenden kann. Dabei ist zunächst wichtig, ob sich innerhalb *(on-site)* oder außerhalb der Ausgrabung *(off-site)* Schnitte befinden, die eine Stratigraphie bzw. archäologische Artefakte enthalten und – bestenfalls – begrabene Böden aufweisen, meist in Form dunkler Horizonte.

12.2.2 Methoden der Archäopedologie

Die präzise Aufnahme der Stratigraphie im Gelände ist Grundvoraussetzung, wenn man die sedimentologischen und bodengenetischen Einzelbefunde später in ein Ganzes fassen, d. h. in Abgleich mit der

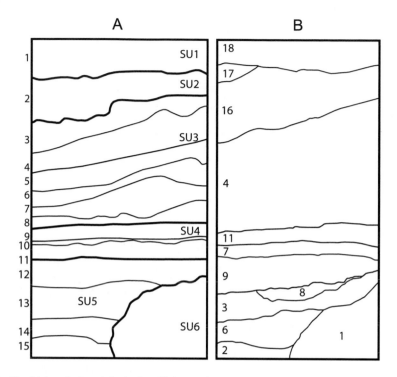

Abb. 12.7 Vergleich zwischen **A** bodenkundlicher und **B** archäologischer Aufnahme eines Profils in Sirwah, Jemen (nach Pietsch et al. 2013)

Chronologie der archäologischen Fundstelle bringen will. In jeder Ausgrabung werden Sedimente freigelegt, die entweder aus den jeweilig untersuchten Perioden stammen oder die später eingeweht, eingeschwemmt oder durch den Menschen eingetragen wurden (Karkansas und Goldberg 2019). Archäologen orientieren sich bei der stratigraphischen Aufnahme traditionell an Artefakt führenden Schichten, weniger an natürlichen Sedimentationszyklen. Wie ◘ Abb. 12.7 zeigt, gehen die archäologische und die bodenkundlich-sedimentologische Beschreibung der Stratigraphie oft weit auseinander, weshalb es hilfreich ist, den geoarchäologischen Geländebefund zusätzlich durch Datierungen sowie chemische und physikalische Bodenuntersuchungen zu stützen (◘ Tab. 12.1).

12.2.3 Standardisierte bodenkundliche Aufnahme von Sedimenten in Ausgrabungen

Aus Sicht der Bodenkunde bietet sich nicht nur im deutschsprachigen Raum die Aufnahme von Sedimenten und Böden in archäologischen Schnitten mithilfe der *Bodenkundlichen Kartieranleitung* an (Ad-hoc-AG Boden 2005). So werden Bodenmächtigkeit, Schicht- und Horizontgrenzen, Lagerungsdichte, Tonverlagerung, *in-situ*-Materialanreicherungen – Schutt/Geröll, Humus oder Eisen – und Verwitterungsart systematisch erfasst, die von Archäologen oft nicht aufgenommen werden. Der Vergleich einer archäologischen (◘ Abb. 12.7a)

◻ Tab. 12.1   Relevanz von Gelände- und Labormethoden in der archäopedologischen Forschung (verändert nach Pietsch und Kühn 2017)

Methode	Relevanz
Geländeaufnahme	Bodenkundlich-sedimentologische Aufnahme (Bodenbildungs-merkmale, Schichtung)
Korngröße, organischer Kohlenstoff, Calciumcarbonat, pH, Phosphat	Bodenphysikalische und bodenchemische Analyse zur Erfassung der Bodenentwicklung; Vergleich mit Geländeaufnahme, archäologischen und stratigraphischen Daten *on-site* und *off-site*
XRF	Wird verwendet zur Ermittlung des Verwitterungsindexes *chemical index of alteration* (CIA) und damit auch der Kalkulation des Paläoniederschlags
Phytolithenanalyse	Erlaubt die Unterscheidung zwischen Wald, Buschland sowie C3- und C4-Grasland; Informationsquelle zur Umwelt/Paläoumwelt, Landnutzungsänderungen und archäologischen Settings
Archäologische Artefakte (Keramik)	Keramik ist ein häufig vorkommendes Artefakt; es kann Kulturepochen zugeordnet werden. Typologie und Stratigraphie werden genutzt, um die Funktion eines bestimmten Bereiches einer archäologischen Fundstelle oder auch der Kulturchronologie zu ermitteln
Malakologie	Schnecken, insbesondere Landschnecken, sind geeignet, um Klimawandel zu belegen, da sie auf ein konstantes Level an Feuchtigkeit und Vegetation angewiesen sind. Wenn Schnecken mit der Stratigraphie korrelierbar sind, geben sie Information über kurzzeitige klimatische Änderungen
Anthrakologie	Holzkohlefragmente von Holzgewächsen werden bestimmt, um Aussagen über die Vegetation eines Gebietes machen zu können. Basierend auf der Anatomie der Pflanzen kann man sogar Arten bestimmen
Mikromorphologie	Die mikromorphologische Analyse eröffnet die Möglichkeit, pedogene Prozesse in Oberflächenböden, aber auch begrabenen und Paläoböden zu identifizieren, die mit bloßem Auge nicht sichtbar sind. Auch werden anthropogene Materialien im Mikrobereich erkannt. Menschliche Aktivitäten können so mit Umweltbedingungen in Beziehung gesetzt werden
^{14}C-AMS-Datierung	Radiokohlenstoffdatierung (^{14}C-AMS-Datierung) von Holzkohle oder fossilen Schnecken, die in Kolluvien oder anderen Ablagerungen eingebettet sind, geben die Alter der Materialien zum Zeitpunkt der Ablagerung an. Die Datierung von Huminsäure wird verwendet, um die letzte Phase der Bodenbildung (Humusanreicherung) zu ermitteln
Lumineszenzdatierung	Sedimentdatierung mit optisch stimulierter Lumineszenz (OSL) ist eine vielfältig einsetzbare Methode: So datierte Sedimente sind die relative zuverlässige Basis für eine chronologische Stratigraphie. OSL-Datierung kann auch für die zeitliche Eingrenzung von archäologischen Strukturen (*in-situ*-Gebäudereste) verwendet werden

12

mit einer bodenkundlich-sedimentologischen (■ Abb. 12.7B) Schnittaufnahme in einer antiken Stätte am Wüstenrand im Norden des Jemen (Sirwah) zeigt deutlich, wie zwei Blickweisen zu unterschiedlichen stratigraphischen Ergebnissen führen. Folgende Fragen drängen sich auf: Welche Ablagerungen (Schichten) werden ausgegliedert und zu „Sedimentpaketen" (SU) zusammengefasst? Koinzidieren diese Sedimentpakete mit „Kulturschichten" der Archäologen?

■ Abb. 12.7 zeigt, dass nur wenige Schichtgrenzen übereinstimmen, und dass Gerölllagen und Steingehalte in der archäologischen Aufnahme fehlen. Die Diskrepanz allein in der Anzahl der Schichten lässt sich nur so erklären, dass natürliche Sedimentationsprozesse (feine fluviale oder äolische Sandbänder) nicht aufgenommen wurden. Am auffälligsten ist das im vorliegenden Beispiel bei A-4 versus B-SU3. Ergänzend zu den archäologischen Befunden und der Datierung der Sedimentationszeiträume ergibt die detaillierte Sedimentstratigraphie jedoch in jenem Bereich der Grabung ein differenzierteres Bild zur Nutzung und Aufgabe des Gebäudekomplexes (Pietsch et al. 2013).

12.2.4 Mikromorphologie von Paläoböden und Krotowinen

Genau wie bei der Aufnahme der Sedimentstratigraphie in Trockengebieten lohnt sich auch in den gut untersuchten archäologischen Ausgrabungen, wie z. B. der paläolithischen Stätte in Kostiënki (Russland; ■ Abb. 12.8), eine bodenkundlich-sedimentologische Aufnahme der Paläoböden. Es kann vorkommen, dass alte Landoberflächen, die im Umfeld

von Ausgrabungen noch nachweisbar sind, im archäologischen Schnitt fehlen. In solchen Fällen bietet oft eine neue Kombination aus dem vorhandenen Methodenspektrum oder die Anwendung neuer Methoden die Möglichkeit, *on-site* die stratigraphischen Lücken zu füllen. In Steppenlandschaften mit hoher Bioturbation durch Kleinsäuger bieten sich dafür Sediment- und Bodenreste der Tierbauten, sogenannten Krotowinen, an.

Mikromorphologische Ergebnisse der Krotowinenfüllungen in Kostiënki zeigten, dass in verschiedenen Tiefen der Bauten abgelagertes Material sich vom Umfeld der Krotowinen unterscheidet, also Material anderer Landoberflächen darstellt. Im gezeigten Beispiel ist der Boden im Umfeld der Grabung als Paläoboden verbreitet, in der Grabung selbst aber nur noch in der Krotowine 31 nachweisbar (Pietsch et al. 2014).

12.2.5 Mehr Boden in der Geoarchäologie!

Wie das Kapitel ansatzweise zeigt, sind (Paläo-)Böden und deren Ausgangssubstrate, wie z. B. Sedimente, ein spannendes Thema in der geoarchäologischen Forschung, zumal mit ihnen prinzipiell in allen archäologischen Grabungen der Welt zu rechnen ist. Sie bieten in ihrer Gesamtheit und ihrer Genese mindestens ebenso viele Antworten wie die Artefakte, die sie beherbergen. Böden und Sedimente als Archive der Kultur, der Landschaftsgeschichte und des Klimawandels sind einzigartig. In ihrer Funktion als Zusatzinformanden für die Entschlüsselung von Kulturchronologien ermöglicht deren Analyse zuweilen auch das Erkennen völlig neuer Zusammenhänge.

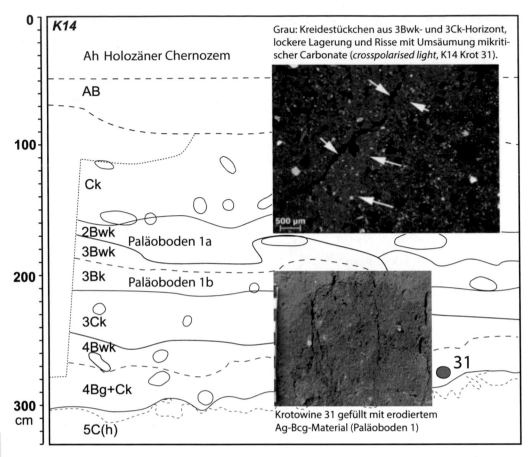

◘ Abb. 12.8   Schnitt in der paläolithischen Ausgrabung in Kostiёnki (Russland) und Mikromorphologie der Bodenrelikte (nach Pietsch et al. 2014)

12.3 Anthrosole

Heinrich Thiemeyer, Dagmar Fritzsch und Astrid Röpke

Anthrosole (IUSS Working Group WRB 2015) sind Böden, die über lange Zeit intensiv vom Menschen bearbeitet und tiefgreifend mit dem Ziel der Bodenverbesserung verändert wurden (griech. *ἄνθρωπος* = Mensch und lat. *solum* = Boden). Dazu zählen lang andauernde Kultivierung und das Einbringen von organischem Material oder Siedlungsabfällen, Düngung mit tierischen und menschlichen Fäkalien, unterschiedliche Bewässerungstechniken oder spezielle Bodenbearbeitung (vgl. Dudal 2005). Ihre räumli-

che Ausdehnung variiert zwischen hausnahen Gruben (◘ Abb. 12.9) oder Kompostplätzen bis hin zu großflächig mit Sedimenten überdeckten Bodenlandschaften. Die Ausgangssubstrate spielen bei der Genese der Anthrosole eine eher untergeordnete Rolle. Die Böden weisen sehr variable chemische, physikalische und biologische Eigenschaften auf und haben meist hohe Gehalte an organischer Substanz in den oberflächennahen Bodenhorizonten. Die ursprüngliche Abfolge der oberen Horizonte ist weitgehend zerstört, während sie unterhalb der Bearbeitungszone teilweise erhalten blieb.

Die deutsche Bodensystematik (Adhoc-AG Boden 2005) weist eine Klasse der terrestrischen anthropogenen Böden aus,

▣ Abb. 12.9 Ein Terric Anthrosol (Kolluvisol) in eine Kegelstumpfgrube (Latène), eingegraben in eine Lössparabraunerde (Ober-Wöllstadt, Wetterau), Spatenstiel 60 cm

die auch als Kultosole bezeichnet werden (vgl. FAO 2006). Dazu gehören Kolluvisol, Plaggenesch, Hortisol, Rigosol und Treposol (Tiefumbruchboden), jeweils mit Bodenmächtigkeiten von > 40 cm.

Anthrosole werden einerseits intentionell geschaffen, können andererseits aber auch im Lauf der Zeit als „Kulturschicht", z. B. in Siedlungen, durch Akkumulation entstanden sein. Sie sind geoarchäologisch von großer Relevanz, da sie herausragende Archive der Siedlungs- und Nutzungsgeschichte darstellen, die sich mit archäologischen, chemischen, physikalischen, archäobotanischen und mikromorphologischen Methoden untersuchen lassen. Solche Untersuchungen können beispielsweise Aufschluss geben über die Bodeneigenschaften der Anthrosole, die historische Landnutzung, Bodenverbesserungspraktiken und Nutzungsänderungen.

Anthrosole mit Bodenaufträgen aus mineralischem Material (IUSS Working Group WRB 2015: *terric horizon* > 5 dm) sind in Gebieten mit sandigen, nähr-

stoffarmen, sauren Böden (Podsole, Fahlerden), vor allem in Westeuropa und besonders in England und Irland zu finden. Eine lang anhaltende Bodenverbesserung wurde durch Einarbeiten von Kalk, durch Aufbringen von Schlämmen oder anderen, meist karbonathaltigen Sedimenten erreicht. Damit ging oft eine Erhöhung der Bodenoberfläche einher und es entstanden anthropogene Oberböden mit deutlich verbesserten Bodeneigenschaften (kräftige biologische Aktivität, neutrale bis schwach alkalische pH-Werte) im Vergleich zu den darunterliegenden, meist noch erkennbaren ursprünglichen Böden. Typischerweise sind den Auftragshorizonten Keramik- und Ziegelbruchstücke beigemengt. Die Untergrenze dieser Horizonte zeigt gelegentlich durch Spaten hervorgerufene Grabmarken.

Kolluvisole (Ad-hoc-AG Boden 2005) bestehen überwiegend aus verlagertem, meist humosem Bodenmaterial von Bearbeitungshorizonten (Kolluvium; vgl. ▶ Kap. 11). Kolluvisole haben meist gute bodenphysikalische und bodenchemische Eigenschaften, zeigen aber noch keine Merkmale einer erneuten Bodenentwicklung. Dies gilt allerdings nicht für Kolluvien generell, denn z. B. alte, neolithische Grabenfüllungen sind bereits wieder pedogenetisch überprägt (vgl. ▶ Abschn. 10.4; Thiemeyer 1997).

Im Amazonasbecken Brasiliens sind regional Böden zu finden, die als **Terra Preta de Indio** bezeichnet werden (Nigel und Smith 1980; Glaser und Birk 2012) und als Pretic Anthrosols in die WRB (IUSS Working Group WRB 2015) eingegangen sind. Sie zeichnen sich durch einen dunklen, sichtbar mit Holzkohle angereicherten Oberboden aus, der durch einen hohen Gehalt an organischem Kohlenstoff und Beimengungen von Artefakten wie z. B. Keramikfragmenten, Knochen, Muschelresten etc. charakterisiert wird. In die Böden wurden über Asche, Exkremente, Ernte- und Küchenabfälle zusätzlich Nährstoffe (P, Ca, Mg, Zn etc.) eingebracht (Glaser und Woods 2004; Arroyo-Kalin 2017). Pretic Anthrosols sind bereits in präkolumbianischer Zeit entstanden und haben ihre Eigenschaften trotz der hohen Mineralisationsrate der organischen Substanz unter tropischen Bedingungen bis heute bewahrt. Eine besondere Rolle spielt dabei der pyrolysierte Kohlenstoff (auch als *biochar* oder *black carbon* bezeichnet; s. ▶ Abschn. 15.7.3), der zur nachhaltigen Verbesserung der lokal vorkommenden natürlichen Böden (z. B. Ferralsole, Arenosole) beiträgt. Neben der Erhöhung der Bodenfruchtbarkeit kann die Verbreitung von *biochar* dazu beitragen, Kohlenstoff über Jahrhunderte in der Pedosphäre zu speichern.

Der Begriff **dark earth** beschreibt keinen Bodentyp eines Klassifikationssystems im engeren Sinn, sondern wird (im Englischen) auf dunkle, ungeschichtete Sedimente angewendet, die sich sowohl in städtischen als auch in ländlichen Kontexten, oft über mehrere Jahrhunderte, nach dem Zusammenbruch des Römischen Reiches in ganz Europa gebildet haben und oft anthropogene Komponenten (Ziegel, Mörtel, Holzkohle, Knochen, Keramik, Schlacken- und Speisereste usw.) enthalten. Sie befinden sich zwischen stratifizierten Ablagerungen antiker Städte (zwischen 1. und 5. Jahrhundert AD) und mittelalterlichen (ab 11. Jahrhundert AD) Straten (Nicosia und Devos 2014) und zeigen Merkmale anthropogener Aktivitäten (Pflügen, Graben, Düngen usw.) und natürlicher syn- und postdepositionaler bodenbildender Prozesse (Bioturbation, Humifizierung organischen Materials, Entkalkung, Verwitterung anorganischen Materials), die zum Verschwinden der ursprünglichen Schichtung oder Sedimentstruktur führten (Nicosia et al. 2017). Im Deutschen gibt es keine adäquate Bezeichnung; die häufig fälschlicherweise verwendete Bezeichnung „Schwarzerde" sollte aber in diesem Zusammenhang vermieden werden. Gleichwohl ist der Begriff *dark earth* nützlich, um diese Ablagerungen aufgrund ihrer Gemeinsamkeiten zu beschreiben.

Rigosole sind durch wiederholtes tiefgründiges Umbrechen entstanden. Vor allem die zum Teil viele Hundert Jahre alten Weinbergsböden wurden in regelmäßigen Abständen früher mit der Hand, heute maschinell rigolt. Geoarchäologisch ist die historisch größte Ausdehnung der mittelalterlichen Weinbaugebiete, die im 13. Jahrhundert in Europa bis Dänemark und Ostpreußen reichten, von Interesse. Rigolhorizonte (R-Horizonte; Ad-hoc-AG Boden 2005) können bis 120 cm mächtig sein. Zur Verbesserung der Standorteigenschaften wurden häufig unterschiedliche Anteile an Fremdmaterial (Grobgesteinskomponenten, Sand, Mergel, Löss, Schlacken etc.) eingebracht. Oft ist das ursprüngliche Bodenprofil nicht mehr zu erkennen. Selbst Auenböden und Marschen sind tiefreichend rigolt worden. Eine Sonderform stellt die Sandmischkultur dar, bei der Torf mit dem liegenden Sand vermischt wurde, um ein ackerfähiges Substrat zu generieren, die Durchwurzelungsfähigkeit zu verbessern oder verbackene Unterbodenhorizonte (z. B. Ortstein in Podsolen) aufzubrechen. Die entstandenen Böden werden auch als Treposole (Tiefumbruchböden) bezeichnet. Streng genommen gehören auch Nekrosole (Friedhofsböden) zu den Rigosolen. Allen genannten Böden ist die irreversible Zerstörung der ursprünglichen Bodenhorizontierung eigen, die auch noch Jahrtausende später den anthropogenen Eingriff erkennen lässt.

Hortisole (lat. *hortus* = Garten und *solum* = Boden) oder Gartenböden (IUSS Working Group WRB 2015: Hortic Anthrosol) sind durch lange menschliche Bewirtschaftung verbunden mit Umgraben, Lockern, Düngung, Bewässerung, Beschattung entstanden. Dieser Bodentyp wird durch die menschliche Tätigkeit auf/aus anderen Böden gebildet und kann demzufolge auf allen Ausgangssubstraten entstehen. Durch regelmäßigen Kompostauftrag entsteht ein tiefreichend humoser, dunkel gefärbter, lockerer, feinkrümeliger Oberbodenhorizont. Die Oberbodenhorizonte sind durch intensive Bioturbation geprägt, werden also durch bodenwühlende Lebewesen durchmischt. Der typische hohe Phosphatgehalt resultiert aus den anthropogenen Aufträgen. Die Böden sind gut durchwurzelbar und haben eine hohe Wasserspeicherkapazität und Nährstoffverfügbarkeit, was dem Pflanzenwachstum zugutekommt. Durch die regelmäßige Einmischung von Kompost kann es im Vergleich zur Umgebung zu einer Aufhöhung der Bodenoberfläche kommen. Im Gegensatz zu den „natürlichen" Böden, die weitgehend von Menschen unbeeinflusst sind, können Gartenböden in allen Ökozonen vorkommen, da sie nicht an Gesteine, Relief oder Klima gebunden sind. Zu finden sind Hortisole in alten Nutzgärten und Kleingartenanlagen, in alten Kloster-, Schloss- und Burggärten (◘ Abb. 12.10); d. h. immer in Siedlungsnähe bzw. im städtisch genutzten Raum.

Plaggenesch (IUSS Working Group WRB 2015: Plaggic Anthrosol; Blume und Leinweber 2004; ◘ Abb. 12.11) ist durch eine ähnliche Entwicklung wie der Hortisol entstanden. Man findet sie vor allem in Nord-

westeuropa (Schnepel et al. 2014; Wouters et al. 2019). Typischerweise wurde die Plaggenwirtschaft im Mittelalter auf sandigen, nährstoffarmen Böden, vor allem in Nordwestdeutschland, Dänemark, den Niederlanden und Belgien ausgeführt. Dadurch sind um bis zu 1,2 m aufgehöhte Flächen entstanden, die in der Landschaft durch sogenannte Eschkanten sichtbar sind. Bei dieser Technik wurden Soden – Grasplaggen oder Heideplaggen – mit anhaftendem Mineralbodenmaterial abgestochen und zunächst als Streu in Tierställen verwendet. Die mit Exkrementen angereicherten Soden wurden kompostiert und anschließend auf Felder in Hofnähe aufgebracht, um die Nutzbarkeit der Äcker zu verbessern. Durch die Kompostierung gelangten nicht nur der Tierdung, sondern auch Hausabfälle wie Aschen, Ziegel, Holzkohle und Küchenabfälle in die Böden. Dadurch wurden tiefbraune oder schwarze anthropogene Horizonte geschaffen. Obwohl diese Praxis in Westeuropa bereits einige Jahrhunderte zurückliegt, sind diese Böden immer noch außerordentlich reich an organischer Substanz, was auf die hohe Stabilität des Bodenkohlenstoffs in diesen Böden zurückzuführen ist. Die Inhalte der Plaggenauflage geben Aufschluss über Abfälle und Exkremente, und dadurch über die Tierhaltung zur Zeit der Plaggenwirtschaft (Fritzsch et al. 2018b). Durch die Überdeckung durch die Plaggen wurden Böden begraben und somit in diesen Böden liegende archäologische Befunde konserviert, so wie es z. B. in Kalkriese auf dem Gelände der Varusschlacht der Fall ist (Dahlhaus et al. 2012).

Redoximorphe Anthrosole (IUSS Working Group WRB 2015: Hydragric Anthrosol) entstehen unabhängig vom Ausgangsgestein beim Nassreisanbau und werden in der Literatur häufig als *paddy soils* bezeichnet (Kögel-Knabner et al. 2010; Amelung et al. 2018). Die Felder werden periodisch mit Wasser überstaut, auf natürliche Weise in der Aue oder z. B. auf gefluteten künstlichen Terrassen. Das Wasser wird in der Re-

12

◨ **Abb. 12.10**   Hortisol über Pseudogley im Klostergarten Herzebrock, Ostwestfalen

gel mit Dämmen auf den Feldern gehalten und sein Versickern meist durch Nasspflügen *(puddling)* erschwert (Moormann und van Breemen 1978). Der Wasserüberstau zusammen mit dem Pflügen führt zu dem *anthraquic* Horizont bestehend aus einem oberen intensiv durchmischten Bereich *(puddled layer)* und einer darunterliegenden stark verdichten Pflugsohle *(plough pan)* (IUSS Working Group WRB 2015). Während der Überflutung wird der Porenraum mit Wasser gefüllt. Mangan und Eisen werden reduziert; gleichzeitig liegen Nitrate und Phosphate verstärkt in Lösung vor. Im Un-

☐ **Abb. 12.11** Plaggenesch, Emsland, Niedersachsen; Eschhorizonte (E1 – E3) 80 cm, über fossilem Podsol

terboden folgt der *hydragric* Horizont, in dem oxidierende Merkmale überwiegen. Vor der Ernte wird das Feld trockengelegt. Dieser Wechsel führt dann zu den charakteristischen redoximorphen Merkmalen (▶ Abschn. 12.1) und es bilden sich Eisen- und Mangankonkretionen. Reis stellt bereits seit dem Neolithikum eine wichtige Nahrungsgrundlage in Asien dar (Cao et al. 2006; Zong et al. 2007; Fuller und Qin 2009). Bodenkundliche und geoarchäologische Un-

tersuchungen zeigen, dass der *puddled layer* gedüngt wurde und verbranntes Reisstroh, nachgewiesen mit Phytolithen, Pflanzenkohlepartikeln und *black carbon,* eingearbeitet wurde (Kögel-Knabner et al. 2010; Lee et al. 2014). Ebenso lassen sich verschiedene Alter von *paddy soils* anhand der Intensität der Reduktions- und Oxidationsmerkmale sowie der Tonbeläge unterscheiden (Lee et al. 2014). Manchmal liegen zwei *paddy soils* übereinander, die chronologisch unterschiedliche Anbausysteme belegen. Im Neolithikum wurden zunächst nur kleine, runde Felder mit Damm oder sogar nur Kuhlen von etwa 1–2 m² angelegt, die dann zu einem größeren System ausgebaut wurden (Cao et al. 2006; Zong et al. 2007; Lee et al. 2014).

12.3.1 Anwendung in der Geoarchäologie

Besonders die Archivfunktion der Anthrosole ist aus geoarchäologischer Sicht wichtig. Über lange Zeiträume wurden anthropogene Inhalte wie Scherben, Holzkohle, Schlacken und Knochen in Anthrosolen konserviert. Über den makroskopischen Befund hinaus lassen sich erhöhte Humus- und Phosphatgehalte häufig mit menschlichen Aktivitäten verknüpfen. Für die Untersuchung dieser Böden stehen vielfältige Methoden zur Verfügung (vgl. ▶ Kap. 15). Neben bodenphysikalischen und bodenchemischen Analysen, Phytolithanalysen und Mikroarchäologie erscheint die Mikromorphologie als besonders geeignet, deren Genese zu entschlüsseln.

12

Taphonomie und postsedimentäre Prozesse

Christopher E. Miller, Inga Kretschmer, Michael Strobel, Richard Vogt und Thomas Westphalen

Inhaltsverzeichnis

13.1   Physikalische postsedimentäre Prozesse – 242
13.1.1   Erosion – 242
13.1.2   Turbation – 244
13.1.3   Verdichtung – 247

13.2   Chemische postsedimentäre Prozesse – 248

© Springer-Verlag GmbH Deutschland, ein Teil von Springer Nature 2022
C. Stolz und C. E. Miller (Hrsg.), *Geoarchäologie*,
https://doi.org/10.1007/978-3-662-62774-7_13

Zusammenfassung

Das Kapitel befasst sich mit Veränderungen an archäologisch Artefakten, die nach ihrer Ablagerung im Bereich einer Fundstelle auftreten können. Der Begriff Taphonomie stammt aus der Paläontologie und bezeichnet ursprünglich den Prozess der Fossilisierung. Sowohl physikalische, biologische als auch chemische Einflüsse können auf Artefakte einwirken, so beispielsweise Bodenbildung und Bodenerosionsprozesse durch Wasser und Wind, das Vorhandensein quellfähiger Tonminerale, Bioturbation, ausgelöst durch Organismen, Beackerung und das Befahren von Oberflächen mit Fahrzeugen. Metall- und selbst Glasgegenstände sind empfindlich gegenüber chemischer Verwitterung. Um Fundplätze zu schützen, existieren verschiedene Möglichkeiten der Unterschutzstellung, Begrünung, Einhegung und Konservierung. Andersherum existieren auch Umstände, die der Konservierung von Artefakten zuträglich sind, wie z. B. Kälte, Trockenheit im ariden Klima oder anoxische Bedingungen unterhalb des Grundwasserspiegels.

Christopher E. Miller

Archäologen untersuchen, wie Menschen in der Vergangenheit lebten, indem sie archäologische Fundstellen ausgraben und analysieren. Diese enthalten materielle Kultur – die Artefakte, Befunde und Architektur, die die Menschen hinterlassen haben. Wenn ein Artefakt jedoch einmal aufgegeben wurde oder ein Bauwerk unbrauchbar geworden ist, bleibt es im Laufe der Zeit, bis Archäologen es entdecken, nicht unverändert. Eine Reihe natürlicher und kultureller Prozesse (siehe auch Infobox 13.1) beeinflussen, wie archäologische Fundstellen, Ablagerungen und Artefakte für Archäologen heutzutage aussehen (Schiffer 1987). In der Archäologie werden diese Prozesse oft als taphonomische Prozesse und die Fachrichtung als Taphonomie bezeichnet.

Das Wort und das Konzept „Taphonomie" wurden erstmals im Bereich der Pa-

läontologie verwendet (Efremov 1940) und konzentrierte sich auf das Verständnis des Versteinerungsprozesses, vom Tod eines Tieres bis zu seiner Einbettung in ein Sediment oder Gestein (Lyman 2010). Archäologen adaptierten dieses Konzept in den 1970er-Jahren, um Tierreste zu untersuchen, die bei Ausgrabungen geborgen wurden (z. B. Behrensmeyer 1975). Zooarchäologen (Archäologen, die die Beziehung zwischen Mensch und Tier in der Vergangenheit studieren) schlossen menschliche Aktivitäten, die nach dem Tod des Tieres stattfinden, sowie Schlachten, Transportieren und Verbrennen, ausdrücklich als einen wichtigen Aspekt der Taphonomie mit ein. In der Geoarchäologie hat sich die Untersuchung von Prozessen, die nach der Ablagerung oder Bestattung stattfinden, weitgehend auf das Studium natürlicher Prozesse konzentriert, und der Begriff „Taphonomie" wird seltener verwendet als der Begriff „postsedimentäre Prozesse" *(post-depositional processes)*. Während taphonomische oder postsedimentäre Prozesse oft als zerstörerisch für den archäologischen Befund angesehen werden (z. B. DeBoer 1983), ist es notwendig, diese Prozesse, insbesondere in der Geoarchäologie, zu studieren, da sie ein wichtiger Aspekt der Gesamtgeschichte und der Entstehungsprozesse einer archäologischen Fundstelle sind (Karkanas und Goldberg 2019).

Die Prozesse, die auf ein Artefakt oder einen archäologischen Befund nach der Ablagerung einwirken, können in zwei Typen eingeteilt werden: physikalische und chemische Prozesse. Die meisten dieser Prozesse ähneln denen, die von der Verwitterung oder Veränderung von Grundgestein und Böden bekannt sind, wie z. B. Auflösung, Bioturbation und Oxidation. In der Geoarchäologie umfassen die postsedimentären Prozesse allerdings jeden Prozess, der archäologische Artefakte oder Ablagerungen nach der anfänglichen Ablagerung beeinflusst; daher umfassen sie nicht nur Verwitterungsprozesse, sondern auch solche, die mit Erosion und Bodenbildung (d. h. Pedogenese) verbunden sind. Hier stellen wir physikalische und chemische Prozesse in getrennten Abschnitten vor, aber es ist wichtig zu berücksichtigen, dass diese Prozesse an einer archäologischen Fundstelle gleichzeitig ablaufen und sich oft gegenseitig beeinflussen können.

Infobox 13.1

Spannungsfeld Archäologie und Landwirtschaft, „denn Bodenschutz ist zugleich auch Denkmalschutz" (Inga Kretschmer, Michael Strobel, Richard Vogt, Thomas Westphalen)

Böden erfüllen eine bedeutende Funktion für das Verständnis der menschlichen Siedlungs- und Wirtschaftsweise. Das Archiv Boden ist eine unersetzbare, nicht beliebig reproduzierbare Informationsquelle zur Entwicklung der Kulturlandschaftsgeschichte. Wie archäologische Kulturdenkmäler zählen Böden zu den Schutzgütern, die äußerst sensibel auf Umwelt- und Bewirtschaftungseinflüsse reagieren.

Archäologische Kulturdenkmäler unterliegen besonders auf ackerbaulich genutzten Flächen einer schleichenden Zerstörung durch mechanische Bodenverlagerung, Erosion und Schadstoffeinträge (Verband der Landesarchäologen in der Bundesrepublik Deutschland o. J.). Wassererosionsprozesse werden durch die im ausgehenden 19. Jh. einsetzende Mechanisierung und die damit verbundene tiefere Bodenbearbeitung und -verdichtung durch schweres Gerät noch verstärkt. Der unsachgemäße Einsatz von Zug- und Erntemaschinen bei zu nassen Bodenverhältnissen zerstört Grobporen und verhindert damit die Infiltration von Niederschlagswasser. Ferner wird z. B. durch eingetragene Düngemittel die Korrosion von Metallfunden gefördert.

Oberirdisch sichtbare archäologische Kulturdenkmäler wie Wall- und Grabenanlagen, Grabhügel und Wölbäckerfluren sind durch Überpflügen besonders betroffen. Solche Objekte sind zwar am ehesten unter Waldbedeckung geschützt und erhalten, durch Wegebau oder die Befahrung mit Forstmaschinen jedoch ebenfalls gefährdet. Meliorationsmaßnahmen zur Absenkung des Grundwasserspiegels ermöglichten erst die Umwandlung von Feuchtgebieten und Mooren in landwirtschaftliche Nutzflächen (Landesamt für Denkmalpflege Regierungspräsidium Stuttgart 2015, S. 12). Ebenso wie der noch immer praktizierte Torfabbau führen sie zur unwiederbringlichen Zerstörung wertvoller Umweltarchive sowie archäologischer Strukturen und Funde aus organischen Materialien.

Damit Böden mit ihrer Archivfunktion künftigen Generationen möglichst intakt übergeben werden können, bedarf es eines verantwortungsbewussten und ressourcenschonenden Umgangs mit dem kulturellen Erbe im Boden. Der Zerstörung von Denkmälern auf Ackerflächen kann durch die Umwandlung in Dauergrünland oder denkmalschonenden Waldbau begegnet werden. Hier haben sich Kompensationsmaßnahmen wie Ausgleichsverfahren im Rahmen von Ökokonten oder der Flurneuordnung bereits als wirksame Instrumente bewährt. Temporäre Schutzmaßnahmen stellen Flächenstilllegungen, Baum- und Heckenpflanzungen, Puffer oder Randstreifen sowie die Anlage von Wildkrautäckern dar. Eine konsequent erosionsminimierende ackerbauliche Flächennutzung mit Direkt- und Mulchsaatverfahren ohne späteren Tiefumbruch, die Reduzierung des Anbaus erosionsfördernder Kulturen wie Mais und Zuckerrüben, die Verringerung der Bearbeitungstiefen sowie die Einschaltung von Zwischenfrüchten in die Fruchtfolgen leisten einen positiven Beitrag zur Erhaltung archäologischer Kulturdenkmäler

(Deutsche Bundesstiftung Umwelt 2011, S. 67). Präzisionslandwirtschaft und *smart farming* unterstützen diese Bemühungen. Die Erhaltung archäologischer Fundplätze in Mooren und Feuchtgebieten wird erfolgreich durch staatlichen Flächenerwerb in Kombination mit Wiedervernässungsmaßnahmen realisiert. Zentrale Bedeutung kommt schließlich der Vermittlung der Schutzanliegen zu, die sich an Flächeneigentümer, Bewirtschafter sowie Kommunen und Verbände richtet.

13.1 Physikalische postsedimentäre Prozesse

Physikalische Veränderungsprozesse sind solche, die die ursprüngliche Struktur, Zusammensetzung und/oder das Gefüge von archäologischen Materialien und Sedimenten nach der ersten Ablagerung mechanisch verändern. Diese Prozesse können als Folge von Abrieb, Temperaturänderungen oder biologischer Aktivität auftreten.

13.1.1 Erosion

Unter Erosion versteht man den Abtrag und den Weitertransport von natürlichem oder archäologischem Material durch die Einwirkung einer erosiv wirkenden Kraft, wie z. B. Wind, Wasser, Eis, Schwerkraft oder Menschen. Erosion sollte nicht mit Verwitterung verwechselt werden, die sich auf die mechanische oder physikalische Veränderung von Material, nicht aber auf dessen Transport bezieht. In archäologischen Kontexten sind die häufigsten natürlichen erosiven Kräfte Wasser und Wind (Karkanas und Goldberg 2019). Wasser, welches sich über eine Oberfläche bewegt, kann kanalisiert werden und Rillen, Rinnen und andere Strukturen entwickeln. Der Oberflächenfluss von Wasser kann archäologisches Material, welches an der Oberfläche freiliegt, abtragen und transportieren. Wenn die Fließenergie ausreichend ist, kann sie archäologische Ablagerungen und Artefakte vollständig entfernen;

ist die Fließenergie jedoch geringer, können kleinere Partikel entfernt werden, während gröbere Partikel, einschließlich Artefakte, zurückbleiben können. In diesen Fällen neigen die verbleibenden Artefakte dazu, ausgeprägte Gefüge oder Orientierungsmuster aufzuweisen, die auf eine Störung durch fließendes Wasser hinweisen können (Domínguez-Rodrigo et al. 2014). Bei energiearmem Wasserfluss tendieren die Artefakte dazu, sich senkrecht zur Fließrichtung auszurichten, während die Artefakte bei stärkerem Wasserfluss dazu tendieren, sich parallel zur Fließrichtung auszurichten (Schick 1986). Wenn Artefakte während einer archäologischen Ausgrabung freigelegt werden, ist es daher wichtig, den Winkel und die Neigung von länglichen Artefakten und anderen Objekten einzumessen, damit die Struktur der archäologischen Fundstellen analysiert und potenzielle Prozesse, die während oder nach der Ablagerung abliefen, identifiziert werden können (McPherron 2005).

Ein permanenter, kanalisierter Wasserfluss, zum Beispiel in einem Bach oder Fluss, kann ebenfalls Erosion archäologischer Fundstellen und Materialien verursachen. So kann z. B. die Prallhangerosion in einem mäandrierenden Flusssystem archäologische Fundstellen und Ablagerungen systematisch abtragen; im Laufe der Zeit kann die laterale Wanderung eines mäandrierenden Systems frühere Spuren menschlicher Besiedlung innerhalb eines Flusstals auslöschen (Clevis et al. 2006).

Im Gegensatz zu Wasser ist Wind nicht in der Lage, große Partikel oder Artefakte zu entfernen. Die meisten Partikel, die durch Wind mobilisiert werden, sind tendenziell sandgroß oder kleiner, sodass durch Winderosion das feinkörnigere Material entfernt wird, aber gröbere Artefakte und Objekte zurückbleiben. Der durch Winderosion verursachte Abbauprozess wird als Deflation bezeichnet und das verbleibende grobkörnige Material als Deflationspflaster. Deflation kann daher den Effekt haben, dass Artefakte, die ursprünglich in aufeinanderfolgenden Schichten enthalten waren, zusammen auf derselben Oberfläche platziert werden, sodass z. B. paläolithische Steinwerkzeuge in unmittelbarer Nachbarschaft zu bronzezeitlicher Keramik gefunden werden können (Goring-Morris und Goldberg 1990). Winderosion von archäologischen Abla-

gerungen ist weitgehend in ariden Umgebungen zu beobachten (z. B. Goring-Morris 1987), aber Winderosion kann auch archäologische Fundstellen in Küstengebieten und an anderen Orten beeinflussen, an denen sandige Ablagerungen dominieren (McNiven 1990). Lokalisierte Winderosion mit Deflation kann in Dünensystemen auftreten, wenn Oberflächen mit Vegetation durch natürliche oder anthropogene Prozesse gestört werden. Dadurch entstehen lokalisierte deflationäre Vertiefungen, die als Deflationswannen bezeichnet werden (Hesp 2002). Während sie den gleichen deflationären Effekten wie oben beschrieben unterliegen, können Deflationswannen den Vorteil haben, ansonsten unzugängliche stratigraphische Abschnitte freizulegen und so geoarchäologische Forschung zu ermöglichen (z. B. Fuchs et al. 2008) (◻ Abb. 13.1).

 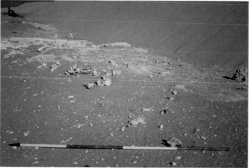

◻ **Abb. 13.1** **a** Blick nach Süden entlang eines der Längskämme der Geelbek-Dünen (Südafrika). In den Dünentälern kommt es durch die Einwirkung des Windes zu einer Deflation der darunter liegenden Sedimente. Die modernen, hellen Sanddünen schieben sich, angetrieben von den vorwiegend südöstlichen Sommerwinden, mit einer Geschwindigkeit von 8–10 m pro Jahr nach Norden (links) über die darunter liegende Landschaft vor. Die Lokalität im Vordergrund wird „Rhino" genannt, weil dort ein versteinertes Nashornskelett inmitten einer Reihe von groben Quarzporphyr-Artefakten gefunden wurde. Die Basis der Lokalität besteht aus aus einer primären Kalkkruste, die mithilfe des linearen Aufnahmemodells durch Uranreihen auf 83.000 ± 3200 Jahre datiert wurde. Das dunklere rötliche Sediment, das die Kalkkruste umgibt, stellt eine alte Düne namens AD1 dar und wurde mit IRSL auf 10.000 ± 1000 Jahre datiert. Die Lokalität namens „Pottery" ist nach einer Konzentration von Keramikfunden benannt und liegt gleich hinter „Rhino", wo AD2, mit IRSL auf 6000 ± 1000 Jahre datiert, freigelegt ist (Foto mit freundlicher Genehmigung von A. Kandel und N. Conard, © Universität Tübingen, Kat. 1999-16-33, aufgenommen am 18. März 1999). **b** Nahansicht der Geelbeker Dünenlokalität „Rhino" in südöstlicher Richtung mit vielen Fossilien aus der Verwitterung von AD2 an der Oberfläche der Kalkkruste. Der Maßstab im Vordergrund beträgt 2 m (Foto mit freundlicher Genehmigung von A. Kandel und N. Conard, © Universität Tübingen, Kat. 1999-16-28, aufgenommen am 18. März 1999)

13.1.2 Turbation

Turbation bezieht sich auf das mechanische Aufwühlen und Mischen von Materialien und Artefakten an einer archäologischen Fundstelle und kann durch eine Reihe verschiedener Faktoren verursacht werden. Die häufigste und destruktivste Art der Turbation, die archäologische Fundstellen beeinträchtigt, ist die Bioturbation, welche durch Tiere und Pflanzen verursacht wird. Größere Tiere, die sich in den Boden eingraben, beispielsweise Kaninchen, Mäuse und Dachse, können Tunnel graben, die als Tiergänge, *terrier* (französisch) oder (aus dem Russischen) Krotowinen (Ponomarenko und Ponomarenko 2019) bekannt sind (◘ Abb. 13.1a). Diese Tunnel können über- oder unterlagernde Sedimente in eine archäologische Schicht einbringen; zusätzlich kann das Eingraben von Tieren stratigraphische Kontakte zerstören und die ursprünglichen Ablagerungsgefüge und archäologischen Materialien verändern (Wood und Johnson 1981). Darüber hinaus können Artefakte in diese Tunnel hineinfallen und Artefakte aus ihrer ursprünglichen stratigraphischen Position verschieben – wobei Bocek (1986) anmerkt, dass dies hauptsächlich Artefakte betrifft, die kleiner als 5 cm sind und innerhalb der oberen 30–50 cm von der früheren Oberfläche einer archäologischen Fundstelle auftreten. Kleinere wirbellose Tiere, die unterirdisch leben, wie Termiten und Regenwürmer, können zu schweren Störungen archäologischer Fundstellen und zur Verlagerung archäologischer Artefakte führen (McBrearty 1990; Stein 1983). Obwohl sie im Allgemeinen zerstörerisch sind, können Würmer und grabende Insekten auch zur Eingrabung und anschließenden Konservierung archäologischer Artefakte führen (Van Nest 2002). Regenwürmer nehmen Bodenmaterial auf, sodass ihre Fäkalien oder Ausscheidungen reich an mineralischem Material sind (Canti 2003). Einige Regenwürmer lagern ihre Ausscheidun-gen auf einer Bodenoberfläche ab, wodurch feinkörnigeres Material nach oben transportiert wird. Im Laufe der Zeit hat der Regenwurmauswurf den Effekt, dass gröbere Objekte (wie Artefakte) innerhalb des homogenisierten oberen Humushorizonts eines Bodens vergraben werden. Dieser Prozess kann zwar zur Überlagerung archäologischer Artefakte führen, neigt aber auch dazu, gröbere Objekte in einem Horizont in der Tiefe zu einer sogenannten Steinlinie zu konzentrieren (Stein 1983; Canti 2003). Auch einige Termitenarten, insbesondere solche, die in Afrika, Australien und Südamerika vorkommen, transportieren feinkörnigeres Sediment aus der Tiefe und errichten so Termitenhügel. Wie bei Regenwürmern kann dieser Prozess zu einer nach unten gerichteten Translokation von Artefakten führen, die eine Steinlinie bilden (McBrearty 1990).

In einer archäologischen Fundstelle können Pflanzen genauso zerstörerisch sein wie Wühltiere. Im Gelände kann es manchmal schwierig sein, zwischen von Wurzeln und von Tieren gegrabenen Gängen zu unterscheiden – obwohl Wurzelgänge im Gegensatz zu Tiergängen dazu neigen, sich mit zunehmender Tiefe zu verjüngen und zu verzweigen (Retallack 2001; Karkanas und Goldberg 2019). Wahrscheinlich eine der zerstörerischsten Arten einer Bioturbation durch Pflanzen sind Baumwürfe (Holliday 2004) (◘ Abb. 13.2b). Dieser Prozess wird auch als Arboturbation bezeichnet. Baumwürfe treten auf, wenn Bäume entwurzelt werden, oft bei Stürmen, aber auch durch menschliche Aktivitäten (Goldberg und MacPhail 2006). Dabei werden mineralische Bodenhorizonte freigelegt und eine Senke entsteht. Mit der Zeit füllt sich die Senke mit organischer Substanz. Die Auswirkungen von Baumwürfen sind in stark bewaldeten Regionen, vor allem in den nördlichen Breiten, besonders ausgeprägt. Wood und Johnson (1978) argumentieren zum Beispiel, dass nach 500 Jahren die meisten Böden in

13

☐ **Abb. 13.2** **a** Ein Beispiel einer Krotowine bzw. eines Tiergangs an der mesolithischen Fundstelle Elands Bay Cave, Südafrika. Die Größe der Krotowine deutet darauf hin, dass sie von einem Nagetier gegraben wurde. Der weiße Rand um die Krotowine ist das Ergebnis von chemischen Prozessen nach der Ablagerung. Er besteht aus Gips und entstand, nachdem das Sediment abgelagert und von Tieren bewegt wurde. Wasser, das Calcium- und Sulfationen enthielt, durchdrang die Ablagerungen und sammelte sich am Rand des Grabens an. Hier verdampfte das Wasser, was zur sekundären Bildung von Gipskristallen führte (Foto von S. Mentzer). **b** Ein Beispiel für einen Baumwurf aus Südwestfrankreich. Mineralische Horizonte aus dem Untergrund wurden zerstört, und die entstandene Senke füllt sich schließlich mit organischem Material (Foto von P. Goldberg)

den nördlichen Laubholzregionen Nordamerikas von Baumwürfen betroffen sind. Archäologisches Material, das unter einem Baum liegt, wird verlagert, wenn dieser entwurzelt wird, und die anschließende Verfüllung der Senke kann ebenfalls zu Störungen und einer Neuanordnung archäologischer Materialien führen. Neumann (1978) argumentiert, dass Baumwürfe wahrscheinlich die Ursache für die Vermischung von archäologischem Material aus Ablagerungen in Minnesota sind, die 2500 Jahre zurückreichen, und Thorson (1990) vermutet, dass viele archäologische Stätten in ganz Alaska von Baumwürfen betroffen sind. Darüber hinaus können die Senken von Baumwürfen selbst oft als archäologische Merkmale fehlinterpretiert werden (Callum 1995).

Pflanzen und Tiere sind nicht die einzige Ursache für Turbation in Böden oder in einer archäologischen Fundstelle. Manchmal ist die mineralische Fraktion eines Bodens anfällig für Prozesse, die Vermischungen verursachen. Der häufigste dieser Prozesse wird als Peloturbation (engl. *argilliturbation*) bezeichnet und wird durch das Vorhandensein quellfähiger Tonminerale verursacht, die bei Wasseraufnahme ihr Volumen verändern. Wenn diese Tonminerale nass werden, quellen sie auf, was zu einer seitlichen Ausdehnung und zur Bildung von Scherflächen mit glänzenden Oberflächen (engl. *slickensides*) führt. Wenn die Tonminerale trocknen, schrumpfen sie und bilden Risse, die tief in den Untergrund reichen können. Böden, die eine signifikante Menge dieser Tonminerale enthalten und Anzeichen von Schrumpfung und Quellung zeigen, werden als Vertisole bezeichnet (Soil Survey Staff 2006). Sie können erhebliche Schäden an Bauwerken und Straßen verursachen (Nelson und Miller 1992). Vertisole können an archäologischen Fundstellen schädlich sein: Schrumpfen, Quellen und Rissbildung können dazu führen, dass eingelagerte Artefakte an die Oberfläche gelangen oder Artefakte an der Oberfläche nach unten wandern (Holliday 2004). Morris et al. (1997) beschreiben zum Beispiel eine archäologische Fundstelle auf Kreta, in welcher Artefakte aus der Mittelminoischen Periode sowohl an der Oberfläche als auch in bis zu 1 m Tiefe gefunden werden. Sie stellten vertikale Risse im Boden fest und argumentierten, basierend auf dem homogenen Erscheinungsbild des Bodens, dass die Verlagerung der Artefakte mit Peloturbation zusammenhängt. In ähnlicher Weise stellten Johnson und Hester (1972) auf den Kanalinseln in Kalifornien fest, dass ehemals überlagerte Felsbrocken in Vertisolen dazu neigen, sich nach oben zu bewegen, während Artefakte dazu tendieren, sich nach unten zu bewegen. Obwohl es eindeutig zu großflächigen Störungen archäologischer Fundstellen durch Peloturbation kommen kann, haben andere Forscher gezeigt, dass in Vertisolen unter bestimmten Umständen intakte archäologische Fundstellen erhalten bleiben können (Driese et al. 2013).

In Böden und Sedimenten vorhandenes Wasser kann, wenn es gefriert, erhebliche Störungen an archäologischen Materialien und Fundstellen verursachen. Die mit dem Gefrieren von Wasser verbundenen Prozesse werden Kryoturbation genannt. Wenn Porenwasser gefriert, bildet es Eis, welches erhebliche Spannungen im Boden oder Sediment erzeugt und zur Verformung und Verlagerung von Materialien führt. Kryoturbationsprozesse sind sowohl mit dauerhaft gefrorenem Boden in hohen Breiten, dem Permafrost, als auch mit saisonal gefrorenem Boden in gemäßigteren Breiten und höher gelegenen Gebieten verbunden. Johnson und Watson-Stegner (1990) schätzen, dass bis zu einem Drittel aller Böden auf der Erde heute von Kryoturbation betroffen sind, wobei auch die meisten gemäßigten Regionen während der Eiszeiten des Pleistozäns (Karkanas und Goldberg 2018) bis zu einem gewissen Grad Kryoturbation erfuhren.

Obwohl es eine Reihe von Turbationsprozessen im Zusammenhang mit dem Gefrieren gibt, sind die häufigsten Prozesse, die archäologische Fundstellen beeinflussen, Frosthebungen, Frostrisse, Kryoturbationen und Gelifluktion (Holiday 2004; Schiffer 1987). Wenn Wasser gefriert, dehnt es sich aus, sodass in einem Boden vorhandenes Wasser den Boden nach oben quellen lassen kann. Dieser als Frosthub bezeichnete Quellprozess kann auch auf große Objekte oder Artefakte in einem Boden oder Sediment einwirken, da sich Wasser direkt unter dem Objekt sammeln und gefrieren kann, wodurch das Objekt nach oben gedrückt wird. Vollzieht sich dieser Prozess über wiederkehrende Perioden des Gefrierens und Auftauens, kann eine archäologische Fundstelle im Laufe der Zeit vollständig durchmischt werden (Johnson und Hansen 1974) und die Artefakte können an die Oberfläche gelangen oder innerhalb des Profils vertikal ausgerichtet werden (Wood und Johnson 1978).

Wenn Böden gefrieren und sich ausdehnen, können sich an der Oberfläche sogenannte Frostrisse bilden. Wenn der Boden auftaut, können Wasser und Sediment diese Risse füllen und sogenannte Eiskeile bzw. Eiskeilpseudomorphosen bilden. Risse, die durch Gefrieren entstehen, haben potenziell die gleichen Auswirkungen auf archäologische Materialien wie solche, die durch Peloturbation entstehen, sodass Artefakte und Sediment im Profil nach unten wandern und sich vermischen können (Holiday 2004). Frostrisse können sich auch auf das Grundgestein und an archäologischen Fundstellen sogar auf Artefakte auswirken und Klasten mit frisch gebrochenen Oberflächen und scharfen Kanten bilden (Karkanas und Goldberg 2018). Frostsprengung im Grundgestein, auch Kryoklastik genannt, tritt besonders häufig in paläolithischen Höhlen in gemäßigten Regionen auf und ist der Ursprung von eckigem Schutt (éboulis), der sich in den Ablagerungen ansammelt (Farrand 1975, Laville et al. 1980). Brodelstrukturen (involution) und andere Deformationsstrukturen, die mit Kryoturbation einhergehen (Vandenberghe 2013), sind häufiger in Permafrostzonen anzutreffen und entstehen durch eine Kombination von Belastung und Verflüssigung: Der untere gefrorene Teil des Permafrostes ist we-

◘ Abb. 13.3 Ein Beispiel für durch Kryoturbation verformte Verbrennungsspuren aus dem Mittelpaläolithikum der Grotte XVI, Frankreich. Die ursprünglich horizontal liegenden Schichten wurden durch Frost-/Taueinwirkung deformiert (Foto mit freundlicher Genehmigung von P. Goldberg)

niger dicht als der obere aufgetaute Teil, sodass der obere Teil des Permafrostprofils in den unteren Teil absinkt und Deformationen verursacht. Zwar sind solche Deformationsstrukturen in archäologischen Fundstellen selten, jedoch wurden sie an pleistozänen Stätten in Europa dokumentiert, wie z. B. in der paläolithischen Höhle Grotte XVI in Frankreich (Karkanas et al. 2002) (◘ Abb. 13.3).

13.1.3 Verdichtung

Wasser, welches im Porenraum eines Sediments enthalten ist, kann nach der Überlagerung austreten, was zu einer Reduzierung der Porosität und des Volumens und einer Verdichtung der Ablagerung führt. Sedimentverdichtung ist am stärksten in ton- und organikreichen Ablagerungen ausgeprägt, insbesondere in küstennahen oder lakustrinen Umgebungen (Paul und Barras 1998; Long et al. 2006). In terrestrischen Ablagerungen sind Verdichtungen weniger stark ausgeprägt, da die voll-

ständige Entwässerung unmittelbar nach der Ablagerung erfolgt (Nadon und Issler 1997). Allerdings ist Verdichtung wahrscheinlich einer der wichtigsten physikalischen Prozesse, die in archäologischen Fundstellen wirken (Karkanas und Goldberg 2018). Dies gilt insbesondere für anthropogene Ablagerungen, die sich schnell in archäologischen Fundstellen anhäufen können, wie z. B. Abfallhaufen oder Grubenfüllungen, in welchen die Anhäufungsrate lange Perioden der Oberflächenexposition verhindert (ebd.). Diese aufgeschütteten Ablagerungen wiederum verdichten sich langsam, indem sich die Sedimentpartikel in eine stabilere Geometrie umordnen und schließlich girlandenartige Formen bilden. Obwohl die Entwässerung und Absackung schnell akkumulierter Sedimente eine Ursache für die Verdichtung in archäologischen Fundstellen sein kann, können andere Ursachen für den Volumenverlust die Zersetzung organischer Substanz oder auch die Auflösung von Mineralen durch chemische Veränderungen sein (Goldberg 2000).

13.2 Chemische postsedimentäre Prozesse

Die Artefakte, die Archäologen durch Ausgrabungen bergen, stellen nur einen Bruchteil der gesamten materiellen Kultur, die in der Vergangenheit existierte, dar. Ein Grund dafür ist, dass viele der verwendeten Materialien nach der Ablagerung anfällig für Zersetzung sind. Ob eine bestimmte Art von Artefakt oder Material konserviert wird oder nicht, hängt vor allem von dem umgebenden chemischen Milieu ab. Der Begriff Diagenese wird in der Geoarchäologie für Prozesse verwendet, die mit der chemischen Veränderung archäologischer Objekte und insbesondere von Ablagerungen zusammenhängen (vgl. Karkanas und Goldberg 2019). Der Begriff Diagenese ist der Geologie entlehnt. Dort bezieht er sich auf die physikalischen und chemischen Prozesse, die ein Sediment in ein Gestein verwandeln.

Die differenzielle Konservierung betrifft insbesondere Artefakte, die aus organischen Materialien wie beispielsweise Holz, Pflanzen, Haaren, Haut oder Leder hergestellt wurden. In den meisten archäologischen Fundstellen bestehen die geborgenen Artefakte größtenteils aus haltbareren Materialien wie Keramik, Stein, Glas und Metall. Bei organischen Überresten sind haltbarere biologische Materialien wie Knochen und Zähne am häufigsten anzutreffen. Wenn jedoch das richtige chemische Milieu gegeben ist, können Materialien, die für gewöhnlich anfälliger für Degradation sind, über 10 oder sogar 100 Jahrtausende erhalten werden.

Die meisten Prozesse, die zum Abbau organischer Materialien in archäologischen Fundstellen führen, hängen mit den biologischen Aktivitäten der Makro- und Mikrofauna, Pilzen und Bakterien im Boden während des Humifizierungsprozesses zusammen, bei welchem frisches organisches Material in Huminsäuren umgewandelt wird (Weiner 2010; Huisman 2009). Diese biologischen Abbauprozesse können jedoch unter den richtigen chemischen und physikalischen Bedingungen verlangsamt oder gestoppt werden, da sie, um aktiv zu sein, die Anwesenheit von flüssigem Wasser und Sauerstoff erfordern. Daher neigen Umgebungen, die kaum flüssiges Wasser oder Sauerstoff enthalten, im Allgemeinen dazu, die Erhaltung organischer Artefakte über längere Zeiträume zu fördern. Außergewöhnliche Konservierung organischer Artefakte und weicher Gewebe sind in Umgebungen üblich, die durchgehend unter dem Gefrierpunkt liegen, wie z. B. in Gletschern oder Permafrostböden. Beispiele dafür sind der in den Ötztaler Alpen gefundene chalkolithische (ca. 5000 Jahre BP) Körper von „Ötzi" mit ausgezeichneter Hautkonservierung sowie konserviertem Mageninhalt und Kleidung aus geflochtenem Gras (Acs et al. 2005; Bonani et al. 1994), oder die Überreste pleistozäner Megafauna, die aus dem sibirischen Permafrost geborgen wurden (Papapgeorgopoulou et al. 2015).

Gewebe und andere organische Materialien werden auch in sehr feuchten Milieus gut erhalten, insbesondere in solchen, die permanent unter Wasser getaucht sind, wie zum Beispiel am Boden eines Sees oder unter dem Wasserspiegel in Mooren und Feuchtgebieten. Dies ist weitestgehend auf die Abwesenheit von Sauerstoff im Wasser zurückzuführen, was als „anoxische Bedingungen" bezeichnet wird, welche die mikrobielle Aktivität verringern. Anoxische Bedingungen unterhalb des Grundwasserspiegels haben einige bemerkenswerte organische Artefakte erhalten, wie zum Beispiel die 300.000 Jahre alten Holzspeere, die in Schöningen in Niedersachsen gefunden wurden (Thieme 1997) (◖ Abb. 13.4). Obwohl anoxische, wassergesättigte Bedingungen dazu neigen, organisches Material zu konservieren, erfährt das organische Material selbst dennoch eine bedeutende Transformation. Der teilweise Zerfall

□ **Abb. 13.4** Ein 300.000 Jahre alter Jagdspeer aus Holz, gefunden am Standort Schöningen in Niedersachsen. Die Speere wurden in einer Seeuferumgebung deponiert und blieben bis zu ihrer Ausgrabung im späten 20. Jahrhundert im Wasser und unter anoxischen Bedingungen liegen (Foto mit freundlicher Genehmigung von N. Conard)

können sich organische Materialien gut erhalten. Beispiele dafür sind die hervorragende Konservierung von Mumien aus der Atacama-Wüste in Chile (Aufderheide et al. 2005) oder die Konservierung von Körben, Holzwerkzeugen und Sandalen, die in Höhlen aus archaischer Zeit (ca. 10.000–3000 Jahre BP) im Südwesten der Vereinten Staaten gefunden wurden (Geib 2000).

Langlebige Materialien wie Keramik, Glas und Metall sind häufiger in besseren Erhaltungszuständen in archäologischen Fundstellen anzutreffen; allerdings können auch sie chemische Veränderungsprozesse durchlaufen. Metallartefakte reagieren besonders empfindlich auf die An- oder Abwesenheit von Sauerstoff in der Umgebung. Gegenstände aus Eisen zum Beispiel neigen, wenn sie Sauerstoff ausgesetzt sind, zur Oxidation und bilden eisenhaltige Verbindungen wie z. B. Hämatit. Die meisten Menschen sind mit diesem Prozess unter dem Begriff Rost vertraut. Der Alterationsprozess von Eisen (Korrosion) im archäologischen Kontext ist in der Tat recht komplex und erzeugt mehrere Alterationsschichten auf der Oberfläche des Artefakts sowie Anreicherungen im umgebenden Sediment (Neff et al. 2005). Die Oxidationskruste auf der Oberfläche des Artefakts kann helfen, das Artefakt vor weiteren Veränderungen zu schützen (Huisman 2009). Auch unter anoxischen Bedingungen kann Eisen chemisch verändert werden. In diesen Fällen kann das Eisen mit anderen verfügbaren Ionen, wie z. B. Schwefel oder Karbonat, reagieren. Eisenzeitliche Objekte aus Eisen, die in den Torfmooren Dänemarks gefunden wurden, wurden in das Mineral Siderit ($FeCO_3$) umgewandelt (Matthiesen et al. 2003). Glas kann unter trockenen Bedingungen über viele Jahrtausende hinweg bemerkenswert stabil sein, aber unter feuchten Bedingungen innerhalb des Ablagerungskontextes kann sich Glas verändern. Auf welche Art und Weise sich das Glas verändert, hängt von der Zusammen-

der organischen Substanz senkt den pH-Wert und setzt Moleküle frei, die dann wiederum die abbauende organische Substanz stabilisieren, ein Prozess, welcher auch als Gerbung bekannt ist (Weiner 2010). Dieser Prozess wirkt sich erheblich auf die Erhaltung des Weichgewebes aus (Weiner 2010). Er hat einen signifikanten Einfluss auf die gute Erhaltung des Weichgewebes in den sogenannten „Moorleichen" Nordeuropas (Stankiewicz et al. 1998), während gleichzeitig der abgesenkte pH-Wert oft dazu führt, dass die Knochen der Moorleichen nicht erhalten bleiben (siehe unten; Glob 1965). Auch in extrem trockener Umgebung

setzung des Glases sowie vom pH-Wert, der Temperatur und der Zusammensetzung der umgebenden wässrigen Lösungen ab (Silvestri et al. 2005). Insbesondere die Anwesenheit von Kalium- und Natriumionen im Glas kann mit dem in der Umgebung vorhandenen H_3O^+ reagieren und eine ausgelaugte Oberfläche auf dem Glas erzeugen, die als Gelschicht bezeichnet wird (Davison 2003). Die Gelschicht und weitere damit verbundene Verwitterungsprozesse können das irisierende Aussehen verursachen, das bei einigen archäologischen Glasobjekten üblich ist (ebd.).

Im Vergleich zu anderen tierischen Geweben sind Knochen in archäologischen Fundstellen im Allgemeinen besser erhalten (siehe jedoch die vorangegangene Diskussion über Moorleichen). Ob das Knochenmineral (Karbonat-Hydroxylapatit, $Ca_5(PO_4,CO_3)_3(OH)$) in einer archäologischen Fundstelle erhalten bleibt oder nicht, hängt von der verfügbaren Feuchtigkeit, dem pH-Wert dieser Feuchtigkeit und der Phosphatkonzentration in der umgebenden wässrigen Lösung ab (Weiner 2010). Im Allgemeinen sind Knochen in Milieus, deren pH-Wert über 7,6–8,2 liegt, stabil. Wenn die pH-Bedingungen auf unter 7,2 fallen, löst sich das Knochenmineral auf (Berna et al. 2003). Knochen, welche in Ablagerungen mit hohem Grundwasserdurchsatz liegen (z. B. in einem sandigen Sediment oder Boden), können sich schnell auflösen, da gelöste Ionen aus dem Knochen ausgewaschen werden (Berna et al. 2003; Karkanas und Goldberg 2019). Knochen, die in Sedimenten mit eingeschränkter Grundwasserströmung eingelagert sind, wie z. B. in tonhaltigen Ablagerungen, sind tendenziell stabiler, da gelöste Ionen weitestgehend innerhalb des Knochens wieder ausfällen (Weiner 2010; Weiner und Bar-Yosef 1990). Wenn sich ein Knochen auflöst, gibt er verschiedene Ionen in die umgebende

wässrige Lösung ab, welche wiederum mit anderen Bestandteilen des archäologischen Sediments reagieren können. Unter extrem sauren Bedingungen können Phosphationen, die aus dem gelösten Knochen stammen, mit Tonmineralen reagieren und eine neue Mineralphase, wie z. B. Taranakit, bilden (Karkanas et al. 2000).

Archäologische Artefakte sind nicht der einzige Bestandteil archäologischer Fundstellen, der chemisch verändert werden kann. Auch die archäologischen Sedimente selbst können durch chemische Prozesse nach der Ablagerung beeinflusst werden. Die verschiedenen Arten von Prozessen, die archäologische Ablagerungen beeinflussen, sind im Wesentlichen 1) die Auflösung einer Mineralphase, 2) der Austausch einer Mineralphase durch eine andere und 3) die Ausfällung einer neuen Mineralphase (Karkanas und Goldberg 2019). Die häufigste Substanz in archäologischen Fundstellen, die anfällig für Auflösung ist, ist Calciumcarbonat ($CaCO_3$). Calciumcarbonat kommt normalerweise in einer von zwei Formen vor, Calcit oder Aragonit. Eine große Anzahl von Materialien, die häufig in archäologischen Fundstellen gefunden werden, bestehen ganz oder teilweise aus Calciumcarbonat, wie beispielsweise Kalkstein, Kalkputz, Muscheln und Gastropodengehäuse, Asche und versteinerter Dung (von Herbivoren). Calcit ist generell stabil, wenn der pH-Wert über 8 liegt; darunter löst sich Calcit auf. Daher kann Regenwasser, das Kohlendioxid absorbiert und Kohlensäure gebildet hat, die Auflösung von calcithaltigen Materialien an der Oberfläche einer Fundstelle verursachen. Eine große Menge Calcit innerhalb der Lagerstätte kann jedoch auch dazu führen, dass die Bodenfeuchtigkeit neutralisiert und ins chemische Gleichgewicht gebracht wird, wodurch alkalische Bedingungen geschaffen werden, in welchen Calcit stabil ist und konserviert

13

wird (Karkanas und Goldberg 2019). Dieser Pufferungsprozess wird vor allem von der Wassermenge bestimmt, die durch das Sediment strömt: Ist die Menge hoch, werden die Carbonationen ausgelaugt, was eine Pufferung der Lagerstätte verhindert und zu einer weiteren Auflösung des Carbonats führt. Materialien, die aus Carbonat bestehen, können auch durch andere Mineralphasen ersetzt werden. Geoarchäologen haben über diesen Prozess in Höhlenfundstellen berichtet, in welchen calcitische Ablagerungen und Materialien, wie Kalkstein und Asche, in Gegenwart von Phosphorsäure durch phosphatische Minerale ersetzt wurden (Karkanas und Goldberg 2018). Die Phosphorsäure, die diese Austauschreaktion verursacht, stammt letztlich aus dem Zerfall organischer Substanz in den Ablagerungen; im Falle von Höhlen oftmals von Vogel- oder Fledermausguano (Shahack-Gross et al. 2004). Zusätzlich zur Auflösung und zum Austausch kann sich Calciumcarbonat in archäologischen Fundstellen auch als neues Präzipitat bilden. Dies kann auftreten, wenn carbonathaltige Flüssigkeit in den archäologischen Sedimenten oder Ablagerungen verdunstet. Dieser Prozess ist am häufigsten in ariden Umgebungen zu beobachten, er kann aber auch auftreten, wenn der Fluss des Bodenwassers behindert wird. In beiden Fällen kann das Carbonat Knollen oder Krusten bilden. Ähnliche, durch chemische Prozesse gebildete postsedimentäre Bildungen können auch aus Phosphatmineralen oder auch Gips bestehen (Miller et al. 2016) (◘ Abb. 13.2a).

Den Einfluss postsedimentärer chemischer Prozesse auf die Erhaltung archäologischer Funde zu verstehen, kann für die Interpretation menschlicher Verhaltensweisen in der Vergangenheit unglaublich wichtig sein. Ein klassisches Beispiel dafür sind die geoarchäologischen Untersuchungen, die in der mittelpaläolithischen Höhle von Kebara in der israelischen Karmel-Region durchgeführt wurden (Schiegl et al. 1996, Weiner et al. 1995). Die Ablagerungen der Höhle bestehen zum größten Teil aus der Asche von Überresten von Feuerstellen, die von Neandertalern gebaut wurden (◘ Abb. 13.5a). In einem Teil der Höhle fanden die Ausgräber eine mehrere Meter dicke Ablagerung aus Asche, die wahrscheinlich eine Art Abfallhaufen darstellt. Darüber hinaus stellten die Archäologen fest, dass Knochen, bei denen es sich um die Überreste von Tieren handelte, die von den ansässigen Neandertalern geschlachtet wurden, nicht gleichmäßig über die Fundstelle verteilt waren, sondern nur an bestimmten Stellen der Höhle gefunden wurden. Damit stellte sich die Frage, ob die Verteilung der Knochen eine Folge des Verhaltens der Neandertaler war: Deutet die Verteilung der Knochen auf Aktivitäten hin, die mit der Reinigung ihres Lebensraums zusammenhängen? Die geoarchäologische Untersuchung der Ablagerungen in der Höhle und insbesondere deren postsedimentären Veränderungen ließen etwas anderes vermuten. In den Bereichen, in denen die Knochen fehlten, konnten die Forscher das Vorhandensein von Ausfällungen oder Knollen, die nach der Ablagerung entstanden, feststellen. Diese bestanden aus einer Reihe von Phosphatmineralen, die sich nur unter sehr niedrigen pH-Bedingungen bilden können. Außerdem stellten sie fest, dass sich die Asche, die ursprünglich aus Calcit (neben weiteren Substanzen) bestanden hatte, aufgelöst hat. Zusammengenommen deuteten die Auflösung von Calcit und die Ausfällung von Phosphatmineralen darauf hin, dass die pH-Bedingungen in der Vergangenheit sauer gewesen sein müssen und zwar so sehr, dass in diesen Bereichen jeder Knochen, der vorhanden war, sich wahrscheinlich auch aufgelöst hat. In den Bereichen der Höhle, in denen Knochen gefunden wurden, stellten die Geoarchäologen fest, dass sich der Calcit in der Asche

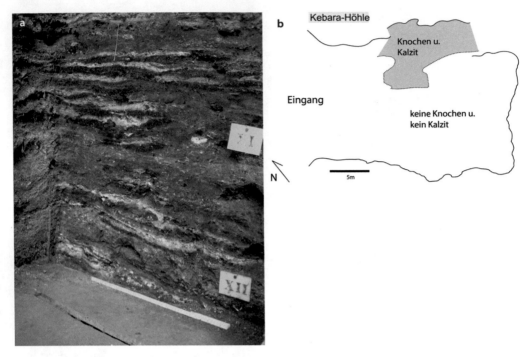

⬛ Abb. 13.5   a Fotografie der zahlreichen Feuerstellen, die in der Kebara-Höhle gefunden wurden. Bei den weißen Linsen handelt es sich um Asche, die ursprünglich teilweise aus Calciumcarbonat bestand, die jedoch später
aufgelöst und ersetzt wurde. **b** Eine Kartenskizze der Kebara-Höhle, die Bereiche zeigt, in denen Knochen erhalten geblieben sind, im Vergleich zu den Bereichen, in denen keine Knochen gefunden wurden. Dieses Verteilungs-
muster ist das Ergebnis einer postsedimentären chemischen Veränderung der Ablagerungen und der Auflösung
der archäologischen Knochen, was durch variable pH-Bedingungen in den Ablagerungen verursacht wurde

13

nicht aufgelöst hat, was darauf hindeutet,
dass die pH-Bedingungen alkalischer waren
und so die Erhaltung der Knochen förder-
ten (⬛ Abb. 13.5b). In Kebara konnten die
Archäologen den archäologischen Befund

und das Verhalten der Neandertaler nur
verstehen, indem sie nicht nur die Ablagerungsprozesse, sondern auch die postsedimentären Prozesse eingehend untersuchten.

Methoden

Inhaltsverzeichnis

Kapitel 14 Feldmethoden – 255
Olaf Bubenzer, Carsten Casselmann, Jörg Faßbinder, Peter Fischer, Markus Forbriger, Stefan Hecht, Karsten Lambers, Sven Linzen, Bertil Mächtle, Frank Schlütz, Christoph Siart, Till F. Sonnemann, Christian Stolz, Andreas Vött, Ulrike Werban, Lukas Werther und Christoph Zielhofer

Kapitel 15 Analysemethoden – 287
Katleen Deckers, Eileen Eckmeier, Peter Frenzel, Dagmar Fritzsch, Carolin Langan, Lucia Leierer, Susan M. Mentzer, Anna Pint, Alexandra Raab, Simone Riehl, Astrid Röpke, Frank Schlütz, Lyudmila S. Shumilovskikh und Katja Wiedner

Kapitel 16 Datierungsmethoden – 337
Ronny Friedrich, Markus Fuchs, Peter Haupt, Nicole Klasen, Ernst Pernicka, Christoph Schmidt, Johann Friedrich Tolksdorf und Lukas Werther

Kapitel 17 Methoden der Geoinformatik in der Geoarchäologie – 363
Bernhard Pröschel, Frank Lehmkuhl, Ulrike Grimm, Johannes Schmidt und Lukas Werther

Kapitel 18 Geoarchäologische Zeitschriften und Publikationsorgane – 379
Christian Stolz und Christopher E. Miller

Feldmethoden

Olaf Bubenzer, Carsten Casselmann, Jörg Faßbinder, Peter Fischer, Markus Forbriger, Stefan Hecht, Karsten Lambers, Sven Linzen, Bertil Mächtle, Frank Schlütz, Christoph Siart, Till F. Sonnemann, Christian Stolz, Andreas Vött, Ulrike Werban, Lukas Werther und Christoph Zielhofer

Inhaltsverzeichnis

14.1   Aufschlusstechniken, Bohrungen und Direct-Push-Sondierungen – 256
14.1.1 Invasive Methoden – 256
14.1.2 Geringinvasive Methoden – 257
14.1.3 Minimalinvasive Methoden – 258

14.2   Fernerkundung – 264
14.2.1 Funktionsweise und Daten – 265
14.2.2 Theoretischer Rahmen – 266
14.2.3 Geoarchäologische Anwendungen – 266
14.2.4 Aktuelle Trends – 270

14.3   Digitale Geoarchäologie – 272

14.4   Geophysikalische Methoden – 275
14.4.1 Geoelektrische Tomographie – 275
14.4.2 Magnetische Prospektion – 277
14.4.3 Georadar – 279
14.4.4 Vermessung bei archäologischen Ausgrabungen – 279
14.4.5 Geoarchäologische Zeigerpflanzen – 284

Das vorliegende Kapitel besteht aus mehreren Teilen, die von unterschiedlichen Arbeitsgruppen und Einzelpersonen getrennt voneinander erstellt worden sind. Da eine Gewichtung nach dem Umfang der Teilbeiträge aus diesem Grund nicht möglich ist, erfolgt die Angabe der Autorinnen und Autoren in alphabetischer Reihenfolge.

© Springer-Verlag GmbH Deutschland, ein Teil von Springer Nature 2022
C. Stolz und C. E. Miller (Hrsg.), *Geoarchäologie*,
https://doi.org/10.1007/978-3-662-62774-7_14

Zusammenfassung

Das zentrale Kapitel Feldmethoden liefert einen Überblick über das breite Methodenspektrum, das während geoarchäologischer Forschungskampagnen im Gelände zum Einsatz kommt. Beschrieben werden zunächst klassische Methoden wie Bohrungen, archäologische Grabungen und Baggerschürfe, gefolgt von der damit mittlerweile häufig kombinierten, jungen Methode der Direct-Push-Sondierung, womit gleichzeitige Messungen unterschiedlicher Parameter wie Spitzendruck, Farbe oder elektrischer Leitfähigkeit möglich sind. Dazugehörige Infoboxen befassen sich mit einem Beispiel aus der Feuchtbodenarchäologie und mit dem wichtigen Thema der langfristigen Probenarchivierung. Der Abschnitt Fernerkundung führt in die Geschichte und in die aktuelle Praxis der Methodik ein und befasst sich mit dem Potenzial von Luftbildern und räumlichen Satellitendaten. Das in einem weiteren Abschnitt vorgestellte Konzept der „Digitalen Geoarchäologie" bewegt sich an der Schnittstelle zwischen Archäologie, Geo- und Computerwissenschaften. Weiterhin werden häufig eingesetzte geophysikalische Methoden, wie Geoelektrik, Geomagnetik und Georadar vorgestellt. Am Kapitelende geht es um das Potenzial archäologischer Zeigerpflanzen und ihrer Bedeutung für die archäologische Prospektion.

14

14.1 Aufschlusstechniken, Bohrungen und Direct-Push-Sondierungen

Peter Fischer, Christoph Zielhofer und Andreas Vött

Aufschlusstechniken und Bohrungen sind ein zentraler Bestandteil geoarchäologischer Forschungen, da erst durch eine gezielte, standortorientierte Auswahl der anzuwendenden Methode Bodendenkmäler in ihrem geoarchäologisch-stratigraphischen Kontext überhaupt erschlossen werden

können. Grundsätzlich wird zwischen invasiven, geringinvasiven und minimalinvasiven Methoden unterschieden (Zielhofer et al. 2018).

14.1.1 Invasive Methoden

14.1.1.1 Archäologische Grabung

Archäologische Grabungen sind die aufwendigste und detaillierteste Form der (geo-)archäologischen Erkundung (Schönfeld 2009, Werther und Feiner 2014). Der große Vorteil einer archäologischen Grabung liegt im Potenzial für eine größtmögliche Detaildichte an archäologischen Funden, stratigraphischer Auflösung und nachgeschalteten archäologischen und geoarchäologischen Analysetechniken (z. B. Cziesla und Ibeling 2014). Archäologische Grabungen orientieren sich entweder nach äquidistanten Abstichen (Planagrabung, z. B. Nami und Moser 2010) oder entlang der zu bergenden (geo-)archäologischen Schichtenabfolge (Stratagrabung). Archäologische Grabungen sind sehr zeit- und kostenaufwendig und führen zur Auflösung des Bodendenkmals im ursprünglichen Schichtungs- und Befundkontext. Von daher obliegt wissenschaftlichen Grabungsleitern eine wichtige Verantwortung nicht nur in der Durchführung der Grabung selbst, sondern auch in der Dokumentation des gesamten Grabungsablaufes, einschließlich nachhaltiger Datensicherung, und in der sorgfältigen Publikation der (geo-)archäologischen Funde und Befunde. Da die fachgerechte Lagerung des geborgenen Fundmaterials sehr teuer und aufwendig sein kann, müssen bei der Entscheidung für und gegen eine wissenschaftlich motivierte archäologische Grabung nicht nur der Grabungsaufwand, sondern auch nachgeschaltete Kosten und Personalkapazitäten für Analysen, Publikationen und Fundlagerung berücksichtigt werden. Ist das Bodendenkmal durch natürliche Prozesse (z. B. Hangerosion) oder durch unmittelbar anstehende Baumaßnahmen akut gefährdet, müssen Not- bzw. Rettungsgrabungen durchgeführt werden.

14.1.1.2 Baggerschurf

Baggerschürfe sind eine häufige Aufschlusstechnik im Zuge von geoarchäologischen Prospektionsmaßnahmen, bei allgemein landschaftsgenetischen Forschungen in archäologischem Kontext (Gerlach et al. 2012) sowie in der Flussgeoarchäologie und -geomorphologie (Fuchs et al. 2011). Häufig finden geoarchäologische Studien im Bereich aktueller Baggerschürfe statt, welche primär einem Bauvorhaben dienen. Hier sind insbesondere „lineare Projekte" zu nennen wie Erdgas- oder Stromleitungen (Tinapp et al. 2008). Baggerschürfe haben den Vorteil, dass sie großräumige Aufschlussverhältnisse mit repräsentativen Profilaufnahmen und leicht zugängliche Probenentnahmestellen ermöglichen.

14.1.2 Geringinvasive Methoden

14.1.2.1 Rammkernsondierungen

Gerade bei Maßnahmen, bei denen invasive Eingriffe nicht durchführbar sind oder etwa durch hohe Grundwasserstände und schlecht zugängliches Gelände erschwert werden, stellen Rammkernsondierungen eine probate Alternative zur Erkundung des oberflächennahen Untergrundes dar. Im Vergleich zu Grabungen und Baggerschürfen sind sie zudem weniger zeit- und kostenaufwendig und ermöglichen stratigraphische Einblicke bis in deutlich größere Tiefen. In aktuellen geoarchäologischen Studien werden Rammkernsondierungen oft mit geophysikalischen Methoden gekoppelt (z. B. Kirchner et al. 2018; Wunderlich et al. 2018a). Dies geschieht einerseits, um Bohransatzpunkte unter Berücksichtigung variierender Ver-

hältnisse im Untergrund gezielter festlegen zu können, andererseits wird die stratigraphische Information aus den Rammkernsondierungen zur Kalibration der oberflächenbasierten geophysikalischen Prospektion genutzt. Zum Einsatz kommen in der Regel einseitig geschlitzte Sonden von einem oder zwei Metern Länge und Durchmessern zwischen 100 und 50 mm, die mit einem tragbaren Brennkraft- oder Hydraulikhammer in den Untergrund getrieben und anschließend hydraulisch geborgen werden. Bei bestimmten Fragestellungen bietet sich der Einsatz von geschlossenen Bohrsystemen an, bei denen in der Bohrsonde ein Plastikliner platziert wird. Diese Liner werden anschließend im Labor geöffnet und bieten die Möglichkeit einer umfassenden Untersuchung annähernd ungestörter Sedimentkerne. Wesentlich effektiver und ergonomischer im Vergleich zum Einsatz tragbarer Geräte ist die Durchführung von Rammkernsondierungen mit Spezialsondiergeräten auf Raupenfahrwerk, die zudem größere Bohrtiefen erlauben. Für den umfassenden Einsatz von Rammkernsondierungen, auch in Verbindung mit geophysikalischen Prospektionsmethoden, gibt es zahlreiche Beispiele, so etwa geoarchäologische und landschaftsgenetische Untersuchungen im Umfeld des antiken Ostia in Italien (Hadler et al. 2015a), an der mittelalterlichen Holsterburg in Nordrhein-Westfalen (Fischer et al. 2016a), im Bereich antiker Häfen auf Korfu (Finkler et al. 2018b) oder im Rungholt-Watt in Nordfriesland (Hadler et al. 2018a). Ein Beispiel umfangreicher Rammkernsondierungen entlang eines außergewöhnlichen Bodendenkmals stellt die von Zielhofer et al. (2014) im Zuge der Rekonstruktion des wasserbaulichen Konzeptes des Karlsgrabens (Fossa Carolina) durchgeführte Untersuchung dar.

14.1.3　Minimalinvasive Methoden

14.1.3.1　Direct-Push-Sondierungen

Direct-Push-Sondierungen stellen im Rahmen geoarchäologischer und geomorphologischer Forschungen eine innovative Methode dar, die – ursprünglich in der Ingenieurgeologie und Umweltanalytik entwickelt – zunehmend an Bedeutung gewinnt. Die Sondierungen erlauben die *in-situ*-Prospektion oberflächennaher Substrate mittels Sensoren, die in den Untergrund geschlagen oder hydraulisch gedrückt werden. Diese Technik ist vor allem für Lockersedimente bis zu einer Tiefe von etwa 30 m geeignet und dient vornehmlich der Messung, nicht der Probeentnahme. Die kontinuierlichen Messverfahren erlauben eine hohe vertikale, tiefengenaue Auflösung im Zentimeterbereich. Aus den gemessenen Parametern können direkte, hoch aufgelöste Rückschlüsse auf die Stratigraphie gezogen werden. Meistens werden Direct-Push-Messungen beispielsweise mittels einzelner Rammkernsondierungen unmittelbar kalibriert, wodurch die kosten- und zeiteffiziente Erstellung detaillierter Stratigraphien entlang von Transekten oder auf großen Flächen möglich ist (Fischer et al. 2016b; Finkler et al. 2018b; Hausmann et al. 2018; Obrocki et al. 2020). Dabei kommen je nach Fragestellung und Standortbedingungen unterschiedliche Sensoren zum Einsatz (◪ Abb. 14.1 und Infobox 14.1).

Die *in-situ*-Messung der elektrischen Leitfähigkeit (engl. *electrical conductivity,* EC), die sich reziprok zum elektrischen Widerstand verhält, basiert auf der sogenannten Vierpunktmethode. Eine typische EC-Messsonde besitzt vier Elektroden, die in Reihe äquidistant angeordnet sind. Über die beiden äußeren Elektroden wird kontinuierlich Strom bekannter Stärke in den Untergrund eingespeist, während an den beiden inneren Elektroden die Potentialdifferenz, also die elektrische Span-

nung gemessen und daraus die Leitfähigkeit abgeleitet wird (sogenannte Wenner-Anordnung). Die Messungen erlauben Rückschlüsse auf Korngrößenunterschiede, wobei in der Regel hohe Leitfähigkeiten mit feinkörnigen Substraten korrelieren und umgekehrt (z. B. Hausmann et al. 2018; Obrocki et al. 2020a; ◪ Abb. 14.2). Daten der Leitfähigkeitssondierungen lassen sich in die Auswertung oberflächenbasierter geoelektrischer Widerstandsmessungen integrieren und erhöhen deren Aussagekraft signifikant (Fischer et al. 2016b; Wunderlich et al. 2018b; vgl. ◪ Abb. 14.3 in Infobox 14.1). Leitfähigkeitsmessungen werden jedoch auch vom Chemismus des Porenwassers und dem Ionenbesatz der Substrate beeinflusst. Mittels eines hydraulischen Drucksensors (engl. *hydraulic profiling tool,* HPT) kann zusätzlich der körnungs- und lagerungsabhängige hydraulische Injektionsdruck gemessen und für den grundwassergesättigten Bereich die Permeabilität berechnet werden (z. B. Obrocki et al. 2020). Ein weiterer Vorteil der kombinierten EC- und HPT-Sondierungen besteht darin, dass die Messsonden nicht nur in den Untergrund gedrückt, sondern auch eingehämmert und somit auch stärker konsolidierte Bereiche durchdrungen werden können.

Für die Durchführung von Drucksondierungen (engl.: *cone penetration testing,* CPT) werden Bohrgeräte mit sehr hohem Eigengewicht oder mit der Möglichkeit zur Verankerung im Untergrund benötigt, da die entsprechenden Messsonden nur hydraulisch gedrückt werden dürfen. Die Parameter Spitzen- und Porendruck (q_c und u_2, engl.: *tip resistance* und *pore pressure*) sowie die Mantelreibung *(sleeve friction, f_s)* und das Reibungsverhältnis *(F_r)*, die während der Drucksondierung erhoben werden, liefern unmittelbare Hinweise auf die Substrateigenschaften und die Lagerungsverhältnisse (◪ Abb. 14.2). Das Verhältnis der einzelnen Parameter zueinander kann

☐ Abb. 14.1 a Direct-Push-Sondierung mittels HPT-Sonde bei Hallig Südfall (Nordfriesland). Über die elektrische Leitfähigkeit sowie die hydraulischen Eigenschaften der oberflächennahen Sedimente können z. B. die mittelalterliche Marschoberfläche sowie markante Sturmflutlagen identifiziert werden. **b** Seismische Drucksondierung (SCPT) an der Kaiafa-Lagune in Griechenland (siehe ☐ Abb. 14.2), für die das Bohrgerät im Untergrund verankert ist. In relevanten Tiefen wird mittels Hammerschlag ein seismischer Impuls ausgelöst. Über das an der Sonde montierte Geophon wird die tiefenspezifische Ausbreitungsgeschwindigkeit der seismischen Wellen (in diesem Fall: P- und S-Wellen) aufgezeichnet. Im untersuchten Geoarchiv konnten Sedimente zweier historischer Tsunami-Ereignisse eindeutig erfasst und charakterisiert werden (vgl. ☐ Abb. 14.2; Fotos: A. Vött 2017, 2018)

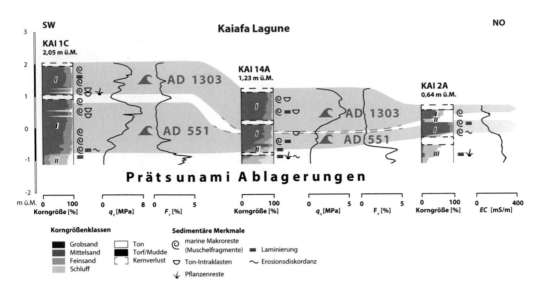

Abb. 14.2 Stratigraphisches Transekt nordöstlich der Kaiafa-Lagune auf der Peloponnes in Griechenland (verändert nach Obrocki et al. 2020). Über die erhobenen Parameter der Druck- und Leitfähigkeitssondierungen lassen sich die Sedimente feinstratigraphisch untergliedern und die Tsunami-Lagen von 551 AD beziehungsweise 1303 AD, die durch eine feinkörnigere Zwischenlage getrennt sind, eindeutig identifizieren und verfolgen

für eine *in-situ*-Sedimentklassifikation herangezogen werden (z. B. Robertson 2016). Gekoppelt mit einem seismischen Sensor bzw. Geophon wird zusätzlich tiefengenau die Ausbreitungsgeschwindigkeit von Primär- und Sekundärwellen abgegriffen *(seismic CPT)*, die dann in die Auswertung oberflächenbasierter seismischer Messungen integriert werden können (z. B. Obrocki et al. 2020; ◘ Abb. 14.1b).

Allen angewandten Verfahren der Direct-Push-Techniken ist gemein, dass sie im Vergleich zu Rammkernsondierungen wesentlich zeitsparender und tiefengenauer durchzuführen sind. Im Hinblick auf geophysikalische Erkundungen ermöglichen sie eine signifikante Erhöhung der vertikalen Auflösung und Aussagekraft oberflächenbasierter Prospektionsmethoden. Zusätzlich erlauben sie eine detaillierte Kennzeichnung der oberflächennahen Substrate, insbesondere wenn die Messergebnisse an relevanten Stellen über stratigraphische Informationen kalibriert sind (◘ Abb. 14.2). Moderne geoarchäologische Forschungen nutzen daher zunehmend Direct-Push-Messungen im Rahmen eines integrativen Ansatzes.

14

Infobox 14.1

Beispiele für Direct-Push-Anwendungen in der Geoarchäologie (Christoph Zielhofer, Peter Fischer, Ulrike Werban, Andreas Vött)

In Feuchtböden sind begrabene archäologische Strukturen wie die der *Fossa Carolina* (Karlsgraben), aber auch Reste von Pfahlbauten, Stauwehren, Schiffsländen oder Mühlen sehr zahlreich vorhanden. Diese (geo-)archäologischen Archive sind sehr wertvoll, da hohe Grundwasserspiegel eine außergewöhnlich gute Erhaltung organikreicher Artefakte und anderer Umweltparameter mit sich bringen. Allerdings sind Feuchtbodenarchive schwer zu untersuchen, da Grundwasserzufluss, instabile Profilwände und große Mengen an organischen Materialien komplexe und teure Grabungstechniken erfordern (Zielhofer 2017). Alternative Rammkernsondierungen führen zu starken Verdichtungen der organischen Lagen und weisen folglich erhebliche Höhenungenauigkeiten auf. Vor dem Hintergrund dieser Herausforderungen an die Feuchtboden(geo)archäologie werden bei den geoarchäologischen Untersuchungen an der *Fossa Carolina* erstmals umfangreiche DirectPush-Sondierungen mithilfe von Leitfähigkeits- und Farbsonden durchgeführt (Hausmann et al. 2018; Völlmer et al. 2018). An der *Fossa Carolina* fokussieren sich die Arbeiten auf die detaillierte Rekonstruktion von Kanalstrukturen in Zonen hohen Grundwasserspiegels, wo archäologische Grabungen nur mit unvertretbarem Aufwand möglich sind. ◘ Abb. 14.3a zeigt Ergebnisse aus einer Direct-Push-Farbsondierung aus dem West-Ost-Bereich der *Fossa Carolina*. Das höhengenaue Querprofil dokumentiert die braungrauen organischen Lagen der verlandeten Kanalzone. Begrabene Hölzer (Weiden aus der Bruchtorfzone, aber auch mögliche Reste von Bauhölzern) sind als blasse, rötlich gelbe Farben deutlich zu erkennen (rote Kreise in ◘ Abb. 14.3a).

Ein Beispiel für eine Kombination von Direct-Push-Sondierungen der elektrischen Leitfähigkeit mit geoelektrischer Widerstandstomographie zeigt ◘ Abb. 14.3b.

Ein Problem oberflächenbasierter geophysikalischer Methoden im Allgemeinen und auch der geoelektrischen Widerstandstomographie im Speziellen ist die Vieldeutigkeit der Messergebnisse sowie die abnehmende Auflösung mit zunehmender Tiefe, solange keine Kalibration über stratigraphische Daten (z. B. aus Bohrkernen oder Aufschlüssen) vorgenommen wird. Direct-Push-Sondierungen der elektrischen Leitfähigkeit stellen einen innovativen Ansatz zur Reduzierung von Fehldeutungen und zur weiteren Annäherung an die tatsächliche stratigraphische Situation des oberflächennahen Untergrundes dar. Im Vergleich zu Rammkernsondierungen lassen sich nicht nur Schichtgrenzen in höherer Tiefengenauigkeit, sondern auch schichtinterne Widerstandswerte ableiten, die als Anfangsbedingungen in die Inversion der geoelektrischen Daten eingebunden werden können (Fischer et al. 2016b). Zusätzlich können engständig durchgeführte Leitfähigkeitssondierungen in Schichtmodelle überführt werden (sog. *blocking*), was eine weitere Verbesserung der vertikalen Auflösung geoelektrischer Profilmessungen erlaubt (Wunderlich et al. 2018b). Minimalinvasive Direct-Push-Verfahren werden durch das vielfältige Spektrum der einzusetzenden Messtechnik innerhalb der Geoarchäologie zukünftig weiter an Bedeutung gewinnen.

14.1.3.2 Profildokumentation an natürlichen Aufschlüssen

Insbesondere in wechselfeuchten Regionen sind entlang von Flussläufen häufig mächtige Profilwände von Auensedimenten natürlich aufgeschlossen. Dies ergibt für die Flussgeoarchäologie hervorragende Aufschlussverhältnisse, da sich Auenstratigraphien (Suchodoletz et al. 2018) aber auch begrabene Reste menschlichen Ursprungs entlang der Profilwände sehr gut untersuchen lassen (Ibouhouten et al. 2010). Die sehr guten

Aufschlussverhältnisse erlauben die repräsentative Dokumentation von Sediment-Boden-Abfolgen sowie die Rekonstruktion begrabener „Laufhorizonte" und liefern sehr gute Datierungsmöglichkeiten, falls begrabene *in-situ*-Stationen (Feuerstellen, Kochgruben) erhalten sind. Ein weiterer Vorteil ist die leichte Verfügbarkeit von Sedimentprobenmaterial aus einem klaren stratigraphischen Kontext (siehe auch Infobox 14.2 zur Archivierung). Vorsicht ist geboten bei erhöhter Einsturzgefahr der mächtigen und verfestigten Lockersedimentmonolithen.

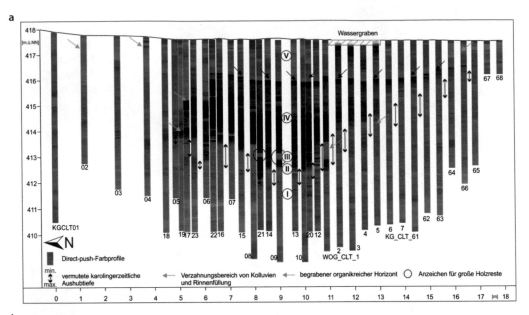

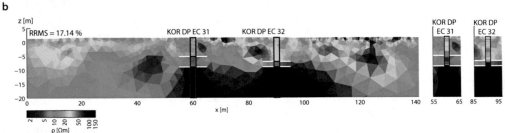

◘ Abb. 14.3 a Transekt durch den West-Ost-Bereich des Karlsgrabens (Grafik: Universität Leipzig und Helmholtz-Zentrum für Umweltforschung UFZ). Durch die hochauflösenden Messungen der Farbsonde können die verschiedenen Sedimente und die Geometrie des Grabens tiefengenau bestimmt werden. Im unteren Teil sind die rötlichen Farben des oxidierten sandig tonigen Untergrundes zu erkennen. Darüber und an den Rändern befindet sich feineres reduziertes (graues) Sediment. Im Zentrum befindet sich die mächtige organische Grabenfüllung. An den Rändern treten kolluviale Verlagerungen aus Richtung der Aushubwälle auf (Hausmann et al. 2018; Völlmer et al. 2018). **b** Geoelektrische Widerstandstomographie und Direct-Push-Sondierungen, hier als Widerstände in gleicher Skala abgebildet, entlang eines Transektes im Bereich des antiken Korfu (Ionische Inseln, Griechenland). Über die Integration von Schichtgrenzen (weiße Linien) und schichtspezifischen Widerständen innerhalb der Grenzen (rechte Darstellung), die aus den Sondierungen abgeleitet werden, wird das Inversionsergebnis signifikant verbessert (Fischer et al. 2016b)

14

Infobox 14.2

Probenarchivierung (Lukas Werther)

Geoarchäologische Proben sind kultur- und umweltgeschichtliche Archive. Aus der Konvention von La Valetta bzw. Malta (Art. 1–4) lässt sich eine Zugehörigkeit zum archäologischen Erbe und damit eine Verpflichtung zur Inventarisierung und langfristigen sicheren Aufbewahrung ableiten (Europarat 1992). In der Praxis wird dieser

Verpflichtung nur eingeschränkt nachgekommen. Nicht alle Denkmalfachbehörden sehen diese Aufgaben in ihrem Zuständigkeitsbereich und selten werden dort Sedimentproben mit der zugehörigen Dokumentation systematisch archiviert. Anders als für geologische Bohrkerne, Flora und Fauna fehlen außerdem alternative Sammlungs- und Datenbankstrukturen auf nationaler oder internationaler Ebene. Häufig lagern geoarchäologische Proben und zugehörige Dokumentationen daher an Universitäten und Forschungseinrichtungen oder sogar in privaten Räumlichkeiten – und werden bei Personalwechseln, Umzügen, Platzmangel und veränderten Interessen entsorgt. Die Etablierung langfristiger Archiv- und Inventarisierungsstrukturen ist daher eine drängende Aufgabe (◨ Abb. 14.4).

Für den Geoarchäologen stellen sich in diesem Zusammenhang drei grundlegende Fragen: Was soll archiviert werden, wie muss es archiviert werden und – eng mit den ersten Fragen verbunden – wofür soll es archiviert werden?

Bei der Auswahl der zu archivierenden Proben begegnen uns zwei Strategien. Weit verbreitet ist die Orientierung an bereits vordefinierten Fragestellungen, spezifischen Methoden und „spannenden" Befunden. Seltener ist die systematische Beprobung und Archivierung mit einem stärkeren Fokus auf zukünftige Fragestellungen und Methoden verbunden. Archiviert werden in der Regel unbearbeitete Sedimentproben (feucht und trocken; gestörte *bulk samples*/Sammelproben und ungestörte Blöcke/Kästen/Kerne), Reste und Präparate bearbeiteter Sedimentproben und ausgelesenes Material wie botanische Makroreste, Holz und Holzkohle oder Mollusken (Jacomet und Kreuz 1999; Goldberg und Macphail 2006). Für Proben aus Bodendenkmälern sind ggf. spezifische Vorgaben der zuständigen Denkmal-

behörden zu berücksichtigen (Verband der Landesarchäologen in der Bundesrepublik Deutschland 2006).

Die Form der Archivierung ist maßgeblich vom Probenmaterial und der geplanten zukünftigen Nutzung der Probe abhängig. Viele Proben und Analyseverfahren erfordern eine kühle und dunkle Lagerung ohne physikalische Belastungen, um eine längerfristige Stabilität der Struktur und vor allem der ggf. enthaltenen organischen Substanz zu garantieren. Sowohl die Trocknung und Erhitzung als auch die Zugabe von Stabilisierungs- und Konservierungsmitteln kann die Analysemöglichkeiten einschränken. Zentral ist neben der dauerhaften Lagerung der Probe die Dauerhaftigkeit der zugehörigen Kontextinformationen wie Fundplatz, Probennummer und Lokalisierung. Archivbeständige Schriftträger, sichere Zuordnung und eine langfristige Verständlichkeit unabhängig von der Person des Probennehmers sind unabdingbar. Dies gilt gleichermaßen für die zur Probe gehörende Dokumentation im Gelände und die dabei zugrunde gelegten Fragestellungen und Auswahlkriterien.

Die Form der Archivierung und die Probenauswahl bestimmen zusammen mit der verfügbaren Dokumentation im Gelände, wofür eine archivierte Probe zukünftig genutzt werden kann. Neben bereits bekannten wissenschaftlichen Fragestellungen und Analysemethoden sind dabei auch künftige Nutzungsoptionen zu berücksichtigen, was angesichts der enormen methodisch-analytischen Entwicklungen innerhalb der Geoarchäologie von zentraler Bedeutung ist. Sogar der Wissenschaftsrat (2011) hob in seinen Empfehlungen zu wissenschaftlichen Sammlungen als Forschungsinfrastrukturen die potenzielle bzw. prognostizierbare Relevanz von Objekten bzw. Proben ausdrücklich als Archivierungskriterium hervor.

◘ Abb. 14.4 Nur langfristig archivierte Proben stehen auch zukünftigen Forschergenerationen für neue geoarchäologische Fragestellungen und Methoden zur Verfügung. Zentrale und systematische Archivierungskonzepte und -strukturen existieren ganz im Gegensatz zu anderen Disziplinen allerdings bislang kaum (Foto: Sammlung der BGR Berlin (o. J.), ▶ https://www.bgr.bund.de/DE/Themen/Sammlungen-Grundlagen/sammlungsschraenke_g.html. Zugegriffen: 12. Januar 2019)

14.2 Fernerkundung

Karsten Lambers und Till F. Sonnemann

14

Fernerkundung bedeutet im geoarchäologischen Kontext die berührungslose Untersuchung der Erdoberfläche mithilfe luft- oder satellitengestützter Sensoren, die von der Erdoberfläche reflektierte elektromagnetische Strahlung aufzeichnen. Da verschiedene Materialien die Strahlung unterschiedlich reflektieren, erlaubt das aufgezeichnete Signal Rückschlüsse darauf, was sich an der Erdoberfläche befindet, z. B. Wasser, Gestein, Boden(typen), Vegetation(sarten), Bebauung etc. (Albertz 2007).

Bereits seit über einem Jahrhundert verwendet die Luftbildarchäologie vom Flugzeug aufgenommene Luftbilder, um Fundstellen im Gelände zu detektieren (Luo et al. 2019).

Eine ebenso lange Geschichte hat die Fernerkundung zum Zwecke der Erd- und Umweltbeobachtung, wobei diese von Beginn an auf eine größere Bandbreite an Sensoren und Plattformen setzte (Lillesand et al. 2015). An der Schnittstelle zwischen beiden Disziplinen gelegen, kann die Geoarchäologie eine Reihe von Vorteilen der Fernerkundung nutzen:

- Die Fernerkundung erlaubt die kontaktlose Untersuchung der Erdoberfläche und liegt damit im Trend hin zu nichtinvasiven Methoden, die die Erhaltung von Bodendenkmälern in ihrem Kontext erlauben (Corsi et al. 2013).
- Ihre Vogelperspektive ermöglicht einen Blick auf größere landschaftliche und naturräumliche Zusammenhänge (Musson et al. 2013).
- Sie findet in vielen weiteren Bereichen Anwendung, von Geodäsie und Karto-

graphie über Stadt- und Raumplanung bis hin zu militärischen und kommerziellen Zwecken, sodass kontinuierlich und in großer Menge und Vielfalt Fernerkundungsdaten produziert werden, die potenziell für die Geoarchäologie relevant sind (Lillesand et al. 2015).

14.2.1 Funktionsweise und Daten

Fernerkundungssensoren nutzen die Energie weiter Bereiche des elektromagnetischen Spektrums, zu dem auch das sichtbare Licht gehört. Seit Erfindung der Kamera bietet das optische Spektrum eine große Breite an Anwendungen. Fotos lassen sich visuell, digital durch spezielle Algorithmen, aber auch photogrammetrisch (in 3D) auswerten (Bähr und Vögtle 2005). Die Entwicklung der Farbfotografie in den 1930er-Jahren ermöglichte multispektrale Aufnahmen (rot, grün, blau). Das Aufnahmespektrum wurde später in den nicht sichtbaren nahoptischen Bereich erweitert (ultraviolett, infrarot, Wärme). Neben der Entfernung zwischen Objekt und Sensor bestimmt die Wellenlänge die Qualität von Bilddaten: generell liefern höhere Frequenzen Daten höherer Auflösung, werden jedoch auch stärker von der Umwelt beeinflusst. Erdbeobachtung aus dem All kann nur mit Strahlung durchgeführt werden, welche die Atmosphäre durchdringt, wie Licht- oder Radiowellen.

Ein passives Fernerkundungssystem, z. B. eine optische Kamera, nutzt eine natürliche Energiequelle, z. B. Sonnenlicht, das von einem Objekt reflektiert wird, oder auch emittierte Wärmestrahlung. In der Geoarchäologie werden – soweit verfügbar – abhängig vom Ziel der Forschung die verschiedensten Sensoren genutzt (Goldberg und Macphail 2006): neben optischen Kameras auch solche, die Infrarot- und Wärmebilder aufnehmen. Bei multispektra-

len Aufnahmen decken die einzelnen Bilder jeweils einen breiten Frequenzbereich ab, während bei Hyperspektralaufnahmen ein Datenwürfel aus Bildern vieler Hundert eng aneinander liegender Frequenzen des elektromagnetischen Spektrums erstellt wird (Beck 2011). Die radiometrische, spektrale oder räumliche Bearbeitung der Daten und die Kombination verschiedener Bilddatensätze ermöglicht es, bestimmte Attribute der Erdoberfläche hervorzuheben und zu klassifizieren, um Aussagen z. B. über die Landnutzung, die Geologie, die mineralische Zusammensetzung von Böden oder die Hydrologie einer Region machen zu können. Bildauflösung und Abdeckung der Datensätze bestimmen dabei die Maßstabsebene der Untersuchung.

Ein aktives Fernerkundungssystem verfügt über eine eigene Energiequelle und sendet damit ein Signal aus, dessen Laufzeit nach der Reflexion am Objekt und Rückkehr zum Sensor gemessen wird. Da sich das Signal mit Lichtgeschwindigkeit ausbreitet, kann aus dieser Laufzeit auf die Distanz zwischen Objekt und Sensor geschlossen werden. Zu aktiven Systemen zählen LiDAR (engl. *light detection and ranging*) und SAR (engl. *synthetic aperture radar*). Hoch aufgelöste LiDAR-Geländemodelle eignen sich ideal für lokale oder kleinräumige Untersuchungen, z. B. von Siedlungsspuren (Nyffeler 2018). Satellitendaten mittlerer Auflösung liefern dagegen nützliche Daten auf regionaler Ebene, z. B. für Studien zur Land- und Ressourcennutzung (Wiseman und El-Baz 2007; Giardino 2011). Die seit wenigen Jahren für Wissenschaftler verfügbaren hoch aufgelösten SAR-Daten werden zur Erstellung von digitalen Höhenmodellen und zur Detektion von Landschaftsänderungen (Vulkanismus, Erdbeben) genutzt (Comer und Harrower 2013). Globale Geländemodelle oder atmosphärische Daten eignen sich wiederum für großflächige Studien, z. B. zum Klimawandel und zu Mensch-Umwelt-Beziehungen (Sirocko 2012; Goudie 2013).

14.2.2 Theoretischer Rahmen

Die Fernerkundung ermöglicht es, archäologische Hinterlassenschaften in ihrem naturräumlichen und kulturlandschaftlichen Kontext zu sehen, und zwar großflächig, hoch aufgelöst und mehrdimensional. Damit beschleunigt die Fernerkundung einen Perspektiven-, ja Paradigmenwechsel in der Archäologie, der aufgrund theoretischer Überlegungen ohnehin im Gange ist, nämlich weg von der Fundstelle hin zur Landschaft als Bezugsrahmen (geo-)archäologischer Forschung (Doneus 2013; Verhoeven 2017). Das Konzept der bezüglich räumlicher Abgrenzung, Zeitstellung und Funktion klar definierten Fundstelle (engl. *site*), das heute zumeist noch die Grundlage der archäologischen Denkmalpflege bildet, wird der Komplexität menschlichen Handels in der Vergangenheit nicht gerecht. Dieses Handeln hat vielmehr Spuren in der gesamten Landschaft hinterlassen, nur eben in unterschiedlicher Zeitstellung, Art und Dichte (z. B. Siedlung, Landwirtschaft). Es hat damit die Landschaft ebenso geprägt wie natürliche Prozesse (z. B. Erosion, Sedimentation). Die Fernerkundung erlaubt die kombinierte Untersuchung anthropogener wie auch natürlicher Prozesse der Landschaftsgenese und ist damit ein ideales Werkzeug für geoarchäologische Forschungen.

14.2.3 Geoarchäologische Anwendungen

Die älteste und bekannteste Anwendung der Fernerkundung in geoarchäologischen Forschungen ist die Luftbildarchäologie. Die 1839 entwickelte Daguerreotypie leitete den Beginn der Fotografie ein. Erste Landschaftsaufnahmen von einem Heißluftballon aus nahm Gaspar Felix Tournachon auf, genannt Nadar, der 1855 mit seiner fliegenden Dunkelkammer Furore machte (Albertz 2007). In der Archäologie wurde die Kombination erstmals 1889 von Giacomo Boni für Aufnahmen der Grabung des Forum Romanum genutzt. Für ortsfeste Aufnahmen an Grabungsstätten sind Ballons und Drachen auch heute noch im Einsatz, aber meist unbemannt mit Kamera und Intervall- oder Fernauslöser (Verhoeven 2009), wobei sie ab etwa 2010 durch die wesentlich manövrierfähigeren und erschwinglichen Drohnen abgelöst wurden. Die Frühzeit der Luftbildarchäologie wurde auch durch Versuche mit Luftschiffen (1896), Flugtauben (1903) und sogar Raketen geprägt, wie 1897 durch Alfred Nobel (Musson et al. 2013). Im Ersten Weltkrieg lieferten sich die gegnerischen Parteien ein Rennen um die Entwicklung von Luftbildkameras und deren Einsatz in Aufklärungsflugzeugen. In den 1920er-Jahren leitete O. G. S. Crawford (1929) durch eine Kartierungskampagne in England die systematische Luftbildarchäologie in Europa ein. Crawford interpretierte erstmals aus der Luft fotografierte Bewuchs- und Bodenmerkmale als Hinweise auf oberflächennahe archäologische Befunde wie Mauern und Fundamente oder verfüllte Gruben und Gräben, die durch ihre Präsenz das Pflanzenwachstum oder die Geländeoberfläche beeinflussen. Eine Herausforderung ist hierbei die Unterscheidung zwischen archäologischen und geo(morpho)logischen Befunden (z. B. Paläorinnen), die ähnliche Bewuchs- und Bodenmerkmale erzeugen können. Besonders in den gemäßigten, stark landwirtschaftlich genutzten Regionen Mitteleuropas stellt die Luftbildarchäologie bis heute eine der effektivsten Methoden zur nichtinvasiven Dokumentation archäologischer Hinterlassenschaften und ihres Umlandes dar (Cowley 2011). Der Erfolg dieser Prospektionsmethode hängt jedoch stark von Witterungsverhältnissen, rechtlichen und technischen Rahmenbedingungen wie auch von persönlichen Kenntnissen und Vorlieben der Luftbildarchäologen ab, weshalb die Luftbildarchäologie häufig als unsystematisch und subjektiv kritisiert wird (Cowley 2016; Verhoeven 2017). Ein entscheidender Nachteil ist zudem, dass diese Prospektionsmethode über bewaldetem Gebiet kaum Ergebnisse liefert, wodurch viele große Waldflächen in Mitteleuropa weiße Flecken auf der archäologischen Landkarte darstellen.

Diese weißen Flecken können erst seit der Einführung von luftgestütztem LiDAR gefüllt werden (auch bekannt als ALS, engl. *airborne laser scanning*) (Crutchley 2018). Die hohe Dichte der Pulse, die der am Flugzeug angebrachte Laser aussendet, bewirkt, dass einzelne Pulse auch in dichtem Wald den Boden erreichen und von dort reflektiert werden. Filtert man nun die vielen von der Vegetation reflektierten Pulse heraus, ergibt sich eine dreidimensionale Abbildung der Erdoberfläche (engl. *digital terrain model*, DTM) (Opitz und Cowley 2013). Da archäologische Befunde im Wald meist besser erhalten sind als auf landwirtschaftlich genutztem oder überbautem Land, konnten dank LiDAR zahlreiche bedeutende archäologische Befunde erstmals dokumentiert werden. Auf diese Weise hat sich LiDAR in weniger als zwei Jahrzehnten zu einer Standardmethode der archäologischen Prospektion entwickelt (◨ Abb. 14.5).

Einen ähnlich rasanten Aufschwung in geoarchäologischer Forschung hat jüngst die Fernerkundung mittels Drohnen genommen (engl. *unmanned aerial vehicle*, UAV) (Campana 2017). Große Vorteile dieser Plattform sind die Flexibilität, die einfache Handhabung und die geringen Kosten. Zwar ist die Tragfähigkeit von Drohnen begrenzt, doch können sie problemlos handelsübliche Kameras tragen, die eine fotorealistische Aufnahme und gleichzeitig – bei ausreichender

Überlappung der Einzelbilder – eine dreidimensionale Modellierung des Geländes erlauben. Kombiniert mit autonomer Flugfähigkeit ergibt sich somit ein leistungsstarkes Dokumentationssystem für kleinräumige Geländeaufnahmen, z. B. von Ruinenstätten und ihrem Umland (◨ Abb. 14.6). Die technische Entwicklung schreitet dabei sehr schnell voran. So werden Drohnen zur schnellen Dokumentation immer größerer Flächen eingesetzt. Außerdem stehen seit Kurzem auch LiDAR-Sensoren für UAVs zur Verfügung. Drohnen sind damit auf dem besten Wege, Kleinflugzeuge und Helikopter als Standardplattformen archäologischer Fernerkundung abzulösen.

Da Luftbilder schon seit weit über einem Jahrhundert und Satellitenbilder nunmehr auch bereits seit mehr als einem halben Jahrhundert aufgenommen werden, bietet die Fernerkundung eine zeitliche Tiefe, die die Untersuchung von Landschaftswandel im Laufe der Zeit ermöglicht (Hanson und Oltean 2013). Auch wenn diese Tiefe zumeist nicht in archäologisch relevante Epochen zurückreicht, kann ein Vergleich früher und heutiger Fernerkundungsdaten doch beispielhaft zeigen, wie Landnutzung oder Klimawandel die Landschaft verändern. Ein Beispiel ist die Generierung historischer Geländemodelle (engl. *historical digital elevation model*, hDEM) anhand alter Luftbilder, die eine Landschaft abbilden, wie sie heute nicht mehr existiert (Sevara et al. 2018). Ein Vergleich eines historischen mit einem aktuellen Geländemodell erlaubt die Quantifizierung des Landschaftswandels und gibt gleichzeitig Aufschluss über die Auffindungsbedingungen archäologischer Befunde (◨ Abb. 14.7). Außerdem zeigen historische Luft- und Satellitenbilder viele archäologische Fundstellen, die heute nicht mehr existieren. Besonders eindrücklich zeigt sich dies im Nahen und Mittleren Osten, wo Bilder von Spionagesatelliten aus den 1960er/70er-Jahren noch zahlreiche Fundstellen zeigen, die seither durch

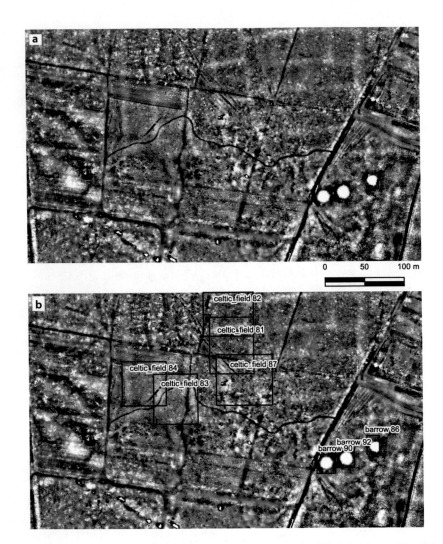

◘ Abb. 14.5 LiDAR-Geländemodell der Region Veluwe in den zentralen Niederlanden. **a** Visualisierung mittels *simple local relief model* (SLRM). **b** Ergebnis einer automatisierten Fundstellendetektion. Markiert sind zwei Typen von Fundstellen, Grabhügel (engl. *barrows*) und Ackerspuren (engl. *celtic fields*). Die Zahl gibt auf einer Skala von 1 bis 100 jeweils die Wahrscheinlichkeit einer korrekten Detektion an. Datenquelle: ▶ www.ahn. nl, Graphik: W.B. Verschoof-van der Vaart, Leiden University (Mit freundlicher Genehmigung von © Wouter B. Verschoof-van der Vaart 2019. All Rights Reserved)

Urbanisierung, Mechanisierung der Landwirtschaft, Bewässerungsprojekte oder zuletzt durch Kriegseinwirkung verloren gingen (Casana und Cothren 2008).

Eine weitere wichtige Anwendung der Fernerkundung auf regionaler Ebene ist die Geofaktorenanalyse. In dieser dienen v. a. Geländemodelle und Multispektralbilder zur Klassifikation der Landschaft be-

züglich wesentlicher naturräumlicher Merkmale, die entweder direkt erfasst werden – z. B. Höhe, Böden, Vegetation, Wasserquellen und -läufe – oder aus den Daten abgeleitet werden – z. B. Geländeform, Hangneigung, Sonnenexposition, Bodengüte etc. Die räumliche Verteilung dieser Geofaktoren kann nun mit der räumlichen Verteilung archäologischer Befunde verglichen

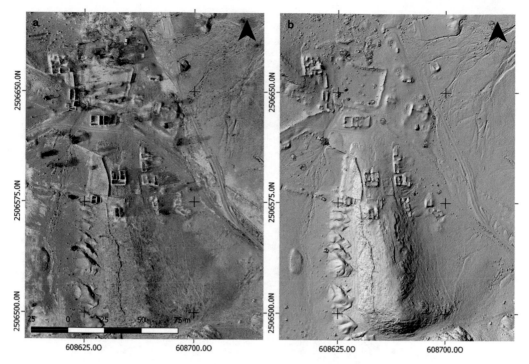

■ **Abb. 14.6** **a** Orthofoto mit **b** entsprechendem Geländemodell, beide berechnet auf der Grundlage von Luftbildern. Die Bilder dokumentieren die Oasensiedlung Safrat im Sultanat Oman und wurden mit einem SenseFly eBee Fixed-Wing-UAV, ausgestattet mit einem SenseFly S.O.D.A. RGB-Sensor, aufgenommen. Alle Daten wurden mit Pix4D verarbeitet. Die Datenerfassung und -verarbeitung wurde von Matthias Lang vom eScience-Center der Universität Tübingen durchgeführt (aus Lang et al. 2016; mit freundlicher Genehmigung von © Archaeopress Publishing Ltd 2016. All Rights Reserved)

werden. Sind dabei wiederkehrende Muster erkennbar, erlauben diese Rückschlüsse auf die Wirtschaftsweise und Landnutzung vergangener Gesellschaften. Außerdem können Siedlungsaktivitäten in der Vergangenheit zu einer charakteristischen Bodenbedeckung in der Gegenwart führen, was die Detektion weiterer, bisher unbekannter Fundstellen erlaubt (■ Abb. 14.8). In einem weiteren Schritt können solche Muster auch genutzt werden, um im Rahmen der Archäoprognose (engl. *predictive modelling*) die Wahrscheinlichkeit der Präsenz bisher unentdeckter Befunde in bestimmten naturräumlichen Kontexten einzuschätzen (Ducke 2007).

Eine solche stark ökologisch-/ökonomische Perspektive auf die Vergangenheit hat jedoch den Nachteil, dass sie soziokulturelle Faktoren – z. B. politische, administrative, historische, kulturelle, ideologische oder ethnische Prägungen oder Grenzen – ausblendet, die die Landnutzung und -gliederung mindestens ebenso stark beeinflussten. Einigen dieser Faktoren kann man sich aufgrund von Fernerkundungsdaten jedoch zumindest annähern und sie so ebenfalls berücksichtigen. So kann z. B. die visuelle Wahrnehmung einer Landschaft anhand von Sichtbarkeitsbereichen (engl. *viewshed*) nachvollzogen werden, die auf der Grundlage von Geländemodellen berechnet werden. Ebenso können Siedlungen, Straßen oder religiöse Stätten als soziokulturelle Attraktoren in archäologische Prognosemodelle einbezogen werden. Auf diese Weise

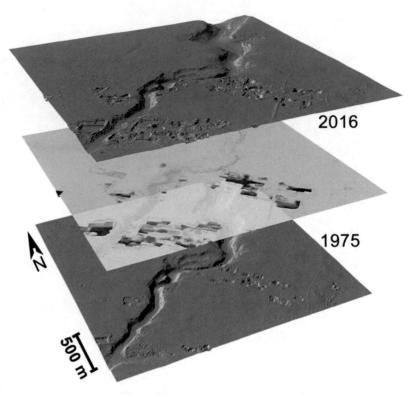

Abb. 14.7   Landschaftswandel auf Sizilien. Oben: aktuelles LiDAR-Geländemodell. Unten: historisches Geländemodell auf der Grundlage von Luftbildern. Mitte: Höhendifferenz (rot: Abtrag, blau: Akkumulation). Veränderungen ergeben sich aufgrund menschlicher Eingriffe (auf der Hochfläche) und natürlicher Prozesse (im Flusstal). Graphik: C. Sevara, Universität Wien (nach: Sevara et al. 2018, Fig. 5; mit freundlicher Genehmigung von © Christopher Sevara 2019. All Rights Reserved)

ergibt sich ein komplexeres, aber auch plausibleres Modell vergangener Verhältnisse in einer Untersuchungsregion (Kamermans et al. 2009; Verhagen und Whitley 2012).

14.2.4 Aktuelle Trends

Die heute verfügbare Quantität und Qualität an Fernerkundungsdaten stellt die geoarchäologische Forschung vor Herausforderungen, eröffnet ihr aber auch Chancen, wie sich in jüngsten Entwicklungen zeigt.

In der Luftbildarchäologie wurden zur Detektion archäologischer Befunde traditionell einzelne Luftbilder visuell abgesucht und erkannte Spuren manuell kartiert. Heutige Fernerkundungsdaten sind für eine solche Vorgehensweise viel zu komplex. Daher werden seit wenigen Jahren in Zusammenarbeit mit der Informatik Algorithmen entwickelt, um häufig auftretende Kategorien von Fundstellen (z. B. Grab- oder Siedlungshügel) automatisiert zu detektieren (Lambers 2018). Bisher beruhen die meisten dieser Algorithmen auf generalisierten Beschreibungen solcher Fundstellentypen, aus denen sich Regeln ableiten lassen, wonach der Computer in Bildern suchen soll. Flexibler und robuster sind jedoch jüngste Anwendungen von maschinellem Lernen, bei denen selbstlernende Algorithmen an-

14

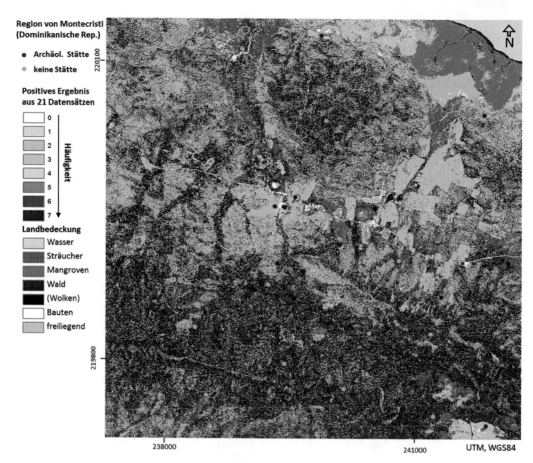

Region von Montecristi (Dominikanische Rep.)

- Archäol. Stätte
- keine Stätte

Positives Ergebnis aus 21 Datensätzen

Häufigkeit

	0
	1
	2
	3
	4
	5
	6
	7

Landbedeckung

- Wasser
- Sträucher
- Mangroven
- Wald
- (Wolken)
- Bauten
- freiliegend

UTM, WGS84

◻ Abb. 14.8 Wie ähnlich sind sich archäologische Stätten? Statistischer Ansatz, um über die Werte von Bildpunkten in 21 verschiedenen Datensätzen (multispektral, SAR) zu prüfen, ob sich indigene Siedlungsstätten auf Hispaniola anhand charakteristischer Muster besser kartieren bzw. neu entdecken lassen (Koordinaten: UTM, WGS84). Graphik: T. Sonnemann (nach Sonnemann et al. 2017, Fig. 9; mit freundlicher Genehmigung von © Till F. Sonnemann 2019. All Rights Reserved)

hand zahlreicher Beispiele von Befunden eines Typs trainiert werden, diese z. B. in LiDAR-Daten zu erkennen (◻ Abb. 14.5). Die Automatisierung verspricht, die Effizienz und Effektivität der Auswertung von Fernerkundungsdaten erheblich zu steigern (Verschoof-van der Vaart und Lambers 2019; Lambers et al. 2019).

Eine Qualitätssteigerung ist auch durch die Kombination von Fernerkundungsdaten verschiedener Sensoren, Spektralbereiche und Auflösungen möglich (Sarris 2015). Dabei können auch geophysikalische Daten aus der terrestrischen Prospektion einbezo-

gen werden, die einen Blick unter die Erdoberfläche erlauben (siehe ▶ Abschn. 14.4). Es liegt auf der Hand, dass eine solche Datenfusion deutlich komplexere Auswertungen erlaubt als bisher, z. B. indem zusätzliche Umweltparameter einbezogen werden oder durch die Analyse über verschiedene Maßstabsebenen hinweg. Auch hierzu sind informatische Verfahren unabdingbar.

Insgesamt ist die Fernerkundung eine extrem vielseitige und leistungsstarke Methode der geoarchäologischen Forschung und bildet daher zu Recht die Grundlage vieler Forschungsprojekte. Der technologische Fortschritt bei Plattformen, Sensoren und Analysemethoden wird von zahlreichen Nutzern vorangetrieben (Opitz und Hermann 2018) und vollzieht sich in immer schnelleren Intervallen, sodass sich jegliche Anwendung der Fernerkundung heute mit den Chancen und Herausforderungen von Big Data konfrontiert sieht (Bennett et al. 2014; Bevan 2015). Die Geoarchäologie muss einerseits eigene Methoden entwickeln, um diese Datenfülle nutzen zu können. Andererseits zählt sie jedoch eindeutig zu den Nutznießern dieser Entwicklung, standen doch noch nie so zahlreiche und vielfältige Daten für die Forschung zur Verfügung wie heute. In Zukunft wird die Fernerkundung für die geoarchäologische Forschung daher eher noch wichtiger werden als heute (Forte und Campana 2016).

14.3 Digitale Geoarchäologie

Olaf Bubenzer, Christoph Siart und Markus Forbriger

Wie in allen anderen Wissenschaftsdisziplinen werden auch in der Geoarchäologie in zunehmendem Maße Daten digital aufgenommen, verarbeitet, analysiert und präsentiert. Grundsätzlich ermöglichen verbesserte Rechenleistungen und zunehmend einfacher zu bedienende Softwareprodukte sowie standardisierte Datenaustauschformate die Bearbeitung von interdisziplinären Fragestellungen zu Mensch-Umwelt-Wechselwirkungen und zum kulturellen Erbe auf unterschiedlichen räumlichen und zeitlichen Maßstabsebenen. Jedoch wurden in den letzten Jahren häufig auf disziplinärer Ebene Expertensysteme entwickelt, denen differierende fachspezifische Herangehensweisen zugrunde liegen. Hier setzt das Konzept „digitale Geoarchäologie" an (vgl. Siart et al. 2018). Es verknüpft über die Computerwissenschaften archäologische und geowissenschaftliche Expertise, wodurch sich die oftmals unvollständig sowie monodisziplinär vorliegenden Sichtweisen überwinden und neue wissenschaftliche Erkenntnisse an der Schnittstelle zwischen dem Menschen und seiner Umwelt gewinnen lassen (Siart et al. 2018). Über klassische geowissenschaftliche Untersuchungen hinaus – zum Beispiel im Zuge der Analyse und Datierung von Geoarchiven wie Sedimenten, Böden und Landformen oder der geophysikalischen Prospektion (vgl. ▶ Abschn. 14.4 sowie Sarris et al. 2018; Theodorakopoulou et al. 2018) – werden auch in den Geisteswissenschaften – zum Beispiel in der Archäologie und Ethnologie – verstärkt digitale Methoden entwickelt und eingesetzt (Jannidis et al. 2017). Das Konzept „*digital geoarchaeology*" führt disziplinär gewonnenen Daten (wieder) zusammen (◘ Abb. 14.9, links). So ermöglichen flächendeckende Satellitenbildanalysen die Erkennung von (anthropogenen) Oberflächenstrukturen (vgl. ▶ Abschn. 14.2 und Lambers 2018), Laserscanning die (dreidimensionale) Identifizierung archäologischer Fundplätze (Hämmerle und Höfle 2018; Raun et al. 2018) und digitale Geländemodelle regionale Raum- und Weganalysen (Siart et al. 2013; Bubenzer et al. 2018; Knitter und Nakoinz 2018). Geographische Informationssysteme (GIS) und weitere computergestützte Analyseplattformen dienen bereits seit mehreren Jahren der Datenverarbeitung und -verwaltung und helfen, Kulturerbestätten zu detektieren, zu dokumentieren und zu schützen (z. B. Ioannides et al. 2014) (◘ Tab. 14.1). Die mehr und mehr in hoher räumlicher und zeitlicher Auflösung vorliegenden Daten erlauben zudem, Skalenprobleme zu überwinden (z. B. Stein 1993; Schlummer et al. 2014). Letztere ergeben sich oftmals aus der Tatsache, dass die Archäologie räumlich und zeitlich begrenzte sowie auf den Menschen bezogene Fragestellungen bearbeitet, während die Geowissenschaften eher spezielle Umweltbedingungen und/oder deren Entwicklung über längere Zeitphasen untersuchen. Obwohl die technischen Vorausset-

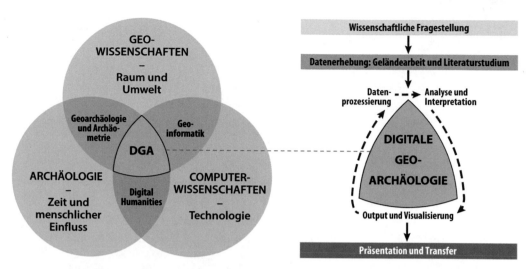

◘ Abb. 14.9 Das Konzept „digitale Geoarchäologie" (DGA) an der Schnittstelle zwischen Archäologie, Geo- und Computerwissenschaften. Links: Während sich die Archäologie vor allem auf historische Zusammenhänge und Zeitscheiben an bestimmten „Stätten" konzentriert, betrachten die Geowissenschaften längere Zeitscheiben und räumliche Dimensionen, etwa im Umfeld von archäologischen Stätten. Die Computerwissenschaften nutzen digitale Werkzeuge, vor allem zur Nachbereitung und Zusammenführung (Fusion) von archäologischen und digitalen Datensätzen. Alle drei Disziplinen arbeiten im Konzept „digitale Geoarchäologie" zusammen, je nach Fragestellung in unterschiedlicher Gewichtung (verändert nach Siart et al. 2018, vgl. auch ◘ Tab. 14.1). Rechts: Schematische Darstellung von Arbeitsabläufen im Konzept „digitale Geoarchäologie". Je nach wissenschaftlicher Fragestellung und (archäologischem) Untersuchungsgegenstand werden verschiedene Datensätze gemeinsam und schrittweise generiert, zusammengeführt, verarbeitet, analysiert und die Ergebnisse präsentiert (vgl. auch ◘ Tab. 14.1). Letztere können neben dem wissenschaftlichen Fortschritt in besonderem Maße auch dem „*cultural heritage management*" und dem Schutz archäologischer Fundstätten dienen (verändert nach Siart et al. 2013, 2018)

zungen gegeben sind und die notwendigen Daten häufig in digitaler Form vorliegen, existieren bislang nur wenige echte interdisziplinäre Projekte. Dies mag in den großen disziplineigenen Fortschritten in der Nutzung und Entwicklung digitaler Techniken begründet sein (Forte und Campana 2016), was im Hinblick auf (rein) archäologische Daten unter anderem zum Konzept „*digital archaeology*" geführt hat (Zubrow 2006). Der Erkenntnisfortschritt bleibt jedoch so eher disziplinär und erschwert z. B. räumliche Analysen von Daten verschiedener Disziplinen, die letztendlich erst zu einem integrierten Verständnis von Mensch-Umwelt-Interaktionen führen können. Im umgekehrten Fall benötigen die Geowissenschaften verlässliche archäologische Informationen für ein solches Verständnis, aber auch für die Beurteilung der Rolle des Menschen bei der (Kultur-)Landschaftsentwicklung. Die Arbeitsgruppe „*Geoarchaeology*" in der *International Association of Geomorphologists* (IAG) und der „Arbeitskreis Geoarchäologie" in der Deutschen Gesellschaft für Geographie tragen diesem Umstand in gewisser Weise Rechnung, gemeinschaftliche interdisziplinäre Forschungen auf Basis digitaler Daten und Anwendungen sind jedoch auch in diesen noch selten. Andererseits existieren archäologische Arbeitsgruppen, wie etwa die AG „*Computer Applications and Quantitative Methods in Archaeology" (CAA)*, die vor allem von der Archäologie, der Mathematik und den Computerwissenschaften betrieben werden, während dort die Geographie und die Geowissenschaften kaum vertre-

◘ Tab. 14.1   Konkrete interdisziplinäre Arbeitsschritte und Beispiele im Konzept „digitale Geoarchäologie". Verändert nach Siart et al. (2018)

Daten(vor)prozessierung	Analyse und Interpretation	Ergebnisse und Visualisierung
(Stereoskopische) Luftbilder	Analyse digitaler Geländemodelle	Räumliche Mobilität (Straßen und Kommunikationsnetze
Satellitendaten (Georeferenzierung, Orthorektifizierung, Mosaike)	„*Least-cost*"-Analyse	Untersuchungsstandort (Landnutzung, Siedlungslagen)
	Prognosemodelle	
LiDAR (Punktwolke, Registrierung, Organisation, Segmentierung)	GIS-basierte Raumanalysen	Begrabene archäologische Hinterlassenschaften (Mauern, Bewässerungssysteme)
Digitale Geländemodelle	Datenintegration (Raster-Vektor-Fusion)	Perspektivische Betrachtung des Untergrundes
Karten und Vektorisierung (historische, topographische und geologische Umweltdaten)	Analyse geophysikalischer Daten (räumliche Bezüge, 2D-/3D-Datenkonversion)	Landschaftsvisualisierung für verschiedene Zeitscheiben und Entwicklungsstadien

ten sind. Schließlich sind noch die Computerwissenschaften zu nennen, die sich zwar in den letzten Jahren zunehmend vernetzten, dies jedoch wiederum jeweils nur in die eine oder die andere Richtung, etwa im Zusammenhang mit der Dokumentation archäologischer Befunde (Schäfer et al. 2011; Var et al. 2013; Bogacz et al. 2015) oder der photogrammetrischen Bildanalyse (Sauerbier 2013; Kersten et al. 2014). Bock et al. (2013) fassen diese Studien unter dem Begriff „*computational humanities*" zusammen. Für geoarchäologische Untersuchungen werden die hier gewonnenen interdisziplinären Fortschritte jedoch noch nicht ausreichend erschlossen. Auch werden Projektideen an der Schnittstelle von Mensch zu Umwelt kaum von der Informatik oder den Computerwissenschaften selbst entwickelt. Dies gilt in gleichem Maße für die „*digital humanities*", die zwar verschiedene digitale Werkzeuge und Methoden, häufig in transdisziplinärer Sichtweise, nutzen (Burdick et al. 2012), die sich aber im Gegensatz zu den „*computational humanities*" in einem engeren Spektrum auf die Informationswissenschaften konzentrieren (Bock

et al. 2013). Somit wird – v. a. in Deutschland – die Geoarchäologie im ursprünglichen Sinn hauptsächlich von der Physischen Geographie und insbesondere der Geomorphologie bestimmt, während die „*digital archaeology*" und die „*computational humanities*" schwerpunktmäßig von der Archäologie und den Computerwissenschaften ohne intensiven Austausch mit anderen Disziplinen betrieben werden. Dies ist nicht zuletzt den unterschiedlichen wissenschaftlichen Theorien und Herangehensweisen der genannten Disziplinen geschuldet.

Im Hinblick auf die Verarbeitung digitaler Daten wurden, wie bereits erwähnt, in allen Fächern große Fortschritte erzielt, die gewonnenen Erkenntnisse sind jedoch teils sehr speziell und die Anwendung der entwickelten Methoden benötigt meist Expertenwissen. Das multimethodische Konzept „digitale Geoarchäologie" (◘ Abb. 14.9, rechts) erlaubt es, dieses fragmentierte Wissen im Sinne einer echten interdisziplinären Betrachtung von Mensch-Umwelt-Interaktionen zusammenzuführen und neue Erkenntnisse zu gewinnen, ohne dabei die fachliche Unabhängigkeit der beteiligten Disziplinen infrage zu stellen.

14.4 Geophysikalische Methoden

14.4.1 Geoelektrische Tomographie

Stefan Hecht, Bertil Mächtle und Olaf Bubenzer

Bei der Bearbeitung geoarchäologischer Fragestellungen eignen sich geoelektrische Methoden sehr gut zur zerstörungsfreien Erkundung des oberflächennahen Untergrunds. Besonders bewährt hat sich dabei die geoelektrische Tomographie (*electrical resistivity tomography*, ERT), die meist gar nicht als „echte" dreidimensionale 3D-Tomographie angewendet wird, sondern als zweidimensionale Messung (Sondierungskartierung) ein 2D-Schnittbild der Boden- und Sedimentschichten erzeugt. Gerade Lockersedimente können mithilfe der geoelektrischen Tomographie sehr gut differenziert werden, da sich Unterschiede in der Korngrößenzusammensetzung auf den Wassergehalt auswirken, der ein wesentlicher Faktor des spezifischen elektrischen Widerstands im Boden darstellt (zu geoelektrischen Methoden s. z. B. Reynolds 2011, Everett 2013 oder Berktold et al. 2005). Archäologische Artefakte, die in Lockermaterial (z. B. Hochflutsediment) eingebettet sind, zeichnen sich in der Regel gut als Anomalien höherer oder auch niedrigerer Widerstandswerte vom umgebenden Substrat ab. Da die meisten Substrattypen eine weite Wertespanne einnehmen können, ist es häufig nicht möglich, von den Messwerten direkt auf einen spezifischen Substrattyp zu schließen. Im Vergleich der Widerstandswerte sind aber in der Regel sowohl Differenzierungen zwischen Böden und Sedimenten unterschiedlichen Alters als auch die Identifizierung archäologischer Strukturen (z. B. verschüttete Mauerreste, Gräben) möglich.

Im Gelände wird üblicherweise mit Multielektrodenapparaturen gearbeitet, die z. B. 50 oder 100 Elektroden in linienhafter (für 2D) oder flächenhafter Anordnung (für 3D) miteinander verbinden (◘ Abb. 14.10). Das Messprinzip der geoelektrischen Tomographie basiert auf den klassischen 4-Punkt-Verfahren (z. B. Lange und Jacobs 2005), bei denen jeweils zwei Elektroden einen Strom in den Untergrund speisen und zwei andere Elektroden das elektrische Potential im Boden bestimmen. Für ein Messprofil (2D) oder eine Messfläche (3D) werden z. T. mehrere Tausend Einzelmessungen mit unterschiedlichen Elektrodenabständen durchgeführt. Dabei wird die Messgeometrie, also die Anordnung von stromführenden und messenden Elektroden, an die jeweilige Fragestellung angepasst. Die Dipol-Dipol-Anordnung hat sich für die archäologische Prospektion bewährt, bei der laterale Inhomogenitäten in Böden und Sedimenten besonders gut detektiert werden können. Weitere verbreitete Anordnungen sind die Schlumberger-Konfiguration sowie die Wenner-Konfiguration, die besonders robust gegenüber störenden Einflüssen (z. B. schlechte Ankopplung der Elektroden an den Untergrund) arbeitet. Der Elektrodenabstand ist entscheidend für die räumliche Auflösung einer Messung. Je enger die Elektroden äquidistant angeordnet sind, desto genauer sind die Messergebnisse. Dabei entspricht die räumliche Auflösung ungefähr dem halben Elektrodenabstand. Für geomorphologische oder sedimentologische Fragestellungen im Kontext der Landschaftsentwicklung *(off-site)* können größere Elektrodenabstände bis 5 oder 10 m sinnvoll sein, um ein längeres Messprofil zu ermöglichen. Dagegen wird für die archäologische Prospektion *(on-site)* i. d. R. mit engeren Abständen von 0,5 m oder 1 m gearbeitet. Die Messung zahlreicher parallel angeordneter Messprofile ermöglicht eine sog. „Pseudo-3D-Messung", bei der alle Einzelprofile zu einem 3D-Datensatz zusammengefügt werden.

Echte 3D-Tomographien werden dagegen mithilfe einer flächenhaften Anordnung der Elektroden gemessen. Der Vorteil von

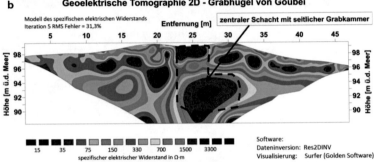

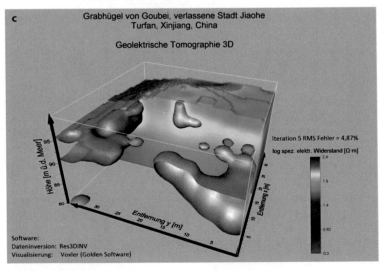

◻ Abb. 14.10   Geoelektrische Tomographie 2D/3D. **a** Elektrodenauslage zur Messung einer geoelektrischen Tomographie über einen Grabhügel auf dem Gräberfeld Goubei nahe Turfan, Xinjiang/China. Im Hintergrund sind die Reste der verlassenen Stadt Jiaohe zu erkennen (Foto: O. Bubenzer). **b** Widerstandsverteilung entlang eines 2D-Messprofils über den Grabhügel (50 Elektroden, Abstand je 1 m, Dipol-Dipol-Konfiguration). Anhand von Anomalien höherer Widerstandswerte sind ein zentraler Schacht sowie eine seitliche Grabkammer in einer Tiefe von ca. 6 m zu erkennen. **c** 3D-Tomographie über den Grabhügel (10 × 10 Elektroden, Abstand je 4 m, Pol-Pol-Konfiguration). Durch die Abgrenzung höherer Widerstandswerte mithilfe der grauen Isofläche wird die räumliche Lage der Grabkammer deutlich sichtbar. Die Befunde decken sich gut mit Ergebnissen bisheriger archäologischer Grabungen auf dem Gräberfeld

3D-Tomographien liegt darin, dass archäologische Objekte vollständig und in ihrer räumlichen Lage betrachtet werden können. Zudem ist es möglich, volumetrische Daten zu gewinnen. Nowaczinski et al. (2015) konnten aus den Widerstandswerten beispielsweise Formen und Rauminhalte unterschiedlicher begrabener Gefäßtypen bestimmen.

Die Weiterverarbeitung der Messdaten erfolgt softwaregestützt, indem unter Berücksichtigung der Messgeometrie die Verteilung der Widerstandswerte im Untergrund (2D oder 3D) berechnet wird (◘ Abb. 14.10). Zur Validierung der Ergebnisse ist der Vergleich mit anderen geophysikalischen Methoden oder mit Bohrungen sinnvoll. Die Konstruktion synthetischer Modelle der Widerstandsverteilung ist besonders zur Vorbereitung der Messungen zu empfehlen (z. B. Hecht 2016). Damit kann vorab geklärt werden, ob sich archäologische Strukturen überhaupt in den zu erwartenden Messergebnissen abzeichnen und wie sich andere Elektrodenkonfigurationen auf die Widerstandsverteilung auswirken. Eine sinnvolle Methodenkombination ergibt sich z. B. durch eine flächenhafte Magnetometer-Prospektion, die dann gezielt durch geoelektrische Tomographien (2D/3D) erweitert wird, um archäologische Strukturen oder auch Schichtgrenzen in ihrer räumlichen Lage abzubilden.

14.4.2 Magnetische Prospektion

Sven Linzen und Jörg Faßbinder

Das wohl bedeutendste, erstmals bereits Ende der 1950er-Jahre in der Archäologie eingesetzte geophysikalische Verfahren ist die magnetische Prospektion (Belshé 1957; Aitken 1958; Scollar et al. 1990; Becker 1995; Clark 1996; Neubauer et al. 1999). Mit dieser Methode können im Boden verborgene Strukturen flächenhaft, mit hoher Nachweisempfindlichkeit und selbst für große Areale in überschaubaren Messzeiten abgebildet werden. Solch ein magnetisches Abbild – **Magnetogramm** genannt – vermittelt dem (Geo-)Archäologen einen einzigartig detailreichen Einblick in den strukturellen Aufbau eines Fundplatzes und gibt Auskunft über dessen Gesamtausmaß (◘ Abb. 14.11). Die so gewonnenen Daten sind Grundlage aller weiterführenden archäologischen, geoarchäologischen und geophysikalischen Untersuchungen. So können Grabungen gezielt platziert sowie deren Aufwand und der Eingriff in Bodendenkmäler minimiert werden. Dies trägt maßgeblich zum Grabungserfolg und zum Denkmalschutz bei. Weiterführend können anhand der Magnetogramme gezielt punktuelle Untersuchungen wie Bohrlochsondagen sowie lineare geophysikalische Untersuchungen wie geoelektrische Transekte erfolgen.

Die fehlerfreie Durchführung magnetischer Prospektionen und die korrekte Interpretation von Magnetogrammen erfordert ein tieferes Verständnis von Signalentstehung und magnetischer Messtechnik, was eingehend bei Fassbinder (2017) beschrieben wird. Ausgangspunkt sind die physikalischen Größen **magnetische Suszeptibilität** und **Remanenz** – Materialeigenschaften, die für viele im Untergrund vorkommende archäologische und geologische Strukturen unterschiedlich sind. Dies führt zu geringen Variationen des Erdmagnetfelds wenige Zentimeter über der Bodenoberfläche, die mit hochempfindlichen Magnetfeldsensoren wie Cäsium-Magnetometern, SQUIDs (Supraleitende Quantendetektoren) oder Förstersonden (engl. *fluxgates*) detektiert werden können. Beispielsweise sind damit Steinsetzungen und Gebäudefundamente lokalisierbar. Die Anreicherung magnetischer Minerale wie Maghemit und Magnetit in Oberböden und in Kulturschichten (Le Borgne 1955; Fassbinder et al. 1990) ermöglicht insbesondere den Nachweis von Feuerplätzen sowie verfüllten Gruben, Gräben und Holzpfostensetzungen als zentrale anthropogene Merkmale. Hier werden die besonderen Stärken der Methode deutlich. Zugleich sind die zu detektierenden Mess-

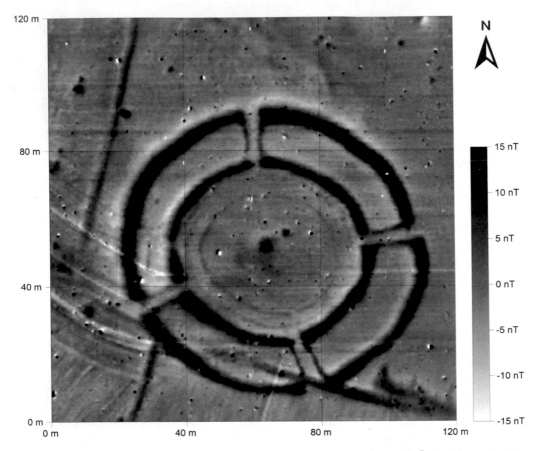

⬛ Abb. 14.11 Magnetogramm einer neolithischen Kreisgrabenanlage bei Steinabrunn, Österreich, aus Fassbinder (2017). Magnetische Prospektion mit Cäsium-Magnetometer (Scintrex CS-2) in Zwei-Sensor-Konfiguration. Die kreisförmigen, stark positiven Anomalien repräsentieren mit Oberbodenmaterial verfüllte Gräben. Die schwachen Ringstrukturen im Inneren spiegeln die Position früherer Palisaden wider, deren Pfostenlochverfüllungen mit von magnetotaktischen Bakterien gebildeten Mineralen angereicht sind

14

signale mit nur wenigen Nanotesla (10^{-9} T) um drei bis vier Größenordnungen (!) kleiner als das mittlere Erdmagnetfeld. Folglich setzt jede erfolgreiche magnetische Prospektion größte Sorgfalt und strickte magnetische Hygiene voraus. Für detaillierte Anforderungen siehe Fassbinder (2016).

Mit dem Bau und dem ersten Einsatz motorisierter Messsysteme für die großflächige magnetische Prospektion zu Beginn dieses Jahrtausends ist die technische Ent-

wicklung nicht abgeschlossen. Insbesondere die SQUID-Messtechnik (Chwala et al. 2001; Linzen et al. 2007, 2009), die mit speziellen Sensoranordnungen ein Höchstmaß an magnetischer Information gewinnen kann, d. h. den gesamten Magnetfeldtensor detektiert, eröffnet neue Wege bei der Berechnung von Tiefeninformationen und der Modellierung archäologischer Strukturen (Schneider et al. 2014; Linzen et al. 2017).

14.4.3 **Georadar**

Till F. Sonnemann

Bei der Georadarprospektion (engl.: GPR für *ground penetrating radar*) sendet ein Antennensystem in zeitlich oder, bei Nutzung eines Messrads, räumlich gleichen Abständen kurze elektromagnetische Impulse in den Untergrund. Die Frequenz liegt dabei zwischen wenigen MHz bis zu wenigen GHz. Die Laufzeit der Impulse bis zur Rückkehr wird an der Empfangsantenne gemessen. Die mit einem Monitor versehene Recheneinheit prozessiert das Antwortsignal sukzessiv für ein virtuelles Profil des Untergrundes.

Ursprünglich entwickelt für Eisstärkenmessung und ingenieurtechnische Untersuchungen (Jol 2008), hat sich das Georadar aufgrund seiner Vielseitigkeit und der 3-dimensionalen Datenvisualisierung durch spezielle Software (Goodman und Piro 2013), in der auch Topographie berücksichtigt werden kann, in der Geoarchäologie etabliert (Conyers 2016). Aufnahmequalität und besonders starke Reflektoren lassen sich schon während der Datenaufnahme im Bodenprofil des Radargramms ablesen: Das Radarsignal wird von Schichtgrenzen oder Objekten unterschiedlicher Permittivität ε (auch: dielektrische Leitfähigkeit) teilweise reflektiert und gestreut. Besonders starke Unterschiede, z. B. hervorgerufen durch Hohlräume, Festgestein oder Metallobjekte, zeigen sich deutlich. Da die Signalgeschwindigkeit materialabhängig ist, lässt sich die Signallaufzeit (in ns) durch eine Hyperbelgleichung von Punktquellen in ein Tiefenprofil (in cm) umrechnen. Die Eindringtiefe und Datenqualität ist einerseits abhängig von der eingesetzten Frequenz (grundsätzlich gilt: hohe Frequenz = hohe Bildauflösung, aber niedrige Eindringtiefe), aber auch allgemein von den natürlichen Bedingungen. Sandige Böden bescheren grundsätzlich gute Resultate, mineralhaltige

Tone und Lehme können das Signal stark stören; z. B. feuchte, salzhaltige Böden streuen das Signal extrem. Auch die Jahreszeit beeinträchtigt die Datenaufnahme, z. B. durch gestiegenen Grundwasserspiegel oder bei Bodenfrost. Durch das Herausfiltern hoch- oder niederfrequenter Störungen, die Verstärkung der Reflexion tieferer Schichten und Migration des Datensatzes mit Berechnung der Geschwindigkeit lässt sich die Qualität häufig deutlich verbessern.

In der Geoarchäologie liegt der Fokus auf Messung und Interpretation der Stratigraphie von Geoarchiven wie Fluss- und Seesedimenten, Kolluvien, Lagunenablagerungen, Dünen, Delta- oder Höhlensedimenten (Bristow und Jol 2003) und deren zeitlicher Veränderung durch natürliche oder menschliche Einflüsse (◻ Abb. 14.12). Aufgrund der benötigten Eindringtiefe werden meist niederfrequente Antennen eingesetzt. Liegt der Fokus auf einer archäologischen Stätte, geht es darum, Gebäudefundamente, Gruben, Gräber und allgemein Siedlungshorizonte zu kartieren und diese in ihrem urbanen Kontext zu analysieren (Doneus 2013); bei historischem Wassermanagement dagegen um die Mächtigkeit von Terrassen oder die Dimension verlandeter Gräben oder Kanäle (Sonnemann 2015). Um Landschaftsveränderungen großflächig zu untersuchen, werden seit einiger Zeit auch Multiantennensysteme genutzt (Linford et al. 2010).

14.4.4 **Vermessung bei archäologischen Ausgrabungen**

Carsten Casselmann

Bei nahezu jeder archäologischen Ausgrabung ist die detailgenaue Einmessung von Funden und Befunden unverzichtbar. Prinzipiell sollte die Vermessung bei Ausgrabungen, Surveys und anderen archäologi-

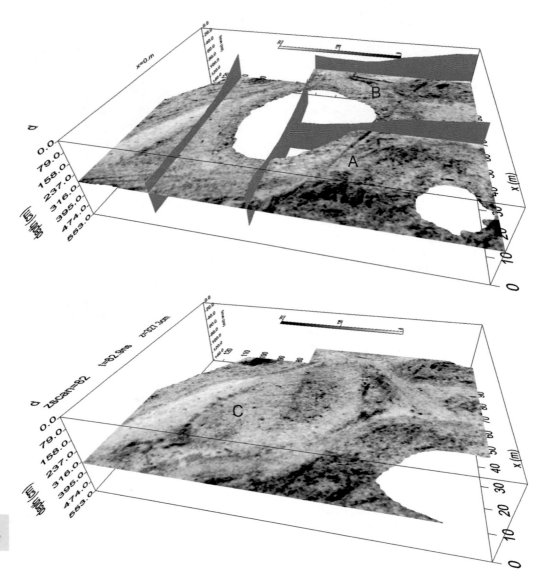

□ Abb. 14.12 Topographisch korrigierte Georadaraufnahme aus Süddeutschland mit Beispielprofilen (oben). Zu erkennen sind eine moderne Wasserleitung (**A**) und archäologische Siedlungsreste (**B**). Ein großer Teil der Siedlungsfläche wurde womöglich durch modernen Ackerbau gelockert und vom Regen abgetragen, wodurch eine Senke entstanden ist (**C**) (Aufnahme: Till F. Sonnemann)

schen Unternehmungen entsprechend dem Wirtschaftlichkeitsprinzip immer so genau wie möglich, aber nicht genauer als erforderlich, erfolgen. Vor Beginn jeder Vermessung steht also die Frage nach der erforderlichen Genauigkeit, nach der dann auch das geeignete Messwerkzeug gewählt wird.

Bei einer archäologischen Ausgrabung, bei der die Befunde und Funde *in situ* eingemessen werden, erfolgt die kartographische Darstellung von Plana und Profilen in der Regel im Maßstab 1:20, was bei einer möglichen Zeichengenauigkeit von 1 mm eine nötige Messgenauigkeit von wenigstens 2 cm ermöglicht. Bei einer archäologischen Oberflächenprospektion sind die zu kartierenden Objekte meist verlagert, daher ist hier eine gröbere Vermessung ausreichend. Bei Gräberfeldern, deren Funde durch anthropogene oder natürliche Einflüsse an die Oberfläche gelangen, ist eine Messgenauigkeit von 50 cm in der Regel ausreichend. Bei Landschaftssurveys und geomorphologisch-bodenkundlichen Aufnahmen, bei denen einige Quadratkilometer untersucht werden, kann eine Genauigkeit von einigen Metern oder sogar 10–20 m ausreichend sein.

Zu Beginn jeder Grabung muss eine einfache Einbindung der späteren Dokumentation der Befunde und Funde in die Landeskoordinaten (Lage und Höhe) gewährleistet werden. Wenn es möglich ist, sollte man als Grabungssystem direkt im Landeskoordinatensystem arbeiten. Im letzten Jahrhundert war dies in Deutschland das **Gauß-Krüger-Koordinatensystem**. Die dafür zuständige Arbeitsgemeinschaft der Vermessungsverwaltungen der Länder der Bundesrepublik Deutschland (AdV) hat 1995 im Zuge einer europaweiten Vereinheitlichung beschlossen, das **Universale Transversale Mercator-System (UTM)** in Verbindung mit dem ETRS89-Datum flächendeckend einzuführen. Seitdem müssen alle amtlichen Vermessungen in dieses System überführt werden. Auf handelsüblichen topographischen Karten finden sich in der Regel noch beide Systeme. Digitale Raumdaten liegen im UTM-System vor.

Bei allen größeren Grabungen wird üblicherweise ein orthogonales Rasternetz bzw. -gitter über das Grabungsareal gelegt, das während der laufenden Grabung eine schnelle und wirtschaftliche zentimetergenaue Einmessung aller Grabungsinhalte ermöglicht. Die Rasterweite kann dabei individuell sinnvoll angepasst werden. Bei Kartierungen im Maßstab 1:50 und der Verwendung von A3-Millimeterpapier zum Zeichnen können 10 × 20-m-Raster verwendet werden, bei sehr detailreichen Ausgrabungen in Siedlungsbereichen können 1 × 1-m-Raster sinnvoll sein. Da die Rasterpunkte innerhalb der Grabung beim Tieferlegen der Plana immer wieder neu gesteckt werden müssen und die Befunde in diesen Bereichen möglichst wenig gestört werden sollten, empfiehlt sich hier die Verwendung von Vermessungsnadeln oder Ähnlichem. Das ganze Koordinatensystem sollte unbedingt durch die Anlage von Festpunkten außerhalb der Grabungsfläche gesichert werden. Dies ist besonders dann nötig, wenn die Grabung über mehrere Kampagnen geht. Bei der Anlage solcher Punkte ist auf mehrere Aspekte zu achten. Sie müssen dauerhaft vermarkt sein, sie müssen gegenseitig sichtbar sein, auch sollte von ihnen aus die Grabungsfläche sichtbar sein und es sollten Punkte in ausreichender Anzahl angelegt werden. Letzteres dient nicht nur der Gewährleistung der Erhaltung des Koordinatensystems bei Punktverlust, sondern zusätzlich auch zur Kontrolle der späteren Messungen.

Die Art der Vermarkung der Punkte richtet sich nach dem Untergrund. In Felsen, fest fundamentierten Steinen oder ähnlichem Untergrund können Meißelzeichen beispielsweise in Form eines Kreuzes angebracht werden. Sinnvoll sind auch Bohrungen, in die gegebenenfalls Vermessungsnägel eingeschlagen werden. In Asphalt oder ähnlichen etwas weicheren Untergründen können die Vermessungsnägel direkt eingeschlagen werden. Bei Untergründen aus Lockergestein haben sich Stahl- oder Eisenrohre bewährt, die gegebenenfalls, beispielsweise bei beackerten Flächen, auch unterirdisch, aber mindestens unterhalb des Pflughorizontes eingebracht werden können. Sollen die Rohre oberirdisch sichtbar sein, empfiehlt sich eine bodennahe Anbringung und eine Zementierung der oberen 10– 20 cm. Ragen die Markierungen zu sehr aus dem Boden, ist die Gefahr einer Lageveränderung durch ungewollte mechanische Einflüsse zu groß. Prinzipiell sollten vorhandene Markierungen wie Messpunkte aus

Polygonzügen, Grenzsteine und andere Grenzmarkierungen in das Grabungssystem eingemessen werden.

Die Absteckung eines Rastersystems für Grabungen oder die Aufnahme der Einzelpunkte kann durch Messungen mit einem globalen Navigationssatellitensystem (*global navigation satellite system, GNSS*) erfolgen. Allerdings liegt die übliche Lagegenauigkeit hier nur bei 3–10 m. Der Satellitenpositionierungsdienst der deutschen Landesvermessung (SAPOS) stellt über die Landesvermessungsämter Korrekturdaten für Positionsbestimmungen mittels Satelliten zur Verfügung, was durch die kontinuierlich betriebenen Referenzstationen eine Genauigkeit von bis zu 1 cm ermöglicht. Dabei stehen drei Dienste mit unterschiedlichen Genauigkeiten zur Auswahl:

— Der kostenfreie „Echtzeit-Positionierungs-Service" (EPS), der eine Lagegenauigkeit von 0,3–0,8 m und eine Genauigkeit in der Höhe von 0,5–1,5 m liefert.
— Der „Hochpräzise Echtzeit Positionierungs-Service" (HEPS), der eine Lagegenauigkeit von 1–2 cm und eine Genauigkeit in der Höhe von 2–3 cm liefert.
— Der „Geodätische Postprocessing Positionierungs-Service" (GPPS), der eine Lagegenauigkeit von 1 cm und besser sowie eine Genauigkeit in der Höhe von 1–2 cm liefert.

Der HEPS und der GPPS sind kostenpflichtig. Ähnliche Dienste werden von fast allen europäischen Ländern sowie von Japan und den USA angeboten.

Es kommt vor, dass beim Anlegen einer Grabung die direkte Einbindung in das jeweilige Landeskoordinatennetz nicht oder nur mit erheblichem Aufwand möglich ist. In diesen Fällen ist es sinnvoll, ein örtliches rechtwinkliges Koordinatensystem (ÖRK) anzulegen (◯ Abb. 14.13). Dazu werden zunächst zwei vorhandene oder extra dafür vermarkte Punkte fest-

gelegt, die die Basislinie bzw. Abszissenachse des Systems definieren sollen. Dabei sind die oben erwähnten Kriterien zur Vermarkung zu beachten. Außerdem sollten diese beiden Punkte möglichst weit auseinanderliegen und ihr Abstand zueinander sollte länger als die größte Ausdehnung der Grabungsfläche sein. Sinnvoll ist auch die Ausrichtung entlang der Längsseite einer Grabung. Als Nächstes wird der Abstand dieser beiden Punkte millimetergenau bestimmt. Jeder Fehler, der hier gemacht wird, wirkt sich entsprechend dem Fehlerfortpflanzungsgesetz quadratisch auf die von dieser Basislinie abgeleiteten Punkte aus. Den Punkten werden dann Koordinaten zugeordnet. Zur Vermeidung negativer Werte im weiteren Verlauf der Grabung sollte der als Ursprungspunkt definierte Punkt genügend hohe Werte erhalten, z. B. X (hoch) = 1000,000 m und Y (rechts) = 2000,000 m. Der zweite Punkt, der mit dem ersten zusammen die Abszissenachse X definiert, bekommt demnach die Koordinaten X (hoch) = $(1000,000 + \Delta X)$ m und Y (rechts) = 2000,000 m. ΔX bezeichnet den Abstand zwischen den beiden Punkten. Die Ordinate bzw. Y (rechts)-Richtung des Koordinatensystems definiert sich als Orthogonale zur Abszisse.

Zur Kontrolle sollten zusätzliche Punkte angelegt werden, die ebenfalls dauerhaft vermarkt werden. Dabei sollten in erster Linie bereits vorhandene Messpunkte verwendet werden, deren Landeskoordinaten ermittelt werden können. Zur Koordinatentransformation des ÖRK in das Landeskoordinatennetz werden mindestens drei Punkte benötigt: Zwei zur technischen Umsetzung und ein dritter zur Kontrolle.

Bei Grabungen im Ausland ist es manchmal nicht möglich, an die vorhandenen Landeskoordinaten zu kommen oder sich in ein bestehendes Netz einzuhängen. In diesem Fall empfiehlt es sich, ein ÖRK einzurichten und drei Punkte per GNSS-Messungen mit möglichst hoher Ge-

14

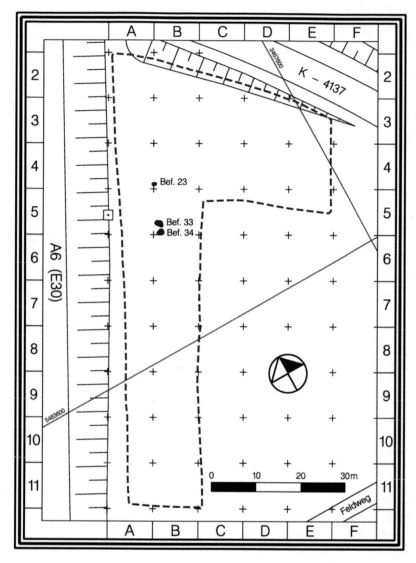

◻ Abb. 14.13 Beispiel für die Anlage eines örtlichen rechtwinkligen Koordinatensystems (ÖRK) mit dem klassischen 10 × 10-m-Grabungsnetz und der Einbindung in das Gauß-Krüger-Koordinatensystem (rot), „Atzelbuckel" bei Ilvesheim, Rhein-Neckar-Kreis, schnurkeramische Gruben (Casselmann et al. 2002, S. 60)

nauigkeit zu bestimmen. Da in diesen Fällen in der Regel auch keine Korrekturdaten vorhanden sind, kann eine höhere Genauigkeit im Meter-, bestenfalls im Dezimeterbereich nur durch Messwiederholungen und eine statistische Ausgleichsrechnung erreicht werden. Wichtig ist es in diesen Fällen, dass die Genauigkeiten innerhalb des ÖRK hoch (unter 2 cm) sind.

In der Praxis ist es inzwischen so, dass alle größeren Grabungen mit einem elektrooptischen Tachymeter, auch Totalstation genannt, ausgestattet sind. Diese Geräte messen sowohl die Richtungswinkel als auch die direkten Entfernungen zu den Aufnahmepunkten. Über den integrierten Rechner werden direkt 2-D- oder 3-D-Koordinaten ermittelt. Ungeübten Anwendern

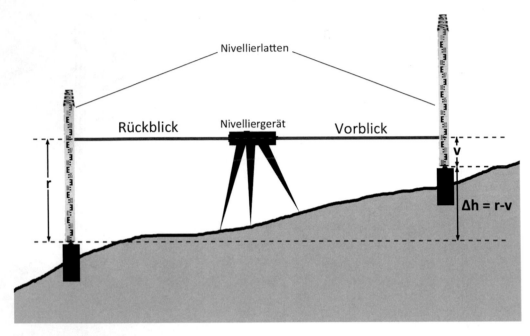

◘ Abb. 14.14 Funktionsweise der Höhenmessung mit dem Nivellier (geometrisches Nivellement). Der Höhenunterschied Δh ist gleich Rückblick r minus Vorblick v

wird empfohlen, mit diesen Geräten nur Lagemessungen durchzuführen, da die Fehleranfälligkeit bei kombinierter Lage- und Höhenmessung hoch ist.

Zur Errichtung eines Grabungsnetzes bei kleineren Grabungen oder einfachen Befundaufnahmen können bis zu Entfernungen von 30 m auch Winkelprismen verwendet werden. Bei einer professionellen Anwendung dieser Geräte können diese bis zu Entfernungen von 30 m die erforderliche Genauigkeit von 2 cm erreichen.

Höhenmessungen (Nivellements) bei Grabungen sollten sich immer auf das jeweilige Landeshöhensystem beziehen. In Deutschland gilt seit Juni 2017 das von der AdV 2016 eingeführte **Deutsche Haupthöhennetz** (DHHN2016), dessen Höhen als Höhen über **Normalhöhen-Null (NHN)** bezeichnet werden. Die Abweichungen zu den vorherigen Höhenbezugssystemen betragen in der Regel maximal 16 cm.

Üblicherweise wird für Höhenmessungen bei archäologischen Ausgrabungen das geometrische Nivellement (◘ Abb. 14.14) angewandt. Dazu empfiehlt es sich, Nivelliergeräte mit automatischem Höhenkompensator zu verwenden, weil hier das Nachjustieren entfällt.

14.4.5 Geoarchäologische Zeigerpflanzen

Frank Schlütz und Christian Stolz

Die heutige Verbreitung vieler Pflanzen ist vom Menschen mitbestimmt. Als geoarchäologische Zeigerpflanzen sollen hier zwei Gruppen herausgestellt werden, für die der Mensch unbeabsichtigt (Metallophyten) oder intentionell (Stinsenpflanzen) nachhaltig neue Standorte mit geeigneten Substraten geschaffen hat. Funde ent-

▣ Abb. 14.15 **a** Die violette Galmei-Grasnelke (*Armeria maritima* ssp. *halleri*) und das Taubenkropf-Leimkraut (*Silene vulgaris* var. *humulis*) in der schwermetallhaltigen Flussaue der Oker im Harz, links im Vordergrund ein Schlackengeröll (Foto: Thomas Becker); **b** Krokusblüte im Husumer Schlosspark (Foto: Simone Mommsen); **c** das Kleine Immergrün *(Vinca minor)* im Bereich der Wüstung Seelbach im Taunus (Foto: Christian Stolz); **d** Bärlauch *(Allium ursinum)* als Gartenflüchtling im Bereich der Wohnplatzwüstung Riels Mühle aus der Mitte des 20. Jahrhunderts im Taunus (Foto: Christian Stolz)

sprechender Zeigerarten abseits ihrer angestammten Verbreitung können daher wichtige Hinweise auf ehemalige Bergbau- und Siedlungsaktivitäten sein.

Pflanzen, die auf stark schwermetallhaltigen Böden gedeihen, werden im weiteren Sinne als Metallophyten, auch Chalkophyten oder Galmeipflanzen bezeichnet. Es handelt sich um wenige, an hohe Metallkonzentrationen angepasste Arten (Kinzel 1982). Die gehölzfreien Standorte sind lichtreich und konkurrenzarm. Seit Beginn des obertägigen Erzbergbaus zerstört der Mensch diese Habitate und schafft mit den Bergbauhalden zugleich anthropogene Ersatzstandorte. Wo die Flüsse aus Gebirgen wie dem Harz ins Vorland austreten, haben sich auf den belasteten Auenböden teils großflächige Schwermetallfluren entwickelt (▣ Abb. 14.15a; Dierschke und Becker 2008; Ernst et al. 2009; Knolle et al. 2011). Bei der Frühlingsmiere und beim Taubenkropf-Leimkraut werden die Schwermetallsippen von den schwer unterscheidbaren Sippen der Normalstandorte begleitet. Bei der augenfälligen Galmei-Grasnelke ist dies seltener der Fall. Gelbes bzw. Violettes Galmei-Stiefmütterchen sind gut kenntlich, doch nur im Raum Aachen bzw. einzig bei Blankenrode (Lokalendemit) in der südlichen Egge zu finden (Jäger 2017).

Mit der frühen Neuzeit kam die Kultivierung von Zierpflanzen im Umfeld von Herrensitzen immer mehr in Mode. Früh untersucht wurde dies für die Steinhäuser (Stinse) Frieslands und dabei der inzwischen weiter gefasste Begriff der Stinsenpflanzen geprägt (van der Ploeg 1988; Petrischak 2014). Saure, nährstoffarme Sandböden wurden teilweise gezielt verbessert, zudem durch kalkhaltiges Baumaterial basenreicher. Viele der eingeführten Zierpflanzen sind Frühjahrsblüher (Geophyten), die sich unter den neuen klimatischen Gegebenheiten oft nur vegetativ ausbreiten. Daher, und wegen ihrer Nährstoffansprüche, blieben die Neuankömmlinge meist örtlich gebunden (Sukopp und Kowarik 2008). Lokale Massenausbreitung führt teilweise zu touristisch attraktiven Blühaspekten, wie das Beispiel der Krokusse im Husumer Schlosspark zeigt (◧ Abb. 14.15b). Zu den Stinsenpflanzen zählen u. a. Blau- und Milchsterne, Narzissen, Schneeglöckchen, Tulpen, Krokusse sowie Winterling, Hohler Lerchensporn und Herbstzeitlose (Jäger et al. 2016; Schneider 2012).

Das Kleine Immergrün kam schon mit den Römern und kennzeichnet ehemalige Kultstätten sowie mittelalterliche Siedlungsplätze (Prange 1996; ◧ Abb. 14.15c), Bärlauch kann im Bereich jüngerer Wüstungen als Gartenflüchtling auftreten (Stolz 2013; ◧ Abb. 14.15d).

Eingeführte Stinsenpflanzen, einheimische Metallophyten und andere Gruppen können somit ehemalige Orte intensiver menschlicher Tätigkeit anzeigen und eignen sich daher zum Auffinden archäologisch und historisch relevanter Plätze.

14

Analysemethoden

Katleen Deckers, Eileen Eckmeier, Peter Frenzel, Dagmar Fritzsch, Carolin Langan, Lucia Leierer, Susan M. Mentzer, Anna Pint, Alexandra Raab, Simone Riehl, Astrid Röpke, Frank Schlütz, Lyudmila S. Shumilovskikh und Katja Wiedner

Inhaltsverzeichnis

15.1   Bodenchemische und bodenphysikalische Methoden – 289

15.1.1   Probenvorbereitung – 290

15.1.2   Korngrößenverteilung und Bodenart – 290

15.1.3   Bodenfarbe – 291

15.1.4   Organische Substanz – 292

15.1.5   Carbonate – 294

15.1.6   pH-Wert und Bodenreaktion – 295

15.1.7   Phosphatfraktionen – 296

15.1.8   Multielementanalysen – 297

15.1.9   Anwendung und Interpretation – 298

15.2   Pollenanalyse – 300

15.2.1   Methode – 300

15.2.2   Vegetations- und Landnutzungsgeschichte – 301

15.3   Nichtpollen-Palynomorphe – 303

15.4   Archäobotanische Makroreste – 306

15.5   Anthrakologie (Holzkohlenanalyse) – 307

15.5.1   Informationen zur Vegetationsentwicklung – 309

15.5.2   Die Geschichte des Feuers – 311

Das vorliegende Kapitel besteht aus mehreren Teilen, die von unterschiedlichen Arbeitsgruppen und Einzelpersonen getrennt voneinander erstellt worden sind. Da eine Gewichtung nach dem Umfang der Teilbeiträge aus diesem Grund nicht möglich ist, erfolgt die Angabe der Autorinnen und Autoren in alphabetischer Reihenfolge.

© Springer-Verlag GmbH Deutschland, ein Teil von Springer Nature 2022
C. Stolz und C. E. Miller (Hrsg.), *Geoarchäologie*,
https://doi.org/10.1007/978-3-662-62774-7_15

15.5.3   Zeitliche Einordnung – 311

15.6   Mikromorphologie – 312

15.7   Biomarker – 318
15.7.1   Biomarker und stabile Isotope in der Geoarchäologie – 319
15.7.2   Lipide und Alkane – 320
15.7.3   Black Carbon als Marker für Verbrennungsrückstände – 321
15.7.4   Kohlenhydrate – 322
15.7.5   Analyse von Biomarkern – 323
15.7.6   Stabile Isotope – 324

15.8   Foraminiferen und Ostrakoden – 327
15.8.1   Anwendungen in der Geoarchäologie – 327

15.9   Phytolithe – 329

15.10   Fourier-Transformations-
          Infrarotspektrometrie (FTIR) – 331
15.10.1   FTIR-Instrumente in der Archäologie – 332
15.10.2   Anwendungen – archäologische Materialidentifizierung – 332
15.10.3   Anwendung – Pre-Screening (Vorab-Screening) – 334
15.10.4   Anwendungen – Taphonomie und Fundplatzgenese – 335

Zusammenfassung

Die Geoarchäologie verfügt über ein äußerst breites und stetig wachsendes Spektrum an Analysemethoden, die sowohl im Labor als auch im Gelände angewandt werden. Das Kapitel stellt alle gebräuchlichen Methoden vor und soll insbesondere Nachwuchswissenschaftlern als Werkzeugkasten dienen. Zunächst liegt der Fokus auf den bodenkundlich-geomorphologischen Standardmethoden, wie Korngrößenanalyse (Bodenart), Bodenfarbe, Gehalt an organischer Substanz, Carbonatgehalt, Bodenreaktion (pH) und vielfältigen Multielement-Analysen zur Lösung verschiedener Fragestellungen. Für die Paläoumweltforschung haben die Pollenanalyse sowie die Analyse von Nichtpollen-Palynomorphen (NPP) schon seit vielen Jahrzehnten eine große Bedeutung. Für größere biogene Reste stehen die Makrorestanalyse und die Anthrakologie zur Untersuchung von Holzkohlen zur Verfügung. Weiterhin beschreibt das Kapitel die Methode der Mikromorphologie (Dünnschliffe), die Analyse von Biomarkern und stabilen Isotopen sowie die Bestimmung und Einordnung von Foraminiferen und Ostrakoden aus aquatischen Ökosystemen. Beschrieben werden außerdem Ansätze zu Phytolithen und Messungen mithilfe der Fourier-Tranformations-Infrarotspektrometrie (FTIR).

15.1 Bodenchemische und bodenphysikalische Methoden

Eileen Eckmeier

Die Untersuchung von Böden und ihren Eigenschaften ist ein etablierter Bestandteil der Geoarchäologie, denn der Mensch beeinflusst seit Jahrtausenden die stoffliche Zusammensetzung und Morphologie der Böden durch Landnutzung. Einträge von Siedlungsabfällen, Düngemitteln oder anderen Substanzen hinterlassen spezifische Muster, die ein Ergebnis menschlicher Aktivität

und damit archäologische Artefakte sind, und welche aufgrund ihrer Eigenschaften oft auch über Jahrtausende in Böden gespeichert werden. Prozesse, welche zu einem Verlust von Oberbodenmaterial oder einzelner Substanzen darin führen, sind ebenfalls Zeugen bestimmter Aktivitäten in der Vergangenheit. Die ehemaligen Oberböden können beispielsweise als Grubenfüllung oder unter Kolluvien erhalten bleiben, und die in ihnen enthaltenen Informationen besonders gut bewahren, sodass diese genutzt werden können, um Rückschlüsse auf Aktivitäten innerhalb *(on-site)* und außerhalb *(off-site)* prähistorischer Siedlungen zu gewinnen. Bei *off-site*-Befunden, oder generell Befunden, in welchen archäologische Artefakte selten sind oder fehlen, sind bodenkundliche Analysemethoden von besonderem Interesse, da allein schon die gespeicherten Substanzen oder deren Fehlen als Informationsträger dienen können. Böden sind natürliche Bildungen, sodass der menschliche Einfluss nur im Vergleich zu Profilen interpretiert werden kann, welche außerhalb des zu untersuchenden archäologischen Kontextes stehen. Allerdings wird ein Boden, der nie durch menschliches Handeln überprägt wurde, in einer Kulturlandschaft kaum als Kontrolle zur Verfügung stehen, weshalb eine gute Dokumentation der Probennahme und eine detaillierte Beschreibung des Kontextes wichtig sind.

In diesem Abschnitt werden nur die wichtigsten bodenphysikalischen und -chemischen Analysemethoden vorgestellt, die aus dem Bereich der Bodenkunde kommen (◘ Tab. 15.1). Für detaillierte Anweisungen zu deren Anwendung und für die Messung spezifischer Charakteristika, beispielsweise pedogenes Eisen oder Tonminerale, sei auf die entsprechende Fachliteratur oder die amtlichen Normen verwiesen (siehe z. B. Blume et al. 2011). Die Anwendung von Methoden im Gelände zur Abschätzung bodenkundlicher Parameter ist in der *Bodenkundlichen Kartieranleitung* (Ad-hoc-AG Boden 2005) beschrieben und festgelegt.

◼ **Tab. 15.1**   Übersicht zu häufig im Labor und Gelände angewendeten bodenkundlichen Analyseverfahren

	Labor	Gelände
Bodenart	Sieb- und Sedimentationsverfahren Laserbeugungsverfahren	Fingerprobe
Bodenfarbe	Munsell-Farbtafeln Farbmessgeräte, Spektralphotometer	Munsell-Farbtafeln Farbmessgeräte
Organische Substanz	CN-Elementaranalyse	Schätzung aus Bodenfarbe und Bodenart
Carbonate	Gasvolumetrische Bestimmung nach Scheibler	Reaktion bei Salzsäuretest
Bodenreaktion (pH)	pH-Elektrode (z.B. 0,01 M $CaCl_2$)	pH-Elektrode (z.B. 0,01 M $CaCl_2$) Indikatorlösung, Indikatorpapier
Phosphate	Sequenzielle Fraktionierung Einfache Fraktionierung	Schnelltests/*spot tests* (nur wasserlösliche Phosphate)
(Multi-) Elementanalysen	Röntgenfluoreszenzanalyse (RFA) Messung im induktiv gekoppelten Plasma (ICP) Atomabsorptionsspektrometrie (AAS)	Portable RFA-Geräte (pXRF)

15.1.1 Probenvorbereitung

Die im Gelände entnommenen Proben sollten der angewendeten Methode entsprechend gelagert und vorbereitet werden. Die Proben werden nach der Entnahme üblicherweise getrocknet oder gekühlt gelagert, um eine Veränderung der Bodeneigenschaften nach der Entnahme zu verhindern. Es werden meist lufttrockene (lutro) Bodenproben analysiert, d. h. sie wurden bei max. 40 °C getrocknet, anschließend homogenisiert und gesiebt, da für die Analysen nur der Feinbodenanteil (<2 mm Äquivalentdurchmesser) genutzt wird. Für einzelne Methoden müssen die Proben zusätzlich gemahlen werden, z. B. in einer Planeten- oder Schwingmühle. Werden für die Analysen sogenannte feldfrische Proben verlangt, dürfen diese nicht getrocknet werden. Zur Erfassung des Wassergehaltes oder für die Angabe volumenbezogener Werte, z. B. Kohlenstoffvorräte, werden Angaben zur Lagerungsdichte des Bodens benötigt, die Probennahme muss dann mit einem Stechzylinder erfolgen, welcher ein bekanntes Volumen hat, meist 100 cm^3.

15.1.2 Korngrößenverteilung und Bodenart

Die Korngrößenverteilung eines Bodens oder Sedimentes ergibt sich aus den prozentualen Anteilen der verschiedenen Korngrößenfraktionen, bezogen auf den Gesamtboden. Da der Skalenbereich im Boden bzw. Sediment sehr breit ist, wird die Korngröße meist als Summenkurve in einer logarithmischen Skala aufgetragen. Die Korngrößenverteilung des Feinbodens bestimmt die Bodenart, welche nach Ad-hoc AG Boden (2005) vier Kategorien umfasst: Ton (<0,002 mm), Schluff (0,002–0,063 mm), Sand (0,063–2 mm) oder Lehm (Mischung aus etwa gleichen Anteilen von Ton, Schluff und Sand). Die physikalischen Eigenschaften eines Bodens sind in erster Linie von der Bodenart abhangig; diese steuert u. a. die Wasserkapazität und -leitfähigkeit des Bo-

15

dens und somit die Pflanzenverfügbarkeit der Nährstoffe. Anhand der Korngrößen und Sortierung der Körner können Rückschlüsse auf die Transport- und Ablagerungsbedingungen von Sedimenten gezogen werden, und es können pedogenetische Prozesse, wie zum Beispiel die Tonverlagerung, in Böden rekonstruiert werden. Auch Verwitterungsprozesse beeinflussen die Korngrößenverteilung in Böden.

Gemessen wird die Korngrößenverteilung meist mittels eines kombinierten Sieb- und Sedimentationsverfahrens nach Köhn, wobei die Anteile der Sandfraktionen durch die Nasssiebung bestimmt werden, und die Anteile der Ton- und Schlufffraktionen durch die Pipettanalyse (DIN ISO 11277). Bei allen üblichen Verfahren müssen die Proben zunächst dispergiert werden und in Suspension vorliegen, sowie die organische Substanz durch die Zugabe von Wasserstoffperoxid entfernt werden. Bei hohen Carbonatanteilen sollte ebenfalls der Kalk entfernt werden, um eine Flockung der Tonpartikel zu verhindern. Ein neueres Verfahren, welches insbesondere bei großen Probenmengen eingesetzt werden kann, ist die Messung der Korngrößen durch das Laserbeugungsverfahren. Ein weiterer Vorteil ist, dass durch die Messung der korngrößenabhängigen Laserbeugung die Ergebnisse unabhängig von vorgegebenen Fraktionsgrößen berechnet werden, was auch geringe Unterschiede in der Korngrößenverteilung sichtbar macht und die Interpretationsmöglichkeiten erheblich verbessert (◘ Abb. 15.1; Schulte 2017). Im Gelände kann die Bodenart durch die Fingerprobe bestimmt werden, welche aber nur eine grobe Abschätzung ermöglicht (Ad-hoc AG Boden 2005).

15.1.3 Bodenfarbe

Die Beschreibung der Bodenfarbe ist ein wichtiger Bestandteil der bodenkundlichen Analyse, da diese Hinweise über die Zu-

sammensetzung der Böden und über die in ihnen ablaufenden bodenbildenden Prozesse liefern können. Wichtige Einflussgrößen sind dabei die verschiedenen anorganischen Minerale und organischen Substanzen im Boden. Während beispielsweise die verschiedenen Eisenoxide die Rotfärbung beeinflussen, geben die humosen Bestandteile der organischen Substanz dem Boden eine dunkle Farbe (Amelung et al. 2018). Die Farbgebung kann auch durch die anthropogene Nutzung bzw. Überprägung gesteuert werden, wenn anorganische und organische Substanzen in den Boden eingetragen und somit seine Eigenschaften verändert werden.

Die Bestimmung der Farbe erfolgt üblicherweise mit Munsell-Farbtafeln (*Munsell Soil Color Charts*), welche im Gelände an feldfrischen Proben verwendet werden. Eine weitere Farbänderung sollte bei zusätzlicher Befeuchtung nicht mehr erfolgen (Ad-hoc AG Boden 2005). Um eine einheitliche Beschreibung der Bodenfarbe und damit einen objektiven Vergleich sowie eine statistische Auswertbarkeit zu gewährleisten, können auch Farbmessgeräte eingesetzt werden. Spektralphotometer können Farbspektraldaten messen, dabei wird die Farbe als Reflexion im Spektralbereich des sichtbaren Lichts (360–740 nm) mittels einer geräteinternen Lichtquelle gemessen, um eine gleichmäßige Belichtung unabhängig vom Tageslicht zu gewährleisten. Je nach Farbe setzt sich das von der gemessenen Oberfläche reflektierte Licht aus unterschiedlichen Wellenlängenanteilen zusammen, die im Spektralphotometer wieder aufgefangen und einzeln gemessen werden (◘ Abb. 15.2). Die Reflexionswerte werden anschließend in Werte verschiedener Farbsysteme umgerechnet.

In der Bodenkunde wird das Farbklassifikationssystem nach Munsell verwendet, es gibt Farben mit Zahlen- und Buchstabenkombinationen für *hue* (Farbton), *value* (Farbhelligkeit) und *chroma* (Farbsättigung) an. Durch diese Dreidimensio-

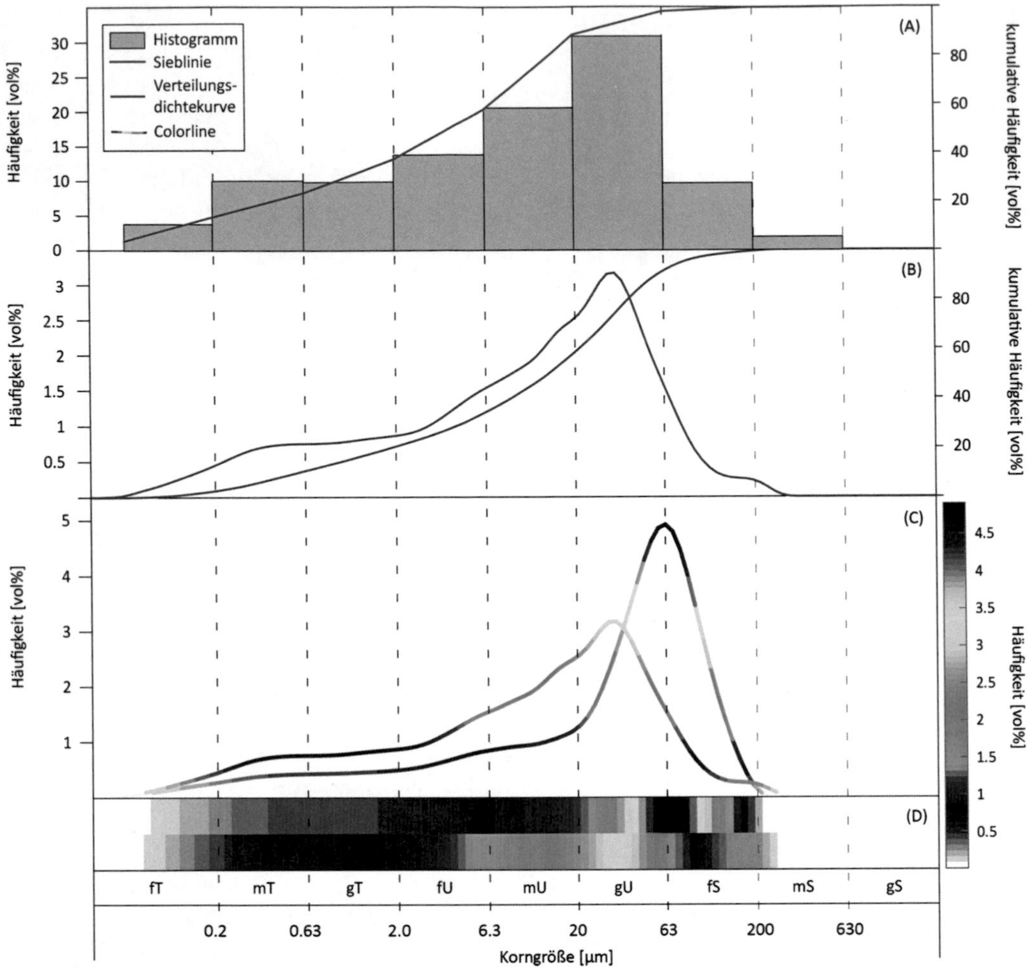

◘ Abb. 15.1   Die Korngrößenverteilung einer Lössprobe: **A** gemessen mittels Pipettanalyse und Nassiebung, **B,** **C, D** gemessen mittels Laserbeugungsverfahren. Bei der Darstellung als Colorline (**C**) werden die relativen Häufigkeiten (Prozentwerte) durch eine Farbskala verdeutlicht. Mithilfe einer solchen Farbskala ist es möglich, die Korngrößenverteilung als Balken darzustellen (**D**). Zur Verdeutlichung ist in (**C**) und (**D**) die Korngrößenverteilung einer zweiten etwas gröberen Lössprobe abgebildet (Grafik: P. Schulte; Schulte 2017)

nalität des Farbschemas kann jegliche farbliche Nuance beschrieben werden. Das CIELAB-System ist ebenfalls dreidimensional angelegt und beschreibt die Farbhelligkeit (L* mit 0 = schwarz, 100 = weiß), Rot-Grün-Färbung (+a*/ − a*) und Gelb-Blau-Färbung (+b*/ − b*) der gemessenen Oberfläche. Dieses System kann sehr gut für statistische Auswertungen genutzt werden (Viscarra Rossel et al. 2006).

15.1.4 Organische Substanz

Der Begriff „organische Substanz" ist oft nicht klar definiert und kann verschiedenste Bestandteile umfassen (Baldock und Nelson 2000). Nach Amelung et al. (2018) wird die organische Substanz mit dem Begriff Humus gleichgesetzt. Dazu gehören alle in und auf dem Mineralboden befindlichen abgestorbenen pflanzlichen und tierischen

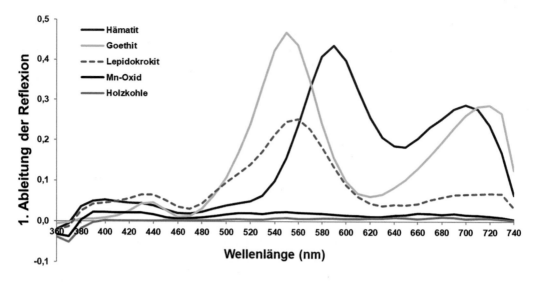

◘ Abb. 15.2 Bei einer Farbmessung mit einem Spektralphotometer wird die Reflexion des Lichts im sichtbaren Bereich gemessen. Durch statistische Verfahren können Bodenbestandteile identifiziert werden, welche den Böden ihre Farbe verleihen, dazu gehören Oxide und organische Substanzen. Die Reflexionsdaten können auch in die üblichen Farbsysteme (z. B. Munsell) umgerechnet werden

Stoffe und deren organische Umwandlungsprodukte, also nicht die Bodenlebewesen (Edaphon). Die Zusammensetzung der organischen Substanz ist sehr heterogen und abhängig von den Ausgangssubstanzen. Sie setzt sich zusammen aus der mehr oder weniger zersetzten Streu (Nichthuminstoffe) und den amorphen, dunklen, bei der Humifizierung gebildeten Huminstoffen. Streu und Huminstoffe zusammen bilden den Humus, welcher in verschiedenen Humusformen (Rohhumus, Moder und Mull) vorliegen kann. Die Menge an organischer Substanz in Böden kann einen ersten Eindruck über die Bodenfruchtbarkeit oder über den Eintrag von organischer Substanz in archäologische Sedimente geben. Dazu gehören Holzkohle wie auch organische Abfälle, Mist oder generell pflanzliche und tierische Überreste. Degradierte Böden dagegen sind gekennzeichnet durch einen Verlust an organischer Substanz.

Abgeleitet wird die Menge an organischer Substanz in Böden durch den Anteil an Kohlenstoff, welcher in Böden sowohl in organischen (C_{org}), als auch in anorganischen (C_{anorg}) Verbindungen vorkommt. Er ist Grundlage aller organischen Verbindungen und Bestandteil biogener carbonatischer Minerale und carbonatischer Sedimentgesteine.

Stickstoff (N) ist ebenfalls Bestandteil der organischen Substanz und ein potenziell limitierender Pflanzennährstoff, welcher oft durch Düngung zugeführt werden muss. Stickstoff kann in verschiedenen Formen im Boden erscheinen, z. B. pflanzenverfügbar als Nitrat oder Ammonium, oder fixiert in Tonmineralen oder als Bestandteil von Pflanzen oder Mikroorganismen (Amelung et al. 2018). Daher ist die Messung des Gesamtstickstoffs weder für die Bewertung des Bodens als Pflanzenstandort noch für die Interpretation als Indikator anthropogener Einflüsse ausreichend. Geoarchäologisch interessant ist die Fixierung von Luftstickstoff durch Knöllchenbakterien an den Wurzeln der Leguminosen (Gründüngung). Stickstofffixierende Leguminosen (z. B. Pisum sativum und Lens culinaris, Erbse und Linse) wurden bereits im Neolithikum angebaut (Lüning 2000), es ist jedoch unklar, ob ihre düngende Wirkung bewusst eingesetzt wurde. Durch die Messung der Stickstoffisotopenverhältnisse ($\delta^{15}N$) in Pflanzenresten im Boden könnte unter bestimmten Voraussetzungen eine Leguminosendüngung nachgewiesen werden (Högberg 1997; Lauer et al. 2014). Ein weiteres Beispiel ist die Kartierung ehemaliger Landnutzungsareale, so konnten unterschiedlich genutzte Flächen (Haus, Gehege, Ackerterrassen) eines ehemaligen römischen Gutshofes auch noch in den rezenten Oberböden durch Phosphat-, Kohlenstoff- und Stickstoffanalysen nachgezeichnet werden (Dupouey et al. 2002).

Da die Analyse des Gehaltes an organischer Substanz durch den Glühverlust (Erhitzung im Muffelofen bei 550 °C) ungenaue Ergebnisse liefert, erfolgt die Bestimmung des Gesamtkohlenstoff- und Stickstoffgehaltes in einer Bodenprobe an gemahlenen Feinerdeproben (lutro) durch einen Elementaranalysator. Die Analyse basiert auf der vollständigen Oxidation der Elemente durch Verbrennung der Probe, wobei die Gesamtgehalte an Kohlenstoff und Stickstoff ermittelt werden. Um den Anteil an organisch gebundenem Kohlenstoff (C_{org}) zu berechnen, welcher für die Abschätzung der organischen Substanz relevant ist, muss der Anteil des im Calciumcarbonat gebundenen anorganischen Kohlenstoffes (C_{anorg}) bestimmt werden und vom Gesamtgehalt des Kohlenstoffs (C_{tot}) abgezogen werden:

$$C_{org} = C_{tot} - (CaCO_3 \cdot 0{,}12)$$

Alternativ kann das Carbonat in der Probe vor der Messung durch Zugabe von Salzsäure gelöst und entfernt werden. Da Humus im Mittel aus 58 % elementarem Kohlenstoff besteht, wird üblicherweise aus dem gemessenen und errechneten organischen Kohlenstoffgehalt der Anteil an Humus abgeleitet:

$$Humus = C_{org} \cdot 1{,}72$$

Der Umrechnungsfaktor kann variieren, nach Blume et al. (2011) wird mit 2 multipliziert. Es wird aber üblicherweise nur noch der C_{org}-Gehalt angegeben, in $g\,kg^{-1}$ oder Masse-%, um eine bessere Vergleichbarkeit der Ergebnisse zu gewährleisten.

Im Gelände kann der Anteil organischer Substanz anhand der Farbbestimmung durch Munsell-Farbtafeln (*value*-Wert) und der Bodenart abgeschätzt werden (Ad-hoc AG Boden 2005).

15.1.5 Carbonate

Carbonate liegen meist als Calciumcarbonat (Calcit oder Aragonit, $CaCO_3$) oder als Dolomit ($CaMg(CO_3)_2$) vor. Sie spielen aufgrund ihrer Eigenschaft als Säurepuffer eine wichtige Rolle in Böden und Sedimenten. In Böden stammen die Carbonate meist aus carbonathaltigen Ausgangsgesteinen wie Löss oder Kalkstein. Biogene Quellen können die Gehäuse von Krebstieren, Korallen, Muscheln oder Schnecken sein sowie von Mikroorganismen, z. B. den Foraminiferen. Im archäologischen Befund treten auch anthropogene Quellen auf, dies können Baumaterialien sein oder Aschen, welche mittels der Radiokohlenstoffmethode datiert werden können (Regev et al. 2010a, b; Toffolo et al. 2017).

Sekundäre Carbonat-Bildungen können sowohl in humiden als auch in semiariden Klimazonen gebildet werden, wenn ausreichend CO_3^- und die entsprechenden Kationen (Ca, Mg) verfügbar sind. In humiden Klimazonen werden die Carbonate aus dem oberen Bereich der Böden herausgelöst und mit dem Sickerwasser in den unteren Teil der Profile abgeführt. Dort nimmt die Konzentration des im Wasser gebundenem Hydrogencarbonats (HCO_3^-) dann solange zu, bis eine Sättigung erreicht ist und sekundäres Calciumcarbonat ausgefällt wird. In semiariden Gebieten dagegen kann es durch Evapotranspiration zur verstärkten Ausfällung sekundärer Carbonate in Form von Kalkkrusten im oberen Bereich der Böden kommen. Die Carbo-

15

natbestimmung nach Scheibler ist ein gasvolumetrisches Verfahren, welches auf der Löslichkeit von Carbonaten in Säure (10 % HCl) unter der Bildung von gasförmigem CO_2 basiert (DIN ISO 10693). Durch diese Methode werden zwar alle in der Probe enthaltenen Carbonate gelöst, aber durch die Dominanz von Calciumcarbonat und durch die Tatsache, dass das zweithäufigste Carbonat, der Dolomit, schwerer löslich ist, wird der Carbonatgehalt meist dem Calciumcarbonatgehalt gleichgesetzt. Eine weitere Fehlerquelle sind in der Probe enthaltene Sulfide, die durch die Lösung in Salzsäure gasförmiges H_2S freisetzen und damit das Ergebnis der gasvolumetrischen Kalkbestimmung verfälschen können. Auch im Feld wird auf die Anwesenheit von Carbonaten mit Salzsäure (10 %ig) getestet und anhand der sicht- und hörbaren Reaktion der Kalkgehalt geschätzt (Ad-hoc AG Boden 2005).

15.1.6 pH-Wert und Bodenreaktion

Der pH-Wert ist definiert als der negative dekadische Logarithmus der Aktivität der H^+-Ionen, und der pH-Wert des Bodens wird als Bodenreaktion bezeichnet. Als Säuren sind in Böden vor allem Kohlensäure aus dem Abbau organischer Substanz beziehungsweise aus der Atmung von Organismen sowie organische Säuren relevant. Der pH-Wert des Bodens hat eine große ökologische Bedeutung, da die Konzentration an H^+- bzw. OH^--Ionen die Pflanzenverfügbarkeiten oder Bindung von Nähr- und Schadstoffen beeinflusst. Außerdem steuert die Bodenreaktion den Abbau der organischen Substanz und damit den Humustyp sowie die Intensität der Verwitterung von Carbonaten und Silikaten (Amelung et al. 2018). Die Zufuhr von Substanzen, wie Asche, Kalk oder Muschelschalen, kann den pH-Wert des Bodens verändern. Für die Geoarchäologie ist der pH-Wert von besonderer Bedeutung, denn die Erhaltungsbedingungen von archäologischen Befunden, insbesondere von kalkreichen Substanzen, Phytolithen (Cabanes et al. 2011), Metallen (Tylecote 1979) und sogar von Holzkohlen (Cohen-Ofri et al. 2006) ist stark abhängig vom pH-Wert des Bodens. Knochen bestehen hauptsächlich aus mineralischen Bestandteilen mit der Zusammensetzung $Ca_5(PO_4)_3(OH)$ (Hydroxylapatit), organischem Kollagen und Wasser. Der Erhaltungszustand von Knochen ist somit abhängig von den geochemischen Eigenschaften des Sedimentes oder Bodens, in dem sie liegen (◻ Abb. 15.3). Die Lagerung in einem neutralen Milieu (pH 7–8) begünstigt die Erhaltung des mineralischen Knochenmaterials. In sauren Milieus, z. B. in verwittertem und daher kalkfreiem Löss und den daraus gebildeten Böden, wird der Hydroxylapatit und somit der Knochen gelöst (Hedges 2002).

Gemessen wird der pH-Wert elektrometrisch mit einer pH-Elektrode, nachdem die Bodenprobe im Verhältnis 1:2,5 mit einer 0,01 M $CaCl_2$-Lösung versetzt und homogenisiert wurde (DIN ISO 10390). Möglich, aber seltener verwendet und nicht vergleichbar mit den Werten bei Messung in $CaCl_2$ ist eine Messung in einer Suspension mit KCl oder destilliertem Wasser. Im Feld kann der pH-Wert ebenfalls mit einer pH-Elektrode ermittelt werden, oder durch die Anwendung von pH-Indikatorlösungen (z. B. Hellige-Pehameter) direkt am Boden selbst, was jedoch nur sehr grobe Abschätzungen ermöglicht.

■ Abb. 15.3 Beispiel für schlechte Knochenerhaltung in einem bandkeramischen Gräberfeld (Arnoldsweiler, Kreis Düren). Der Löss ist entkalkt und die Bodenreaktion war zunächst schwach sauer, durch das kalkführende Grundwasser wurde der pH-Wert aber angehoben und die Knochensubstanz wurde nicht komplett gelöst (© Cziesla, Ibeling 2014, vgl. Eckmeier et al. 2014)

15.1.7 Phosphatfraktionen

Die Phosphatanalyse ist eine klassische Methode in der Geoarchäologie und wird bereits seit Arrhenius (1931) zum Nachweis menschlicher Aktivität genutzt (siehe Übersicht bei Holliday und Gartner 2007). Erhöhte Phosphatwerte können Indikatoren für Siedlungsareale (Wells et al. 2000), Gräber (Keeley et al. 1977) oder Landwirtschaft (Vitousek et al. 2004) sein, denn Phosphate werden über lange Zeiträume in Böden fixiert (■ Abb. 15.4).

Phosphate kommen in verschiedenen Bindungsformen in Böden vor, die sich im Verlauf der Zeit verändern können. Quellen von organischen Phosphorverbindungen sind beispielsweise Nukleinsäuren oder Phytat, ein Pflanzenbestandteil, welcher nur im Verdauungstrakt von Wiederkäuern aufgenommen werden kann, weshalb Schweinegülle besonders hohe Mengen an Phosphat enthält (Kögel-Knabner 2006). Mineralische oder anorganische Phosphatquellen sind der Hydroxylapatit in Knochen und Zähnen oder Asche, und das durch Mikroorganismen mineralisierte Phosphat aus vormals organischer Bindung. Langfristig wird Phosphat vor allem in organischen Komplexen in Böden stabilisiert oder, abhängig vom pH-Wert des Bodens, durch Adsorption an Al-, Fe- oder Mn-Oxide und durch Ausfällung (He et al. 2006). Phosphor ist ein essenzielles Nährelement und wichtiger Bestandteil lebender Zellen, aber nur ein sehr geringer Teil des in Böden vorhandenen Gesamtphosphates ist aufgrund der chemischen Bindungen für Pflanzen verfügbar. Einmal durch Ackerbau und Ernte dem Boden entzogenes Phosphat kann nur durch Düngung ersetzt werden, da Verwitterungsprozesse nur in sehr langen Zeiträumen zu einer Nachlieferung aus dem Gesamtvorrat führen. Um die Bodengüte und damit die Voraussetzungen für den Anbau von Nutzpflanzen zu verbessern, nutzten beispielsweise die bronzezeitlichen Bewohner der Orkney-Inseln (Schottland) eine Mischung

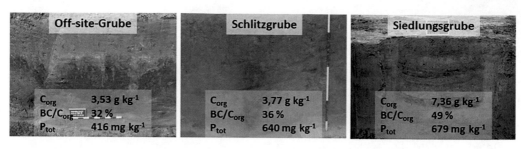

Abb. 15.4 Verschiedene Grubentypen spiegeln durch ihre geochemischen Eigenschaften ihre Position wieder. Gruben im *off-site*-Bereich enthalten meist weniger organische Substanz als Siedlungsgruben, was sich in den geringeren Kohlenstoff- (C_{org}) und Phosphatwerten (P_{tot}) zeigt. Der relativ hohe Anteil an *black carbon* (BC) an der organischen Substanz ist ein Indikator für das Vorkommen von Vegetationsbränden in der Vergangenheit, bzw. von Herdfeuern oder Siedlungsabfällen im *on-site*-Bereich. Die Schlitzgruben können auf verlassenen Siedlungsplätzen vorkommen und daher Eigenschaften der Siedlungsoberflächen erben (Eckmeier et al. 2008)

aus Grassoden, menschlichen Fäkalien, Asche und anderen organischen Abfällen. Diese Einträge erhöhten den Phosphatgehalt in den kultivierten Böden, welche unter Grabhügeln erhalten geblieben waren und somit untersucht werden konnten (Simpson et al. 1998).

In archäologischen Befunden wurde bislang oft nur das labile, citrat- oder lactatlösliche Phosphat untersucht. Dies würde dem pflanzenverfügbaren, aktuellen Anteil entsprechen, aber weder den gesamten Gehalt an Phosphat abbilden, noch – aufgrund der Veränderung der Bindungsformen mit der Zeit – den für die Rekonstruktion von Landnutzung relevanten Anteil. Die Vielzahl unterschiedlicher Methoden, die zur Bestimmung von Phosphat genutzt werden und die mangelnde Rücksicht auf dessen zahlreiche Bindungsformen (Weihrauch und Opp 2018) werden schon lange kritisch betrachtet (Holliday und Gartner 2007). Durch die sequenzielle Extraktion nach Hedley et al. (1982), die in den Bodenwissenschaften weite Verbreitung gefunden hat, können die verschiedenen Bindungsformen aufgeschlüsselt und in organisch bzw. anorganisch gebundenen Phosphor differenziert werden. Insbesondere das sehr stabil gebundene organische Phosphat könnte alte Signale speichern. Häufig wird eine einfachere Variante benutzt, bei welcher anorganisch und organisch gebundener Phosphor nach Extraktion mit Schwefelsäure bestimmt wird (Kuo 1996). Die Bestimmung des Anteiles an Phosphor in den Extrakten erfolgt entweder UV/VIS-spektrophotometrisch oder mittels ICP-Verfahren. Eine Phosphatanalyse im Gelände ist nicht empfehlenswert, da die Messung der relevanten Fraktionen erst nach einer aufwendigeren Extraktion möglich ist. Verfahren für eine Phosphatmessung im Feld berücksichtigen aber meist nur das pflanzenverfügbare Phosphat.

15.1.8 Multielementanalysen

Bei einer Multielementanalyse wird untersucht, welche Elemente in einer Boden- bzw. Sedimentprobe vorhanden sind, und in welcher Menge. Übliche Methoden sind die Röntgenfluoreszenzanalyse (RFA) oder Verfahren, die ein induktiv gekoppeltes Plasma (ICP) nutzen, wobei Letztere auch mit der Messung von Isotopen verknüpft werden können (ICP-MS). Die Multielementanalysen bieten eine Vielzahl an Anwendungsmöglichkeiten in der Geoarchäologie, da viele Elemente gleichzeitig gemessen werden können. Zur Quantifizierung der Elementanteile ist aber eine Kalibrierung der Messungen dringend erforderlich,

u. a. mittels Standardproben oder spezieller Gerätekalibrierungen. Auch die Probenvorbereitung ist von Bedeutung, beispielsweise durch die Wahl des passenden Extraktionmittel für die Messung mittels ICP oder der Herstellung von Presstabletten mit Analysewachs für die RFA-Messung. Gemessen werden können Gesteine, Sedimente oder Böden, aber auch Keramik oder Metalle (Neff 2017).

Durch die RFA-Messungen werden nur die Gesamtgehalte der Elemente gemessen, da die Messung direkt an der Bodenprobe erfolgt. Gesamtgehalte können ansonsten nur nach aufwendiger Extraktion mit Flusssäure (zur Lösung silikatischer Verbindungen) oder Königswasser (Mischung aus konzentrierter Salz- und Salpetersäure, zum Aufschluss schwer löslicher Verbindungen) bestimmt werden. Multielementanalysen mittels ICP erfolgen an Extrakten und können daher auch Informationen über den Nährstoffstatus von Böden liefern, da diese in bestimmten Bindungsformen im Boden vorliegen und daher durch den Einsatz spezifischer Extraktionsmittel zunächst gelöst werden müssen. Nährstoffe, die z. B. als Anionen vorliegen wie Nitrat und Phosphat, oder einzelne Elemente können auch spezifisch analysiert werden. Die Konzentrationen der Elemente in den Extrakten werden dann mit der Atomabsorptionsspektrometrie (AAS) oder UV/VIS-Spektrophotometrie gezielt analysiert. Das anthropogene, für die Interpretation relevante Signal ist, wie beim Phosphat, in den schwer löslichen Fraktionen gespeichert, und auch für Spuren- bzw. Multielementanalysen können sequentielle Extraktionen genutzt werden, um die Bindungsformen zu bestimmen. So untersuchten Wilson et al. (2008) mittels Multielementanalysen wüstgefallene Bauernhöfe und konnten mithilfe der gemessenen Elementmuster die verschiedenen Aktivitätsbereiche nachzeichnen. Auch waren die bewohnten und landwirtschaftlich bearbeiteten Bereiche signifikant unterschiedlich

von den Referenzproben. Im Gelände können portable RFA-Geräte eingesetzt werden (engl.: pXRF), diese können jedoch nicht alle Elemente messen und sollten nur für begrenzte Fragestellungen nach einer Kalibrierung eingesetzt werden (Hunt und Speakman 2015).

15.1.9 Anwendung und Interpretation

Die Zusammensetzung des humosen Oberbodens ist ein wichtiger Standortfaktor für bäuerliche Gesellschaften (McNeill und Winiwarter 2010). Über die Eigenschaften der Böden in prähistorischer Zeit ist aber wenig bekannt, denn durch die Nutzungsgeschichte und durch Überprägung durch bodenbildende Prozesse weichen sie von den Eigenschaften der heutigen Böden ab. Insbesondere über damalige pflanzenverfügbare Nährstoffpools oder den Einsatz von Düngung ist wenig bekannt (z. B. Lüning 2000), woraus sich ein wichtiges Aufgabengebiet für die Geoarchäologie ergibt.

Die Auswahl der Analysemethoden bei bodenkundlich-geoarchäologischen Studien ist abhängig von der Fragestellung, daher sollten Archäologen und Geoarchäologen gemeinsam die Analysen und Probennahmen planen. Einige Fragen können nicht mit den klassischen Methoden der Bodenkunde allein untersucht werden, sondern durch die Anwendung neuer, spezifisch geoarchäologischer Methoden, die sich beispielsweise mit mikroskopisch kleinen Artefakten befassen (Weiner 2010). Bestimmte bodenchemische Muster sind nicht immer einer spezifischen Quelle zuzuordnen, sodass zwar Aktivitätsbereiche voneinander abgrenzbar, aber nicht hinsichtlich ihrer Funktion zu interpretieren sind (Hjulström und Isaksson 2009). Dies macht Quellenkritik im wahrsten Sinne des Wortes nötig. Diagenetische Prozesse, also auch die Erhaltungsbedingungen der gemessenen

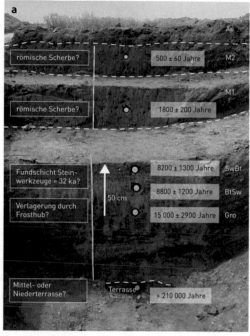

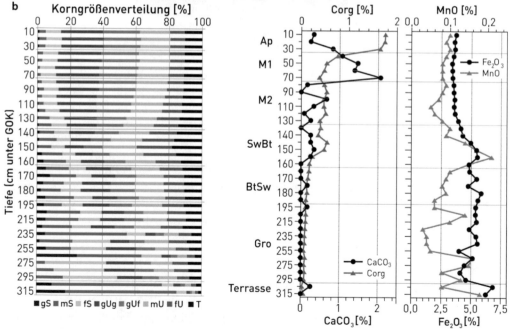

■ **Abb. 15.5** **A** Eine datierte Abfolge von Bodenhorizonten und Kolluvien und **b** korrespondierende Analyse-daten. Die Bodenkennwerte spiegeln die unterschiedlichen Ablagerungsbedingungen wider und die Überprägung durch spätere Bodenbildungen (Quelle: Merkel et al. 2014; Abb. 2 und 5; Rechte an den publizierten Abbildungen wurden freigegeben)

Stoffe, menschliches Handeln und natürliche Einflüsse können Böden im Verlauf der Zeit verändern, wodurch die archäologische Interpretation geochemischer Resultate zusätzlich erschwert wird (Heron 2005). Oft ermöglicht nur die Kombination verschiedener Methoden (◯ Abb. 15.5) die Untersuchung spezifischer Fragestellungen, um die Ergebnisse realistisch interpretieren zu können.

15.2 Pollenanalyse

Astrid Röpke

Pollen (Blütenstaub) wird von der Palynologie, wortwörtlich von der Lehre vom Staub in der Luft, untersucht. Die Methode dieser Disziplin ist die Pollenanalyse. Sie befasst sich mit der Bestimmung von Pollen und Sporen (z. B. Overbeck 1975; Birks und Birks 1980; Moore et al. 1991; Faegri und Iversen 1989). Lennart von Post war zwar nicht der Erste, der sich mit Pollen beschäftigte, kann aber ohne Weiteres als Vater der Pollenanalyse genannt werden, denn er entwickelte theoretische und praktische Konzepte, die sie zu einer wissenschaftlichen Disziplin machte. So stellte er 1906 das erste Pollendiagramm vor (de Klerc 2018). Es handelt sich um eine interdisziplinäre Methode, die vornehmlich von den Fachdisziplinen Archäobotanik, Vegetationsgeographie, Umwelt- und Geoarchäologie und den Geowissenschaften angewendet wird, um die Vegetations- Klima- und Landnutzungsgeschichte zu rekonstruieren. Dies ist möglich, weil in die kontinuierlich abgelagerten Sedimente von Seen, Mooren und anderen Feuchtstandorten Jahr für Jahr Pollen eingebettet und unter Luftabschluss konserviert wird (Lang 1994). In speziellen Fällen ist Pollen auch in Böden enthalten (Havinga 1971; Dimbleby 1985). Die ältesten Nachweise von Sporen reichen bis ins Präkambrium und von Pollen bis in

die Trias zurück (Hochhuli und Feist-Burkhardt 2013), der Schwerpunkt der meisten Untersuchungen liegt allerdings im Holozän und in den Interglazialen. Die zeitliche Einordnung der ersten Pollendiagramme erfolgte zunächst rein biostratigraphisch und wurde seit den 1980er-Jahren mit ^{14}C-Datierungen kombiniert.

15.2.1 Methode

Um Proben für die Pollenanalyse zu erhalten, werden meist Bohrkerne mit Handbohrern (siehe ▶ Abschn. 14.1) aus den Sedimentarchiven entnommen. Für Moorablagerungen sowie Sedimente aus flachen Seen eigenen sich Hohl - und Kammerbohrer. Die Verfüllung mit Sediment erfolgt dabei von unten und von der Seite. Wenn in tieferen Seen gebohrt werden soll, werden häufig an Stahlseilen hängende maschinell unterstützte Kolbenbohrer eingesetzt, verfüllt wird von unten (Moore et al. 1991; Faegri und Iversen 1989).

Die Proben können parallel auch geochemisch analysiert und für andere Disziplinen genutzt werden. Pollenkörner sind nur unter dem Mikroskop bestimmbar und für deren Aufbereitung wird häufig Flusssäure im Labor verwendet (z. B. Moore et al. 1991). Um die Pollenkonzentrationen zu bestimmen, wird eine Tablette mit einer definierten Menge exotischer Rezentpollen hinzugefügt (Stockmarr 1971). Als Aufbewahrungsmedium dienen Silikonöl oder Glycerin.

15.2.1.1 Grundlagen der Pollenbestimmung

Pollen besteht aus mikroskopisch kleinen Körnern (10–180 µm), die das männliche Erbgut von Gymnospermen und Angiospermen enthalten. Dieses wird von einer kompliziert aufgebauten doppelten Wand geschützt. Subfossil bleibt von der Wand nur die äußere Schicht, die Exine, erhalten, denn sie besteht aus säure- und laugenresistentem Sporopollenin und ist nur gegen Oxidation anfällig (Faegri und Iversen 1989; Moore et al. 1991; Havinga 1971). Mittels des Aufbaus der Pollenwand lassen sich verschiedene Pollentypen unterscheiden. Die Pollenkörner haben typische Öffnungen wie Poren oder Schlitze *(colpi)*, die in Anzahl, Anordnung und Aufbau variieren (◘ Abb. 15.6). Außerdem besitzen sie sehr unterschiedliche Oberflächen: glatt, stachelig, striat (streifig) und manche haben Luftsäckchen (Bestimmungsliteratur: z. B. Moore et al. 1991; Faegri und Iversen 1989; Punt und Blackmore 1976–1995; Beug 2004). Hinter einem Pollentyp verbergen sich meist Pflanzenfamilien oder Gattungen und manchmal ist es möglich, das Pollenkorn bis auf die Art genau zu bestimmen. Es wird in Pollen von anemogamen (windbestäubten) Pflanzen, der in großen Mengen mit guter Flugfähigkeit produziert wird, in zoogame (von Tieren bestäubte) Pflanzen mit geringer Produktionsrate und Flugweite sowie in autogame (selbstbestäubende) Pflanzen, die nur wenig Pollen bilden, unterschieden (Faegri und Iversen 1989; Moore et al. 1991). Die Art der Bestäubung wirkt sich auf ihre Repräsentanz in den Pollenspektren aus. Die damit einhergehende Unter- oder Überrepräsentation von Pollentypen in den Analysen verzerrt so die tatsächliche räumliche Verteilung der Vegetation. Um diese Faktoren mit einzuberechnen, wurden von Sugita (2007 a, b) und Theuerkauf und Couwenberg (2017, 2018) verschiedene quantitative Modelle entwickelt. Je nach Fragestellung bieten sich unterschiedliche Archive zur Auswertung an, da die Größe und Art der Ablagerung die Anteile des Pollens aus unterschiedlicher Herkunft beeinflussen (Jacobson und Bradshaw 1981; Burga und Perret 1998). Für einen überregionalen Überblick eignen sich große Seen und Hochmoore, sogenannte *off-site*-Standorte, die einem vergleichsweise kontinuierlichen

Polleneintrag unterliegen. Dieser stammt aus verschiedenen Landschaften/Biomen. Um menschliche Einflüsse in direktem Umfeld zu erkennen, sind kleinere Ablagerungen in der Nähe *(near-site)* günstiger, die einen hohen Anteil extralokalen Pollens enthalten. *On-site*-Ablagerungen wie Böden oder archäologische Befunde bilden ein sehr selektives, meist lokales Spektrum ab. Nur unter speziellen Bedingungen ist Pollen dort überhaupt erhalten, etwa in Brunnen, Latrinen, Kolluvien, an alten Oberflächen (Kalis und Meurers-Balke 2009; Stobbe 2009; Dimbleby 1985).

15.2.2 Vegetations- und Landnutzungsgeschichte

Pollendiagramme von Sedimentabfolgen zeigen eine charakteristische Abfolge von bestimmten vegetationsgeschichtlichen Stadien, auch Pollenzonen genannt. Jedes Pollendiagramm wird zunächst in lokale Pollenzonen gegliedert (LPAZ: *local pollen assemblage zones*). Für Diagramme aus einer Region lassen sich dann regionale Pollenzonen erarbeiten. Bereits 1949 wurde von Franz Firbas eine mitteleuropäische Gliederung vorgenommen, die im Weiteren durch chronostratigraphische Unterteilungen verfeinert wurde (Firbas 1949; Mangerud et al. 1982; Lang 1994; Welten 1982).

Die Einwanderung und Ausbreitung der verschiedenen Bäume nach der letzten Eiszeit wurde erstmals von Firbas (1949) für Mittel- und Nordwesteuropa vorgelegt. Überwogen im frühen Holozän (Präboreal) noch Kiefern und Birken, so wurden diese folgend durch eine haselreiche Episode (Boreal) und dann durch Laubmischwälder abgelöst. Während Linde, Eiche, Ulme und Esche sich bereits im Atlantikum (ca. 7300–3700 v. Chr.) ausgebreitet hatten, kam die Rotbuche *(Fagus sylvatica)* erst nach dem Mittelholozän hinzu. Spätestens dann lassen sich Vegetationsänderungen nicht mehr

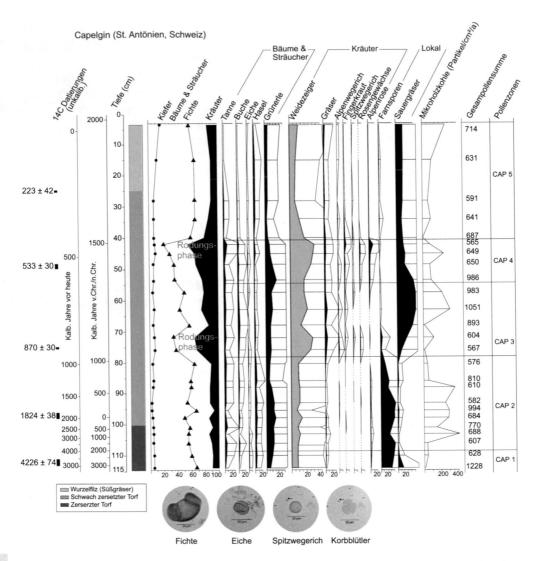

◘ Abb. 15.6 Prozentuales Pollendiagramm vom Moor Capelgin, 1680 m NHN (St. Antönien, Schweiz) mit ausgewählten Pollentypen. In einem Pollendiagramm lässt sich die Vegetationsgeschichte eines Gebietes diachron betrachten. Für die Auswertung werden die gezählten Pollenspektren in Form prozentualer Diagramme dargestellt, deren Basis die sogenannte Pollensumme bildet. Auf der y-Achse wird die Tiefe aufgetragen und die prozentualen Anteile der Pollentypen auf der x-Achse. Am Anfang steht in diesem Fall das Hauptdiagramm. Dieses gibt das Verhältnis vom Baumpollen (BP) und dem Nichtbaumpollen (NBP) wieder. Die lokale Vegetation wie der Torfbildner, Sporen und die NPPs (Nichtpollen-Palynomorphe) sind nicht in der Pollensumme enthalten

rein klimatisch erklären, sondern sind auch immer im Zusammenhang mit dem Menschen zu interpretieren. In erster Linie ist die menschliche Nutzung im Pollendiagramm anhand der Änderung des Verhältnisses von Baum- und Nichtbaumpollen, des Auftretens von sogenannten „anthropogenen Indikatoren" wie Pollen von Spitzwegerich *(Plantago lanceolata)* sowie von eingeführten Nutzpflanzen (z. B. Getreide, Esskastanie, Walnussbaum) nachweisbar (Behre 1981; Lang 1994). Eine Phase menschlichen Einflusses durch Rodungen für landwirtschaftliche Flächen zeigt sich demnach mit der Abnahme des Baumpollens und dem Anstieg des Kräuterpollens inklusive der anthropogenen Indikatoren. (◘ Abb. 15.6; siehe auch ▶ Abschn. 14.4.5) Dies geht häufig einher mit der Zunahme mikroskopischer Pflanzenkohle, die die erhöhte Feuertätigkeit, z. B. durch Brandrodung, sichtbar macht (Tinner und Hu 2003; Tinner et al. 2005). Die so entstandene Kulturlandschaft besitzt ihre eigenen Ökosysteme wie Heiden, Acker- und Grünland, Niederwald, Hudelandschaften oder Weiden, deren Existenz in den Pollenspektren festgehalten wird (Küster 1999, 2005; Gobet et al. 2010). In den letzten Jahren haben gemeinsame geoarchäologische, pollenanalytische und archäologische Projekte zugenommen, die Nutzung und Siedlungsaktivität kombiniert untersuchen (z. B. Röpke et al. 2011; Walsh et al. 2013; Stobbe et al. 2015). Sie lassen sich ebenfalls mit Analysen von Biomarkern und sedDNA kombinieren (z. B. Giguet-Covex et al. 2014; Zocatelli et al. 2017).

15.3 Nichtpollen-Palynomorphe

Lyudmila S. Shumilovskikh und Frank Schlütz

Nichtpollen-Palynomorphe (NPP, engl.: *non-pollen palynomorphs*) sind Reste von Organismen mit einer Größe zwischen etwa 10 und 250 μm, die in palynologischen Proben neben den Pollenkörnern vorkommen. Diese „Extra-Mikrofossilien" bestehen aus organischem Material, das gegenüber natürlicher Zersetzung im Sediment und der üblichen Aufbereitung im Labor (Salzsäure, Kalilauge, Acetolysegemisch, Flusssäure; vgl. ▶ Abschn. 15.2) sehr resistent ist. Die morphologischen Merkmale der Reste erlauben eine Einteilung in Typen bis hin zur systematischen Einordnung und taxonomischen Benennung. Eine schonendere Aufbereitung resultiert in einer höheren Diversität der nachweisbaren NPP (Marret 1993;

Riddick et al. 2016; van Asperen et al. 2016; Enevold et al. 2018).

Die Beschreibung und Benennung eines NPP-Typs beinhaltet ein Kürzel des Labors, Sedimentkerns oder des Autorennamens und eine fortlaufende Nummer sowie eine detaillierte Beschreibung, Fotos und eine mögliche systematische Zuordnung (Miola 2012). Die über zahlreiche Aufsätze verstreuten Beschreibungen von NPP-Typen sind in der NPP-Datenbank ▶ https://nonpollenpalynomorphs.tsu.ru/ verfügbar.

Bei den NPP handelt es sich oft um Teile der (äußeren) Hüllen von Blaualgen, Algen, höheren Pflanzen, Pilzen und Tieren oder einzelner Stadien aus deren Lebenszyklus (van Geel 2001). Wegen der bruchstückhaften Überlieferung ist eine genaue systematische Zuordnung oftmals schwierig. Manche Reste sind charakteristisch genug, um sie einer noch heute lebenden Gattung oder sogar Art zuweisen zu können. So lässt sich anhand ihrer Sporen die Evolution mancher Pilze über geologische Zeiträume hinweg weltweit verfolgen (Schlütz und Shumilovskikh 2013; Shumilovskikh et al. 2017).

NPP stammen von Produzenten, Konsumenten und Destruenten, repräsentieren also alle Bereiche des biologischen Stoffkreislaufs und sind somit wichtige paläoökologische Indikatoren zur Rekonstruktion der Vergangenheit. Im Folgenden einige Beispiele:

Die Glomeromycota sind eine Pilzgruppe, die in Symbiose mit den Wurzeln von Gräsern, Kräutern und Gehölzen lebt. Die von ihnen während der asexuellen Vermehrung im Boden gebildeten Chlamydosporen werden in der paläoökologischen Forschung zumeist als *Glomus*-Typ zusammengefasst (◘ Abb. 15.7a). In Böden, aber auch in trockenen Mooren kommt der *Glomus*-Typ von Natur aus vor (Kołaczek et al. 2013). Findet man solche Sporen jedoch in aquatischen Ablagerungen von

Seen oder Meeren, so kann dies ein Nachweis für Bodenerosion und Sedimenttransport sein (Bos et al. 2005; Gauthier et al. 2010; Miehe et al. 2009; Shumilovskikh et al. 2016; van Geel et al. 1989). Ähnliches gilt für die ebenfalls erdbürtigen Sporen von *Sphaerodes* und *Zopfia rhizophila* (◘ Abb. 15.7b, c) (Bakker und van Smeerdijk 1982; Guarro et al. 2012; Shumilovskikh et al. 2016). Pyrophile Pilze sind an durch Hitze und Feuer veränderte Bodenbedingungen angepasst und wachsen an Brand- und Feuerstellen. Die Ascosporen der pyrophilen Schlauchpilze der Gattungen *Gelasinospora* (◘ Abb. 15.7d) und *Neurospora* korrelieren in den paläoökologischen Archiven gut mit anderen Indikatoren für lokale Feuerereignisse (van Geel 1978; Aptroot and van Geel 2006).

Koprophile Pilze gedeihen insbesondere auf den Exkrementen von Pflanzenfressern. Mit der Nahrung gelangen die Pilzsporen über die Darmpassage in den Kot und sporulieren auf dem ausgeschiedenen Dung. Die dickwandigen, dunkel pigmentierten Sporen lassen sich relativ gut bestimmen (Aptroot and van Geel 2006; Schlütz and Shumilovskikh 2017; van Asperen et al. 2016). Manche Gattungen koprophiler Pilze wie z. B. *Sporormiella, Podospora* und *Sordaria* (◘ Abb. 15.7e–g) sind fast obligat koprophil, wachsen also hauptsächlich auf Dung, sie können aber auch auf anderen organischen Substraten vorkommen. Fakultativ koprophile Gattungen wie *Arnium, Chaetomium, Coniochaeta* und *Delitschia* (◘ Abb. 15.7h–k) hingegen benutzen Dung nur als eines neben anderen Substraten (Doveri 2007). Die Wurmeier von Parasiten wie z. B. *Trichuris* (Peitschenwurm), *Ascaris* (Spulwurm), *Capillaria* (Haarwurm), *Fasciola hepatica* (Großer Leberegel) und *Dicrocoelium* (Kleiner Leberegel) (◘ Abb. 15.7l–p) besitzen eine widerstandsfähige Wand mit charakteristischen morphologischen Merkmalen (Brinkkemper und van Haaster 2012; Lardín und Pacheco 2015; Shumilovskikh et al. 2016) und werden mit dem Kot ausgeschieden. Derartige Wurmeier sind häufig in mittelalterlichen Latrinen und sonstigen Sedimenten in und nahe von Siedlungen zu finden (Le Bailly et al. 2007; Le Bailey und Bouchet 2010). Im geoarchäologischen Kontext können sie auf einen Krankheitsbefall, auf Deponierung von Exkrementen oder eine Kanalisation hinweisen (Shumilovskikh et al. 2016).

Die Reste von Süßwasseralgen wie *Pediastrum, Botryococcus,* Zygnemataceae (◘ Abb. 15.7q–s) und Cyanobakterien (Blaualgen) lassen sich oft bis zu Art bestimmen (Jankovská und Komárek 2000; Komárek und Jankovská 2001; van Geel 1976, 1979; van Geel et al. 1994, 1996). Die Cyanobakterien *Aphanizomenon* und *Anabaena* (◘ Abb. 15.7t) sind Indikatoren für Eutrophierung durch Phosphateintrag (van Geel et al. 1994), den zum Wachstum benötigten Stickstoff können sie selbst fixieren. In küstennahen und marinen Sedimenten sowie Hafenablagerungen treten marine NPP wie Foraminiferenreste sowie Zysten von Dinoflagellaten (Dinozysten) und *Pterosperma* (◘ Abb. 15.7u) auf. Sie erlauben die Rekonstruktion des Übergangs von marinem zu terrestrischem Milieu (Shumilovskikh et al. 2016) oder den Nachweis der marinen Beeinflussung und Herkunft von Sedimenten (Pals und van Geel 1980; Bakker und van Smeerdijk 1982). Das Verhältnis von autotrophen zu heterotrophen Dinozysten ist ein Maß für die Eutrophierung (Shumilovskikh et al. 2016).

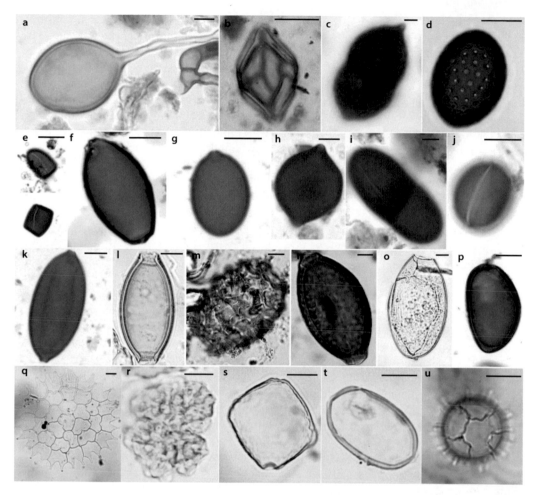

◻ Abb. 15.7 **a** *Glomus*-Typ (Glomeromycota; Chlamydospore; Oberflächenprobe, Nepal); **b** *Sphaerodes retispora* (Ascomycet; Ascospore; bronzezeitlicher Festungsgraben, Vráble, Slowakei); **c** *Zopfia rhizophila* (Ascospore; bronzezeitlicher Festungsgraben, Vráble, Slowakei); **d** *Gelasinospora* spec. (Ascospore; Spätpleistozän, Himalaya, Nepal); **e** *Sporormiella* (Ascospore; oben Endzelle, Jungholozän, Kirgisien, unten Mittelstück, Spätglazial, Eifelmaar, Deutschland); **f** *Podospora decipiens* Typ (Ascospore; Jungholozän, Kirgisien); **g** *Sordaria* (Ascospore; Oberflächenprobe, Nepal); **h** *Chaetomium* (Ascospore; Dungprobe, Mongolei); **i** *Delitschia* (Ascospore; Oberflächenprobe, Nepal); **j** *Coniochaeta* (Ascospore; Oberflächenprobe, Nepal); **k** *Arnium* (Ascospore; Oberflächenproben, Nepal); **l** *Trichuris* (Nematoda; Ei; mittelalterliche Latrine, Höxter, Deutschland); **m** *Ascaris* (Nematoda; unbefruchtetes Ei; mittelalterliche Latrine, Höxter, Deutschland); **n** *Capillaria* (Nematoda; Ei; verlandeter römischer Hafen von Elaia, Türkei); **o** *Fasciola hepatica* (Plagiorchiida; Ei; Referenzsammlung); **p** *Dicrocoel Dicrocoelium* (Trematoda; Ei; Holozän, Kongor See, Iran); **q** *Pediastrum* (Chlorophyceae; Kolonie; Holozän, Viatkinskoe See, Russland); **r** *Botryococcus* (Chlorophyceae; Kolonie; Holozän, Ladoga See, Russland); **s** *Mougeotia* (Zygnemataceae; Zygospore; Holozän, Viatkinskoe See, Russland); **t** *Anabaena* (Cyanobakterien; Akinete; Holozän, Viatkinskoe See, Russland); **u** *Pterosperma* (Prasinophytae; Phycoma; mittleres Holozän, Wattenmeer, Norderney)

15.4 Archäobotanische Makroreste

Simone Riehl

Ursprünglich aus den Methoden der Geobotanik und Kulturpflanzenevolution entwickelt, stellt die Archäobotanik spätestens seit den 1960er-Jahren einen eigenständigen Bereich der Archäologie dar, der sich vor allem mit Fragen der menschlichen Subsistenz und Landwirtschaft sowie in diesem Kontext relevanten Fragen nach der direkten Umwelt damaliger Menschen auseinandersetzt. In der Umweltarchäologie wird die Archäobotanik je nach Schwerpunkt gerne im Bereich Bioarchäologie oder Paläoökonomie angesiedelt (Branch et al. 2005, Wilkinson und Stevens 2003). Traditionell werden Makroreste analysiert, zu denen sowohl vegetative Pflanzenreste (z. B. Wurzeln, Holz) als auch Diasporen (Spelzreste, Fruchtstände, Samen) gehören. Letztere sind Untersuchungsgegenstand der Karpologie. Zur Einführung in das Fachgebiet sind Marston et al. (2015), Pearsall (2015) sowie Jacomet und Kreuz (1999) grundlegend.

Archäologische Reste von Früchten und Samen werden ausgrabungsbegleitend aus Kontexten geborgen, die prinzipiell auch geoarchäologisch untersucht werden können (z. B. Gruben, Gräben und Kulturschichten). In Kombination mit einer fundplatzbezogenen Geoarchäologie erbringt die Archäobotanik wesentliche Beiträge zur räumlichen Nutzung der Lokalität durch Menschen in früheren Epochen. Die systematische Beprobung des Fundplatzes in einer Rasteranordnung ermöglicht die Erfassung unterschiedlicher Aktivitätsbereiche und erlaubt dadurch Rückschlüsse auf die Organisation der Haushalte und soziale Struktur in einer Siedlung.

Als häufigste Erhaltungsform ist der verkohlte Zustand vertreten. Dieser steht meistens in Zusammenhang mit ehemaligen Haushaltsaktivitäten. Erhaltung von unverkohltem Pflanzengewebe ist nur unter Sauerstoffabschluss und daher Fehlen von mikrobieller Zersetzung möglich, was entweder an hyperaride Gebiete (Wüstenklima) oder Feuchtbodenfundplätze gebunden ist. In Letzteren kommt es neben der Ansammlung von Pflanzenresten aus verschiedenen Bereichen der Siedlung auch zur Akkumulation von pflanzlichem Material aus dem näheren Umfeld, das nicht unbedingt durch den Menschen eingebracht wurde. Die Artendiversität solcher Feuchtbodenfundplätze ist dadurch oft höher als in Siedlungen, die nur verkohltes Material erbrachten.

Die Extraktion pflanzlicher Makroreste wird überwiegend durch Flotation (Abb. 15.8) oder Nasssieben vorgenommen. Die weitere Bearbeitung der Proben einschließlich Bestimmung findet in der Regel im Labor mithilfe einer rezenten Vergleichssammlung statt. Sollte ein Fundplatz nicht mit archäobotanischen Standardmethoden untersucht werden, so besteht die Möglichkeit, dass Samen bei der mikromorphologischen Auswertung von Dünnschliffen anhand ihrer Zellstruktur bestimmt werden. Die quantitative Auswertung solcher Befunde ist den Methoden entsprechend eingeschränkt.

Bei der Interpretation archäobotanischer Reste ist der generell in den Geowissenschaften angewandte Aktualismus ein wesentliches Prinzip. So werden autökologische Charakteristika, die zum Großteil als genetisch verankert gelten, insbesondere von Indikatorspezies als Proxies für die Rekonstruktion früherer Habitate, einschließlich der Böden, verwendet.

In Kombination mit einer landschaftsbezogenen Geoarchäologie kann die Archäobotanik wertvolle Hinweise zu den Wechselbeziehungen zwischen Mensch und Umwelt erbringen, sowohl auf ökologischer als auch auf ökonomischer Ebene. In diesem Bezugsrahmen sind Fragen zur Agrartechnologie und ihrer Intensität, zur Entwicklung der Wildpflanzenfloren sowie einer möglichen Veränderung der Landschaft von zentralem Interesse. In Feuchtbodensiedlungen ist mit

◘ **Abb. 15.8** Flotationsmaschine am bronze- und eisenzeitlichen Fundort Qatna (Syrien) zur Extraktion verkohlter Pflanzenreste aus Grabungssedimenten

der Erhaltung von unverkohlten Pflanzenresten die ökologische Entwicklung des Umfeldes (einschließlich der Gewässer) ein Bereich, zu dessen Verständnis die Archäobotanik beiträgt. Hier kann eine Bestimmung der Diasporen submerser Pflanzen umfassende Auskunft zur ehemaligen Wasserqualität und zum Nährstoffzustand von Gewässern geben.

Die Analyse von Samen aus Schaf-Ziege-Koprolithen (Kotstein, fossile Exkremente), die sehr häufig in archäologischen Siedlungen des Vorderen Orients vorliegen, erlaubt Aussagen zur Tierhaltung und zum landschaftlichen Umfeld, in dem die Tiere weideten.

Landwirtschaftliche Schwerpunkte oder auch solche der Subsistenz basieren in der Regel auf einer quantitativen Erfassung einzelner Samen oder Früchte. Dies bringt methodologische Probleme mit sich, da die Anzahl der von einer Pflanze hervorgebrachten Samen sehr stark schwanken kann (z. B. ca. 30 Körner bei der Zweizeilgerste gegenüber Tausenden von Samen bei einem Ex-

emplar des Gänsefußes). Dennoch lässt sich durch die Präsenz unterschiedlicher Taxa die Diversität der Ernährung einschätzen. Aussagen zur saisonalen Nutzung von Lokalitäten werden durch die Erfassung der Fruchtzeiten einzelner Pflanzen ermöglicht (Hillman in Moore et al. 2000).

15.5 Anthrakologie (Holzkohlenanalyse)

Katleen Deckers

Das Wort Anthrakologie geht auf die griechischen Ausdrücke *Anthrakos* = Kohle und *Logos* = Wissenschaft zurück und bezeichnet die Wissenschaft von der Holzkohle. Holzkohle entsteht, wenn Holz in sauerstoffarmem Milieu erhitzt wird (siehe auch Infobox 15.1). Dabei entweichen Wasser und organische Substanzen wie Öle, Harze, Gummiharze und Tannine. Eine inerte, schwarze Substanz bleibt übrig, das Kohlenstoffgerüst. Obwohl bei der Verkohlung des Holzes ein Schrumpfen stattfindet, bleibt die Struktur des Holzes erhalten. Holzkohle verbleibt auch über längere Zeit im Boden, weil sie sehr resistent gegen mikrobielle Zersetzung ist (Gale und Cutler 2000). Sie ist deshalb auf archäologischen Fundstellen wie auch *off-site* (d. h. abseits der Fundstelle) stark vertreten und kann (geo-)archäologisch relevante Informationen liefern. Die Anthrakologie verfügt über eine Vielzahl von Methoden und beschränkt sich nicht nur auf die Bestimmung von Holztaxa. In diesem Abschnitt werden einige anthrakologische Ansätze betrachtet, die von besonderer Bedeutung für die Geoarchäologie sind.

Infobox 15.1

Historische Köhlerei (Alexandra Raab)

Die Köhlerei – die Herstellung von Holzkohle – ist in Mitteleuropa eine historische Form der Waldnutzung. Holzkohle wurde insbesondere in Hüttenwerken verwendet, aber auch in kleineren Handwerksbetrieben und besonders in Schmieden benötigt. Die historische Köhlerei war oft Grundlage für die wirtschaftliche Entwicklung ganzer Regionen. In Deutschland sind Relikte von Holzkohlemeilern sehr zahlreich in den ehemals überregional bedeutenden Montanzentren der Mittelgebirge wie dem Schwarzwald oder dem Harz zu finden (Ludemann 2010; von Kortzfleisch 2008). Darüber hinaus waren Holzkohlemeiler auch im Norddeutschen Tiefland in großer Zahl vorhanden (Raab et al. 2019). Die historische Köhlerei und ihre Verbreitung wurde für viele Gebiete in Europa und im Nordosten der USA untersucht (z. B. Bond 2007; Foard 2007; Groenewoudt 2007; Hardy and Dufrey 2012a, b; Johnson und Ouimet 2014; Krebs et al. 2017; Magnusson 1993; Mastrolonardo et al. 2017). Über das technische Verfahren des Verkohlens geben historische Quellen Auskunft (z. B. Duhamel Du Monceau 1761; Cramer 1798; Krünitz 1773–1858; von Berg 1860). Mittels Pyrolyse wird Holz zu Holzkohle verschwelt. Dafür wurden verschiedenen Arten von Holzkohlemeilern verwendet. Die ältesten archäologisch nachweisbaren Relikte sind Grubenmeiler (z. B. Deforce et al. 2021). Diese wurden später von Platzmeilern abgelöst (◻ Abb. 15.9). Dafür wurden waagrechte und je nach Relief runde bis ovale Meilerplatten angelegt. Regional können die Größen der Meilerplatten zwischen 4 und 30 m variieren. In den Mittelgebirgen wurden die Meiler auf künstlich angelegten Terrassen errichtet. In flachem Gelände war die Vorbereitung der Meilerstellen weniger aufwendig. Häufig sind die Meilerplattformen von Gräben umgeben, zum einen, um Material für das Bedecken der Meiler zu gewinnen, zum anderen auch als Brandschutz. Das geschlagene, geklafterte und an der Luft getrocknete Holz wurde auf eine spezielle Weise zu Holzkohlemeilern gestapelt und mit Grassoden, Reisig o. ä. sowie Stübbe/Lösche (d. i. Substrat aus einem vorhergehenden Brand) bedeckt. Je nach Größe der Holzkohlemeiler und der enthaltenen Holzmenge dauerte das Verkohlen etwa 10–14 Tage. In den Mittelgebirgen sind die Meilerplatten am Hang meist deutlicher als im flachen Gelände zu erkennen. Holzkohlemeiler im Flachland sind charakterisiert durch ihre kreisrunde Form, ihre Größe sowie eine 30–40 cm hohe Erhebung in der Mitte. Diese besteht aus einem heterogenen, thermisch veränderten Meilersubstrat aus mineralischem und organischem Material sowie unterschiedlich großen Holzkohlestücken. Der umgebende Meilergraben ist häufig mit Meilersubstrat verfüllt. Meilerplatten wurden einmalig oder auch mehrfach genutzt. Als Kleinreliefformen sind die ehemaligen Holzkohlemeiler auf schattenplastischen Reliefkarten basierend auf hochauflösenden LiDAR-Daten *(light detection and ranging)* gut erkennbar (◻ Abb. 15.9).

15

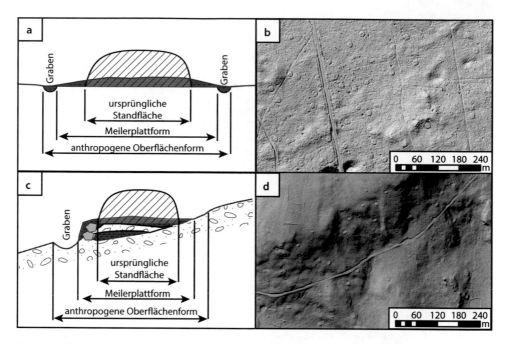

☐ Abb. 15.9 Schema einer Meilerplattform in flachem Gelände (**a**) und am Hang (**c**), rote Linie = aktuelle Geländeoberfläche, daneben entsprechende anthropogene Oberflächenformen auf schattenplastischen Reliefkarten (**b, d**). **b** Relikte von Platzmeilern in flachem Gelände (Südostbrandenburg, schattenplastische Reliefkarte mit 5facher Überhöhung, DGM © Markscheiderei LEAG). **d** Meilerplattformen am Hang (Cornwall, Connecticut, USA, DGM, Capitol Region Council of Governments. (2016). 2016 LiDAR imagery. Entnommen von ▶ https://cteco.uconn.edu/data/flight2016/index.htm)

15.5.1 Informationen zur Vegetationsentwicklung

Die Holzstruktur der unterschiedlichen Baumtaxa lässt sich morphologisch unterscheiden, wenn auch nur selten die exakte Artbestimmung möglich ist. In der Regel kann man die Baumtaxa nur bis zur Gattung oder (Sub-)Familie bestimmen. Bei der Analyse der Holzkohlenproben werden die Fragmente aus verschiedenen Blickrichtungen untersucht. Die transversalen (auch Querschnitt genannt), tangentialen und radialen Seiten werden unter einem Auflichtmikroskop und ggf. einem Rasterelektronenmikroskop (REM) auf ihre diagnostischen Merkmale hin betrachtet (☐ Abb. 15.10). Abhängig von den zu untersuchenden Merkmalen wird dafür eine

60fache, 100fache, 200fache oder 500fache Vergrößerung benutzt. Für die Bestimmung benötigt man eine gute Referenzkollektion und Bestimmungsliteratur für die berücksichtigte Region (z. B. Fahn et al. 1986; Gale und Cutler 2000; Schweingruber 1990; Crivellaro und Schweingruber 2013).

Die Erforschung der Holzkohle aus Böden wird Pedoanthrakologie genannt. In dieser Subdisziplin der Anthrakologie werden oft sehr kleine Holzkohlenflitter aus Böden und Sedimenten identifiziert (ab 0,4 mm, meistens ab 1 mm Durchmesser), um Rückschlüsse auf die Vegetationsentwicklung der Umgebung zu ziehen. Die Bestimmung von Holzkohlenfragmenten aus Sediment- und Bodenprofilen ermöglicht es, eine längere Vegetationsentwicklung zu rekonstruieren, als es mittels archäolo-

Querschnitt Laubholz: Eiche

Querschnitt Nadelholz Kiefer

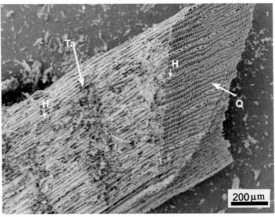

Tangentialschnitt Eiche

Tangential- und Querschnitt Nadelhoz (Zeder)

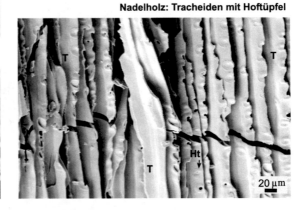

Calciumoxalatkristalle in Holzstrahl von Eiche

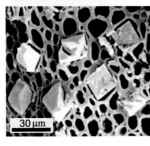

Nadelholz: Tracheiden mit Hoftüpfel

◻ **Abb. 15.10** Bilder aus dem Rasterelektronenmikroskop (REM) von Holzkohlenfragmenten aus archäologischen Fundstellen mit typischen anatomischen Merkmalen: Fh = Frühholz, G = Gefäß, H = Holzstrahl, Ht = Hoftüpfel, Hz = Harzkanal, J = Jahrring, Q = Querschnitt, Sh = Spätholz, T = Tracheide, Ta = Tangentialschnitt. Besonders zu beachten ist der Unterschied zwischen Nadelholz (rechts) und Laubholz (links): Während Nadelhölzer vorwiegend aus multifunktionellen Tracheiden aufgebaut sind, gibt es bei Laubhölzern verstärkt unterschiedliche Zellstrukturen, wie z. B. Gefäße, Gefäßtracheiden, Fasern und Längsparenchym. Holzstrahlen im Nadelholz sind generell sehr dünn, meistens einreihig, während Holzstrahlen bei Laubhölzern auch dicker sein können, wie z. B. bei der Eiche. Schon sehr kleine Holzkohlenfragmente reichen aus, um Nadelholz unter dem Mikroskop zu identifizieren. Auffällig sind dabei die in den Tracheiden vorkommenden typischen Hoftüpfel. In Holzkohlen sind oft Phytolithe erhalten, wie z. B. Calciumoxalatkristalle in den Holzstrahlen der Eiche

gischer Fundstellen möglich ist (z. B. Robin 2013). Andererseits gibt es auch Einschränkungen bei der Aussagekraft einer pedoanthrakologischen Untersuchung: Da oft nur kleinere Flächen bzw. ein Profil beprobt werden und der Befund von bestimmbaren Holzkohlenfragmenten *off-site* meistens nicht sehr groß ist, ist das Ergebnis der Verteilung der unterschiedlichen Taxa möglicherweise nicht repräsentativ für die Rekonstruktion der Vegetation (Feiss et al. 2017). Deswegen sollten möglichst viele Holzkohlenfragmente von mehreren Profilen untersucht werden. Flotation von größeren Sedimentmengen ist dabei hilfreich, um ausreichend Material zu gewinnen. Ein weiteres Problem der Pedoanthrakologie ist die komplexe Taphonomie der Holzkohle (z. B. Probleme der sekundären Ablagerung), die ein Verständnis der Chronologie der Vegetationsentwicklungen erschwert. Deshalb sollte die Pedoanthrakologie in Kombination mit Radiokohlenstoffdatierungen angewendet werden, was kostenaufwendig ist (Feiss et al. 2017). Geeignet für die Pedoanthrakologie sind meist Profile mit Sedimenten aus einem kleinen Einzugsgebiet. Ein Forschungsbereich, für den die Pedoanthrakologie wichtige Erkenntnisse liefern konnte, ist z. B. die Erforschung der Evolution der Baumgrenze in Gebirgen (z. B. Compostella et al. 2013; Cunill et al. 2012, 2013).

15.5.2 Die Geschichte des Feuers

Holzkohlenpartikel werden vom Ort der Verbrennung mit dem Oberflächenabfluss und dem Wind zu den späteren Fundorten transportiert und können in der Geoarchäologie für die Rekonstruktion der Feuergeschichte eingesetzt werden (Whitlock und Larsen 2001). Dabei werden die Holzkohlenpartikel aus einer Probe, die z. B. aus See- oder Moorsedimenten entnommen wurde, ausgezählt oder deren Oberflä-

che vermessen (Whitlock und Larsen 2001). Generell wird zwischen der Untersuchung von mikroskopischen (<100 µm) und makroskopischen (>100 µm) Holzkohlenpartikel unterschieden, die eine unterschiedliche Aussagekraft haben können. Makroskopische Holzkohlenpartikel haben das Potenzial, die lokale Feuergeschichte zu rekonstruieren, weil die großen Partikel nicht weit vom Feuer abgelagert werden. Die mikroskopischen Holzkohlenpartikel hingegen können über weitere Strecken transportiert werden und liefern daher regionale Informationen (Whitlock und Larsen 2001). Je nachdem ob mikroskopische oder makroskopische Holzkohlenpartikel aus See- und Moorsedimenten im Fokus der Untersuchung stehen, werden unterschiedliche Aufbereitungsmethoden angewendet. Mikroskopische Holzkohlenanalysen werden meistens im Zusammenhang mit pollenanalytischen Untersuchungen vorgenommen, weil dafür dieselben Proben genutzt werden können. Bei der Analyse makroskopischer Holzkohlenpartikel werden die Proben entweder in mikromorphologischen Dünnschliffen oder mittels Sieben präpariert (Whitlock und Larsen 2001). Neben dem Auszählen und Vermessen der Fragmente können anhand der morphologischen Merkmale der Holzkohlenpartikel noch zusätzliche Informationen zu Brennstoffquelle, Brandart und Holzkohlentaphonomie gewonnen werden (s. z. B. Mustaphi und Pisaric 2014). In der *Global Charcoal Database,* die online zugängig ist, sind bisher mehr als 400 radiokohlenstoffdatierte spätquartäre Holzkohlenprofile zur Dokumentation der Feuergeschichte eingespeist (Power et al. 2010).

15.5.3 Zeitliche Einordnung

Erkenntnisse über die Grundlagen des Holzwachstums sind für Geoarchäologen vor allem zur Gewinnung chronologischer Informationen wichtig. In Jahreszeitenklimaten ist die Struktur des Holzes im Querschnitt typischerweise durch konzentrische Kreise gekennzeichnet, die Jahrringe genannt werden (◘ Abb. 15.10). Dieses Muster entsteht durch den Wachstumsmechanismus. Das Kambium, eine mikroskopisch dünne, ringförmige Bildungsschicht zwischen Rinde und Holz, bildet nach innen Holzzellen, nach außen Rindenzellen. In gemäßigten Klimazonen entsteht in der Regel eine Holzschicht pro Wachstumssaison. Die Jahrringe sind meist deutlich voneinander zu unterscheiden, weil zu Beginn und gegen Ende jeder Wachstumsphase Zellen unterschiedlicher Größe, Art, Anzahl und Verteilung gebildet werden (Früh- und Spätholz, s. ◘ Abb. 15.10; Grosser 1977).

Holzkohlenfragmente werden in der geoarchäologischen Forschung oft mithilfe der Radiokohlenstoffmethode datiert (s. z. B. Frederick 2001). Neben der generellen Problematik der sekundären Position der Holzkohle in *off-site*-Ablagerungen, wird häufig nicht zur Kenntnis genommen, dass Bäume, z. B. Eichen, mehrere hundert Jahre alt werden können. Deshalb liefert ein Holzkohlenfragment aus dem Stamminneren ein älteres ^{14}C-Datum als ein Fragment von der Außenseite. Somit kann nicht immer eindeutig der Zeitpunkt der Nutzung bzw. des Absterbens des Holzes bestimmt werden. Deshalb ist es wichtig, das Fragment vor der Datierung genauer zu untersuchen und anhand des vorliegenden Krümmungsradiusses der Jahrringe festzustellen, ob das Fragment eher von der Außenseite eines Stammes oder aus dem Inneren stammt, und ob evtl. noch Rinde (die sogenannte Waldkante) vorhanden ist. Insbesondere Zweige und Fragmente nahe der Rinde sind am besten für ^{14}C-Datierungen geeignet.

In bestimmten Fällen können *in situ* verkohlte Baumreste dazu beitragen, die chronologische Auflösung eines Ereignisses genauer zu datieren und den Kalibrierungsfehler zu verringern. Es werden mehrere Radiokohlenstoffdatierungsproben von einem Ast oder Baumstamm entnommen und die Abfolge der Jahrringe genutzt, um die Proben auf der Kalibrationskurve zu verorten *(wiggle matching)*. Dieser Ansatz wurde z. B. für die Datierung des minoischen Santorin-Ausbruchs angewendet (Friedrich et al. 2006). Die letztgenannte Studie wurde allerdings auch kritisiert, weil das für die Datierung benutzte Olivenholz unregelmäßige Jahrringe ausbildet (Ehrlich et al. 2018).

Auch die „reine" Dendrochronologie hat großes Potenzial zur Rekonstruktion der Chronologien (Frederick 2001). Dabei wird die Abfolge von Jahrringbreiten des zu untersuchenden Fragmentes in eine für die Region und das Taxon schon bekannte Sequenz aus Jahrringen eingesetzt. Allerdings funktioniert diese Methode nur, wenn es eine dendrochronologische Masterkurve für das bestimmte Taxon gibt.

15.6 Mikromorphologie

Dagmar Fritzsch

Mikromorphologie ist die Lehre von der äußeren Gestalt, Struktur und Zusammensetzung von Objekten im mikroskopischen Bereich. Mikromorphologisch bearbeitbare Sedimentdünnschliffe geben Aufschluss über Inhalte, die Lage und Beziehung dieser Inhalte zueinander und können damit über die makroskopische Betrachtung hinaus Hinweise und Antworten hinsichtlich der Nutzung und Funktion des untersuchten Ortes liefern. Im Idealfall kann die Mikromorphologie die Lücke zwischen makroskopischen und mikroanalytischen Resultaten schließen.

Transparente Präparate im Durchlicht zu untersuchen entstammt ursprünglich der Histologie. Die Technik der Herstellung transparenter Dünnschliffe wird schon lange in den geologischen Wissenschaften, vor allem in der Petrologie, angewandt. Auf dem Gebiet der Bodenmikromorphologie leistete Walter L. Kubiena mit seinem Werk *Micropedology* (1938) in den 1930er-Jahren Pionierarbeit. Die Nutzung der Methode im archäologischen Kontext etablierte sich aber erst vor wenigen Jahrzehnten (Cornwall 1954; Courty et. al 1989). Cornwall (1954) nutzte die Dünnschliffanalyse zur Untersuchung von Verbrennungsplätzen, Aschen und Fußböden. Mit dem Ziel, das Verständnis über antike Mensch-Umwelt-Beziehungen zu verbessern, nutze er die Technik auch zur Rekonstruktion der Paläoumweltbedingungen.

Seit den 1980er-Jahren wird die Mikromorphologie verstärkt zur Analyse archäologischer bzw. anthropogen überprägter Sedimente genutzt, um die in den Straten konservierten mikroskopisch fassbaren anthropogenen Relikte nachzuweisen, und damit zur Rekonstruktion der Fundplatzgenese beizutragen.

Mit diesen Zielen werden auch heute ungestörte (d. h. intern in ihrer natürlichen Lagerung vorliegende) orientiert entnommene Sedimentmonolithe im geoarchäologischen Zusammenhang bearbeitet. Schon die Probennahme kann die spätere Interpretation des Befundes beeinflussen. Aufgrund der begrenzten Probenmenge können immer nur auf wenige Zentimeter eingeschränkte Abschnitte zur Analyse ausgewählt werden. Es ist wichtig, verschiedene Methoden zu kombinieren und ggf. parallel Mischproben zur späteren Untersuchung zu entnehmen. Die Proben zur mikromorphologischen Analyse müssen, wie oben beschrieben, ungestört entnommen (◘ Abb. 15.11), sorgfältig beschriftet und verpackt und möglichst erschütterungsfrei zur Präparation in ein Mikromorphologie-Labor transportiert werden. Zur Entnahme werden sogenannte Kubiëna-Boxen (benannt nach Kubiëna) und Abwandlungen dieser Kästen genutzt. Auch

U-Profilschienen aus Aluminium erfüllen, je nach Probenentnahmesituation, diesen Zweck.

Im Labor werden die Sedimentmonolithe zunächst getrocknet. Dies kann bei Raumtemperatur und anschließender Trocknung bei 40 °C für 48 Std. erfolgen. Bei stark ton- oder organikdominierten Sedimenten sollte der Austausch des in den Poren vorhandenen Wassers durch Aceton erfolgen (Fitzpatrick 1993), da die Trocknung an der Luft zu Änderungen in der Struktur der Proben und damit zu Fehlinterpretationen führen könnte. Anschließend werden die trockenen Proben unter Vakuum von unten mit flüssigem Kunstharz angegossen und nach und nach aufgesättigt, bis sie komplett überstaut sind (Altemüller 1962). Nach der vollständigen Imprägnierung und anschließender Aushärtung der Proben, was je nach Sedimentzusammensetzung und Harzmischung Tage bis Monate in Anspruch nimmt, können die Probenblöcke auf die passende Objektträgergröße gesägt und angeschliffen werden. Vorzugsweise wird beim Sägen sowie beim Schleifen Öl als Kühlmittel verwendet, da Öl im Gegensatz zu Wasser keine Minerale löst und keinen Einfluss auf die Quellung von Tonmineralen hat, was ebenfalls zu einer Fehlinterpretation führen könnte. Die angeschliffenen Proben können nun auf den Objektträger aufgebracht und auf etwa 100 µm abgesägt werden. Zur mikroskopischen Untersuchung im Durchlicht muss eine Probe nahezu transparent sein, weshalb ein Dünnschliff auf eine Dicke von 25–30 µm geschliffen wird (◘ Abb. 15.12).

Bei dieser Dicke kann das Licht Minerale und Strukturen der Sedimentprobe durchdringen, sodass der Dünnschliff im Durchlicht unter dem Polarisationsmikroskop betrachtet werden kann. Dabei werden 25fache bis mindestens 400fache Vergrößerungen genutzt. Optische Eigenschaften einzelner Partikel im Dünnschliff weisen

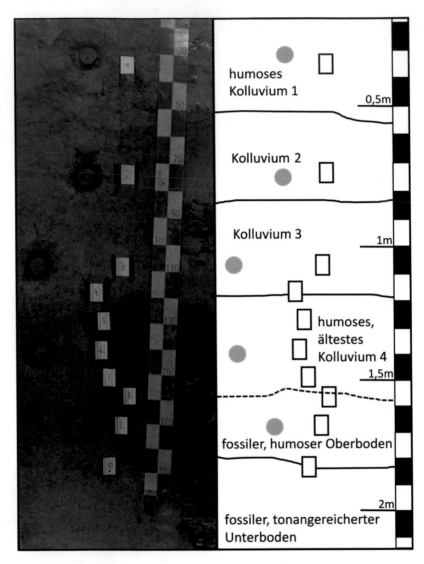

◘ Abb. 15.11 Mikromorphologische Beprobung eines gegliederten Kolluviums in der Wetterau (Hessen) und eines darunter begrabenen, fossilen Parabraunerde-Tschernosem-Profils. Parallel zu den Sedimentmonolithen wurden Proben zur Lumineszenzdatierung (► Abschn. 16.4) entnommen

auf verschiedene Materialien hin. Einzelne Partikel können auf Transparenz bzw. Opazität, auf Doppelbrechung, auf ihre Form und Oberflächengestalt etc. geprüft werden. Moderne Mikroskope können direkt mit einer Kamera verbunden werden. Bildbearbeitungsprogramme erlauben die direkte Messung der Größe von Objekten.

Die Methode ist bei vielen unterschiedlichen geoarchäologischen Untersuchungen anwendbar. Diese Analyse ist unabhängig von Zeitstellung und Landschaftsraum. Geben mikroanalytische Standardlaboranalysen einen quantitativen Überblick, kann die Dünnschliffanalyse die Probeninhalte miteinander in Beziehung setzen. Dafür ist es

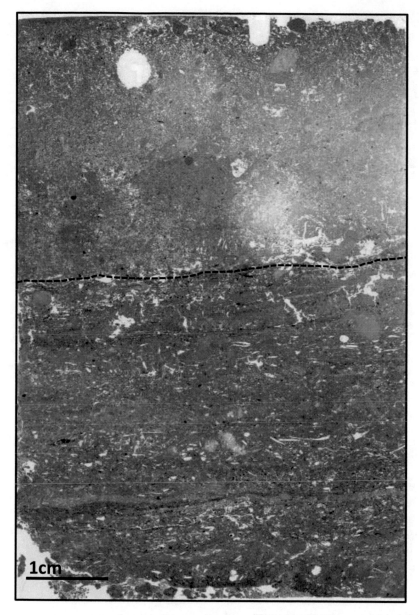

Abb. 15.12 Scan eines Dünnschliffs aus einem Siedlungshügel (Tell Chuera, Syrien) mit Schuttschicht über einer Abfolge von Lehmböden, Aschen- und Phytolithschichten unterhalb der Linie (Fritzsch 2011)

wichtig, anthropogen geprägte Inhaltsstoffe von natürlichen Inhalten unterscheiden zu können.

Durch die Analyse von Sedimentbestandteilen und deren Lagerung zueinander ist es so beispielsweise möglich, verschiedene Schichten und Funktionsbereiche zu charakterisieren (z. B. Gasse, Küche, Stall, Abfallgrube, Feuerstelle etc.; Goldberg und Macphail 2006; Stoops 2010; Thiemeyer und Fritzsch 2011). Aus dem Nachweis von verschiedenen Inhalten wie Holzkohleresten, Aschen, Pflanzen- und Getreideresten (**Abb. 15.13**) aus der Verarbeitung und/

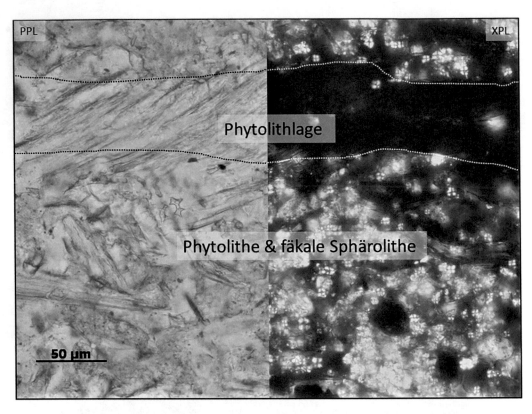

PPL

XPL

Phytolithlage

Phytolithe & fäkale Sphärolithe

50 μm

◘ Abb. 15.13 Mikrobild eines Ausschnitts aus ◘ Abb. 15.12: Lage aus Phytolithen (überwiegend Langzellen) über durchmischten Sedimenten. Links in linear polarisiertem Licht (PPL), rechts unter gekreuzt polarisiertem Licht (XPL). Im XPL sind die Phytolithe ausgelöscht und fäkale Sphärolithe sind erkennbar, die Hinweis auf den Dung von Wiederkäuern sind

oder Lagerung, organischen und anorganischen Substanzen, Schlacken, Produktionsrückständen, Knochenfragmenten sowie von Exkrementen etc., lassen sich frühere Nutzungsmuster ableiten. Viele Inhalte lassen sich weiterhin differenzieren, sodass eine engere Eingrenzung der Nutzung vorgenommen werden kann. So kann die Unterscheidung von Exkrementen Hinweise auf die Haltung von Tieren wie Schaf/Ziege, Rind (Wiederkäuer; ◘ Abb. 15.13) oder Schwein geben (Brönnimann et al. 2017a, b). Auch die Identifizierung von Parasiten(-eiern) in exkrementreichen Sedimenten ist möglich (Pümpin et al. 2017).

Die Betrachtung der Oberflächenstruktur begrabener ehemaliger Laufflächen kann Rückschlüsse zur früheren Nutzung zulassen (z. B. Stall, Küche, Straße, Hof etc.; Courty et al. 1989; Goldberg 1983). Auch unterschiedliche Feuchtemilieus können über konservierte Strukturen, die durch die Begehung von Räumen, Plätzen, Gassen und Straßen, die im trockenen oder feuchten Zustand entstanden sind, nachgewiesen werden (Rentzel et al. 2017). Die Mikromorphologie kann über den makroskopischen Befund hinaus Erkenntnisse aufzeigen, die durch die reine Betrachtung der Straten und Fundobjekte ohne den Blick durchs Mikroskop nicht erreichbar sind.

15

Durch eine Probenentnahme diachron entstandener Schichten innerhalb eines bestimmten Areals kann zudem der Nutzungswandel über die Zeit detailliert dargestellt werden. Durch parallel entnommene Proben können gleichzeitig abgelaufene Nutzungen aufgezeigt werden. In welchen Räumen sind saubere Tätigkeiten nachweisbar? Wo wurde gekocht, wo geschlafen und in welche Gasse wurden die Abfälle entsorgt? Diese synchron ablaufenden Tätigkeiten sind aus stratigraphisch parallel zu entnehmenden Proben aus verschiedenen Bereichen eines Areals analysierbar (z. B. Driscoll et al. 2016; Matthews et al. 1997; Matthews 2001; Miller und Sievers 2012; Schiegl et al. 1996; Shahack-Gross et al. 2005; Shillito 2011b).

Ein weiteres wichtiges Forschungsfeld ist die Bestimmung von Verbrennungsstrukturen bzw. -resten mithilfe der Mikromorphologie. Hier sind die verbrannten Rückstände im Fokus der Arbeit. An vielen Materialien können Spuren von Feuer, im besten Fall sogar unter Bestimmung unterschiedlicher Brenntemperaturen, ausgemacht werden (Röpke und Dietl 2017). Gebrannte Materialien wie Holzkohle, verbrannte Knochen- und Schalenfragmente, Holzasche und Phytolithschlacken können identifiziert werden. Die Zusammensetzung und Lagerung kann Aufschluss über in-situ-Brandereignisse respektive Umlagerungsprozesse geben.

Typische Fragestellungen für mikromorphologische Analysen ergeben sich häufig in Siedlungsbereichen, bei denen Laufhorizonte konserviert sind. Dies ist unter anderem bei Siedlungshügeln der Fall. Hier können ganze Fußbodenpakete Aufschluss über Nutzungsänderungen geben (Fritzsch 2011; ◻ Abb. 15.12 und 15.13). Aber auch in Grubenhäusern kann der Erkenntnisgewinn durch die Analyse des alten Laufhorizontes groß sein (Wegener 2009). Neben den ehemaligen Begehungshorizonten können aber auch die Verfüllungen von Grubenhäusern ebenso wie von anders genutzten Gruben und Gräben (▶ Abschn. 10.4) untersucht werden. Eine natürliche Verfüllung kann oft von einer intentionellen Verfüllung abgegrenzt werden. Im Idealfall kann über Rückstände an der Basis einer Grube die Nutzung ausgemacht werden.

Der Effekt von Begehung (trampling) kann sowohl in Gassen und Straßen wie auch auf offenen Plätzen im Sediment gespeichert sein. Hier können Personen und Tiere unterschiedliche Spuren hervorrufen. Ställe und Gehege können z. B. anhand von laminierten dung- und phytolithreichen Schichten erkannt werden (Shahack-Gross 2011).

Diese Befunde können postsedimentär überprägt sein. Natürliche Bodenbildungsprozesse (siehe ▶ Abschn. 12.1) können Befunde verändern und wichtige Spuren verwischen. Verlagerungsprozesse, wie z. B. die Verlagerung von Ton oder Kalk, können mikromorphologisch gut dargestellt werden; Sekundärkristallisation kann von primärer unterschieden werden. Auch die Durchmischung durch bodenwühlende Lebewesen und durch Wurzelwachstum kann die Archäosedimente beeinflussen (◻ Abb. 15.14) und z. B. Befundgrenzen maskieren.

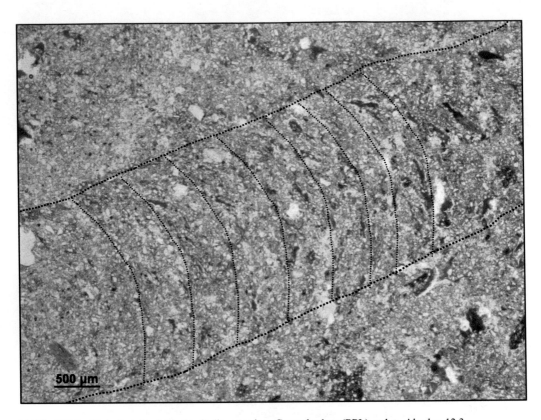

500 µm

□ **Abb. 15.14**   Bioturbat durchmischte Sedimente eines Gartenbodens (PPL); vgl. ▸ Abschn. 12.3

15.7 Biomarker

Katja Wiedner, Frank Schlütz und Lucia Leierer

Biomarker sind komplexe organische Verbindungen und bestehen aus Kohlenstoff, Wasserstoff und anderen Elementen, die wie ein „chemischer Fingerabdruck" verwendet werden können. Sie stammen von einst lebenden Organismen und können in gewissem Maße auf ihren Ursprung zurückgeführt werden. Dies ermöglicht Hinweise zur Rekonstruktion der Paläoumwelt, anthropogenem Wirken und deren Interaktion. Die untersuchten Biomarker umfassen insbesondere Nukleinsäuren, Proteine, Kohlenhydrate und Lipide, wobei in diesem Abschnitt besonders auf Lipide (Terpene/Terpenoide und Fäkalmarker), *n*-Alkane, Kohlenhydrate

und *black carbon* eingegangen wird. Hierbei werden diese Verbindungen, nach Extraktion und Aufbereitung durch Gaschromatographie (GC) gekoppelt mit Massenspektrometrie (MS) gemessen. Bei der Untersuchung stabiler Isotope (hier insbesondere Stickstoff und Kohlenstoff) werden die relativen Anteile der verschiedenen Isotope dieser Elemente gemessen. Ergebnisse geben z. B. Aufschluss über mögliche Düngung, Landnutzung, Vegetation, Klima oder Brandereignisse. Die Kombination von Biomarkern mit anderen bodenkundlichen Laboranalysen und mikromorphologischen Untersuchungen, sowie weiteren Disziplinen wie z. B. der Archäologie, Archäobotanik oder Archäozoologie, stellt eine überaus leistungsstarke Möglichkeit des disziplinübergreifenden Arbeitens mit maximalem Erkenntnisgewinn dar.

15.7.1 Biomarker und stabile Isotope in der Geoarchäologie

Molekularbiologische Untersuchungsmethoden stellen für die (Geo-)Archäologie ein unverzichtbares Werkzeug zur Aufklärung zahlreicher Fragestellungen dar. Im Fokus der biomolekularen Archäologie stehen folgende vier Kategorien von Makromolekülen (◘ Abb. 15.15):

- Nukleinsäuren (Desoxyribonukleinsäure (DNA) und Ribonukleinsäure (RNA)),
- Proteine,
- Kohlenhydrate und
- Lipide.

Ein weiteres Werkzeug ist die Analyse stabiler Isotope, vor allem wenn diese komponentenspezifisch an Kohlenhydraten, Proteinen und Lipiden eingesetzt wird. Für geoarchäologische Fragestellungen sind besonders Kohlenhydrate und Lipide von großer Bedeutung. Ihre Struktur als auch die Isotopie der Biomoleküle können Hinweise auf deren Ursprung ge-

ben und somit wesentlich zur Rekonstruktion der Paläoumwelt, des anthropogenen Wirkens und deren Interaktion beitragen (◘ Abb. 15.15).

Da alle organischen Verbindungen potenziell abbaubar sind, entscheiden verschiedenste Kriterien über deren Stabilität oder Erhaltung. Die Interaktion mit Mineralen (organomineralische Verbindungen) oder anderer, schwerer abbaubarer organischer Substanz (z. B. Fette, Wachse, Aromaten) verhindert oder erschwert den mikrobiellen Abbau. Letzteres kann zum Beispiel bei durchgängig verkohlten organischen Resten als Rückstände an Kochtöpfen oder Gargruben vorkommen. Weitere Erhaltungsmedien sind u. a. Feinporen (z. B. in Keramiken), Koprolithe oder Einschlüsse in Harz oder Bitumen. Einige extrem komplexe Makromoleküle wie Lignine, Tannine oder Wachse sind aufgrund ihrer strukturchemischen Eigenschaften nur schwer abbaubar (primäre Rekalzitranz). Eine wichtige Rolle zur Erhaltung von organischen Materialien spielen zudem physikochemische Umweltbedingungen wie z. B.

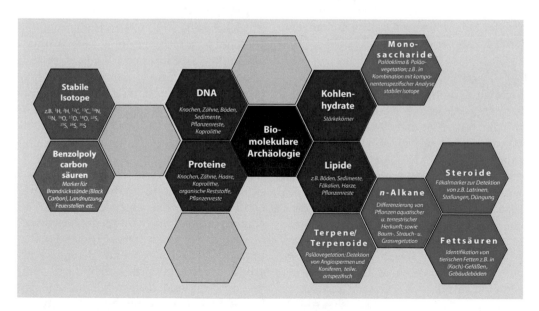

◘ Abb. 15.15 Relevante Makromoleküle bzw. Biomarker sowie stabile Isotope für (geo-)archäologische Fragestellungen

Feuchte, Temperatur, pH oder das Redox-potential. Grundsätzlich ist zu bedenken, dass auch modifizierte Biomoleküle, sei es durch mikrobielle Degradation oder Erhitzen, Hinweise auf deren Ursprung geben können.

Aufgrund der großen Bedeutung der Lipide als Biomarker für geoarchäologische Fragestellungen werden diese schwerpunktmäßig in diesem Abschnitt vorgestellt. Abschließend wird dieser Abschnitt einen Einblick in die Anwendung stabiler Isotope am Beispiel verkohlter Pflanzenreste gegeben.

15.7.2 Lipide und Alkane

Lipide (von griechisch λίπος, *lípos* = Fett) bilden eine umfangreiche Gruppe aus Fetten, Ölen, Wachsen, Steroiden und verschiedensten Harzen mit hochdiversen Strukturen. Allen gemeinsam ist ihre nicht vorhandene Wasserlöslichkeit (hydrophob) aber gute Löslichkeit in Lösungsmitteln (lipophil) wie z. B. Aceton und Toluol. Aufgrund ihrer Persistenz gelten Lipide und die Bausteine dieser Moleküle (*n*-Alkane) als geeignete Biomarker für die Rekonstruktion des Paläoklimas oder der Landnutzung durch den Menschen.

15.7.2.1 *n*-Alkane

Wichtige Grundbausteine der Lipide sind die nicht polaren *n*-Alkane, welche aus Kohlenstoff- (C) und Wasserstoffatomen (H) bestehen und nur Einfachbindungen enthalten. Diese Moleküle sind vergleichsweise stabil, als Bestandteile der pflanzlichen Wachse können die *n*-Alkane nach Absterben der Pflanze noch über geologische Zeiträume hinweg im Boden bzw. Sediment verweilen und als Marker für Vegetation und Klima dienen. Je nach Molekülkettenlänge (Anzahl der C-Atome) der *n*-Alkane lassen sich Pflanzen aquatischer (*n*-C17 bis *n*-C25) und terrestrischer (*n*-C27 bis *n*-C31) Herkunft unterscheiden (Eglin-

ton und Hamilton 1967; Rieley et al. 1991). Bäume und Sträucher sind dominiert von *n*-C27, während einige Gräser *n*-C29/31 aufweisen. Torfmoose *(Sphagnum)* sind typischerweise von *n*-C23 und *n*-C25 dominiert. Die Verteilung der *n*-Alkane unterliegt jedoch vieler verschiedener biotischer und abiotischer Faktoren und kann daher in Pflanzen derselben Spezies, in verschiedenen klimatischen Regionen oder gar innerhalb einer Pflanze variieren (Lockheart et al. 1997). Außerdem können mikrobielle Prozesse oder Hitze die *n*-Alkan-Verteilung im Boden beeinflussen und zu überwiegend kürzeren Ketten mit einer überwiegend geraden Anzahl an Kohlenstoffatomen führen (Eckmeier and Wiesenberg 2009). Neuere Forschungsarbeiten zeigen, dass substanzspezifische Messungen von Deuterium (^{2}H) an *n*-Alkanen vorsichtige Aussagen über paläoklimatische Verhältnisse zulassen (Zech et al. 2015).

15.7.2.2 Terpene und Terpenoide

Terpene und Terpenoide sind sekundäre Pflanzenstoffe und umfassen zusammen etwa 40.000 unterschiedliche Verbindungen. Während Terpene jedoch reine Kohlenwasserstoffe sind, unterscheiden sich die Terpenoide von diesen durch sauerstoffhaltige funktionelle Gruppen. Beiden Gruppen gemeinsam ist jedoch, dass sie sich strukturell vom Isopren (C_5H_8) ableiten. Terpenoide und Terpene sind in höheren Pflanzen in Baumharz, Blättern und Rinde enthalten, aber auch in Naturgummi (Gummi arabicum). Harze von Koniferen wie beispielsweise Fichte und Kiefer sind hauptsächlich aus Diterpenoiden wie Abietin- und Pimarsäure zusammengesetzt, während Angiospermen von Triterpenoiden dominiert sind. Spezifisch für die Harze der Birkenrinde sind Luepol und Betulin. Aufgrund des spezifischen Vorkommens einiger Terpene und Terpenoide lassen sich Bestandteile der organischen Substanz gut identifizieren. Es können folglich Aussagen zur Paläoökologie und Paläoumwelt getroffen werden.

15.7.2.3 Fäkalbiomarker

Klassischerweise dienen erhöhte Phosphatwerte als Indikator, um menschliche Aktivitäten eingrenzen oder lokalisieren zu können. Ursache erhöhter Phosphatwerte sind häufig menschliche und tierische Exkremente (Latrinen, Stallungen, Düngung). Allerdings besitzt Phosphat keinen spezifischen Fingerabdruck und eine nähere Zuordnung der Herkunft des Phosphats ist somit nicht möglich. Steroide wie Sterole, Stanole, Stanone und Gallensäuren, welche Derivate des Isoprens darstellen, eignen sich daher gut zur Identifikation von Fäkalien und deren Herkunft. Neben der Zuordnung auf einen menschlichen oder tierischen Ursprung ist es möglich, zwischen Herbivoren und Omnivoren zu unterscheiden. Jedoch ist die Zuordnung nicht trivial, da Sterole als Membranbestandteile von menschlicher und tierischer (Zoosterole) aber auch pflanzlicher Zellen (Phytosterole), sowie bei Pilzen (Mycosterole) und einigen Bakterien vorkommen. Außerdem können Sterole bereits im Verdauungstrakt oder in Boden und Sediment einer mikrobiellen Reduktion unterliegen. So sind etwa Stanone und Stanole keine Produkte des Säugetiermetabolismus, sondern Derivate der Δ^5-Sterole. Es bilden sich beispielsweise durch mikrobiellen Abbau aus Cholesterol (Cholesterin), einem in allen tierischen Zellen vorkommenden Sterol, unter natürlichen Umweltbedingungen 5α-Cholestanol und 5α-Cholestanon. Durch mikrobielle Abbauprozesse im Darm wird 5β-Cholestanol (Coprostanol) zu 5β-Cholestanon reduziert. Die verschiedenen Endprodukte geben also nicht nur Rückschlüsse auf das frühere Vorhandensein von Cholesterol, sondern auch unter welchen Bedingungen (Darm oder Umwelt) es reduziert wurde. Typische Vertreter pflanzlicher Sterole sind beispielsweise Sitosterol und Campesterol, welche im Darm

mikrobiell zu ihren 5β-Derivaten reduziert werden können. Hohe Konzentrationen an den 5β-Derivaten pflanzlicher Sterole lassen somit Rückschlüsse auf herbivore Fäkalien zu.

Gallensäuren sind wichtige Endprodukte des Cholesterinstoffwechsels, werden in der Leber synthetisiert, dienen zur Fettverdauung und Fettsorption und finden sich daher auch in den Ausscheidungen von Mensch und Tier. Eine dominante Gallensäure in Schweinefäkalien ist beispielsweise die Hyodeoxycholsäure, während die Deoxycholsäure dominant in den Ausscheidungen von Rindern und Menschen vorkommt, jedoch nicht bei Schweinen. Die Cholsäure hingegen ist sehr präsent in menschlichen Ausscheidungen, jedoch nicht bei Rindern. Dass Gallensäuren, aber auch Sterole nicht immer eindeutig zugeordnet werden können, zeigt auf, dass eine simultane Analyse der genannten Fäkalbiomarker unbedingt notwendig ist, um zuverlässige Aussagen auf deren Herkunft treffen zu können.

15.7.3 Black Carbon als Marker für Verbrennungsrückstände

Der Begriff *black carbon* ist definiert als schwarzer, partikulärer Kohlenstoff mit graphitischer Mikrostruktur, entstanden durch unvollständige Verbrennungsprozesse (Novakov 1984). *Black carbon* ist ubiquitär in Sedimenten, Böden, Gewässern, Eis und der Atmosphäre. Synonym zu *black carbon* finden sich in der Literatur weitere Begriffe wie Ruß, Kohle, elementarer Kohlenstoff oder pyrogener Kohlenstoff. Aufgrund der aromatischen Struktur weist *black carbon* eine hohe Widerstandsfähigkeit gegenüber chemischem und biologischem Abbau auf (sekundäre Rekalzitranz), was Jahrtausende alte Kohlefunde in Böden belegen. Neben der großen Bedeutung von *black carbon* im globalen Kohlenstoffkreislauf oder für Datierungszwecke kann die quantitative und qualitative Bestimmung und Bewertung von *black carbon* in Böden wichtige Hinweise zur Landnutzungsgeschichte geben (◘ Abb. 15.16). Beispiele sind Brandrodung, Siedlungsintensität, Nutzung von Kohle in der Landwirtschaft, Lokalisierung von Feuer- und Kochstellen oder Kohlemeilern.

15.7.4 Kohlenhydrate

Kohlenhydrate, auch Saccharide genannt, sind aus Kohlenstoff, Wasserstoff und Sauerstoff aufgebaut. Gemäß ihrer Komplexität unterscheidet man Polysaccharide (z. B. Zellulose, Stärke), Oligosaccharide (z. B. Raffinose), Disaccharide (z. B. Laktose) und Monosaccharide (z. B. Glukose). Monosaccharide sind hierbei die einfachsten Bausteine der Kohlenhydrate, aus welchen die anderen Saccharide aufgebaut sind.

15.7.4.1 Monosaccharide

Monosaccharide repräsentieren das größte Kohlenstoffreservoir in der Biosphäre und können durch ihre unterschiedliche biologische Herkunft als Biomarker für Paläoklima und Paläovegetation dienen. Komplexe Saccharide zerfallen mit der Zeit in Monosaccharide, ihre einfachsten Bausteine, während der Anteil dieser Bausteine konstant bleibt. Nachweisbar ist unter anderem der Einfluss von terrestrischen sowie aquatischen Pflanzen in Sediment (Gross und Glaser 2004; Hepp et al. 2016) und mikrobielle oder pflanzliche Herkunft von Monosacchariden (Gross und Glaser 2004; Sauheitl et al. 2005).

Unterstützend dazu kann die komponentenspezifische Analyse stabiler Kohlenstoffisotope von Monosacchariden die Herkunft der Monosaccharide determinieren (Basler und Dyckmans 2013; Dungait et al. 2008; Sauheitl et al. 2005).

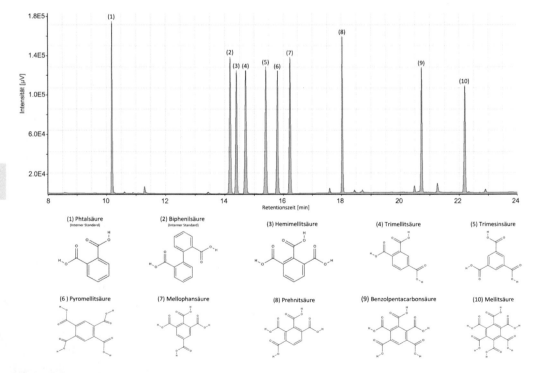

◘ **Abb. 15.16** Chromatogramm einer *black-carbon*-Messung mit Benzolpolycarbonsäuren (3–6) als Marker. Die Phthalsäure (1) und Bipheilsäure (2) dienen als interner Standard

15.7.5 Analyse von Biomarkern

Die Probenahme für Biomarker kann sich äußerst komplex gestalten und hängt unter anderem stark von der jeweiligen Fragestellung, dem Biomarker, welcher analysiert werden soll, und dem zu beprobenden Material ab. Eine allgemeingültige und für alle Biomarker gleichlautende Beschreibung zur Probenahme ist daher nicht umsetzbar. Grundsätzlich gilt jedoch (wie bei allen Probenahmen), sich bereits vor der Geländephase über die Grenzen der Aussagekraft der Biomarker genaustens zu informieren, die wissenschaftlichen Fragestellungen genau zu definieren und die eigentliche Probenahme genau zu dokumentieren (z. B. Fotos, Skizzen, geeignete Probenbezeichnung und Verpackungsmaterial). Auch ist es wichtig, sich darüber hinaus ausreichend über die Region und die Lokalität der Fundstelle zu informieren. Beispielsweise sind Analysen zu Fäkalbiomarkern kaum sinnvoll, wenn die Fundstelle nah unter der Oberfläche einer intensiv landwirtschaftlich genutzten Fläche liegt. Der rezente Eintrag von tierischen oder menschlichen Fäkalien (Gülle oder Klärschlamm) oder der Einfluss von rezenter Weidewirtschaft und die damit verbundene mögliche Kontamination mit Steroiden oder die Anreicherung von Phosphat, können zum derzeitigen Zeitpunkt nicht zweifelsfrei von historisch eingetragenen Steroiden und Phosphat unterschieden werden.

Die Anwendung von biomolekularen Analysen wurde durch die Entwicklung der Gaschromatographie (GC) gekoppelt mit Massenspektrometrie (MS) in den 1950er- und 60er-Jahren geebnet. Mit ihrer Hilfe wurde es möglich, Stoffgemische aufzutrennen und die Einzelkomponenten anhand ihrer Massenspektren zu identifizieren. In jüngerer Zeit wurde dieses Feld durch die komponentenspezifische Isotopenanalytik revolutioniert.

Die Analyse der Lipidmarker erfolgt vereinfacht dargestellt nach dem Prinzip der Probenaufbereitung, gefolgt von einem Gesamtlipidextrakt, der Aufreinigung des Extraktes mithilfe eines Ionenaustauschers und der abschließenden Messung an einem Gaschromatographen (◨ Abb. 15.17). Abhängig von ihren chemischen Eigenschaften sollten einige Lipide vor der Messung einer chemischen Veränderung (Derivatisierung) unterzogen werden, um beispielsweise die Polarität der Analyten zu reduzieren.

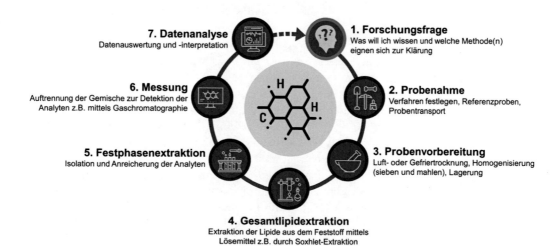

7. Datenanalyse
Datenauswertung und -interpretation

1. Forschungsfrage
Was will ich wissen und welche Methode(n) eignen sich zur Klärung

6. Messung
Auftrennung der Gemische zur Detektion der Analyten z.B. mittels Gaschromatographie

2. Probenahme
Verfahren festlegen, Referenzproben, Probentransport

5. Festphasenextraktion
Isolation und Anreicherung der Analyten

3. Probenvorbereitung
Luft- oder Gefriertrocknung, Homogenisierung (sieben und mahlen), Lagerung

4. Gesamtlipidextraktion
Extraktion der Lipide aus dem Feststoff mittels Lösemittel z.B. durch Soxhlet-Extraktion

◨ **Abb. 15.17** Von der Forschungsfrage bis zum Ergebnis: schematische Vorgehensweise am Beispiel einer Lipidmarker-Analyse

Das Methodenspektrum zur Quantifizierung von *black carbon* in Böden und Sedimenten ist vielfältig und lässt sich in thermische, chemische und optische Methoden/Verfahren unterteilen. Eine im geoarchäologischen Kontext häufig angewandte Methode nutzt aromatische Säuren (Benzolcarbonsäuren) als molekulare Marker zur Quantifizierung des *black carbons* (Glaser et al. 1998; Brodowski et al. 2005). Bei dieser Methode ist neben der Quantifizierung des *black carbons* auch eine qualitative Bewertung der Verkohlungsprodukte möglich, die eine grobe Abschätzung der Feuerintensität/-temperatur v. a. bei holzigem Ausgangsmaterial zulässt (Schneider et al. 2013). Außerdem eignen sich die Fraktionen der Benzolcarbonsäuren zur Radiokohlenstoffdatierung.

15.7.6 Stabile Isotope

Mithilfe stabiler Isotope lassen sich vertieft weitere Fragestellungen zu Paläoklima und -umweltbedingungen, Ernährung, Mobilität, Tierhaltung oder des Pflanzenanbaus klären. Neben der Analytik an Gesamtproben *(bulk samples)* wie z. B. verkohlten Materialien, Zähnen, Knochen, Haaren, Keramiken, Stoff, Harz, Boden und Sedimenten, stellt die kompetentenspezifische Isotopenanalytik (z. B. an Zuckern oder Lipiden) ein revolutionäres Werkzeug für die (Geo-)Archäologie dar. Die Komplexität der Analytik stabiler Isotope besonders in Kombination mit Biomarkern geht jedoch über den Rahmen dieses Abschnitts hinaus. Daher wird im Folgenden der Schwerpunkt auf die Anwendung stabiler Stickstoff- und Kohlenstoffisotope an verkohlten Getreidefunden gelegt.

15.7.6.1 Stabile Isotope an verkohltem pflanzlichem Fundgut

Die in Getreide vorkommenden Isotope stammen aus dem Boden (^{14}N, ^{15}N) oder der Atmosphäre (^{12}C, ^{13}C). Während der daran beteiligten biologischen Prozesse findet Fraktionierung statt (Infobox 15.2). Dabei kommt es in Abhängigkeit vom Gewicht der Isotope zu einer Verschiebung der Isotopenanteile. Gemessen werden Isotopenanteile als Abweichung des Anteils des schwereren Isotops ($\delta^{15}N$; $\delta^{13}C$) in Promille (‰) gegenüber definierten Standardsubstanzen (Fry 2008).

Infobox 15.2

Isotope (Frank Schlütz)

Die Mehrzahl der chemischen Elemente besteht natürlicherweise aus einem Gemisch unterschiedlicher Isotope. Bei dem in Lebewesen häufigen Element Kohlenstoff (C, s. ❏ Abb. 15.18) sind dies das ^{12}C-, ^{13}C- und ^{14}C-Isotop. Die Isotope eines Elements haben im Atomkern dieselbe Anzahl an Protonen, beim Kohlenstoff sind es 6. Hinzu kommen beim Kohlenstoff 6, 7 oder 8 Neutronen, sodass er aus Isotopen der Atommassen 12 (^{12}C) sowie ca. 13 (^{13}C) und 14 (^{14}C) besteht. Neutronen besitzen keine Ladung, stabilisieren aber den Kern und erhöhen die Atommasse.

Die Anzahl der positiv geladenen Protonen bestimmt die Anzahl der negativen Elektronen und damit die chemischen Eigenschaften. Entsprechend verfügen alle Isotope eines Elements über dieselben chemischen Reaktionsfähigkeiten und stehen im Periodensystem der Elemente gemeinsam am gleichen (griech. *iso*) Ort (griech. *topos*), sind also isotop (Soddy 1922). Bei den für Lebewesen wichtigen Elementen Wasserstoff, Kohlenstoff, Stickstoff, Sauerstoff und Schwefel ist jeweils das leichtere Isotop das bei Weitem überwiegende (Fry 2008).

Bei (bio-)chemischen Prozessen verfügen die schwereren Isotope und die sie enthaltenden Moleküle oft über eine geringere Tendenz zur Reaktionsteilnahme. Wegen dieser Trägheit sind zunächst besonders die leichten Isotope eines Elements am Aufbau neuer Verbindungen beteiligt und die schweren Isotope reichern sich zunehmend im Ausgangssubstrat an. Durch diesen Vorgang der Fraktionierung unterscheiden sich die Isotopenverhältnisse zwischen Substrat und Produkt. Daher lassen sich beispielsweise aus der Isotopenzusammensetzung von Knochen- und Getreidefunden Rückschlüsse auf Ernährungs- und Anbaubedingungen ziehen (vgl. ▶ Abschn. 15.7).

Die meisten natürlichen Isotope sind stabil (z. B. ^{12}C, ^{13}C), einige aber weisen im Atomkern ein auf Dauer instabiles Verhältnis von Protonen und Neutronen auf, sie zerfallen radioaktiv. Dies erfolgt mit einer statistisch bekannten Zerfallsrate (bzw. Halbwertszeit). Für organische Proben aus jungem geologischem und archäologischem Kontext lässt sich daher über den noch vorhandenen Gehalt des radioaktiven ^{14}C auf die seit der Bildung bzw. Ablagerung verstrichene Zeit schlussfolgern (vgl. ▶ Abschn. 16.3) (Geyh 2005, Wagner 1995).

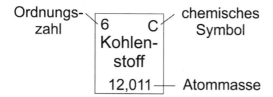

□ Abb. 15.18 Das Element Kohlenstoff im Periodensystem der Elemente. Die Ordnungszahl bestimmt die Position im Periodensystem. Sie ist gleich der Anzahl der Protonen bzw. der Elektronen. Letztere bestimmen die chemischen Eigenschaften des Elements. Die relative Atommasse ergibt sich aus der durchschnittlichen Zusammensetzung aus ca. 98,892 % ^{12}C und 1,108 % ^{13}C sowie Spuren von ^{14}C

Die meisten Pflanzen sind zum Wachstum auf die Aufnahme von anorganischen Stickstoffverbindungen aus dem Bodenwasser angewiesen. Bei Versuchen unter Verwendung von Naturdünger (Mist) steigt das $\delta^{15}N$ im Boden und in den Pflanzen an, sodass im archäologischen Kontext über die Isotopenzusammensetzung von Getreidekörnern auf eine mögliche Düngung der Felder geschlossen werden kann (Bogaard et al. 2007). Diese relative ^{15}N-Anreicherung wird durch biochemische Zersetzungsprozesse im Dung verursacht, an denen bevorzugt das leichte ^{14}N-Isotop beteiligt ist, das über entstehende gasförmige Verbindungen in die Atmosphäre entweicht. Zudem kommt es auch innerhalb der Pflanze noch zu einer Anreicherung des ^{15}N in der Pflanzensubstanz. Leguminosen (Erbse, Bohne, Linse) können hingegen einen Großteil des Stickstoffbedarfs aus ihrer Symbiose mit Knöllchenbakterien decken. Diese Wurzelsymbionten überführen den Luftstickstoff in pflanzenverfügbare Verbindungen. Die Fraktionierung ist dabei insgesamt gering. Messwerte von Leguminosensamen weichen daher weniger von dem der Atmosphäre ($\delta^{15}N = 0$ ‰) ab als bei Getreide (Peterson and Fry 1987; Fraser et al. 2011; Bogaard et al. 2013). Einmal durch Düngung angehobene $\delta^{15}N$-Werte der Bodensubstanz können nach Aussetzen der Düngung über Jahrhunderte erhöht bleiben (Commisso and Nelson 2006). Überhaupt ist es schwierig, die vorackerbauliche Ausgangshöhe des $\delta^{15}N$ im Boden zu beziffern. Besonders bei fruchtbaren und nassen Böden sind von Natur aus hohe Werte möglich (Alagich et al. 2018), wie sie bei armen Böden erst durch Düngung erreicht werden. Grenzwerte für Düngung (Bogaard et al. 2013) besitzen daher keine Allgemeingültigkeit.

An der pflanzlichen Fixierung von Kohlenstoff in der Photosynthese sind vornehmlich CO_2-Moleküle mit dem leichten Kohlenstoffisotop ($^{12}CO_2$) beteiligt. Der ^{13}C-Anteil ist dadurch in der Pflanze geringer. Dies drückt sich in stärker negativen $\delta^{13}C$-Werten aus. Liegt der $\delta^{13}C$-Wert der Luft bei ca. $-8\,‰$ (Hemming et al. 2005), so beträgt er bei Pflanzen unserer Breiten meist um $-28\,‰$ (Fry 2008). Das tatsächliche $^{12}C/^{13}C$-Verhältnis der gebildeten pflanzlichen Substanz ist dabei abhängig vom Gasaustausch mit der Atmosphäre. Bei guter Wasserversorgung findet über weit geöffnete Spaltöffnungen ein ständiger Austausch mit der Umgebungsluft statt und die Fraktionierung wirkt sich stark aus. Negativere $\delta^{13}C$-Werte deuten daher auf eine bessere Wasserversorgung während der Bildungszeit der Getreidekörner hin (◘ Abb. 15.19). Bei Trockenheit sind die Spaltöffnungen stärker geschlossen, um weniger Wassermoleküle an die Atmosphäre zu verlieren. Dabei wird zunehmend auch das sich im Blatt anreichernde $^{13}CO_2$ fixiert und das $\delta^{13}C$ der Pflanze ist näher dem der Luft. Noch stärker wirkt sich aus,

ob eine Pflanze direkt über den Calvin-Zyklus CO_2 bindet (C3-Pflanzen) oder wie bei den selteneren C4-Pflanzen (Hirse, Mais) vorgeschaltete biochemische Prozesse zu einer geringeren Fraktionierung führen ($\delta^{13}C$ um $-13\,‰$).

Experimente zeigen, dass der Prozess der Verkohlung $\delta^{15}N$ und $\delta^{13}C$ im Durchschnitt nur leicht verändert, im Einzelfall aber deutliche Abweichungen hervorrufen kann (Fraser et al. 2013; Nitsch et al. 2015). Weitere Unsicherheiten können sich aus schlechten Erhaltungsbedingungen und mineralischen Anhaftungen und organischen Imprägnierungen ergeben (Brinkkemper et al. 2017). Zudem hängen die Isotopenwerte auch von der Pflanzenart und dem untersuchten Pflanzenteil ab (Petersen and Sørensen 2011). Ähnliches gilt für Tier- und Menschenknochen.

Sind für eine archäologisch untersuchte Siedlung die Isotopenzusammensetzung der Bevölkerung (Knochen) und der Nahrungsmittel (Getreidekörner, Leguminosensamen, Sammelpflanzen, Tier-

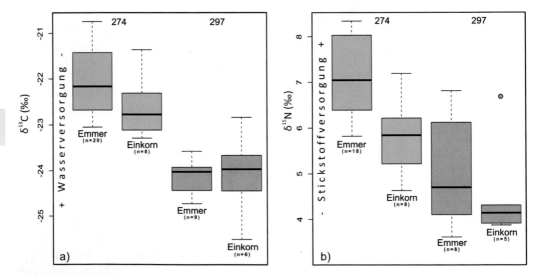

◘ **Abb. 15.19** Isotopenmessungen an zwei verkohlten Vorratsfundenden eines Hauses der frühbronzezeitlichen Siedlung Fidvár bei Vráble, SW-Slowakei: **a** $\delta^{13}C$ und **b** $\delta^{15}N$. Die Wasserversorgung der Getreide in Probe 297 war höher, die Stickstoffverfügbarkeit geringer als bei Probe 274. Die Unterschiede in den Isotopenzusammensetzungen von Emmer und Einkorn der Probe 274 deuten auf eine unterschiedliche Herkunft hin. Emmer und Einkorn der Probe 297 wurden hingegen wohl von ein und demselben Feld geerntet (Schlütz und Bittmann 2015)

knochen, Fischreste, Muschelschalen) bekannt, können die Anteile der pflanzlichen und tierischen Nahrung an der damaligen menschlichen Ernährung kalkuliert werden (Grupe et al. 2015; Reitz and Shackley 2012).

15.8 Foraminiferen und Ostrakoden

Anna Pint und Peter Frenzel

Foraminiferen und Ostrakoden sind Gehäuse tragende aquatische Organismen mit einer Größe von meist 0,1–1 mm, die zahlreich in Gewässern aller Art vorkommen. Während es sich bei Foraminiferen um relativ große Einzeller handelt, sind die Ostrakoden Kleinkrebse mit einem zweiklappigen Gehäuse. Ihre mineralisierten Gehäuse sind in den meisten Sedimenten praktisch unbegrenzt erhaltungsfähig. Sie sind wichtige Informationsträger zur Analyse von Lebensräumen. In dieser Eigenschaft ermöglichen sie Umweltrekonstruktionen in archäologischem Kontext. Dies können sowohl Rekonstruktionen der Landschaft und des Klimas als auch der Schiffbarkeit von Häfen, die Dokumentation von Umweltkatastrophen oder Transportwegen und anderes sein. Aufgrund ihrer geringen Größe sowie ihres zahlreichen und allgemeinen Vorkommens in aquatischen Ökosystemen eignen sie sich hervorragend für die Analyse von kleinen Sedimentmengen, z. B. aus Bohrkernen (Frenzel 2018). Foraminiferen leben vor allem im marinen Milieu, kommen aber auch in randmarinen Lebensräumen und sogar in kontinentalen Salzseen vor (Murray 2014; Gosh und Filippson 2017; Pint et al. 2017). Ostrakoden kommen dagegen in allen aquatischen Lebensräumen vor und sind ebenso wie Foraminiferen sehr artenreich (Frenzel et al. 2006). Einen ausführlichen Überblick zu quartären Ostrakoden und ihrer Nutzung geben Griffith und Holmes (2000) und Horne et al. (2012).

Jede Foraminiferen- und Ostrakodenart bevorzugt einen spezifischen Lebensraum, in dem Faktoren wie Salzgehalt, Temperatur, Wasserbewegung, Nahrungs- und Sauerstoffverfügbarkeit eine entscheidende Rolle für ihr Vorkommen spielen (Frenzel und Boomer 2005; Murray 2014). Einige Arten erlauben als Indikatortaxa schnelle Aussagen zum Paläomilieu, da sie für bestimmte Habitate typisch sind. Mit einer anderen Methode werden verschiedene Umweltfaktoren für jede vorkommende Art mit ihrer mehr oder weniger breiten ökologischen Toleranz dargestellt. Kommen, wie fast in jedem Lebensraum, mehrere Arten vor, so wird aus den spezifischen Toleranzen eine Schnittmenge ermittelt, die eine quantitative Abschätzung von Umweltfaktoren zulässt (vgl. Frenzel et al. 2010). Transferfunktionen erlauben noch genauere quantitative Rekonstruktionen (Viehberg und Mesquita-Joanes 2012). Zusätzliche Angaben liefern Analysen der karbonatischen Schalen auf stabile Isotope oder Spurenelemente (Börner et al. 2013; Murray 2014). Die rekonstruierten Bedingungen können in einem Sedimentprofil Schicht für Schicht dargestellt werden, womit sich Änderungen des Lebensraums über die Zeit erfassen lassen (◘ Abb. 15.20). Geschieht dies gemeinsam mit anderen Proxys, wie z. B. auf Korngröße oder Elementgehalten des Sediments beruhenden Rekonstruktionen, nennt man dies eine Multiproxyanalyse.

15.8.1 Anwendungen in der Geoarchäologie

Grundsätzlich lassen sich mithilfe von Foraminiferen und Ostrakoden aquatische Sedimente analysieren. Bei archäologischen Ausgrabungen werden sie meist im Rahmen von Multiproxyanalysen eingesetzt, um Le-

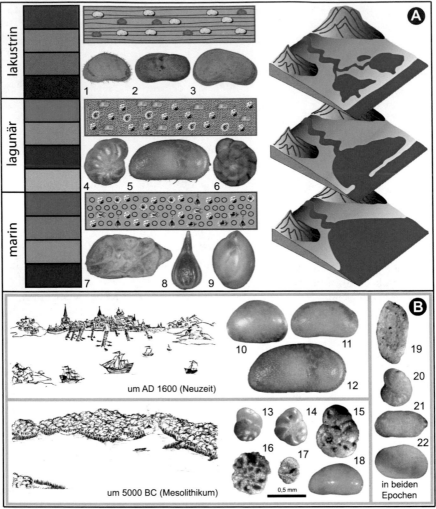

◘ Abb. 15.20   A Schema der typischen holozänen Küstenentwicklung. Foraminiferen und Ostrakoden ermöglichen die Einordnung der aus Bohrkernen stammenden Sedimente in eines der Entwicklungsstadien. Die abgebildeten Mikrofossilien sind charakteristische mediterrane Arten (nicht maßstäblich). Konkrete Beispiele finden sich in Pint et al. (2017) und Stock et al. (2016). Arten: 1. *Sarscypridopsis aculeata* (Costa, 1847); 2. *Ilyocypris bradyi* (Sars, 1890); 3. *Candona neglecta* (Sars ,1887); 4. *Haynesina germanica* (Ehrenberg, 1840); 5. *Cyprideis torosa* (Jones, 1850); 6. *Ammonia tepida* (Cushman, 1926); 7. *Hemicytherura* sp. 8. *Lagena* sp.; 9. *Quinqueloculina seminula* (Linnaeus, 1758). **B** Auf mikropaläontologischen Daten einschließenden geoarchäologischen Multiproxystudien beruhende Rekonstruktion der Ostseeküste in der Hansestadt Stralsund. Die mesolithische Küste war durch eine höhere Salinität und dichte Wasserpflanzenbestände mit einer entsprechend höher diversen Fauna gekennzeichnet. In der Frühen Neuzeit war die Salinität im Strelasund deutlich niedriger und die Habitate degradierten unter anthropogener Verschmutzung und durch mechanische Störungen im Hafengebiet. Ebenso lässt sich Süßwassereintrag aus dem Gebiet der Stadtteiche nachweisen. Häufige und charakteristische Ostrakoden- und Foraminiferenarten sind rechts abgebildet. In die Rekonstruktion der Situation um 1600 AD floss eine zeitgenössische Zeichnung ein (siehe Daniel et al. 2018). Nach Ergebnissen aus Mandelkow et al. (2004) und Daniel et al. (2018). Arten: 10. *Cypria ophtalmica* (Jurine, 1820); 11. *Pseudocandona* sp.; 13. *Ammonia limnetes* (Todd und Brönnimann, 1957); 14. *Cribroelphidium albiumbilicatum* (Weiss, 1954); 15. *Trochammina inflata* (Montagu, 1808); 16. *Balticammina pseudomacrescens* (Brönnimann et al. 1989); 17. *Tiphotrocha comprimata* (Cushman und Brönnimann, 1948) (Fotos: Peter Frenzel, Thomas Daniel, Anna Pint; Zeichnungen: Anna Pint, Hanna Frenzel)

bensraum und Klima zur Zeit der Besiedlung zu rekonstruieren (z. B. Hippensteel 2006; Cearreta 2018). Aussagen zu Meeres- oder Seespiegelschwankungen (Pérez et al. 2011; Pint et al. 2016), Paläoklima und sich ändernden Lebensräumen in Gewässern sind möglich (◘ Abb. 15.20). So können beispielsweise Küstenlinienverläufe oder ein mariner Einfluss rekonstruiert werden und auf diese Weise Transgressionen und Regressionen von Meeren nachverfolgt werden.

Ostrakoden und Foraminiferen spielen eine besondere Rolle für die Archäologie in der Untersuchung von Häfen (Marriner et al. 2006; Di Bella et al. 2011; Goiran et al. 2014; Mazzini et al. 2015; Reinhardt und Raben 1999). Ein Hafenbecken ähnelt strukturell einer Lagune: Es ist häufig ringsum von Molen umgeben und besitzt eine meist schmale Öffnung zum Meer. Durch diese geschützte Lage kann der Salzgehalt des Wassers von dem des Meeres abweichen und es werden sehr feinkörnige Sedimente unter Sauerstoffmangel abgelagert, der sogenannte Hafenschlamm (Marriner und Morhange 2007). Dadurch kann es zur Besiedlung durch Lagunenfaunen kommen, die zur Zeit der Hafennutzung optimale Lebensbedingungen vorfinden (◘ Abb. 15.20). Nach dem Ende der Hafenaktivität verlanden Hafenbecken in der Regel und werden flacher. Je nach Klimazone weisen sie dann deutlich niedrigere oder höhere Salinitäten auf. Dadurch verbleiben nur wenige, aber charakteristische Arten. Foraminiferen und Ostrakoden können nicht nur detaillierte Angaben über Paläomilieu und Paläoklima (z. B. Niederschlags-Verdunstungs-Verhältnis, jahreszeitliche Temperaturschwankungen; Schreve et al. 2002; Mischke et al. 2014b) liefern, sondern erlauben auch Aussagen zur Herkunft von Sedimenten, also zu Sedimentumlagerungen (z. B. Erdbeben, Tsunamis und Sturmfluten; Engel et al. 2013; Brill et al. 2014; Milker et al. 2016)

oder Handelsbeziehungen (Ansorge und Frenzel 2005; Ansorge et al. 2011).

15.9 Phytolithe

Dagmar Fritzsch, Astrid Röpke und Carolin Langan

Phytolithe sind das Ergebnis der Biomineralisation höherer Pflanzen (Bedecktsamer, Nacktsamer und farnartige Pflanzen). Die im Bodenwasser enthaltene Monosiliziumsäure (H_4SiO_4) wird, getrieben durch den Transpirationsstrom, über die Wurzel aufgenommen und intra- und extrazellulär als amorphes Siliziumdioxid (SiO_2) in das Pflanzengewebe eingelagert (Piperno 2006). Der Grad der Silifizierung ist abhängig von verfügbarem Wasser und der Evapotranspirationsrate (Rosen und Weiner 1994). Im sauren Milieu (pH < 3) in warm-trockener oder feucht-kalter Umgebung erhalten sich die Phytolithe gut, wohingegen sie in basischen Sedimenten aufgelöst werden (Piperno 2006). Nach dem Vergehen der organischen Pflanzenbestandteile verbleiben die verschiedenen Phytolithe (Morphotypen) als stille Zeugen der Pflanzen in Böden, in anthropogenen sowie in natürlichen Sedimenten (Garnier et al. 2013; Devos et al. 2017; Röpke 2017; Vrydaghs et al. 2017). In archäologischen Sedimenten reichern sie sich besonders an, da Süßgräser *(Poaceae)*, vor allem Getreide z. B. zur Ernährung und für den Hausbau (Magerungsmaterial, Dachkonstruktionen, Matten etc.) genutzt wurden (Shillito und Ryan 2013). Seit Mitte des 20. Jahrhunderts wird die Phytolithanalyse zur Rekonstruktion von Mensch-Umwelt-Beziehungen verwendet (Piperno 2006, 2014). Schon Darwin (1846) nahm auf seiner Forschungsreise mit der Beagle Proben, die eindeutig als silifiziertes Pflanzengewebe identifiziert wurden. Einen guten Überblick für archäologische, paläoökologische und geoarchäologische Anwendungen bietet Piperno (2006). Phytolithe können aufgrund ihrer Morphologie, also ihres Erscheinungsbildes und ihrer Größe, unterschiedlichen Pflanzenklassen (Ein- und Zweikeimblättrigen) und -familien (z. B. *Poaceae,* Süßgräser) zugeordnet werden. Phytolithe sind zwischen 5 und 200 µm groß (Ge et al. 2010). Außerdem können sie unterschiedlichen Pflanzenteilen (Stamm/Achse, Blatt oder Blütenstände, z. B. Ähren) zugeordnet werden. Zu den *Poaceaen* gehören die meisten uns bekannten Getreidearten (z. B. Einkorn, Emmer, Weizen, Roggen, Gerste, Hafer, Hirse etc.) aber auch zahlreiche Futtergräser und Wildgräser. Palmenphytolithe sind ebenso diagnostisch. Durch den Einbau des Siliziums in das intra- und extrazelluläre Pflanzengewebe bilden sich unterschiedliche Phytolithformen (Morphotypen), wie z. B. Langzellen, Kurzzellen und bulliforme Zellen aus (◘ Abb. 15.21; ICPT Working Group 2019). Phytolithe im Verband werden *silica skeletons* genannt. Häufig im archäologischen Kontext vorkommende sogenannte dendritische Langzellenphytolithe (◘ Abb. 15.21) weisen auf Getreidespelzen hin. Seit 2005 gibt es zur einheitlichen Beschreibung und Benennung von Phytolithen eine allgemeingültige Phytolithnomenklatur (ICPT Working Group 2005).

Zur Aufbereitung werden (Sediment-)Mischproben von 5–50 g benötigt. Wichtig ist die Entnahme von Referenzproben im Umfeld der untersuchten Straten und Objekte (z. B. Mahlstein). Zur Anwendung kommt die klassische Schweretrennung bevorzugt mit der ungiftigen Natriumpolywolframat-Lösung, um die leichteren Phytolithe (1,5–2,3 g cm^{-3}) vom schweren Sediment (ca. 2,65 g cm^{-3}) abzutrennen (Madella et al. 1998). Die Beschreibung und Auszählung erfolgt am Durchlichtmikroskop bei mindestens 400facher Vergrößerung (ICPN Working Group 2019).

Die Phytolithzusammensetzung kann auf viele geoarchäologische, archäobotani-

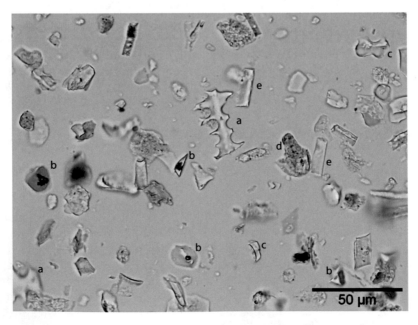

◘ **Abb. 15.21** Phytolithe aus Schichten des Siedlungshügels von Niederröblingen (Sachsen-Anhalt), ca. 800–100 v. Chr., a = dendritische Langzelle *(dendritic),* b = Kurzzelle *(rondel),* c = Kurzzelle *(bilobate),* d = Kurzzelle *(cuneiform bulliform),* e = Langzelle (undiagnostisch)

sche und archäologische Fragen Antworten geben; dazu sind Kenntnisse zu Eintrag und Ablagerung notwendig. Im Gegensatz zu Pollen werden Phytolithe meist nicht durch die Luft transportiert, was einen lokalen Ursprung (<20 m) wahrscheinlich macht (Piperno 2006). Bei paläoökologischen und geoarchäologischen Untersuchungen von See- oder Flusssedimenten ist neben dem lokalen Eintrag ebenfalls ein regionaler und extralokaler, äolischer oder fluvialer Eintrag möglich (Osterrieth et al. 2009). Im archäologischen Kontext dagegen handelt es sich meist um Pflanzen, die durch die menschliche Nutzung selektiv angereichert wurden. Sie treten daher im Rahmen von Getreideverarbeitung, -lagerung und Essenszubereitung in deutlich höheren Konzentrationen auf (Fuller 2006). Des Weiteren kommen sie auch im Bereich der Hauskonstruktion oder der Inneneinrichtung (Dach, Wandaufbau oder -verputz, Matten etc.) sowie bei Tierhaltung angereichert vor (Albert et al. 2008; Lubos et al. 2013; DalCorso et al. 2018). Die Frage nach der Herkunft des Pflanzenmaterials kann aufgrund der menschlichen Nutzung mit dieser Methode nicht geklärt werden. Die Kombination aus Phytolithanalyse, mikromorphologischen und geochemischen Analysen ermöglicht die Charakterisierung verschiedener Nutzungsfunktionen. Beispielsweise weisen viele Spelzphytolithe (dendritische Langzellen) auf Getreidekörner und deren Verarbeitung hin und erhöhte Phosphatgehalte in Kombination mit Phytolithen und fäkalen Sphärolithen auf Dung von Wiederkäuern (Canti 1997; Brönnimann et al. 2017a). Während der Getreideverarbeitung werden Phytolithe selektiert. Dadurch lässt sich eine Verarbeitungskette (Dreschen, Worfeln, Sieben, Mahlen) rekonstruieren (Harvey und Fuller 2005). Da Phytolithe wie etwa die diagnostischen dendritischen Langzellen von Weizenspelzen vergleichsweise hitzebeständig sind (Fritzsch et al. 2018a; Runge 2000), ist es möglich, archäologisches Material auch nach einem Brandereignis zu differenzieren. Hingegen ist das im Stroh enthaltene Parenchym (Grundgewebe) weniger hitzebeständig (Deformierung ab 250 °C) und daher in Brandrückständen unterrepräsentiert (Fritzsch et al. 2019). Weitere Forschungsfelder konzentrieren sich beispielsweise auf Untersuchungen an Objekten (Mahlsteinen, Sicheln, Zähnen) (Henry und Piperno 2007), auf Datierung der kohlenstoffhaltigen Einschlüsse (^{14}C) (Boaretto 2009) und auf den Nachweis von historischer Bewässerung, die u. a. über *silica skeletons* nachgewiesen werden kann (Lubos et al. 2013; Rosen und Weiner 1994).

15.10 Fourier-Transformations-Infrarotspektrometrie (FTIR)

Susan M. Mentzer

Die Fourier-Transformations-Infrarotspektrometrie (FTIR) ist eine äußerst vielseitige Analysetechnik, die in vielen verschiedenen Unterbereichen der archäologischen Wissenschaft, einschließlich der Geoarchäologie, Archäometrie und Konservierung, weit verbreitet ist. FTIR-Instrumente erfassen die Wechselwirkungen zwischen molekularen Bindungen in einer Probe und Infrarotstrahlung, einer Art elektromagnetischer Strahlung mit einer Wellenlänge von 700 nm bis 1 mm. Es gibt mehrere verschiedene Arten von FTIR-Instrumenten, aber alle bestehen aus einer Infrarotquelle, die einen Infrarotstrahl erzeugt, einem Strahlleiter und einem System aus beweglichen und festen Spiegeln, einem Bereich, in dem eine Probe (fest, flüssig oder gasförmig) mit dem Infrarotstrahl interagiert, und einem Detektor. Das Ergebnis einer FTIR-Analyse ist ein Spektrum, das die relative Menge an Infrarotenergie veranschaulicht, die bei jeder Wellenlänge durch eine Probe absorbiert wird. Die typischen Einheiten, die in einem FTIR-Spektrum verwendet werden, sind die Wellenzahl (cm^{-1}, der Kehrwert der Wellenlänge) auf der x-Achse und entweder den prozentualen

Anteil der übertragenen Energie oder beliebige Absorptionseinheiten auf der y-Achse. Sowohl organische als auch anorganische Materialien können analysiert werden und viele weisen einzigartige Spektren auf, was die FTIR zu einer geeigneten Technik zur Identifizierung unbekannter Substanzen macht.

15.10.1 FTIR-Instrumente in der Archäologie

Die meisten Anwendungen von FTIR in der Archäologie beinhalten die Analyse von festen Proben in Pulverform. Sie hat gegenüber anderen Methoden der Materialidentifizierung, wie z. B. der Röntgenbeugung, den Vorteil, dass FTIR-Analysen nur eine minimale Probenvorbereitung und ein minimales Analytikertraining erfordern. Darüber hinaus sind FTIR-Instrumente relativ preiswert und tragbare Modelle, wiegen nur einige Kilogramm. Sie können in einer archäologischen Stätte (siehe ◻ Abb. 15.22a) oder in einer musealen Umgebung betrieben werden, was FTIR zum wertvollen Bestandteil eines Feldlabors macht (Weiner 2010).

Die Probenvorbereitung besteht darin, einige Milligramm einer festen Probe zu erhalten und das Material mit einem Mörser zu einem Pulver zu zermahlen. Das Pulver kann mit Kaliumbromid (KBr) gemischt und für die Transmissionsanalyse zu einem Pellet gepresst werden, oder direkt mit einem Diamantkristall auf einem Zubehörteil mit abgeschwächter Totalreflexion (ATR) in Kontakt gebracht werden. Es ist auch möglich, zerstörungsfreie FTIR-Analysen mit speziellen Reflexionsgeräten oder Reflexionszubehör durchzuführen. Bei diesem Ansatz wird der Infrarotstrahl auf die Oberfläche der Probe gerichtet und das Instrument zeichnet die Energie auf. Jede Art der Analyse (KBr-Pellet, ATR oder Reflexion) erzeugt einen leicht unterschiedlichen Spektrumstyp für dasselbe Material.

Schließlich werden FTIR-Mikroskope insbesondere in der Archäologie und Geoarchäologie immer häufiger eingesetzt. Diese Laborinstrumente fokussieren den Infrarotstrahl in sehr kleine Bereiche (bis zu 10 µm Durchmesser) für Transmissions- und Reflexionsanalysen. ATR-Analysen können auch mit einem FTIR-Mikroskop durchgeführt werden, das mit einem Diamant- oder Germaniumkristallobjektiv mit einer kleinen Kontaktfläche (bis zu 50 µm Durchmesser) ausgestattet ist. FTIR-Mikroskope werden bei der Untersuchung von Mikrorückständen eingesetzt (Monnier et al. 2017, 2018) und in der Geoarchäologie für die Analyse mikromorphologischer Dünnschliffe (Berna 2017).

15.10.2 Anwendungen – archäologische Materialidentifizierung

Viele Anwendungen von FTIR in der Archäologie beinhalten die grundlegenden Identifizierungen von unbekannten Materialien. Analysen sammeln ein Spektrum einer unbekannten Substanz und vergleichen es mit Referenzarchiven von Spektren. Referenzbibliotheken enthalten Hunderte oder Tausende von KBr-, ATR- oder Reflexionsspektren in gedruckter (z. B. Farmer 1974; van der Marel und Beutelspacher 1976; Chukanov 2013) oder in digitaler Form.

15

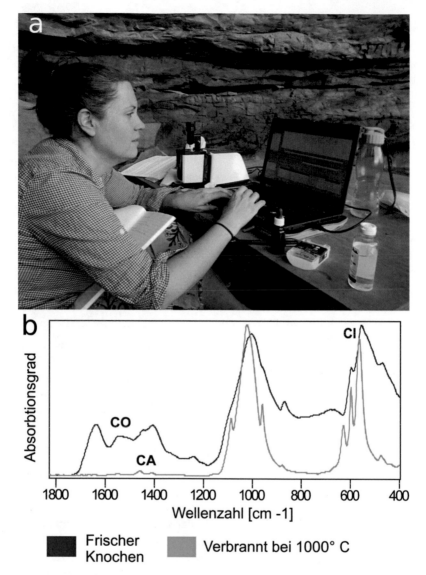

Abb. 15.22 **a** FTIR-Analyse in einer archäologischen Stätte. **b** Durch chemische Diagenese und Hitze treten Veränderungen in Materialien auf. Diese Veränderungen lassen sich mithilfe der FTIR-Methode als Verschiebung in der Position von Spitzen oder als Erscheinen und Verschwinden von Peaks identifizieren. Auf diese Weise können erhitzte Tonmaterialien und Knochen identifiziert werden

Online-Spektraldatenbanken

- Datenbank zu ATR-FT-IR-Spektren von verschiedenen Materialien – inklusive Farben und Pigmenten. ▶ https://lisa.chem.ut.ee/IR_spectra/
- IRUG – Nutzergruppe für Infrarot- und Ramanspektren, die eine entsprechende Datenbank vorhält. ▶ www.irug.org
- Archiv der University of Minnesota mit Infrarotspektren und Bildern von archäologischem Material, und pflanzlichen sowie tierischen Resten auf Artefakten. ▶ https://www.z.umn.edu/ftir
- RRUFF – Datenbank mit geochemischen Daten inklusive Infrarotspektren von Mineralen. ▶ https://rruff.info
- Infrarotspektren-Archiv des Kimmel Center for Archaeological Science mit Infrarotspektren von archäologischem Material. ▶ https://www.weizmann.ac.il/kimmel-arch/infrared-spectra-library

In einigen Fällen ist nicht die Identifizierung des Materials gefragt, sondern die Quelle oder die Lebensgeschichte sind unbekannt. Bei bestimmten Materialien können bestimmte Peaks in den Spektren einem bestimmten geographischen Gebiet zugeordnet werden. So wird beispielsweise die sogenannte „baltische Schulter" mit Bernstein aus dem Baltikum assoziiert, während andere Peaks im Bernsteinspektrum das relative Alter des Quellvorkommens anzeigen können (Guliano et al. 2007). Im Fall von kalkhaltigen Materialien scheinen die relativen Höhen zweier Peaks nach aufeinanderfolgendem intensiverem Mahlen mit dem Grad der strukturellen Unordnung zusammenzuhängen. Diese Eigenschaft kann

zur Identifizierung pyrogener Kalzite wie gebranntem Kalk verwendet werden (Regev et al. 2010a). Schließlich treten molekulare Veränderungen in Materialien auf, die chemischer Diagenese und Hitze ausgesetzt sind. Diese Veränderungen lassen sich als Verschiebung in der Position von Spitzen oder als Erscheinen und Verschwinden von Spitzen identifizieren. Auf diese Weise können erhitzte Tonmaterialien und Knochen identifiziert werden (◘ Abb. 15.22b; Shahack-Gross et al. 1997; Berna et al. 2007; Thompson et al. 2013; Forget et al. 2015; Reidsma et al. 2016).

15.10.3 Anwendung – Pre-Screening (Vorab-Screening)

Zusätzlich zur Identifizierung kann FTIR zur Bewertung der Reinheit und des Konservierungsgrades bestimmter Materialien verwendet werden. Die Technik ist daher als Werkzeug für die Vorabprüfung von Materialien vor einer Analyse mit teuren oder zeitaufwendigen Ansätzen nützlich. Einige Beispiele für diese Art der Anwendung sind die Identifizierung von phosphatischen Koprolithen vor der Extraktion der Lipid-Biomarker (Shillito et al. 2009) und Pre-Screening von Materialien zur Radiokohlenstoffdatierung. Für die Radiokohlenstoffdatierung von Knochen kann FTIR verwendet werden, um eine semiquantitative Messung der Qualität und der Häufigkeit von Kollagen zu erhalten (Lebon et al. 2016), und zur Dokumentation des Vorhandenseins von strukturellem Kalzit in verbranntem Knochen (Starkovich et al. 2013). FTIR kann auch zur Identifizierung der Aragonitfraktion von Kalkputz und Asche für die Datierung von pyrogenen Karbonaten verwendet werden (Troffolo et al. 2017).

15

15.10.4 Anwendungen – Taphonomie und Fundplatzgenese

In der Geoarchäologie wurden große Studien mithilfe von FTIR durchgeführt, um räumliche Muster der Diagenese von archäologischen Materialien zu dokumentieren und so die Nutzung von Höhlen zu rekonstruieren. In den Stätten der Kebara- und Hayonim-Höhlen (Israel) wurde ein tragbares FTIR-Instrument eingesetzt, um authigene Minerale während der Ausgrabung zu identifizieren (Schiegl et al. 1996). FTIR wurde auch zur Beurteilung des Kristallinitätsgrades von archäologischen Knochen verwendet, wobei die Messergebnisse mit postdepositionalen Veränderungen in Verbindung gebracht werden können (Weiner et al. 1993). Karten der Mineralverteilung und der Knochenkristallinität zeigten Bereiche, in denen die archäologischen Ablagerungen durch die Auflösung beeinträchtigt wurden (Stiner et al. 2001; Weiner et al. 2002). Auf diese Weise können FTIR-Untersuchungen an autogenen Mineralen zur Rekonstruktion der Mikroumgebungen in Höhlen und der Veränderungen der Chemie des Sediments im Laufe der Zeit genutzt werden (Karkanas et al. 2000; Miller et al. 2016). In ähnlicher Weise haben andere Forscher FTIR zur Identifizierung von mineralischen Korrosionsprodukten an einzelnen Metallartefakten verwendet, um die Bestattungsbedingungen zu rekonstruieren (Matthiesen et al. 2003).

Datierungsmethoden

Ronny Friedrich, Markus Fuchs, Peter Haupt, Nicole Klasen, Ernst Pernicka, Christoph Schmidt, Johann Friedrich Tolksdorf und Lukas Werther

Inhaltsverzeichnis

16.1   Archäologische Datierung – 338
16.1.1   Forschungsgeschichte und Methoden – 338
16.1.2   Datierung, Genauigkeit und Grenzen – 339
16.1.3   Anwendung – 341
16.1.4   Praktische Hilfen – 342

16.2   Dendrochronologie und Holzfunde – 345

16.3   Radiokohlenstoffmethode – 346

16.4   Lumineszenzdatierung – 352
16.4.1   Physikalische Grundlagen – 353
16.4.2   Messmethodik – 354
16.4.3   Dosisleistung – 354
16.4.4   Herausforderungen der Lumineszenzdatierung – 355
16.4.5   Anwendungsbeispiele – 357

Das vorliegende Kapitel besteht aus mehreren Teilen, die von unterschiedlichen Arbeitsgruppen und Einzelpersonen getrennt voneinander erstellt worden sind. Da eine Gewichtung nach dem Umfang der Teilbeiträge aus diesem Grund nicht möglich ist, erfolgt die Angabe der Autorinnen und Autoren in alphabetischer Reihenfolge.

© Springer-Verlag GmbH Deutschland, ein Teil von Springer Nature 2022
C. Stolz und C. E. Miller (Hrsg.), *Geoarchäologie*,
https://doi.org/10.1007/978-3-662-62774-7_16

Zusammenfassung

Die Alterseinordnung von Funden und den daraus resultierenden Befunden gehört zu den Grundfragen der Archäologie. Zu den traditionellen Methoden zählt die archäologische Typologie, die mit der Seriation von Artefaktkomplexen arbeitet und das Alter von aufgefundenen Artefakten, wie z. B. Keramik oder Münzen, auf einen Befund überträgt. Holzfunde können bei ausreichend vorhandener Jahrringzahl dagegen mithilfe der Dendrochronologie datiert werden. Für andere Fälle und ergänzend stehen radiometrische Verfahren, wie die Radiokohlenstoff- und die Lumineszenzdatierung, zur Verfügung. Mithilfe des Verhältnisses von radioaktiven zu stabilen Kohlenstoffisotopen kann das Alter einer kohlenstoffhaltigen Probe bestimmt werden. Das Kapitel beschreibt auch die Störfaktoren, die dabei zu beachten sind. Mit Lumineszenzdatierungen ist eine direkte Datierung von Sedimenten und Objekten, z. B. Keramik oder Schlacke, möglich. Die Methode arbeitet mit Energie, die im Kristallgitter von Mineralen gespeichert ist und die durch ionisierende Strahlung aufgebaut wurde. Damit kann das letzte Belichtungsereignis der Probe festgestellt werden. Die Elektronenspinresonanzdatierung eignet sich vor allem zur Datierung von Zähnen, die von Menschen oder Tieren stammen.

16.1 Archäologische Datierung

Peter Haupt

16.1.1 Forschungsgeschichte und Methoden

Schon in Antike und Mittelalter, lange bevor sich die Archäologie als Wissenschaft etablierte, wurden Hypothesen zur Datierung archäologischer Funde und Befunde aufgestellt. Beispielsweise wurden Reliquien aufgrund ihres tatsächlichen oder vermeintlichen Fundzusammenhangs sowie ihres Erscheinungsbildes angesprochen und durch Verknüpfung mit Sagen und Legenden datiert (etwa im hochmittelalterlichen Köln ältere Bestattungen als Reste der heiligen Ursula und ihrer Gefolgschaft, die im 5. Jahrhundert von den Hunnen getötet worden sein sollen). Mythen, Sagen und Legenden lieferten den historischen Rahmen für die Altersbestimmung von Artefakten (Haupt 2012a). Ab dem 18. Jahrhundert verloren sagenhafte Erklärungen durch zunehmende Quellenkritik schließlich an Relevanz, insbesondere prähistorische Artefakte wurden durch den Verlust der scheinbaren Datierungsgrundlage zu Zeugnissen einer Vorgeschichte im Sinne des Wortes. In den 1820er-Jahren erkannte Christian Thomsen beim Sortieren der Altertümersammlung des Kopenhagener Museums Entwicklungen in der vorgeschichtlichen Sachkultur, die er mit der Ordnung in Stein-, Bronze- und Eisenzeit beschrieb (Eggers 1959, S. 32–52). Thomsens Versuche, in diesen Epochen eine formbezogene Chronologie der Objekte zu schaffen, wurden der Realität jedoch nicht ausreichend gerecht. Erst Ende des 19. Jahrhunderts gelang es, Sachkultur schriftloser Kulturen umfassend relativchronologisch zu ordnen. Besondere Bedeutung hatten dabei die Arbeiten des Schweden Oscar Montelius, der wesentlich zur Chronologie der nordischen Bronzezeit beigetragen hat, und dessen Arbeiten auf die Vorgeschichtsforschung insbesondere in Deutschland starken Einfluss ausübten. Montelius erkannte anhand des Vorkommens bestimmter Gerätetypen in Fundkomplexen ungestörter Gräber mittels Korrespondenzanalysen (bzw. Seriationen – in der Archäologie werden die Begriffe häufig synonym gebraucht) einen Zusammenhang zwischen fortschreitender Zeit und Wandel typologischer Merkmale. Dabei war ihm durchaus bewusst, dass Objekte unterschiedlich lange in Gebrauch gewesen sein konnten und die Anfälligkeit für Veränderungen nicht bei allen Artefakten gleich war (Montelius 1900, S. 1–5). Jüngere Kritik an Montelius' Vorgehen richtete sich vor allem gegen die Kriterien beim Auswählen scheinbar relevanter Eigenschaften (polemisch: Wheeler 1960, S. 40–42) – hier hat die Archäologie in den letzten Jahrzehnten nicht zuletzt durch computergestützte Modelle deutlich bessere Grundlagen geschaffen (Siegmund 2015). Eine immer noch gute Übersicht lieferten auch Müller und Zimmermann (1997). Zudem war Montelius stark von der evolutionistischen Prämisse einer gesetzmäßig steten Verbesserung vom Primitiven zum Fortschrittlichen beeinflusst (vgl. Montelius 1903, S. 17 und 20); moderne Evolutionstheorien zu kulturellen Entwicklungen wie Blackmore (2000), Cullen (2000), vgl. auch Teltser (1995), bieten hier eine differenziertere Perspektive.

Während Funde schriftloser und schriftarmer Epochen bis heute nach Montelius' Prinzip datiert werden, hat man schon vorher durch Schriftquellen datierte Fundkomplexe genutzt, um Parallelen zu andernorts vorkommenden Artefakten zu erkennen. So wurden bereits mit der verstärkten Antikenrezeption im Zuge der Renaissance vor gut 500 Jahren antike Münzen und Steindenkmäler zum Gegenstand früher wissenschaftlicher Betrachtung und Einordnung. Solche vergleichenden Datierungen gehörten von Anfang an zum wissenschaftlichen archäologischen Repertoire: Die Brüder Lindenschmit etwa hatten 1848 münzdatierte Grabinventare des 6. Jahrhunderts aus dem rheinhessischen Selzen zum Anlass genommen, für gleichartige Funde eine ebensolche frühmittelalterliche Zeitstellung zu fordern (Lindenschmit und Lindenschmit 1848, S. 48). Besonders in der Provinzialrömischen und der Mittelalterarchäologie werden heute zahlreiche Typentafeln verwendet, die aus dem Material gut datierter Plätze abgeleitete Typen für Vergleiche bereitstellen. Die Typenbezeichnungen nennen meist den entsprechenden Ort ("Hofheim 120A", "Niederbieber 104" etc.). Bisweilen sind spätmittelalterliche und besonders neuzeitliche Fundstücke ergänzend durch bildliche Darstellungen von entsprechenden Alltagsgegenständen auf datierten Gemälden einzuordnen.

Typologische Charakteristika können mitunter als Stile betrachtet werden, wenn sie mit beispielsweise künstlerischen, religiösen oder ethnischen Aussagen verbunden sind bzw. ihnen eine solche Verbindung zugesprochen wird. So ist es möglich, bestimmte Verzierungen oder Formen als keltisch, römisch, spätantik, elbgermanisch, frühchristlich etc. zu benennen. Gerade bei schlecht erhaltenen oder fragmentierten Objekten, wie sie im Rahmen geoarchäologischer Arbeiten eher gefunden werden, wird man solche Ansprachen meist nur als *educated guess* machen können. Prinzipiell ist zu bedenken, dass gerade in schriftarmen Epochen auch Stilmerkmale durch Seriation von Artefaktkomplexen datiert werden – ein Stil kann unter Umständen auch temporärer Zustand in einer typologischen Entwicklung sein. Kritisch zu stilistischen Datierungen äußerte sich zum Beispiel Bäbler (2012).

16.1.2 Datierung, Genauigkeit und Grenzen

Die Seriation von Artefaktkomplexen ergibt relativchronologische Abfolgen sich wandelnder Typen (◘ Abb. 16.1). Viele Faktoren, die diesen Wandel beeinflussen, bleiben aber naturgemäß unbekannt. Welche Typencharakteristika als passend oder unpassend für die Nutzung eines Gerätes empfunden wurden, welche sich eventuell wandelnde Funktion der Typ in der sozialen Interaktion der Benutzer hatte, ob überhaupt ein von uns erkanntes typisches Merkmal so auch in der Vergangenheit gesehen wurde – diese und andere Einflüsse reduzieren die typologische Methode auf den Versuch ei-

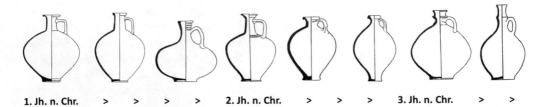

1. Jh. n. Chr.   >   >   >   >   **2. Jh. n. Chr.**   >   >   >   **3. Jh. n. Chr.**   >   >

◘ **Abb. 16.1** Römische Einhenkelkrüge im Laufe der Zeit: Typologisch charakteristisch und damit relevant ist besonders die Gestaltung von Lippe und Henkel, während kaum zeittypische Formen des Bauches auszumachen sind

ner Annäherung an reale Gegebenheiten. Überprüfungen mittels Stratigraphien und naturwissenschaftliche Datierungen zeigen aber dennoch, dass die Typenabfolgen im Grunde hinreichend zuverlässig abgebildet werden. Wenn die Ergebnisse günstigenfalls über absolute Datierungen (zum Beispiel mittels Dendrochronologie, ▶ Abschn. 16.2, ggf. Inschriften) in unser Kalendersystem eingehängt werden können, ergibt die archäologische Seriation besonders für schriftlose und -arme Epochen das nach wie vor wichtigste Werkzeug zur Altersbestimmung von Artefakten.

Die Genauigkeit typologischer Datierungen wird außer durch die genannten Unzulänglichkeiten im Erkennen der zugrunde liegenden Mechanismen auch durch Grenzen der statistischen Möglichkeiten bestimmt. Kurze Zeiträume können zu Problemen bei der Festlegung der Zeitrichtung führen, bei sehr langen Zeiträumen werden beschleunigte oder verlangsamte Entwicklungen nur unter Verwendung sehr vieler Fundkomplexe annähernd korrekt abgebildet. Wenn im gleichen Zeitraum zwei Handwerker unterschiedlich gearbeitet haben, können auch diese Unterschiede in eine vermeintlich chronologische Folge gebracht werden.

Für den Anwender archäologischer Typendatierungen bedeutet dies, dass die verfügbaren Werte nicht abschließende Wahrheit, sondern praktisch immer ein in Veränderung befindlicher Forschungsstand sind (wobei eine neue Seriation nicht zwingend besser als eine ältere sein muss). Wenn also ein Objekt nach neuerlicher Seriation nun „zweite Hälfte 12. Jahrhundert" statt „Ende 12. Jahrhundert" datiert wird, sollte man tunlichst davon absehen, eine Datierung „Anfang 13. Jahrhundert" völlig auszuschließen. Wenn man die Produktion bestimmter Typen mit Schaffensperioden von Handwerkern verbindet und diese mit deren Lebenszeiten bemisst, wird eine genauere Datierung als auf einige Jahrzehnte ohne naturwissenschaftliche oder epigraphische Zusatzinformationen kaum möglich sein. Für weitergehende archäologische Folgerungen, insbesondere Datierungen von Befunden, muss diese Zeitspanne gegebenenfalls noch durch den Nutzungszeitraum ausgedehnt werden. Sehr kurze Datierungsspannen, besonders zur Verknüpfung mit kurzzeitigen historischen Ereignissen, verdienen daher durchaus ein (selbst)kritisches Hinterfragen.

Auch über Parallelen mit Funden gutdatierter Plätze lassen sich nicht automatisch präzise Datierungen gewinnen. So kommt im Ende des 2. Jahrhunderts errichteten und um 260 n. Chr. wieder aufgegebenen Kastell Niederbieber zwar erwartungsgemäß typisches Material des 3. Jahrhunderts vor (vgl. Oelmann 1914). Es gibt aber auch ältere Objekte, und mancher Typ ist noch im 5. Jahrhundert weit verbreitet. Selbst eine jahrgenau datierte Münze ist nicht jahrgenau datierend, da sie eher nicht im Prägejahr in den zu datierenden Befund geraten sein wird.

16

16.1.3 **Anwendung**

Die chronologische Aussagekraft von Artefakten ist mehrschichtig: Es kann ihre Herstellung datiert werden, abhängig davon ihre Benutzungszeit. Außerdem lassen sich die beiden genannten Datierungsansätze auf zugehörige Befunde übertragen (archäologische Befunde = im Boden, seltener andernorts erkennbare Spuren menschlicher Tätigkeiten). Diese Kontextualisierung bedeutet aber auch: Es muss eine tragfähige Erklärung gefunden werden, warum und auf welchem Weg ein Artefakt in den Boden gelangt ist. Wie schon die Ansprache eines Befundes keine objektive Handlung sein kann (vgl. Eggert 2006, S. 34 f.), sind auch Thesen zur Kontextgenese eines Fundobjekts meist erfahrungsbasierte, von Wissen und intellektuellen Fähigkeiten des Ausgräbers abhängige Subjektivitäten.

Die qualitativ beste Datierung eines archäologischen Befundes erfolgt über die Kombination aus *terminus post quem* und *terminus ante quem*. Ersterer wird aus der Datierung eines Fundobjekts gewonnen, letzterer aus einem sicheren Abschluss der Ereignisfolge: Prinzipiell liefert jedes datierte Objekt einen *terminus post quem* (oft abgekürzt TPQ; Zeitpunkt, urspr. Grenzpunkt, nach dem …; Plural: *termini post quos*) für einen Vorgang, etwa die Entstehung eines umgebenden Kolluviums, die Bildung einer Zerstörungsschicht, die Nutzung einer Oberfläche etc.; je nach Fundzusammenhang. Eine 197 n. Chr. geprägte Münze kann frühestens nach 196 n. Chr. in den Kontext eines Befundes geraten sein, weil es sie vor 197 noch nicht gegeben hat. Der *terminus post quem* lautet daher 196 n. Chr., und das sogar unabhängig davon, ob der Befund später noch einmal gestört wird oder nicht. Der *terminus post quem* muss nicht nahe an der tatsächlichen Befunddatierung sein.

Das Fragment eines in die zweite Hälfte des 13. Jahrhunderts datierten Gefäßtyps erlaubt es jedoch nicht, den *terminus post quem* 1299 zu folgern, da es ja auch 1250 produziert worden sein kann – angesichts der Unschärfen typologischer Datierungen auch 1240 oder 1310. Weil das Aufkommen eines Typs im Laufe der Zeit nicht in einer Gauß'schen Normalverteilung erfolgt, sondern von unbekannten Faktoren wie Produktionsmengen, Absatz, Nachfrage, Haltbarkeit und anderem mehr abhängt, sind Aussagen zur Wahrscheinlichkeit einer Randdatierung in der Verteilungskurve kaum möglich.

Mit unscharf datierten Objekten lässt sich eine letztlich doch zuverlässige Datierung erreichen, wenn viele Objekte aus demselben Kontext zur Verfügung stehen: Eine einzige spätmittelalterliche Scherbe aus einer Grubenverfüllung lässt nur folgern, dass die Grube im Spätmittelalter oder danach verfüllt wurde. 20 spätmittelalterliche und keine anderen Scherben machen eine Datierung der Grubenverfüllung ins Spätmittelalter wahrscheinlich.

Regelhaft von speziellen Gegebenheiten eines Befundes abhängig ist der *terminus ante quem* (Zeitpunkt, vor dem …). Gesetzt den Fall, eine 197 geprägte Münze wäre im Prägejahr in ein Grab gelegt worden, würde dies nicht den *terminus ante quem* von 198 ergeben, denn in der Praxis ist die zeitliche Abfolge der Ereignisse aus dem datierten Objekt heraus nur mit einem *terminus post quem* logisch korrekt zu beschreiben. Der *terminus ante quem* benötigt die in Richtung Zukunft beendete Abfolge der Ereignisse. Dies können eine datierte Zerstörungsschicht sein, etwa vulkanische Ascheschichten über Pompeji oder in Mitteleuropa als Folge des Laacher See-Vulkanausbruchs, aber auch historische Prämissen wie die Auflassung eines römischen Militärlagers in Folge der Varusschlacht. Im Falle eines Grabes erlaubt ein datierter Grabstein einen *terminus ante quem* für die Objekte im (ungestörten) Grab.

Für Laien, aber auch Archäologen stellt die Kontextualisierung eines datierenden Objektes häufig ein großes Problem dar (Haupt 2012b, S. 64–66). Ist es noch einfach, in einem Grab die Zugehörigkeit der Beigaben über die rekonstruierbare Intention zu erkennen, wird es umso schwerer, Fundkontexte in Verfüllungen oder Planierschichten, Kolluvien oder auf Oberflächen anzusprechen. Häufig wird auf Basis schlüssiger, induktiver Modelle zu der Frage gearbeitet, wie ein Objekt in den umgebenden Befund geraten ist. Scherben sind meistens unbrauchbare Reste zerstörter Gefäße und damit entsorgter Siedlungsmüll, einzelne Münzen sind meistens wertvoll und daher ungewollt verloren, Menschenknochen stammen regelhaft von bestatteten Leichen, intentionell deponierte Objekte sind geopfert (wenn irreversibel) oder versteckt (wenn reversibel) und so weiter. Solche Annahmen bestimmen das archäologische Arbeiten, weil sie im Regelfall zutreffen, aber nicht, weil sie im Einzelfall logisch korrekt und beweisbar sind.

Eine Gefäßscherbe wurde wahrscheinlich von ihrem ehemaligen Besitzer als unbrauchbar entsorgt. Im Bereich einer Siedlung wird man sie wohl als Müll betrachtet haben, im Bereich eines Heiligtums war es vielleicht Teil eines jahrhundertealten, absichtlich zerstörten und vergrabenen Sakralgefäßes. Wurde sie nach dem Entsorgen oder Verbergen noch einmal bewegt? Ist der Befund überhaupt noch intakt? Eine Porzellanscherbe in einem bronzezeitlichen Grab kann kaum als Grabbeigabe angesprochen werden, wahrscheinlich ist sie ein Hinweis auf eine Störung, und sei es nur durch einen Tiergang. Letztlich stört

auch die Untersuchung selbst den Befund, die Bergung des Artefakts reißt dieses aus dem Kontext. Sauberes Arbeiten und eine exakte Dokumentation verringern Fehler; kein Ergebnis ist aber über jeden Zweifel erhaben.

16.1.4 Praktische Hilfen

Eine erste typochronologische Ansprache von Artefakten ist meist schon im Gelände problemlos möglich, die für eine Feindatierung nötige korrekte Bestimmung erfolgt im Regelfall unter Hinzuziehen entsprechender Literatur (besonders Typentafeln gut datierter Fundplätze bzw. solche gezielter Objektanalysen). Zur Ansprache keramischer Warenarten sind Vergleichssammlungen hilfreich, wie auch Übersichtswerke, etwa allgemein Schreg (2007) oder für die Römerzeit Gose (1950), sowie einschlägige Ausstellungskataloge, die mit Farbabbildungen den Einstieg erleichtern. Metallfunde, besonders Münzen, müssen häufig vor der Bestimmung restauriert werden. In der Geländepraxis empfiehlt es sich, zum Erzielen belastbarer Daten bei Begehungen, Bohrstockuntersuchungen oder der Anlage von Profilen, möglichst viele Artefakte zu bergen – gegebenenfalls auch den Aufschluss zu vergrößern (Laubstreu entfernen, Profil erweitern, Profile statt Bohrstock einsetzen u. ä.).

In den verschiedenen Epochen der Menschheitsgeschichte gibt es immer wieder (und auch weltweit) technisch-kulturelle „Leitartefakte", die analog zu Leitfossilien in der Geologie eine ziemlich sichere chronologische Einordnung von Kulturschichten ermöglichen und auch in starker Fragmentierung noch gut ansprechbar sind ◘ Abb. 16.2. Nördlich der Alpen handelt es

◻ Abb. 16.2 Keramische Leitartefakte: 1 grobe vorgeschichtliche Siedlungs- bzw. Vorratskeramik, 2 römische Terra sigillata, 3 Porzellan, 4 frühgeschichtliche rauwandige Keramik, 5 Steinzeug des späten Mittelalters/der frühen Neuzeit, 6 Fayence, 7 polychrom bemalte Irdenware der Neuzeit, 8 römischer Ziegel (mit charakteristischer „Leiste"), 9 Blumentopfscherbe des 20. Jh.

sich dabei aufgrund ihrer weiten Verbreitung und Widerstandsfähigkeit in erster Linie um Keramik:

- Handgemachte, grob gemagerte, braunschwarze, relativ leicht brechbare Keramik: Vorgeschichte (Neolithikum bis Späte Eisenzeit) – Vorgeschichtliche Befunde enthalten regelhaft solche „Siedlungskeramik", die meist von größeren, zur Vorratshaltung geschaffenen Gefäßen herrührt. Handgemachte Keramik gab es aber auch noch bis ins Frühmittelalter, meist aber als kleinere Gefäße; die Töpferscheibe wird erst in der jüngeren Eisenzeit nördlich der Alpen eingeführt.
- Terra sigillata; mit einer roten bis orangen Engobe überzogene Feinkeramik: Römerzeit. Verwechslungsmöglichkeiten: bei erodierter Engobe schwer anzu-

sprechen, ungeübten Betrachtern können Verwechslungen mit Blumentopfscherben unterlaufen.

- Rauwandige, sehr harte, grob gemagerte Keramik (Magerung: Zuschläge zum Ton, hier deutlich sichtbare, mineralische Partikel): Römerzeit bis Mittelalter. Mitunter sind feinere Datierungen schwer, wenn keine Formmerkmale erkennbar sind.
- Steinzeug; vollständig gesinterter Scherben (Sintern: Verschmelzen, aber nicht vollständiges Verflüssigen des Tons beim Brand): ab 15. Jahrhundert bis heute.
- Glasierte Keramik: Spätmittelalter bis heute (allerdings gab es Glasuren, wenn auch selten, schon in der Römerzeit).
- Hart gebrannte Ziegel: Römerzeit bis heute.

- Fayencen (weiße Zinnglasur auf Irdenware): 17.–19. Jahrhundert. Verwechslungsmöglichkeiten: Fayencen orientieren sich häufig an Porzellanvorbildern.
- Porzellan: 18. Jahrhundert bis heute.
- Blumentöpfe aus sogenannter Terrakotta: 19. Jahrhundert bis heute.

Hinter der Charakteristik der genannten Keramiken stehen technologische Entwicklungen, aber auch ökonomische und weitere kulturelle Phänomene (besonders die Nachfrage nach Keramik mit bestimmten Eigenschaften). Trotz technologischen Fortschritts, der an Innovationen ablesbar ist, sind die verschiedenen Waren nicht im Sinne einer konsistenten chronologischen Entwicklung zu verstehen. Blumentöpfe hätte man auch in der Römerzeit herstellen können, mangels Bedarf tat man dies aber nicht. Glasuren auf Keramik tauchen in den letzten 2000 Jahren immer wieder auf, weite Verbreitung finden sie aber erst ab dem Spätmittelalter. Fayencen schließlich hätten mit der Erfindung des Porzellans zu Beginn des 18. Jahrhunderts vom Markt verdrängt werden können, was aber erst mit über 150 Jahren Verzögerung geschah. Für Datierungen mit archäologischem Fundmaterial umso wichtiger sind daher gut datierbare Innovationen, namentlich die Erfindung bestimmter Techniken (Terra sigillata, Porzellan, Drahtziehen, Tabakpfeifen, Glaswalzen, Kachelöfen etc.) sowie das Einsetzen von Importen, die indirekt mit bestimmten Fundtypen verbunden sind (Wein → Amphoren, Tabak → Pfeifen, Kaffee → Kannen etc.; ◨ Abb. 16.3).

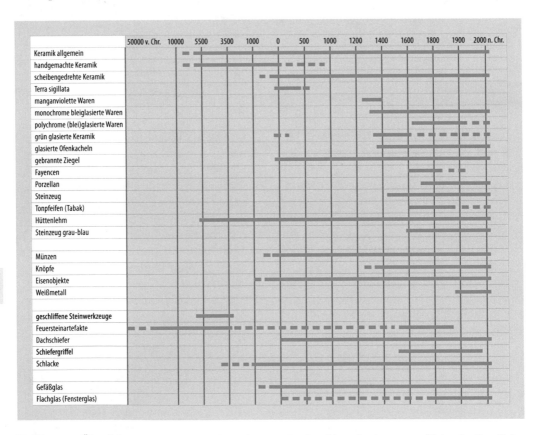

◨ Abb. 16.3 Übersicht zur Datierung häufig vorkommender Artefakte: durchgezogene Linie = in diese Zeiten sind entsprechende Funde regelhaft zu datieren, gestrichelte Linie = in diese Zeiten können entsprechende Funde datieren – im Regelfall tun sie dies aber nicht

16.2 Dendrochronologie und Holzfunde

Johann Friedrich Tolksdorf und Lukas Werther

Holzfunde erlauben die jahrgenaue Datierung geoarchäologischer Archive und ermöglichen die Rekonstruktion von kultur-, umwelt- und klimageschichtlichen Ereignissen und Prozessen.

Damit sich Hölzer über einen langen Zeitraum erhalten, muss ein dauerhaft trockenes, kaltes, wassergesättigtes oder toxisches Milieu oder eine Verkohlung (vgl. ▶ Abschn. 15.5) vorliegen. In vielen Fällen besteht ein Zusammenhang zwischen diesem konservierenden Milieu und landschaftsgeschichtlichen Prozessen. Steigende Wasserspiegel bedingten beispielsweise die Aufgabe von Bohlenwegen in Mooren und Seeufersiedlungen (Billamboz und Schöbel 1996; Leuschner et al. 2007). Auch Flusslaufänderungen, Gletschervorstöße, Brandereignisse oder Vulkanausbrüche begünstigen die Erhaltung von Holzfunden (Kuniholm 2002; Nicolussi und Patzelt 2000). Bei der Entnahme von Holzfunden aus ihrem ursprünglichen Lagerungsmilieu zur weiteren Bearbeitung sind daher konservatorische Aspekte zu beachten (Westphal und Heußner 2016).

Methodische Grundlage für die Analyse von Holzfunden ist die Ausbildung von Jahrringen in den meisten Baumarten in den Jahreszeitenklimaten. Temperatur, Niederschlag und standörtliche Faktoren (konkurrierende Vegetation, lokale Stoffeinträge) beeinflussen die Stärke eines Jahrringes. Da diese Faktoren jährlich schwanken, entsteht im Holz eine Abfolge aus dickeren und dünneren Jahrringen. Der jeweils jüngste Jahrring des Baumes befindet sich unmittelbar unter der Borke. Er wird als Waldkante bezeichnet (Schweingruber 1983) und markiert damit den Zeitpunkt des Absterbens oder der Fällung.

Die Dendrochronologie (griech: *dendron* = Baum, *chronos* = Zeit) nutzt den Umstand, dass Bäume bei ähnlichen klimatischen und standörtlichen Bedingungen ein untereinander vergleichbares Muster unterschiedlich breiter Jahrringe ausbilden. Über die statistische Übereinstimmung der Jahrringbreiten können einzelne Hölzer daher zueinander in einen chronologischen Bezug gesetzt werden. Ausgehend von Hölzern bekannten Alters ist es durch die Zusammenstellung sich überlappender Jahrringkurven aus älteren Holzfunden gelungen, lückenlose Standardkurven der Jahrringbreiten zu erstellen. Für die wichtigsten europäischen Baumarten reichen diese bis in das Frühholozän zurück. Neue Holzfunde können bei ausreichend langen Jahrringsequenzen und einem ungestörten Wuchsverhalten durch einen statistischen Vergleich in die jeweilige Standardkurve für Holzart und Region eingehängt und damit datiert werden (Billamboz und Tegel 2002; Lagaerd 2016). Der statistische Vergleich eines Holzfundes mit unterschiedlichen Regionalkurven erlaubt die Bestimmung der Herkunftsregion *(dendroprovenancing)* und ermöglicht die Rekonstruktion von Versorgungsnetzwerken (Bridge 2012; Pichler et al. 2018).

Bedeutsam für die Korrelation von Jahrringkurven sind besonders schmale oder breite Jahrringe. Da diese sogenannten Weiserjahre auf sehr widrige oder günstige Witterungsbedingungen in dem entsprechenden Jahr hinweisen, sind sie wichtige Indikatoren für wachstumsrelevante Ereignisse wie Dürren oder Vulkanausbrüche (Gao et al. 2016; Büntgen et al. 2015). Über den Abgleich zwischen instrumentell gewonnenen neuzeitlichen Klimadaten und Jahrringen lassen sich Modelle für Temperatur- und Niederschlagsentwicklungen in prähistorischen Zeiträumen ableiten (Büntgen et al. 2011; Tegel und Hakelberg 2014).

Neben dem Klima können auch lokale Faktoren extreme Wuchsveränderungen wie etwa auskeilende oder gestauchte Jahrringe oder Gewebeanomalien (Narben) verursachen. Ihr Auftreten ermöglicht

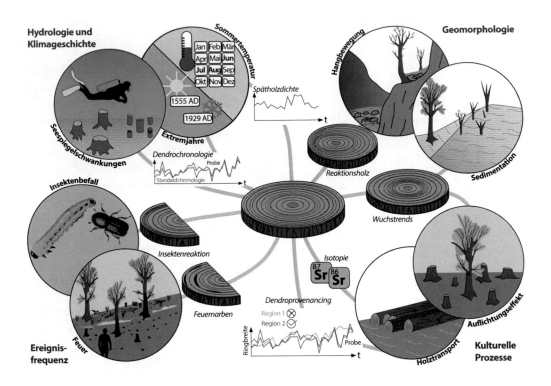

Hydrologie und Klimageschichte

Sommertemperatur

Jan	Feb	Mär
Apr	Mai	Jun
Jul	Aug	Sep
Okt	Nov	Dez

Geomorphologie

Hangbewegung

1555 AD

1929 AD

Extremjahre

Spätholzdichte

Seespiegelschwankungen

Dendrochronologie

Probe

Standardchronologie

Reaktionsholz

Sedimentation

Insektenbefall

Wuchstrends

Insektenreaktion

Isotopie

^{87}Sr ^{86}Sr

Dendroprovenancing

Region 1 ⊗
Region 2 ⊘

Ringbreite

Probe

Feuernarben

Auflichtungseffekt

Ereignis-
frequenz

Feuer

Holztransport

Kulturelle
Prozesse

▫ Abb. 16.4   Auswahl typischer Ansätze für die Analyse von Holzfunden bei geoarchäologischen Fragestellungen

die Datierung von geomorphologischen Prozessen (Hangrutschungen, Sedimentation) und Schadensereignissen (Brände, Windbruch, Insektenbefall) (Ouden et al. 2007; Liebmann et al. 2016; Šilhán 2017; ▫ Abb. 16.4). Auflichtungseffekte in Form von Wuchszunahmen der verbliebenen Bäume können auf Rodungen in Baumbeständen hinweisen.

Zu Lebzeiten nehmen Bäume Stoffe aus ihrer Umgebung auf und binden diese in ihr Gewebe ein. Hölzer bilden damit ein potenziell jahrgenaues chemisches Umweltarchiv. Während $\delta^{18}O$-Verhältnisse in einzelnen Jahrringen für Niederschlagsrekonstruktionen genutzt werden, kann das Verhältnis von Sr-Isotopen auf den geologischen Hintergrund und damit mögliche Herkunftsregionen hindeuten. Die Anreicherung von Schwermetallen in einzelnen Jahrringen kann mit einer verstärkten

Schadstofffreisetzung durch den Menschen in der näheren Umgebung zusammenhängen (Guyette et al. 1991; Labuhn et al. 2016; Million et al. 2018).

16.3 Radiokohlenstoffmethode

Ernst Pernicka und Ronny Friedrich

Die Grundlage der Datierung mit Radiokohlenstoff ist die auf die 1930er-Jahre zurückgehende Erkenntnis, dass durch die Wechselwirkung der kosmischen Strahlung mit der Atmosphäre das radioaktive Isotop ^{14}C durch schnelle Neutronen erzeugt wird.

$$^{14}N + n \rightarrow {}^{14}C + p \tag{16.1}$$

Es handelt sich um eine sogenannte (n,p)-Reaktion, bei der ein Neutron vom Atomkern aufgenommen und gleichzeitig ein Proton abgeben wird. Die Reaktion wird auch geschrieben als:

$$^{14}N \, (n,p) \, ^{14}C$$

Die Radioaktivität von ^{14}C klingt nach dem Zerfallsgesetz mit einer Halbwertszeit von 5730 Jahren ab:

$$A = A_0 \cdot e^{-\lambda t} \qquad (16.2)$$

wobei A_0 die Aktivität zum Zeitpunkt 0, λ die Zerfallskonstante und t die Abklingzeit ist. Die Zerfallskonstante ist völlig unabhängig sowohl von chemischen Veränderungen als auch den Umweltbedingungen und dem Klima.

Als Halbwertszeit bezeichnet man die Zeitspanne, innerhalb der die Hälfte der radioaktiven Atome zerfallen ist. Es ist leicht zu zeigen, dass:

$$t_{1/2} = \frac{\ln}{\lambda} = \frac{0,693}{\lambda} \qquad (16.3)$$

Mit der physikalisch bestimmten Halbwertszeit von 5730 Jahren lässt sich durch Umstellen von ▶ Gl. 16.2 aus dem Verhältnis A_0/A direkt das Alter berechnen:

$$t = 8267 \cdot \ln\left(\frac{A_0}{A}\right) = 19,035 \cdot \log\left(\frac{A_0}{A}\right)$$
$$(16.4)$$

Der radioaktive Kohlenstoff verhält sich chemisch weitgehend identisch wie der nicht radioaktive, der aus den Isotopen ^{12}C und ^{13}C besteht. Dementsprechend bildet sich aus den in der Atmosphäre erzeugten radioaktiven Kohlenstoffatomen durch Oxidation mit Sauerstoff schnell CO_2, das über die Atmosphäre mit der Biosphäre und dem Oberflächenwasser der Ozeane im allgemeinen Kohlenstoffkreislauf im Austausch steht. Durch die Photosynthese wird Kohlenstoff und damit ebenfalls ^{14}C von Pflanzen aufgenommen, die dann als Nahrungsquelle für die Tierwelt dienen. Da die Atmosphäre turbulent durchmischt ist, weist die Biosphäre innerhalb einer Hemisphäre im Wesentli-

chen die gleiche spezifische Radioaktivität auf. Durch den zirkulationsbedingt unterdrückten atmosphärischen Austausch zwischen beiden Hemisphären und des Einflusses der Ozeane (siehe unten) findet man jedoch eine niedrigere spezifische Radioaktivität (und damit unkalibriert um mehrere Dekaden höhere ^{14}C-Alter) in der Südverglichen mit der Nordhemisphäre (Hogg et al. 2009). Deshalb gibt es auch für die Südhalbkugel eine eigene Kalibrationskurve (Hogg et al. 2020). CO_2 wird auch vom Ozeanwasser gelöst und dementsprechend hat auch die marine Biosphäre annähernd die gleiche Radioaktivität, sodass in Bereichen, zwischen denen CO_2 ausgetauscht wird (❏ Abb. 16.5), das Konzentrationsverhältnis $^{14}C/^{12}C$ gleich ist und etwa 10^{-12} beträgt. Dieses Verhältnis entspricht dem Gleichgewicht zwischen globaler Produktion und Zerfall von ^{14}C und ist annähernd konstant mit der Zeit. Die niedrigere spezifische Aktivität in der Atmosphäre der Südhemisphäre erklärt sich mit dem flächenmäßig größeren Anteil der Ozeane im Süden. Dort tauscht altes Ozeanwasser, das aufgrund seines Alters einen geringeren ^{14}C-Gehalt aufweist, mit der Atmosphäre aus und „verdünnt" den Radiokohlenstoff.

Wenn organisches Material abstirbt, findet kein Austausch mit dem Gesamtreservoir mehr statt und die Konzentration von ^{14}C nimmt entsprechend dem radioaktiven Zerfall stetig ab. Das ist der Zeitpunkt 0 in ▶ Gl. 16.2 und das ist das „Alter", das durch die Messung der Radioaktivität oder des $^{14}C/^{12}C$-Verhältnisses bestimmt wird. Die ersten Messungen mit Proben bekannten Alters verliefen sehr vielversprechend (Arnold und Libby 1949) und begründeten somit diese Methode der Bestimmung des Alters eines biogenen Materials. Willard F. Libby erhielt dafür 1960 den Nobelpreis für Chemie. Dies war die erste zuverlässige und allgemein anwendbare Methode der absoluten Altersbestimmung im Gegensatz zu den relativen Datierungsmethoden, die eine zeitliche Reihenfolge von Ereignissen bzw.

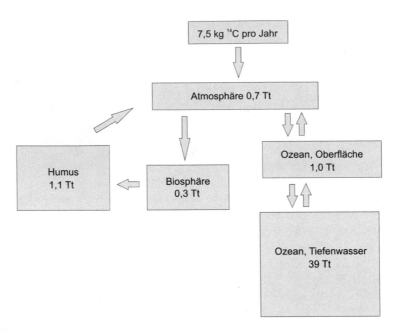

◘ Abb. 16.5 Die wichtigsten Reservoirs mit Angaben zur Masse von ^{12}C in Teratonnen (10^{12} t), zwischen denen ^{14}C ausgetauscht wird. Die durchschnittliche Verweilzeit von ^{14}C in der Atmosphäre und im Oberflächenwasser der Ozeane bis zu einer Tiefe von 100 m beträgt ca. 5 Jahre, in der Biosphäre und im Humus einige Dekaden. Das Tiefenwasser in den Ozeanen ist nicht gut durchmischt und es kann zu Aufwallungen kommen, die Verweilzeit von ^{14}C beträgt einige Tausend Jahre (Graphik: E. Pernicka)

Prozessen ermitteln, ohne ein genaues Alter angeben zu können.

Die Bestimmung des Verhältnisses von A_0/A erfolgte bis etwa 1980 ausschließlich durch die Messung der Radioaktivität einer Probe, und zwar zunächst von gasförmigen Proben mit Proportionalzählrohren und später auch von flüssigen Proben mit Szintillationszählern. Für diesen Zweck wurden die Proben verbrannt und im zweiten Fall chemisch in Benzol (C_6H_6, korrekt Benzen nach IUPAC) umgewandelt. Heute wird die überwiegende Zahl der Messungen mit einem Beschleuniger-Massenspektrometer (*accelerator mass spectrometer*, abgekürzt AMS) durchgeführt. Der Vorteil dieser Methode ist der weitaus größere Probendurchsatz und der viel geringere Probenbedarf. Während für die Zähltechnik ca. 1 g Kohlenstoff benötigt wurde, ist es bei der Be-

schleuniger-Massenspektrometrie nur mehr ca. 1 mg oder weniger.

Im Laufe der Zeit stellte sich heraus, dass die Annahme einer konstanten Radioaktivität von ^{14}C in der gesamten Biosphäre zu optimistisch war. Obwohl Libby (1955) die Möglichkeit von Schwankungen diskutierte, wurden sie erst erkannt, als eine größere Zahl von Proben sehr gut bekannten Alters, z. B. Baumringe und archäologische Proben aus Ägypten, gemessen worden waren (Suess 1986). Systematische Messungen an Baumringen der *bristlecone pine,* einer langlebigen Baumart in Kalifornien, für die es eine ununterbrochene Sequenz von ca. 8000 Jahren gab, zeigten, dass es sowohl kurzfristige Schwankungen (de Vries-Effekt nach de Vries 1958) als auch einen langfristigen Trend gibt, der zu systematisch zu jungen Altern besonders

16

vor der Zeitenwende führt (▣ Abb. 16.6). Gründe für die Schwankungen der atmosphärischen ^{14}C-Konzentration liegen im variablen Magnetfeld der Erde, im solaren Magnetfeld und an zeitlichen Änderungen im Kohlenstoffkreislauf. Die Tatsache, dass die spezifische Aktivität A_0 in ▶ Gl. 16.4 zum Zeitpunkt Null nicht konstant und daher nicht genau bekannt ist, führt dazu, dass das ^{14}C-Alter damit nur eine Annäherung an des „wahre" Alter ist. Die mit ▶ Gl. 16.4 berechneten ^{14}C-Alter müssen daher durch Kenntnis der tatsächlichen atmosphärischen ^{14}C-Aktivität kalibriert und in Kalenderalter umgerechnet werden. ^{14}C-Messungen an Baumringsequenzen und mittels Uranserien datierte Korallenablagerungen werden ständig in diese Kalibrationskurve integriert, sodass sie immer detaillierter wird und mittlerweile über

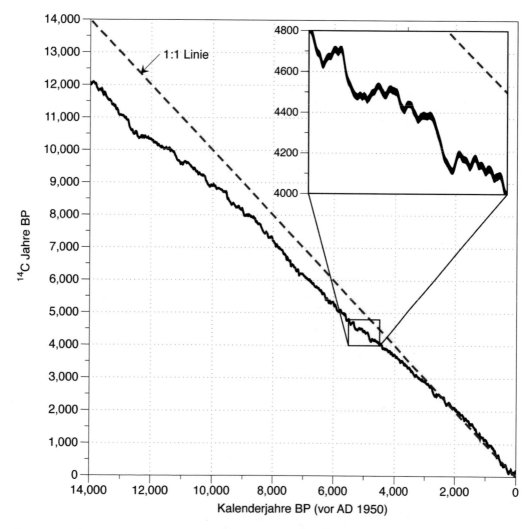

▣ **Abb. 16.6** ^{14}C-Kalibrationskurve (IntCal20) aus jahrgenau datierten Baumringchronologien. Vor 2500 BP sind ^{14}C-Alter immer jünger als Kalenderalter (die rote Linie gibt die 1:1-Beziehung an, die bei konstanter ^{14}C-Radioaktivität gelten würde). Im Bereich von Dekaden bis einigen Jahrhunderten gibt es Schwankungen in der ^{14}C-Aktivität (Kurve im Einschub), sodass sie immer detaillierter wird und mittlerweile über den gesamten mit ^{14}C nutzbaren Zeitraum reicht (Reimer et al. 2020)

den gesamten mit ^{14}C nutzbaren Zeitraum reicht (Reimer et al. 2013).

Zusätzlich zu den natürlichen gibt es noch zwei durch Menschen verursachte Veränderungen der Gleichgewichtskonzentration von ^{14}C: Erstens erhöhte die Verbrennung von fossilen Brennstoffen (die aufgrund des hohen Alters frei von ^{14}C sind) die Konzentration von ^{12}C in messbarem Ausmaß, sodass z. B. Holz, das in der ersten Hälfte des 20. Jahrhunderts gewachsen ist, älter erscheint als Holz, das vor 1850, d. h. vor der industriellen Revolution, wuchs (Suess-Effekt). Zweitens der sogenannte Kernwaffeneffekt, der auf Atombombenexplosionen in der Atmosphäre zurückzuführen ist: Bei der Kernspaltung werden schnelle Neutronen emittiert, die durch Wechselwirkung mit dem Stickstoff der Atmosphäre zusätzlich zur kosmischen Strahlung ^{14}C erzeugt haben, sodass in den 1960er-Jahren die Radioaktivität der Atmosphäre auf etwa das Doppelte gestiegen ist (◘ Abb. 16.7). Seit diese Experimente gebannt wurden, nimmt diese Überschussradioaktivität kontinuierlich wieder ab und ist heute nahe dem ursprünglichen natürlichen Wert angelangt. Abgesehen von der gesundheitlichen Gefährdung der Weltbevölkerung hat der Kernwaffeneffekt die Nebenwirkung, dass Proben aus den letzten ca. 50 Jahren klar mit ^{14}C markiert sind und sehr genau datiert werden können, wie etwa Jahrgangsweine.

Wegen dieser Schwankungen hat man sich international auf einen A_0-Wert verständigt, der sich auf das Jahr 1950 (vor dem Kernwaffeneffekt) bezieht. ^{14}C-Alter

16

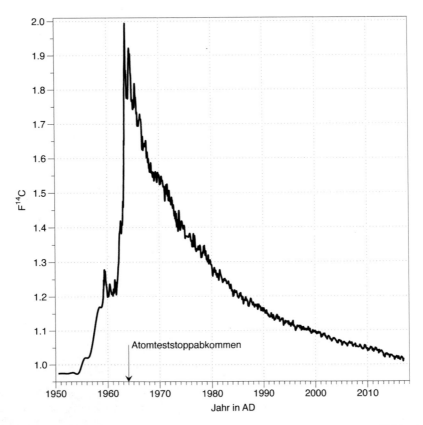

◘ **Abb. 16.7** ^{14}C-Aktivität in der Troposphäre nach 1955 (nach Hammer and Levin 2017). F^{14}C ist das Verhältnis von gemessener ^{14}C-Aktivität zur Referenzaktivität von 1950

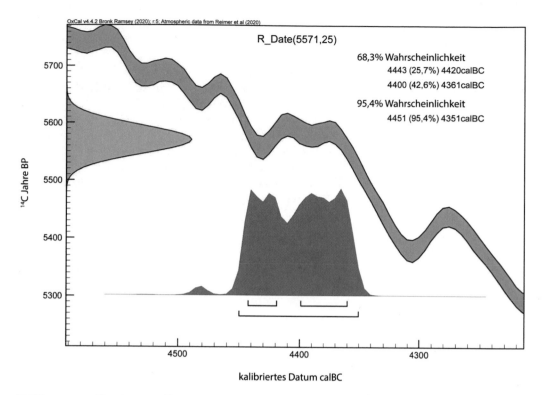

OxCal v4.4.2 Bronk Ramsey (2020); r:5; Atmospheric data from Reimer et al (2020)

R_Date(5571,25)

68,3% Wahrscheinlichkeit
4443 (25,7%) 4420calBC
4400 (42,6%) 4361calBC

95,4% Wahrscheinlichkeit
4451 (95,4%) 4351calBC

¹⁴C Jahre BP

kalibriertes Datum calBC

Abb. 16.8 Kalibration eines ¹⁴C-Alters von 5571 Jahren anhand der Kalibrationskurve INTCAL13 (Bronk Ramsey 2017) (Graphik: R. Friedrich)

werden in „Jahren vor heute" (*before present*, BP) angegeben, wobei „heute" eben das Jahr 1950 bedeutet. Um vergleichbare Messresultate zu erzielen, steht ein kalibriertes Referenzmaterial (Oxalsäure) zur Verfügung, das vom National Institute of Standards and Technology in Washington D.C. hergestellt und vertrieben wird. In der Regel brauchen sich aber Kunden von Datierungseinrichtungen nicht um diese Details zu kümmern, weil alle Institutionen, die Radiokohlenstoffdatierungen durchführen, neben dem ¹⁴C-Alter auch den kalibrierten Altersbereich angeben. Dieser ergibt sich aus der Schnittmenge des ¹⁴C-Alters der Probe mit der Kalibrationskurve (**Abb. 16.8**). Wegen der kurzfristigen Schwankungen der Kalibrationskurve führt die Kalibration in der Regel zu größeren Zeitspannen, als durch die reine Messunsicherheit verursacht würde, weil die Kurve abschnittsweise sehr flach ist und eine kalibrierte Datierung dann ein entsprechend großes Zeitintervall ergibt.

Neben den zeitlichen gibt es auch räumliche Variationen von A_0:

— Meerwassereffekt: CO_2 wird von den Ozeanen nur in den oberen Schichten (maximal 100 m) absorbiert und wieder emittiert. Der Austausch mit Tiefenwasser ist sehr langsam, sodass die Radioaktivität im tiefen Ozean gering ist. Es gibt aber gelegentlich räumlich begrenzt Aufwallungen, die das $^{14}C/^{12}C$-Verhältnis verringern. Insgesamt besteht ein systematischer Unterschied der unkalibrierten ^{14}C-Alter zwischen der nördlichen und der südlichen Hemisphäre von etwa 30 Jahren wegen der größeren Wasserfläche im Süden.

- Hartwassereffekt: Karbonat kann aus Gesteinen gelöst werden und in Frischwasser gelangen. Dadurch wird ebenfalls das ^{14}C/^{12}C-Verhältnis verringert, sodass z. B. Fische aus solchen Wässern ein scheinbar hohes Alter aufweisen. Menschen oder Tiere, die sich zu einem wesentlichen Teil von Fischen ernähren, übernehmen damit ebenfalls das verringerte ^{14}C/^{12}C-Verhältnis und ein scheinbar höheres ^{14}C-Alter.
- Gasexhalation: Emission von CO_2, z. B. aus Vulkanfumarolen, kann das ^{14}C/^{12}C-Verhältnis in Pflanzen der näheren Umgebung verändern.

Die Anwendbarkeit der Radiokohlenstoffdatierung ist vielfältig:
- Holz, Holzkohle: Eingeschränkt durch den Altholzeffekt: Die inneren Ringe eines Baumes sind entsprechend älter als die jüngsten, äußeren Ringe; Messungen an Holz können also grundsätzlich nur Zeitbereiche ergeben; geeigneter sind daher kurzlebige Pflanzen, wie Gräser und Schilf.
- Samen und Getreidekörner;
- Pollen und Sporen, insbesondere für Sedimentprofile geeignet.
- Knochen und Geweih: Die anorganische Fraktion ist wegen des Hartwassereffekts bzw. durch den Karbonataustausch im Boden nicht gut geeignet, daher wird Kollagen (Gummiknochen) des Knochens für die Messung verwendet, nachdem der anorganische Anteil mit Säuren aufgelöst wurde.
- Keramik und Schlacken: Messung an organischen Einschlüssen.

- Torf und Faulschlamm: Mögliche Beeinflussung durch Hartwasser- und Altholzeffekt.
- Papier und Textilien;
- Höhlensinter: Große Unsicherheiten, inhomogenes Material.
- Muscheln und Schnecken: Mariner Reservoireffekt, mögliche Probleme durch Diagenese.
- Korallen und Foraminiferen;
- Wüstenlack und Felsmalereien: Messung an Moosen/Algen, die auf den Felsbildern wachsen.

16.4 Lumineszenzdatierung

Markus Fuchs, Nicole Klasen und Christoph Schmidt

Das radiometrische Verfahren der Lumineszenzdatierung stellt für die Geoarchäologie eine zentrale Methode der Zeitbestimmung dar (Bateman 2019). Sie ermöglicht es einerseits, archäologische Objekte wie Keramiken und Feuersteinwerkzeuge chronometrisch einzuordnen, indem deren Herstellungs- bzw. Erhitzungszeitpunkt bestimmt werden kann. Andererseits erlaubt es die Lumineszenzdatierung, den Zeitpunkt der letztmaligen Umlagerung von Sedimenten zeitlich zu erfassen. Sie leistet somit einen wesentlichen Beitrag, um die vom Menschen ehemals besiedelten Landschaften und die in der Vergangenheit herrschenden Umweltbedingungen zu rekonstruieren. Dabei weist die Lumineszenzdatierung einen entscheidenden Vorteil gegenüber anderen Datierungsmethoden auf, denn sie datiert das archäologische Objekt und die Sedimente direkt. So kann beispielsweise die durch den Menschen verursachte Bodenerosion über die Datierung der Kolluvien zeitlich bestimmt werden, da hierdurch deren letztmalige Belichtung, also deren Sedimentumlagerung, direkt datiert wird. Ein

16

weiterer Vorteil der Methode gegenüber anderen chronometrischen Verfahren ist, dass die zur Datierung herangezogenen Minerale Quarz und Feldspat ubiquitär vorhanden sind. Die Lumineszenzdatierung stellt damit eine der bedeutendsten Datierungsmethoden für die Geoarchäologie dar und wird dementsprechend häufig zur Beantwortung geoarchäologischer Fragestellungen eingesetzt. Die jüngsten Alter, die mit der Methode der Lumineszenzdatierung ermittelt werden können, liegen im Bereich von wenigen Jahrzehnten, die Datierungsobergrenze in günstigen Fällen im Bereich von wenigen 100.000 Jahren, womit sich die meisten Zeitabschnitte erfassen lassen, die für geoarchäologische Fragestellungen von Bedeutung sind. Der Unsicherheitsbereich der Lumineszenzalter liegt bei ca. 6–10 %. Je nach Art der Anregung zum Abrufen des Lumineszenzsignals im Labor wird zwischen Thermolumineszenz (TL), optisch stimulierter Lumineszenz (OSL) und infrarot stimulierter Lumineszenz (IRSL) unterschieden. Dabei wird TL meist zur Datierung von Erhitzungsereignissen verwendet; für Belichtungsereignisse kommen in der Regel OSL (Quarz) und IRSL (Feldspäte) zum Einsatz.

Abkürzungen
OSL: Optisch stimulierte Lumineszenz
IRSL: Infrarot stimulierte Lumineszenz
TL: Thermolumineszenz (thermisch stimulierte Lumineszenz).

16.4.1 Physikalische Grundlagen

Überall in der Natur kommen kleinste Konzentrationen der Radioelemente Uran, Thorium, Rubidium und Kalium vor, die in Sedimenten durch den radioaktiven Zerfall ein schwaches Strahlungsfeld erzeugen. Befinden sich in diesem Strahlungsfeld Quarz- oder Feldspatkörner, können diese einen Teil

der durch die ionisierende Strahlung übertragenen Energie in ihrem Kristallgitter speichern. Auf mikroskopischer Ebene werden durch die Energiezufuhr Ladungsträger voneinander getrennt, sodass Elektronen im Kristall über lange Zeit in sogenannten Elektronenfallen einen energetisch höheren Zustand einnehmen. Derartige Haftstellen für freie Ladungsträger sind an Defekte im Kristallgitter gebunden. Analog zur Energiespeicherung in Mineralen kann man sich eine Batterie vorstellen, die sich über lange Zeiträume langsam auflädt. Diese Eigenschaft ist Grundlage der Lumineszenzdatierung: Je länger ein Quarz- oder Feldspatkorn einem Strahlungsfeld ausgesetzt ist, desto höher ist die akkumulierte Energie bzw. Dosis (dies ist die auf die Masse normierte aufgenommene Energie in der Einheit Gray; $1\,\mathrm{Gy} = 1\,\mathrm{J\,kg^{-1}}$). Die Minerale fungieren also als Dosimeter. Die entscheidende Frage ist, welche Ereignisse zur Löschung der akkumulierten Dosis führen. Im Wesentlichen sind hier (i) die letzte Erhitzung (>350 °C) und (ii) die Belichtung der Minerale, in der Regel durch Sonnenlicht, zu nennen. Diese thermische oder optische Stimulation führt dazu, dass der Kristall seine gespeicherte Dosis durch Rekombination der getrennten Ladungsträger u. a. in Form von Licht (Lumineszenz) wieder abgibt. Diese Rückstellung erfolgt auch – thermisch oder optisch stimuliert – während der Messung. Die dabei emittierte Lumineszenz kann durch entsprechend sensitive Messgeräte registriert werden, und da die Lumineszenzintensität eine Funktion der Dosis ist, kann aus der Lumineszenzmessung im Labor die akkumulierte Dosis bestimmt werden (Aitken 1985, 1998).

Um ein Lumineszenzalter berechnen zu können, ist neben der Dosis eine weitere Größe zu bestimmen, die Dosisleistung. Sie gibt an, wie viel Dosis pro Zeiteinheit vom Dosimeter akkumuliert wird oder, anders formuliert, mit welcher Rate sich die Batterie auflädt. Hierzu ist die Intensität des natürlichen Strahlungsfeldes zu bestimmen.

16.4.2 Messmethodik

Da sich natürliche Kristalle in ihrem Defektinventar (Art, Anzahl) aufgrund unterschiedlicher Entstehungsbedingungen und sedimentärer Geschichte stark voneinander unterscheiden können, besitzen sie auch eine unterschiedliche Lumineszenzsensitivität. Deshalb ist es nicht möglich, alleine aus der Höhe des gemessenen Lumineszenzsignals auf die akkumulierte Dosis zu schließen und daher wird das Signal im Labor mittels kalibrierter Strahlungsquellen (i. d. R. β-Quellen) auf die individuelle Lumineszenzsensitivität der Probe normiert. Das Grundprinzip der Dosisbestimmung ist also der Vergleich des natürlichen Lumineszenzsignals mit Signalen, die nach einer Laborbestrahlung mit einer festgelegten Strahlendosis messbar sind. Da das natürliche Strahlungsfeld im Labor nicht reproduziert werden kann, ist das Ergebnis der Dosisbestimmung die sogenannte Äquivalenzdosis. Dies ist die Dosis, die nach Laborbestrahlung eine Lumineszenz in gleicher Höhe wie die des natürlichen Signals hervorruft.

Das derzeit gebräuchlichste Messprotokoll zur Bestimmung der Äquivalenzdosis sieht vor, nach der Messung des natürlichen Signals eine Teilprobe (Aliquot) mit steigenden Dosen wiederholt zu bestrahlen und das dadurch erzeugte regenerierte Lumineszenzsignal L zu messen. Die Lumineszenz L als Funktion der Labordosis definiert die sogenannte Wachstumskurve, mit deren Hilfe durch Interpolation des natürlichen Lumineszenzsignals die Äquivalenzdosis bestimmt werden kann. Allerdings ändert sich die Lumineszenzsensitivität während der Messzyklen im Zuge wiederholter Bestrahlung, Erhitzung und optischer Stimulation, was zu Ungenauigkeiten in der Äquivalenzdosisbestimmung führt. Dies wird korrigiert, indem zwischen jeden Zyklus der Signalregeneration ein Normierungszyklus geschaltet wird, welcher die Lumineszenz T aufgrund einer konstanten Testdosis misst. Daraus ergeben sich die sensitivitätskorrigierten Lumineszenzsignale als Quotient L/T (vgl. ◨ Abb. 16.9; Murray und Wintle 2000). In der Praxis werden für jede Probe Dutzende Aliquote gemessen, um eine Verteilung von Äquivalenzdosen zu erhalten.

16.4.3 Dosisleistung

Das natürliche Strahlungsfeld bestimmt die Dosisleistung und ist von der kosmischen Strahlung und der mineralogischen Zusammensetzung des Sedimentes und damit vornehmlich vom Vorkommen der Radioelemente Uran, Thorium, Rubidium und Kalium abhängig. Sie senden beim Zerfall Energie in Form von α-, β- oder γ-Strahlung mit unterschiedlichen Reichweiten im Sediment aus (Aitken 1998). Die Dosisleistung kann nach Bestimmung der Radioelementkonzentrationen mittels Umrechnungsfaktoren berechnet werden. Eine weitverbreitete Methode dazu ist hochauflösende γ-Spektrometrie mit einem Germaniumdetektor, der unterschiedliche Energielinien in einem Spektrum aufzeichnet. Je nach Gerätekonfiguration und Empfindlichkeit des Messdetektors werden wenige Gramm bis mehrere hundert Gramm Probenmaterial benötigt. Daneben kann die Dosisleistung auch direkt gemessen werden. *In-situ*-Messungen zeichnen Energiespektren auf, die mithilfe einer Kalibration eine γ- und kosmische Dosisleistung ausgeben. Mit zusätzlicher Zählung von α- und β-Zerfällen oder aber über die Radioelementkonzentrationen berechnet aus γ-spektrometrischen Messungen kann so ebenfalls die Dosisleistung berechnet werden. Eine *in-situ*-Messung der γ-Dosisleistung hat vor allem in heterogenen Sedimentkontexten, wie sie beispielsweise bei Höhlensedimenten vorkommen, Vorteile.

Die Neutronenaktivierungsanalyse (NAA) und die Massenspektrometrie mit induktiv gekoppeltem Plasma (ICP-MS)

16

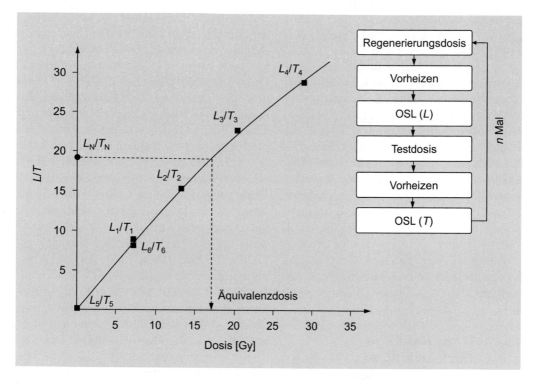

◘ Abb. 16.9 Ablauf des Messprotokolls zur Bestimmung der Äquivalenzdosis an einer Teilprobe (Aliquot). Nach dem Messen des normierten natürlichen Lumineszenzsignals L_n/T_n wird dasselbe Aliquot mit steigenden Dosen bestrahlt, was nach Normierung die regenerierten Lumineszenzsignale L_x/T_x $(x = 1, …, 6)$ ergibt. Werden diese gegen die bekannte Labordosis aufgetragen, kann durch Interpolation die Äquivalenzdosis bestimmt werden. Die Verlässlichkeit der Sensitivitätskorrektur wird durch wiederholte Messung eines Regenerierungspunkts geprüft (hier: L_1/T_1 und L_6/T_6). Nach der Laborbestrahlung wird das Aliquot vorgeheizt (z. B. 220 °C für 10 s), um nicht langzeitstabile Signalanteile zu entfernen

können ebenfalls zur Messung von Radioelementkonzentrationen verwendet werden. Beide Methoden benötigen nur sehr geringe Probenmengen.

Zur Altersberechnung ist die Einbeziehung weiterer Kenngrößen wie beispielsweise die Korngröße des Sedimentes, der Wassergehalt, die Entnahmetiefe unter der Geländeoberkante, die geographische Breite sowie die Höhe über dem Meeresspiegel erforderlich. Wassergehalt und Entnahmetiefe unterliegen möglicherweise Schwankungen, die von klimatischen Verhältnissen und Erosionsprozessen abhängen. Beide Kenngrößen werden entweder als konstant angenommen oder müssen modelliert werden.

16.4.4 Herausforderungen der Lumineszenzdatierung

Um zuverlässige Lumineszenzalter zu generieren, müssen grundlegende Bedingungen erfüllt sein. Zunächst dürfen nur ausreichend tiefe Elektronenfallen zur Datierung herangezogen werden, deren Langzeitstabilität gegeben ist; entweichen Elektronen, führt dies zu einer Altersunterschätzung. Eine thermische Behandlung (Vorheizen) der Proben und ergänzende Tests zur Signalstabilität können eine solche Unterschätzung vermeiden helfen. Weiterhin muss die Rückstellung des Lumineszenzsignals während des zu datierenden Ereignisses vollständig erfolgt sein. Darüber hinaus kann sich im grundwasserbeeinflussten Milieu die Dosisleistung durch Ein- und Austrag von Radionukliden während des Datierungszeitraums ändern, was komplexe Korrekturrechnungen unter Berücksichtigung von Modellannahmen erfordert. Eine Datierungsobergrenze ist erreicht, wenn ein Großteil der vorhandenen Elektronenfallen gefüllt ist und weitere akkumulierte Dosis keine Signalsteigerung mehr bewirkt. Diese Grenze liegt bei Quarz im Bereich von ca. 50–200 Gy, bei K-Feldspat bei mehreren Hundert Gy (z. B. Timar-Gabor et al. 2012; Schmidt et al. 2014). Die untere Datierungsgrenze wird durch die Empfindlichkeit der Messgeräte und die Sensitivität der jeweiligen Probe bestimmt (Ballarini et al. 2003).

16.4.4.1 Unvollständige Rückstellung des Lumineszenzsignals

Eine vollständige Rückstellung des Lumineszenzsignals zum Zeitpunkt der letztmaligen Belichtung (Sedimente) oder Erhitzung (Keramik/Feuersteine) ist Grundvoraussetzung für die Datierung. Eine unvollständige Signalrückstellung führt zur Überbestimmung der Äquivalenzdosis und des Lumineszenzalters (◘ Abb. 16.10). Dabei ist die Rückstellung des Lumineszenzsignals von der Art und Dauer des Sedimenttransportes bei Sonnenlichtexposition bzw. von der Temperatur und Dauer des Erhitzungsvorgangs abhängig. Äolische Sedimente sind in der Regel gut gebleicht, da sich das Lumineszenzsignal beim Transport durch Windwirkung meist in wenigen Sekunden zurückstellt. Der Sedimenttransport in Wasser (fluvial, marin, lakustrin) kann das Lumineszenzsignal ebenfalls vollständig zurückstellen, allerdings sind die Dauer der Sonnenlichtexposition sowie die Trübe der Suspension entscheidend. Bei zu kurzer Exposition ist das Sediment meist hetero-

gen gebleicht. Das bedeutet, dass jedes Sedimentkorn eine individuelle Signalrückstellung erfahren hat, wobei einige Körner auch vollständig gebleicht sein können. Durch die Messung vieler Aliquote können im besten Fall vollständig gebleichte Aliquote mit relativ kleineren Äquivalenzdosen von unvollständig gebleichten Aliquoten mit relativ größeren Äquivalenzdosen, aufgrund der ererbten Restdosis, unterschieden werden. Insbesondere bei jüngeren Proben < 10.000 Jahren kann die Messung von einzelnen Körnern (Einzelkorndatierung) von Vorteil sein, da die Restdosis bei jüngeren Proben im Vergleich zu älteren Proben stärker zur Altersüberbestimmung beiträgt (Jain et al. 2004; Duller 2008; Thomsen et al. 2016). Allerdings kann unzureichende Bleichung auf diese Weise nur ermittelt werden, wenn sichergestellt ist, dass die Dosisleistung im mm-Bereich (β-Strahlung) homogen ist. Andernfalls können die Effekte auf die Dosis von Einzelkörnern durch unzureichende Bleichung und durch räumlich heterogene Dosisleistung nicht getrennt werden (z. B. Nathan et al. 2003; Mayya et al. 2006; Thomsen et al. 2007; Klasen et al., 2013).

Unvollständige Signalrückstellung bei erhitzten archäologischen Objekten wie Keramik und Feuersteinwerkzeugen kann relativ schnell durch Testmessungen im Labor ermittelt werden (z. B. Richter et al. 2011). Da das TL-Signal jedoch teilweise auch durch Licht reduziert wird, ist es notwendig, belichtetes Material vor der Analyse zu entfernen, um eine Verfälschung des Signals und damit eine Unterschätzung der Äquivalenzdosis zu vermeiden.

16.4.4.2 Postsedimentäre Umlagerung

Ähnlich der unvollständigen Bleichung hat postsedimentäre Umlagerung Einfluss auf die Äquivalenzdosis. Bioturbation als ein Typ von Umlagerungsprozessen ist häu-

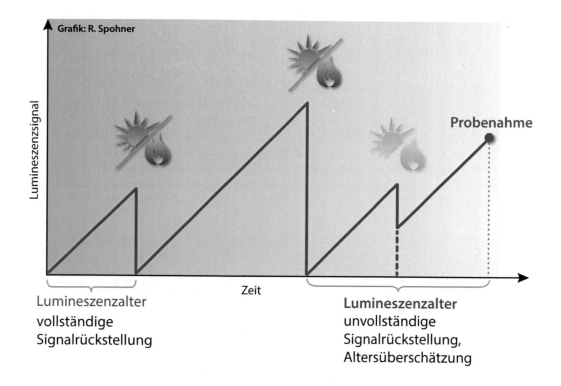

Abb. 16.10 Rückstellung des Lumineszenzsignals. Die vollständige Rückstellung des Lumineszenzsignals zum Zeitpunkt der letzten Belichtung oder Erhitzung ist Grundvoraussetzung für die Datierung (linker und mittlerer Teil der Abbildung). Bei unzureichender Dauer der Belichtung oder Erhitzung wird das Lumineszenzsignal nicht vollständig zurückgestellt (rechter Teil der Abbildung). Zum Zeitpunkt der Probenahme enthält das Lumineszenzsignal dann zusätzlich zum akkumulierten Signal seit der letzten unvollständigen Rückstellung (gestrichelte Linie) die ererbte Restdosis seit der vorletzten Belichtung/Erhitzung. Dies führt zur Altersüberschätzung (Graphik: R. Spohner)

fig im Zusammenhang mit der Datierung von Kulturschichten zu beobachten. Dabei gelangen vor allem durch bodenwühlende Tiere Sedimente aus stratigraphisch höher liegenden (jüngeren) Schichten in tiefere (ältere) Schichten oder umgekehrt. Dies kann dazu führen, dass das Alter der datierten Schicht vergleichsweise zu jung oder aber zu alt eingeordnet wird. Für die Datierung von Höhlensedimenten oder auch archäologischen Objekten hat sich die mikromorphologische Analyse zum besseren Verständnis und zur Kontrolle von Sedimentationsprozessen bewährt (Guérin et al. 2015; Junge et al. 2018; Klasen et al. 2018).

16.4.5 Anwendungsbeispiele

16.4.5.1 Sedimente

Mit dem Übergang von der aneignenden zur produzierenden Wirtschaftsweise im Neolithikum und der damit verbundenen Einführung von Ackerbau und Viehzucht begann der Mensch, seine Umwelt aktiv umzugestalten. So führten Rodungsaktivitäten zu einem massiven Eingreifen in den Naturhaushalt, was großflächig zur Bodenerosion führte. Dabei stellen Kolluvien die korrelaten Sedimente der Bodenerosion dar und sind somit Zeugnis ehemaliger ackerbaulicher Tätigkeit. Die zeitliche Einordnung der Kolluvien mittels OSL ermöglicht es, das räumlich-zeitliche Ausmaß landwirtschaftlicher Nutzung zu ermitteln und Phasen hoher von Phasen geringerer Aktivität zu unterscheiden. In Griechenland konnte beispielsweise über die Sedimentationsrate von Kolluvien gezeigt werden, in welchen Kulturepochen mit erhöhter Bodenerosion und damit landwirtschaftlicher Aktivität zu rechnen ist

(◼ Abb. 16.11; Fuchs et al. 2004; Fuchs 2006).

Die Wetterau, zwischen Frankfurt und Gießen gelegen, stellt für Deutschland eine bereits im Neolithikum früh besiedelte und landwirtschaftlich genutzte Landschaft dar. Das Profil Gambach (◼ Abb. 16.12) zeigt dabei nicht nur, dass Bodenerosion und Kolluvienbildung im 5. Jahrtausend v. Chr. einsetzten, sondern es lässt anhand der kolluvialen Verfüllung eines ehemals mul-

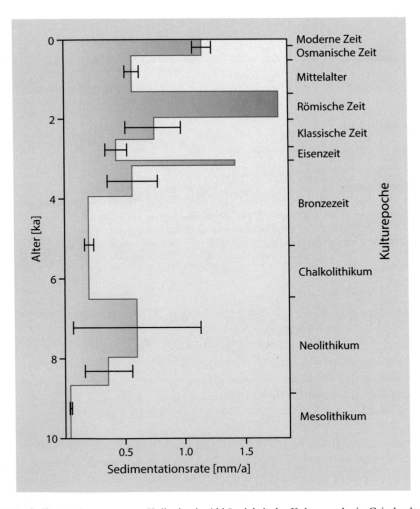

◼ Abb. 16.11   Sedimentationsraten von Kolluvien in Abhängigkeit der Kulturepoche in Griechenland: ab dem 7. Jahrtausend v. Chr. und mit dem Neolithikum steigen die Sedimentationsraten stark an. Insgesamt korrelieren die Siedlungsaktivitäten sehr gut mit den Sedimentationsraten – ein Indiz, dass mit erhöhter Siedlungsaktivität eine Intensivierung der Landwirtschaft einherging, die Bodenerosion und Kolluvienbildung zur Folge hatte (Fuchs et al. 2004; Fuchs 2006)

16

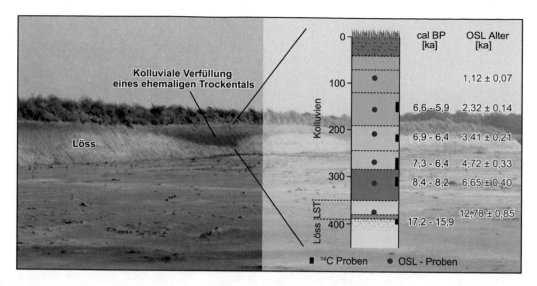

■ Abb. 16.12 Das Profil Gambach in der Wetterau: Mit dem Neolithikum setzt die Bodenerosion und Kolluvienbildung im 5. Jahrtausend. v. Chr. ein. Zu erkennen ist auch die kolluviale Verfüllung eines ehemaligen Muldentals und die damit bedingte Reliefveränderung aufgrund der landwirtschaftlichen Nutzung. Der Vergleich von ¹⁴C- und OSL-Datierungen lässt eine deutliche Diskrepanz der Alter erkennen, wobei die OSL-Alter die Sedimentationsalter repräsentieren, die ¹⁴C-Alter hingegen das Absterben der organischen Substanz. Die OSL-Alter geben somit die korrekten Sedimentationsalter wieder (Kühn et al. 2017)

denförmig ausgebildeten Trockentals auch erkennen, wie sich das Relief seit dem Neolithikum verändert hat (Kühn et al. 2017). Darüber hinaus zeigt der Methodenvergleich von ¹⁴C- und OSL-Datierungen eine deutliche Diskrepanz der erzielten Alter auf, die dadurch zu erklären ist, dass die OSL-Alter das Sedimentationsalter korrekt repräsentieren, die ¹⁴C-Alter hingegen das Absterben der organischen Substanz, das deutlich vorher stattgefunden hat.

Dass Kolluvien trotz kurzer Transportwege und der damit einhergehenden kurzen Tageslichtexposition und Sedimentbleichung zur Lumineszenzdatierung dennoch sehr gut geeignet sind, zeigen Fuchs und Lang (2009). Auch die sedimentären Verfüllungen von Gruben oder Zisternen weisen häufig Transportwege von nur wenigen Metern auf, die dennoch mit OSL erfolgreich datiert werden können. Dies belegen die Datierungen der Grabenanlage von Burgweinting (■ Abb. 16.13) bei Regensburg (Codreanu-Windauer et al. 2017), oder

von Zisternen in der Negev in Israel (Junge et al. 2018).

Fluviale Sedimente eignen sich ebenfalls sehr gut für die Lumineszenzdatierung, doch muss wie bei kolluvialen Sedimenten auf deren vollständige Bleichung geachtet werden. Dreibrodt et al. (2013) rekonstruierten die holozäne Flussgeschichte der Bosna im Zusammenhang mit der seit dem Neolithikum erfolgten Besiedelung mittels OSL. Die Auswirkungen landwirtschaftlicher Nutzung auf die Fluss- und Auendynamik der Aufseß (Oberfranken) wurden von Fuchs et al. (2011) in einer detaillierten OSL-Studie untersucht.

Äolische Sedimente sind im Allgemeinen gut gebleicht und eignen sich sehr gut für die Lumineszenzdatierung. Dies zeigte sich beispielsweise in einer Untersuchung des Geelbek-Dünenfeldes in Südafrika, das sich in Windrichtung von der Atlantikküste in das Landesinnere bewegt (Fuchs et al. 2008). Dabei überfuhr es alte und heute stabilisierte Dünen, die durch die Überwehung

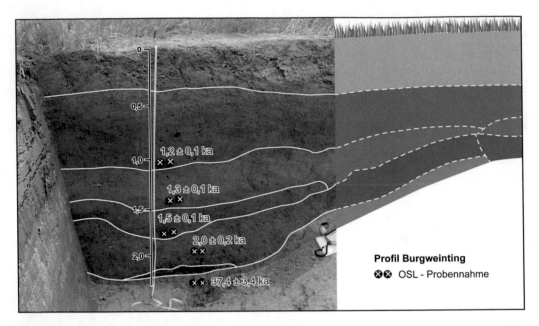

◘ Abb. 16.13 Grabenanlage Burgweinting bei Regensburg: Zu erkennen ist die sedimentäre Verfüllung einer Grabenanlage. Die OSL-Datierungen ergaben, dass der Graben während der Römerzeit in einem pleistozänen Löss angelegt und ab dem Jahr 0 kolluvial verfüllt wurde (Codreanu-Windauer et al. 2017)

des neuen Dünenfeldes reaktiviert werden und so ehemalige Oberflächen, die von Jäger- und Sammlerkulturen besiedelt waren, freilegten. Die Lumineszenzdatierungen der ehemaligen Oberflächen und deren Überwehung ergaben holozäne Alter, die mit den archäologischen Befunden sehr gut übereinstimmen. Daneben stellen die Lösse Mitteleuropas eines der bedeutendsten terrestrischen Sedimentarchive für die Umwelt- und Lebensbedingungen des Paläolithikums dar. Als Beispiele herausragender Fundstellen wären Dolní Věstonice in Südmähren (Svoboda 2016) oder auch Krems-Wachtberg im mittleren Donauraum zu nennen (Nigst et al. 2008), die mittels Lumineszenzdatierung chronostratigraphisch eingeordnet werden konnten (Fuchs et al. 2013; Lomax et al. 2014).

16.4.5.2 Keramiken

Für die Archäologie stellt Keramik einen zentralen Forschungsgegenstand dar, dessen chronometrische Einordnung sehr wichtig ist. Da Keramik aus gebrannten Mineralstoffen besteht, kann deren Herstellungsalter mittels Lumineszenzdatierung bestimmt werden, wobei die Rückstellung des Lumineszenzsignals nicht wie bei Sedimenten durch Tageslichtexposition erfolgt, sondern durch die Erhitzung der Minerale. Aus diesem Grund werden gebrannte Materialien sehr erfolgreich mittels TL datiert. Allerdings muss die Keramik bei der Erhitzung eine Temperatur von >350 °C erfahren haben, da sonst die Rückstellung nur unzureichend erfolgt. Das Beispiel von Fraser und Price (2013) zeigt, wie im nördlichen Jordantal mittels TL-Datierung von Keramikscherben die zeitliche Stellung von Steinhügelgräbern geklärt werden konnte.

16.4.5.3 Feuerstein

Da in den meisten Fällen gut begründet davon ausgegangen werden kann, dass in prähistorischen Siedlungsplätzen gefundene gebrannte Feuersteine (Flint) anthropogen erhitzt wurden, lässt sich durch Datierung des Erhitzungsereignisses menschliches Handeln direkt chronometrisch nachweisen (Richter et al. 2009). Dies stellt einen erheblichen methodischen Vorteil gegenüber den meisten anderen Datierungsverfahren dar, die für diese Frage lediglich indirekte Alter liefern (Ausnahme: Elektronenspinresonanzdatierung an fossilen Zähnen, siehe Infobox 16.1). So stellt das TL-Verfahren für die Rekonstruktion der räumlich-zeitlichen Ausbreitung des anatomisch modernen Menschen *(Homo sapiens)* auf der Erde wichtige Daten zur Verfügung. Da in Kombination mit OSL auch die sedimentären Ablagerungen aus dem Fundkontext datiert werden können, lassen sich daraus

Schlüsse über prähistorische Umweltverhältnisse ziehen. Verlässliche Alter für das Auftreten des modernen Menschen in Europa sind v. a. für den südosteuropäischen Raum rar. Aus einer Freilandfundstelle bei Româneşti-Dumbrăviţa (Banat, Rumänien) konnte jedoch eine Reihe erhitzter Steinwerkzeuge geborgen werden, die der Kulturstufe des Aurignaciens zugeordnet werden. Diese wird i. d. R. mit dem ersten Auftreten des modernen Menschen in Verbindung gebracht. Die TL-Datierung von insgesamt sechs Artefakten mit verschiedenen Messverfahren ergab ein gemitteltes Erhitzungsalter von $40,6 \pm 1,5$ ka, welches innerhalb des Unsicherheitsbereiches gut übereinstimmt mit dem OSL-Belichtungsalter der Sedimente der Fundschicht von $39,3 \pm 4,6$ ka (Schmidt et al. 2013).

Infobox 16.1

Kombinierte Elektronenspinresonanz- und Uranreihendatierung an Zähnen (Markus Fuchs, Christoph Schmidt, Nicole Klasen)

Eine häufig genutzte Methode zur direkten Datierung menschlicher Besiedlung anhand von fossilen menschlichen oder tierischen Zähnen ist die Elektronenspinresonanz-Spektroskopie (ESR). Sie zählt zu den radiometrischen Datierungsmethoden (s. ▶ Abschn. 16.4). Mit der ESR-Spektroskopie werden ungepaarte Elektronen in paramagnetischen Zentren gemessen, deren Zahl mit der Expositionsdauer in einem Strahlungsfeld wächst. Der datierte Zeitpunkt ist das Sterben des Organismus und dessen anschließende Ablagerung im Sediment. Die kombinierte ESR- und Uranreihendatierung von Zähnen hat sich als besonders vorteilhaft erwiesen, da sich Uran in den im Sediment begrabenen fossilen Zähnen anreichert. Durch die Kombination beider Methoden kann die zeitabhängige Uranaufnahme modelliert werden und liefert damit eine zuverlässigere Datierung (Grün et al. 1988). Die Methode ist minimalinvasiv; die Zähne wer-

den durchgesägt und mit LA-ICP-MS oder α- und γ-spektrometrischen Verfahren analysiert, um die Isotopengehalte der Uranreihen zu quantifizieren. Zusätzlich wird ein Stück Zahnschmelz extrahiert und daran das ESR-Signal gemessen. Anschließend kann der Zahn wieder zusammengefügt werden, sodass die Artefakte vollständig erhalten bleiben (Grün 2006; Joannes-Boyau 2013). Die Datierungsobergrenze hängt von der Sättigung und der thermischen Stabilität des ESR-Signals ab und ist auch von den individuellen Eigenschaften einer Probe abhängig. Eine Vielzahl von Studien belegt die zuverlässige Anwendung für fossile Funde bis 500 ka (Grün und Schwarcz 2000; Falguères 2003; Grün et al. 2006; Falguères et al. 2010; Mercier et al. 2013; Michel et al. 2013). In Einzelfällen ist auch die Datierung wesentlich älterer Proben möglich (Duval et al. 2011, 2012a, b; Grün et al. 2010). ESR-Alter haben meist einen 1σ-Fehler von 5–15 %.

Methoden der Geoinformatik in der Geoarchäologie

Bernhard Pröschel, Frank Lehmkuhl, Ulrike Grimm, Johannes Schmidt und Lukas Werther

Inhaltsverzeichnis

17.1   Datenquellen – 364
17.1.1   Kartenmaterial – 365
17.1.2   Fernerkundungsdaten – 367
17.1.3   Geophysikalische Daten – 368
17.1.4   Topographische Daten – 368

17.2   Höhenmodelle – 369
17.2.1   Trend-Interpolation – 370
17.2.2   Inverse Distanzwichtung (IDW) – 370
17.2.3   Spline-Interpolation – 372
17.2.4   Kriging – 373
17.2.5   Digitale Geländemodelle aus Höhenlinien – 373
17.2.6   GIS-gestützte Analyse räumlicher Daten in der Geoarchäologie – 373
17.2.7   Sichtfeldanalysen – 375
17.2.8   Cost-path-Analysen – 375

Zusammenfassung

Geoarchäologische Forschung ist heutzutage ohne den Einsatz digitaler Raumdaten und Geographischer Informationssysteme (GIS) kaum noch vorstellbar. GIS-Systeme dienen in erster Linie der Verwaltung und Analyse aber auch der Darstellung räumlicher Daten. Eine besondere Bedeutung kommt dabei digitalen Gelände- und Höhenmodellen zu. Zur Beschaffung räumlicher Daten stehen amtliche Datensätze, selbst erhobene Vermessungsergebnisse, Fernerkundungsdaten aber auch Altkarten zur Verfügung, die jedoch zunächst einer Georeferenzierung bedürfen. Zur Datenmodellierung und zur Integration eigener Forschungsergebnisse verfügen die unterschiedlichen GIS-Programme über zahlreiche Analyse- und Interpolationswerkzeuge bis hin zur Möglichkeit einer 3D-Darstellung. Das Kapitel gibt einen Überblick über die wichtigsten Analysetools und weist auf mögliche Fehlerquellen hin. Die enthaltenen Infoboxen beleuchten das Potenzial von Altkarten für die Geoarchäologie und stellen zwei GIS-Modellierungen zum frühmittelalterlichen Karlsgraben und zur Rekonstruktion früherer Oberflächen in der Leipziger Innenstadt vor.

Frank Lehmkuhl und Bernhard Pröschel

Die Nutzung Geographischer Informationssysteme (GIS) ist aus der Geographie und den Geowissenschaften nicht mehr wegzudenken. Auch in der Archäologie werden GIS-Anwendungen seit Langem zur Verwaltung und Analyse von Fachdaten genutzt. Somit eröffnet sich auch in der Geoarchäologie, als Schnittfläche zwischen geowissenschaftlichen Methoden und archäologischen Fragestellungen, ein weites Feld an möglichen Anwendungen für moderne GIS-Software. In diesem Kapitel werden einige der in der Geoarchäologie häufig genutzten Datengrundlagen, Verfahren und Methoden vorgestellt.

17.1 Datenquellen

Für den sinnvollen Einsatz von GIS in der Geoarchäologie werden zunächst geeignete Daten benötigt. Eine der größten Stärken der Geographischen Informationssysteme besteht darin, aus bestehenden (Geo-) Daten neue Informationen ableiten zu können. Diese Ableitungen können aber immer nur so gut sein wie die ihr zugrundeliegenden Eingabedaten. Wichtige Kriterien bei der Beurteilung der Datenqualität sind z. B. die Auflösung von Rasterdaten oder die Präzision von Georeferenzierungen (Zuweisung eines Raumbezugs zu einem Datensatz durch die Zuordnung von Koordinatenwerten (Chapman 2006).

Grundsätzlich kann bei den räumlichen Daten zwischen primären und sekundären Datenquellen unterschieden werden (Conolly und Lake 2006). Primäre Daten bestehen aus Messungen oder Informationen, die beispielsweise im Rahmen von Feldbeobachtungen, Grabungen oder durch Fernerkundungsmethoden erhoben worden sind. Unter sekundären Daten versteht man Informationen, die sowohl bereits erhoben als auch interpretiert oder visualisiert worden sind. Hierunter fallen vor allem analoges oder digitales Kartenmaterial sowie – häufig von den Landesämtern zur Verfügung gestellte – digitale Geländemodelle (DGM) oder Höhenmodelle (DHM). In den meisten GIS-Projekten kommt eine Kombination aus sowohl primären als auch sekundären Datenquellen zum Einsatz. So können beispielsweise die Punktdaten einer Geländekampagne auf einem 3D-Geländemodell oder einer topographischen Karte dargestellt werden.

Im Folgenden wird erläutert, wie sich einige der häufigsten Datenquellen in einem GIS verwenden lassen.

17

17.1.1 **Kartenmaterial**

Topographische und thematische Karten stellen eine Grundlage der meisten geoarchäologischen GIS-Projekte dar (siehe hierzu Infobox 17.1). Häufig definieren sie das Koordinatensystem und den Maßstab, auf deren Basis dem Projekt weitere Geodaten hinzugefügt werden. Wenn Karten ausschließlich in Papierform vorliegen, müssen diese zunächst digitalisiert werden. Anschließend muss den Karten durch den

---

Infobox 17.1

Altkarten als geoarchäologische Quellen (Lukas Werther)

Altkarten – oft fälschlich als historische Karten bezeichnet – sind Karten, die vor der im 19. Jahrhundert einsetzenden modernen Massenproduktion entstanden sind. Sie geben einen Einblick in historische Zustände und Veränderungen der Landschaft sowie ihre Wahrnehmung durch den Menschen (◖ Abb. 17.1). Karten unterschiedlichen Alters können als Basis für Zeitreihen dienen, um die Entwicklung von Kulturlandschaftselementen zu analysieren. Diese können im Gelände evaluiert und mit anderen geoarchäologischen Daten verschnitten werden (Hohensinner et al. 2013; Schuppert 2013).

Die Verfügbarkeit von Altkarten unterscheidet sich räumlich und zeitlich stark (Kretschmer et al. 1986). Entscheidend für die Nutzbarkeit ist neben dem Karteninhalt die räumliche Auflösung. Bereits ab dem mittleren 1. Jahrtausend v. Chr. gibt es punktuell Karten mit hoher Detailgenauigkeit, so etwa in China. Auch aus der islamischen Welt sind frühe detailreiche Karten erhalten, beispielsweise von Bewässerungssystemen (Hehmeyer 2014). In Mitteleuropa sind erst seit dem Beginn der topographischen Landesaufnahmen im 16. Jahrhundert in größerer Zahl geoarchäologisch relevante Altkarten überliefert. Einen hohen Informationsgehalt haben Augenscheinkarten (kartographische Dokumentation einer Begehung vor Ort), die insbesondere im 16./17. Jahrhundert räumliche Sachverhalte in Gerichtsprozessen dokumentieren (Horst 2009).

Altkarten wurden meist aus einem konkreten Anlass für einen Auftraggeber gezeichnet. Dargestellt sind nur die für den Sachverhalt wichtigen Elemente, alles andere fehlt oder ist mit künstlerischer Freiheit wiedergegeben. Nicht immer wird ein Ist-Zustand dargestellt. Eine umfassende Quellenkritik ist obligatorisch, um den Aussagewert einer Karte beurteilen zu können. Ältere Altkarten sind oft nicht maßstabsgerecht und eine Georeferenzierung im GIS ist nur eingeschränkt möglich und sinnvoll (Horst 2008; Schenk 2011; Wolff 1987). Detailgenaue und standardisierte Katasterkarten, Messtischblätter und topographische Karten entstanden in Deutschland flächendeckend ab dem späten 18. Jahrhundert. Sie sind mehr oder weniger präzise georeferenzierbar und dokumentieren hochauflösend jüngere Landschaftselemente und ihre Veränderungen.

Altkarten sind meist in Archiven und Bibliotheken gelagert. Digitale Versionen sind zunehmend über die Geodatenportale der Landesvermessungsämter und Bibliotheken recherchierbar (Altkartendatenbank der Staatsbibliothek zu Berlin; Archivhefte 1988). Wichtige Hilfsmittel sind auch Online-Datenbanken und gedruckte Altkarteninventare (Wikiversity Kartensammlungen; Imago Mundi Maps on the Web). Nach wie vor sind aber häufig ein Archivbesuch und eine Korrespondenz mit den zuständigen Archivaren nötig, um für ein Arbeitsgebiet spezifische Altkarten einzusehen.

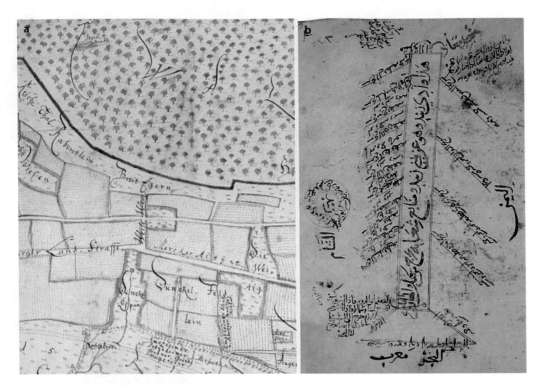

◘ Abb. 17.1   a Ausschnitt einer 1726 handgezeichneten Flurkarte des Gebietes südlich der Stadt Weißenburg (Bayern) mit präziser Darstellung nicht mehr erhaltener oder stark modern überprägter Wege und Flurgrenzen, Landnutzungsformen, Quellen und Bachverläufen. Links oben ein heute aufgegebener Steinbruch. Stadtarchiv Weißenburg i. Bay. PLS 28. **b** Handgezeichnete Karte des Bewässerungssystems im Wādī Zabīd (Jemen) aus einem Steuerregister der Zeit um 1300. Vom zentralen Wadi, das aus dem Gebirge (oben) zum Roten Meer (unten) fließt, zweigen zahlreiche Bewässerungskanäle ab. Große Teile dieser Infrastruktur sind heute durch Sedimentationsprozesse obertägig nicht mehr sichtbar. Centre Français d'Archeologie et de Sciences Sociales, S (vgl. Hehmeyer 2014)

Prozess der **Georeferenzierung** die räumliche Information (Koordinatensystem) zugewiesen werden (siehe hierzu James et al. 2012). Dies kann entweder durch den Abgleich mit bereits georeferenzierten Daten und dem Setzen von Passpunkten oder durch die manuelle Eingabe von Koordinaten geschehen.

Da es sich bei Karten um sekundäre Datenquellen handelt, sind oftmals nicht alle Kartenelemente und -eigenschaften für das eigene GIS-Projekt nutzbar. Nach Burrough et al. 2015 ist bei der Verwendung von Karten auf folgende wesentliche Eigenschaften der Karten zu achten:

Das **Koordinatenreferenzsystem** der Karte muss mit bereits vorhandenen Daten kompatibel sein. Bei unterschiedlichen Systemen ist eventuell eine Anpassung des Koordinatensystems oder des geodätischen Datums der Karte notwendig. Koordinatenreferenzsysteme sowie weitere geodätische Datensätze können durch den EPSG-Code eindeutig zugeordnet werden (EPSG 2018).

Bei der Verwendung mehrerer Karten ist deren Maßstab und Auflösung zu berücksichtigen. Die Genauigkeit des Ergebnisses richtet sich immer nach der ungenauesten Grundlage. Auch kann die Verschneidung von Rasterdaten unterschiedlicher Auflösung eine Anpassung der Pixelgrößen *(resampling)* notwendig machen.

Das der Karte zugrunde liegende **Klassifikationssystem** und die **Erstellungsme-**

thode sind im Hinblick auf die Eignung für die Fragestellungen des Projekts zu überprüfen. So eignet sich z. B. eine Karte aus dem 19. Jahrhundert (z. B. Tranchot/von Müffling, Kartenaufnahme der Rheinlande) nicht besonders gut für die Darstellung der Verteilung römischer Siedlungen. Bei Darstellungen mit Höhendaten, wie bei topographischen Karten oder auch Geländemodellen, ist auf die Methode der Erstellung zu achten. Insbesondere eine eventuell zugrundeliegende Interpolationsmethode kann einen Einfluss auf die Genauigkeit der Darstellung haben. Aber auch Ungenauigkeiten bei der Aufnahme bzw. Definition von Karteninhalten wie Waldflächen oder der Änderung von Fließgewässern können zu Falschauswertungen führen.

17.1.2 **Fernerkundungsdaten**

Fernerkundungsdaten werden erhoben, ohne dass ein direkter Kontakt zwischen dem Sensor und dem zu untersuchenden Objekt besteht. Vielmehr wird die Reaktion elektromagnetischer Strahlung mit dem Untersuchungsobjekt gemessen (DIN 18716/3). In ▶ Abschn. 14.2 wird vertiefend auf die Methoden der Fernerkundung eingegangen.

Obwohl für anspruchsvollere Bildkorrekturen, -verbesserungen oder Analysen spezielle Fernerkundungssoftware zum Einsatz kommt, bieten alle gängigen GIS-Programme (z. B. ArcGIS, Topobase, QGIS oder GRASS GIS) eine Reihe von Tools für die Analyse von Fernerkundungsdaten. Darüber bietet ein GIS die Möglichkeit, die Fernerkundungsdaten zusammen mit anderen Datenebenen darzustellen, zu vergleichen und zu analysieren.

Grundsätzlich lässt sich zwischen analog oder digital aufgenommenen, fotografischen sowie rein digitalen Fernerkundungsdaten unterscheiden (Lambers 2018).

In der Geoarchäologie kommen fotografische Daten häufig in Form von Luftbildaufnahmen zum Einsatz. Bei diesen ist zu berücksichtigen, ob es sich um Senkrecht- oder Schrägbildaufnahmen handelt. Letztere müssen meist korrigiert werden, da sie eine räumliche Verzerrung aufweisen. Eine Ausnahme dazu bilden die Ortholuftbilder oder Luftbildpläne, die bereits entzerrt sind und flächendeckend für Deutschland vorliegen. Die Nachbereitung und Entzerrung kann mit herkömmlichen Fotobearbeitungsprogrammen wie Adobe Photoshop oder speziellen Programmen wie z. B. AirPhoto (einem Open-Source-Programm, das im Hinblick auf archäologische Fragestellungen entwickelt wurde) durchgeführt werden (BASP 2018). Auch Open-Source-GIS-Anwendungen wie z. B. QGIS können hierfür herangezogen werden. Senkrechtaufnahmen lassen sich problemloser in einem GIS nutzen, da sie durch dieses bei Bedarf relativ einfach georeferenziert werden können.

Digitale Daten liegen häufig in Form von LiDAR-Daten *(light detection and ranging)* oder Satellitenaufnahmen vor. LiDAR-Daten stellen meist die Grundlage für hoch aufgelöste digitale Geländemodelle dar. In diesem Fall besteht ein entsprechender Datensatz aus einer Punktwolke, bei der jedem Punkt jeweils ein x-y-z-Wert zugeordnet ist (hierbei stehen der x- bzw. y-Wert für die Koordinaten und der z-Wert für die Höhe). Diese Punktwolke kann mithilfe eines GIS und dem geeigneten Interpolationsverfahren beispielsweise in ein Geländemodell umgewandelt werden.

Die Daten von Satellitenaufnahmen bestehen aus mehreren Kanälen, die jeweils unterschiedliche Wellenlängenbereiche des elektromagnetischen Spektrums umfassen (z. B. der Bereich des sichtbaren Lichtes oder der des Infrarots). Alle GIS-Anwendungen bieten die Möglichkeit, diese Spektralbereiche beliebig miteinander zu kombinieren, um dadurch mehr Informationen als aus panchromatischen Bildern (d. h. aus nur einem Kanal) zu gewinnen. Je nach Kombination können damit z. B. Rückschlüsse auf den Zustand der Vegetation oder der Bodennutzung gezogen werden.

17.1.3 Geophysikalische Daten

Im Allgemeinen liegen die Ergebnisse geo-physikalischer Untersuchungen in Form von Graustufen- oder Farbbildern vor. Diese Rasterdaten können problemlos in ein GIS importiert werden und durch Geo-referenzierung einen räumlichen Bezug erhalten. Hierdurch können die geophysikalischen Daten mit weiteren (Geo-)Daten korreliert, verglichen und visualisiert werden. Beispielsweise lassen sich die Ergebnisse einer Bodenradarkampagne auf ein geschummertes (mit einer Flächentönung in Form einer Schattierung versehenes) Geländemodell legen, um die Strukturen im Boden mit der Topographie vergleichen zu können (Chapman 2006). Die geophysikalischen Methoden stellen eine minimalinvasive Möglichkeit dar, um die oberflächennahen physikalischen Bodeneigenschaften zu untersuchen. Daher werden sie vor allem im Rahmen von Prospektionen eingesetzt, um das archäologische Potenzial des Untersuchungsgebiets abschätzen zu können (Sarris et al. 2018). Dabei ermöglicht ein GIS die Einbindung von archäologischen Daten, beispielsweise in Form von vektorbasierten CAD-Plänen der bisherigen Funde.

17.1.4 Topographische Daten

Höhenwerte liegen in Form von Linien- oder Punktdaten vor und können dazu genutzt werden, um Oberflächenmodelle zu erstellen. In Deutschland lassen sich Höhenmodelle vor allem aus ATKIS-Daten (Amtliches Topographisch-Kartographisches Informationssystem) gewinnen. Hierbei ist zwischen den allgemeinen digitalen Höhenmodellen (DHM) und den daraus abgeleiteten digitalen Geländemodellen (DGM), die nur die Erdoberfläche abbilden, zu unterscheiden.

Wenn für ein Untersuchungsgebiet keine ausreichenden topographischen Daten (z. B. aus LiDAR-Befliegungen) zur Verfügung stehen, müssen diese unter Umständen selbst gewonnen werden. Eine relativ einfache Möglichkeit stellt die Vermessung des Gebietes mittels GPS *(Global Positioning System)* dar. Hierbei wird das Untersuchungsgebiet in ein Raster unterteilt und danach werden in festgelegten Abständen manuelle Messungen vorgenommen. Die Rasterweite bestimmt dabei die Auflösung bzw. Genauigkeit des daraus resultierenden Geländemodells. Grundsätzlich ist dabei zu beachten, dass die Abstände zwischen den Messpunkten deutlich geringer sein sollten als die Distanz zwischen sich ändernden Geländeformen (Chapman 2006). Um aus diesen Daten eine kontinuierliche Oberfläche zu erhalten, ist die Anwendung eines geeigneten Interpolationsverfahrens notwendig. Aufgrund des hohen Zeitaufwandes der Datengewinnung eignet sich diese Methode allerdings weniger für große Flächen als vielmehr für die Aufnahme von Geländeprofilen.

Für die Bestimmung der lokalen Topographie eignet sich die kombinierte Lage- und Höhenmessung. Vor allem die elektronische Tachymetrie wird in der (Geo-)Archäologie häufig eingesetzt, um durch Winkel- und Streckenmessung ein Punktgitter zu erzeugen, das dann in ein GIS übertragen und zu einer Oberfläche weiterverarbeitet werden kann (s. hierzu Kerscher 2011).

Eine weitere Möglichkeit der Gewinnung von Höhendaten besteht in der Nutzung der *Structure-from-Motion*-Technik (SFM). Hiermit können in einem photogrammetrischen Verfahren aus einer Serie von Fotos 3D-Modelle des Geländes erstellt werden (Seitz 2018). Die häufig mittels Drohnenbefliegung entstandenen Fotos können mit spezieller Software wie etwa Agisoft Photo Scan (Agisoft 2018) oder den Open-Source-Anwendungen ARC3D (ARC3D 2018) und VisualSFM

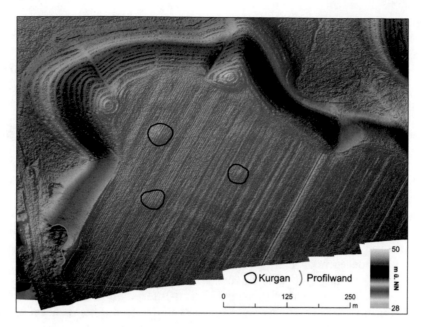

Kurgan ⟩ Profilwand

0   125   250

m ü. NN

50

28

▶ **Abb. 17.2** Ein digitales Höhenmodell einer Hochfläche bei Balta Albă (Rumänien), erstellt durch Drohnen-befliegung und dem SFM-Verfahren. Durch die hohe Auflösung (14 cm × 14 cm) werden selbst feine Strukturen wie die anthropogen bedingte Terrassierung der Hänge und Ackerfurchen auf der Hochfläche sichtbar. Darüber hinaus werden unter der Ackerfläche die Überreste von Kurganen (Grabhügeln) sichtbar. Eine Beschreibung des Lössprofils mit Abbildung findet sich in ▶ Abschn. 9.7

(VisualSFM 2018) zu einem Geländemo-dell gerechnet und dann in ein GIS-fähi-ges Dateiformat, z. B. GeoTIFF, umgewan-delt werden. Die SFM-Methode ermöglicht eine extrem hohe Auflösung des erstell-ten 3D-Modells, das die Darstellung selbst kleinster Strukturen erlaubt (▶ Abb. 17.2).

Für die Rekonstruktion bzw. Darstellung von Paläooberflächen können Höhenwerte aus Bohrdaten oder aus archäologischen Gra-bungen herangezogen werden. Während diese vor allem in urbanen Räumen häufig vor-liegen und von den Landesämtern oder -ar-chiven bereitgestellt werden können (Prö-schel und Lehmkuhl 2018), müssen für an-dere Räume häufig selbst Bohrkampagnen durchgeführt werden, um an entsprechende Höheninformationen zu gelangen. Hier bie-ten sich vor allem Bohrstocksondierungen oder Rammkernbohrungen an (siehe ▶ Ab-schn. 14.1). In Kombination mit GPS-Da-ten ergeben sich hierdurch Punktwolken, die mittels eines GIS zu Gelände- oder Höhen-schichtmodellen interpoliert werden können.

17.2 Höhenmodelle

Digitale Höhenmodelle (DHM) bilden häu-fig die Grundlage für GIS-gestützte räumli-che Analysen. Vor allem digitale Gelände-modelle (DGM) werden herangezogen, um aus diesen morphometrische Geländepara-meter wie die Hangneigung und -wölbung oder die Exposition abzuleiten. Darüber hinaus lässt sich mit einem DGM einfach eine Schummerung (Graustufen-3D-Dar-stellung) erzeugen, mit der eindrucks-volle kartographische Visualisierungen von Oberflächen erreicht werden können.

Für die Erstellung von Höhenmodel-len können verschiedene Datenquellen herangezogen werden. Am weitesten verbreitet ist die Verwendung von Punktdaten, die aus LiDAR-Befliegungen gewonnen werden. Auch mit der *Structure-from-motion*-Technik (SFM) können mit einer Drohnenbefliegung entsprechende Punktdaten gewonnen werden, aus denen sich ein digitales Oberflächenmodell generieren lässt.

Um aus diesen diskreten Punktdaten eine kontinuierliche Oberfläche abzuleiten, können verschiedene Verfahren der Interpolation angewendet werden. Diese unterscheiden sich in Durchführung und Komplexität. Die Wahl der geeigneten Interpolationstechnik hängt vor allem von der räumlichen Verteilung der zugrundeliegenden Datenpunkte ab. Aber auch die Art der Fragestellung oder besondere Anforderungen an das Ergebnis haben einen Einfluss auf die Entscheidung für oder gegen eine Interpolationsmethode.

Mit den Methoden der Interpolation können aber nicht nur Geländemodelle erstellt werden (siehe hierzu Infobox 17.2). Vielmehr können sie überall dort eingesetzt werden, wo Daten zunächst nur in Punktform vorliegen und dann in eine Fläche überführt werden sollen. Diese Punktdaten können neben Höhenangaben auch Messwerte jeglicher Art sein (z. B. ehemalige Standorte menschlicher Siedlungen, archäologische Fundorte oder bodenchemische Messpunkte).

Im Folgenden werden die in der Geographie und den Geowissenschaften gebräuchlichsten Interpolationsverfahren näher erläutert. Für die Durchführung dieser Verfahren stehen dem Anwender in nahezu allen kommerziellen sowie Open-Source-GIS-Systemen fertige Tools zur Verfügung, mithilfe derer die notwendigen Berechnungen voll- oder teilautomatisiert durchgeführt werden können. Weitere Informationen zu den Interpolationsverfahren und deren Anwendung in GIS finden sich z. B. bei ESRI 2010; Kappas 2012; Burrough et al. 2015.

17.2.1 Trend-Interpolation

Die Interpolationsmethode „Trend" gehört zu den sogenannten „globalen" Interpolationsmethoden, bei denen alle bekannten Punkte des Datensatzes in die Berechnung der Vorhersage mit einfließen. Hierbei wird ein Polynom verwendet, das als Regressionsoberfläche dient. Die interpolierte Trendoberfläche verläuft selten direkt durch die gemessenen Datenpunkte, weshalb sich die Methode nicht für lokale Variationen eignet. Mit ihr lassen sich vor allem globale Trends einschätzen. Kleinräumige Varianzen, wie z. B. stark reliefiertes Gelände, können mit ihr eher schlecht vorhergesagt werden. Darüber hinaus eignet sich die Trend-Interpolation gut dazu, Abweichungen von der Trendoberfläche zu messen.

17.2.2 Inverse Distanzwichtung (IDW)

Die inverse Distanzwichtung (IDW) gehört zu den „lokalen" Interpolationsmethoden. Bei diesen werden nur benachbarte, bekannte Punkte innerhalb eines vorher definierten Radius in den Interpolationsprozess einbezogen. Bei der IDW verläuft die interpolierte Fläche genau durch die bekannten Datenpunkte, weshalb die Methode auch oftmals als exakter Interpolator bezeichnet wird. Die IDW ist ein relativ einfaches Interpolationsverfahren, das auf dem Prinzip der räumlichen Korrelation beruht. Es wird hierbei davon ausgegangen, dass jeder bekannte Messpunkt einen lokalen Einfluss hat, der mit steigender Entfernung zu diesem abnimmt. Somit werden Punkte, die näher an der zu interpolierenden Stelle liegen, stärker gewichtet als solche, die weiter entfernt sind. Die Vorteile der IDW liegen – bei ausreichend hoher Punktdichte – in der guten Darstellbarkeit von lokalen Varianzen, wie etwa den abrupten Wechseln von

Der Wandel des Reliefs seit der Leipziger Siedlungsgründung – Ein Multiproxyansatz zur Geländerekonstruktion (Ulrike Grimm)

Leipzig entstand am Schnittpunkt der Auen von Weißer Elster und Parthe, was zugleich ein Knotenpunkt alter Fernstraßen ist (Westphalen 2015a, S. 68). Heute ist Leipzig mit rund 582.000 Einwohnern die größte Stadt im Freistaat Sachsen und die am schnellsten wachsende Großstadt Deutschlands (Stadt Leipzig, Amt für Statistik und Wahlen 2017, S. 4). Aufgrund der regen Bautätigkeit, vor allem seit den 1990er-Jahren, waren zahlreiche ingenieurgeologische Baugrunduntersuchungen und archäologische Grabungen durchzuführen, deren Ergebnisse über das Landesamt für Archäologie (LfA) und das Landesamt für Umwelt, Landwirtschaft und Geologie (LfULG) für jeden mit berechtigtem Interesse kostenfrei zugänglich sind. In diesem Kontext gründete die Idee, die vorhandene hohe Dichte an punktuellen archäologischen und ingenieurgeologischen Untersuchungen über Koordinaten (x, y, z) in Beziehung zueinander zu stellen und in die Fläche zu vernetzen, um neue geoarchäologische Erkenntnisse für die Innenstadt zu generieren (Grimm 2018, S. 1). Dadurch können bisherige Theorien der Landschafts- und Siedlungsentwicklung mit neuen Ansätzen kritisch diskutiert werden (Grimm 2018, S. 2).

Die Rekonstruktion der Geländeoberfläche für einen Ausschnitt der Innenstadt von Leipzig erfolgte mittels GIS für drei verschiedene Zeitpunkte. Der Aufschlussansatzpunkt entspricht dem rezenten Relief (DGM HEUTE) und die erste anthropogen unbeeinflusste Sedimentschicht bzw. die Schicht mit den ältesten Siedlungsspuren dem Paläorelief vor ca. 1000 Jahren (DGM 1015). Des Weiteren repräsentiert die Basis der holozänen Sedimente das Paläorelief vor ca. 11.700 Jahren (DGM BASIS). Anhand des DGM HEUTE findet eine Evaluierung der Datengrundlagen und der Methodik statt. Dafür ist das DGM HEUTE dem auf LiDAR-Daten basierenden DGM 2 des Staatsbetriebes Geobasisinformation und Vermessung Sachsen gegenübergestellt worden (Grimm 2018, S. 233 ff.).

In ◘ Abb. 17.3 sind die DGM übereinander in 2,5-D visualisiert. Dabei fokussiert das Untersuchungsgebiet den Nordwestbereich der Leipziger Innenstadt, welcher als die „Keimzelle" der Stadtwerdung gilt (Küas 1976, S. 258; Schug 2014, S. 245; Westphalen 2015b, S. 17). Zum Vergleich mit der heutigen Stadtlandschaft ist ein „Google-Earth-Foto" mit gelb markierten Eckpunkten des Untersuchungsgebietes abgebildet. Darunter ist das DGM 2 dargestellt. Des Weiteren folgen in ◘ Abb. 17.3 auf das DGM 2 chronologisch die Paläooberflächenmodelle um das Jahr 1015 und zu Beginn des Holozäns. Die in der ◘ Abb. 17.3 dargestellten Fließgewässer sind die bevorzugten Oberflächenabflussbahnen via Tiefenlinien im Untersuchungsgebiet. Grundsätzlich ist davon auszugehen, dass die Gewässer Parthe und Weiße Elster diesen modellierten Abflussbahnen im Untersuchungsgebiet gefolgt sind.

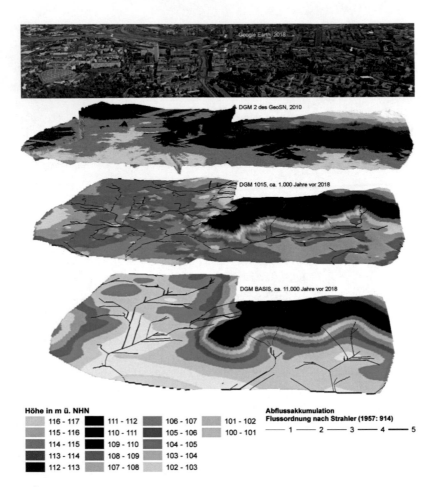

Höhe in m ü. NHN

116 - 117	111 - 112	106 - 107	101 - 102
115 - 116	110 - 111	105 - 106	100 - 101
114 - 115	109 - 110	104 - 105	
113 - 114	108 - 109	103 - 104	
112 - 113	107 - 108	102 - 103	

Abflussakkumulation
Flussordnung nach Strahler (1957: 914)

—— 1 —— 2 —— 3 —— 4 —— 5

◙ **Abb. 17.3** Änderung des Reliefs im Zentrum von Leipzig: 2,5D-Visualisierung des DGM 2, DGM 1015 und DGM BASIS, Blickrichtung: Osten (Darstellung Ulrike Grimm, Datengrundlagen von oben nach unten: Google Earth Image Landsat/Copernicus 2018; GeoSN 2010; Grimm 2018, S. 242)

Hangneigung oder Wölbung. Mit der IDW können keine Werte über den Maximalwerten bzw. unter den Minimalwerten der Messpunkte interpoliert werden.

17.2.3 Spline-Interpolation

Ebenfalls zu den „lokalen" Methoden gehört die Spline-Interpolation. Die interpolierte Oberfläche verläuft hierbei exakt durch die Eingabepunkte, wobei gleichzeitig die Oberflächenkrümmung minimiert wird. Daraus ergibt sich, dass die Spline-Interpolation eine kontinuierliche, relativ glatte Oberfläche erzeugt, gleichzeitig aber auch in der Lage ist, feinere Strukturen darstellen zu können. Es wird zwischen zwei Spline-Typen unterschieden: „geregelt" *(regularized spline)* und „gespannt" *(tension spline)*. Diese zwei Ansätze resultieren in jeweils unterschiedlichen Modellen, wo-

17

bei mit der geregelten Spline-Interpolation meist eine glattere Oberfläche erzeugt werden kann. Ähnlich der IDW-Methode liegen die Stärken der Spline-Methode in der Darstellung kleinräumiger Variabilität der Ausgangsdaten. Gleichzeitig weisen DGMs aus einer Spline-Interpolation oftmals eine glatte, ästhetisch ansprechende Oberfläche auf. Andererseits sind solche glatten Oberflächen für manche Datengrundlagen und Fragestellung weniger geeignet. Darüber hinaus besteht, wie bei der IDW auch, keine Möglichkeit, eine Abschätzung über die Genauigkeit des Modells vorzunehmen (Conolly und Lake 2006).

17.2.4 Kriging

Kriging ist ein komplexes geostatistisches Interpolationsverfahren, das auf dem Prinzip der Autokorrelation, d. h. dem Betrag der räumlichen Varianzänderung zwischen bekannten Datenpunkten basiert. Bei der Kriging-Methode wird davon ausgegangen, dass eine räumliche Korrelation bezüglich der Entfernung oder Richtung zwischen den Datenpunkten besteht. Mit dieser Korrelation können somit Variationen auf der Oberfläche erklärt werden. Kriging ist ein mehrstufiger Prozess, bei dem zunächst ein Variogramm erstellt wird, das den Einfluss der Entfernung auf die Beziehung zwischen den bekannten Punkten vorhersagt. Erst dann erfolgt die Erstellung der eigentlichen Oberfläche. Weiterhin besteht im Kriging-Prozess die Möglichkeit, die Varianzoberfläche zu untersuchen, d. h. eine Abschätzung über die Genauigkeit der Modellierung vornehmen zu können. Die Kriging-Interpolation wird häufig eingesetzt, wenn die Verteilung der bekannten Datenpunkte unregelmäßig bzw. die Punktdichte gering ist.

17.2.5 Digitale Geländemodelle aus Höhenlinien

Die Modellierung eines Geländemodells aus Höhenlinien kann vor allem dann notwendig werden, wenn keine anderen Quellen für Höhendaten vorliegen. Meist liegen die Höhenlinien in Papierform auf topographischen Altkarten vor und müssen manuell digitalisiert werden (◙ Abb. 17.4). Die eigentliche Modellierung kann dann z. B. mit einer der genannten Interpolationsmethoden erfolgen. Alternativ verfügen die meisten Geographischen Informationssysteme über Tools, die für die Ableitung von Geländemodellen aus Höhenlinien konzipiert sind, wie z. B. den „Topo to Raster"-Algorithmus, der speziell für Höhenlinien geschrieben wurde. Zu beachten ist bei der Generierung eines DGMs aus Höhenlinien aber grundsätzlich, dass über die Qualität der Höhendaten der Ausgangskarten oftmals keine ausreichenden Informationen vorliegen. Auch der manuelle Digitalisierungsprozess der Höhenlinien ist fehleranfällig und kann zu einem ungenauen Interpolationsergebnis führen (Conolly und Lake 2006). Grundsätzlich führt ein dichteres Netz an Höhenlinien (geringere Äquidistanz) zu einem besseren Ergebnis.

17.2.6 GIS-gestützte Analyse räumlicher Daten in der Geoarchäologie

Die Analyse räumlicher Daten ist eine der Kernkompetenzen eines GIS. Im Gegensatz zu anderen computergestützten graphischen Systemen oder den meisten CAD-Programmen bieten Geographische Informationssysteme umfangreichere Möglichkeiten, raumbezogene Daten zu bearbeiten und dadurch neue Datensätze mit

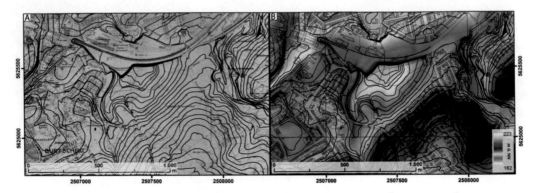

◘ Abb. 17.4   a Historische topographische Karte mit Höhenlinien (Isohypsen), die manuell digitalisiert wurden.
b Geländemodell, das durch die *„Raster to Polygon"*-Interpolation aus den Höhenlinien gewonnen wurde. Zusätzlich wurde ein Katasterplan der modernen Bebauung eingeblendet

neuen (Geo)Informationen zu generieren (Kappas 2012). Im Folgenden werden einige der für geoarchäologische Fragestellungen nutzbaren Analyseverfahren erläutert. Morphometrische Geländeparameter

Die aus den DGMs am häufigsten abgeleiteten Informationen sind morphometrische Geländeparameter; diese sind im Wesentlichen: Neigung, Exposition und Krümmung (Kappas 2012).

Die Neigung *(slope)* beschreibt die relative Veränderung der Höhenwerte einer Zelle im Vergleich zu ihren benachbarten Zellen (◘ Abb. 17.5). Hieraus ergibt sich ein Neigungswinkel, der meist in Grad angegeben wird. Die Neigungsberechnung stellt häufig eine der Grundlagen für weitere Oberflächenanalysen dar, wie z. B. die Berechnung des Oberflächenabflusses oder eines archäologischen Vorhersagemodells *(predictive modelling)* (siehe hierzu Mehrer und Wescott 2006). Auch für eine *cost-path*-Analyse (Bestimmung der kostengünstigsten Route zwischen zwei ausgewählten Punkten) wird i. d. R. die Hangneigung benötigt.

Die Exposition *(aspect)* oder Ausrichtung gibt die Lage einer Teilfläche eines DGMs gegenüber der Himmelsrichtung an (◘ Abb. 17.5d). Das hieraus entstehende Ausgaberaster weist daher Werte zwischen

0° und 360° (von Norden aus beginnend im Uhrzeigersinn) auf. Ähnlich der Neigung kann die Exposition als Teil eines Vorhersagemodells verwendet werden, da mit ihr die solare Einstrahlung und damit z. B. siedlungsgeographische Gunsträume ermittelt werden können (Llobera 1996).

Die Krümmung *(profile curvature)* oder Wölbung beschreibt die Form der Neigung einer Geländeoberfläche. Der ausgegebene Krümmungswert gibt an, ob die Oberfläche konvex oder konkav ist. Anwendung findet die Krümmung z. B. bei der Bestimmung von Merkmalen eines Wassereinzugsgebiets oder bei der Identifizierung von Zonen verstärkter Erosion.

Für die Berechnung der hier aufgezeigten morphometrischen Geländeparameter stehen in allen gängigen kommerziellen und Open-Source-GIS-Anwendungen fertige Tools zur Verfügung. Diese erzeugen als Ergebnis einen neuen Rasterdatensatz, der dann mit bereits vorhandenen Daten verschnitten werden kann oder aus dem neue Informationen gewonnen werden können. Weitere häufig aus DGMs abgeleitete hydrologische Attribute erlauben z. B. die Bestimmung von Wassereinzugsgebieten *(watershed)*, Abflussakkumulation *(flow accumulation)* oder Fließrichtungen *(flow direction)*.

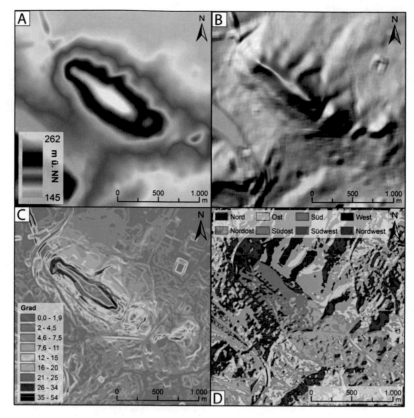

Abb. 17.5 Aus einem DGM (Karte A) lässt sich mit jeder GIS-Anwendung eine geschummerte 3D-Darstellung *(hillshade)* der Geländeoberfläche erstellen (Karte B). Karte C zeigt die aus dem gleichen DGM abgeleitete Neigung *(slope)* des Geländes in Grad, während auf Karte D die Exposition *(aspect)* der Oberfläche dargestellt ist

17.2.7 Sichtfeldanalysen

Mit einer Sichtfeldanalyse *(viewshed)* lässt sich die Sichtbarkeit eines Objektes oder Punktes im Gelände von einem anderen Punkt aus (dem Beobachter) bestimmen (Abb. 17.6). Das Ergebnis einer solchen Analyse kann eine Rasterabbildung sein, auf der die Rasterzellen die sichtbaren von den nicht sichtbaren Bereichen unterscheiden. Darüber hinaus besteht die Möglichkeit einer linearen Darstellung durch das Erstellen einer Sichtlinie *(line of sight)*. Hierbei wird durch eine Linie zwischen zwei Punkten auf dem Gelände dargestellt, welche Bereiche auf der Linie die Sicht zwischen den Punkten einschränken. Anwendung finden solche Sichtfeldanalysen z. B. bei der Beantwortung der Frage nach Gründen für die Standortwahl von Siedlungen oder prähistorischer Anlagen (Jones 2006).

17.2.8 Cost-path-Analysen

Die Erstellung von „*cost-path*"-Oberflächen (Kostenpfaden) steht in engem Zusammenhang mit der Bestimmung von Einzugsgebieten *(site catchment analysis)* (siehe hierzu Mehrer und Wescott 2006). Grundsätzlich wird hierbei davon ausgegangen,

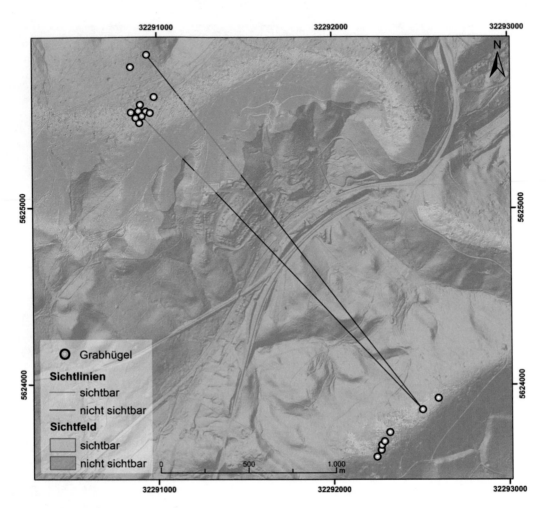

Abb. 17.6 Sichtfeld- und Sichtlinienanalyse, abgeleitet aus einem DGM. Auf zwei Höhenzügen befinden sich jeweils Ansammlungen von frühbronzezeitlichen Grabhügeln. Ausgehend von einem der Grabhügel lässt sich das Sichtfeld und damit die Sichtbarkeit des Hügels selbst im Gelände darstellen. Mit den Sichtlinien werden Hindernisse zwischen diesem und anderen Grabhügeln erkennbar

dass die Nutzung bestimmter Ressourcen (z. B. Bodenschätze) abhängig von der Entfernung des Standortes (i.d.R. Siedlungen oder Lagerplätze) des Nutzers ist. Diese Entfernung, oder auch Reichweite, ist u.a. abhängig von der Topographie der Umgebung. In einem GIS lassen sich sowohl „*cost-path*" als auch „*site catchment*"-Analysen auf Basis eines oder mehrerer Eingaberaster erstellen. Hierzu müssen zunächst die Kosteneinheiten definiert werden. Diese können z. B. die Neigung eines Geländes oder die Landnutzung sein. Darauf folgt eine Gewichtung der verschiedenen Kosteneinheiten. Auf dieser Basis wird dann ein Pfad generiert, der den kostengünstigsten Weg zwischen zwei Punkten oder die maximal erreichbare Entfernung von einem Startpunkt aus darstellt (siehe hierzu Infobox 17.3 sowie **Abb. 17.7**).

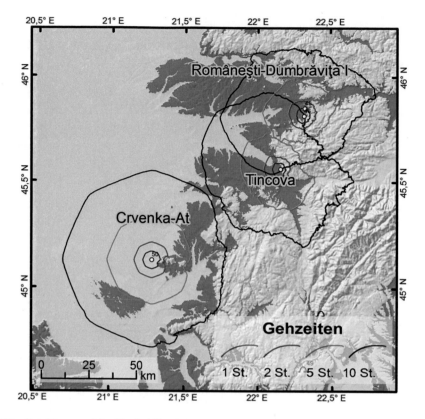

Abb. 17.7 Das Einzugsgebiet für drei Fundplätze des Aurignacien am Rand der Pannonischen Tiefebene. Auf Basis des DGMs wurden die maximalen Laufdistanzen um die einzelnen Fundstellen für vier Zeiträume ermittelt. Neben einer Schummerungsdarstellung des Geländes wurden die Höhenlagen zwischen 150 und 300 m ü. NN berechnet und dargestellt (rote Bereiche). (Quelle: verändert nach Hauck et al. 2018)

Infobox 17.3

GIS-gestützte Reliefmodellierung am frühmittelalterlichen Karlsgraben (Johannes Schmidt)

Der Karlsgraben *(Fossa Carolina)* ist die bedeutendste hydrotechnische Anlage des europäischen Frühmittelalters. Im Jahr 792/793 n. Chr. wollte Karl der Große mit diesem Kanal die europäische Hauptwasserscheide zwischen den Einzugsgebieten von Rhein und Donau überbrücken.

Eine zentrale geoarchäologische Forschungsfrage ist die bauzeitliche Topographie. Sie ist maßgeblich für die Rekonstruktion von Bauablauf und Funktionsweise des Kanals. Parallel zur Sammlung von Infor-

mationen zur Paläotopographie im Gelände wurde aus digitalen Geodaten ein GIS-Modell der Geländeoberfläche erstellt, das von menschlichen Überprägungen bereinigt ist (Schmidt et al. 2018).

Die Basis bilden ein hoch aufgelöstes digitales Geländemodell (DGM) aus LiDAR-Daten sowie flächenhafte Landnutzungsdaten, Luftbilder und historische Katasterpläne. Die darin enthaltenen modernen anthropogenen Strukturen wie Bahnlinien, Straßen oder Gebäude werden mit spezifischen Puffern versehen und dienen als Maske zum Löschen aller anthropogen beeinflusster Punkte des LiDAR-DGMs.

Nach der Interpolation der verbleibenden Punkte und Restflächen ergibt sich ein bereinigtes Relief des Untersuchungsgebiets, in dem kaum anthropogene Störungen enthalten sind (siehe ◘ Abb. 17.8). Ein Abgleich des neuen Modells mithilfe von Höhendaten aus Bohrungen und archäologischen Grabungen dient der Validierung und unterstützt die Nutzbarkeit der Ergebnisse.

Das bereinigte DGM erlaubte es, mit einer *least-cost-path*-Analyse den kostengünstigsten Verlauf des Karlsgrabens zu berechnen. Auf der modellierten Trasse war rechnerisch das geringste Erdvolumen zu bewegen, um die Wasserscheide zu durchstechen. Erstaunlicherweise ist dieser theoretische Verlauf nahezu lagegleich mit dem realen, tatsächlich gegrabenen Kanal. Dies zeigt die beeindruckenden Geländekenntnisse der Baumeister und Ingenieure Karls des Großen. Digitale geoarchäologische Tools lieferten damit einen wesentlichen Beitrag zur Beantwortung zentraler Forschungsfragen.

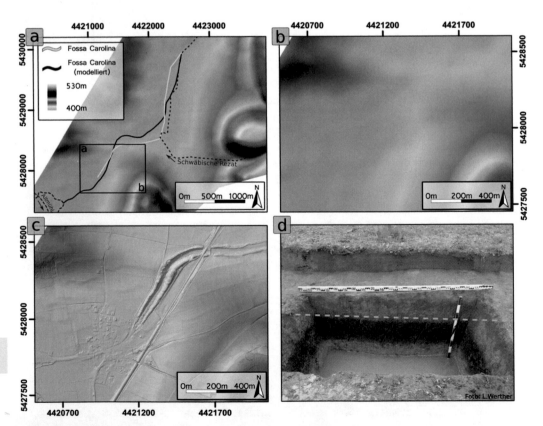

◘ **Abb. 17.8** **a** Bereinigtes DGM im Umfeld des Karlsgrabens. Die beiden Linien zeigen den Unterschied zwischen dem realen und dem modellierten Kanalverlauf; **b** Ausschnitt direkt an der Wasserscheide ohne anthropogene Strukturen (Modell); **c** Ausschnitt direkt an der Wasserscheide mit allen anthropogenen Strukturen (Original LiDAR-DGM); **d** Validierung: Ergrabene alte Oberfläche (rote Pfeile) und die modellierte Topographie (gestrichelte Linie)

Geoarchäologische Zeitschriften und Publikationsorgane

Christian Stolz und Christopher E. Miller

Zusammenfassung

Das kurze Kapitel gibt einen Überblick über die wichtigsten regelmäßig erscheinenden Fachzeitschriften und Publikationsorgane, die die Geoarchäologie betreffen. In Kurzform werden außerdem die Bedeutung von *peer-review*-Verfahren und unterschiedlichen Typen von Journals (z. B. *open access*) erklärt.

Um einen Überblick über den aktuellen Stand der Forschung zu einem bestimmten Thema zu erhalten, führt heutzutage kein Weg mehr an der Nutzung und Lektüre internationaler Fachzeitschriften, sogenannter *scientific journals*, vorbei. Nahezu sämtliche neuen Forschungsergebnisse aus dem Bereich der Naturwissenschaften, aber auch verstärkt aus den Kultur-, Sozial- und Geisteswissenschaften, die über eine überregionale Bedeutung verfügen, werden in derartigen Publikationsorganen veröffentlicht. Dies hat dazu geführt, dass insbesondere in den vergangenen drei Jahrzehnten zahlreiche nationale und regionale Zeitschriften und Hochschulreihen vom Markt verschwunden sind (z. B. auch die einst renommierte und obendrein eine der ältesten geographischen Fachzeitschriften Deutschlands *Petermanns Geographische Mitteilungen,* die seit 1855 erschien und 2004 mit dem 149. Jahrgang eingestellt wurde). In der Archäologie und generell in den Kulturwissenschaften ist die Situation noch etwas konservativer.

Fast alle *scientific journals* – auch ehemals ausschließlich deutschsprachige – erscheinen heute in englischer Sprache und sind *peer reviewed.* Das bedeutet, dass die eingereichten Beiträge vorher von wenigstens zwei bis drei anderen Wissenschaftlern begutachtet werden. Meist geschieht das *single* oder *double blind,* wobei zumeist die Autoren, manchmal aber auch die Gutachter die Identität der jeweils anderen Seite nicht kennen. Grundsätzlich wird zwischen klassischen Fachzeitschriften unterschieden, deren Inhalte nicht kostenfrei zugänglich sind und sogenannten *open access journals,* die durchgängig kostenfrei elektronisch im Internet verfügbar sind, da die Publikationskosten durch die Autoren oder deren Institutionen selbst zu tragen sind. *Gelistete* Zeitschriften verfügen über einen *Impact Factor,* der den wissenschaftlichen Einfluss (engl. *impact*) einer Zeitschrift wiedergeben soll. Er orientiert sich u. a. daran, wie oft eine Zeitschrift pro Jahr in anderen Publikationen zitiert wird.

Die nachfolgende Liste enthält eine Zusammenstellung periodisch erscheinender Publikationsorgane, zumeist mit internationaler Bedeutung, die die Geoarchäologie betreffen. Sie soll Lernenden als Fundgrube dienen und ein Wegweiser für Nachwuchswissenschaftler sein, die auf der Suche nach einem geeigneten Publikationsort für ihre Forschungsergebnisse sind.

- Archaeological and Anthropological Sciences (gegründet 2009). Springer (D). Impact-Faktor: 1,978. URL: ► https://www.springer.com/journal/12520
- Archäologisches Korrespondenzblatt (gegründet 1971). Römisch-Germanisches Zentralmuseum (D). Impact-Faktor: –. URL: ► https://journals.ub.uni-heidelberg.de/index.php/ak/index
- Archaeological Prospection (gegründet 1994). Wiley (USA). Impact-Faktor: 1,5. URL: ► https://onlinelibrary.wiley.com/journal/10990763
- Archaeometry (gegründet 1958). Research Laboratory for Archaeology and the History of Art, University of Oxford (UK); Wiley (USA). Impact-Faktor: 1,640. URL: ► https://onlinelibrary.wiley.com/journal/14754754
- Boreas (gegründet 1972). Wiley (USA). Impact-Faktor: 3,531. URL: ► https://onlinelibrary.wiley.com/journal/15023885
- Catena (gegründet 1973). Elsevier (NL). Impact-Faktor: 3,67. URL: ► https://www.journals.elsevier.com/catena
- Current Anthropology (gegründet 1959). University of Chicago Press

18

(USA). Impact-Faktor: 2,326. URL: ► https://www.journals.uchicago.edu/toc/ca/current
- Earth Surface Processes and Landforms (gegründet 1976). Wiley (USA). Impact-Faktor: 3,722. URL: ► https://onlinelibrary.wiley.com/journal/10969837
- E&G Quaternary Science Journal (gegründet 1951). Deutsche Quartärvereinigung (DEUQUA); Copernicus Publications (D). Impact-Faktor: URL: ► https://www.eg-quaternary-science-journal.net (open access)
- Environmental Archaeology (gegründet 1998). Association for Environmental Archaeology; Taylor & Francis (UK). Impact-Faktor: 1,317. URL: ► https://www.tandfonline.com/toc/yenv20/current
- Die Erde – Journal of the Geographical Society of Berlin (gegründet 1853, älteste noch erscheinende geographische Fachzeitschrift weltweit), Gesellschaft für Erdkunde zu Berlin (D). Impact-Faktor: 0,738. URL: ► https://www.die-erde.org/index.php/die-erde (open access)
- Erdkunde – Archive for Scientific Geography (gegründet 1946), Rheinische Friedrich-Wilhelms-Universität Bonn (D). Impact-Faktor: 1,024. URL: ► https://www.erdkunde.uni-bonn.de (open access)
- Geoarchaeology: An International Journal (gegründet 1985), Wiley (USA). Impact-Faktor: 1,453. URL: ► https://onlinelibrary.wiley.com/journal/15206548
- Geomorphology (gegründet 1987). Elsevier (NL). Impact-Faktor: 3,308. URL: ► https://www.journals.elsevier.com/geomorphology
- The Holocene (gegründet 1991), SAGE Publications (USA). Impact-Faktor: 2,419. URL: ► https://journals.sagepub.com/home/hol
- Journal of Archaeological Method and Theory (gegründet 1994). Springer (D).

Impact-Faktor: 2,301. URL: ► https://www.springer.com/journal/10816
- Journal of Archaeological Science (gegründet 1974). Elsevier (NL). Impact-Faktor: 3,030. URL: ► https://www.journals.elsevier.com/journal-of-archaeological-science
- Journal of Archaeological Science: Reports (gegründet 2015). Elsevier (NL). Impact-Faktor: –. URL: ► https://www.journals.elsevier.com/journal-of-archaeological-science-reports
- Journal of Field Archaeology (gegründet 1974). Boston University (USA); Taylor & Francis (UK). Impact-Faktor: –. URL: ► https://www.tandfonline.com/toc/yjfa20/current
- Journal of Human Evolution (gegründet 1972). Elsevier (NL). Impact-Faktor: 3,155. URL: ► https://www.journals.elsevier.com/journal-of-human-evolution
- Journal of Paleolithic Archaeology (gegründet 2018). Springer (D). Impact-Faktor: –. URL: ► https://www.springer.com/journal/41982
- Mitteilung der Gesellschaft für Urgeschichte (gegründet 1994). Gesellschaft für Urgeschichte/Universität Tübingen (D). Impact-Faktor: –. URL: ► https://mgfuopenaccess.org/ (open access)
- Mitteilungen der Österreichischen Geographischen Gesellschaft (gegründet 1857). Österreichische Geographische Gesellschaft Wien (A). Impact-Faktor: –. URL: ► https://www.austriaca.at/moegg_collection
- Palaeogeography, Palaeoclimatology, Palaeoecology (gegründet 1965). Elsevier (NL). Impact-Faktor: 2,375. URL: ► https://www.journals.elsevier.com/palaeogeography-palaeoclimatology-palaeoecology/
- Quartär (gegründet 1938). Hugo Obermaier Gesellschaft für Erforschung des Eiszeitalters und der Steinzeit; Verlag Marie Leidorf (D). Impact-Faktor: URL: ► https://www.quartaer.eu/english/english.html

- Quaternary Geochronology (gegründet 2006). Elsevier (NL). Impact-Faktor: 3,17. URL: ► https://www.journals.elsevier.com/quaternary-geochronology
- Quaternary International (gegründet 1989). International Union of Quaternary Research (INQUA); Elsevier (NL). Impact-Faktor: 2,163. URL: ► https://www.journals.elsevier.com/quaternary-international
- Quaternary Science Reviews (gegründet 1982). Elsevier (NL). Impact-Faktor: 4,641. URL: ► https://www.journals.elsevier.com/quaternary-science-reviews
- Radiocarbon (gegründet 1959). Cambridge University Press (UK). Impact-Factor: 1,531. URL: ► https://www.cambridge.org/core/journals/radiocarbon
- Vegetation History and Archaeobotany (gegründet 1992). Springer (D). Impact-Faktor: 2,482. URL: ► https://www.springer.com/journal/334
- Zeitschrift für Geomorphologie – Annals of Geography (gegründet 1925). Schweizerbart (D). Impact-Faktor: 1,103. URL: ► https://www.schweizerbart.de/journals/zfg

Serviceteil

Literatur – 384

Stichwortverzeichnis – 437

Literatur

Abel G (1976) Die Wüstungen des ausgehenden Mittelalters. Quellen und Forschungen zur Agrargeschichte 1

Acs P, Wilhalm T, Oeggl K (2005) Remains of grasses found with the Neolithic Iceman "Ötzi". Veg Hist Archaeobot 14:198–206

Ad-hoc-AG Boden (2005) Bodenkundliche Kartieranleitung. KA5. Bundesanstalt für Geowissenschaften und Rohstoffe in Zusammenarbeit mit den Staatlichen Geologischen Diensten, Hannover

Ad-hoc AG Boden (2009) Arbeitshilfe für die Bodenansprache im vor und nachsorgenden Bodenschutz. Schweizerbart, Hannover

Adelsberger KA, Smith JR, McPherron SP, Dibble HL, Olszewski D, Schurmans U, Chiotti L (2013) Desert pavement disturbance and artifact taphonomy: a case study from the Eastern Libyan Plateau, Egypt. Geoarchaeology 28:112–130

Aerni K, Egli HR, Fehn K (Hrsg) (1991) Siedlungsprozesse an der Höhengrenze der Ökumene. Am Beispiel der Alpen. Verlag Siedlungsforschung, Bern

Agisoft (2018) Photoscan. ▶ https://www.agisoft.com/ Letzter Zugriff: 12.12.2021

Agricola G (1928) Zwölf Bücher vom Berg-und Hüttenwesen. VDI-Verlag, Berlin (Erstveröff. 1556)

Ahnert F (1996) Einführung in die Geomorphologie. UTB, Stuttgart

Aigner T (1982) Zur Geologie und Geoarchäologie des Pyramidenplateaus von Giza, Ägypten. Nat Mus 112:377–388

Aitken MJ (1958) Magnetic prospecting I. The water Newton Survey. Archaeometry 1:24–29

Aitken MJ (1985) Thermoluminescence dating. Academic Press, London

Aitken MJ (1998) An introduction to optical dating. The dating of Quaternary sediments by the use of photon-stimulated luminescence. Oxford University Press, Oxford

Alagich R, Gardeisen A, Alonso N, Rovira N, Bogaard A (2018) Using stable isotopes and functional weed ecology to explore social differences in early urban contexts: The case of Lattara in mediterranean France. J Archaeol Sci 93:135–149

Albertz J (2007) Einführung in die Fernerkundung: Grundlagen der Interpretation von Luft- und Satellitenbildern, 3. Aufl. WBG, Darmstadt

Albert RM, Shahack-Gross R, Cabanes D, Gilboa A, Lev-Yadun S, Portillo M, Sharon I, Boaretto E, Weiner S (2008) Phytolith-rich layers from the Late Bronze and Iron Ages at Tel Dor (Israel) mode of formation and archaeological significance. J Archaeol Sci 30:57–75

Alonso-Zarza AM (2003) Palaeoenvironmental significance of palustrine carbonates and calcretes in the geological record. Earth Sci Rev 60:261–298

Altemüller HJ (1962) Verbesserung der Einbettungs- und Schleiftechnik bei der Herstellung von Bodendünnschliffen mit VESTOPAL. Z Pflan Bodenkunde 99:164–177

Altkartendatenbank der Staatsbibliothek zu Berlin: ▶ https://kxp.k10plus.de/DB=1.68/DB=1.68/ LNG=DU/SRT=RLV/IMPLAND=Y/?COOKIE =U8175,K8175,D1.68,Ef10bc69f-13,I2001,B2000 1+++++,SY,QDEF,A,H12,,73,,77,,88-90,NUB+T UEBINGEN,R134.2.198.110,FN Letzter Zugriff: 22.12.2021

Ambraseys N (2009) Earthquakes in the Mediterranean and Middle East: a multidisciplinary study of seismicity up to 1900. Cambridge University Press, Cambridge

Amelung W, Blume HP, Fleige H, Horn R, Kandeler E, Kögel-Knabner I, Kretzschmar RM, Stahr K, Wilke BM (2018) Scheffer/Schachtschabel: Lehrbuch der Bodenkunde. Springer, Berlin

Ammann B (1993) Flora und Vegetation im Paläolithikum und Mesolithikum der Schweiz. In: Le Tensorer J-M, Niffeler U (Hrsg) Die Schweiz vom Paläolithikum bis zum frühen Mittelalter, Bd 1. Schweizerische Gesellschaft für Ur- und Frühgeschichte, Basel, S 66–84

Amt für Denkmalpflege im Rheinland und dem Römisch-Germanischen Museum der Stadt Köln durch Kunow J, Trier M (Hrsg) (2017) Archäologie im Rheinland 2017. WBG, Darmstadt, S 10–11

Ansorge J, Frenzel P (2005) Archäozoologische Untersuchungen an wirbellosen Tieren. In: Jöns H, Lüth F, Schäfer H (Hrsg) Archäologie unter dem Straßenpflaster. 15 Jahre Stadtkernarchäologie in Mecklenburg-Vorpommern. Beiträge zur Ur- und Frühgeschichte Mecklenburg-Vorpommerns 39:51–54

Ansorge J, Frenzel P, Thomas M (2011) Cogs, sand and beer – a palaeontological analysis of medieval ballast sand in the harbour of Wismar (southwestern Baltic sea coast, Germany). In: Bork H-R, Meller H, Gerlach R (Hrsg) Umweltarchäologie – Naturkatastrophen und Umweltwandel im archäologischen Befund. Tagung des Landesmuseums für Vorgeschichte Halle (Saale) 6:161–173

Antl-Weister W (2009) The time of the Willendorf figurines and new results of Palaeolithic research in Lower Austria. Austria Anthropol 47:131–141

Antoine P, Rousseau DD, Moine O, Kunesch S, Hatté C, Lang A, Tissoux H, Zöller L (2009) Rapid and cyclic aeolian deposition during the last Glacial in European loess: a high-resolution record from Nussloch, Germany. Quat Sci Rev 28:2955–2973

Antoine P, Rousseau DD, Degeai JP, Moine O, Lagroix F, Kreutzer S, Fuchs M, Hatté C, Gauthier C, Svoboda J, Lisá L (2013) High-resolution record of the environmental response to climatic variations during the Last Interglacial-Glacial cycle in Central Europe: the loess-palaeosol sequence of Dolní Věstonice (Czech Republic). Quaternary Science Reviews 67:17–38

Antoine P, Auguste P, Bahain J-J, Chaussé C, Falguères C, Ghaleb B, Limondin-Lozouet N, Locht J-L, Voinchet P (2010) Chronostratigraphy and palaeoenvironments of Acheulean occupations in Northern France (Somme, Seine and Yonne valleys). Quat Int 223:456–461

Antoine P, Coutard S, Guerin G, Deschodt L, Goval E, Locht J, Paris C (2016) Upper Pleistocene loess-palaeosol records from Northern France in the European context: environmental background and dating of the middle Palaeolithic. Quat Int 411:4–24

Aptroot A, van Geel B (2006) Fungi of the colon of the Yukagir Mammoth and from stratigraphically related permafrost samples. Rev Palaeobot Palynol 141:225–230

Arbeitsgruppe Boden (2005) Bodenkundliche Kartieranleitung. Bundesanstalt für Geowissenschaften und Rohstoffe und Geologische Landesämter, 5. Aufl. Klett-Perthes, Hannover

ARC3D (2018) Arc3D Webservice. ▶ https://homes. esat.kuleuven.be/~visit3d/ Letzter Zugriff: 12.12.2021

Archivhefte (1988) Erschließung und Auswertung historischer Karten. Archivhefte Bd 18, Köln

Arkush EN (2011) Hillforts of the ancient Andes: Colla warfare, society, and landscape. University Press of Florida, Florida

Arnold V (2011) Celtic fields und andere urgeschichtliche Ackersysteme in historisch alten Waldstandorten Schleswig-Holsteins aus Laserscan-Daten. Archäol Korrespondenz 41:439–455

Arnold JR, Libby WF (1949) Age determinations by radiocarbon content: checks with samples of known age. Science 110:678–680

Arrhenius O (1931) Die Bodenanalyse im Dienst der Archäologie. Z Pflanz Bodenkunde 10:427–439

Arroyo-Kalin M (2017) Amazonian Dark Earth. In: Stoops G, Nicosia C (Hrsg) Archaeological soil and sediment micromorphology. Wiley, Hoboken, S 345–357

Ashley GM (2017) Spring settings. In: Gilbert AS, Goldberg P, Holliday VT, Mandel RD, Sternberg RS (Hrsg) Encyclopedia of geoarchaeology. Springer Netherlands, S 896–901

Ashley GM, Deocampo DM, Kahmann-Robinson J, Driese SG, Nordt LC (2013) Groundwater-fed wetland sediments and paleosols: it's all about water table. SEPM Spec Pub 104:47–61

Aufderheide AC, Muñoz I, Arriaza B (1993) Seven Chinchorro mummies and the prehistory of northern Chile. Am J Phys Anthropol 91:189–201

Auriemma R, Solinas E (2009) Archaeological remains as sea level change markers: a review. Quat Int 206:134–146

Baales M (2006) Zwischen Kalt und Warm. Das Spätpaläolithikum in Deutschland. In: Menschen, Zeiten, Räume Archäologie in Deutschland. Theiss, Stuttgart, S 121–123

Bäbler B (2012) Archäologie und Chronologie. Eine Einführung, WBG, Darmstadt

Bähr HP, Vögtle T (2005) Digitale Bildverarbeitung: Anwendungen in Photogrammetrie, Fernerkundung und GIS, 4. Aufl. Wichmann, Heidelberg

Baker VR (1987) Paleoflood hydrology and extraordinary flood events. J Hydrol 96:79–99

Baker VR, Kochel RC, Patton PC, Pickup G (1983) Palaeohydrologic analysis of Holocene flood slack-water sediments. Int Assoc Sedimentol Speci Pub 6:229–239

Baker VR, Benito G, Rudoy AN (1993) Paleohydrology of late Pleistocene superflooding, Altay mountains, Siberia. Science 259:348–350

Bakker M, Van Smeerdijk DG (1982) A palaeoecological study of a late Holocene section from "Het Ilperveld", Western Netherlands. Rev Palaeobot Palynol 36:95–163

Balbo AL, Cabanes D, García-Granero JJ, Bonet A, Ajithprasad P, Terradas X (2015) A microarchaeological approach for the study of pits. Environ Archaeol 20(4):390–405

Baldock JA, Nelson PN (2000) Soil organic matter. In: Sumner ME (Hrsg) Handbook of soil science. Boca Raton, S 25–84

Ballarini M, Wallinga J, Murray AS, van Heteren S, Oost AP, Bos AJJ, van Eijk CWE (2003) Optical dating of young coastal dunes on a decadal time scale. Quat Sci Rev 22:1011–1017

Bantelmann A (1966) Die Landschaftsentwicklung im nordfriesischen Küstengebiet, eine Funktionschronik durch fünf Jahrtausende. Die Küste 14(2):5–99

Bantelmann A (1975) Die frühgeschichtliche Marschsiedlung beim Elisenhof in Eiderstedt. Landschaftsgeschichte und Baubefunde. Studien Küstenarchäologie Schleswig-Holstein, Serie A, Elisenhof Bd 1. Lang, Bern

Barbieri A, Leven C, Toffolo MB, Hodgins GW, Kind CJ, Conard NJ, Miller CE (2018) Bridging prehistoric caves with buried landscapes in the Swabian Jura (southwestern Germany). Quatern Int 485:23–43

Barsch D, Caine N (1984) The nature of mountain geomorphology. Mt Res Dev 4:287–298

Basler A, Dyckmans J (2013) Compound-specific δ^{13}C analysis of monosaccharides from soil extracts by high-performance liquid chromatography/isotope ratio mass spectrometry. Rapid Commun Mass Spectrom (RCM) 27:2546–2550.

BASP (2018) The Bonn archaeological software package. ► https://www.uni-koeln.de/~al001/basp.html Letzter Zugriff: 31.1.2020

Bateman MD (2019) Handbook of luminescence dating. Whittles, Dunbeath

Battarbee RW, Jones VJ, Flower RJ, Cameron NG, Bennion H, Carvalho L, Juggins S (2001) Diatoms. In: Smol JP, Birks HJB, Last WM (Hrsg) Tracking environmental change using lake sediments, Bd 3. Kluwer, Dordrecht, S 155–202

Bätzing W (2015) Die Alpen: Geschichte und Zukunft einer europäischen Kulturlandschaft. Beck, München

Bayerl G (2013) Technik in Mittelalter und früher Neuzeit. Theiss, Stuttgart

Beazeley GA (1920) Surveys in Mesopotamia during the war. Geogr J 55:109–123

Beck A (2011) Archaeological applications of multi/hyper-spectral data – challenges and potential. In: Cowley DC (Hrsg) Remote sensing for archaeological heritage management. Europae Archaeologiae Consilium, Brüssel, S 87–97

Becker H (1995) From nanotesla to picotesla – a new window for magnetic prospecting in archaeology. Archaeol Prospect 2:217–228

Beckmann S (2007) Kolluvien und Auensedimente als Geoarchive im Umfeld der historischen Hammerwerke Leidersdorf und Wolfsbach (Vils/Opf.). Regensburger Beiträge zur Bodenkunde, Landschaftsökologie und Quartärforschung, Bd 12. Verlag Institut für Geographie der Universität Regensburg, Regensburg

Behre KE (1981) The interpretation of anthropogenic indicators in pollen diagrams. Pollen Spores 23:225–245

Behre KE (2008) Landschaftsgeschichte Norddeutschlands. Umwelt und Siedlung von der Steinzeit bis zur Gegenwart. Wachholtz, Neumünster

Behrensmeyer AK (1975) Taphonomy and paleoecology in the hominid fossil record. Yearb Phys Anthropol 19:36–50

Bellwood P (1971) Fortifications and economy in prehistoric New Zealand. Proc Prehist Soc 37:56–95.

Belshé JC (1957) Recent magnetic investigations at Cambridge University. Adv Phys 6:192–193

Benito G, Sopeña A, Sánchez-Moya Y, Machado MJ, Pérez-González A (2003) Palaeoflood record of the Tagus River (central Spain) during the Late Pleistocene and Holocene. Quat Sci Rev 22:1737–1756

Benito G, Macklin MG, Panin A, Rossato S, Fontana A, Jones AF, Machado MJ, Matlakhova E, Mozzi P, Zielhofer C (2015) Recurring flood distribution patterns related to short-term Holocene climatic variability. Sci Rep 5:16398.

Benjamin J, Rovere A, Fontana A, Furlani S, Vacchi M, Inglis RH, Galili E, Antonioli F, Sivan D, Miko S, Mourtzas N, Felja I, Meredith-Wiliams M, Goodman-Tchernov B, Kolaiti E, Anzidei M, Gehrels R (2017) Late Quaternary sea-level changes and early human societies in the Central and Eastern Mediterranean Basin: an interdisciplinary review. Quat Int 449:29–57

Bennett R, Cowley D, De Laet V (2014) The data explosion: tackling the taboo of automatic feature recognition in airborne survey data. Antiquity 88:896–904

Bentzien U (1969) Haken und Pflug: Eine volkskundliche Untersuchung zur Geschichte der Produktionsinstrumente im Gebiet zwischen unterer Elbe und Oder. Akademie-Verlag, Berlin

Bentz M, Wachter T (2014) Discovering the archaeologists of Germany 2012-14. In: Universität Bonn (Hrsg) Discovering the archaeologists of Europe

Berg CHE (1860) Anleitung zum Verkohlen des Holzes: Ein Handbuch für Forstmänner, Hüttenbeamte, Technologen und Cameralisten. Eduard Bernim, Darmstadt

Berg-Hobohm S, Kopecky-Hermanns B (2012) Naturwissenschaftliche Untersuchungen in der Umgebung des Karlsgrabens (Fossa Carolina). Ber Bayer Bodendenkmalpflege Bd 2. Selbstverlag des BLfD, Bonn, S 403–418

Berglund BE (1986) Handbook of Holocene palaeoecology and palaeohydrology. Blackburn, Caldwell

Berktold A, Büttgenbach T, Greinwald S, Illich B, Jacobs F, Kolodziey A, Lange G, Maurer H-M, Prácser E, Pfeifer B, Pretzschner C, Radic T, Schaumann G, Rezessy G, Sebulke J, Seidel K, Szabadvary L, Vértesy L, Vogt R, Weidelt P, Weller A, Wolff U (2005) Geoelektrik. In: Knödel K, Krummel H, Lange G (Hrsg) Handbuch zur Erkundung des Untergrundes von Deponien und Altlasten, Bd 3, Geophysik. Springer, Berlin, S 71–387

Berna F (2017) FTIR microscopy. In: Nicosia C, Stoops G (Hrsg) Archaeological soil and sediment micromorphology. Wiley, Hoboken, S 411–415

Berna F, Matthews A, Weiner S (2004) Solubilities of bone mineral from archaeological sites: the recrystallization window. J Archaeol Sci 31:867–882

Berna F, Behar A, Shahack-Gross R, Berg J, Boaretto E, Gilboa A, Sharon I, Shalev S, Shilstein S, Yahalom-Mack N, Zorn JR, Weiner S (2007) Sediments exposed to high temperatures: reconstructing pyrotechnological processes in Late Bronze and

Iron Age Strata at Tel Dor (Israel). J Archaeol Sci 34:358–373

Berna F, Behar A, Shahack-Gross R, Berg J, Boaretto E, Gilboa A, Sharon I, Shalev S, Shilstein S, Yahalom-Mack N, Zorn JR, Weiner S (2007) Sediments exposed to high temperatures: reconstructing pyrotechnological processes in Late Bronze and Iron Age Strata at Tel Dor (Israel). J Archaeol Sci 34(3):358–373

Bersu G (1926) Die Ausgrabung vorgeschichtlicher Befestigungen. Vorgesch Jahrb 2:1–22

Berthold J (2015) Mühlen im Befund – eine Übersicht zu archäologischen Erscheinungsformen von Wassermühlen. In: Maríková M, Zschieschang C (Hrsg) Wassermühlen und Wassernutzung im mittelalterlichen Ostmitteleuropa. Franz Steiner, Stuttgart, S 235–268

Beug HJ (2004) Leitfaden der Pollenbestimmung für Mitteleuropa und angrenzende Gebiete. Pfeil, München

Bevan A (2015) The data deluge. Antiquity 89:1473–1484

Beverly EJ, Lukens WE, Stinchcomb GE (2018) Paleopedology as a tool for reconstructing paleoenvironments and paleoecology. In: Croft D, Su D, Simpson S (Hrsg) Methods in Paleoecology. Vertebrate Paleobiology and Paleoanthropology. Springer, Cham, S 151–183

Beyer L, Schleuß U (1991) Die Böden von Wallhecken in Schleswig-Holstein I. Klassifikation und Genese. Z Pflanzenernährung und Bodenkunde 154(6):431–436

BGR (Bundesanstalt für Geowissenschaften und Rohstoffe) (2016) Bodenatlas Deutschland. Schweizerbart, Stuttgart

Billamboz S, Schöbel G (1996) Dendrochronologische Untersuchungen in den spätbronzezeitlichen Pfahlbausiedlungen am nördlichen Ufer des Bodensees. In: Landesdenkmalamt Stuttgart (Hrsg) Siedlungsarchäologie im Alpenvorland IV. Theiss, Stuttgart, S 203–221

Billamboz S, Tegel W (2002) Kalender im Holz. Jahresringe – Zeugen der Zeit. Arbeitsweise der Dendrochronologie. Landesdenkmalamt Baden-Württemberg, Stuttgart

Birkeland PW (1999) Soils and Geomorphology, 3. Aufl. Oxford University Press, New York

Birks HJB, Birks HH (1980) Quaternary palaeoecology. E. Arnold, London

Bittelli M, Andrenelli MC, Simonetti G, Pellegrini S, Artioli G, Piccoli I, Morari F (2019) Shall we abandon sedimentation methods for particle size analysis in soils? Soil Tillage Res 185:36–46

Blackmore S (2000) Die Macht der Meme oder die Evolution von Kultur und Geist. Spektrum Akademischer Verlag, Heidelberg

Blackwell B, Schwarcz HP (1986) U-series analyses of the lower travertine at Ehringsdorf, DDR. Quat Res 25:215–222

Blume H-P, Leinweber P (2004) Plaggen soils. Landscape history, properties, and classification. J Plant Nutr Soil Sci 167:319–327

Blume H-P, Brümmer GW, Horn R, Kandeler E, Kögel-Knabner I, Kretzschmar R, Stahr K, Wilke B-M (2010) Scheffer/Schachtschabel: Lehrbuch der Bodenkunde, 16. Aufl. Spektrum, Heidelberg

Blume HP, Stahr K, Leinweber P (2011) Bodenkundliches Praktikum: Eine Einführung in pedologisches Arbeiten für Ökologen, Land- und Forstwirte, Geo-und Umweltwissenschaftler. Spektrum, Heidelberg

Boaretto E (2009) Dating materials in good archaeological contexts: the next challenge for radiocarbon analysis. Radiocarbon 51(1):275–281

Bocek B (1986) Rodent ecology and burrowing behavior: Predicted effects on archaeological site formation. Am Antiquity 51:589–603

Bock H, Jäger W, Winckler M (2013) Scientific computing and cultural heritage. Contributions in computational humanitites. Springer, Heidelberg

Bogaard A, Heaton THE, Poulton P, Merbach I (2007) The impact of manuring on nitrogen isotope ratios in cereals: archaeological implications for reconstruction of diet and crop management practices. J Archaeol Sci 34:335–343

Bogaard A, Fraser R, Heaton THE, Michael Wallace, Petra Vaiglova, Charles M, Jones G, Evershed RP, Styring AK, Andersen NH, Arbogast R-M, Bartosiewicz L, Gardeisen A, Kanstrup M, Maier U, Marinova E, Ninov L, Schäfer M, Stephan E (2013) Crop manuring and intensive land management by Europe's first farmers. Proc Natl Acad Sci 110:12589–12594

Bogacz B, Massa J, Mara H (2015) Homogenization of 2D & 3D document formats for cuneiform script analysis. In: HIP 15 Proceedings of the 3rd International Workshop on Historical Document Imaging and Processing Gammarth, Tunisia – August 22–22, 2015. ACM, New York, S 115–122

Boivin N (2000) Life rhythms and floor sequences: excavating time in rural Rajasthan and Neolithic Catalhoyuk. World Archaeol 31(3):367–388

Boivin NL, Zeder MA, Fuller DQ, Crowther A, Larson G, Erlandson JM, Denham T, Petraglia MD (2016) Ecological consequences of human niche construction: examining long-term anthropogenic shaping of global species distributions. Proc Natl Acad Sci 113:6388–6396

Bolten A, Bubenzer O, Darius F (2006) A digital elevation model as a base for the reconstruction of Holocene land-use potential in arid regions. Geoarchaeology 21(7):751–762

Bolus M, Conard NJ (2012) 100 Jahre Robert Rudolf Schmidts ‚Die diluviale Vorzeit Deutschlands'. Mitt Ges Urgesch 21:63–89

Bonani G, Ivy SD, Hajdas I, Niklaus TR, Suter M (1994) AMS ^{14}C age determinations of tissue, bone and grass samples from the Ötztal ice man. Radiocarbon 36:247–250

Bond J (2007) Medieval charcoal-burning in England. In: Klapste J, Sommer P (Hrsg) Arts and crafts in Medieval Rural Environment. Ruralia VI:277–294

Bond G, Kromer B, Beer J, Muscheler R, Evans MN, Showers W, Hoffmann S, Lotti-Bond R, Hajdas I, Bonani G (2001) Persistent solar influence on North Atlantic climate during the Holocene. Science 294:2130–2136

Bönisch E (2013) Forschungspotenzial der Braunkohlenarchäologie zu Besiedlung, Landnutzung, Landschaftsentwicklung und Klimawandel. In: Raab T, Raab A, Gerwin W, Schopper F (Hrsg) Landschaftswandel – Landscape Change. GeoRS 1:25–68

Bonny S, Jones B (2003) Microbes and mineral precipitation, Miette Hot Springs, Jasper National Park, Alberta, Canada. Can J Earth Sci 40:1483–1500

Bony G, Marriner N, Morhange C, Kaniewski D, Perinçek D (2012) A high-energy deposit in the Byzantine harbour of Yenikapı, Istanbul (Turkey). Quat Int 266:117–130

Bordes F (1954) Les limons quaternaires du Bassin de la Seine, stratigraphie et archéologie paléolithique. Masson, Paris

Bork HR (2006) Landschaften der Erde unter dem Einfluss des Menschen. WBG, Darmstadt

Bork HR, Bork H, Dalchow C, Faust B, Piorr HP, Schatz T (1998) Landschaftsentwicklung in Mitteleuropa: Wirkungen des Menschen auf Landschaften. Klett-Perthes, Gotha

Bork HR (2020) Umweltgeschichte Deutschlands. Springer, Heidelberg

Börner N, De Baere B, Yang Q, Jochum KP, Frenzel P, Andreae MO, Schwalb A (2013) Ostracod shell chemistry as proxy for paleoenvironmental change. Quat Int 313–314:17–37

Borsdorf A (2013) Forschen im Gebirge. Investigating the mountains. Verlag der Österreichischen Akademie der Wissenschaften, Wien

Bösken J, Sümegi P, Zeeden C, Klasen N, Gulyás S, Lehmkuhl F (2018) Investigating the last glacial Gravettian site 'Ságvár Lyukas Hill'(Hungary) and its paleoenvironmental and geochronological context using a multi-proxy approach. Palaeogeogr Palaeocl 509:77–90

Bos JA, van Geel B, Groenewoudt BJ, Lauwerier R CM (2006) Early Holocene environmental change, the presence and disappearance of early Mesolithic habitation near Zutphen (The Netherlands). Veg Hist Archaeobotany 15(1):27–43

Boucher de Perthes M (1847) Antiquités celtiques et antédiluviennes. Mémoire sur l'industrie primitive et les arts à leur origine, Bd 1. Treuttel & Wurtz, Paris

Branch N, Canti M, Clark P, Turney C (2005) Environmental archaeology. Theoretical and practical approaches. Hodder Education, London

Branch NP, Kemp RA, Silva B, Meddens FM, Williams A, Kendall A, Vivanco C (2007) Testing the sustainability and sensitivity to climatic change of terrace agricultural systems in the Peruvian Andes: a pilot study. J Archaeol Sci 34:1–9

Brandt G, Haak W, Adler CJ, Roth C, Szécsényi-Nagy A, Karimnia S, Möller-Rieker S, Meller H, Ganslmeier R, Friederich S, Dresely V, Nicklisch N, Pickrell JK, Sirocko F, Reich D, Cooper A, Alt KW, Genographic Consortium (2013) Ancient DNA reveals key stages in the formation of central European mitochondrial genetic diversity. Science 342:257–261

Brauer A (2004) Annually laminated lake sediments and their palaeoclimatic relevance. In: Fischer H, Kumke T, Lohmann G, Miller H, Negendank J (Hrsg) The climate in historical times. Towards a synthesis of Holocene proxy data and climate models. Springer, Berlin, S 109–127

Brauer A, Hajdas I, Negendank JFW, Rein B, Vos H, Zolitschka B (1994) Warvenchronologie – eine Methode zur absoluten Datierung und Rekonstruktion kurzer und mittlerer solarer Periodizitäten. Geowissenschaften 12:325–332

Brauer A, Haug GH, Dulski P, Sigman DM, Negendank JFW (2008) An abrupt wind shift in western Europe at the onset of the Younger Dryas cold period. Nat Geosci 1:520–523

Breuning-Madsen H, Holst MK (2003) A soil description system for burial mounds – development and application. Dan J Geogr 103:37–45

Bridge M (2012) Locating the origins of wood resources: a review of dendroprovenancing. J Archaeology Sci 39:2828–2834

Bridgland D, Westaway R (2008) Climatically controlled river terrace staircases: a worldwide Quaternary phenomenon. Geomorphol 98:285–315

Brill D, Pint A, Jankaew K, Frenzel P, Schwarzer K, Vött A, Brückner H (2014) Sediment transport and hydrodynamic parameters of tsunami waves recorded in onshore geoarchives. J Coast Res 30(5):922–941

Bringemeier L, Krause R, Stobbe A, Röpke A (2015) Expansions of Bronze Age Pasture farming and environmental changes in the Northern Alps (Montafon, Austria and Prättigau, Switzerland) – an integrated palaeoenvironmental and archaeological approach. The Third Food Revolution? Setting the Bronze Age Table: Common Trends in Economic and Subsistence Strategies in Bronze Age Europe 283:182–201

Brinkkemper O, van Haaster H (2012) Eggs of intestinal parasites whipworm (*Trichuris*) and mawworm (*Ascaris*): non-pollen palynomorphs in archaeological samples. Rev Palaeobot Palynol 186:16–21

Brinkkemper O, Braadbaart F, Van Os B, van Hoesel A, van Brussel AAN, Fernandes R (2017) Effectiveness of different pre-treatments in recovering pre-burial isotopic ratios of charred plants. Rapid Commun Mass Spectrom 32:251–261

Bristow CS, Jol HM (Hrsg) (2003) Ground penetrating radar in sediments. Geol Soc London

Brochier JE, Villa P, Giacomarra M, Tagliacozzo A (1992) Shepherds and sediments: geo-ethnoarchaeology of pastoral sites. J Anthropol Archaeol 11:47–102

Brodowski S, Rodionov A, Haumaier L, Glaser B, Amelung W (2005) Revised black carbon assessment using benzene polycarboxylic acids. Org Geochem 36:1299–1310

Bronk Ramsey C (2017) Methods for summarizing radiocarbon datasets. Radiocarbon 59(2):1809–1833

Brönnimann D, Ismail-Meyer K, Rentzel P, Pümpin C, Lisá L (2017a) Excrements of herbivores. In: Stoops G, Nicosia C (Hrsg) Archaeological soil and sediment micromorphology. Wiley, Hoboken, S 55–65

Brönnimann D, Pümpin C, Ismail-Meyer K, Rentzel P, Égüez N (2017b) Excrements of omnivores and carnivores. In: Stoops G, Nicosia C (Hrsg) Archaeological soil and sediment micromorphology. Wiley, Hoboken, S 67–81

Brown AG (1997) Alluvial geoarchaeology: floodplain archaeology and environmental change. Cambridge University Press, Cambridge

Brown AG, Notebaert B, Broothaerts N, Verstraeten G (2018) Evidence of anthropogenic tipping points in fluvial dynamics in Europe. Global Planet Change 164:27–38

Brückner H (1996) Geoarchäologie an der türkischen Ägäisküste. Geogr Rundschau 10:568–574

Brückner H (1999) Küsten–sensible Geo-und Ökosysteme unter zunehmendem Stress. Petermanns Geogr Mitt 143:6–21

Brückner H (2007) Holozäne Umweltrekonstruktion und Geoarchäologie. Z Geomorph NF Suppl 148:55–58

Brückner H (2011) Geoarchäologie – in Forschung und Lehre. In: Bork H-R, Meller H, Gerlach R (Hrsg) Umweltarchäologie – Naturkatastrophen und Umweltwandel im archäologischen Befund. 3. Mitteldeutscher Archäologentag vom 07. bis 09. Oktober 2010 in Halle (Saale). Tagungen des Landesmuseums für Vorgeschichte Halle (Saale) 6:9–20

Brückner H (2020) Deltas, floodplains, and harbours as geo-bio-archives. Human-environment interactions in western Anatolia. Göttinger Studien zur Mediterranen Archäologie 9:37–50

Brückner H, Gerlach R (2020) Geoarchäologie – von der Vergangenheit in die Zukunft. In: Gebhardt H, Glaser R, Radtke U, Reuber P, Vött A (Hrsg) Geographie – Physische Geographie und Humangeographie. 3. Aufl. Spektrum, Heidelberg, S 447–453

Brückner H, Hoffmann G (1992) Human-induced erosion processes in Mediterranean countries – evidence from archeology, pedology and geology. Geoöko-Plus 3:97–110

Brückner H, Vött A (2008) Geoarchäologie – eine interdisziplinäre Wissenschaft par excellence. In: Kulke E, Popp H (Hrsg) Umgang mit Risiken. Katastrophen – Destabilisierung – Sicherheit. Tagungsband 56. Deutscher Geographentag 2007, hrsg. im Auftrag der Deutschen Gesellschaft für Geographie. Bayreuth, S 181–202

Brückner H, Müllenhoff M, Gehrels R, Herda A, Knipping M, Vött A (2006) From archipelago to floodplain – geographical and ecological changes in Miletus and its environs during the past six millennia (Western Anatolia, Turkey). Z Geomorph NF Suppl 142:63–83

Brückner H, Kelterbaum D, Marunchak O, Porotov A, Vött A (2010) The Holocene sea level story since 7500 BP – Lessons from the Eastern Mediterranean, the Black and the Azov Seas. Quat Int 225:160–179

Brückner H, Herda A, Müllenhoff M, Rabbel W, Stümpel H (2014a) On the Lion Harbour and other harbours in Miletos: recent historical, archaeological, sedimentological, and geophysical research. Proceedings of the Danish Institute at Athens 7:49–103

Brückner H, Herda A, Müllenhoff M, Rabbel W, Stümpel H (2014b) Der Löwenhafen von Milet – eine geoarchäologische Fallstudie. In: Ladstätter S, Pirson F, Schmidts T (Hrsg) Harbors and harbor cities in the eastern Mediterranean from Antiquity to the Byzantine Period: recent discoveries and current approaches. BYZAS 19(2), Sonderschriften ÖAI 52:773–806

Brückner H, Herda A, Kerschner M, Müllenhoff M, Stock F (2017) Life cycle of estuarine islands – from the formation to the landlocking of former islands in the environs of Miletos and Ephesos in western Asia Minor (Turkey). J Archaeol Sci Rep 12:876–894

Bruins HJ, MacGillivray JA, Synolakis CE, Benjamini C, Keller J, Kisch HJ, Klügel A, Van Der Pflicht J (2008) Geoarchaeological tsunami deposits at Palaikastro (Crete) and the Late Minoan IA eruption of Santorini. J Archaeol Sci 35:191–212

Bubenzer O (2011) Formbildung durch äolische Prozesse. In: Gebhardt H, Glaser R, Radtke

U, Reuber P (Hrsg) Geographie – Physische Geographie und Humangeographie. Spektrum, Heidelberg, S 423–428

Bubenzer O, Riemer H (2007) Holocene climatic change and human settlement between the central Sahara and the Nile Valley: Archaeological and geomorphological results. Geoarchaeology 22(6):607–620

Bubenzer O, Bolten A, Darius F (2007a) Atlas of cultural and environmental change in arid Africa. Africa Praehistorica Bd 21

Bubenzer O, Hilgers A, Riemer H (2007b) Luminescence dating and archaeology of Holocene fluvio-lacustrine sediments of Abu Tartur, Eastern Sahara. Quat Geochronol 2:314–321

Bubenzer O, Besler H, Hilgers A (2007c) Filling the gap: OSL data expanding ^{14}C chronologies of Late Quaternary environmental change in the Libyan Desert. Quat Int 175:41–52

Bubenzer O, Bolten A, Riemer H (2018) In search of the optimal path to cross the desert: Geoarchaeology traces old trans-Saharan routes. In: Siart C, Forbriger M, Bubenzer O (Hrsg) Digital geoarchaeology – new techniques for interdisciplinary human-environmental research. Springer, Heidelberg, S 139–148

Budiansky S (1999) The covenant of the wild: why animals chose domestication. Yale University Press

Bumke H, Tanrıöver A (2017) Der Hafen am Humeitepe in Milet. Ergebnisse der Ausgrabungen 2011. Archäol Anz 2017/2:123–177

Büntgen U, Tegel W, Nicolussi K, McCormick M, Frank D, Trouet V, Kaplan JO, Herzig F, Heußner K U, Wanner H, Luterbacher J, Esper J (2011) 2500 years of European climate variability and human susceptibility. Science 331:578–582

Büntgen U, Tegel W, Carrer M, Krusic PJ, Hayes M, Esper J (2015) Commentary on Wetter et al. (2014) Limited evidence for a 1540 European „Megadrought". Clim Change 131:183–190

Burdick A, Drucker J, Lunenfeld P, Presner T, Schnapp J (2012) Digital humanities. MIT Press

Burga CA, Perret R (1998) Vegetation und Klima der Schweiz seit dem jüngeren Eiszeitalter. Ott, Bonn

Burga CA, Klötzli F, Grabherr G (2004) Gebirge der Erde: Landschaft, Klima. Pflanzenwelt. Ulmer, Stuttgart

Burrough P, McDonnell R, Lloyd C (2015) Principles of geographical information systems. Oxford University Press, Oxford

Busch A (1923) Die Entdeckung der letzten Spuren Rungholts. Jahrbuch des nordfriesischen Vereins für Heimatkunde Bd 10

Busche D (2001) Wadi. In: Brunotte E, Gebhardt H, Meurer M, Meusburger P, Nipper J (Hrsg) Lexikon der Geographie. Spektrum, Heidelberg, S 454–455

Bußmann J (2014) Holozäne Sedimentdynamik im Umfeld der Varusschlacht. Unpublizierte Dissertation, Universität Osnabrück

Butzer KW (1960) Archeology and geology in ancient Egypt. Science 132:1617–1624

Butzer KW (1964) Environment and archaeology. Aldine, Chicago

Butzer KW (1982) Archaeology as human ecology: method and theory for a contextual approach. Cambridge University Press, Cambridge

Cabanes D, Weiner S, Shahack-Gross R (2011) Stability of phytoliths in the archaeological record: a dissolution study of modern and fossil phytoliths. J Archaeol Sci 38:2480–2490

Callum KE (1995) Archaeology in a region of Spodosols, part 2. In: Collins ME, Carter BJ, Gladfelter BJ, Southard RJ (Hrsg) Pedological perspectives in archaeological. Soil science society of America, Special Publication 44:81–94

Cameron D, White P, Lampert R, Florek S (1990) Blowing in the wind. Site destruction and site creation at Hawker Lagoon. South Australia. Aust Archaeol 30:58–69

Campana S (2017) Drones in archaeology. State of the art and future perspectives. Archaeol Prospect 24:275–296

Canti M (1997) An investigation of microscopic calcareous spherulites from herbivore dungs. J Archaeol Sci 24:219–231

Canti MG (2003) Earthworm activity and archaeological stratigraphy: a review of products and processes. J Archaeol Sci 30:135–148

Canti M, Huisman DJ (2015) Scientific advances in geoarchaeology during the last twenty years. J Archaeol Sci 56:96–108

Cao ZH, Ding JL, Hu ZY, Knicker H, Kögel-Knabner I, Yang LZ, Yin R, Lin XG, Dong YH (2006) Ancient paddy soils from the Neolithic age in China's Yangtze River Delta. Naturwissenschaften 93:232–236

Carcaillet C (2001) Are Holocene wood-charcoal fragments stratified in alpine and subalpine soils? Evidence from the Alps based on AMS ^{14}C dates. Holocene 11:231–242

Carrer F, Colonese AC, Lucquin A, Petersen Guedes E, Thompson A, Walsh K, Reitmaier T, Craig OE (2016) Chemical analysis of pottery demonstrates prehistoric origin for high-altitude alpine dairying. PloS ONE, 11(4), e0151442

Casana J, Cothren J (2008) Stereo analysis, DEM extraction and orthorectification of CORONA satellite imagery: archaeological applications from the Near East. Antiquity 82:732–749

Casana J, Herrmann JT, Fogel A (2008) Deep subsurface geophysical prospection at Tell Qarqur. Syria. Archaeol Prospect 15(3):207–225

Casselmann C, Falkenstein F, Maran J (2002) Neue Siedlungsfunde der Kultur der Schnurkeramik vom Atzelbuckel bei Ilvesheim, Rhein-Neckar-Kreis. Archäologische Ausgrabungen in Baden-Württemberg 2002:58–61

Casson S (1936) Archaeology from the air. Sci Am 155:130–132

Cearreta A (2018) Foraminifera. In: Lopez Varela SL (Hrsg) The Encyclopedia of Archaeological Sciences. Wiley, New York, S 694–696

Chapman H (2006) Landscape Archaeology and GIS. Tempus Publishing Limited, Gloucester

Charlton R (2008) Fundamentals of fluvial geomorphology. Routledge, London

Chazan M, Ron H, Matmon A, Porat N, Goldberg P, Yates R, Avery M, Sumner A, Horwitz LK (2008) Radiometric dating of the Earlier Stone Age sequence in excavation I at Wonderwerk Cave, South Africa: preliminary results. J Hum Evol 55:1–11

Chen F, Welker F, Shen CC, Bailey SE, Bergmann I, Davis S, Xia H, Wang H, Fischer R, Yu FSE (2019) A late Middle Pleistocene Denisovan mandible from the Tibetan Plateau. Nature 565:640–644

Chiverrell RC, Thorndycraft VR, Hoffmann TO (2011) Cumulative probability functions and their role in evaluating the chronology of geomorphological events during the Holocene. J Quat Sci 26:76–85

Chukanov NV (2013) Infrared spectra of mineral species: extended library. Springer Science & Business Media, Berlin

Chwala A, Stolz R, IJsselsteijn R, Schultze V, Ukhansky N, Meyer HG, Schüler T (2001) SQUID gradiometers for archaeometry. Supercond Sci Technol 14:1111–1114

Clark A (1996) Seeing beneath the soil: prospecting methods in archaeology. B.T. Batsford Ltd., London

Clark G, Martinsson-Wallin H (2007) Monumental architecture in West Polynesia. Origins, chiefs and archaeological approaches. Archaeol Ocean 42:1–30

Clarkson C et al (2017) Human occupation of northern Australia by 65,000 years ago. Nature 547:306–310

Clemens G, Stahr K (1994) Present and past soil erosion rates in catchments of the Kraichgau area (SW-Germany). CATENA 22:153–168

Clevis Q, Tucker GE, Lock G, Lancaster ST, Gasparini N, Desitter A, Bras RL (2006) Geoarchaeological simulation of meandering river deposits and settlement distributions: a three-dimensional approach. Geoarchaeology 21:843–874

Codreanu-Windauer S, Ontrup M, Fuchs M, Schneider S (2017) Der „Große Graben" von Regensburg-Burgweinting. Berichte der Bayerischen Bodendenkmalpflege 58:1–14

Cohen C (1998) Charles Lyell and the evidences of the antiquity of man. Geol Soc London Spec Pub 143:83–93

Cohen-Ofri I, Weiner L, Boaretto E, Mintz G, Weiner S (2006) Modern and fossil charcoal: aspects of structure and diagenesis. J Archaeol Sci 33:428–439

Collins JM, Chalfant ML (1993) A second-terrace perspective on Monks Mound. Am Antiquity 58:319–332

Comer DC, Harrower MJ (2013) Mapping archaeological landscapes from space. Springer Science, New York

Commisso RG, Nelson DE (2006) Modern plant $\delta^{15}N$ values reflect ancient human activity. J Archaeol Sci 33:1167–1176

Compostella C, Trombino L, Caccianiga M (2013) Late Holocene soil evolution and treeline fluctuations in the Northern Apennines. Quat Int 289:46–59

Conard NJ (2010) The current state of „Paleohistory" in Germany. Mitt Ges Urgesch 19:193–208

Conolly J, Lake M (2006) Geographical information systems in archaeology. Cambridge University Press, Cambridge

Conyers L (2016) Ground-penetrating radar for archaeology. Wiley-Blackwell, London

Cornwall IW (1954) Soil science and archaeology with illustrations from some British Bronze Age monuments. Proc Prehist Soc 19:129–147

Cornwall IW (1958) Soils for archaeologists. Phoenix House Ltd., London

Corsi C, Slapšak B, Vermeulen F (2013) Good practice in archaeological diagnostics, non-invasive survey of complex archaeological sites. Springer, Cham

Corvinus G (1976) Prehistoric exploration at Hadar, Ethiopia. Nature 261:571–572

Courty MA, Goldberg P, Macphail RI (1989) Soils and micromorphology in archaeology. Cambridge Universtity Press, Cambridge

Cowley DC (2011) Remote sensing for archaeological heritage management. Europae Archaeologiae Consilium, Brüssel

Cowley DC (2016) What do the patterns mean? Archaeological distributions and bias in survey data. In: Forte M, Campana S (Hrsg) Digital methods and remote sensing in archaeology: archaeology in the age of sensing. Springer, Cham, S 147–170

Craddock PT (1995) Early metal mining and production. Edinburgh University Press, Edingburgh

Cramer JA (1798) Anleitung zum Forst-Wesen nebst einer ausführlichen Beschreibung von Verkohlung des Holzes, Nutzung der Torfbrüche [etc.] Fürstl. Waisenhaus Buchhandlung, Braunschweig

Cramer VA, Hobbs RJ, Standish J (2008) What's new about old fields? Land abandonment and ecosystem assembly. Trends Ecol Evol 23(2):104–112

Crawford OGS (1929) Air photography for archaeologists. Ordnance survey professional papers, new series, 12. London

Crivellaro A, Schweingruber FH (2013) Atlas of wood, bark and pith anatomy of Eastern Mediterranean trees and shrubs: with a special focus on Cyprus. Springer, Stuttgart

Crutchley S (2018) Using airborne lidar in archaeological survey: the light fantastic, 2. Aufl., Historic England, Swindon. ► https://historicengland.org.uk/images-books/publications/using-airborne-lidar-in-archaeological-survey/ Letzter Zugriff: 12.12.2021

Cullen BS (2000) Contagious ideas. On evolution, culture, archaeology and cultural virus theory. Oxbow Books, Oxford

Cunill R, Soriano JM, Bal MC, Pèlachs A, Pérez-Obiol R (2012) Holocene treeline changes on the south slope of the Pyrenees: a pedoanthracological analysis. Veg Hist Archaeobot 21:373–384

Cunill R, Soriano JM, Bal MC, Pèlachs A, Rodriguez JM, Pérez-Obiol R (2013) Holocene high-altitude vegetation dynamics in the Pyrenees: a pedoanthracology contribution to an interdisciplinary approach. Quat Int 289:60–70

Cziesla E (1990) Artefact production and spatial distribution on the open air site 80/14 (Western Desert, Egypt). In: Cziesla E (Hrsg) The Big Puzzle. Holos, Bonn, S 583–619

Cziesla E, Ibeling T (2014) Autobahn 4. Fundplatz der Extraklasse. Archäologie unter der neuen Bundesautobahn bei Arnoldsweiler. Beier & Beran, Langenweißbach

Czymzik M, Dreibrodt S, Feeser I, Adolphi F, Brauer A (2016) Mid-Holocene humid periods reconstructed from calcite varves of the Lake Woserin sediment record (north-eastern Germany). Holocene 26(6):935–946

Dabkowski J (2014) High potential of calcareous tufas for integrative multidisciplinary studies and prospects for archaeology in Europe. J Archaeol Sci 52:72–83

Dahlhaus C, Kniese Y, Mueller K (2012) Atlas der Böden im Landkreis Osnabrück.

Dal Corso M, Out WA, Ohlrau R, Hofmann R, Dreibrodt S, Videiko M, Müller J, Kirleis W (2018) Where are the cereals? Contribution of phytolith analysis to the study of subsistence economy at the Trypillia site Maidanetske (ca. 3900–3650 BCE), central Ukraine. J Arid Environ 157:137–148

Dalidowski M, Homann A, Laurat T, Stäuble H, Tinapp C (2016) Linienbandkeramische Häuser bei Hain und Rötha, Lkr. Leipzig. Die Grabungen HAN-04, RTH-52 und -53 auf der Trasse der BAB72. Ausgrabungen Sachsen 5:62–77

Daniel T, Ansorge J, Schmölcke U, Frenzel P (2018) Multiproxy palaeontological investigations of Holocene sediments in the harbour area of the Hanseatic town Stralsund, North-Eastern Germany, southern Baltic Sea coast. Quat Int 511:22–42

Darling P (2016) Nigerian walls and earthworks. In: Emeagwali G, Shizha E (Hrsg) African indigenous knowledge and the sciences. Sense Publisher, Rotterdam, S 137–144

Darvill TC (2008) The concise Oxford dictionary of archaeology, 2. Aufl. Oxford Univ. Press, Oxford

Darwin C (1846) An account of the fine dust which often falls on vessels in the Atlantic Ocean. Quart J Geol Soc Lond 2:26–30

Davidson DA (1976) Processes of tell formation and erosion. In: Davidson DA, Shackley ML (Hrsg) Geoarchaeology: earth science and the past. Westview Press, Colorado, S 266

Davidson DA, Shackley ML (Hrsg) (1976) Geoarchaeology: earth science and the past. Duckworth, London

Davies J, Barchiesi S, Ogali CJ, Welling R, Dalton J, Laban P (2016) Water in drylands: adapting to scarcity through integrated management. Gland, Schweiz

Davis LC (2005) Geoarchaeological lessons from an alluvial fan in the lower Salmon River canyon, Idaho. Idaho Archaeol 28:3–12

Davis GH (2008) Archaeological elements of Mt. Lykaion Sanctuary of Zeus (southern Peloponnesus) in relation to tectonics and structural geology. IOP Conference Series: Earth and Environmental Science 2, 012002

Davis GH (2009) Geology of the Sanctuary of Zeus, Mount Lykaion, southern Peloponessos. Greece. J Virtual Explorer 33:58

Davison S (2003) Conservation and restoration of Glass. Butterworth Heinemann, Oxford

Dearing JA (1991) Lake sediment records of erosional processes. Hydrobiologia 214:99–106

DeBoer WR (1983) The archaeological record as preserved death assemblage. In: Moore JA, Keene AS (Hrsg) Archaeological hammers and theories. Academic Press, New York, S 19–36

Deforce K, Vanmontfort B, Vandekerkhove K (2021) Early and high medieval (c. 650 AD–1250 AD) charcoal production and its impact on woodland composition in the Northwest-European Lowland: a study of charcoal pit kilns from Sterrebeek (Central Belgium). Environ Archaeol 26:168–178.

De Geer G (1912) A chronology of the last 12000 years. Rep of the 11th Int Geol Congr 1:241–253

de Klerk P (2018) The roots of pollen analysis: the road to Lennart von Post. Veg Hist Archaeobot 27:393–409

Delcourt H, Delcourt P (1997) Pre-Columbian Native American use of fire on southern Appalachian landscapes. Conserv Biol 11:1010–1014

Delile H, Blichert-Toft J, Goiran JP, Stock F, Arnaud-Godet F, Bravard JP, Brückner H, Albarède F (2015) Demise of a harbor: a geochemical chronicle from Ephesus. J Archaeol Sci 53:202–213

Della Casa P (2001) Natural and cultural landscapes: models of Alpine land use in the Non Valley (I), Mittelbünden (CH) and Maurienne (F). Preist alp 35:125–140

de Maigret A (1987) Die Bronzezeit des Jemen. In: Daum W (Hrsg) Jemen – 3000 Jahre Kunst und Kultur des glücklichen Arabien. Pinguin, Innsbruck, S 39–49

De Martini PM, Barbano MS, Smedile A, Gerardi F, Pantosti D, Del Carlo P, Pirrotta C (2010) A unique 4000 year long geological record of multiple tsunami inundations in the Augusta Bay (eastern Sicily, Italy). Mar Geol 276:42–57

Den Biggelaar C, Lal R, Wiebe K, Breneman V (2004) The global impact of soil erosion on productivity. I: absolute and relative erosion-induced yield losses. Adv Agron 81:1–48

den Ouden J, Sass-Klaassen UGW, Copini P (2007) Dendrogeomorphology – a new tool to study drift-sand dynamics. Netherlands J Geosci 86:355–363

Denkmalschutzgesetze der Länder in der Bundesrepublik Deutschland. ▶ http://www. denkmalliste.org/denkmalschutzgesetze.html Letzter Zugriff: 12.12.2021

Deutsche Bundesstiftung Umwelt (2011) Archäologie und Landwirtschaft. Osnabrück. ▶ https://www. landesarchaeologen.de/fileadmin/Dokumente/ Dokumente_Verband/Publikationen/Archaeologie_ und_Landwirtschaft.pdf Letzter Zugriff: 21.1.2020

Devos Y, Nicosia C, Vrydaghs L, Speleers L, Van der Valk J, Marinova E, Claes B, Albert RM, Esteban I, Ball TB, Court-Picon M, Degraeve A (2017) An integrated study of Dark Earth from the alluvial valley of the Senne river (Brussels, Belgium). Quat Int 460:175–197

de Vries H (1958) Variation in concentration of radiocarbon with time and location on Earth. K Ned Akad Van Wet-B. 61:94–102

Di Bella L, Bellotti P, Frezza V, Bergamin L, Carboni MG (2011) Benthic foraminiferal assemblages of the imperial harbor of Claudius (Rome): further paleoenvironmental and geoarcheological evidences. Holocene 21(8):1245–1259

Dierschke H, Becker T (2008) Die Schwermetall-Vegetation des Harzes – Gliederung, ökologische Bedingungen und syntaxonomische Einordnung. Tuexenia 28:185–227

Dietre B, Walser C, Lambers K, Reitmaier T, Hajdas I, Haas JN (2014) Palaeoecological evidence for Mesolithic to Medieval climatic change and anthropogenic impact on the Alpine flora and vegetation of the Silvretta Massif (Switzerland/ Austria). Quat Int 353:3–16

Dietre B, Walser C, Kofler W, Kothieringer K, Hajdas I, Lambers K, Reitmaier T, Haas JN (2017) Neolithic to Bronze Age (4850–3450 cal. BP) fire management of the Alpine Lower Engadine

landscape (Switzerland) to establish pastures and cereal fields. Holocene 27:181–196

Digerfeld G (1986) Studies on past lake-level fluctuations. In: Berglund BE (Hrsg) Handbook of Holocene palaeoecology and palaeohydrology. Blackburn Press, Caldwell, S 127–144

Dimbleby GW (1985) The palynology of archaeological sites. Academic Press, London

DIN ISO 10390 (2005) Bodenbeschaffenheit: Bestimmung des pH-Wertes

DIN ISO 10693 (1995) Bodenbeschaffenheit – Bestimmung des Carbonatgehaltes – Volumetrisches Verfahren

DIN ISO 11277 (2002) Bodenbeschaffenheit – Bestimmung der Partikelgrößenverteilung in Mineralböden – Verfahren mittels Siebung und Sedimentation

Dittmann A (1990) Zur Paläogeographie der ägyptischen Eastern Desert. Der Aussagewert prähistorischer Besiedlungsspuren für die Rekonstruktion von Paläoklima und Reliefentwicklung. Marburger Geogr Schr Bd 116

Dobat AS (2008) Danevirke revisited. An investigation into military and socio-political organisation in South Scandinavia (c AD 700 to 1100). Mediev Archaeol 52:27–67

Domínguez-Rodrigo M, Uribelarrea D, Santonja M, Bunn HT, García-Pérez A, Pérez-González A, Panera J, Rubio-Jara S, Mabulla A, Baquedano E, Yravedra J (2014) Autochthonous anisotropy of archaeological materials by the action of water: experimental and archaeological reassessment of the orientation patterns at the Olduvai sites. J Archaeol Sci 41:44–68

Doneus M (2013) Die hinterlassene Landschaft. Prospektion und Interpretation in der Landschaftsarchäologie. Verlag der Österreichischen Akademie der Wissenschaften, Wien

Dörfler W, Feeser I, van den Bogaard C, Dreibrodt S, Erlenkeuser H, Kleinmann A, Merkt J, Wiethold J (2012) A high-quality annually laminated sequence from Lake Belau, Northern Germany: revised chronology and its implications for palynological and tephrochronological studies. Holocene 22(12):1413–1426

Dotterweich M (2003) Landnutzungsbedingte Kerbenentwicklung während Mittelalter und Neuzeit in der Obermainischen Bruchschollenlandschaft bei Kronach. In: Bork HR, Schmidtchen G, Dotterweich M (Hrsg) Bodenbildung, Bodenerosion und Reliefentwicklung im Mittel- und Jungholozän Deutschlands. Forschungen zur Deutschen Landeskunde 253:57–112

Dotterweich M (2008) The history of soil erosion and fluvial deposits in small catchments of central Europe: deciphering the long-term interaction between humans and the environment—a review. Geomorphology 101:192–208

Dotterweich M (2013) The history of human-induced soil erosion: geomorphic legacies, early descriptions and research, and the development of soil conservation – a global synopsis. Geomorphology 201:1–34

Dotterweich M, Haberstroh J, Bork HR (2003) Mittel- und jungholozäne Siedlungsentwicklung, Landnutzung, Bodenbildung und Bodenerosion an einer mittelalterlichen Wüstung bei Friesen, Landkreis Kronach in Oberfranken. In: Bork HR, Schmidtchen G, Dotterweich M (Hrsg) Bodenbildung, Bodenerosion und Reliefentwicklung im Mittel- und Jungholozän Deutschlands. Forschungen zur Deutschen Landeskunde 253:17–56

Dotterweich M, Rodzik J, Zgłobicki W, Schmitt A, Schmidtchen G, Bork HR (2012) High resolution gully erosion and sedimentation processes, and land use changes since the Bronze Age and future trajectories in the Kazimierz Dolny area (Nałęczów Plateau, SE-Poland). CATENA 95:50–62

Dotterweich M, Wenzel S, Schreg R, Fülling A, Engel M (2015) Land use history, floodplain development, and soil erosion in the vicinity of a millstone production center since the Iron Age in the Segbachtal near Mayen (eastern Eifel, Germany). Geophysical Research Abstracts 17:EGU2015-15722-3

Doveri F (2007) Fungi fimicoli italici. AMB, Vicenza

Downes J (1994) Excavation of a bronze age burial at Mousland, Stromness, Orkney. Proc Soc Antiq Scot 124:141–154

Dreibrodt S, Wiethold J (2015) Lake Belau and its catchment (northern Germany): a key archive of environmental history in northern Central Europe since the onset of agriculture. Holocene 25(2):296–322

Dreibrodt S, Lubos C, Terhorst B, Damm B, Bork HR (2010) Historical soil erosion by water in Germany: scales and archives, chronology, research perspectives. Quat Int 222:80–95

Dreibrodt S, Lubos C, Hofmann R, Müller-Scheessel N, Richling I, Nelle O, Fuchs M, Rassmann K, Kujundžić-Vejzagić Z, Bork HR, Müller J (2013) Holocene river and slope activity in the Visoko Basin, Bosnia-Herzegovina – climate and land-use effects. J Quat Sci 28:559–570

Dries SG, Nordt LC, Waters MR, Keene JL (2013) Analysis of site formation history and potential disturbance of stratigraphic context in vertisols at the Debra L. Friedkin archaeological site in central Texas, USA. Geoarchaeology 28:221–248

Driscoll K, Alcaina J, Égüez N, Mangado X, Fullola JM, Tejero JM (2016) Trampled under foot: a quartz and chert human trampling experiment at the Cova del Parco rock shelter, Spain. Quat Int 424:130–142

Ducke B (2007) Ein archäologisches Prädiktionsmodell für das Bundesland Brandenburg: Methoden, Datengrundlagen und Interpretationen. In: Kunow J, Müller J, Schopper F (Hrsg) Archäoprognose Brandenburg II. Brandenburgisches Landesamt für Denkmalpflege und Archäologisches Landesmuseum, Wünsdorf, S 235–257

Dudal R (2005) The sixth factor of soil formation. Eurasian Soil Sci 38(1):S 60–S65

Duhamel du Monceau HL (1761) Art du charbonnier ou manière de faire le charbon de bois. Descriptions des arts et des métiers. Desaint & Saillant, Paris

Duller GAT (2008) Single-grain optical dating of Quaternary sediments: why aliquot size matters in luminescence dating. Boreas 37:589–612

Dungait JAJ, Docherty G, Straker V, Evershed RP (2008) Interspecific variation in bulk tissue, fatty acid and monosaccharide $\delta^{13}C$ values of leaves from a mesotrophic grassland plant community. Phytochemistry 69:2041–2051

Dunger W (2008) Tiere im Boden, 4. Aufl. Westarp-Wissenschaftsverlag, Hohenwarsleben

Dupouey JL, Dambrine E, Laffite JD, Moares C (2002) Irreversible impact of past land use on forest soils and biodiversity. Ecology 83:2978–2984

Duval M, Falguères C, Bahain JJ, Grün R, Shao Q, Aubert M, Hellstrom J, Dolo JM, Agusti J, Martínez-Navarro B, Toro-Moyano I (2011) The challenge of dating early Pleistocene fossil teeth by the combined uranium series-electron spin resonance method: the Venta Micena palaeontological site (Orce, Spain). J Quat Sci 26:603–615

Duval M, Falguères C, Bahain JJ (2012a) Age of the oldest hominin settlements in Spain: contribution of the combined U-series/ESR dating method applied to fossil teeth. Quat Geochronol 10:412–417

Duval M, Falguères C, Bahain JJ, Grün R, Shao Q, Aubert M, Dolo JM, Agustí J, Martínez-Navarro B, Palmqvist P, Toro-Moyano I (2012b) On the limits of using combined U-series/ESR method to date fossil teeth from two early Pleistocene archaeological sites in the Orce are (Guadix-Baza basin, Spain). Quat Res 77:482–491

Eckelmann W (2009) Arbeitshilfe für die Bodenansprache im vor-und nachsorgenden Bodenschutz-Auszug aus der Bodenkundlichen Kartieranleitung KA 5

Eckmeier E, Wiesenberg GLB (2009) Short-chain n-alkanes (C16–20) in ancient soil are useful molecular markers for prehistoric biomass burning. J Archaeol Sci 36:1590–1596

Eckmeier E, Gerlach R, Skjemstad JO, Ehrmann O, Schmidt MWI (2007) Minor changes in soil organic carbon and charcoal concentrations detected in a temperate deciduous forest a year after an experimental slash-and-burn. Biogeosciences 4:377–383

Eckmeier E, Gerlach R, Tegtmeier U, Schmidt MWI (2008) Charred organic matter and phosphorus in black soils in the Lower Rhine Basin (Northwest Germany) indicate prehistoric agricultural burning. In: Fiorentino G, Magri D (Hrsg) Charcoals from the past: cultural and palaeoenvironmental implications. BAR, Oxford, S 93–103

Eckmeier E, Egli M, Schmidt MWI, Schlumpf N, Nötzli M, Minikus-Stary N, Hagedorn F (2010) Preservation of fire-derived carbon compounds and sorptive stabilisation promote the accumulation of organic matter in black soils of the Southern Alps. Geoderma 159:147–155

Eckmeier E, Altemeier T, Gerlach R (2014) Auswirkungen geochemischer Eigenschaften von Böden auf die Knochenerhaltung in Arnoldsweiler. In: Cziesla E, Ibeling T (Hrsg) Autobahn 4. Fundplatz der Extraklasse – Archäologie unter der neuen Bundesautobahn bei Arnoldsweiler. Langenweißbach, S 151–154

Efremov IA (1940) Taphonomy: a new branch of paleontology. Pan Am Geol 74:81–93

Eggers HJ (1959) Einführung in die Vorgeschichte. R. Piper & Co, München

Eggert MKH (2006) Archäologie: Grundzüge einer historischen Kulturwissenschaft. A. Francke, Tübingen

Eggert MKH (2012) Prähistorische Archäologie. Konzepte und Methoden, 4. Aufl. Tübingen, Basel

Eglinton G, Hamilton RJ (1967) Leaf epicuticular waxes. Science 156:1322–1335

Egli M, Poulenard J (2017) Soils of mountainous landscapes. The international Encyclopedia of Geography. Wiley, Chichester

Ehlers J, Eissmann L, Lippstreu L, Stephan HJ, Wansa S (2004) Pleistocene glaciations of north Germany. In: Ehlers J, Gibbard P (Hrsg) Quaternary glaciations – extent and chronology, Part I: Europe. Develop Quat Sci 2:135–146

Ehlers J, Grube A, Stephan HJ, Wansa S (2011) Pleistocene glaciations of North Germany—new results. In: Ehlers J, Gibbard P, Hughes P (Hrsg) Quaternary glaciations – extent and chronology. A closer look. Develop Quat Sci 15:149–162

Ehrlich Y, Regev L, Boaretto E (2018) Radiocarbon analysis of modern olive wood raises doubts concerning a crucial piece of evidence in dating the Santorini eruption. Sci Rep 8:11841

Einwögerer T, Friesinger H, Händel M, Neugebauer-Maresch C, Simon U, Teschler-Nicola M (2006) Upper Palaeolithic infant burials. Nature 444:285

Eiseley L (1959) Charles Lyell. Sci Am 201:89–101

Eissmann L (1997) Das quartäre Eiszeitalter in Sachsen und Nordostthüringen. Altenburger naturwiss Forschungen Bd 8, Altenburg

Elburg R, Tolksdorf J, Hönig H, Knapp H (2015) Geomontanarchäologie: Konzepte und Erfahrungen aus dem Bergbauareal von Niederpöbel. In: Smolnik R (Hrsg) ArchaeMontan 2015 – Montanarchäologie im Osterzgebirge. Landesamt für Archäologie Sachsen, Dresden,S 189–205

Ellenberg H, Leuschner C (2010) Vegetation Mitteleuropas mit den Alpen, 6. Aufl. Eugen Ulmer, Stuttgart

Ellis EC, Kaplan JO, Fuller DQ, Vavrus S, Goldewijk KK, Verburg PH (2013) Used planet: a global history. Proc Natl Acad Sci 110(20):7978–7985

Ely LL, Enzel Y, Baker VR, Cayan DR (1993) A 5000-year record of extreme floods and climate change in the southwestern United States. Science 262:410–412

Enevold R, Rasmussen P, Løvschal M, Olsen J, Odgaard BV (2018) Circumstantial evidence of non-pollen palynomorph palaeoecology: a 5,500 year NPP record from forest hollow sediments compared to pollen and macrofossil inferred palaeoenvironments. Veg Hist Archaeobot 28:105–121

Engel M, Brückner H (Hrsg) (2014) Geoarchaeology – exploring terrestrial archives for evidence of human interaction with the environment. Z Geomorph NF 58(Suppl 2)

Engel M, Brückner M (2014) Late Quaternary environments and societies: progress in geoarchaeology. Z Geomorph NF 58(Suppl 2):1–6

Engel M, Brückner H, Fürstenberg S, Frenzel P, Konopczak AM, Scheffers A, Kelletat D, May SM, Schäbitz F, Daut G (2013) A prehistoric tsunami induced long-lasting ecosystem changes on a semi-arid tropical island – the case of Boka Bartol (Bonaire, Leeward Antilles). Naturwissenschaften 100(1):51–67

Engelhardt B, Bück S, Pechtl J, Riedhammer K, Rind MM, Scharl S, Schier W, Suhrbier S, Tillmann A (2006) Wie die Bayern Bauern wurden – Das Neolithikum. In: Sommer S (Hrsg) Archäologie in Bayern – fenster zur Vergangenheit. Regensburg, Pustet, S 54–75

Engelhardt B (2006) Wie die Bayern Bauern wurden – Das Neolithikum. In: Sommer S (Hrsg) Archäologie in Bayern – Fenster zur Vergangenheit. Regensburg, Pustet, S 55

Enters D, Dörfler W, Zolitschka B (2008) Historical soil erosion and land-use change during the last two millennia recorded in lake sediments of Frickenhauser See, northern Bavaria, central Germany. Holocene 18(2):243–254

EPSG (2018) EPSG geodetic parameter registry. ▶ https://www.epsg-registry.org/ Letzter Zugriff: 12.12.2021

Erkens G, Dambeck R, Volleberg KP, Bouman MTIJ, Bos JAA, Cohen KM, Wallinga J, Hoek WZ (2009)

Fluvial terrace formation in the northern Upper Rhine Graben during the last 20 000 years as a result of allogenic controls and autogenic evolution. Geomorphology 103:476–495

Ernst WHO, Knolle F, Kratz S, Schnug E (2009) Aspekte der Ökotoxikologie von Schwermetallen in der Harzregion – eine geführte Exkursion. J Kulturpfl 61:225–246

Ervynck A, Degryse P, Vandenabeele P, Verstraeten G (2009) Natuurwetenschappen en archeologie. Methode en interpretatie. Acco, Leuven

ESRI (2010) Getting to know ArcGIS. Esri Press, Redlands

Europarat (1992) Europäisches Übereinkommen zum Schutz des archäologischen Erbes. La Valletta/Malta, 16. Januar 1992: ► https://www.landesarchaeologen.de/fileadmin/Dokumente/Texte_Denkmalschutz/171_1992_Europarat_archaeologErbe.pdf Letzter Zugriff: 12.1.2019

Everett ME (2013) Near-surface applied geophysics. Cambridge University Press, Cambridge

Evershed RP (1993) Biomolecular archaeology and lipids. World Archaeol 25:74–93

Evershed RP (2008) Organic residue analysis in archaeology: the archaeological biomarker revolution. Archaeometry 50:895–924

Faegri K, Iversen J (1989) Textbook of pollen analysis, 4. Aufl. Wiley, New York

Fahn A, Werker E, Baas P (1986) Wood anatomy and identification of trees and shrubs from Israel and adjacent regions. Israel Academy of Sciences and Humanities, Jerusalem

Falguères C (2003) ESR dating and the human evolution: contribution to the chronology of the earliest humans in Europe. Quat Sci Rev 22:1345–1351

Falguères C, Bahin JJ, Duval M, Shao Q, Han F, Lebon M, Mercier N, Perez-Gonzalez A, Dolo JM, Garcia T (2010) A 300–600 ka ESR/U-series chronology of Acheulian sites in Western Europe. Quat Int 223–224:293–298

FAO (2006) Guidelines for soil description. Food and agriculture organization of the United Nations, 4. Aufl. FAO, Rome

Farmer VC (1974) Infrared spectra of minerals. Mineralogical Society, London

Farrand WR (1975) Sediment analysis of a prehistoric rockshelter: the Abri Pataud. Quat Res 5:1–26

Farrand WR (1985) The birth of a discipline? Q Rev Archaeol 6(3):1–2

Farrand, WR (2001) Sediments and stratigraphy in rockshelters and caves: a personal perspective on principles and pragmatics. Geoarchaeology 16:537–557

Fassbinder JWE (2016) Standards zur Durchführung geophysikalischer Prospektion in der Archäologie in Bayern. Bayerisches Landesamt für Denkmalpflege. ► https://www.blfd.bayern.de/mam/information_und_service/fachanwender/vorgaben_geophysikalische-prospektion_2016.pdf Letzter Zugriff: 28.6.2021

Fassbinder JWE (2017) Magnetometry for archaeology. In: Gilbert AS (Hrsg) Encyclopedia of Geoarchaeology. Springer, Dordrecht, S 499–514

Fassbinder JWE, Stanjekt H, Vali H (1990) Occurrence of magnetic bacteria in soil. Nature 343:161–163

Faust D, Zielhofer C, Escudero RB, del Olmo FD (2004) High-resolution fluvial record of late Holocene geomorphic change in northern Tunisia: climatic or human impact? Quat Sci Rev 23:1757–1775

Faust D, Yanes Y, Willkommen T, Richter D, Richter D, von Suchodoletz H, Zöller L (2015) A contribution to the understanding of late Pleistocene dune-paleosol-sequences in Fuerteventura (Canary Islands). Geomorphology 246:290–304

Fedele FG (1976) Sediments as palaeo-land segments: the excavation side of study. In: Davidson DA, Shackley ML (Hrsg) Geoarchaeology: Earth science and the past. Duckworth, London, S 23–48

Feeser I, Dörfler W (2015) The early Neolithic in pollen diagrams from eastern Schleswig-Holstein and Western Mecklenburg—evidence for a 1000 year cultural adaptive cycle. In: Kabaciński J, Hartz S, Raemaekers D, Terberger T (Hrsg) The Dąbki Site in Pomerania and the Neolithisation of the North European Lowlands (c. 5000–3000 calBC). Marie Leidorf GmbH, Rahden, S 291–306

Feeser I, Dörfler W, Czymzik M, Dreibrodt S (2016) A mid-Holocene annually laminated sediment sequence from Lake Woserin: The role of climate and environmental change for cultural development during the Neolithic in Northern Germany. Holocene 26(6):947–963

Feiss T, Horen H, Brasseur B, Buridant J, Gallet-Moron E, Decocq G (2017) Historical ecology of lowland forests: does pedoanthracology support historical and archaeological data? Quat Int 457:99–112

Felix-Henningsen P, Bleich KE (1996) Böden und Bodenmerkmale unterschiedlichen Alters. In: Blume HP, Felix-Henningsen P, Fischer WR, Frede HG, Horn R, Stahr K (Hrsg) Handbuch der Bodenkunde. Ecomed, Landsberg, S 1–12

Ferring R, Oms O, Agustí J, Berna F, Nioradze M, Shelia T, Tappen M, Vekua A, Zhvania D, Lordkipanidze D (2011) Earliest human occupations at Dmanisi (Georgian Caucasus) dated to 1.85–1.78 Ma. Proc Natl Acad Sci 108(26):10432–10436

Fetzer KD, Larres K, Sabel K-J, Spies ED, Weidenfeller M (1995) Hessen, Rheinland-Pfalz, Saarland. In: Benda L (Hrsg) Das Quartär Deutschlands. Berlin, S 220–254

Feuser S, Pirson F, Seeliger M (2018) The harbour zones of Elaia – the maritime city of Pergamum. In: von Carnap-Bornheim C, Daim F, Ettel

P, Warnke U (Hrsg) Harbours as objects of interdisciplinary research – archaeology + history + geosciences. Verlag des Römisch-Germanischen Zentralmuseums, Mainz, S 91–103

Field JS (2008) Explaining fortifications in Indo-Pacific prehistory. Archaeol Ocean 43:1–10

Finkelstein I (2013) Middle Bronze Age 'fortifications'. A reflection of social organization and political formations. Tel Aviv 19:201–220

Finkler C, Baika K, Rigakou D, Metallinou G, Fischer P, Hadler H, Emde K, Vött A (2018a) Geoarchaeological investigations of a prominent quay wall in ancient Corcyra – implications for harbour development, palaeoenvironmental changes and tectonic geomorphology of Corfu island (Ionian Islands, Greece). Quat Int 473A:91–111

Finkler C, Fischer P, Baika K, Rigakou D, Metallinou G, Hadler H, Vött A (2018b) Tracing the Alkinoos Harbor of ancient Kerkyra, Greece, and reconstructing its paleotsunami history. Geoarchaeology 33:24–42

Firbas F (1949) Spät- und nacheiszeitliche Waldgeschichte Mitteleuropas nordlich der Alpen. Bd 1/2. Fischer, Jena

Fischer P, Meurers-Balke J, Gerlach R, Bulla A, Peine HW, Kalis AJ, Hadler H, Willershäuser T, Röbke BR, Finkler C, Emde K, Vött A (2016a) Geoarchaeological and archaeobotanical investigations in the environs of the Holsterburg lowland castle (North Rhine-Westphalia) – evidence of landscape changes and saltwater upwelling. Z Geomorph NF 60(Suppl. 1):79–92

Fischer P, Wunderlich T, Rabbel W, Vött A, Willershäuser T, Baika K, Rigakou D, Metallinou G (2016b) Combined Electrical Resistivity Tomography (ERT), Direct-Push Electrical Conductivity (DP-EC) logging and coring – a new methodological approach in geoarchaeological research. Archaeol Prospect 23(3):213–228

Fitze PF (1980) Zur Bodenentwicklung auf Moränen in den Alpen. Geogr Helv 3:97–105

FitzPatrick EA (1993) Soil Microscopy and Micromorphology. Wiley, Chichester

Fitzsimmons KE, Miller GH, Spooner NA, Magee JW (2012) Aridity in the monsoon zone as indicated by desert dune formation in the Gregory Lakes basin, northwestern Australia. Aust J Earth Sci 59:469–478

Fleckinger A (2011) Ötzi 2.0: eine Mumie zwischen Wissenschaft, Kult und Mythos. Theiss, Stuttgart

Foard G (2007) Medieval woodland, agriculture and industry in Rockingham Forest, Northamptonshire. Mediev Archaeol 45:41–95

Ford TD, Pedley HM (1996) A review of tufa and travertine deposits of the world. Earth Sci Rev 41:117–175

Forget MCL, Shahack-Gross R (2016) How long does it take to burn down an ancient Near Eastern city? The study of experimentally heated mud-bricks. Antiquity 90:1213–1225

Forget MC, Regev L, Friesem DE, Shahack-Gross R (2015) Physical and mineralogical properties of experimentally heated chaff-tempered mud bricks: implications for reconstruction of environmental factors influencing the appearance of mud bricks in archaeological conflagration events. J Archaeol Sci Rep 2:80–93

Forte M, Campana S (2016) Digital methods and remote sensing in archaeology. Archaeology in the age of sensing. Springer, Cham

Forte E, Pipan M (2008) Integrated seismic tomography and ground-penetrating radar (GPR) for the high-resolution study of burial mounds (tumuli). J Archaeol Sci 35:2614–2623

Foster D, Swanson F, Aber J, Burke I, Brokaw N, Tilman D, Knapp A (2003) The importance of land-use legacies to ecology and conservation. BioScience 53(1):77–88

Fouache É, Pavlopoulos K, Fanning P (2010) Geomorphology and geoarchaeology: cross-contribution. Geodin Acta 23:207–208

Fraas O (1867) Über die neuesten Erfunde an der Schussenquelle bei Schussenried. Jahreshefte des Vereins für vaterländische Naturkunde in Württemberg 23:48–74

Frank K (2008) Tomb submerged in a travertine pool in Hierapolis. Photograph uploaded to Wikimedia Commons and licensed with creative commons. ▶ https://creativecommons.org/licenses/by/2.0/legalcode Letzter Zugriff: 12.12.2021

Fraser JA, Price DM (2013) A thermoluminescence (TL) analysis of ceramics from cairns in Jordan: using TL to integrate off-site features into regional chronologies. Appl Clay Sci 82:24–30

Fraser RA, Bogaard A, Heaton T, Charles M, Jones G, Christensen BT, Halstead P, Merbach I, Poulton PR, Sparkes D, Styring A (2011) Manuring and stable nitrogen isotope ratios in cereals and pulses: towards a new archaeobotanical approach to the inference of land use and dietary practices. J Archaeol Sci 38:2790–2804

Fraser RA, Bogaard A, Charles M, Styring AK, Wallace M, Jones G, Ditchfield P, Heaton THE (2013) Assessing natural variation and the effects of charring, burial and pre-treatment on the stable carbon and nitrogen isotope values of archaeobotanical cereals and pulses. J Archaeol Sci 40:4754–4766

Frederick C (2001) Evaluating causality of landscape change: examples from alluviation. In: Goldberg P, Holliday VT, Ferring CR (Hrsg) Earth sciences and archaeology. Kluwer Academic, New York, S 55–72

French C (2002) Geoarchaeology in action: studies in soil micromorphology and landscape evolution. Routledge, London

Frenzel P (2018) Fossils of the southern Baltic Sea as palaeoenvironmental indicators in multi-proxy studies. Quat Int 511:6–21

Frenzel P, Boomer I (2005) The use of ostracods from marginal marine, brackish waters as bioindicators of modern and Quaternary environmental change. Palaeogeogr Palaeocl 225:68–92

Frenzel P, Matzke-Karasz R, Viehberg FA (2006) Muschelkrebse als Zeugen der Vergangenheit. Biol unserer Zeit 36(2):102–108

Frenzel P, Keyser D, Viehberg FA (2010) An illustrated key and (palaeo) ecological primer for Postglacial to Recent Ostracoda (Crustacea) of the Baltic Sea. Boreas 39(3):567–575

Frere J (1800) Account of flint weapons discovered at Hoxne in Suffolk. Archaeologia 13:204–205

Friedrich WL, Kromer B, Friedrich M, Heinemeier J, Pfeiffer T, Talamo S (2006) Santorini Eruption radiocarbon dated to 1627–1600 BC. Science 312:548

Friesem DE (2018) Geo-ethnoarchaeology of fire: geoarchaeological investigation of fire residues in contemporary context and its archaeologicalogy implications. Ethnoarchaeol 10:159–173

Friesem D, Boaretto E, Eliyahu-Behar A, Shahack-Gross R (2011) Degradation of mud brick houses in an arid environment: a geoarchaeological model. J Archaeol Sci 38(5):1135–1147

Friesem DE, Tsartsidou G, Karkanas P, Shahack-Gross R (2014) Where are the roofs? A geo-ethnoarchaeological study of mud brick structures and their collapse processes, focusing on the identification of roofs. Archaeol Anthropol Sci 6:73–92

Fritzsch D (2011) Mikromorphologische und archäopedologische Untersuchungen von Böden und Sedimenten der bronzezeitlichen Siedlung Tell Chuera, Nord-Syrien. Dissertation, Goethe Universität, Frankfurt a. M.

Fritzsch D, Langan C, Röpke A (2018a) Phytoliths on Fire II. In: Berg S, Eckmeier E, Linzen S, Werther L, Zielhofer C (Hrsg) Book of abstracts. Jahrestagung des AK Geoarchäologie (München 2018). Anwendung und Weiterentwicklung geoarchäologischer Methoden und Konzepte in der archäologisch-bodendenkmalpflegerischen Praxis und Forschung

Fritzsch D, Verspay J, Thiemeyer H (2018b) Micromorphological soil analysis for identifying agricultural strategies in the late medieval rural landscape of North Brabant (NL). In: Sychev V, Mueller L (Hrsg) Novel methods and results of landscape research in Europe, Central Asia and Siberia. Bd I, Landscapes in the 21th Century: Status Analyses, Basic Processes and Research Concepts. Moskau, S 229–232

Fritzsch D, Langan C, Röpke A (2019) Geschmolzenes Stroh – Brennexperiment an Getreide und seine Bedeutung für die Interpretation von erhitzten archäologischen Sedimenten. Archäol Ber 30:165–175

Fritz SC, Cumming BF, Gasse F, Laird KR (1999) Diatoms as indicators of hydrologic and climatic change in saline lakes. In: Stoermer EF, Smol JP (Hrsg) The diatoms: applications for the environmental and earth sciences. Cambridge University Press, Cambridge, S 41–72

Froehlicher L, Schwartz D, Ertlen D, Trautmann M (2016) Hedges, colluvium and lynchets along a reference toposequence (Habsheim, Alsace, France): history of erosion in a loess area. Quaternaire 27:173–185

Frumkin A, Langford B, Marder O, Ullman M (2016) Paleolithic caves and hillslope processes in southwestern Samaria, Israel: Environmental and archaeological implications. Quat Int 398:246–258

Fry B (2008) Stable isotope ecology, 1. Aufl. Springer, New York

Fuchs M (2006) Mensch und Umwelt in der Antike Südgriechenlands. Ergebnisse geoarchäologischer Forschung im Becken von Phlious, Nordost-Peloponnes. Geogr Rundschau 58(4):4–11

Fuchs M, Lang A (2009) Luminescence dating of hillslope deposits – a review. Geomorphology 109:17–26

Fuchs M, Zöller L (2006) Geoarchäologie aus geomorphologischer Sicht – eine konzeptionelle Betrachtung. Erdkunde 60:139–146

Fuchs M, Lang A, Wagner GA (2004) The history of Holocene soil erosion in the Phlious Basin, NE-Peloponnese, Greece, provided by optical dating. Holocene 14:334–345

Fuchs M, Kandel AW, Conard NJ, Walker SJ, Felix-Henningsen P (2008) Geoarchaeological and chronostratigraphical investigations of open-air sites in the Geelbek Dunes, South Africa. Geoarchaeology 23:425–449

Fuchs M, Will M, Kunert E, Kreutzer S, Fischer M, Reverman R (2011) The temporal and spatial quantification of Holocene sediment dynamics in a meso-scale catchment in northern Bavaria, Germany. Holocene 21:1093–1104

Fuchs M, Kreutzer S, Rousseau DD, Antoine P, Hatté C, Lagroix F, Moine O, Gauthier C, Svoboda J, Lisa L (2013) The loess sequence of Dolní Věstonice, Czech Republic: a new OSL-based chronology of the last climatic cycle. Boreas 42:664–677

Fuller DQ (2006) Agricultural origins and frontiers in South Asia: a working synthesis. J World Prehist 20:1–86

Fuller DQ, Qin L (2009) Water management and labour in the origins and dispersal of Asian rice. World Archaeol 41:88–111

Fuller DQ, Stevens CJ (2019) Between domestication and civilization: the role of agriculture and arboriculture in the emergence of the first urban societies. Veg Hist Archaeobot 28:263–282

Galaty JG, Johnson DL (1990) The World of Pastoralism. Wiley, Chichester

Gale R, Cutler DF (2000) Plants in archaeology: identification manual of vegetative plant materials used in Europe and the Southern Mediterranean to c. 1500. Kew, Westbury

Gao C, Ludlow F, Amir O, Kostick C (2016) Reconciling multiple ice-core volcanic histories: The potential of tree-ring and documentary evidence, 670–730 CE. Quat Int 394:180–193

Garbe-Schönberg CD, Wiethold J, Butenhoff D, Utech C, Stoffers P (1998) Geochemical and palynological record in annually laminated sediments from Lake Belau (Schleswig-Holstein) reflecting paleoecology and human impact over 9000 a. Meyniania 50:47–70

Garnier A, Neumann K, Eichhorn B, Lespez L (2013) Phytolith taphonomy in the middle-to late-Holocene fluvial sediments of Ounjougou (Mali, West Africa). Holocene 23(3):416–431

Garrison E (2016) Geophysical techniques for archaeology. In: Garrison E (Hrsg) Techniques in archaeological geology. Springer, Cham, S 115–143

Gauthier E, Bichet V, Massa C, Petit C, Vannière B, Richard H (2010) Pollen and non-pollen palynomorph evidence of medieval farming activities in southwestern Greenland. Veget Hist Archaeobot 19:427–438

Geib PR (2000) Sandal types and Archaic prehistory on the Colorado Plateau. Am Antiquity 65:509–524

Gerlach R (1993) Die natürlichen Grundlagen der Kulturlandschaft oder „Wie alt ist die Aue?" Kulturlandschaft und Bodendenkmalpflege am unteren Niederrhein, Materialien zur Bodendenkmalpflege Rheinland 2:57–66

Gerlach R (2003) Geoarchäologie – ein archäologisches Desiderat oder "There could be no real archaeology without Geology". Archäol Inf 26:9–15 ► https://journals.ub.uni-heidelberg.de/index.php/arch-inf/article/viewFile/12541/6377 Letzter Zugriff: 22.6.2021

Gerlach R (2006) Holozän: die Umgestaltung der Landschaft durch den Menschen seit dem Neolithikum. In: Kunow J, Wegner HH (Hrsg) Urgeschichte im Rheinland. Verlag des Rheinischen Vereins für Denkmalpflege und Landschaftsschutz, Köln, S 87–98

Gerlach R (2007) Thema Geoarchäologie: Suche nach der vergangenen Umwelt. Archäologie in Deutschland 4:20–23

Gerlach R (2011) Geoarchäologie – Informationen aus den Böden. In: Kunow J (Hrsg) Archäologie im Rheinland 1987–2011. Theiss-Verlag, Stuttgart, S 248–253

Gerlach R (2017) Plaggenesch, „Humusbraunerde" und Erdesch am Unteren Niederrhein. In: Kunow J, Trier M (Hrsg) Archäologie im Rheinland 2016. WBG, Darmstadt, S 42–45

Gerlach R (2019) Eine durchlöcherte Landschaft. Bäuerlicher Kleinbergbau: Lehm- Mergel- und andere Gruben in den rheinischen Lößbörden. Geopedol Landscape Dev Res Serie 8:71–97 ► https://www.b-tu.de/fg-geopedologie/publikationen/schriftenreihe-geors Letzter Zugriff: 22.6.2021

Gerlach R, Kopecky B (1998) Was der Boden im Umkreis des römischen Gutshofes von Jülich verrät. In: Koschik H (Hrsg) Archäologie im Rheinland 1997. Rheinland-Verlag, Köln, S 181–184

Gerlach R, Meurers-Balke J (2014) Wo wurden römische Häfen am Niederrhein angelegt? Die Beispiele Colonia Ulpia Traiana (Xanten) und Burginatium (Kalkar). In: Kennecke H (Hrsg) Der Rhein als europäische Verkehrsachse – Die Römerzeit. Bonner Beiträge zur vor- und frühgeschichtlichen Archäologie 16:199–208

Gerlach R, Fischer P, Eckmeier E, Hilgers A (2012) Buried dark soil horizons and archaeological features in the Neolithic settlement region of the Lower Rhine area, NW Germany: formation, geochemistry and chronostratigraphy. Quat Int 265:191–204

Gerlach R, Röpke A, Kels H, Meurers-Balke J (2016) Der Essenberger Rheinbogen, seine römische und nachrömische Geschichte mit einem Ausblick auf die Duisburger Rheinbogen. Dispargum – Jahresberichte zur Duisburger Stadtarchäologie 1:23–46

Gerz J (2017) Prähistorische Mensch-Umwelt-Interaktionen im Spiegel von Kolluvien und Befundböden in zwei Löss-Altsiedellandschaften mit unterschiedlicher Boden-und Kulturgeschichte (Schwarzerderegion bei Halle/Saale und Parabraunerderegion Niederrheinische Bucht). Dissertation, Universität zu Köln

Geyh MA (2005) Handbuch der physikalischen und chemischen Altersbestimmung. WBG, Darmstadt

Gé T, Courty MA, Matthews W, Wattez J (1993) Sedimentary formation processes of occupation surfaces. Form Process Archaeol Context 17:149–164

Ge Y, Jie D, Guo J, Liu H, Shi L (2010) Response of phytoliths in Leymus chinensis to the simulation of elevated global CO_2 concentrations in Songnen Grassland. China. Chin Sci Bull 55(32):3703–3708

Ghosh A, Filipsson HL (2017) Applications of foraminifera, testate amoebae and tintinnids in estuarine palaeoecology. In: Weckström K, Saunders KM, Gell PA, Skilbeck CG (Hrsg) Applications of paleoenvironmental techniques in estuarine studies. Springer, Dordrecht, S 313–337

Giaime M, Avnaim-Katav S, Morhange C, Marriner N, Rostek F, Porotov AV, Baralis A, Kaniewski D, Brückner H, Kelterbaum D (2016) Evolution of Taman Peninsula's ancient Bosphorus channels, south-west Russia: Deltaic progradation and Greek colonization. J Archaeol Sci Rep 5:327–335

Giani L, Ahrens V, Duntze O, Irmer SK (2003) Geo-Pedogenese mariner Rohmarschen Spiekeroogs. J Plant Nutr Soil Sci 166:370–378

Giardino MJ (2011) A history of NASA remote sensing contributions to archaeology. J Archaeol Sci 38:2003–2009

Giguet-Covex C, Pansu J, Arnaud F, Rey PJ, Griggo C, Gielly L, Domaizon I, Coissac E, David F, Choler P, Poulenard J (2014) Long livestock farming history and human landscape shaping revealed by lake sediment DNA. Nat Comm 5:3211

Gilbert AS (Hrsg) (2017) Encyclopedia of geoarchaeology. Springer, Dordrecht

Gladfelter BG (1977) The geomorphologist and archaeology. Am Antiquity 42:519–538

Gladfelter BG (1981) Developments and directions in geoarchaeology. In: Schiffer MB (Hrsg) Advances in archaeological method and theory, 4. Aufl. Academic Press, New York, S 343–364

Glaser B, Birk JJ (2012) State of the scientific knowledge on properties and genesis of anthropogenic dark earths in Central Amazonia (terra preta de Índio). Geochim Cosmochim Acta 82:39–51

Glaser B, Woods WI (2004) Amazonian dark earths: explorations in space and time. Springer, Berlin

Glaser B, Haumaier L, Guggenberger G, Zech W (1998) Black carbon in soils: the use of benzene carboxylic acids as specific markers. Org Geochem 29:811–819

Glob PV (1965) The Bog People: Iron-Age Man Preserved. New York Review of Books, New York

Gobet E, Tinner W, Hochuli PA, Van Leeuwen JFN, Ammann B (2003) Middle to Late Holocene vegetation history of the Upper Engadine (Swiss Alps): the role of man and fire. Veget Hist Archaeobot 12:143–163

Gobet E, Vescovi E, Tinner W (2010) Ein paläoökologischer Beitrag zum besseren Verständnis der natürlichen Vegetation der Schweiz. Bot Helv 120:105–115

Goiran JP, Salomon F, Mazzini I, Bravard JP, Pleuger E, Vittori C, Boetto G, Christiansen J, Arnaud P, Pellegrino A, Pepe C, Sadori L (2014) Geoarchaeology confirms location of the ancient harbour basin of Ostia (Italy). J Archaeolog Sci 41:389–398

Goldberg P (1979) Geology of late Bronze Age mudbrick from Tel Lachish, Tel Aviv. J Tel Aviv Inst Archaeol 6:60–71

Goldberg P (1983) Applications of micromorphology in archaeology. In: Bullock P, Murphy C (Hrsg) Soil Micromorphology. AB Academic Publishers, Berkhamsted, S 139–150

Goldberg P (2000) Micromorphology and site formation at Die Kelders cave I, South Africa. J Hum Evol 38:43–90

Goldberg P, Sherwood SC (2006) Deciphering human prehistory through the geoarcheological study of cave sediments. Evol Anthropol 15:20–36

Goldberg P, Sherwood SC (2006) Deciphering human prehistory through the geoarcheological study of cave sediments. Evol Anthropol Issues News Rev 15:20–36

Goldberg P, Schiegl S, Meligne K, Dayton C, Conard NJ (2003) Micromorphology and site formation at Hohle Fels Cave, Swabian Jura, Germany. Eiszeitalt Ggw 53:1–25

Goldberg, P, Laville, H, Meignen, L, Bar-Yosef, O (2007) Stratigraphy and geoarchaeological history of Kebara cave, Mount Carmel. In: Bar-Yosef O, Meignen L (Hrsg) Kebara Cave, Bd 2. Peabody Museum, Cambridge, S 49–89

Goldberg P, Miller CE, Schiegl S, Ligouis B, Berna F, Conard NJ, Wadley L (2009) Bedding, hearths, and site maintenance in the Middle Stone age of Sibudu cave, KwaZulu-Natal, South Africa. Archaeol Anthropol Sci 1:95–122

Goldberg P, Holliday VT, Mandel RD (2016) Stratigraphy. In: Goldberg P, Mandel RD, Sternberg R, Gilbert AS, Holliday VT (Hrsg) Encyclopedia of geoarchaeology. Springer, Dordrecht, S 913–916

González-Amuchastegui MJ, Serrano E (2015) Tufa buildups, landscape evolution and human impact during the Holocene in the Upper Ebro Basin. Quat Int 364:54–64

Goodman D, Piro S (2013) GPR remote sensing in archaeology. Springer, Berlin

Goring-Morris N (1987) At the edge: terminal Pleistocene hunter-gatherers in the Negev and Sinai. British Archaeological Reports, International Series Bd 361, BAR, Oxford

Goring-Morris AN, Goldberg P (1990) Late Quaternary dune incursions in the southern Levant: archaeology, chronology and palaeoenvironments. Quat Int 5:115–137

Gose E (1950) Gefäßtypen der römischen Keramik im Rheinland. Butzon & Bercker, Kevelaer

Göttlich K (1990) Moor- und Torfkunde, 3. Aufl. Schweizerbart, Stuttgart

Goudie A (2001) The nature of the environment, 4. Aufl. Wiley-Blackwell, Oxford

Goudie A (2013) The human impact on the natural environment: past, present and future., 7. Aufl. Wiley, Chichester

Grichuk VP (1992) Main types of vegetation (ecosystems) during the maximum cooling of the last glaciation. In: Frenzel B, Pecsi B, Velichko AA (Hrsg) Atlas of palaeoclimates and palaeoenvironments of the Northern Hemisphere

Late Pleistocene—Holocene INQUA/Hungarian Academy of Sciences, S 123–124

Griffin JB (1967) Eastern North American archaeology. A summary. Science 156:175–191

Griffiths HI, Holmes JA (2000) Non-marine ostracods and Quaternary palaeoenvironments. Quaternary Research Association, London

Grimm U (2018) Digitale Modellierung des innerstädtischen Paläoreliefs von Leipzig mittels öffentlich zugänglicher Daten der Landesämter. Dissertation. Universität Leipzig. Internet: ▶ https://nbn-resolving.de/urn:nbn:de:bsz:15-qucosa2-323965 Letzter Zugriff: 11.12.2018

Groenewoudt B (2007) Charcoal burning and landscape dynamics in the early medieval Netherlands. In: Klapste J, Sommer P (Hrsg) Arts and crafts in Medieval Rural Environment. Ruralia VI:327–337

Gronenborn D, Haak W (2018) Als Europa (zu) Europa wurde. Die großen Migrationen im Neolithikum. In: Wemhoff M, Rind MM, Museum für Vor- und Frühgeschichte, Martin-Gropius-Bau, Verband der Landesarchäologen in der Bundesrepublik Deutschland (Hrsg) Bewegte Zeiten: Archäologie in Deutschland. Michael Imhof Verlag, Petersberg, S 73–77

Grosser D (1977) Die Hölzer Mitteleuropas. Ein mikrophotographischer Lehratlas. Springer, Heidelberg

Gross S, Glaser B (2004) Minimization of carbon addition during derivatization of monosaccharides for compound-specific $\delta^{13}C$ analysis in environmental research. Rapid Commun Mass Spectrom 18(22):2753–2764

Groß D, Zander A, Boethius A, Dreibrodt S, Grøn O, Hansson A, Jessen C, Koivisto S, Larsson L, Lübke H, Nilsson B (2018) People, lakes and seashores: studies from the Baltic Sea basin and adjacent areas in the early and mid-Holocene. Quat Sci Rev 185:27–40

Groß D, Piezonka H, Corradini E, Schmölcke U, Zanon M, Dörfler W, Dreibrodt S, Feeser I, Krüger S, Lübke H, Panning D, Wilken D (2019a) Adaptations and transformations of huntergatherers in forest environments: new archaeological and anthropological insights. Holocene 29(10):1531–1544

Groß D, Lübke H, Meadows J, Jantzen D, Dreibrodt S (2019b) Re-evaluation of the site Hohen Viecheln 1. In: Groß D, Lübke H, Meadows J, Jantzen D (Hrsg) From bone and antler to Early Mesolithic life in Northern Europe. Wachholtz, Kiel, S 15–111

Groza SM, Hambach U, Veres D, Vulpoi A, Haendel M, Einwögerer T, Simon U, Neugebauer-Maresch C, Timar-Gabor A (2019) Optically stimulated luminescence ages for the Upper Palaeolithic site Krems-Wachtberg, Austria. Quat Geochronol 49:242–248

Grün R (2006) Direct dating of human fossils. Am J Anthropol Suppl 43:2–48

Grün R, Schwarcz HP (2000) Revised open system U-series/ESR age calculations for teeth from Stratum C at the Hoxnian Interglacial type locality, England. Quat Sci Rev 19:1151–1154

Grün R, Schwarcz HP, Chadam JM (1988) ESR dating of tooth enamel: coupled correction for U-uptake and U-series disequilibrium. Nucl Tracks Radiat Meas 14:237–241

Grün R, Maroto J, Eggins S, Stringer C, Robertson S, Taylor L, Mortimer G, McCulloch M (2006) ESR and U-series analyses of enamel and dentine fragments of the Banyoles mandible. J Hum Evol 50:347–358

Grün R, Aubert M, Hellstrom J, Duval M (2010) The challenge of direct dating old human fossils. Quat Int 223–224:87–93

Grupe G, Harbeck M, McGlynn GC (2015) Prähistorische Anthropologie. Springer Spektrum, Berlin

Guarro J, Gene J, Stchigel AM, Gigueras MJ (2012) Atlas of soil ascomycetes. CBS-KNAW Fungal Biodiversity Centre, Utrecht

Guérin G, Frouin M, Talamo S, Aldeias V, Bruxelles L, Chiotti L, Dibble HL, Goldberg P, Hublin JJ, Jain M, Lahaye C, Madelaine S, Maureille B, McPherron SJP, Mercier N, Murray AS, Sandgathe D, Steele TE, Thomson KJ, Turq A (2015) A multi-method luminescence dating of the Palaeolithic sequence of La Ferrassie based on new excavations adjacent to the La Ferrassie 1 and 2 skeletons. J Archaeol Sci 58:147–166

Guidry SA, Chafetz HS (2003) Anatomy of siliceous hot springs: examples from Yellowstone National Park, Wyoming, USA. Sediment Geol 157:71–106

Guiliano M, Asia L, Onoratini G, Mille G (2007) Applications of diamond crystal ATR FTIR spectroscopy to the characterization of ambers. Spectrochim Acta Part A Mol Biomol Spectrosc 67(5):1407–1411

Gur-Arieh S, Mintz E, Boaretto E, Shahack-Gross R (2013) An ethnoarchaeological study of cooking installations in rural Uzbekistan: development of a new method for identification of fuel sources. J Archaeol Sci 40:4331–4347

Gur-Arieh S, Shahack-Gross R, Maeir AM, Lehmann G, Hitchcock LA, Boaretto E (2014) The taphonomy and preservation of wood and dung ashes found in archaeological cooking installations: case studies from Iron Age Israel. J Archaeol Sci 46:50–67

Gur-Arieh S, Madella M, Lavi N, Friesem DE (2018) Potentials and limitations for the identification of outdoor dung plasters in humid tropical environment: a geo-ethnoarchaeological case study from South India. Archaeol Anthropol Sci 11:2683–2698

Guyette RP, Cutter BE, Henderson GS (1991) Long-term correlations between mining activity and levels of lead and cadmium in tree-rings of eastern redcedar. J Environ Qual 20:146–150

Haarnagel W (1979) Die Grabung Feddersen Wierde. Methode, Hausbau, Siedlungs- und Wirtschaftsformen sowie Sozialstruktur. Franz Steiner, Wiesbaden

Haase D, Fink J, Haase G, Ruske R, Pécsi M, Richter H, Altermann M, Jäger K-D (2007) Loess in Europe – its spatial distribution based on a European Loess Map, scale 1: 2,500,000. Quat Sci Rev 26:1301–1312

Hadler H, Vött A (2016) Das Rungholt-Watt im Fokus aktueller geoarchäologischer Forschungen. In: Newig J, Haupenthal U (Hrsg) Rungholt. Rätselhaft und widersprüchlich. Husum Druck- und Verlagsgesellschaft, Husum, S 118–120

Hadler H, Willershäuser T, Ntageretzis K, Henning P, Vött A (2012) Catalogue entries and non-entries of earthquake and tsunami events in the Ionian Sea and the Gulf of Corinth (eastern Mediterranean, Greece) and their interpretation with regard to palaeotsunami research. In: Vött A, Venzke JF (Hrsg) Beiträge der 29. Jahrestagung des Arbeitskreises „Geographie der Meere und Küsten", 28.–30. April 2011 in Bremen. Bremer Beiträge zur Geographie und Raumplanung 44:1–15

Hadler H, Vött A, Koster B, Mathes-Schmidt M, Mattern T, Ntageretzis K, Reicherter K, Willershäuser T (2013) Multiple late-Holocene tsunami landfall in the eastern Gulf of Corinth recorded in the palaeotsunami geo-archive at Lechaion, harbour of ancient Corinth (Peloponnese, Greece). Z Geomorph NF 57(Suppl 4):139–180

Hadler H, Vött A, Fischer P, Ludwig S, Heinzelmann M, Rohn C (2015a) Temple-complex post-dates tsunami deposits found in the ancient harbour basin of Ostia (Rome, Italy). J Archaeol Sci 61:78–89

Hadler H, Baika K, Pakkanen J, Evangelistis D, Emde K, Fischer P, Ntageretzis K, Röbke B, Willershäuser T, Vött A (2015b) Palaeotsunami impact on the ancient harbour site Kyllini (western Peloponnese, Greece) based on a geomorphological multi-proxy approach. Z Geomorph NF 59(Suppl 4):7–41

Hadler H, Vött A, Newig J, Emde K, Finkler C, Fischer P, Willershäuser T (2018a) Geoarchaeological evidence of marshland destruction in the area of Rungholt, present-day Wadden Sea around Hallig Südfall (North Frisia, Germany), by the Grote Mandrenke in 1362 AD. Quat Int 473:37–54

Hadler H, Wilken D, Wunderlich T, Fediuk A, Fischer P, Schwardt M, Willershäuser T, Rabbel W, Vött A (2018b) Drowned by the Grote Mandrenke in 1362. New geo-archaeological research on the late medieval trading centre of Rungholt (North Frisia). In: Egberts L, Schroor M (Hrsg) Waddenland outstanding – history, landscape and cultural heritage of the Wadden sea region. Amsterdam University Press, Amsterdam, S 239–252

Hadler H, Fischer P, Obrocki L, Heinzelmann M, Vött A (2020) River channel evolution and tsunami impacts recorded in local sedimentary archives–the 'Fiume Morto' at Ostia Antica (Tiber River, Italy). Sedimentology 67:1309–1343

Hafner A (2012) Archaeological discoveries on Schnidejoch and at other ice sites in the European Alps. Arctic 65 (Suppl 1):189–202

Hafner A, Schwörer C (2018) Vertical mobility around the high-alpine Schnidejoch Pass. Indications of Neolithic and Bronze Age pastoralism in the Swiss Alps from paleoecological and archaeological sources. Quat Int 484:3–18

Håkanson L, Jansson M (1986) Principles of lake sedimentology. Springer, Berlin

Hambach U, Zeeden C, Hark M, Zöller L (2008) Magnetic dating of an Upper Palaeolithic cultural layer bearing loess from the Krems-Wachtberg site (Lower Austria). In: Reitner J, et al (Hrsg) Veränderter Lebensraum – gestern, Heute und Morgen. DEUQUA Symposium 2008, Wien Abhandlungen der Geologischen Bundesanstalt 62:153–157

Hämmerle M, Höfle B (2018) Introduction to LiDAR in Geoarchaeology from a technological perspective. In: Siart C, Forbriger M, Bubenzer O (Hrsg) Digital geoarchaeology – new techniques for interdisciplinary human-environmental research. Springer, Heidelberg, S 167–182

Hammer, S, Levin, I (2017) Monthly mean atmospheric D14CO2 at Jungfraujoch and Schauinsland from 1986 to 2016. heiDATA, V2

Händel M, Einwögerer T, Simon U, Neugebauer-Maresch C (2014) Krems-Wachtberg excavations 2005–12: main profiles, sampling, stratigraphy, and site formation. Quat Int 351:38–49

Handl M, Mostafawi N, Brückner H (1999) Ostracodenforschung als Werkzeug der Paläogeographie. Marburg Geogr Schr 134:116–153

Hanson WS, Oltean IA (2013) Archaeology from historical aerial and satellite archives. Springer, New York

Harding DW (2012) Iron Age hillforts in Britain and beyond, 1. Aufl. Oxford University Press, Oxford. ▶ https://site.ebrary.com/lib/alltitles/docDetail.action?docID=10665905 Letzter Zugriff: 31.1.2020

Hardy B, Dufey JE (2012a) Estimation des besoins en charbon de bois et en superficie forestière pour la sidérurgie wallonne préindustrielle (1750–1830). Première partie: Les besoins en charbon de bois. Rev For Fr LXIV:477–487

Hardy B, Dufey JE (2012b) Estimation des besoins en charbon de bois et en superficie forestière pour la sidérurgie wallonne préindustrielle (1750–1830). Deuxième partie: Les besoins en superficie forestière. Rev For Fr LXIV:799–806

Harmand S, Lewis JE, Feibel CS, Lepre CJ, Prat S, Lenoble A, Boës X, Quinn RL, Brenet M, Arroyo A, Taylor N, Clément S, Daver G, Brugal JP, Leakey L, Mortlock RA, Wright JD, Lokorodi S, Kirwa C, Kent DV, Roche H (2015) 3.3-million-year-old stone tools from Lomekwi 3, West Turkana, Kenya. Nature 521:310–315

Harris EC (1989) Principles of archaeological stratigraphy, 2. Aufl. Academic Press, London

Harris EC (2016) Harris Matrices and the stratigraphic record. In: Gilbert AS, Goldberg P, Holliday VT, Mandel RD, Sternberg RS (Hrsg) Encyclopedia of geoarchaeology. Springer, New York, S 403–410

Harrison SP, Digerfeldt G (1993) European lakes as palaeohydrological and palaeoclimatic indicators. Quat Sci Rev 12:233–248

Harris-Parks E (2016) The micromorphology of Younger Dryas-aged black mats from Nevada, Arizona, Texas and New Mexico. Quat Res 85:94–106

Hartz S, Lübke H, Schlichtherle H (2002) Wohnen am Wasser. Steinzeitliche Feuchtbodensiedlungen. In: Menghin W, Planck D, (Hrsg) Menschen, Zeiten, Räume – Archäologie in Deutschland. WBG, Darmstadt, S 150–155

Harvey EL, Fuller DQ (2005) Investigating crop processing using phytolith analysis: the example of rice and millets. J Archaeol Sci 32:739–752

Hassan FA (1979) The geologist and archaeology. Am Antiquity 44:267–270

Hauck T, Lehmkuhl F, Zeeden C, Bösken J, Thiemann A, Richter J (2018) The Aurignacian way of life: contextualizing early modern human adaptation in the Carpathian Basin. Quat Int 485:150–166

Haupt P (2012a) Sagen aus Rheinhessen. Archäologie und Geschichte. Worms-Verlag, Worms

Haupt P (2012b) Landschaftsarchäologie. Eine Einführung. WBG, Darmstadt

Hausmann J, Zielhofer C, Berg-Hobohm S, Dietrich P, Heymann R, Werban U, Werther L (2018) Direct push sensing in wetland (geo)archaeology: high-resolution reconstruction of buried canal structures (Fossa Carolina, Germany). Quat Int 473:21–36

Havinga AJ (1971) An experimental investigation into the decay of pollen and spores in various soil types. Sporopollenin 3:446–478

Haynes CV (2008a) Quaternary cauldron springs as paleoecological archives. Aridland springs in North America: ecology and conservation. University of Arizona Press, Tucson

Haynes CV (2008b) Younger Dryas "black mats" and the Rancholabrean termination in North America. Proc Natl Acad Sci 105:6520–6525

Haynes CV, Agogino GA (1966) Prehistoric springs and geochronology of the Clovis site, New Mexico. Am Antiquity 31:812–821

Haynes CV, Huckell BB (Hrsg) (2007) Murray Springs: a Clovis site with multiple activity areas in the San Pedro Valley, Arizona. University of Arizona Press, Tucson

He NF, Senwo AM, Tazisong ZN, Honeycutt IA, Griffin CW, Timothy S (2006) Hydrochloric Fractions in Hedley Fractionation May Contain Inorganic and Organic Phosphates. Soil Science Society of America Journal 70:893–899

Hebsgaard MB, Gilbert MTP, Arneborg J, Heyn P, Allentoft ME, Bunce M, Munch K, Schweger C, Willerslev E (2009) 'The Farm Beneath the Sand' – an archaeological case study on ancient 'dirt' DNA. Antiquity 83:430–444

Hecht S (2016) Geophysikalische Prospektion des Brunnens 2 mit Hilfe der Geoelektrischen Tomographie (2D/3D). In: Becker A, Rasbach A (Hrsg) Die Ausgrabungen in der spätaugusteischen Siedlung von Lahnau-Waldgirmes (1993–2009). 1. Befunde und Funde. Römisch-Germanische Forschungen, Bd 71. Geb. Zabern, Darmstadt, S 21–26

Hedges RE (2002) Bone diagenesis: an overview of processes. Archaeometry 44:319–328

Hedley MJ, Stewart JWB, Chauhan BS (1982) Changes in inorganic and organic soil phosphorus fractions induced by cultivation practices and by laboratory incubations. Soil Sci Soc Am J 46:970–976

Hehmeyer I (2014) Water engineering and management practices in South Arabia: aspects of continuity and change from ancient to Medieval and modern times. In: Gingrich A, Haas S (Hrsg) Southwest Arabia across history: essays to the memory of Walter Dostal. Verlag der Österreichischen Akademie der Wissenschaften, Wien, S 43–54

Heine K (2004) Flood reconstructions in the Namib Desert, Namibia and little ice age climatic implications: evidence from slackwater deposits and desert soil sequences. J Geol Soc India 64:535–547

Heine K, Niller HP (2003) Human and climate impacts on the Holocene landscape development in southern Germany. Geogr Pol 76:109–122

Heinrich S, Schneider B, Stäuble H, Tinapp C (2019) Linienbandkeramik (LBK) im Dünnschliff – mikromorphologische Untersuchungen zur Verfüllungsgeschichte von Gruben. In: Becker V, O'Neill A, Beier HJ, Einicke R (Hrsg) Archäologische Defizite – Lösungsansätze aus Bodenkunde und Archäologie. Beiträge der gemeinsamen Sitzung der Arbeitsgemeinschaften „Neolithikum" und „Boden und Archäologie" 2016 in Münster. Varia neolithica IX. Beiträge zur Ur- und Frühgeschichte Mitteleuropas 90, S 21–34

Heinsalu A, Veski S (2009) Palaeoecological evidence of agricultural activity and human impact on the environment at the ancient settlement centre of Keava, Estonia. Estonian J Earth Sci 59:80–89

Heiri O, Lotter AF (2003) 9000 years of chironomid assemblage dynamics in an Alpine lake: long-term trends, sensitivity to disturbance, and resilience of the fauna. J Paleolimnol 30:273–289

Heller F, Liu T (1982) Magnetostratigraphical dating of loess deposits in China. Nature 300:431–433

Hemming D, Yakir D, Ambus P et al (2005) Pan-European δ13C values of air and organic matter from forest ecosystems. Glob Chang Biol 11:1065–1093

Henkner J, Ahlrichs JJ, Downey S, Fuchs M, James B, Knopf T, Scholten T, Teuber S, Kühn P (2017) Archaeopedological analyses of colluvium deposits: a proxy for regional land use history in southwest Germany. CATENA 155:93–113

Henry AG, Piperno DR (2007) Using plant microfossils from dental calculus to recover human diet: a case study from Tell al-Raqā'i. Syria. J Archaeol Sci 35(7):1943–1950

Hepp J, Rabus M, Anhäuser T, Bromm T, Laforsch C, Sirocko F, Glaser B, Zech M (2016) A sugar biomarker proxy for assessing terrestrial versus aquatic sedimentary input. Org Geochem 98:98–104

Herda A, Brückner H, Knipping M, Müllenhoff M (2019) From the Gulf of Latmos to Lake Bafa. Historical, geoarchaeological and palynological insights into the anthropogeography of the Lower Maeander Valley at the foot of the Latmos Mountains. Hesperia: The Journal of the American School of Classical Studies at Athens 88(1):1–86)

Heron C (2005) Geochemical Prospecting. In: Brothwell DR, Pollard AM (Hrsg) Handbook of archaeological sciences. Chichester, S 565–573

Herrmann EW, Monaghan GW, Romain WF, Schilling TM, Burks J, Leone KL, Purtill MP, Tonetti AC (2014) A new multistage construction chronology for the Great Serpent Mound, USA. J Archaeol Sci 50:117–125

Hesp P (2002) Foredunes and blowouts: initiation, geomorphology and dynamics. Geomorphology 48:245–268

Heusch K, Botschek J, Skowronek A (1996) Zur jungholozänen Oberflächen- und Bodenentwicklung der Siegaue im Hennefer Mäanderbogen. Eiszeitalt Ggw 46:18–31

Heymann C, Nelle O, Dörfler W, Zagana H, Nowaczyk N, Xue J, Unkel I (2013) Late Glacial to mid-Holocene palaeoclimate development of Southern Greece inferred from the sediment sequence of Lake Stymphalia (NE-Peloponnese). Quat Int 302:42–60

Heynowski R, Reiß R (2010) Atlas zur Geschichte und Landeskunde von Sachsen, Beiheft zur Karte Bl 1.1–1.5. Ur- und Frühgeschichte Sachsens. Sächsische Akademie d. Wissenschaft zu Leipzig

He Z, Senwo ZN, Tazisong I, Honeycutt C, Griffin TS, Timothy S (2006) Hydrochloric fractions in Hedley fractionation may contain inorganic and organic phosphates. Soil Sci Soc Am J 70:893–899

Higelke B, Hoffmann D, Müller-Wille M (1982) Das Norderhever-Projekt. Beiträge zur Landschafts- und Siedlungsgeschichte der nordfriesischen Marschen und Watten im Einzugsbereich. Offa – Berichte und Mitteilungen zur Urgeschichte, Frühgeschichte und Mittelalterarchäologie 39:245–270

Hilgers A (2007) The chronology of Late Glacial and Holocene dune development in the northern Central European lowland reconstructed by optically stimulated luminescence (OSL) dating. Dissertation, Universität zu Köln

Hiller A, Litt T, Eissmann L (1991) Zur Entwicklung der jungquartären Tieflandstäler im Elbe-Saale-Gebiet unter besonderer Berücksichtigung von 14C-Daten. Eiszeitalt Ggw 41:26–46

Hinzen KG, Maran J, Hinojosa-Prieto H, Damm-Meinhardt U, Reamer SK, Tzislakis J, Kemna K, Schweppe G, Fleischer C, Demakopoulou K (2018) Reassessing the Mycenaean earthquake hypothesis. Results of the HERACLES project from Tiryns and Midea. Greece. Bull Seismol Soc Am 108:1046–1070

Hippensteel SP (2006) Using foraminifera to teach paleoenvironmental interpretation and geoarchaeology: a case study from Folly Island. South Carolina. J Geosci Education 54(4):526–531

Hjulström F (1935) Studies of the morphological activity of rivers as illustrated by the river Fyris. Bull Geol Inst Upsalsa 25:221–527

Hjulström B, Isaksson S (2009) Identification of activity area signatures in a reconstructed Iron Age house by combining element and lipid analyses of sediments. J Archaeol Sci 36:174–183

Hochhuli PA, Feist-Burkhardt S (2013) Angiosperm-like pollen and Afropollis from the Middle Triassic (Anisian) of the Germanic Basin (northern Switzerland). Front Plant Sci 4:344

Hoernes M (1903) Der diluviale Mensch in Europa: die Kulturstufen der älteren Steinzeit. F. Vieweg und Sohn, Braunschweig

Hoffmann D (2004) Holocene landscape development in the marshes of the west coast of Schleswig-Holstein, Germany. Quat Int 112:29–36

Hoffmann T, Lang A, Dikau R (2008) Holocene river activity: analysing 14C-dated fluvial and colluvial sediments from Germany. Quat Sci Rev 27:2031–2040

Hoffmann DL, Standish CD, García-Diez M, Pettitt PB, Milton JA, Zilhão J, Alcolea-González JJ, Cantalejo-Duarte P, Collado H, De Balbín R, Lorblanchet M, Ramos-Muñoz J, Weniger GC, Pike AWG (2018) U-Th dating of carbonate crusts reveals Neandertal origin of Iberian cave art. Science 359:912–915

Högberg P (1997) Tansley Review No. 95 ^{15}N natural abundance in soil-plant systems. New Phytol 137:179–203

Hogg A, Palmer J, Boswijk G, Reimer P, Brown D (2009) Investigating the interhemispheric ^{14}C offset in the 1st millennium AD and assessment of the laboratory bias and calibration errors. Radiocarbon 51(4):1177–1186

Hogg AG, Heaton TJ, Hua Q, Palmer JG, Turney CSM, Southon J, Bayliss A, Blackwell PG, Boswijk G, Bronk Ramsey C, Pearson C, Petchey F, Reimer P, Reimer R, Wacker L (2020) SHCal20 southern hemisphere calibration, 0–55,000 years cal BP. Radiocarbon 62:759–778

Hohensinner S, Sonnlechner C, Schmid M, Winiwarter V (2013) Two steps back, one step forward: reconstructing the dynamic Danube riverscape under human influence in Vienna. Water History 5:121–143

Holliday VT (1985) Archaeological geology of the Lubbock Lake site, Southern high plains of Texas. Geol Soc Am Bull 96:1483–1492

Holliday VT (1992) Soils in archaeology. London

Holliday VT (1997) Paleoindian Geoarchaeology of the Southern High Plains. University of Texas Press, Austin

Holliday VT (2004) Soils in archaeological research. Oxford University Press, Oxford

Holliday VT, Gartner WG (2007) Methods of soil P analysis in archaeology. J Archaeol Sci 34(2):301–333

Holliday VT, Stein J (2016) Archeological stratigraphy. In: Goldberg P, Mandel RD, Sternberg R, Gilbert AS, Holliday VT (Hrsg) Encyclopedia of geoarchaeology. Springer, New York, S 33–39

Holliday VT, Hoffecker JF, Goldberg P, Macphail RI, Forman SL, Anikovich M, Sinitsyn A (2007) Geoarchaeology of the Kostenki-Borshchevo Sites, Don River Valley, Russia. Geoarchaeology 22:181–228

Homburg JA, Sandor JA (2011) Anthropogenic effects on soil quality of ancient agricultural systems of the American Southwest. CATENA 85:144–154

Horn HG (2002) Denkmalschutz und Landesarchäologien. Gesetzliche Grundlagen und Organisation. In: Menghin W, Planck D (Hrsg) Menschen, Zeiten, Räume. Archäologie in Deutschland. Stuttgart, Theiss-Verlag, S 29–31

Horne DJ, Holmes JA, Rodriguez-Lazaro J, Viehberg FA (2012) Ostracoda as proxies for Quaternary climate change: overview and future prospects. Dev Quat Sci 17:305–315

Horst T (2008) Die Altkarte als Quelle für den Historiker. Die Geschichte der Kartographie als Historische Hilfswissenschaft. Archiv für Diplomatik 54:309–377

Horst T (2009) Die älteren Manuskriptkarten Altbayerns: Eine kartographiehistorische Studie zum Augenscheinplan unter besonderer Berücksichtigung der Kultur- und Klimageschichte. Beck, München

Houben P (2008) Scale linkage and contingency effects of field-scale and hillslope-scale controls of long-term soil erosion: anthropogeomorphic sediment flux in agricultural loess watersheds of Southern Germany. Geomorphology 101:172–191

Houben P (2012) Sediment budget for five millennia of tillage in the Rockenberg catchment (Wetterau loess basin, Germany). Quat Sci Rev 52:12–23

Huckriede R (1972) Altholozäner Beginn der Auelehm-Sedimentation im Lahn-Tal. Notizblatt des Hessischen Landesamtes für Bodenforschung 100:153–163

Huggett RJ (2016) Fundamentals of geomorphology, 4. Aufl. Routledge, London

Huisman DJ (Hrsg) (2009) Degradation of archaeological remains. SDU, Den Haag

Huisman DJ, Brounen F, Lohof E, Machiels R, de Moor J, van Os BJH, van de Velde P, Rensink E, van Wijk IM (2013) Micromorphological study of Early Neolithic (LBK) soil features in the Netherlands. J Archaeol Low Countries 5:107–133

Hunt AM, Speakman RJ (2015) Portable XRF analysis of archaeological sediments and ceramics. J Archaeol Sci 53:626–638

Hutton J (1788) Theory of the Earth; or an investigation of the laws observable in the composition, dissolution, and restoration of Land upon the Globe. T Roy Soc Edin 1:209–304

Ibouhouten H, Zielhofer C, Mahjoubi R, Kamel S, Linstädter J, Mikdad A, Bussmann J, Werner P, Härtling JW, Fenech K (2010) Archives alluviales holocènes et occupation humaine en Basse Moulouya (Maroc nord-oriental). Géomorphologie 16:41–56

ICPT Working Group (Madella M, Alexandre A, Ball T) (2005) International Code for Phytolithe Nomenclature 1.0. Ann Bot 96:253–260

ICPT Working Group (Neumann K, Strömberg CAE, Ball T, Albert RM; Vrydaghs L, Scott Cummings L) (2019) International Code for Phytolith Nomenclature (ICPN) 2.0. Ann Bot 124(2):189–199

Imago Mundi Maps on the Web: ▶ https://www.maphistory.info/webimages.html Letzter Zugriff: 30.10.2018

Ioannides M, Magnenat-Thalmann N, Fink E, Žarnić R, Yen A, Quark E (Hrsg) (2014) Digital Heritage. Progress in Cultural Heritage: Documentation, Preservation, and Protection. Proceedings of the 5th International Conference, EuroMed 2014, Limassol, Cyprus, November 3–8, 2014. Springer, Cham

Ionita I (2011) The human impact on soil erosion and gulling in the Moldavian Plateau, Romania. Landform Analysis 17:71–73

Ismail-Meyer K, Rentzel P, Wiemann P (2013) Neolithic Lakeshore Settlements in Switzerland: New Insights on Site Formation Processes from Micromorphology. Geoarchaeology 28:317–339

ISO 11277 (2002) Soil quality – determination of particle size distribution in mineral soil material – method by sieving and sedimentation. International Organization for Standardization, Geneva

IUSS Working Group WRB (2015) World reference base for soil resources 2014, Update 2015. World Soil Resources Report 106. FAO, Rome

Ivy-Ochs S, Kerschner H, Maisch M, Christl M, Kubik PW, Schlüchter C (2009) Latest Pleistocene and Holocene glacier variations in the European Alps. Quat Sci Rev 28:2137–2149

Jacobson GL, Bradshaw RHW (1981) The selection of sites for paleovegetational studies. Quat Res 16:80–96

Jacomet S (1999) Ackerbau und Sammelwirtschaft während der Bronze- und Eisenzeit in den östlichen Schweizer Alpen – vorläufige Ergebnisse. In: Della Casa P (Hrsg) Prehistoric alpine environment, society and economy. Papers of the international colloquium PAESE '97 in Zurich. Universitätsforschungen zur prähistorischen Archäologie 55:231–244

Jacomet S, Kreuz A (1999) Archäobotanik: Aufgaben, Methoden und Ergebnisse vegetations- und agrargeschichtlicher Forschung. UTB, Stuttgart

Jacomet S, Brombacher C, Schraner E (1999) Ackerbau und Sammelwirtschaft während der Bronze- und Eisenzeit in den östlichen Schweizer Alpen – vorläufige Ergebnisse. In: Della Casa P (Hrsg) Prehistoric alpine environment, society and economy Papers of the international colloquium PAESE '97 in Zurich Universitätsforschungen zur prähistorischen Archäologie 55:231–244

Jacquat C, Della Casa P (2018) Airolo-Madrano (TI): palaeoenvironment and subsistence strategies of a hilltop settlement in the southern Swiss Alps during the Bronze and Iron Ages. Quat Int 484:32–43

Jäger EJ (2017) Rothmaler – Exkursionsflora von Deutschland. Gefäßpflanzen: Grundband, 21. Aufl. Springer, Berlin

Jäger EJ, Ebel F, Hanelt P, Müller GK (2016) Rothmaler – Exkursionsflora von Deutschland: Krautige Zier- und Nutzpflanzen. Springer, Berlin

Jagher R, Joos M (1985) Geoarchäologische Untersuchungen an Profil 17 in Kaiseraugst/Schmidmatt. Jahresber Augst Kaiseraugst 5:227–232

Jain M, Murray AS, Boetter-Jensen L (2004) Optical stimulated luminescence dating: how significant is incomplete light exposure in fluvial environments? Quaternaire 15:143–157

James LA (2013) Legacy sediment: definitions and processes of episodically produced anthropogenic sediment. Anthropocene 2:16–26

James SR, Dennell RW, Gilbert AS, Lewis HT, Gowlett JJ, Lynch TF, McGrew WC, Peters CR, Pope GG, Stahl AB, James SR (1989) Hominid use of fire in the lower and middle Pleistocene: a review of the evidence [and Comments and Replies]. Curr Anthropol 30:1–26

James L, Hidgson M, Ghoshal S, Latiolais M (2012) Geomorphic change detection uing historic maps and DEM differencing: the temporal dimension of geospatial analysis. Geomorphology 137:181–198

Jankovská V, Komárek J (2000) Indicative value of Pediastrum and other coccal green algae in palaeoecology. Folia Geobotanica 35:59–82

Jannidis F, Kohle H, Rehbein M (2017) Digital Humanities. Eine Einführung. J.B. Metzler, Stuttgart

Jansen D, Lungershausen U, Robin V, Dannath Y, Nelle O (2013) Wood charcoal from an inland dune complex at Joldelund (Northern Germany). Information on Holocene vegetation and landscape changes. Quat Int 289:24–35

Joannes-Boyau R (2013) Detailed protocol for an accurate non-destructive direct dating of tooth enamel fragment using electron spin resonance. Geochronometria 40:322–333

Johnson DL, Hansen KL (1974) The effects of frost-heaving on objects in soils. Plains Anthropol 19:81–98

Johnson DL, Hester NC (1972) Origin of stone pavements on Pleistocene marine terraces in California. Assoc Am Geo 4:50–53

Johnson DL, Watson-Stegner DN (1990) The soil-evolution model as a framework for evaluating pedoturbation in archaeological site formation. In: Lasca NP, Donahue J (Hrsg) Archaeological geology of North America, Centennial Volume no. 4. Geological Society of America, Boulder, S 541–560

Johnson K, Ouimet WB (2014) Rediscovering the lost archaeological landscape of southern New England using airborne light detection and ranging (LiDAR). J Archaeol Sci 43:9–20

Jol HM (2008) Ground penetrating radar theory and applications. Elsevier, Amsterdam

Jones B (2017) Review of aragonite and calcite crystal morphogenesis in thermal spring systems. Sediment Geol 354:9–23

Jones E (2006) Using viewshed analysis to explore settlement choice: a case study of the Onondaga Iroquois. Am Antiquity 71(3):523–538

Jöns H (2018) Wie alles anfing – die Geschichte des Niedersächsischen Instituts für historische Küstenforschung. In: Niedersächsisches Institut für historische Küstenforschung (Hrsg) – Geschichte, aktuelle Forschungen, Perspektiven. NIhK, Wilhelmshaven, S 5–11

Junge A, Lomax J, Shahack-Gross R, Dunseth ZC, Finkelstein I, Fuchs M (2016) OSL age determination of archaeological stone structures using trapped aeolian sediments: a case study from the Negev Highlands, Israel. Geoarchaeology 31:550–563

Junge A, Lomax J, Shahack-Gross R, Finkelstein I, Fuchs M (2018) Chronology of an ancient water reservoir and the history of human activity in the Negev Highlands, Israel. Geoarchaeology 33:695–707

Kageard JGA (2016) Dendrochronology. In: Gilbert AS, Goldberg P, Holliday VT, Mandel RD, Sternberg RS (Hrsg) Encyclopedia of Geoarchaeology. Springer, New York, S 180–197

Kahmen H (2005) Angewandte Geodäsie: Vermessungskunde, 20. Aufl. De Gruyter

Kaiser K (1998) Die hydrologische Entwicklung der Müritz im jüngeren Quartär. Befunde und ihre Interpretation. Z Geomorph NF 112:143–176

Kaiser K, Hilgers A, Schlaak N, Jankowski M, Kuehn P, Bussemer S, Przegiętka K (2009) Palaeopedological marker horizons in northern central Europe: characteristics of Lateglacial Usselo and Finow soils. Boreas 38:591–609

Kaiser K, Lorenz S, Germer S, Juschus O, Küster M, Libra J, Bens O, Hüttl RF (2012) Late Quaternary evolution of rivers, lakes and peatlands in northeast Germany reflecting past climatic and human impact – an overview. Eiszeitalt Ggw 61(2):103–132

Kalis AJ, Meurers-Balke J (2009) Eine gelungene Symbiose – Blütenstaub und Archäologie. Archäologie in Deutschland 2:18–22

Kamermans H, van Leusen M, Verhagen P (2009) Archaeological prediction and risk management: alternatives to current practice. Leiden University Press, Leiden

Kappas M (2012) Geographische Informationssysteme. Westermann, Braunschweig

Karkanas P (2006) Late Neolithic household activities in marginal areas: the micromorphological evidence from the Kouveleiki caves, Peloponnese, Greece. J Archaeol Sci 33:1628–1641

Karkanas P, Goldberg P (2017) Cave settings. In: Gilbert AS, Goldberg P, Holliday VT, Mandel RD, Sternberg RS (Hrsg) Encyclopedia of Geoarchaeology. Springer, Dordrecht, S 108–118

Karkanas P, Goldberg P (2018) Reconstructing archaeological sites: understanding the geoarchaeological matrix. Wiley-Blackwell, Oxford

Karkanas P, Goldberg P (2018) Phosphatic features. In: Stoops G, Marcelino V, Mees F (Hrsg) Interpretation of micromorphological features of soils and regoliths, Elsevier, Amsterdam, S 323–346

Karkanas P, Goldberg P (2018) Reconstructing archaeological sites: understanding the geoarchaeological matrix. Wiley, Newark

Karkanas P, Bar-Yosef O, Goldberg P, Weiner S (2000) Diagenesis in prehistoric caves: the use of minerals that form in situ to assess the completeness of the archaeological record. J Archaeol Sci 27(10):915–929

Karkanas P, Rigaud JP, Simek JF, Albert RM, Weiner S (2002) Ash bones and guano: a study of the minerals and phytoliths in the sediments of Grotte XVI, Dordogne, France. J Archaeol Sci 29:721–732

Keeley HCM, Hudson GE, Evans J (1977) Trace element contents of human bones in various states of preservation. J Archaeol Sci 4:19–24

Kelletat D (2013) Physische Geographie der Meere und Küsten: eine Einführung. Borntraeger, Stuttgart

Kels H (2007) Bau und Bilanzierung der Lössdecke am westlichen Niederrhein. Dissertation, Universität Düsseldorf

Kels H, Schirmer W (2010) Relation of loess units and prehistoric find density in the Garzweiler open-cast mine, Lower Rhine. E&G Quat Sci J 59:59–65

Kelterbaum D, Brückner H, Porotov A, Schlotzhauer U, Zhuravlev D (2011) Geoarchaeology of Taman Peninsula (Kerch Strait, South-West Russia) – the example of the ancient Greek settlement of Golubitskaya. Die Erde 143(3):235–258

Kemp R, Branch N, Silva B, Meddens F, Williams A, Kendall A, Vivanco C (2006) Pedosedimentary, cultural and environmental significance of paleosols within pre-hispanic agricultural terraces in the southern Peruvian Andes. Quat Int 158:13–22

Kerscher H (2011) Vermessungsgeräte und ihre Anwendung. In: Verband der Landesarchäologen in der BRD (Hrsg) Handbuch der Grabungstechnik. ▶ https://www.landesarchaeologen.de/verband/kommissionen/grabungstechnik/grabungstechnikerhandbuch/ Letzter Zugriff: 31.1.2020

Kersten TP, Hinrichsen N, Lindstaedt M, Weber C, Schreyer K, Tschirschwitz F (2014) Architectural historical 4D documentation of the Old-Segeberg town house by photogrammetry, terrestrial laser scanning and historical analysis. In: Ioannides M, Magnenat-Thalmann N, Fink E, Žarnić R, Yen A, Quak E (Hrsg) Digital Heritage. Progress in Cultural Heritage: Documentation, Preservation, and Protection. Proceedings of the 5th International Conference, EuroMed 2014, Limassol, Cyprus, November 3–8, 2014. Springer, Cham, S 35–47

Khan NS, Ashe E, Shaw TA, Vacchi M, Walker J, Peltier WR, Kopp R, Horton BP (2015) Holocene relative sea-level changes from near-, intermediate-, and far-field locations. Curr Clim Change Rep 1:247–262

Khan NS, Horton BP, Engelhart S, Rovere A, Vacchi M, Ashe E, Törnqvist T, Dutton A, Hijma MP, Shennan I, HOLSEA working group (2019) Inception of a global atlas of sea levels since the last glacial maximum. Quat Sci Rev 220:359–371

Kind J (2006) Die letzten Jäger und Sammler. Die Mittelsteinzeit. Menschen, Zeiten, Räume Archäologie in Deutschland. Theiss, Stuttgart, S 124–127

Kind CJ (Hrsg) (2019) Löwenmensch und mehr: die Ausgrabungen 2008–2013 in den altsteinzeitlichen Schichten der Stadel-Höhle im Hohlenstein (Lonetal). Forschung und Berichte zur Archäologie in Baden-Württemberg Bd 15. Reichert, Wiesbaden

Kindermann K, Bubenzer O, Nussbaum S, Riemer H, Darius F, Pöllath N, Smettan U (2006) Palaeoenvironment and Holocene land use of Djara, western desert of Egypt. Quat Sci Rev 25:1619–1637

Kingery WD, Vandiver PB, Prickett M (1988) The beginnings of pyrotechnology, Part II: production and use of lime and gypsum plaster in the Pre-Pottery Neolithic Near East. J Field Archaeol 15:219–243

Kinne A, Schneider B, Stäuble H, Tinapp C (2012) Ein zweiter Schnitt durch Kyhna. Untersuchungen an der vierfachen Kreisgrabenanlage. Ausgrabungen in Sachsen 3, Arbeits- und Forschungsberichte zur sächsischen Bodendenkmalpflege Beiheft, 24:18–24

Kinzel H (1982) Pflanzenökologie und Mineralstoffwechsel (Phytologie). Ulmer, Stuttgart

Kirchengast C (2008) Über Almen – zwischen Agrikultur & Trashkultur. University Press, Innsbruck

Kirchner A, Zielhofer C, Werther L, Schneider M, Linzen S, Wilken D, Wunderlich T, Rabbel W, Meyer C, Schmidt J, Schneider B, Berg-Hobohm S, Ettel P (2018) A multidisciplinary approach in wetland geoarchaeology: survey of the missing southern canal connection of the *Fossa Carolina* (SW Germany). Quat Int 473:3–20

Klamm M (1992) Aufbau und Entstehung eisenzeitlicher Ackerfluren ("celtic fields"). Neue Untersuchungen im Gehege Ausselbek, Kr. Schleswig-Flensburg. Archäologische Untersuchungen 16(1):122–124 (zugleich Dissertation, Institut für Bodenwissenschaft, Universität Göttingen)

Klasen N, Engel M, Brückner H, Hausleiter A, Intilia A, Eichmann R, al-Najem MH, al-Said SF (2011) Optically stimulated luminescence dating of the city wall system of ancient Tayma (NW Saudi Arabia). J Archaeol Sci 38:1818–1826

Klasen N, Hilgers A, Schmidt C, Bertrams M, Schyle D, Lehmkuhl F, Richter J, Radtke U (2013) Optical dating of sediments in Wadi Sabra (SW Jordan). Quat Geochronol 18:9–16

Klasen N, Kehl M, Mikdad A, Brückner H, Weniger GC (2018) Chronology and formation processes of the middle to upper Palaeolithic deposits of Ifri n'Ammar using multi-method luminescence dating and micromorphology. Quat Int 485:89–102

Kleber A, Terhorst B (Hrsg) (2013) Mid-latitude slope deposits (cover beds). Dev Sedimentol Bd 66

Kleber A, Leopold M, Vonlanthen C, Völkel J (2013) Transferring the concept of cover beds. In: Kleber A, Terhorst B (Hrsg) Mid-latitude slope deposits (cover beds). Dev Sedimentol 66:171–228

Klokler D (2014) A ritually constructed shell mound: feasting at the Jabuticabeira II site. In: Roksandic M (Hrsg) The cultural dynamics of shell-matrix sites. University of New Mexico Press, Albuquerque, S 151–162

Knapp G (1991) Andean ecology: adapitve dynamics in Ecuador. Routledge, New York

Knighton D (1998) Fluvial forms and processes: a new perspective. Arnold, London

Knipper C (2004) Die Strontiumisotopenanalyse: Eine naturwissenschaftliche Methode zur Erfassung von Mobilität in der Ur-und Frühgeschichte. Jahrbuch des Römisch-Germanischen Zentralmuseums Mainz 51:589–686

Knitter D, Nakoinz O (2018) Point pattern analysis as tool for digital geoarchaeology: a case study of megalithic graves in Schleswig-Holstein, Germany. In: Siart C, Forbriger M, Bubenzer O (Hrsg) Digital Geoarchaeology – new techniques for interdisciplinary human-environmental research. Springer, Heidelberg, S 45–64

Knolle F, Ernst WHO, Dierschke H, Becker T, Kison HU, Kratz S, Schnug E (2011) Schwermetallvegetation, Bergbau und Hüttenwesen im westlichen GeoPark Harz – eine ökotoxikologische Exkursion. Braunschweiger Naturkundliche Schriften 10(1):1–44

Knörzer KH, Gerlach R, Meurers-Balke J, Kalis AJ, Tegtmeier U, Becker WD, Jürgens A (1999) Pflanzenspuren: Archäobotanik im Rheinland: Agrarlandschaft und Nutzpflanzen im Wandel der Zeiten. Materialien zur Bodendenkmalpflege im Rheinland Bd 10. Rheinland, Köln

Koch R, Neumeister H (2005) Zur Klassifikation von Lößsedimenten nach genetischen Kriterien. Z Geomorph NF 49(2):183–203

Kögel-Knabner I (2006) Chemical structure of organic N and organic P in soil. In: Nannipieri P, Smalla K (Hrsg) Nucleic acids and proteins in soil. Springer, Berlin, S 23–48

Kögel-Knabner I, Amelung W, Cao ZH, Fiedler S, Frenzel P, Jahn R, Kalbitz K, Kölbl A, Schloter M (2010) Biochemistry of paddy soils. Geoderma 157:1–14

Kołaczek P, Zubek S, Błaszkowski J, Mleczko P, Margielewski W (2013) Erosion or plant succession – how to interpret the presence of arbuscular mycorrhizal fungi (Glomeromycota) spores in pollen profiles collected from mires. Rev Palaeobot Palynol 189:29–37

Komárek J, Jankovská V (2001) Review of the green algal genus *Pediastrum*: implication for pollenanalytical research. Cramer, Berlin

König R, Winkler G (Hrsg) (1986) Plinius Secundus, Gaius: Naturkunde; C. Plinii Secundi Naturalis Historiae Libri XXXVII. Artemis und Winkler, Düsseldorf

Kopecky-Hermanns B, Fritzsch D, Fuchs M (2021) Geoarchäologische Untersuchungen und Landschaftsrekonstruktion im Umfeld des Limes bei Laimerstadt, Landkreis Eichstätt. In: Pfeil M (Hrsg) Roms hölzerne Grenze - Die Limespalisade. Schriftenreihe des Bayerischen Landesamtes für Denkmalpflege Bd 18. Volkverlag, München, S 113–128

Korfmann M (2006) Troia. Archäologie eines Siedlungshügels und seiner Landschaft. Zabern, Darmstadt

Koster E (2005) Aeolian environments. In: Koster E (Hrsg) The physical geography of Western Europe. Oxford University Press, Oxford, S 139–160

Kothieringer K, Walser C, Dietre B, Reitmaier T, Haas JN, Lambers K (2015) High impact: early pastoralism and environmental change during the Neolithic and Bronze Age in the Silvretta Alps (Switzerland/Austria) as evidenced by archaeological, palaeoecological and pedological proxies. Z Geomorph NF 59(Suppl 2):177–198

Kothieringer K, Röpke A, Reitmaier T, Krause R (2018a) Auf den Spuren prähistorischer Weidewirtschaft in (sub-)alpinen Böden: Erste Ergebnisse aus dem Montafon und der Silvretta (A/CH). Poster für die Jahrestagung des AK Geoarchäologie, München

Kothieringer K, Röpke A, Reitmaier T, Krause R (2018b) Prehistoric pastoralism in high mountainous regions of the Montafon and the Silvretta Alps (Austria/Switzerland). Vortrag und Abstract für die EAA, Barcelona

Kraft JC, Aschenbrenner SE, Rapp G (1977) Paleogeographic reconstructions of coastal Aegean archaeological sites. Science 195:941–947

Kraft JC, Kayan I, Brückner H, Rapp G (2000) A geologic analysis of ancient landscapes and the harbors of Ephesus and the Artemision in Anatolia. Jahreshefte des Österreichischen Archäologischen Institutes 69:175–232

Kraft JC, Rapp G, Kayan I, Luce JV (2003) Harbor areas at ancient Troy: sedimentology and geomorphology complement Homer's Iliad. Geology 31(2):163–166

Kraft JC, Brückner H, Kayan I (2005) The sea under the city of ancient Ephesos. In: Brandt B, Gassner V, Ladstätter S (Hrsg) Synergia. Festschrift F. Krinzinger Bd 1. Phoibos Verlag, Wien, S 147–156

Krause R (2002) Uferrand- und Binnensiedlung. Hausbau der frühen Bronzezeit zwischen Alpen und Ostsee. In: Menghin W, Planck D (Hrsg) Menschen, Zeiten, Räume – Archäologie in Deutschland - Darmstadt, S 166–170

Krebs P, Pezzatti GB, Stocker M, Bürgi M, Conedera M (2017) The selection of suitable sites for traditional charcoal production: ideas and practice in southern Switzerland. J Hist Geogr 57:1–16

Kretschmer I, Dörflinger J, Wawrik F (1986) Lexikon zur Geschichte der Kartographie: von den Anfängen bis zum Ersten Weltkrieg. Die Kartographie und ihre Randgebiete, C, 1–2. Deuticke, Wien

Kreutzmann H (2012) Pastoral practices in transition: animal husbandry in High Asian contexts. In: Kreutzmann H (Hrsg) Pastoral practices in High Asia. Springer, Dordrecht, S 1–29

Krünitz JG (1773–1858) Oekonomische Encyclopädie oder allgemeines System der Staats-, Stadt-, Haus- und Landwirthschaft in alphabetischer Ordnung. ▶ www.kruenitz1.uni-trier.de Letzter Zugriff: 3.12.2018

Küas H (1976) Das alte Leipzig in archäologischer Sicht. Deutscher Verlag der Wissenschaften, Berlin

Kubiëna W (1938) Micropedology. Collegiate Press Ames, Iowa

Kühn HJ (2007) Jenseits der Deiche. Archäologie im nordfriesischen Wattenmeer. In: v. Carnap-Bornheim C, Radtke C (Hrsg) Es war einmal ein Schiff. Marebuchverlag, Hamburg, S 215–284

Kühn HJ, Panten A (1989) Der frühe Deichbau in Nordfriesland. Archäologisch-historische Untersuchungen. Verlag Nordfriisk Instituut, Bredstedt

Kühn M, Lehndorff E, Fuchs M (2017) Lateglacial to Holocene pedogenesis and formation of colluvial deposits in a loess landscape of Central Europe (Wetterau, Germany). CATENA 154:118–135

Külzer A (2016) Der Theodosioshafen in Yenikapı, İstanbul: ein Hafengelände im Wandel der Zeit. In: Daim F (Hrsg) Die byzantinischen Häfen Konstantinopels. Verlag des Römisch-Germanischen Zentralmuseums, Mainz, S 33–50

Kuniholm PI (2002) Dendrochronological investigations at Herculaneum and Pompeii. In: Jashemski WMF, Meyer FG (Hrsg) The natural history of Pompeii. Cambridge University Press, Cambridge, S 235–239

Kunow J (2002) Der Verband der Landesarchäologen in der Bundesrepublik Deutschland: Geschichte, Aufgaben und Ziele. Archäol Inf 25:55–59

Kuo S (1996) Phosphorus. In: Sparks D (Hrsg) Methods of soil analysis, Part 3 – Chemical methods (SSSA Book Series 5) Soil Science Society of America, Madison, S 869–919

Kuper R, Kröpelin S (2006) Climate-controlled Holocene occupation in the Sahara: motor of Africa's evolution. Science 313:803–807

Küster HJ (1999) Geschichte der Landschaft in Mitteleuropa: von der Eiszeit bis zur Gegenwart. Beck, München

Küster HJ (2005) Das ist Ökologie: die biologischen Grundlagen unserer Existenz. Beck, München

Küster M, Janke W, Meyer H, Lorenz S, Lampe R, Hübener T, Klamt AM (2012) Zur jungquartären

Landschaftsentwicklung der Mecklenburgischen Kleinseenplatte. Forschung und Monitoring, Bd 3. Geozon Science Media, Greifswald

Küster M, Fülling A, Kaiser K, Ulrich J (2014) Aeolian sands and buried soils in the Mecklenburg Lake District, NE Germany: Holocene land-use history and pedo-geomorphic response. Geomorphology 211:64–76

Kutschera W, Müller W (2003) "Isotope language" of the Alpine Iceman investigated with AMS and MS. Nucl Instrum Meth B 204:705–719

Labuhn I, Daux O, Girardclos O, Stievenard M, Pierre M, Masson-Delmotte V (2016) French summer droughts since 1326 CE: a reconstruction based on tree-ring cellulose δ^{18}O. Clim Past 12:1101–1117

Laermanns H, Kirkitadze G, May SM, Kelterbaum D, Opitz S, Heisterkamp A, Basilaia G, Elashvili M, Brückner H (2018) Bronze Age settlement mounds on the Colchian plain at the Black Sea coast of Georgia: A geoarchaeological perspective. Geoarchaeology 33:453–469

Lambeck K (2004) Sea-level change through the last glacial cycle: geophysical, glaciological and palaeogeographic consequences. Comptes Rendus Geosci 336:677–689

Lambeck K, Purcell A (2005) Sea-level change in the Mediterranean Sea since the LGM: model predictions for tectonically stable areas. Quat Sci Rev 24:1969–1988

Lambeck K, Purcell A (2007) Palaeogeographic reconstructions of the Aegean for the past 20,000 years: Was Atlantis on Athens' doorstep? In: Papamarinopoulos SP (Hrsg) The Atlantis Hypothesis: Searching for a Lost Land. Heliotopos Publications, Santorini, S 241–257

Lambers K (2018) Airborne and spaceborne remote sensing and digital image analysis in archaeology. In: Siart C, Forbriger M, Bubenzer O (Hrsg) Digital Geoarchaeology: new techniques for interdisciplinary human-environmental research. Springer, Heidelberg, S 109–122

Lambers K, Verschoof-van der Vaart WB, Bourgeois QJP (2019) Integrating remote sensing, machine learning, and citizen science in Dutch archaeological prospection. Remote Sens 11:794

Lancaster N, Wolfe S, Thomas D, Bristow C, Bubenzer O, Burrough S, Duller D, Halfen A, Hesse P, Roskin J, Singhvi A, Tsoar H, Tripaldi A, Yang X, Zárate M (2016) The INQUA Dunes Atlas chronologic database. Quat Int 410:3–10

Landesamt für Denkmalpflege im Regierungspräsidium Stuttgart (2015) Archäologie – Landwirtschaft – Forstwirtschaft. Wege zur integrativen Nutzung von Bodendenkmalen in der Kulturlandschaft. Stuttgart. ► https://www.denkmalpflege-bw.de/denkmale/projekte/archaeologische-denkmalpflege/archaeologie-landwirtschaft-forstwirtschaft/ Letzter Zugriff: 12.12.2021

Landesamt für Geoinformation und Landesentwicklung (2019) SAPOS. ► https://www.sapos-bw.de/info.php Letzter Zugriff: 24.1.2019

Lang G (1994) Quartäre Vegetationsgeschichte Europas. Fischer, Stuttgart

Lang A (2003) Phases of soil erosion-derived colluviation in the loess hills of South Germany. CATENA 51:209–221

Lang A, Hönscheidt S (1999) Age and source of colluvial sediments at Vaihingen-Enz, Germany. CATENA 38:89–107

Lang M, Behrens T, Schmidt K, Svoboda D, Schmidt C (2016) A fully integrated UAV system for semi-automated archaeological prospection. In: Campana S, Scopigno R, Carpentiero G, Cirillo M (Hrsg) CAA 2015: keep the revolution going. Proceedings of the 43rd annual conference on computer applications and quantitative methods in archaeology. Archaeopress, Oxford, S 989–996

Lange G, Jacobs F (2005) Gleichstromgeoelektrik. In: Knödel K, Krummel H, Lange G (Hrsg) Handbuch zur Erkundung des Untergrundes von Deponien und Altlasten, Bd 3, Geophysik. Springer, Berlin, S 128–173

Lardín C, Pacheco S (2015) Helminths: Handbook for identification and counting of parasitic helminth eggs in urban wastewater. IWA Publishing, London

Lauer T, Weiss M (2018) Timing of the Saalian and Elsterian glacial cycles and the implications for Middle-Pleistocene hominin presence in central Europe. Sci Rep 8:5111.

Lauer F, Prost K, Gerlach R, Pätzold S, Wolf M, Urmersbach S, Lehndorff E, Eckmeier E, Amelung W (2014) Organic fertilization and sufficient nutrient status in prehistoric agriculture? – Indications from multi-proxy analyses of archaeological topsoil relicts. PLoS ONE 9:e106244

Laville H, Rigaud JP, Sackett J (1980) The Rockshelters of the Perigord. Academic Press, New York

Leakey MD, Hay RL (1979) Pliocene footprints in the Laetolil Beds at Laetoli, northern Tanzania. Nature 278:317–323

Le Bailly M, Bouchet F (2010) Ancient dicrocoeliosis: occurrence, distribution and migration. Acta Trop 115:175–180

Le Bailly M, Leuzinger U, Schlichtherle H, Bouchet F (2007) «Crise économique» au Néolithique à la transition Pfyn-Horgen (3400 BC): contribution de la paléoparasitologie. Anthropozoologica 42(2):175–185

Lebon M, Reiche I, Gallet X, Bellot-Gurlet L, Zazzo A (2016) Rapid quantification of bone collagen content by ATR-FTIR spectroscopy. Radiocarbon 58(1):131–145

Le Borgne E (1955) Susceptibilité magnétique anormale du sol superficiel. Ann Géophys 11:399–419

Lee H, French C, Macphail RI (2014) Microscopic examination of ancient and modern irrigated paddy soils in South Korea, with special reference to the formation of silty clay concentration features. Geoarchaeology 29:326–348

Lehmkuhl F, Haselein F (2000) Quaternary paleoenvironmental change on the Tibetan Plateau and adjacent areas (Western China and Western Mongolia). Quat Int 65–66:121–145

Lehmkuhl F, Wirtz S, Falk D, Kels H (2015) Geowissenschaftliche Untersuchungen zur Landschaftsentwicklung im Tagebau Garzweiler – LANU-Projekt 2012–2014. In: Kunow J, Trier M (Hrsg) Archäologie im Rheinland 2014. Theiss, Stuttgart, S 64–66

Lehmkuhl F, Zens J, Krauß L, Schulte P, Kels H (2016) Loess-paleosol sequences at the northern European loess belt in Germany: distribution, geomorphology and stratigraphy. Quat Sci Rev 153:11–30

Lehmkuhl F, Pötter S, Pauligk A, Bösken J (2018) Loess and other Quaternary sediments in Germany. J Maps 14(2):330–340

Leng MJ, Henderson ACG (2013) Recent advances in isotopes as palaeolimnological proxies. J Paleolimnol 49:481–496

Leopold M (2003) Multivariate Analyse von Geoarchiven zur Rekonstruktion eisenzeitlicher Landnutzung im Umfeld der spätlatènezeitlichen Viereckschanze von Poign, Lkr. Regensburg. Regensburger Beiträge zur Bodenkunde, Landschaftsökologie und Quartärforschung Bd 2

Leopold M, Völkel J (2004) Neolithic flint mines in Arnhofen, southern Germany: a ground-penetrating radar survey. Archaeol Prospect 11:57–64

Leopold M, Völkel J (2007) Colluvium: definition, differentiation, and possible suitability for reconstructing Holocene climate data. Quat Int 162–163:133–140

Leopold M, Hürkamp K, Völkel J, Schmotz K (2011) Black soils, sediments and brown calcic luvisols: a pedological description of a newly discovered neolithic ring ditch system at Stephansposching, Eastern Bavaria, Germany. Quat Int 243:293–304

Lerman A, Imboden DM, Gat JR (1995) Lakes: chemistry, geology, physics. Springer, Berlin

Leser H (1997) DIERCKE Wörterbuch Allgemeine Geographie. Dtv, München

Leuschner HH, Bauerochse A, Metzler A (2007) Environmental change, bog history and human impact around 2900 b.c. in NW Germany – preliminary results from a dendroecological study of a sub-fossil pine woodland at Campemoor, Dümmer Basin. Veg Hist Archaeobot 16:183–195

Libby WF (1955) Radiocarbon dating. University of Chicago Press, Chicago

Liebmann MJ, Farella J, Roos CI, Stack A, Martini S, Swetnam TW (2016) Native American depopulation, reforestation, and fire regimes in the Southwest United States, 1492–1900 CE. Proc Natl Acad Sci 113:696–704

Lillesand T, Kiefer RW, Chipman J (2015) Remote sensing and image interpretation, 7. Aufl. Wiley, New York

Lindenschmit L, Lindenschmit W (1848) Das germanische Todtenlager bei Selzen in der Provinz Rheinhessen. Zabern, Mainz

Linford N, Linford P, Martin L, Payne A (2010) Stepped frequency ground-penetrating radar survey with a multi-element array antenna: results from field application on archaeological sites. Archaeol Prospect 17(3):187–193

Linstädter J, Kröpelin S (2004) Wadi Bakht revisited: Holocene climate change and prehistoric occupation in the Gilf Kebir region of the Eastern Sahara, SW Egypt. Geoarchaeology 19:753–778

Linzen S, Chwala A, Schultze V, Schulz M, Schuler T, Stolz R, Bondarenko N, Meyer HG (2007) A LTS-SQUID system for archaeological prospection and its practical test in Peru. IEEE Trans Appl Supercond 17:750–755

Linzen S, Schultze V, Chwala A, Schüler T, Schulz M, Stolz R, Meyer HG (2009) Quantum detection meets archaeology – Magnetic prospection with SQUIDs, highly sensitive and fast. In: Reindel M, Wagner GA (Hrsg) New Technologies for Archaeology. Springer, Berlin, S 71–85

Linzen S, Schneider M, Berg-Hobohm S, Werther L, Ettel P, Zielhofer C, Schmidt J, Fassbinder JWE, Wilken D, Fediuk A, Dunkel S, Stolz R, Meyer HG, Sommer CS (2017) From magnetic SQUID prospection to excavation—Investigations at Fossa Carolina, Germany. In: Jennings B, Gaffney C, Sparrow T, Gaffney S (Hrsg) AP2017 – 12th International Conference of Archaeoloigcal Prospection. Archaeopress, Oxford, S 144–145

Lipps S, Caspers G (1990) Spätglazial und Holozän auf der Stolzenauer Terrasse im Mittelwesertal. Eiszeitalt Ggw 40:111–119

Lisá L, Komoróczy B, Vlach M, Válek D, Bajer A, Kovárník J, Rajtár J, Hüssen CM, Šumberová R (2014) How were the ditches filled? Sedimentological and micromorphological classification of formation processes within graben-like archaeological objects. Quat Int 370:66–76

Litt T (Hrsg) (2007) Stratigraphie von Deutschland – Quartär. Eiszeitalt Ggw Bd 56

Litt T, Schölzel C, Kühl N, Brauer A (2009) Vegetation and climate history in the Westeifel Volcanic Field (Germany) during the past 11 000 years based on annually laminated lacustrine maar sediments. Boreas 38:679–690

Llobera M (1996) Exploring the topography of mind: GIS, social space and archaeology. Antiquity 70:612–622

Lockheart MJ, Van Bergen PF, Evershed RP (1997) Variations in the stable carbon isotope compositions of individual lipids from the leaves of modern angiosperms: implications for the study of higher land plant-derived sedimentary organic matter. Org Geochem 26:137–153

Loishandl-Weisz H, Peticzka R (2007) Die Verfüllungsmechanismen des Spitzgrabens der mittelneolithischen Kreisgrabenanlage Steinabrunn, Niederösterreich. Archaeologia Austriaca 91:141–162

Lomax J, Fuchs M, Preusser F, Fiebig M (2014) Luminescence based loess chronostratigraphy of the Upper Palaeolithic site Krems-Wachtberg, Austria. Quat Int 351:88–97

Long AJ, Waller MP, Stupples P (2006) Driving mechanisms of coastal change: peat compaction and the destruction of late Holocene wetlands. Mar Geol 225:63–84

Love S (2012) The geoarchaeology of mudbricks in architecture: a methodological study from Çatalhöyük. Turkey. Geoarchaeology 27(2):140–156

Lovell J (2007) The Great Wall: China against the World, 1000 BC–AD 2000. Grove/Atlantic Inc, New York.

Ložek V (1964) Quartärmollusken der Tschechoslowakei. Verlag der Tschechoslowakischen Akademie der Wissenschaften, Prag

Lubos CCM, Dreibrodt S, Nelle O, Klamm M, Friederich S, Meller H, Nadeau MJ, Grootes PM, Fuchs M, Bork HR (2011) A multi-layered prehistoric settlement structure (tell?) at Niederröblingen, Germany and its implications. J Archaeol Sci 38(5):1101–1110

Lubos CCM, Dreibrodt S, Robin V, Nelle O, Khamnueva S, Richling I, Bultmann U, Bork HR (2013) Settlement and environmental history of a multilayered settlement mound in Niederröblingen (central Germany) – a multi-proxy approach. J Archaeol Sci 40:79–98

Ludemann T (2010) Past fuel wood exploitation and natural forest vegetation in the Black Forest, the Vosges and neighbouring regions in western Central Europe. Palaeogeogr Palaeocl 291:154–165

Lungershausen U, Larsen A, Bork HR, Duttmann R (2018) Anthropogenic influence on rates of aeolian dune activity within the northern European Sand Belt and socio-economic feedbacks over the last ~2500 years. Holocene 28:84–103

Lüning J (1996) Erneute Gedanken zur Benennung der neolithischen Perioden. Germania 74:233–237

Lüning J (2000) Steinzeitliche Bauern in Deutschland: die Landwirtschaft im Neolithikum. Habelt, Bonn

Lüning J, Jockenhövel A, Bender H, Capelle T (1997) Vor- und Frühgeschichte. Deutsche Agrargeschichte. Ulmer, Stuttgart

Luo L, Wang X, Guo H, Lasaponara R, Zong X, Masini N, Wang G, Shi P, Khatteli H, Chen F, Tariq S, Shao J, Bachagha N, Yang R, Yao Y (2019) Airborne and spaceborne remote sensing for archaeological and cultural heritage applications: A review of the century (1907–2017). Remote Sens Environ 232:111–280

Luthardt V, Zeitz J (2014) Moore in Brandenburg und Berlin. Natur & Text, Rangsdorf

Lyell C (1853) Principles of geology. J. Murray, London

Lyell C (1863) The geological evidence of the antiquity of man. Murray, London

Macklin MG, Lewin J (2015) The rivers of civilization. Quat Sci Rev 114:228–244

Macklin MG, Benito G, Gregory KJ, Johnstone E, Lewin J, Michczyńska DJ, Soja R, Starkel L, Thorndycraft VR (2006) Past hydrological events reflected in the Holocene fluvial record of Europe. CATENA 66:145–154

Macphail RI (2017) Experimental geoarchaeology. In: Goldberg P, Mandel RD, Sternberg R, Gilbert AS, Holliday VT (Hrsg) Encyclopedia of geoarchaeology. Springer, Dordrecht, S 251–261

Madella M, Powers-Jones AH, Jones MK (1998) A simple method of extraction of opal phytoliths from sediments using a non-toxic heavy liquid. J Archaeol Sci 25:801–803

Magnusson G (1993) Early iron manufacturing in Sweden. In: Steuer H, Zimmermann U (Hrsg) Montanarchäologie in Europa. Berichte zum Internationalen Kolloquium "Frühe Erzgewinnung und Verhüttung in Europa" in Freiburg in Breisgau vom 4. bis 7. Oktober 1990. Jan Thorbecke, Sigmaringen, S 477–496

Maier U, Vogt R (2007) Pedologisch-moorkundliche Untersuchungen zur Landschafts- und Besiedlungsgeschichte des Federseegebiets. Stuttgarter Geographische Studien Bd 138. Institut für Geographie der Universität Stuttgart, Stuttgart

Mallol C, Mentzer SM, Wrinn PJ (2009) A micromorphological and mineralogical study of site formation processes at the late Pleistocene site of Obi-Rakhmat, Uzbekistan. Geoarchaeology 24:548–575

Maluck M (2014) Das Danewerk in Schleswig – ein dänischer Limes? In: Weinlich E (Hrsg) Der Limes als antike Grenze des Imperium Romanum. Grenzen im Laufe der Jahrhunderte. Ergon, Würzburg, S 73–95

Mandelkow E, Frenzel P, Lampe R, Kaute P, Schindler G (2004) Paläontologische Untersuchungen von Sedimentprofilen der achäologischen Grabung Stralsund-Mischwasserspeicher. Bodendenkmalpflege in Mecklenburg-Vorpommern, Jahrbuch 52:263–281

Mangerud J, Birks HJB, Jäger KD (1982) Chronostratigraphical subdivision of the Holocene. Striae 16:1–110

Mangini A, Spötl C, Verdes P (2005) Reconstruction of temperature in the Central Alps during the past 2000 yr from a $\delta^{18}O$ stalagmite record. Earth Planet Sci Lett 235:741–751

Mania D, Altermann M (2005) Zur Geologie des altpaläolithischen Fundhorizontes von Bilzingsleben (Thüringen) unter Berücksichtigung des geologischen Wirkfaktors „Mensch ". Hercynia 38:143–184

Mania D, Mania U (2004) Der Urmensch von Bilzingsleben. Seine Kultur und Umwelt. In:Meller H (Hrsg) Paläolithikum und Mesolithikum. Kataloge zur Dauerausstellung im Landesmuseum für Vorgeschichte Halle, Bd 1. Landesmuseum für Denkmalpflege und Archäologie Sachsen-Anhalt, Halle, S 69–101

Mania D, Weber T (1980) Bilzingsleben: Homo erectus, seine Kultur und seine Umwelt, Bd 3. Deutscher Verlag der Wissenschaften, Berlin

Marković SB, Bokhorst MP, Vandenberghe J, McCoy WD, Oches EA, Hambach U, Gaudenyi T, Jovanović M, Zöller L, Machalett B (2008) Late Pleistocene loess-palaeosol sequences in the Vojvodina region, North Serbia. J Quat Sci 23:73–84

Marković SB, Stevens T, Kukla GJ, Hambach U, Fitzsimmons KE, Gibbard P, Buggle B, Zech M, Guo Z, Hao Q, Wu H, O'Hara Dhand K, Smalley I, Újvári G, Sümegi P, Timar-Gabor A, Veres D, Sirocko F, Vasilievič D, Jary Z, Svensson A, Jović V, Lehmkuhl F, Kovács J, Svirčev Z (2015) Danube loess stratigraphy – towards a pan-European loess stratigraphic model. Earth Sci Rev 148:228–258

Marret F (1993) Les effects de l'acétolyse sur les assemblages des kystes de dinoflagellés. Palynosci 2:267–272

Marriner N, Morhange C (2007) Geoscience of ancient Mediterranean harbours. Earth Sci Rev 80:137–194

Marriner N, Morhange C, Doumet-Serhal C (2006) Geoarchaeology of Sidon's ancient harbours, Phoenicia. J Archaeol Sci 33(11):1514–1535

Marriner N, Morhange C, Kaniewski D, Carayon N (2014) Ancient harbour infrastructure in the Levant: tracking the birth and rise of new forms of anthropogenic pressure. Sci Rep 4:5554

Marriner N, Morhange CH, Faivre S, Flaux C, Vacchi M, Miko S, Dumas V, Boetto G, Rossi IR (2014) Post-Roman sea-level changes on Pag Island (Adriatic Sea): dating Croatia's "enigmatic" coastal notch? Geomorphology 221:83–94

Marston JM, d'Alpoim Guedes J, Warinner C (2015) Method and theory in paleoethnobotany. University Press of Colorado, Boulder

Mastrolonardo G, Francioso O, Certini G (2017) Relic charcoal hearth soils: a neglected carbon reservoir. Case study at Marsiliana forest. Central Italy. Geoderma 315:88–95

Mastronuzzi G, Brückner H, Sansò P, Vött A (Hrsg) (2010) Tsunami fingerprints in different archives – sediments, dynamics and modelling approaches. Proceedings of the 2nd International Tsunami Field Symposium in Ostuni (Italy) and Lefkada (Greece). Z Geomorph NF 54(Suppl 3)

Matthews W (2001) Methodological approaches in microstratigraphic analysis of uses and concepts of space at Tell Brak. Cahiers d'archéologie du Centre interuniversitaire d'Etudes sur les Lettres, les Arts et les Traditions 10, Série archéométrie 1:177–197

Matthews W (2010) Geoarchaeology and taphonomy of plant remains and microarchaeological residues in early urban environments in the Ancient Near East. Quat Int 214(1–2):98–113

Matthews W (2012) Household life histories and boundaries: microstratigraphy and micromorphology of architectural surfaces in building 3 (BACH). In: Tringham R, Stevanović M (Hrsg) House lives: building, inhabiting, excavating a house at Catalhöyük, Turkey. Reports from the BACH Area, Catalhöyük. Cotsen Institute of Archaeology Press, Los Angeles, S 205–224

Matthews W (2017) Tells. In: Goldberg P, Mandel RD, Sternberg R, Gilbert AS, Holliday VT (Hrsg) Encyclopedia of geoarchaeology. Springer, Dordrecht, S 951–972

Matthews W, French CAI, Lawrence T, Cutler DF, Jones MK (1997) Microstratigraphic traces of site formation processes and human activities. World Archaeol 29:281–308

Matthiesen H, Hilbert LR, Gregory DJ (2003) Siderite as a corrosion product on archaeological iron from a waterlogged environment. Stud Conserv 48(3):183–194

May SM, Vött A, Brückner H, Smedile A (2012) The Gyra washover fan in the Lefkada Lagoon, NW Greece – possible evidence of the 365 AD Crete earthquake and tsunami. Earth, planets and space 64(10):859–874

Mays LW (2008) A very brief history of hydraulic technology during antiquity. Environ Fluid Mech 8:471–484

Mayya YS, Morthekai P, Murari MK, Singhvi AK (2006) Towards quantifying beta microdosimetric effects in single-grain quartz dose distribution. Radiat Meas 41:1032–1039

Mazzini I, Goiran JP, Carbonel P (2015) Ostracodological studies in archaeological settings: a review. J Archaeol Sci 54:325–328

McAnany PA, Hodder I (2009) Thinking about stratigraphic sequence in social terms. Archaeol Dialogues 16:1–22

McBrearty S (1990) Consider the humble termite: termites as agents of post-depositional disturbance at African archaeological sites. J Archaeol Sci 17:111–143

McNeill JR, Winiwarter V (2010) Soils and societies: perspectives from environmental history. White Horse Press, Isle of Harris

McNiven I (1990) Blowout taphonomy: non-cultural associations between faunal and stone artefact assemblages along the Cooloola coast, southeast Queensland. Aust Archaeol 31:67–74

Mehrer M, Wescott K (2006) GIS and archaeological site location modeling. Taylor & Francis, London

Meier D (2001) Landschaftsentwicklung und Siedlungsgeschichte des Eiderstedter und Dithmarscher Küstengebietes als Teilregionen des Nordseeküstenraumes. Untersuchungen der AG Küstenarchäologie des FTZ-Westküste. Universitätsforschungen zur Prähistorischen Archäologie Bd 79. Habelt, Bonn

Meier T (2009) Umweltarchäologie – Landschaftsarchäologie. In: Brather S, Geuenich D, Huth C (Hrsg) Historia archaeologica. Festschrift Heiko Steuer zum 70. Geburtstag. Ergänzungsbände zum Reallexikon der Germanischen Altertumskunde, Bd 70. De Gruyter, Berlin, S 697–734

Meier D (2016) Die Eider. Flusslandschaft und Geschichte. Boyens, Heide

Meier D (2020) Die Halligen in Vergangenheit und Gegenwart. Boyens, Heide

Meier D, Kühn HJ, Borger GJ (2013) Der Küstenatlas: das schleswig-holsteinische Wattenmeer in Vergangenheit und und Gegenwart. Boyens, Heide

Meignen L, Goldberg P, Bar-Yosef O (2007) The hearths at Kebara Cave and their role in site formation processes. In: Bar-Yosef O, Meignen L (Hrsg) Kebara Cave, Mt Carmel, Israel: the middle and upper Paleolithic archaeology, Part 1, American School of Prehistoric Research Bulletins. Harvard University Press, Cambridge, S 91–122

Meijs EPM, Van Peer PH, De Warrimont JPLMN (2012) Geomorphologic context and proposed chronostratigraphic position of Lower Palaeolithic artefacts from the Op de Schans pit near Kesselt (Belgium) to the west of Maastricht. Netherlands J Geosci 91:137–157

Meltzer DJ, Collins MB (1987) Prehistoric water wells on the Southern high plains: clues to Altithermal climate. J Field Archaeol 14:9–28

Mensching H (1957) Bodenerosion und Auelehmbildung in Deutschland. In: Richter G (Hrsg) Bodenerosion in Mitteleuropa. WBG, Darmstadt, S 334–348 (Erstveröffentlichung 1976)

Mentzer SM (2017) Rockshelter settings. In: Goldberg P, Mandel RD, Sternberg R, Gilbert AS, Holliday VT (Hrsg) Encyclopedia of geoarchaeology. Springer, Dordrecht, S 725–741

Mercier N, Valladas H, Falguères C, Shao Q, Gopher A, Barkai R, Bahin JJ, Vialettes L, Joron JL, Reyss JL (2013) New datings of Amudian layers at Qesem Cave (Israel): results of TL applied to burnt flints and ESR/U-series to teeth. J Archaeol Sci 40:3011–3020

Merkel S, Hülle D, Eckmeier E, Fischer P, Kehl M, Gerlach R (2014) Am Hangfuß des Güldenbergs – Ergebnisse geoarchäologisch-naturwissenschaftlicher Analysen. In: Kunow J, Trier M (Hrsg) Archäologie im Rheinland 2013. Theiss, Stuttgart, S 28–31

Messerli B, Ives JD (1997) Mountains of the world: a global priority. Parthenon, New York

Meyer MC Aldenderfer MS, Wang Z, Hoffmann DL, Dahl JA, Degering D, Haas WR, Schlütz F (2017) Permanent human occupation of the central Tibetan Plateau in the early Holocene. Science 355:64–67

Meyers P, Ishiwatari R (1995) Organic matter accumulation records in lake sediments. In: Lerman A, Imboden DM, Gat JR (Hrsg) Physics and chemistry of lakes. Springer, Berlin, S 279–328

Miall AD (1985) Architectural-element analysis: a new method of facies analysis applied to fluvial deposits. Earth Sci Rev 22:261–308

Michel V, Delanghe-Sabatier D, Bard E, Barroso Ruiz C (2013) U-series, ESR and ^{14}C studies of the fossil remains from the Mousterian levels of Zafarraya Cave (Spain): A revised chronology of Neanderthal presence. Quat Geochronol 15:20–33

Miehe G, Miehe S, Will M, Opgenoorth L, Duo L, Tsering D, Liu QJ (2008) An inventory of forest relics in the pastures of Southern Tibet (Xizang A. R., China). J Ecol 94:157–177

Miehe G, Miehe S, Kaiser K, Reudenbach C, Behrendes L, Duo L, Schlütz F (2009) How old is pastoralism in Tibet? An ecological approach to the making of a Tibetan landscape. Palaeogeogr Palaeocl 276:130–147

Milek KB (2012) Floor formation processes and the interpretation of site activity areas: an ethnoarchaeological study of turf buildings at Thverá, northeast Iceland. J Anthropol Archaeol 31:119–137

Milker Y, Nelson AR, Horton BP, Engelhart SE, Bradley LA, Witter RC (2016) Differences in coastal subsidence in southern Oregon (USA) during at least six prehistoric megathrust earthquakes. Quat Sci Rev 142:143–163

Miller CE (2015) A tale of two Swabian caves. Geoarchaeological investigations at Hohle Fels and Geißenklösterle. Kerns, Tübingen

Miller CE, Sievers C (2012) An experimental micromorphological investigation of bedding construction in the Middle Stone Age of Sibudu, South Africa. J Archaeol Sci 39:3039–3051

Miller CE, Goldberg P, Berna F (2013) Geoarchaeological investigations at Diepkloof Rock Shelter, Western Cape, South Africa. J Archaeol Sci 40:3432–3452

Miller CE, Mentzer SM, Berthold C, Leach P, Ligouis B, Tribolo C, Parkington J, Porraz G (2016) Site-formation processes at elands bay cave. South Africa. Southern Afr Humanit 29(1):69–128

Million S, Eisenhauer A, Billamboz A, Rösch M, Krauße D, Nelle O (2018) Iron Age utilization of silver fir (*Abies alba*) wood around the Heuneburg – local origin or timber import? Quat Int 463:363–375

Miola A (2012) Tools for non-pollen palynomorphs (NPPs) analysis: a list of Quaternary NPP types and reference literature in English language (1972–2011). Rev Palaeobot Palynol 186:142–161

Mischke S, Almogi-Labin A, Al-Saqarat B, Rosenfeld A, Elyashiv H, Boomer I, Stein M, Lev L, Ito E (2014a) An expanded ostracod-based conductivity transfer function for climate reconstruction in the Levant. Quat Sci Rev 93:91–105

Mischke S, Ashkenazi S, Almogi-Labin A, Goren-Inbar N (2014b) Ostracod evidence for the Acheulian environment of the ancient Hula Lake (Levant) during the early-mid Pleistocene transition. Palaeogeogr Palaeocl 412:148–159

Mol J (1995) Weichselian and Holocene river dynamics in relation to climate change in the Halle-Leipziger Tieflandsbucht (Germany). Eiszeitalt Ggw 45:32–41

Moldenhauer K-M, Heinrich J, Vater A (2010) Causes and history of multiple soil erosion processes in the northern Odenwald uplands. Erde 141(3):171–186

Mölders D, Wolfram S (2014) Schlüsselbegriffe der prähistorischen Archäologie. Tübinger Archäologische Taschenbücher Bd 11. Waxmann, Münster

Monna F, Petit C, Guillaumet JP, Jouffroy-Bapicot I, Blanchot C, Dominik J, Losno R, Richard H, Lévêque J, Château C (2004) History and environmental impact of mining activity in Celtic Aeduan territory recorded in a peat bog (Morvan, France). Environ Sci Technol 38:665–673

Monnier G, Frahm E, Luo B, Missal K (2017) Developing FTIR microspectroscopy for analysis of plant residues on stone tools. J Archaeol Sci 78:158–178

Monnier G, Frahm E, Luo B, Missal K (2018) Developing FTIR microspectroscopy for the analysis of animal-tissue residues on stone tools. J Archaeol Method Theory 25(1):1–44

Montelius O (1900) Die Chronologie der ältesten Bronzezeit in Nord-Deutschland und Skandinavien. Friedrich Vieweg und Sohn, Braunschweig

Montelius, O (1903) Die typologische Methode. Separat aus: Die älteren Kulturperioden im Orient und in Europa. Selbstverlag des Verfassers, Stockholm

Montero RG, Mathieu J, Singh C (2009) Mountain pastoralism 1500–2000: an introduction. Nomad Peoples 13(2):1–16

Moore PD, Webb JA, Collinson ME (1991) Pollen analysis. Blackwell Scientific, Oxford

Moore AMT, Hillman GC, Legge AJ (2000) Village on the Euphrates: from foraging to farming at Abu Hureyra. Oxford University Press, New York

Moormann FR, Van Breemen N (1978) Rice: soil, water, land. International Rice Research Institute. Los Baños, Philippines

Morhange C, Marriner N (2010) Mind the (stratigraphic) gap: Roman dredging in ancient Mediterranean harbours. Boll Archeol on line I 2010(Volume speciale B / B7):4. ▶ https://www.academia.edu/697399/Mind_the_stratigraphic_gap_Roman_dredging_in_ancient_Mediterranean_harbours Letzter Zugriff: 12.12.2021

Morhange C, Marriner N, Excoffon P, Bonnet S, Flaux C, Zibrowius H, Goiran JP, Amouri ME (2013) Relative sea-level changes during Roman times in the northwest Mediterranean: The 1st century AD fish tank of Forum Julii, Fréjus, France. Geoarchaeology 28:363–372

Movius HL (1949) Old-world palaeolithic archaeology. Geol Soc Am Bull 60:1443–1456

Mückenhausen E (1955) Die Bodenkunde und ihre geologischen, geomorphologischen, mineralogischen und petrologischen Grundlagen. DLG-Verlag, Frankfurt

Muhs D (2013) The geologic records of dust in the Quaternary. Aeolian Res 9:3–48

Muhs D, Bettis EA (2003) Quaternary loess-paleosol sequences as examples of climate-driven sedimentary extremes. Geolog Soc Am Spec Papers 370:53–74

Müller G (2013) Europas Feldeinfriedungen. Wallhecken (Knicks), Hecken, Feldmauern (Steinwälle), Trockenstrauchhecken, Biegehecken, Flechthecken, Flechtzäune und traditionelle Holzzäune, Bd 2. Neuer Kunstverlag, Stuttgart

Müller W (Hrsg) (2018) Unter uns. Die Faszination des Steinkohlenbergbaus in Deutschland. Gesamtwerk in drei Bänden (Bd I: Wissen und Können; Bd II: Kultur und Leben; Bd III: Politik und Positionen). Beck, München

Müller-Karpe A (2017) Sarissa. Die Wiederentdeckung einer hethitischen Königsstadt. Zabern, Mainz

Müller-Wille M, Higelke B, Hoffmann D, Menke B, Brande, Bokelmann K, Saggau HE, Kühn HJ (1988) Norderhever-Projekt 1. Landschaftsentwicklung und Siedlungsgeschichte im Einzugsgebiet der Norderhever (Nordfriesland). Offa-Bücher 66, Studien Küstenarchäologie Schleswig-Holsteins Serie C. Wachholtz, Neumünstera

Müller J, Zimmermann A (Hrsg) (1997) Archäologie und Korrespondenzanalyse. Beispiele, Fragen, Perspektiven. Internationale Archäologie Bd 23. Marie Leidorf, Espelkamp

Murray JW (2014) Ecology and palaeoecology of benthic foraminifera. Routledge, London

Murray-Wallace CV, Woodroffe CD (2014) Quaternary sea-level changes: a global perspective. Cambridge University Press, Cambridge

Murray AS, Wintle AG (2000) Luminescence dating of quartz using an improved single-aliquot regenerative-dose protocol. Radiat Meas 32:57–73

Musson C, Palmer R, Campana S (2013) Flights into the past: aerial photography, photo interpretation and mapping for archaeology. Aerial Archaeology Research Group

Mustaphi CJC, Pisaric MFJ (2014) A classification for macroscopic charcoal morphologies found in Holocene lacustrine sediments. Prog Phys Geogr 38(6):734–754. ► https://archiv.ub.uni-heidelberg.de/propylaeumdok/volltexte/2013/2009 Letzter Zugriff: 12.12.2021

Nadal-Romero E, Martínez-Murillo JF, Vanmaercke M, Poesen J (2011) Scale-dependency of sediment yield from badland areas in Mediterranean environments. Progr Phys Geogr 35(3):297–332

Nadler M (2001) Artifizielle Fundlandschaften. Einige Anmerkungen zur Relevanz archäologischer Fundkartierungen und der Erfassung von Sekundärfundstellen im Rahmen einer ganzheitlichen Archäologie. Archäol Inf 24:55–61. ► https://journals.ub.uni-heidelberg.de/index.php/arch-inf/article/viewFile/13650/7493 Letzter Zugriff: 30.1.2019

Nadon GC, Issler DR (1997) The compaction of floodplain sediments: timing, magnitude and implications. Geosci Can 24:37–43

Namdar D, Zukerman A, Maeir AM, Katz JC, Cabanes D, Trueman C, Shahack-Gross R, Weiner S (2011) The 9th century BCE destruction layer at Tell es-Safi/Gath, Israel: integrating macro- and microarchaeology. J Archaeol Sci 38:3471–3482

Nami M, Moser J (2010) La grotte d'Ifri n'Ammar. Tome 2. Le Paléolithique Moyen. Forschungen zur Archäologie Außereuropäischer Kulturen Bd 9. Reichert, Wiesbaden

Nanson GC, Croke JC (1992) A genetic classification of floodplains. Geomorphology 4:459–486

Nathan RP, Thomas PJ, Jain M, Murray AS, Rhodes EJ (2003) Environmental dose rate heterogeneity of beta radiation and its implications for luminescence dating: Monte Carlo modelling and experimental validation. Radiat Meas 37:305–313

Neff H (2017) Inductively Coupled Plasma-Mass Spectrometry (ICP-MS). In: Gilbert AS (Hrsg) Encyclopedia of Geoarchaeology. Springer, S 433–441

Neff D, Dillmann P, Bellot-Gurlet L, Beranger G (2005) Corrosion of iron archaeological artefacts in soil: characterization of the corrosion system. Corros Sci 47:515–535

Nelson JD, Miller DJ (1992) Expansive soils. Wiley, New York

Neubauer W, Eder-Hinterleitner A, Seren SS, Doneus M, Melichar P (1999) Kombination archäologisch-geophysikalischer Prospektionsmethoden am Beispiel der römischen Zivilstadt Carnuntum. Archaeologia Austriaca 82–83:1–26

Neugebauer-Maresch C, Hambach U, Anghelinu M (2014) Loess and the record of Upper Palaeolithic cultures in the Danube Basin. Quat Int 351:1–4

Neumann TW (1978) A model for the vertical distribution of flotation-size particles. Plains Anthropol 23:85–101

Neumeister H (1964) Beiträge zum Auelehmproblem des Pleiße- und Elstergebietes. Wissenschaftliche Veröffentlichungen des Instituts für Länderkunde NF 21:65–132

Neuwinger I (1970) Böden der subalpinen und alpinen Stufe in den Tiroler Alpen. Mitt Ostalp Din Ges f Vegetkde 11:135–150

Newig J (2001) Entwicklung des Wattenmeeres. In: Newig J, Theede H (Hrsg) Das Wattenmeer: Landschaft im Rhythmus der Gezeiten. Ellen & Richter, Hamburg

Newig J (2014) Nordfrieslands Küste zwischen Landgewinn und Landverlust. Geogr Rundschau 66:4–13

Nicolay A, Raab A, Raab T, Rösler H, Bönisch E, Murray AS (2014) Evidence of (pre-)historic to modern landscape and land use history near Jänschwalde (Brandenburg, Germany). Z Geomorph NF 58(Suppl 2):7–31

Nicolussi K (2009) Alpine Dendrochronologie–Untersuchungen zur Kenntnis der holozänen Umwelt- und Klimaentwicklung. In: Schmidt R, Matulla C, Psenner R (Hrsg) Klimawandel in Österreich: Die letzten 20.000 Jahre und ein Blick voraus. Alpine space – man and environment Bd 6. University Press, Innsbruck, S 41–54

Nicolussi K, Patzelt G (2000) Discovery of early-Holocene wood and peat on the forefield of the Pasterze Glacier, Eastern Alps, Austria. Holocene 10:191–199

Nicolussi K, Kaufmann M, Patzelt G, Thurner A, Van der Plicht J (2005) Holocene tree-line variability in the Kauner Valley, Central Eastern Alps, indicated by dendrochronological analysis of living trees and subfossil logs. Veget Hist Archaeobot 14:221–234

Nicosia C, Devos Y (2014) Urban dark earth. In: Smith C (Hrsg) Encyclopedia of Global Archaeology, Bd 11. Springer, New York, S 7532–7540

Nicosia C, Stoops G (Hrsg) (2017) Archaeological soil and sediment micromorphology. Wiley-Blackwell, Hoboken

Nicosia C, Devos Y, Macphail RI (2017) European dark earth. In: Nicosia C, Stoops G (Hrsg) Archaeological soil and sediment micromorphology. Wiley, Hoboken, S 331–343

Nielsen NH, Dalsgaard K (2017) Dynamics of celtic fields – a geoarchaeological investigation of Øster Lem Hede, Western Jutland. Denmark. Geoarchaeology 32(3):414–434

Nigel J, Smith H (1980) Anthrosols and human carrying capacity in Amazonia. Ann Assoc Am Geogr 40:553–566

Nigst PR, Haesaerts P, Damblon F, Frank-Fellner C, Mallol C, Viola B, Götzinger M, Niven L, Trnka G, Hublin JJ (2014) Early modern human settlement of Europe north of the Alps occurred 43,500 years ago in a cold steppe-type environment. Proc Natl Acad Sci 111(40):14394–14399

Nigst P, Bence-Viola T, Haesaerts P, Blockley S, Damblon F, Frank C, Fuchs M, Götzinger M, Hambach U, Mallol C, Moreau L, Niven L, Richards M, Richter D, Zöller L, Trnka G, Hublin JJ (2008) New research on the Aurignacian of Central Europe: a first note on the 2006 fieldwork at Willendorf II. Quartär 55:9–15

Niller H-P (1998) Prähistorische Landschaften im Lößgebiet bei Regensburg. Kolluvien, Auenlehme und Böden als Archive der Paläoumwelt. Regensburger Geogr Schriften Bd 31. Regensburg

Nitsch EK, Charles M, Bogaard A (2015) Calculating a statistically robust δ^{13}C and δ^{15}N offset for charred cereal and pulse seeds. STAR Sci Technol Archaeol Res 1:1–8

Notebaert B, Verstraeten G, Vandenberghe D, Marinova E, Poesen J, Govers G (2011) Changing hillslope and fluvial Holocene sediment dynamics in a Belgian loess catchment. J Quat Sci 26:44–58

Notebaert B, Broothaerts N, Verstraeten G (2018) Evidence of anthropogenic tipping points in fluvial dynamics in Europe. Global Planet Change 164:27–38

Novakov T (1984) The role of soot and primary oxidants in atmospheric chemistry. Sci Total Environ 36:1–10

Nowacki D, Langan CCM, Kadereit A, Pint A, Wunderlich J (2018) 'Lake Gorgana' – A paleolake in the Lower Danube Valley revealed using multiproxy and regionalisation approaches. Quat Int 511:107–123

Nowaczinski E, Schukraft G, Rassmann K, Reiter S, Müller-Scheeßel N, Hecht S, Eitel B, Bubenzer O, Bátora J (2015) A multidimensional research strategy for the evaluation of settlement pits: 3D electrical resistivity tomography, magnetic prospection and soil chemistry. Archaeol Prospect 22:233–253

Nübold C (2008) Deutschland. In: Verband der Landesarchäologen in der Bundesrepublik Deutschland (Hrsg) Discovering the Archaeologists of Europe.

Nüsser M (2010) Hochgebirge. Ein aktuelles und integratives Forschungsthema. Praxis Geographie 10:4–7

Nyffeler J (2018) Kulturlandschaft in neuem Licht: eine Einführung zu LiDAR in der Archäologie. University of Bamberg Press, Bamberg

Obermaier H (1912) Der Mensch der Vorzeit. Allgemeine Verlags-Gesellschaft, Berlin

Obrocki L, Becker T, Mückenberger K, Finkler C, Fischer P, Willershäuser T, Vött A (2020a) Landscape reconstruction and major flood events of the River Mai (Hesse, Germany) in the environs of the Roman fort at Großkrotzenburg. Quat Int. 538:94–109

Obrocki L, Vött A, Wilken D, Fischer P, Willershäuser T, Koster B, Lang F, Papanikolaou I, Rabbel W, Reicherter K (2020b) Tracing tsunami signatures of the AD 551 and AD 1303 tsunamis at the Gulf of Kyparissia (Peloponnese, Greece) using direct push in situ sensing techniques combined with geophysical studies. Sedimentology 67:1274–1308

Oeggl K, Wahlmüller N (1994) Vegetation and climate history of a high alpine mesolithic camp site in the Eastern Alps. Preist alp 28:71–82

Oeggl K, Kofler W, Wahlmüller N (2005) Pollenanalytische Untersuchungen zur Vegetations- und Siedlungsgeschichte im Montafon. In: Rollinger JM, Rollinger R (Hrsg) Montafon 1: Mensch – Geschichte und Naturraum. Die lebensweltlichen Grundlagen. Montafoner Museen/Heimatverein Montafon, Schruns, S 19–207

Oelmann F (1914) Die Keramik des Kastells Niederbieber. Materialien zur römisch-germanischen Keramik Vol 1. Baer, Frankfurt

Oertel T (2003) Untersuchung und Bewertung geogener und anthropogener Bodenschwermetallanreicherungen als Basis einer geoökologischen Umweltanalyse im Raum Eisleben-Hettstedt. Dissertation, Martin-Luther-Universität Halle-Wittenberg

Öner E (1999) Zur Geomorphologie der Eşen-Deltaebene und des antiken Hafens von Patara, Südwesttürkei. Marb Geogr Schr 134:98–104

Opitz RS, Cowley DC (2013) Interpreting archaeological topography: 3D data, visualisation and observation. Oxbow, Oxford

Opitz R, Herrmann J (2018) Recent trends and long-standing problems in archaeological remote sensing. J Comput Appl Archaeol 1:19–41

Oppenheimer M, Glavovic BC, Hinkel J, van de Wal R., Magnan AK, Abd-Elgawad A, Cai R, Cifuentes-Jara M, DeConto RM, Ghosh T, Hay J, Isla F, Marzeion B, Meyssignac B, Sebesvari Z (2019) Sea Level Rise and Implications for Low-Lying Islands, Coasts and Communities. In: Pörtner HO, Roberts DC, Masson-Delmotte V, Zhai P, Tignor P, Poloczanska E, Mintenbeck K, Alegría A, Nicolai M, Okem, A, Petzold J, Rama B, Weyer NM (Hrsg) IPCC Special Report on the Ocean and Cryosphere in a Changing Climate, S 321-445

Ossendorf G, Groos AR, Bromm T, Tekelemariam MG, Glaser B, Lesur J, Schmidt J, Akçar N, Bekele T, Beldados A, Demissew S, Kahsay TH, Nash BP, Nauss T, Negash A, Nemomissa S, Veit H, Vogelsang R, Woldu Z, Zech W, Opgenoorth L, Miehe G (2019) Middle Stone Age forage resided in high elevations of the glaciated Bale Mountains. Ethiopia. Science 365:583–587

Osterrieth M, Madella M, Zurro D, Alvarez MF (2009) Taphonomical aspects of silica phytoliths in the loess sediments of the Argentinean Pampas. Quat Int 193(1):70–79

Otten TH et al (Hrsg) (2015) Revolution Jungsteinzeit. Archäologische Landesausstellung Nordrhein-Westfalen. Schriften zur Bodendenkmalpflege in Nordrhein-Westfalen.Theiss, Darmstadt, S 448–449

Overbeck F (1975) Botanisch-geologische Moorkunde unter besonderer Berücksichtigung der Moore Nordwestdeutschlands als Quellen zur Vegetations-. Klima-und Siedlungsgeschichte. Wachholtz, Neumünster

Pachur HJ, Wünnemann B (1996) Reconstruction of the palaeoclimate along 30° E in the eastern Sahara during the Pleistocene/Holocene transition. Palaeoecol Afr 24:1–32

Pallmann H, Hasler A, Schmuziger A (1938) Beitrag zur Kenntnis der alpinen Eisen-und Humuspodsole. Bodenkunde und Pflanzenernährung 3:1–94

Pals JP, van Geel B, Delfos A (1980) Palaeoecological studies in the Klokkeweel bog near Hoogkarspel (prov of Noord-Holland). Rev Palaeobot Palynol 30:371–418

Panten A (2016) Der Reichtum der Rungholter: Sage oder Wirklichkeit? In: Newig J, Haupenthal U (Hrsg) Rungholt. Rätselhaft und widersprüchlich. Husum Druck- und Verlagsgesellschaft, Husum, S 41–45

Papadopoulos GA, Gràcia E, Urgeles R, Sallares V, De Martini PM, Pantosti D, González M, Yalciner AC, Mascle J, Sakellariou D, Salomon A, Tinti S, Karastathis V, Fokaefs A, Camerlenghi A, Novikova T, Papageorgiou A (2014) Historical and pre-historical tsunamis in the Mediterranean and its connected seas: a review on documentation, geological signatures, generation mechanisms and coastal impacts. Mar Geol 354:81–109

Papageorgopoulou C, Link K, Rühli FJ (2015) Histology of a woolly mammoth (*Mammuthus primigenius*) preserved in permafrost, Yamal Peninsula, Northwest Siberia. Anat Rec 298:1059–1071

Parkinson WA, Duffy PR (2007) Fortifications and enclosures in European prehistory: a cross-cultural perspective. J Archaeol Res 15:97–141

Patzelt G (1996) Modellstudie Ötztal – Landschaftsgeschichte im Hochgebirgsraum. Mitt Österreichischen Geogr Ges 138:53–70

Paul MA, Barras BF (1998) A geotechnical correction for post-depositional sediment compression: examples from the Forth valley, Scotland. J Quat Sci 13:171–176

Pearsall DM (2015) Paleoethnobotany. In: Wright JD (Hrsg) International encyclopedia of the social & behavioral sciences, 2. Aufl. Elsevier, Oxford, S 456–461

Pécsi M, Richter G (1996) Löss. Herkunft – Gliederung – Landschaften. Z Geomorph NF Suppl-Bd 98

Pécsi M, Richter G (1996) Löss. Herkunft – Gliederung – Landschaften. Z Geomorph NF (Suppl 98)

Periman R (2006) Visualizing the anthropocene: human land use history and environmental management. In: Aguirre-Bravo C, Pellicane P, Burns D, Draggan S (Hrsg) Monitoring science and technology symposium: unifying knowledge for sustainability in the Western Hemisphere US Department of Agriculture, Fort Collins, S 558–564

Petersen M, Rohde H (1977) Sturmflut: die grossen Fluten an den Küsten Schleswig-Holsteins und in der Elbe. Wachholtz, Kiel

Petersen J, Sørensen P (2011) Intra- and inter-plant variation in nitrogen concentration and ^{15}N abundance in cereals fertilized with [15]N. Commun Soil Sci Plant Anal 35:2209–2225

Peterson BJ, Fry B (1987) Stable isotopes in ecosystem studies. Annu Rev Ecol Syst 18:293–320

Petrasch J, Stäuble H (2016) Von Gruben und ihrem Inhalt: Dialog über die Interpretationen von Befunden und ihrer Verfüllung sowie deren Aussagemöglichkeit zur zeitlichen und funktionalen Struktur bandkeramischer Siedlungen. In: Kerig T, Nowak K, Roth G (Hrsg) Alles was zählt…: Festschrift für Andreas Zimmermann. Universitätsforschungen zur Prähistorischen Archäologie Bd 285. Habelt, Bonn, S 365–378

Petrischak H (2014) Neophyten in Mitteleuropa. Biol unserer Zeit 44:410–419

Pewe TL (1954) The geological approach to dating archaeological sites. Am Antiquity 20:51–61

Pfiffner O (2015) Geologie der Alpen. Haupt, Bern

Pichler T, Nicolussi K, Schröder J, Stöllner T, Thomas P, Thurner A (2018) Tree-ring analyses on Bronze Age mining timber from the Mitterberg Main Lode, Austria – did the miners lack wood? J Archaeol Sci Rep 19:701–711

Pietsch D (2013) Krotovinas – soil archives of steppe landscape history. CATENA 104:257–264

Pietsch D, Schenk K, Japp S, Schnelle M (2013) Standardised recording of sediments in the excavation of the Sabaean town of Sirwah, Yemen. J Archaeol Sci 40(5):2430–2445

Pietsch D, Kühn P (2017) Buried soils in the context of geoarchaeological research – two examples from Germany and Ethiopia. Archaeol Anthropol Sci 9:1571–1580

Pietsch D, Machado MJ (2014) Colluvial deposits – proxies for climate change and cultural chronology. A case study from Tigray, Ethiopia. Z Geomorph NF 58(Suppl 1):119–136

Pietsch D, Kühn P, Lisitsyn S, Markova A, Sinitsyn A (2014) Krotovinas, pedogenic processes and stratigraphic ambiguities of the Upper Palaeolithic sites Kostenki and Borshchevo (Russia). Quat Int 324:172–197

Pigati JS, Quade J, Shahanan TM, Haynes CV (2004) Radiocarbon dating of minute gastropods and new constraints on the timing of late Quaternary spring-discharge deposits in southern Arizona, USA. Palaeogeogr Palaeocl 204:33–45

Pint A, Frenzel P, Fuhrmann R, Scharf B, Wennrich V (2012) Distribution of Cyprideis torosa (Ostracoda) in Quaternary athalassic sediments in Germany and its application for palaeoecological reconstructions. Int Rev Hydrobiol 97:330–355

Pint A, Seeliger M, Frenzel P, Feuser S, Erkul E, Berndt C, Klein C, Pirson F, Brückner H (2015) The environs of Elaia's ancient open harbour – a reconstruction based on microfaunal evidence. J Archaeol Sci 54:340–355

Pint A, Schneider H, Frenzel P, Horne DJ, Voigt M, Viehberg F (2016) Late Quaternary salinity variation in the Lake of Siebleben (Thuringia, Central Germany) – methods of palaeoenvironmental analysis using Ostracoda and pollen. Holocene 27:1–15

Pint A, Engel M, Melzer S, Frenzel P, Plessen B, Brückner H (2017) How to discriminate athalassic and marginal marine microfaunas? Foraminifera and other fossils from an early Holocene continental lake in northern Saudi Arabia. J Foramin Res 47:175–187

Piperno DR (2006) Phytoliths: a comprehensive guide for archaeologists and paleoecologists. Altamira Press, Oxford

Piperno DR (2014) Phytolyth analysis: an archaeological and geological perspective. Elsevier, Burlington

Pirazzoli PA (2005) A review of possible eustatic, isostatic and tectonic contributions in eight late-Holocene relative sea-level histories from the Mediterranean area. Quat Sci Rev 24:1989–2001

Pirson F (2014) Elaia, der maritime Satellit Pergamons. In: Ladstätter S, Pirson F, Schmidts T (Hrsg) Harbour cities in the Eastern Mediterranean from Antiquity to the Byzantine Period. Byzas 19(2), Sonderschriften ÖAI 52:339–356

Pirson F (2016) Pergamon – Bericht über die Arbeiten in der Kampagne 2015. Archäol Anz 2016(2):135–223

Pirson S, Court-Picon M, Damblon F, Balescu S, Bonjean D, Haesaerts P (2014) The palaeoenvironmental context and chronostratigraphic framework of the Scladina Cave sedimentary sequence (units 5 to 3-SUP). In: Toussaint M, Bonjean D (Hrsg) The Scladina I-4A Juvenile Neandertal (Andenne, Belgium). Palaeoanthropology and Context. ERAUL Editions, Adenne, S 69–92

Pirson S, Baele JM, Balescu S, Haesaerts P, Juvigné E, Meijs E, Spagna P (2018) Green amphibole distribution as a stratigraphic tool in loess sequences from Belgium: a review. Quat Int 485:183–198

Planck D (2002) Einführung. 25 Jahre Archäologie in Deutschland. In: Menghin W, Planck D (Hrsg) Menschen, Zeiten, Räume. Archäologie in Deutschland. Stuttgart, Theiss, S 15–17

Poetsch TJ (1975) Untersuchungen von bodenbildenden Deckschichten unter besonderer Berücksichtigung ihrer vulkanischen Komponente. Gießener Geologische Schriften Bd 4. Lenz

Ponomarenko D, Ponomarenko E (2019) Describing krotovinas: a contribution to methodology and interpretation. Quat Int 502:238–245

Porraz G, Val A, Dayet L, De La Pena P, Douze K, Miller CE, Murungi ML, Tribolo C, Schmid VC, Sievers C (2015) Bushman Rock Shelter (Limpopo, South Africa): a perspective from the edge of the Highveld. South Afr Archaeol Bull 70:166–179

Powell DM (2009) Dyland rivers: processes and forms. In: Parsons A, Abrahams A (Hrsg) Geomorphology of desert environments, 2. Aufl. Springer, New York, S 333–373

Power MJ, Marlon JR, Bartlein PJ, Harrison SP (2010) Fire history and the Global Charcoal Database: a new tool for hypothesis testing and data exploration. Palaeogeogr Palaeocl 291:52–59

Prange W (1996) Das Kleine Immergrün (Vinca minor L.) in Westdeutschland – eine Kulturreliktpflanze aus römischer Zeit. Schriften des Naturwissenschaftlichen Vereins für Schleswig-Holstein 66:71–96

Prescott GW, Williams DR, Balmford A, Green RE, Manica A (2012) Quantitative global analysis of the role of climate and people in explaining late Quaternary megafaunal extinctions. Proc Natl Acad Sci 109(12):4527–4531

Prestwich J (1859) On the occurrence of flint-implements, associated with remains of extinct Mammalia, in undisturbed beds of a late geological period. Proc Royal Soc London 10:50–59

Pretzsch K (1994) Spätpleistozäne und holozäne Ablagerungen als Indikatoren der fluvialen Morphodynamik im Bereich der mittleren Leine. Göttinger Geographische Abhandlungen Bd 99. Goltze, Göttingen

Preuss J, Rebholz A, Schneidermeier T, Zöller L (1996) Zur Geoarchäologie der paläolithischen Fundschichten von Wallertheim/Rheinhessen. Frankfurter Geowiss Arb D 20:109–130

Price MF, Byers AC, Friend DA, Kohler T, Price LW (2013) Mountain geography: physical and human dimensions. University California Press, Berkeley

Pröschel B, Lehmkuhl F (2018) Die Rekonstruktion des Paläoreliefs der Stadt Aachen. In: Schaub A (Hrsg) Gläserne Grabungen – 10 Jahre neue Stadtarchäologie Aachen. VDS, Neustadt an der Aisch, S 63–68

Pümpin C, Le Bailly M, Pichler S (2017) Ova of intestinal parasites. In: Stoops G, Nicosia C (Hrsg) Archaeological soil and sediment micromorphology. Wiley, Hoboken, S 91–97

Punt W, Blackmore S (1976–1995) The Northwest European Pollenflora I–VII. Elsevier, Amsterdam

Pye K (1984) Loess. Prog Phys Geogr 8:176–217

Pye K (1987) Aeolian dust and dust deposits. Academic Press, San Diego

Pye K, Tsoar H (2008) Aeolian sand and sand dunes. Springer, Berlin

Pyritz E (1972) Binnendünen und Flugsandebenen im Niedersächsischen Tiefland. Goltze, Göttingen

Raab T (2005) Erfassung und Bewertung von Landschaftswandel in (prä-)historischen Montangebieten am Beispiel Ostbayerns. Regensburger Beiträge zur Bodenkunde, Landschaftsökologie und Quartärforschung Bd 7

Raab T, Leopold M, Völkel J (2007) Character, age, and ecological significance of Pleistocene periglacial slope deposits in Germany. Phys Geogr 28:451–473

Raab A, Bonhage A, Schneider A, Raab T, Rösler H, Heußner KU, Hirsch F (2019) Spatial distribution of relict charcoal hearths in the former royal forest district Tauer (SE Brandenburg, Germany). Quat Int 511:153–165

Rabbel W, Wilken D, Wunderlich T, Bödecker S, Brückner H, Byock J, von Carnap-Bornheim C, Kennecke H, Karle M, Kalmring S, Messal S, Schmidts T, Seeliger M, Segschneider M, Zori D (2015) Geophysikalische Prospektion von Hafensituationen – Möglichkeiten, Anwendungen und Forschungsbedarf. In: Schmidts Th, Vučetić MM (Hrsg) Häfen im ersten Millennium AD. Bauliche Konzepte, herrschaftliche und religiöse Einflüsse. RGZM-Tagungen 22:323–340

Rademaker K, Hodgins G, Moore K, Zarrillo S, Miller C, Bromley GR, Leach P, Reid DA, Álvarez WY, Sandweiss DH (2014) Paleoindian settlement of the high-altitude Peruvian Andes. Science 346:466–469

Rapp G (1975) The archaeological field staff: the geologist. J Field Archaeol 2:229–237

Rapp G (1986) Assessing archaeological evidence for seismic catastrophies. Geoarchaeology 1(4):365–379

Rapp G (1987) Geoarchaeology. Ann Rev Earth Planet Sci 15:97–113

Rapp G, Gifford JA (1982) Archaeological geology. Am Sci 70:45–53

Rapp G, Hill CL (2006) Geoarchaeology. The earth-science approach to archaeological interpretation, 2. Aufl. Yale University Press, New Haven

Rathjens C (1979) Die Formung der Erdoberfläche unter dem Einfluß des Menschen: Grundzüge der anthropogenetischen Geomorphologie. Vieweg & Teubner, Stuttgart

Rathmann M (2018) Tabula Peutingeriana: die einzige Weltkarte aus der Antike. Zabern, Mainz

Raun KHM, Pfeiffer M, Höfle B (2018) Visual detection and interpretation of cultural remnants on the Königstuhl hillside in Heidelberg using airborne and terrestrial LiDAR data. In: Siart C, Forbriger M, Bubenzer O (Hrsg) Digital Geoarchaeology – new techniques for interdisciplinary human-environmental research. Springer, Heidelberg, S 201–212

Reeves DM (1936) Aerial photography and archaeology. Am Antiquity 2:102–107

Regev L, Poduska KM, Addadi L, Weiner S, Boaretto E (2010a) Distinguishing between calcites formed by different mechanisms using infrared spectrometry: archaeological applications. J Archaeol Sci 37(12):3022–3029

Regev L, Zukerman A, Hitchcock L, Maeir AM, Weiner S, Boaretto E (2010b) Iron age hydraulic plaster from Tell es-Safi/Gath, Israel. J Archaeol Sci 37(12):3000–3009

Reidsma FH, van Hoesel A, van Os BJ, Megens L, Braadbaart F (2016) Charred bone: physical and chemical changes during laboratory simulated heating under reducing conditions and its relevance for the study of fire use in archaeology. J Archaeol Sci Rep 10:282–292

Reimer PJ, Bard E, Alex Bayliss A, Warren Beck J, Blackwell PG, Bronk Ramsey C, Buck CE, Cheng H, Edwards HR, Friedrich M, Grootes PM, Guilderson TP, Haflidason H, Hajdas I, Hatté C, Heaton TJ, Hoffmann DL, Hogg AG, Hughen KA, Kaiser KF, Kromer B, Manning SW, Niu M, Reimer RW, Richards DA, Scott EM, Southon JR, Staff RA, Turney CSM, van der Plicht J (2013) IntCal13 and Marine13 radiocarbon age calibration curves 0–50,000 years cal BP. Radiocarbon 55:1869–1887

Reimer PJ, Austin WEN, Bard E, Bayliss A, Blackwell PG, Bronk Ramsey C, Butzin M, Cheng H, Edwards RL, Friedrich M, Grootes PM, Guilderson TP, Hajdas I, Heaton TJ, Hogg AG, Hughen KA, Kromer B, Manning SW, Muscheler R, Palmer JG, Pearson C, van der Plicht J, Reimer RW, Richards DA, Scott EM, Southon JR, Turney CSM, Wacker L, Adolphi F, Büntgen U, Capano M, Fahrni SM, Fogtmann-Schulz A, Friedrich R, Köhler P, Kudsk S, Miyake F, Olsen J, Reinig F, Sakamoto M, Sookdeo A, Talamo S (2020) The IntCal20 Northern Hemisphere radiocarbon age calibration curve (0–55 cal kBP). Radiocarbon 62:725–757

Reinhardt EG, Raban A (1999) Destruction of Herod the Great's harbor at Caesarea, Israel – geoarchaeological evidence. Geology 27(9):811–814

Reinhardt EG, Goodman BN, Boyce JI, Lopez G, van Hengstum P, Rink WJ, Mart Y, Raban A (2006) The tsunami of 13 December AD 115 and the destruction of Herod the Great's harbor at Caesarea Maritima, Israel. Geology 34:1061–1064

Reitmaier T (2017) Prähistorische Alpwirtschaft. Eine archäologische Spurensuche in der Silvretta (CH/A), 2007–2016. Jahrb Arch Schweiz 100:7–53

Reitmaier T, Kruse K (2019) Vieh-Weide-Wirtschaft. Ein Modell zur Tragfähigkeit bronzezeitlicher Siedlungen im Alpenraum. Praehist Z 93(2):1–42

Reitz EJ, Shackley M (2012) Environmental archaeology, updated edition. Manuals in archaeological method, theory and technique. Springer, New York

Renfrew C (1976) Archaeology and the earth sciences. In: Davidson DA, Shakley ML (Hrsg) Geoarchaeology: Earth science and the past. Duckworth, London, S 1–5

Renfrew C, Bahn PG (2008) Archaeology: theories, methods and practice. Thames & Hudson, London

Renfrew C, Bahn PG (1991) Archaeology: theories, methods and practice, Bd 2. Thames & Hudson, London

Rentzel P, Narten GB (2000) Zur Entstehung von Gehniveaus in sandig-lehmigen Ablagerungen – Experimente und archäologische Befunde. Jahresbericht der Archäologischen Bodenforschung des Kantons Basel-Stadt 1999:107–127

Rentzel P, Nicosia C, Gebhardt A, Brönnimann D, Pümpin C, Ismail-Meyer K (2017) Trampling, poaching and the effect of traffic. In: Stoops G, Nicosia (Hrsg) Archaeological soil and sediment micromorphology. Wiley, Hoboken, S 281–297

Reynolds JM (2011) An introduction to applied and environmental geophysics. Wiley-Blackwell, Oxford

Richter G (1998) Bodenerosion: Analyse und Bilanz eines Umweltproblems. WBG, Darmstadt

Richter G, Sperling W (1976) Bodenerosion in Mitteleuropa. WBG, Darmstadt

Richter D, Tostevin G, Škrdla P, Davies W (2009) New radiometric ages for the Early Upper Palaeolithic type locality of Brno-Bohunice (Czech Republic): comparison of OSL, IRSL, TL and ^{14}C dating results. J Archaeol Sci 36:708–720

Richter D, Alperson-Afil N, Goren-Inbar N (2011) Employing TL methods for the verification of macroscopically determined heat alteration of flint artefacts from Palaeolithic contexts. Archaeometry 53:842–857

Riddick NL, Volik O, McCarthy FMG, Danesh DC (2016) The effect of acetolysis on desmids. Palynology 41:171–179

Riede F (2012) Tephrochronologische Nachuntersuchungen am endpaläolithischen Fundplatz Rothenkirchen, Kreis Fulda. Führte der Ausbruch des Laacher See-Vulkans (10966 v. Chr.) zu einer anhaltenden Siedlungslücke in Hessen? Jahrb nass Ver Naturkde 133:47–68

Rieley G, Collier RJ, Jones DM, Eglinton G, Eakin PA, Fallick AE (1991) Sources of sedimentary lipids deduced from stable carbon-isotope analyses of individual compounds. Nature 352:425–427

Ries JB, Seeger M, Iserloh T, Wistorf S, Fister W (2009) Calibration of simulated rainfall characteristics for the study of soil erosion on agricultural land. Soil Tillage Res 106(1):109–116

Rittweger H (2000) The "Black Floodplain Soil" in the Amöneburger Becken, Germany: a lower Holocene marker horizon and indicator of an upper Atlantic to Subboreal dry period in Central Europe? CATENA 41:143–164

Rixhon G, Bourlès D, Braucer R, Siame L, Siame L, Cordy JM, Demoulin A (2014) The presence of Homo erectus in NW Europe (Belle-Roche site, eastern Belgium) at 580 ka attested by Terrestrial Cosmogenic Nuclides (^{10}Be). Boreas 43:528–548

Rixhon G, May SM, Engel M, Mechernich S, Schroeder-Ritzrau A, Frank N, Fohlmeister J, Boulvain F, Dunai T, Brückner H (2018) Multiple dating approach (^{14}C, ^{230}Th/U and ^{36}Cl) of tsunami-transported reef-top boulders on Bonaire (Leeward Antilles) – current research and challenges. Mar Geol 396:100–113

Robertson PK (2016) Cone penetration test (CPT)-based soil behaviour type (SBT) classification system – an update. Can Geotech J 53:1910–1927

Roberts RG, Jacobs Z, Li B, Jankowski NR, Cunningham AC, Rosenfeld AB (2015) Optical dating in archaeology: thirty years in retrospect and grand challenges for the future. J Archaeol Sci 56:41–60

Robin V, Talon B, Nelle O (2013) Pedoanthracological contribution to forest naturalness assessment. Quat Int 289:5–15

Röbke BR, Vött A (2017) The tsunami phenomenon. Prog Oceanogr 159:296–322

Röbke BR, Schüttrumpf H, Vött A (2018) Hydro- and morphodynamic tsunami simulations for the Ambrakian Gulf (Greece) and comparison with geoscientific field traces. Geophysical J Int 213:317–339

Roebroeks W, Sier MJ, Nielsen TK, De Loecker D, Parés JM, Arps CES, Mücher HJ (2012) Use of red ochre by early Neandertals. Proc Natl Acad Sci 109:1889–1894

Rohdenburg H (1970) Morphodynamische Aktivitäts-und Stabilitätszeiten statt Pluvial- und Interpluvialzeiten. Eiszeitalt Ggw 21:81–96

Rohdenburg H (1989) Landscape ecology – geomorphology. Catena-Verlag, Reiskirchen

Rohner J (1972) Studien zum Wandel von Bevölkerung und Landwirtschaft im Unterengadin. Helbing & Lichterhahn, Basel

Römer W, Lehmkuhl F, Sirocko F (2016) Late Pleistocene aeolian dust provenances and wind direction changes reconstructed by heavy mineral analysis of the sediments of the Dehner dry maar (Eifel, Germany). Global Planet Change 147:25–39

Röpke A (2011) Der Wandel von der Natur- zur Kulturlandschaft im Hochtal von St. Antönien (Schweiz): ein Methodenverbund aus Palynologie, Bodenkunde und Dendroökologie. Habelt, Bonn

Röpke A (2017) Anthropogene Signaturen in den Böden des Bernstorfer Berges (Oberbayern). In: Gebhard R, Krause R (Hrsg) Bernstorf. Archäologisch-naturwissenschaftliche Analysen der Gold- und Bernsteinfunde vom Bernstorfer Berg bei Kranzberg, Oberbayern. Archäologische Staatssammlung München 2016:217–236

Röpke A, Dietl C (2017) Burnt soils and sediments. In: Stoops G, Nicosia C (Hrsg) Archaeological soil and sediment micromorphology. Wiley, Hoboken, S 173–180

Röpke A, Krause R (2013) High montane – subalpine soils in the Montafon Valley (Austria, northern Alps) and their link to land-use, fire and settlement history. Quat Int 308–309:178–189

Röpke A, Stobbe A, Oeggl K, Kalis AJ, Tinner W (2011) Late-Holocene land-use history and environmental changes at the high altitudes of St Antönien (Switzerland, Northern Alps): Combined evidence from pollen, soil and tree-ring analyses. Holocene 21(3):485–498

Rosen AM (1986) Cities of clay: the geoarcheology of tells. University of Chicago Press, Chicago

Rosen AM, Weiner S (1994) Identifying ancient irrigation: a new method using opaline phytoliths from emmer wheat. J Archaeol Sci 21:125–132

Roth G (2008) Geben und Nehmen. Eine wirtschaftshistorische Studie zum neolithischen Hornsteinbergbau von Abensberg-Arnhofen, Kr. Kelheim (Niederbayern). Dissertation, Universität zu Köln

Rousseau DD, Svensson A, Bigler M, Sima A, Steffensen JP, Boers N (2017) Eurasian contribution to the last glacial dust cycle: how are loess sequences built? Clim Past 13:1181–1197

Runge F (2000) Opal-Phytolithe in den Tropen Afrikas und ihre Verwendung bei der Rekonstruktion paläoökologischer Umweltverhältnisse. Books on Demand GmbH, Norderstedt

Sabelberg U (1977) The stratigraphic record of Late Quaternary accumulation series in South West Morocco and its consequences concerning the pluvial hypothesis. CATENA 4:209–214

Sanderson DC, Murphy S (2010) Using simple portable OSL measurements and laboratory characterisation to help understand complex and heterogeneous sediment sequences for luminescence dating. Quat Geochronol 5:299–305

Sarris A (2015) Best practices of geoinformatic technologies for the mapping of archaeolandscapes. Archaeopress, Oxford

Sarris A, Papadopoulos N, Agapiou A, Salvi MC, Hadjimitsis DG, Parkinson WA, Yerkes RW, Gyucha A, Duffy PR (2013) Integration of geophysical surveys, ground hyperspectral measurements, aerial and satellite imagery for archaeological prospection of prehistoric sites: the case study of Vésztő-Mágor Tell. Hungary. J Archaeol Sci 40(3):1454–1470

Sarris A, Kalayci T, Moffat I, Manataki M (2018) An introduction to geophysical and geochemical methods in digital geoarchaeology. In: Siart C, Forbriger M, Bubenzer O (Hrsg) Digital Geoarchaeology – new techniques for interdisciplinary human-environmental research. Springer, Heidelberg, S 215–236

Sauerbier M (2013) Image-based techniques in cultural heritage modeling. In: Bock H, Jäger W, Winckler M (Hrsg) Scientific computing and cultural heritage. Contributions in computational humanitites. Springer, Heidelberg, S 61–69

Sauheitl L, Glaser B, Bol R (2005) Short-term dynamics of slurry-derived plant and microbial sugars in a temperate grassland soil as assessed by compound-specific $\delta^{13}C$ analyses. Rapid Commun Mass Spectrom 19:1437–1446

Saunaluoma S (2012) Geometric earthworks in the state of Acre, Brazil. Excavations at the Fazenda Atlântica and Quinauá sites. Latin Am Antiq 23:565–583

Scardozzi G, Brilli M, Giustini F (2019) Calcite alabaster artifacts from Hierapolis in Phrygia, Turkey: provenance determination using carbon and oxygen stable isotopes. Geoarchaeology 34:169–186

Schachtschabel P, Blume HP, Brümmer G, Hartge KH, Schwertmann U (1989) Scheffer/Schachtschabel: Lehrbuch der Bodenkunde, 12. Aufl. Enke, Stuttgart

Schaefer I (1957) Zur Terminologie der Kleinformen unseres Ackerlandes. Petermanns Geogr Mitt 1091:179–189

Schaetzl R, Bettis EA, Crouvi O, Fitzsimmons K, Grimley D, Hambach U, Lehmkuhl F, Marković S, Mason J, Owczarek P, Roberts HM, Rousseau DD, Stevens T, Vandenberghe J, Zárate M, Veres D, Yang S, Zech M, Conroy JL, Dave AK, Faust D, Hao Q, Obreht I, Prud'homme C, Smalley I, Tripaldi A, Zeeden C, Zech R (2018) Approaches and challenges to the study of loess—Introduction to the LoessFest Special Issue. Quat Res 89:563–618

Schäfer J, Laurat T, Kegler JF (2003) Bericht zu den Ausgrabungen am altsteinzeitlichen Fundplatz Markkleeberg 1999 bis 2001. Arbeits- und Forschungsberichte zur sächsischen Bodendenkmalpflege 45:13–48

Schäfer D, Heinrich WD, Böhme G, Steiner W (2007) Aspects of the geology, palaeontology and archaeology of the travertine site of Weimar-Ehringsdorf (Thuringia, Central Germany). Cour Forsch -Inst Senckenberg 259:141–147

Schäfer A, Mara H, Freudenreich J, Breuckmann B, Düffort C, Bock G (2011) Large Scale Angkor Style Reliefs: High Definition 3D Acquisition and Improved Visualization Using Local Feature Estimation. In: Zhou M, Romanowska I, Wu Z, Xu P, Verhagen P (Hrsg) Revive the Past. Proceedings of the 39th Conference on Computer Applications and Quantitative Methods in Archaeology, Beijing, 12–16 April. Pallas Publication, Amsterdam, S 70–80

Schalich J (1981) Boden- und Landschaftsgeschichte in der westlichen Niederrheinischen Bucht. In: Geologisches Landesamt Nordrhein-Westfalen (Hrsg) Geologie und Lagerstättenerkundung im Rheinischen Braunkohlenrevier. Fortschritte in der Geologie von Rheinland und Westfalen 29:505–518

Schellmann G (1990) Fluviale Geomorphodynamik im jüngeren Quartär des unteren Isar- und angrenzenden Donautales. Düsseldorfer Geogr Schriften Bd 29

Schenk W (2011) Historische Geographie. WBG, Darmstadt

Scherrer P, Trinkl E (2006) Die Tetragonos Agora in Ephesos. Grabungsergebnisse von archaischer bis in byzantinische Zeit – ein Überblick. Befunde und Funde klassischer Zeit. Forschungen in Ephesos Bd 13. (2) Wien

Schick K D (1986) Stone Age sites in the making: experiments in the formation and transformation of archaeological occurrences. British archaeological reports international series Bd 319. BAR, Oxford

Schiegl S, Goldberg P, Bar-Yosef O, Weiner S (1996) Ash deposits in Hayonim and Kebara caves, Israel: macroscopic, microscopic and mineralogical observations, and their archaeological implications. J Archaeol Sci 23(5):763–781

Schiffer MB (1972) Archaeological context and systemic context. Am Antiquity 37:156–165

Schiffer MB (1983) Toward the identification of formation processes. Am Antiquity 48:675–706

Schiffer MB (1987) Formation processes of the archaeological record. University of New Mexico Press, Albuquerque

Schirmer W (1993) Der menschliche Eingriff in den Talhaushalt. Kölner Jahrb 26:577–584

Schirmer W (1995) Valley bottoms in the late Quaternary. In: Hagedorn J (Hrsg) Late Quaternary and present day fluvial processes in Central Europe. Z Geomorph NF (Suppl 100):27–51

Schirmer W (2002a) Lösse und Böden in Rheindahlen. GeoArchaeoRhein Bd 5. LIT, Berlin

Schirmer W (2002b) Compendium of the Rhein loess sequence. In: Ikinger A, Schirmer W (Hrsg) Loess units and solcomplexes in the Niederrhein and Maas area. Terra Nostra 2002:8–23

Schirmer W (2008) Der Naturraum Main-Regnitz im ersten Jahrtausend n. Chr. Schriftenreihe des Historischen Vereins Bamberg 41(2):46–60

Schirmer W (2016) Late Pleistocene loess of the lower Rhine. Quat Int 411:44–61

Schlichtherle H (1997) Pfahlbauten rund um die Alpen. Theiss, Stuttgart

Schlummer M, Hoffmann T, Dikau R, Eickmeier M, Fischer P, Gerlach R, Holzkämper J, Kalis AJ, Kretschmer I, Lauer F, Maier A, Meesenburg J, Meurers-Balke J, Münch U, Pätzold S, Steiniger F, Stobbe A, Zimmermann A (2014) From point to area: upscaling approaches for late Quaternary archaeological and environmental data. Earth Sci Rev 131:22–48

Schlütz F, Bittmann F (2015) Archäobotanische und pollenanalytische Untersuchungen zu Subsistenz und Umwelteinfluss der bronzezeitlichen Siedlung Fidvár bei Vráble (Slowakei). Siedlungs- und Küstenforschung im südlichen Nordseegebiet 38:271–285

Schlütz F, Lehmkuhl F (2007) Climatic change in the Russian Altai, southern Siberia, based on palynological and geomorphological results with implications on climatic teleconnections and human history since the middle Holocene. Veget Hist Archaeobot 16:101–118

Schlütz F, Shumilovskikh LS (2013) On the relation of *Potamomyces armatisporus* to the fossil form-type *Mediaverrunites* and its taxonomical and ecological implications. Fungal Ecol 6:309–315

Schlütz F, Shumilovskikh LS (2017) Non-pollen palynomorphs notes: 1. Type HdV-368 (*Podospora*-type), descriptions of associated species, and the first key to related spore types. Rev Palaeobot Palynol 239:47–54

Schmalfuß G, Tinapp C, Herbig C (2018) Ein polykultureller Siedlungsplatz am Nordhang des Döllnitztales nahe Altmügeln. Arbeits- und Forschungsberichte zur sächsischen Bodendenkmalpflege Beiheft 33:98–146

Schmidgall J (2009) Bodenkundlich-sedimentologische Untersuchungen zum anthropogen induzierten Landschaftswandel von Karstgebieten am Beispiel des Schlossbergs von Kallmünz (Südöstliche Fränkische Alb). Regensburger Beiträge zur Prähistorischen Archäologie Bd 19

Schmidtchen G, Blagoje G, Bork H (2003) Bodenerosion und Wasserhaushalt an einer Insel im Oderbruch. In: Bork HR, Schmidtchen G, Dotterweich M (Hrsg) Bodenbildung, Bodenerosion und Reliefentwicklung im Mittel-und Jungholozän Deutschlands. Deutsche Akademie für Landeskunde 253:17–56

Schmidt C (2013) Luminescence dating of heated silex – potential to improve accuracy and precision and application to paleolithic sites. Dissertation, Universität zu Köln

Schmidt C, Zöller L, Hambach U (2015) Dating of sediments and soils. Erlanger Geogr Arb 42:119–146

Schmidt C, Sitlivy V, Anghelinu M, Chabai V, Kels H, Uthmeier T, Hauck T, Băltean I, Hilgers A, Richter J, Radtke U (2013) First chronometric dates (TL and OSL) for the Aurignacian open-air site of Românești-Dumbrăviţa I, Romania. J Archaeol Sci 40:3740–3753

Schmidt ED, Tsukamoto S, Frechen M, Murray AS (2014) Elevated temperature IRSL dating of loess sections in the East Eifel region of Germany. Quat Int 334–335:141–154

Schmidt J, Werther L, Zielhofer C (2018) Shaping pre-modern digital terrain models: The former topography at Charlemagne's canal construction site. PloS ONE 13(7):e0200167

Schmidt RR (1912) Die diluviale Vorzeit Deutschlands. Unter Mitwirkung von E. Koken und A. Schliz. E. Schweizerbartsche Verlagsbuchhandlung Nägele und Dr. Sproesser, Stuttgart

Schmidt RR, von Koken EFRK, Schliz JA (1912) Die diluviale Vorzeit Deutschlands. E. Schweizerbart, Stuttgart

Schmitt A, Dotterweich M (2003) Landschafts-veränderung durch Landnutzung im Wolfsgraben bei Kemmern. Heimat Bamberger Land 15:87–92

Schmitz RW, Thissen J (1997) Rheindahlen – ein Fundplatz des Micoquien im Niederrheinischen Tiefland. Archäologie im Rheinland 1997:17–18

Schneider U (2012) Der Gottorfer Codex – ein Florilegium für Herzog Friedrich III. Kieler Notizen zur Pflanzenkunde in Schleswig-Holstein und Hamburg 38:100–109

Schneider MPW, Pyle LA, Clark KL, Hockaday WC, Masiello CA, Schmidt MWI (2013) Toward a "molecular thermometer" to estimate the charring temperature of wildland charcoals derived from different biomass sources. Environ Sci Technol 47:11490–11495

Schneider M, Linzen S, Schiffler M, Pohl E, Ahrens B, Dunkel S, Stolz R, Bemmann J, Meyer HG, Baumgarten D (2014) Inversion of geo-magnetic SQUID gradiometer prospection data using polyhedral model interpretation of elongated anomalies. IEEE Trans Magn 50:6000704

Schnepel C, Potthoff K, Eiter S, Giani L (2014) Evidence of plaggen soils in SW Norway. J Plant Nutr Soil Sci 177(4):638–645

Scholten T (2014) Mensch und Boden. Praxis. Geographie 2014(1):4–7

Schön W (2013) Veränderungen an Steinartefakten durch Wind, Hitze und Frost. In: Floss H (Hrsg) Steinartefakte vom Altpaläolithikum bis in die Neuzeit. Kerns, Tübingen, S 101–104

Schönfeld G (2009) Die altheimzeitliche Feuchtbodensiedlung von Pestenacker. Ber bayer Bodendenkmalpfl 50:137–156

Schönfelder I (1997) Eine Phosphor-Diatomeen-Relation für alkalische Seen und Flüsse Brandenburgs und ihre Anwendung für die paläolimnologische Analyse von Auensedimenten der unteren Havel. Diss Botanicae Bd 283

Schreg R (2007) Keramik aus Südwestdeutschland. Eine Hilfe zur Beschreibung, Bestimmung und Datierung archäologischer Funde vom Neolithikum bis zur Neuzeit. Verlag des Vereins für Archäologie des Mittelalters, Schloss Hohentübingen, Tübingen

Schreg R (2016) Mittelalterliche Feldstrukturen in deutschen Mittelgebirgslandschaften– Forschungs-fragen, Methoden und Herausforderungen für Archäologie und Geographie. Ruralia 10:351–370

Schreve DC, Bridgland DR, Allen P, Blackford JJ, Gleed-Owen CP, Griffiths HI, Keen DH, White MJ (2002) Sedimentology, palaeontology and archaeology of late Middle Pleistocene River Thames terrace deposits at Purfleet, Essex, UK. Quat Sci Rev 21:1423–1464

Schug P (2014) Die Stadtgrabung L-182 „Hainspitze"– Neuesausder„Keimzelle"Leipzigs.In:SmolnikR, Hock H-P (Hrsg) Ausgrabungen in Sachsen Bd 4. Dresden, S 245–256

Schulte P (2017) Laser diffraction size analysis of loess-paleosol sequences – pretreatment, calculation, interpretation. Dissertation, RWTH Aachen

Schulte P, Lehmkuhl F (2018) The difference of two laser diffraction patterns as an indicator for post-depositional grain size reduction in loess-paleosol sequences. Palaeogeogr Palaeocl 509:126–136

Schulte A, Stumböck M (2000) Sedimentologische Befunde für den neolithischen und bronzezeitlichen Landschaftswandel im Hegau, SW-Deutschland – erste Ergebnisse. Z Geomorph NF (Suppl 121):151–169

Schulz W (2007) Die Kolluvien der westlichen Kölner Bucht. Gliederung, Entstehungszeit und geomorphologische Bedeutung. Dissertation, Universität zu Köln

Schuppert CJ (2013) GIS-gestützte historisch-geographische Untersuchungen im Umfeld ausgewählter frühkeltischer Fürstensitze in Südwestdeutschland. Forschungen und Berichte zur Vor- und Frühgeschichte in Baden-Württemberg, Bd 126. Theiss, Darmstadt

Schütte H (1939) Sinkendes Land an der Nordsee? Schriften Deutsche Naturkundevereinigung NF Bd 9

Schwarcz HP, Grün R, Latham AG, Mania D, Brunnacker K (1988) The Bilzingsleben archaeological site: new dating evidence. Archaeometry 30:5–17

Schwardt M, Köhn D, Wunderlich T, Wilken D, Seeliger M, Schmidts TH, Brückner H, Başaran S, Rabbel W (2020) Characterisation of silty to fine-sandy sediments with SH-waves: full waveform inversion in comparison to other geophysical methods. Near Surf Geophys 18:217–248

Schwarzbauer J, Stock F, Brückner H, Dsikowitzky L, Krichel M (2018) Molecular organic indicators for human activities in the Roman harbor of Ephesus, Turkey. Geoarchaeology 33:498–509

Schweingruber FH (1983) Der Jahrring: Standort, Methodik, Zeit und Klima in der Dendrochronologie. Haupt, Bern

Schweingruber FH (1990) Anatomie europäischer Hölzer. Ein Atlas zur Bestimmung europäischer Baum-, Strauch-, und Zwergstrauchhölzer. Haupt, Stuttgart

Scollar I, Tabbagh A, Hesse A, Herzog I (1990) Archaeological prospecting and remote sensing. Cambridge University Press, Cambridge

Scudder SJ, Foss JE, Collins ME (1996) Soil science and archaeology. Adv Agron 57:1–76

Seeliger M, Bartz M, Erkul E, Feuser S, Kelterbaum D, Klein C, Pirson F, Vött A, Brückner H (2013) Taken from the sea, reclaimed by the sea: the fate of the closed harbour of Elaia, the maritime satellite city of Pergamum (Turkey). Quat Int 312:70–83

Seeliger M, Pint A, Herbrecht M, Brückner H (20176) Das Geheimnis der Arginusen-Inseln – geoarchäologische Untersuchungen auf der Kane-Halbinsel. In: Pirson F (Hrsg) Pergamon – Bericht über die Arbeiten in der Kampagne 2015. Archäol Anz 2016(2):185–190

Seeliger M, Pint A, Frenzel P, Feuser S, Pirson F, Riedesel S, Brückner H (2017) Foraminifera as markers of Holocene sea-level fluctuations and water depths of ancient harbours – a case study from the Bay of Elaia (W Turkey). Palaeogeogr Palaeoclimatol Palaeoecol 482:17–29

Seeliger M, Pint A, Feuser S, Riedesel S, Marriner N, Frenzel P, Pirson F, Bolten A, Brückner H (2019) Elaia, Pergamon's maritime satellite: the rise and fall of an ancient harbour city shaped by shoreline migration. J Quat Sci 34:228–244

Seidel J (2004) Massenbilanzen holozäner Sedimente am südlichen und mittleren Oberrhein. Dissertation, Universität Freiburg

Seiler M, Kopecky-Hermanns B (2012) Eine Siedlung des Hoch- und Spätmittelalters mit Töpferei bei Boos im Allgäu – Ausgrabungen und bodenkundlich-geoarchäologische Untersuchungen. Ber bayer Bodendenkmalpf 53:409–453

Seitz C (2018) Combined aerial and ground-based structures from motion for cultural heritage documentation. In: Siart C, Forbriger M, Bubenzer O (Hrsg) Digital geoarchaeology – new techniques for interdisciplinary human-environmental research. Springer, Cham

Selley RC (2005) Diagenesis, overview. In: Selley RC, Cocks RM, Plimer IR (Hrsg) Encyclopedia of Geology. Elsevier, Amsterdam, S 666–668

Semmel A (1977) Grundzüge der Bodengeographie. Teubner, Stuttgart

Semmel A (1997) Referenzprofile des Würmlösses im Rhein-Main-Gebiet. Jahresberichte der Wetterauischen Gesellschaft für die gesamte Naturkunde 148:37–47

Semmel A (2002a) Hauptlage und Oberlage als umweltgeschichtliche Indikatoren. Z Geomorph NF 46(2):167–180

Semmel A (2002b) Das Süddeutsche Stufenland mit seinen Grundgebirgsrändern. In: Liedke H, Marcinek J (Hrsg) Physische Geographie Deutschlands, 3. Aufl. Klett-Perthes, Gotha, S 539–587

Semmel A, Terhorst B (2010) The concept of the Pleistocene periglacial cover beds in central Europe: A review. Quat Int 222(1–2):120–128

Sevara C, Verhoeven G, Doneus M, Draganits E (2018) Surfaces from the visual past: recovering high-resolution terrain data from historic aerial imagery for multitemporal landscape analysis. J Archaeol Method Theory 25:611–642

Sevink J, van Geel B, Jansen B, Wallinga J (2018) Early Holocene forest fires, drift sands, and Usselo-type paleosols in the Laarder Wasmeren area near Hilversum, the Netherlands: implications for the history of sand landscapes and the potential role of Mesolithic land use. CATENA 165:286–298

Shackley MS (2010) Is there reliability and validity in portable X-ray fluorescence spectrometry (PXRF)? SAA Archaeol Rec 10:277–280

Shahack-Gross R (2011) Herbivorous livestock dung: formation, taphonomy, methods for identification, and archaeological significance. J Archaeol Sci 38(2):205–218

Shahack-Gross R, Bar-Yosef O, Weiner S (1997) Black-coloured bones in Hayonim Cave, Israel: differentiating between burning and oxide staining. J Archaeol Sci 24(5):439–446

Shahack-Gross R, Berna F, Karkanas P, Weiner S (2004) Bat guano and preservation of archaeological remains in cave sites. J Archaeol Sci 31:1259–1272

Shahack-Gross R, Albert RM, Gilboa A, Nagar-Hilman O, Sharon I, Weiner S (2005) Geoarchaeology in an urban context: the uses of space in a Phoenician monumental building at Tel Dor (Israel). J Archaeol Sci 32:1417–1431

Shahack-Gross R, Berna F, Karkanas P, Lemorini C, Gopher A, Barkai R (2014) Evidence for the repeated use of a central hearth at Middle Pleistocene (300 ky ago) Qesem Cave. Israel. J Archaeol Sci 44:12–21

Shepherd R (1993) Ancient Mining. Elsevier, London

Sherbondy J (1998) Andean irrigation in history. In: Boelens R, Dávila G (Hrsg) Searching for equity. Van Gorcum, Assen, S 210–215

Sherwood SC, Kidder TR (2011) The DaVincis of dirt. Geoarchaeological perspectives on Native American mound building in the Mississippi River basin. J Anthropol Archaeol 30:69–87

Shetrone H, Lepper BT (2011) The mound-builders. University of Alabama Press, Tuscaloosa

Shillito LM (2011a) Daily activities, diet and resource use at Neolithic Çatalhöyük: microstratigraphic and biomolecular evidence from middens. Archaeopress, Oxford

Shillito LM (2011b) Simultaneous thin section and phytolith observations of finely stratified deposits from Neolithic Çatalhöyük, Turkey: implications for paleoeconomy and Early Holocene paleoenvironment. J Quat Sci 26:576–588

Shillito LM (2015) Middens and other trash deposits. In: Metheny KB, Beaudry MC (Hrsg) Archaeology of food Bd 2. An encyclopedia. Rowman & Littlefield Publ, Maryland, S 316–318

Shillito LM, Ryan P (2013) Surfaces and streets: Phytoliths, micromorphology and changing use of space at Neolithic Çatalhöyük (Turkey). Antiquity 87:684–700

Shillito LM, Almond MJ, Wicks K, Marshall LJR, Matthews W (2009) The use of FT-IR as a screening technique for organic residue analysis of archaeological samples. Spectrochim Acta A 72(1):120–125

Shillito LM, Ryan P (2013) Surfaces and streets: Phytoliths, micromorphology and changing use of space at Neolithic Çatalhöyük (Turkey). Antiquity 87:684–700

Shillito LM, Matthews W, Bull ID, Williams J (2013) Biomolecular investigations of faecal biomarkers at Sheik-e Abad and Jani. In: Matthews RJ, Matthews W, Mohammadifar Y (Hrsg) The Earliest Neolithic of Iran: 2008 Excavations at Sheikh-e Abad and Jan. Oxbow Books, Oxford, S 105–115

Shumilovskikh LS, Seeliger M, Feuser S, Novenko E, Schlütz F, Pint A, Pirson F, Brückner H (2016) The harbour of Elaia: a palynological archive for human environmental interactions during the last 7500 years. Quat Sci Rev 149:167–187

Shumilovskikh LS, Ferrer A, Schlütz F (2017) Non-pollen palynomorphs notes: 2. Holocene record of *Megalohypha aqua-dulces*, its relation to the fossil form genus *Fusiformisporites* and association with lignicolous freshwater fungi. Rev Palaeobot Palynol 246:167–176

Siart C, Bakti BB, Eitel B (2013) Digital Geoarchaeology: an approach to reconstructing ancient landscapes at the human-environmental interface. In: Bock H, Jäger W, Winckler M (Hrsg) Scientific computing and cultural Heritage. Contributions in Computational Humanitites. Springer, Heidelberg, S 71–85

Siart C, Forbriger M, Bubenzer O (Hrsg) (2018) Digital Geoarchaeology – new techniques for interdisciplinary human-environmental research. Springer, Cham

Siegmund F (2015) Gewußt wie: Praxisleitfaden Seriation und Korrespondenzanalyse in der Archäologie. Books on Demand GmbH, Norderstedt

Siepen M, Bechert T, Gerlach R (1995) Ein eisenzeitlicher Fundplatz in Duisburg-Huckingen: archäologische und geoarchäologische Ausgrabungen in der Angerbachaue (1994). Archäol Denkmalpflege Duisburg Bd 1

Sievers S (2003) Manching: die Keltenstadt. Theiss, Stuttgart

Šilhán K (2017) Evaluation of growth disturbances of *Picea* abies (L.) Karst. to disturbances caused by landslide movements. Geomorphology 276:51–58

Silvestri A, Molin G, Salviulo G (2005) Archaeological glass alteration products in marine and land-based environments: morphological, chemical and microtextural characterization. J Non-Cryst Solids 351:1338–1349

Simpson IA, Dockrill SJ, Bull ID, Evershed RP (1998) Early anthropogenic soil formation at Tofts Ness, Sanday, Orkney. J Archaeol Sci 25:729–746

Sirocko F (2012) Wetter, Klima, Menschheitsentwicklung: von der Eiszeit bis ins 21. Jahrhundert, 3. Aufl. WBG, Darmstadt

Sittler B, Hauger K (2005) Das Laserscanning im Dienste der Kulturlandschaftsforschung am Beispiel der unter Wald fossilierten Wölbäcker von Rastatt. Fundber Hessen 4(2005):229–235

Smith JR, Giegengack R, Schwarcz HP (2004) Constraints on Pleistocene pluvial climates through stable-isotope analysis of fossil-spring tufas and associated gastropods, Kharga Oasis. Egypt. Palaeogeogr Palaeocl 206:157–175

Smol JP, Birks HJB, Last WM (2001) Tracking environmental change using lake sediments. Kluwer, Dordrecht

Smolnik R (Hrsg) (2018) Ausgrabungen in Sachsen 6. Arbeits- und Forschungsberichte zur sächsischen Bodendenkmalpflege Beih 33. Löhnert-Druck, Markränstadt, S 525

Soddy F (1922) The interpretation of radium and the structure of the atom, 4. Aufl. Putnam, New York

Soergel W (1919) Lösse, Eiszeiten und paläolithische Kulturen: eine Gliederung und Altersbestimmung der Lösse. G. Fischer, Jena

Soil Survey Staff (2006) Keys to soil taxonomy. USDA, Natural Resources Conservation Service, Washington, DC

Sommer U (1991) Zur Entstehung archäologischer Fundvergesellschaftungen: Versuch einer archäologischen Taphonomie. Studien zur Siedlungsarchäologie I. Universitätsforschungen zur Prähistorischen Archäologie Bd 6. Habelt, Bonn, S 51–174

Sonnemann TF (2015) Spatial configurations of water management at an early Angkorian capital – combining GPR and TerraSAR-X data to complement an archaeological map. Archaeol Prospect 22(2):105–115

Sonnemann TF, Comer DC, Patsolic JL, Megarry WP, Herrera Malatesta E, Hofman CL (2017) Semi-automatic detection of indigenous settlement features on Hispaniola through remote sensing data. Geosciences 7:127

Spötl C, Mangini A, Richards DA (2006) Chronology and paleoenvironment of marine isotope stage 3 from two high-elevation speleothems, Austrian Alps. Quat Sci Rev 25:1127–1136

Sprafke T (2016) Löss in Niederösterreich: Archiv quartärer Klima-und Landschaftsveränderungen. Würzburg University Press, Würzburg

Sprafke T, Obreht I (2016) Loess: rock, sediment or soil – what is missing for its definition? Quat Int 399:198–207

Stadt Leipzig, Amt für Statistik und Wahlen (2017) Statistischer Quartalsbericht I/2017. Leipzig. ► https://www.leipzig.de/news/news/statistischer-quartalsbericht-i-2017-zeigt-leipzig-waechst-weit/ Letzter Zugriff: 24.8.2017

Stahlschmidt MC, Miller CE, Kandel AW, Goldberg P, Conard NJ (2017) Site formation processes and Late Natufian domestic spaces at Baaz Rockshelter, Syria: a micromorphological perspective. J Archaeol Sci Rep 12:499–514

Stankiewicz BA, Hutchins JC, Thomson R, Briggs DEG, Evershed RP (1998) Assessment of bog-body tissue preservation by pyrolysis-gas chromatography/mass spectrometry. Rapid Commun Mass Sp 11:1884–1890

Stanley DJ (1995) A global sea-level curve for the late Quaternary: the impossible dream? Mar Geol 125:1–6

Stanley JD, Toscano MA (2009) Ancient archaeological sites buried and submerged along Egypt's Nile delta coast: gauges of Holocene delta margin subsidence. J Coast Res 25:158–170

Starkel L, Soja R, Michczyńska DJ (2006) Past hydrological events reflected in Holocene history of Polish rivers. CATENA 66:24–33

Starkovich BM, Hodgins GW, Voyatzis ME, Romano DG (2013) Dating gods: radiocarbon dates from the sanctuary of Zeus on Mt. Lykaion (Arcadia, Greece). Radiocarbon 55(2):501–513

Stäuble H (1997) Häuser, Gruben und Fundverteilung. In: Lüning J (Hrsg) Eine Siedlung der Ältesten Bandkeramik in Bruchenbrücken, Stadt Friedberg/Hessen. Universitätsforschungen zur Prähistorischen Archäologie Bd 39. Habelt, Bonn, S 17–150

Stäuble H (2013) What You See Is What It Was? In: Hamon C, Allard P, Ilett M (Hrsg) The Domestic Space in LBK Settlements. Workshop 7–8th October 2010. Verlag Marie Leidorf, Rahden, S 231–245

Stäuble H, Wolfram S (2012) Taphonomie heute: Reanimation erwünscht. Studien zur Bandkeramik. In: Link T, Schimmelpfennig D (Hrsg) Taphonomische Forschungen (nicht nur) zum Neolithikum. Fokus Jungsteinzeit – Berichte der AG Neolithikum Bd 3. Welt und Erde, Loogh, S 35–55

Stein JK (1983) Earthworm activity: a source of potential disturbance of archaeological sediments. Am Antiquity 48:277–289

Stein JK (1993) Scale in archaeology, geosciences, and geoarchaeology. In: Stein JK, Linse AR (Hrsg) Effects of scale in archaeological and geoscientific perspectives. Geol Soc Am Spec Papers 283:1–10

Stenonis N (1669) De solido intra solidum naturaliter contento dissertationis prodromus. Ex typographia sub signo Stellae, Florenz

Stiner MC, Kuhn SL, Surovell TA, Goldberg P, Meignen L, Weiner S, Bar-Yosef O (2001) Bone preservation in Hayonim Cave (Israel): a macroscopic and mineralogical study. J Archaeol Sci 28(6):643–659

Stobbe A (2009) Ein römischer Brunnen im freien Germanien. Archäologie in Deutschland 2009(2):28–29

Stobbe A, Gumnior M, Röpke A, Schneider H (2015) Palynological and sedimentological evidence from the Trans-Ural steppe (Russia) and its palaeoecological implications for the sudden emergence of Bronze Age sedentarism. Veget Hist Archaeobot 24:393–412

Stockmarr JA (1971) Tablets with spores used in absolute pollen analysis. Pollen Spores 13:615–621

Stock F, Pint A, Horejs B, Ladstätter S, Brückner H (2013) In search of the harbours: new evidence of Late Roman and Byzantine harbours of Ephesus. Quat Int 312:57–69

Stock F, Knipping M, Pint A, Ladstätter S, Delile H, Heiss AG, Laermanns H, Mitchell PD, Ployer R, Steskal M, Thanheiser U, Urz R, Wennrich V, Brückner H (2016) Human impact on Holocene sediment dynamics in the Eastern Mediterranean – the example of the Roman harbour of Ephesus. Earth Surf Proc Land 41(7):980–996

Stock F, Halder S, Opitz S, Pint A, Seren S, Ladstätter S, Brückner H (2019) Late Holocene coastline and landscape changes to the west of Ephesus, Turkey. Quat Int 501B:349–363

Stolz C (2011) Spatiotemporal budgeting of soil erosion in the abandoned fields area of the „Rahnstätter Hof" near Michelbach (Taunus Mts., Western Germany). Erdkunde 65(4):355–370

Stolz C (2013) Archäologische Zeigerpflanzen: Fallbeispiele aus dem Taunus und dem nördlichen Schleswig-Holstein. Schriften des Arbeitskreises Landes- und Volkskunde 12:54–80

Stolz C, Böhnke S (2016) Historische Kleinformen der Agrarlandschaft in Rheinhessen. Berichte zur Archäologie in Rheinhessen und Umgebung 9:113–123

Stolz C, Grunert J (2006) Historic land-use and gully formation, a case study from the Taunus mountains/

southern Rhenish Slate Massif. Z Geomorph NF (Suppl 142):175–194

Stolz C, Riedel W (2014) Die Anlage künstlicher Kleingewässer in Bezug auf Natur-, Landschafts- und Bodenschutz. Naturschutz und Landschaftsplanung 46(12):370–376

Stolz C, Böhnke S, Grunert J (2012) Reconstructing 2500 years of land use history on the Kemel Heath (Kemeler Heide), southern Rhenish Massif. Germany. E&G Quat Sci J 61(2):173–187

Stolz C, Grunert J, Fülling A (2013) Quantification and dating of floodplain sedimentation in a medium-sized catchment of the German uplands: a case study from the Aar Valley in the southern Rhenish Massif, Germany. Erde 144:30–50

Stoops G (2010) Interpretation of micromorphological features of soils and regoliths, 1. Aufl. Elsevier, Amsterdam

Stoops G, Marcelino V, Mees F (2018) Interpretation of micromorphological features of soils and regoliths, 2. Aufl. Elsevier, Amsterdam

Strabo (2005) Geographika. Übersetzung und Kommentare von A. Forbiger. Marix, Wiesbaden (Erstveröffentlichung: 1. Jh. n. Chr.)

Succow M, Joosten H (2001) Landschaftsökologische Moorkunde, 2. Aufl. Schweizerbart, Stuttgart

Suess HE (1986) Secular variations of cosmogenic ^{14}C on earth: their discovery and interpretation. Radiocarbon 28:259–265

Sugita S (2007a) Theory of quantitative reconstruction of vegetation I: pollen from large sites REVEALS regional vegetation composition. Holocene 17:229–241

Sugita S (2007b) Theory of quantitative reconstruction of vegetation II: all you need is LOVE. Holocene 17:243–257

Sukopp H, Kowarik I (2008) Stinsenpflanzen in Mitteleuropa und deren agriophytische Vorkommen. Berichte aus dem Institut für Landschafts- und Pflanzenökologie, Universität Hohenheim 17:81–90

Sümegi P, Persaits G, Gulyás S (2012) Woodland-grassland ecotonal shifts in environmental mosaics: lessons learnt from the environmental history of the Carpathian Basin (Central Europe) during the Holocene and the last ice age based on investigation of paleobotanical and mollusk remains. In: Myster R (Hrsg) Ecotones between forest and grassland. Springer, New York, S 17–57

Svirčev Z, Marković SB, Stevens T, Codd GA, Smalley I, Simeunović J, Obreht I, Dulić T, Pantelić D, Hambach U (2013) Importance of biological loess crusts for loess formation in semi-arid environments. Quat Int 296:206–215

Svoboda J (2016) Dolní Věstonice II. Chronostratigraphy, paleoethnology, paleoanthropology. Academy of Sciences of the Czech Republic, Institute of Archaeology at Brno

Taylor EM (1988) Instructions for the soil development index template: Lotus 1-2-3. U.S. Geological Survey Open-File Report Bd 88–233 A

Tegel W, Hakelberg D (2014) Jahrringdaten archäologischer Holzfunde als Klima- und Umweltarchiv. Geogr Rundschau 66(7–8):8–15

Teltser PA (1995) Culture history, evolutionary theory, and frequency seriation. In: Teltser PA (Hrsg) Evolutionary archaeology. Methodological issues. The University of Arizona Press, Tucson, S 51–68

Terhorst B, Kühn P, Damm B, Hambach U, Meyer-Heintze S, Sedov S (2014) Paleoenvironmental fluctuations as recorded in the loess-paleosol sequence of the Upper Paleolithic site Krems-Wachtberg. Quat Int 351:67–82

Theodorakopoulou K, Bassiakos Y, Athanassas C, Schukraft G, Holzhauer I, Hecht S, Mächtle B, Wagner GA (2018) A geoarchaeological approach for the localization of the prehistoric harbor of Akrotiri, Thera. In: Siart C, Forbriger M, Bubenzer O (Hrsg) Digital Geoarchaeology – new techniques for interdisciplinary human-environmental research. Springer, Heidelberg, S 237–251

Theuerkauf M, Couwenberg J (2017) The extended downscaling approach: A new R-tool for pollen-based reconstruction of vegetation patterns. Holocene 27:1252–1258

Theuerkauf M, Couwenberg J (2018) ROPES reveals past land cover and pollen productivity estimates from single pollen records. Front Earth Sci 6:14

Thieme H (1997) Lower Palaeolithic hunting spears from Germany. Nature 385:807–810

Thieme H (2002) Die ältesten Speere der Welt. Fundplätze der frühen Altsteinzeit im Tagebau Schöningen. In: Menghin W, Planck D (Hrsg) Menschen, Zeiten, Räume – Archäologie in Deutschland. WBG, Darmstadt, S 105–107

Thiemeyer H (1988) Bodenerosion und holozäne Dellenentwicklung in hessischen Lößgebieten. Rhein-Mainische Forschungen Bd 105

Thiemeyer H (1991) Geomorphologische und bodenkundliche Aspekte des bandkeramischen Siedlungsplatzes Friedberg-Bruchenbrücken, Wetteraukreis. Wetterauer Geschichtsblätter 40:107–116

Thiemeyer H (1997) Zur geomorphologischen und bodenkundlichen Situation. In: Lüning J (Hrsg) Ein Siedlungsplatz der ältesten Bandkeramik in Bruchenbrücken, Stadt Friedberg/Hessen. Universitätsforschungen zur Prähistorischen Archäologie 39:1–16

Thiemeyer H, Fritzsch D (2011) Mikromorphologie – Methode, Objekte, Beispiele. In: Bork HR, Meller H, Gerlach R (Hrsg) Umweltarchäologie

– Naturkatastrophen und Umweltwandel im archäologischen Befund. 3. Mitteldeutscher Archäologentag 2010 in Halle (Saale). Tagungen des Landesmuseums für Vorgeschichte Halle 6, S 1–12

Thissen J (2006) Die paläolithischen Freilandstationen von Rheindahlen im Löss zwischen Maas und Niederrhein. Rheinische Ausgrabungen Bd 59. WBG, Darmstadt

Thoen E, Borger GJ, de Kraker AMJ, Soens T, Tys D, Vervaet L, Weerts HJT (2013) Landscapes or seascapes? The history of the coastal environment in the North Sea area reconsidered. CORN Publication Series Bd 13. Brepols, Turnhout

Thompson TJU, Islam M, Bonniere M (2013) A new statistical approach for determining the crystallinity of heat-altered bone mineral from FTIR spectra. J Archaeol Sci 40(1):416–422

Thomsen KJ, Murray AS, Boetter-Jensen L, Kinahan J (2007) Determination of burial dose in incompletely bleached fluvial samples using single grains of quartz. Radiat Meas 42:370–379

Thomsen KJ, Murray AS, Buylaert JP, Jain M, Hansen JH, Aubry T (2016) Testing single-grain quartz OSL methods using sediment samples with independent age control from the Bordes-Fitte rockshelter (Roche d'Abilly site, Central France). Quat Geochronol 31:77–96

Thorndycraft VR, Benito G (2006) The Holocene fluvial chronology of Spain: evidence from a newly compiled radiocarbon database. Quat Sci Rev 25:223–234

Thorndycraft VR, Benito G, Rico M, Sopeña A, Sánchez-Moya Y, Casas A (2005) A long-term flood discharge record derived from slackwater flood deposits of the Llobregat River, NE Spain. J Hydrology 313:16–31

Thorson RM (1990) Geologic contexts of archaeological sites in Beringia. In: Lasca NP, Donahue J (Hrsg) Archaeological geology of North America, Centennial Volume 4. Geological Society of America, Boulder, S 399–420

Timar-Gabor A, Vasiliniuc S, Vandenberghe DAG, Cosma C, Wintle AG (2012) Investigations into the reliability of SAR-OSL equivalent doses obtained for quartz samples displaying dose response curves with more than one component. Radiat Meas 47:740–745

Tinapp C (2003) Aktivitäts- und Stabilitätsphasen während des Holozäns im Einzugsgebiet des unteren Weiße-Elster-Tales. Arbeits- und Forschungsberichte zur sächsischen Bodendenkmalpflege 45:61–96

Tinapp C (2008) Kolluvien im Leipziger Land und nordöstlichen Weißenfelser Lösshügelland. Z Dtsch Ges Geowiss 159(2):251–261

Tinapp C, Stäuble H (2016) Topographie, Geologie, Boden und moderne Nutzung der Grabungsflächen. In: Stäuble H, Veit U (Hrsg) Der bandkeramische Siedlungsplatz Eythra in Sachsen – Studien zur Chronologie und Siedlungsentwicklung. Leipziger

Forschungen zur Ur- und Frühgeschichtlichen Archäologie Bd 9. Leipzig

Tinapp C, Meller H, Baumhauer R (2008) Holocene accumulation of colluvial and alluvial sediments in the Weiße Elster river valley in Saxony. Germany. Archaeometry 50(4):696–709

Tinapp C, Oehlert M, Preuß T (2014) Slawische Siedlungsreste in der Aue der Weißen Elster bei Leipzig-Lützschena. Ausgrabungen in Sachsen 4:239–244

Tinapp C, Heinrich S, Schneider H, Schneider B, Schug P (2016) Sedimente und Böden der "urbs libzi". Geoarchäologische Untersuchungen während der Ausgrabungen an der Hainspitze in Leipzig. Ausgrabungen in Sachsen 5:320–326

Tinapp C, Heinrich S, Herbig C, Schneider B, Stäuble H, Miera J, von Suchodoletz H (2019) Holocene floodplain evolution in a central European loess landscape – geoarchaeological investigations of the lower Pleiße valley in NW-Saxony. E&G Quat Sci J 68:95–105

Tinner W, Hu FS (2003) Size parameters, size-class distribution and area-number relationship of microscopic charcoal: relevance for fire reconstruction. Holocene 13:499–505

Tinner W, Kaltenrieder P (2005) Rapid responses of high-mountain vegetation to early Holocene environmental changes in the Swiss Alps. J Ecol 93:936–947

Tinner W, Lotter AF, Ammann B, Conedera M, Hubschmid P, van Leeuwen JF, Wehrli M (2003) Climatic change and contemporaneous land-use phases north and south of the Alps 2300 BC to 800 AD. Quat Sci Rev 22:1447–1460

Tinner W, Conedera M, Ammann B, Lotter AF (2005) Fire ecology north and south of the Alps since the last ice age. Holocene 15:1214–1226

Toffolo M, Maeir AM, Chadwick JR, Boaretto E (2012) Characterization of contexts for radiocarbon dating: results from the early Iron Age at Tell es-Safi/Gath, Israel. Radiocarbon 54(3–4):371–390

Toffolo MB, Brink JS, Berna F (2015) Bone diagenesis at the Florisbad spring site, Free State Province (South Africa): implications for the taphonomy of the Middle and Late Pleistocene faunal assemblages. J Archaeol Sci Rep 4:152–163

Toffolo MB, Brink JS, van Huyssteen C, Berna F (2017) A microstratigraphic reevaluation of the Florisbad spring site, Free State Province, South Africa: formation processes and paleoenvironment. Geoarchaeology 32:456–478

Toffolo MB, Regev L, Mintz E, Poduska KM, Shahack-Gross R, Berthold C, Miller CE, Boaretto E (2017) Accurate radiocarbon dating of archaeological ash using pyrogenic aragonite. Radiocarbon 59(1):231–249

Toffolo MB, Martin MAS, Master DM, Boaretto E (2018) Microarchaeology of a grain silo: insights into stratigraphy, chronology and food storage at

Late Bronze Age Ashkelon, Israel. J Archaeol Sci Rep 19:177–188

Tolksdorf JF, Kaiser K (2012) Holocene aeolian dynamics in the European sand-belt as indicated by geochronological data. Boreas 41:408–421

Tolksdorf JF, Klasen N, Hilgers A (2013) The existence of open areas during the Mesolithic: evidence from aeolian sediments in the Elbe-Jeetzel area, northern Germany. J Archaeol Sci 40:2813–2823

Tolksdorf JF, Elburg R, Hönig H, Knapp H (2015) Geomontanarchäologie: Konzepte und Erfahrungen aus dem Bergbauareal von Niederpöbel. In: Smolnik R (Hrsg) ArchaeoMontan 2015 – Montanarchäologie im Osterzgebirge. Landesamt für Archäologie Sachsen, Dresden, S 189–244

Tolksdorf JF, Bertuch B, Herbig C, Hönig H, Kaiser K, Kaltofen A, Kočar P, Matson S, Petr L, Scharnweber T, Schröder F, Schubert M (2018) Mittelalterlicher Bergbau und Umwelt im Erzgebirge. Eine interdisziplinäre Untersuchung. Veröffentlichungen des Landesamtes für Archäologie Sachsen Bd 67 (ArchaeoMontan Bd 4). Dresden

Topping P (2010) Native American mound building traditions. Round mounds and monumentality in the British Neolithic and beyond. Oxbow Books, Oxford, S 219–252

Trimble SW (1983) A sediment budget for Coon Creek basin in the Driftless Area, Wisconsin, 1853–1977. Am J Sci 283:454–474

Troll C (1955) Über das Wesen der Hochgebirgsnatur. Jahrbuch des Deutschen Alpenvereins 80(19):142–147

Tsartsidou G (2017) Ethnogeoarchaeology. In: Gilbert AS (Hrsg) Encyclopedia of geoarchaeology. Springer, Dordrecht, S 245–251

Tsartsidou G, Lev-Yadun S, Efstratiou N, Weiner S (2008) Ethnoarchaeological study of phytolith assemblages from an agro-pastoral village in Northern Greece (Sarakini): development and application of a Phytolith Difference Index. J Archaeol Sci 35:600–613

Tsartsidou G, Lev-Yadun S, Efstratiou N, Weiner S (2009) Use of space in a Neolithic village in Greece (Makri): phytolith analysis and comparison of phytolith assemblages from an ethnographic setting in the same area. J Archaeol Sci 36(10):2342–2352

Tylecote RF (1979) The effect of soil conditions on the long-term corrosion of buried tin-bronzes and copper. J Archaeol Sci 6:345–368

Vacchi M, Marriner N, Morhange CH, Spada G, Fontana A, Rovere A (2016) Multiproxy assessment of Holocene relative sea-level changes in the western Mediterranean: sea-level variability and improvements in the definition of the isostatic signal. Earth Sci Rev 155:172–197

Vallverdú J, Saladié P, Rosas A, Huguet R, Cáceres I, Mosquera M, Garcia-Tabernero A, Estalrrich A,

Lozano-Fernández I, Pineda-Alcalá A, Carrancho A, Villalaín JJ, Bourlès D, Braucher R, Lebatard A, Vilalta J, Esteban-Nadal M, Bennàsar M, Bastir M, López-Polín L, Ollé A, Vergés J, Ros-Montoya S, Martínes-Navarro B, García A, Martinell J, Expósito I, Burjachs F, Agustí J, Carbonell E (2014) Age and date for early arrival of the Acheulian in Europe (Barranc de la Boella, la Canonja, Spain). PLoS ONE 9:e103634

Van der Marel HW, Beutelspacher H (1976) Atlas of infrared spectroscopy of clay minerals and their admixtures. Elsevier, Amsterdam

van der Ploeg DTE (1988) Stinzeplanten yn Fryslân: Statussymboal út de âlde tiid. Friese Pers Boekerij, Drachten

Van Riper AB (1993) Men among the mammoths. Chicago University Press, Chicago

van Asperen EN, Kirby JR, Hunt CO (2016) The effect of preparation methods on dung fungal spores: Implications for recognition of megafaunal populations. Rev Palaeobot Palynol 229:1–8

Vandenberghe J (2013) Cryoturbation structures. In: Elias SA (Hrsg) The encyclopedia of Quaternary science. Elsevier, Amsterdam, S 430–435

Vandenberghe J, French HM, Gorbunov A, Marchenko S, Velichko AA, Jin H, Cui Z, Zhang T, Wan X (2014) The Last Permafrost Maximum (LPM) map of the Northern Hemisphere: permafrost extent and mean annual air temperatures, 25–17 ka BP. Boreas 43:652–666

van Geel B (1976) Fossil spores of Zygnemataceae in ditches of a pre-historic settlement in Hoogkarspel (The Netherlands). Rev Palaeobot Palynol 22:337–344

van Geel B (1978) A palaeoecological study of Holocene peat bog sections in Germany and the Netherlands, based on the analysis of pollen, spores and macro- and microscopic remains of fungi, algae cormophytes and animals. Rev Palaeobot Palynol 25:1–120

van Geel B (1979) Preliminary report on the history of Zygnemataceae and the use of their spores as ecological markers. Proc. IV Int Palynol Conf Lucknow (1976–1977) 1:467–469

van Geel B (2001) Non-pollen palynomorphs. In: Smol JP, Birks HJB, Last WM (Hrsg) Tracking environmental change using lake sediments, Bd 3: Terrestrial, Algal and Siliceous indicators. Kluwer, Dordrecht, S 1–17

van Geel B, Grenfell HR (1996) Spores of Zygnemataceae. In: Jansonius J, McGregor DC (Hrsg) Palynology: principles and applications, Bd 1: Principles. American Association of Stratigraphic Palynologists Foundation, Dallas, S 173–179

van Geel B, Coope GR, van der Hammen T (1989) Palaeoecology and stratigraphy of the Lateglacial type section at Usselo (The Netherlands). Rev Palaeobot Palynol 60:25–129

van Geel B, Mur LR, Ralska-Jasiewiczowa M, Goslar T (1994) Fossil akinetes of *Aphanizomenon* and *Anabaena* as indicators for medieval phosphate-eutrophication of Lake Gosciaz (Central Poland). Rev Palaeobot Palynol 83:97–105

Van Nest J (2002) The good earthworm: How natural processes preserve upland Archaic archaeological sites of western Illinois. Geoarchaeology 17:53–90

Vardi J, Marder O, Bookman R, Friesem DE, Groman-Yeroslavski I, Edeltin L, Porat N, Boaretto E, Roskin J (2018) Middle to Late Epipaleolithic hunter-gatherer encampments at the Ashalim site, on a linear dune-like morphology, along dunefield margin water bodies. Quat Int 464:187–205

Var P, Phal D, Nguonphan P, Winckler MJ (2013) 3D reconstruction of Banteay Chhmar temple for Google Earth. In: Bock H, Jäger W, Winckler M (Hrsg) Scientific computing and cultural heritage. Springer, Heidelberg, S 261–272

Veit H (2002) Die Alpen: Geoökologie und Landschaftsentwicklung. Ulmer, Stuttgart

Veit H, Mailänder R, Vonlanthen C (2002) Periglaziale Deckschichten im Alpenraum: bodenkundliche und landschaftsgeschichtliche Bedeutung. Petermanns Geogr Mitt 146:6–14

Verband der Landesarchäologen in der Bundesrepublik Deutschland: Kommission „Land- und Forstwirtschaft". ▶ https://www.landesarchaeologen.de/verband/kommissionen/land-und-forstwirtschaft/ Letzter Zugriff: 19.9.2019

Verband der Landesarchäologen in der Bundesrepublik Deutschland (2006) Ausgrabungen und Prospektion. Durchführung und Dokumentation. Archäologisches Nachrichtenblatt 4. ▶ https://www.landesarchaeologen.de/fileadmin/Dokumente/Dokumente_Kommissionen/Dokumente_Grabungstechniker/grabungsstandards_april_06.pdf Letzter Zugriff: 12./30.1.2019

Verband der Landesarchäologen in der Bundesrepublik Deutschland (2019) Grabungstechnikerhandbuch. ▶ https://landesarchaeologen.de/kommissionen/grabungstechnik/mitglieder/grabungsstandards Letzter Zugriff: 22.6.2021

Veres D, Lane CS, Timar-Gabor A, Hambach U, Constantin D, Szakács A, Fülling A, Onac BP (2013) The Campanian Ignimbrite/Y5 tephra layer – A regional stratigraphic marker for Isotope Stage 3 deposits in the Lower Danube region, Romania. Quat Int 293:22–33

Verhagen P, Whitley TG (2012) Integrating archaeological theory and predictive modeling: a live report from the scene. J Archaeol Method Theory 19:49–100

Verhoeven GJ (2009) Providing an archaeological bird's-eye view – an overall picture of ground-based means to execute low-altitude aerial photography (LAAP) in archaeology. Archaeol Prospect 16:233–249

Verhoeven GJ (2017) Are we there yet? A review and assessment of archaeological passive airborne optical imaging approaches in the light of landscape archaeology. Geosciences 7:86

Verschoof-van der Vaart W, Lambers K (2019) Learning to look at LiDAR: the use of R-CNN in the automated detection of archaeological objects in LiDAR data from the Netherlands. J Comput Appl Archaeol 2:31–40

Verstraeten G, Rommens T, Peeters I, Poesen J, Govers G, Lang A (2009) A temporarily changing Holocene sediment budget for a loess-covered catchment (central Belgium). Geomorphology 108:24–34

Veyret (1951) Geographie de l'Évage. Géographie Humaine Bd 23. Gallimard, Paris

Viehberg FA, Mesquita-Joanes F (2012) Quantitative transfer function approaches in palaeoclimatic reconstruction using Quaternary ostracods. In: Horne DJ, Holmes JA, Rodriguez-Lazaro J, Viehberg FA (Hrsg) Ostracoda as proxies for Quaternary climate change. Elsevier, Amsterdam, S 47–64

Viles HA, Pentecost A (2007) Tufa and travertine. In: Nash DJ, McLaren SJ (Hrsg) Geochemical Sediments and Landscapes. Blackwell, Malden, S 173–199

Villagran XS, Klokler D, Peixoto S, DeBlasis P, Giannini PC (2011) Building coastal landscapes: zooarchaeology and geoarchaeology of Brazilian shell mounds. J Island Coast Archaeol 6:211–234

Villagran XS, Strauss A, Miller C, Ligouis B, Oliveira R (2017) Buried in ashes: site formation processes at Lapa do Santo rockshelter, East-Central Brazil. J Archaeol Sci 77:10–34

Viscarra Rossel RA, Minasny B, Roudier P, Mcbratney AB (2006) Colour space models for soil science. Geoderma 133:320–337

VisualSFM (2018) SisualSFM – a visual structure from motion system. ▶ https://ccwu.me/vsfm/ Letzter Zugriff: 12.12.2021

Vitousek PM, Ladefoged TN, Kirch PV, Hartshorn AS, Graves MW, Hotchkiss SC, Tuljapurkar S, Chadwick OA (2004) Soils, agriculture, and society in precontact Hawaii. Science 304:1665–1669

Vogt R (1990) Pedologische Untersuchungen im Umfeld der neolithischen Ufersiedlungen Hornstaad-Hörnle. Ber Römisch-Germanischen Kommission 71:136–144

Vogt R (1995) Archäologische und bodenkundliche Beobachtungen zu Bodenerosion und Akkumulation in Hornstaad am Bodensee. In: Biel

J (Hrsg) Anthropogene Landschaftsveränderungen im prähistorischen Südwestdeutschland. Kolloquium des Arbeitskreises Vorgeschichte der Archäologischen Denkmalpflege am 5. und 6. Mai 1994 in Bruchsal. Archäologische Informationen aus Baden-Württemberg 30:44–48

Vogt R (2014) Kolluvien als Archive für anthropogen ausgelöste Landschaftsveränderungen an Beispielen aus der westlichen Bodenseeregion. Materialhefte zur Archäologie in Baden-Württemberg Bd 99. Theiss, Darmstadt

Vogt R (2015) Pedologische Untersuchungen im Umfeld des jungneolithischen Fundplatzes De I am Degersee. Pfahlbausiedlungen am Degersee. Archäologische und naturwissenschaftliche Untersuchungen. Materialhefte zur Archäologie in Baden-Württemberg 102:473–494

Völkel J, Leopold M, Dötterl S, Schneider A, Hürkamp K, Hilgers A (2011) Origin and age of the Lower Bavarian sand dune landscape around Abensberg and Siegenburg. Z Geomorph NF 55:515–536

Völlmer J, Zielhofer C, Hausmann J, Dietrich P, Werban U, Schmidt J, Werther L, Berg S (2018) Minimalinvasive *Direct-push* – Erkundung in der Feuchtboden(geo)archäologie am Beispiel des Karlsgrabens (*Fossa Carolina*). Archäol Korrespondenzblatt 48(4):577–593

Vollweiler N, Scholz D, Mühlinghaus C, Mangini A, Spötl C (2006) A precisely dated climate record for the last 9 kyr from three high alpine stalagmites, Spannagel Cave, Austria. Geophys Res Letters 33:L20703

von Kortzfleisch A (2008) Die Kunst der schwarzen Gesellen. Köhlerei im Harz. Papierflieger, Clausthal-Zellerfeld

von Oppenheim MF (1931) Der Tell Halaf: eine neue Kultur im ältesten Mesopotamien. F.A. Brockhaus, Leipzig

von Suchodoletz H, Oberhänsli H, Faust D, Fuchs M, Blanchet C, Goldhammer T, Zöller L (2010) The evolution of Saharan dust input on Lanzarote (Canary Islands) – influenced by human activity in the Northwest Sahara during the Early Holocene? Holocene 20:1–11

von Suchodoletz H, Menz M, Kühn P, Sukhishvili L, Faust D (2015) Fluvial sediments of the Algeti River in southeastern Georgia – an archive of Late Quaternary landscape activity and stability in the Transcaucasian region. CATENA 130:95–107

von Suchodoletz H, Kopecky-Hermanns B, Berg-Hobohm S, Werther L, Zielhofer C (2016) Kolluviale Dynamik an der Frontstufe der Altmühlalb. Poster auf dem AK Geomorphologie Jena (unveröffentlicht)

von Suchodoletz H, Zielhofer C, Hoth S, Umlauft J, Schneider B, Zeeden C, Sukhishvili L, Faust D (2018) North Atlantic influence on Holocene

flooding in the southern Greater Caucasus. Holocene 28:609–620

Vött A (2007) Relative sea level changes and regional tectonic evolution of seven coastal areas in NW Greece since the mid-Holocene. Quat Sci Rev 26:894–919

Vött A, Brückner H (2006) Versunkene Häfen im Mittelmeerraum: antike Küstenstädte als Archive für die geoarchäologische Forschung. Geogr Rundschau 58(4):12–21

Vött A, Kelletat D (2015) Holocene palaeotsunami landfalls and neotectonic dynamics in the western and southern Peloponnese (Greece). Z Geomorph NF 59(Suppl 4):1–5

Vött A, May SM (2009) Auf den Spuren von Tsunamis im östlichen Mittelmeer. Geogr Rundschau 61(12):42–48

Vött A, Hadler H, Willershäuser T, Ntageretzis K, Brückner H, Warnecke H, Grootes PM, Lang F, Nelle O, Sakellariou D (2014) Ancient harbours used as tsunami sediment traps – the case study of Krane (Cefalonia Island, Greece). In: Ladstätter S, Pirson F, Schmidts T (Hrsg) Harbors and harbor cities in the eastern Mediterranean from Antiquity to the Byzantine period: recent discoveries and current approaches. Byzas 19(2):743–771

Vött A, Bruins HJ, Gawehn M, Goodman-Tchernov BN, De Martini PM, Kelletat D, Mastronuzzi G, Reicherter K, Röbke BR, Scheffers A, Willershäuser T, Avramidis P, Bellanova P, Costa P, Finkler C, Hadler H, Koster B, Lario J, Reinhardt E, Mathes-Schmidt M, Ntageretzis K, Pantosti D, Papanikolaou I, Sansò P, Scicchitano G, Smedile A, Szczuciński W (2019) Publicity waves based on manipulated geoscientific data suggesting climatic trigger for majority of tsunami findings in the Mediterranean – response to 'Tsunamis in the geological record: making waves with a cautionary tale from the Mediterranean' by Marriner, et al (2017). Z Geomorph NF 62(Suppl 2):7–45

Vött A, Hadler H, Koster B, Mathes-Schmidt M, Röbke BR, Willershäuser T, Reicherter K (2018b) Returning to the facts: response to the refusal of tsunami traces in the ancient harbour of Lechaion (Gulf of Corinth, Greece) by 'non-catastrophists' – Reaffirmed evidence of harbour destruction by historical earthquakes and tsunamis in AD 69–79 and the 6th cent. AD and a preceding pre-historical event in the early 8th cent. BC. Z Geomorph NF 61(4):285–302

Vrydaghs L, Devos Y, Peto A (2017) Opal phytoliths. In: Stoops G, Nicosia C (Hrsg) Archaeological soil and sediment micromorphology. Wiley, Hoboken, S 155–163

Vuorela I (1983) Field erosion by wind as indicated by fluctuations in the ash content of Sphagnum peat. Bull Geol Soc Finland 55:25–33

Wagenbreth O, Wächtler E (1986) Der Freiberger Bergbau: technische Denkmale und Geschichte. Deutscher Verlag für Grundstoffindustrie, Leipzig

Wagner E (1996) Die Remstalfaustkeile. In: Campen I, Hahn J, Uerpmann M (Hrsg) Spuren der Jagd – die Jagd nach Spuren Tübinger Monographien zur Urgeschichte 11:247–251

Wagner GA (1995) Altersbestimmung von jungen Gesteinen und Artefakten: Physikalische und chemische Uhren in Quartärgeologie und Archäologie. Enke, Stuttgart

Wagner GA, Pernicka E, Uerpmann HP (Hrsg) (2003) Troia and the Troad. Scientific approaches. Springer, Berlin

Walker J, Cliff RA, Latham AG (2006) U-Pb isotopic age of the StW 573 hominid from Sterkfontein, South Africa. Science 314:1592–1594

Walkington H (2010) Soil science applications in archaeological contexts: a review of key challenges. Earth Sci Rev 103:122–134

Walsh K, Court-Picon M, de Beaulieu JL, Guiter F, Mocci F, Richer S, Sinet R, Talon B, Tzortzis S (2014) A historical ecology of the Ecrins (Southern French Alps): archaeology and palaeoecology of the Mesolithic to the Medieval period. Quat Int 353:52–73

Wandsnider L (1988) Experimental investigation of the effect of dune processes on archeological remains. Am Archeol 7:18–29

MEA (Millennium Ecosystem Assessment) (2005) Ecosystems and human well-being: opportunities and challenges for business and industry. World Resources Institute, Washington D. C.

Watts I (2010) The pigments from pinnacle point cave 13B, Western Cape, South Africa. J Hum Evol 59:392–411

Wegener O (2009) Mikromorphologische Untersuchungen an Grubenhäusern in der Wüstung Marsleben. In: Meyer JW (Hrsg) Zwischen Euphrat und Rhein „Archäologische Analytik". Frankfurter Archäologische Schriften 7:260–269

Weiberg E, Bevan A, Kouli K, Katsianis M, Woodbridge J, Bonnier A, Engel M, Finné M, Fyfe R, Maniatis Y, Palmisano A, Panajiotidis S, Roberts N, Shennan S (2019) Long-term trends of land use and demography in Greece: a comparative study. Holocene 29:742–760

Weihrauch C, Opp C (2018) Ecologically relevant phosphorus pools in soils and their dynamics: the story so far. Geoderma 325:183–194

Weiner S (2010) Microarchaeology: beyond the visible archaeological record. Cambridge University Press, Cambridge

Weiner S, Bar-Yosef O (1990) States of preservation of bones from prehistoric sites in the Near East: a survey. J Archaeol Sci 17:187–196

Weiner S, Goldberg P, Bar-Yosef O (1993) Bone preservation in Kebara Cave, Israel using on-site Fourier transform infrared spectrometry. J Archaeol Sci 20(6):613–627

Weiner S, Schiegl S, Goldberg P, Bar-Yosef O (1995) Mineral assemblages in Kebara and Hayonim Caves, Israel: excavation strategies, bone preservation, and wood ash remnants. Isr J Chem 35:143–154

Weiner S, Goldberg P, Bar-Yosef O (2002) Three-dimensional distribution of minerals in the sediments of Hayonim Cave, Israel: diagenetic processes and archaeological implications. J Archaeol Sci 29(11):1289–1308

Weiss H, Courty MA, Wetterstrom W, Guichard F, Senior L, Meadow R, Curnow A (1993) The genesis and collapse of third millennium north Mesopotamian civilization. Science 261:995–1004

Wells EC, Terry RE, Parnell JJ, Hardin PJ, Jackson MW, Houston SD (2000) Chemical analyses of ancient anthrosols in residential areas at Piedras Negras, Guatemala. J Archaeol Sci 27:449–462

Welten M (1982) Vegetationsgeschichtliche Untersuchungen in den westlichen Schweizer Alpen: Bern-Wallis. Denkschrift Schweizerische Naturforschende Gesellschaft Bd 95. Basel

Wemhoff M, Rind M (Hrsg) (2018) Bewegte Zeiten – Archäologie in Deutschland. Ausstellungskatalog. Michael Imhof Verlag, Petersberg

Wendorf F, Schild A (Hrsg) (2001) The Archaeology of Nabta Playa. Kluwer Academic/Plenum Publishers, New York

Wenz S, Scholz D, Sürmelihindi G, Passchier CW, Jochum KP, Andreae MO (2016) ^{230}Th/U-dating of carbonate deposits from ancient aqueducts. Quat Geochronol 32:40–52

Werner V, Baika K, Fischer P, Hadler H, Obrocki L, Willershäuser T, Tzigounaki A, Tsigkou A, Reicherter K, Papanikolaou I, Emde, Vött A (2018) The sedimentary and geomorphological imprint of the AD 365 tsunami on the coasts of southwestern Crete (Greece) – examples from Sougia and Palaiochora. Quat Int 473 A:66–90

Werner V, Baika K, Tzigounaki A, Reicherter K, Papanikolaou I, Emde K, Fischer P, Vött A (2019) Mid-Holocene tectonic geomorphology of northern Crete deduced from a coastal sedimentary archive near Rethymnon and a Late Bronze Age Santorini tsunamite candidate. Geomorphology 326:167–189

Wersin P, Höhener P, Giovanoli R, Stumm W (1991) Early diagenetic influences on iron transformations in a freshwater lake sediment. Chem Geol 90:233–252

Werther L, Feiner D (2014) Der Kanal im Fokus der Archäologie. In: Ettel P, Daim F, Berg-Hobohm S, Werther L, Zielhofer C (Hrsg) Großbaustelle 793. Das Kanalprojekt Karls des Großen zwischen Rhein und Donau. RGZM, Mainz, S 33–40

Werther L, Kröger L, Kirchner A, Zielhofer C, Leitholdt E, Schneider M, Linzen S, Berg-Hobohm S, Ettel P (2017) Fossata Magna – Kanäle des 1.

Jahrtausends n. Chr. und ihr Erkenntnispotential für die Hafenforschung. In: Kalmring S, Werther L (Hrsg) Häfen im 1. Millennium AD – Standortbedingungen, Entwicklungsmodelle und ökonomische Vernetzung. Verlag des Römisch-Germanischen Zentralmuseums, Mainz, S 61–80

Westphalen T (2015a) Von der „urbs Libsi" zur Stadt. Archäologie in Deutschland 6:68–69

Westphalen T (2015b) Am Anfang war eine Burg – das frühe Leipzig. Leipziger Blätter 67:16–19

Westphal T, Heußner KU (2016) Kleiner Leitfaden für den Umgang mit Holz für dendrochronologische Altersbestimmungen. Pfeil, München

Wheeler M (1960) Moderne Archäologie. Methoden und Technik der Ausgrabung. Rowohlt Taschenbuch, Reinbek

Whitlock C, Larsen C (2001) Charcoal as a fire proxy. In: Smol JP, Birks HJB, Last WM (Hrsg) Tracking environmental change using lake sediments, Bd 3: Terrestrial, algal and siliceous indicators. Kluwer Academic Publishers, Dordrecht, S 1–23

Whittaker WE, Green W (2010) Early and Middle Woodland earthwork enclosures in Iowa. North Am Archaeol 31:27–57

Wick L, Tinner W (1997) Vegetation changes and umbertine fluctuations in the Central Alps as indicators of Holocene climatic oscillations. Arctic Alpine Res 29:445–458

Wiethold J (1998) Studien zur jüngeren postglazialen Vegetations-und Siedlungsgeschichte im östlichen Schleswig-Holstein. Habelt, Bonn

Wikiversity Kartensammlungen und Online-Portale: ► https://de.wikiversity.org/wiki/Wikiversity:Kartensammlung Letzter Zugriff: 30.10.2018

Wildhagen H, Meyer B (1972) Holozäne Boden-Entwicklung, Sediment-Bildung und Geomorphogenese im Flußauen-Bereich des Göttinger Leinetal-Grabens. In: Meyer B, Ulrich B (Hrsg) Ergebnisse neuerer Auenforschungen im Leinegrabengebiet. Göttinger Bodenkundliche Ber 21:1–158

Wilkinson TJ (2003) Archaeological landscapes of the Near East. University of Arizona Press, Arizona

Wilkinson K, Stevens C (2003) Environmental archaeology: approaches, techniques and applications. Tempus, Gloucestershire

Wilkinson TJ, French C, Ur JA, Semple M (2010) The geoarchaeology of route systems in northern Syria. Geoarchaeology 25:745–771

Willmes C (2015) LGM sealevel change (HiRes). CRC806-Database. Collaborative research centre 806, Köln

Wilson CA, Davidson DA, Cresser MS (2008) Multi-element soil analysis: an assessment of its potential as an aid to archaeological interpretation. J Archaeol Sci 35:412–424

Wiseman J, El-Baz F (2007) Remote sensing in archaeology. Springer, New York

Wissenschaftsrat (2011) Empfehlungen zu wissenschaftlichen Sammlungen als Forschungsinfrastrukturen. Berlin. ► https://wissenschaftliche-sammlungen.de/files/3213/7096/3073/WR_Empfehlungen-WissSlg2011.pdf Letzter Zugriff: 12.1.2019

Witte B, Sparla P (2015) Vermessungskunde und Grundlagen der Statistik für das Bauwesen, 8. Aufl. Wichmann, Heidelberg

Wohl E (2015) Legacy effects on sediments in river corridors. Earth Sci Rev 147:30–53

Wohlfarth C (2019) Prospektion im Rheinland – wirklich präventiv? Wunsch und Wirklichkeit. In: Wohlfarth C, Keller C (Hrsg) Funde in der Landschaft. Neue Perspektiven und Ergebnisse archäologischer Prospektion. Beltz, Bad Langensalza, S 103–114

Wolff F (1987) Karten im Archiv. Veröffentlichungen der Archivschule Marburg, Institut für Archivwissenschaft Bd 13. Archivschule, Marburg

Wood WR, Johnson DL (1981) A survey of disturbance processes in archaeological site formation. In: Schiffer, MB (Hrsg) Advances in archaeological method and theory. Academic Press, New York, S 539–605

Woodward, JC, Goldberg, P (2001) The sedimentary records in Mediterranean rockshelters and caves: archives of environmental change. Geoarchaeol 16:327

Wouters B, Devos Y, Vrydaghs L, Ball T, De Winter N, Reygel P (2019) An integrated micromorphological and phytolith study of urban soils and sediments from the Gallo-Roman town Atuatuca Tungrorum, Belgium. Geoarchaeology 67:1–19

Wulf M (2004) Plant species richness of afforestations with different former use and habitat continuity. For Ecol Manag 195(1–2):191–204

Wunderlich T, Wilken D, Erkul E, Rabbel W, Vött A, Fischer P, Hadler H, Heinzelmann M (2018a) The river harbour of Ostia Antica – stratigraphy, extent and harbour infrastructure from combined geophysical measurements and drillings. Quat Int 473:55–65

Wunderlich T, Fischer P, Wilken D, Hadler H, Erkul E, Mecking R, Günther T, Heinzelmann M, Vött A, Rabbel W (2018b) Constraining electric resistivity tomography by direct push electric conductivity logs and vibracores: an exemplary study of the Fiume Morto silted riverbed (Ostia Antica, western Italy). Geophysics 83(3):B87–B103.

Würfel F, Röpke A, Lutz J, Krause R (2010) Prähistorische Siedlungsdynamik und Landschaft in einer inneralpinen Siedlungskammer – archäologische, geoarchäologische, archäo-metallurgische und archäobotanische Untersuchungen im Montafon in Vorarlberg (Österreich). Archäologisches Korrespondenzblatt 40:503–523

Yousif M, Henselowsky F, Bubenzer O (2018) Palaeohydrology and its impact on groundwater in arid environments: Gebel Duwi and its vicinities, Eastern Desert. Egypt. CATENA 171:29–43

Zabehlicky H (1995) Preliminary views of the Ephesian harbor. In: Köster H (Hrsg) Ephesus – Metropolis of Asia. An interdisciplinary approach to its archaeology, religion, and culture. Harvard Theological Studies 41:201–216

Zahrer J, Dreibrodt S, Brauer A (2013) Evidence of the North Atlantic Oscillation in varve composition and diatom assemblages from recent, annually laminated sediments of Lake Belau, northern Germany. J Paleolimnol 50:231–244

Žaromskis R (2007) The formation of protective dune ridge along the Southeast Baltic Sea coast: historical and social aspects. J Coast Conserv 11:23–29

Zech M, Tuthorn M, Detsch F, Rozanski K, Zech R, Zöller L, Zech W, Glaser B (2013) A 220 ka terrestrial δ^{18}O and deuterium excess biomarker record from an eolian permafrost paleosol sequence, NE-Siberia. Chem Geol 360–361:220–230

Zech W, Schad P, Hintermaier-Erhard G (2014) Böden der Welt. Springer Spektrum, Berlin

Zech M, Zech R, Rozanski K (2015) Do n-alkane biomarkers in soils/sediments reflect the δ^2H isotopic composition of precipitation? A case study from Mt. Kilimanjaro and implications for paleoaltimetry and paleoclimate research. Isot Environ Health Stud 51:508–524

Zeeberg J (2008) The European sand belt in eastern Europe and comparison of Late Glacial dune orientation with GCM simulation results. Boreas 27:127–139

Zeeden C, Hambach U, Obreht I, Hao Q, Abels HA, Veres D, Lehmkuhl F, Gavrilov MB, Marković SB (2018) Patterns and timing of loess-paleosol transitions in Eurasia: constraints for paleoclimate studies. Global Planet Change 162:1–7

Zens J, Zeeden C, Römer W, Fuchs M, Klasen N, Lehmkuhl F (2016) The Eltville Tephra (Western Europe) age revised: Integrating stratigraphic and dating information from different Last Glacial loess localities. Palaeogeogr Palaeocl 466:240–251

Zgłobicki W, Poesen J, Cohen M, Del Monte M, García-Ruiz JM, Ionita I, Niacsu L, Machova Z, Martin-Duque RF, Nadal-Romera E, Pica N, Rey F, Solé-Benet A, Stankoviansky M, Torri D, Stolz C, Soms J, Vergary F (2017) The potential of permanent gullies in Europe as geomorphosites. Geoheritage 2017:1–23

Zickel M (2019) What pastoral nomades left behind – GIS & remote sensing in geoarchaeology. Spatial analysis of transhumant herder sites in the High Atlas Mountains, Morocco. Unveröffentlichte Masterarbeit, Institut für Physische Geographie, Universität zu Köln

Zielhofer C (2004) Hydrographical and hydrochemical characteristics of karst water components (southern Franconian Jura) – a contribution to fresh water protection and karst morphogenesis. Z Geomorph NF (Suppl 136):113–134

Zielhofer C (2006) Römische Landnutzung und deren Einfluss auf die antike Umwelt in Nordtunesien. Geogr Rundschau 58(4):22–29

Zielhofer C (2007) Climate change and landscape-ecological effects in the Western Mediterranean: future, present and learning from the past. Europa Reg 15:110–118

Zielhofer C (2017) Der Kanal Karls des Großen. Geogr Rundschau 69(9):12–18

Zielhofer C, Faust D (2008) Mid-and Late Holocene fluvial chronology of Tunisia. Quat Sci Rev 27:580–588

Zielhofer C, Faust D, Linstädter J (2008) Late Pleistocene and Holocene fluvial records in the Western Mediterranean: hydroclimatical changes and past human response. Quat Int 181:39–54

Zielhofer C, Espejo JMR, Granados MÀN, Faust D (2009) Durations of soil formation and soil development indices in a Holocene Mediterranean floodplain. Quat Int 209:44–65

Zielhofer C, Bussmann J, Ibouhouten H, Fenech K (2010) Flood frequencies reveal Holocene rapid climate changes (Lower Moulouya River, northeastern Morocco). J Quat Sci 25:700–714

Zielhofer C, Leitholdt E, Werther L, Stele A, Bussmann J, Linzen S, Schneider M, Meyer C, Berg-Hobohm S, Ettel P (2014) Charlemagne's summit canal: an early medieval hydro-engineering project for passing the Central European watershed. PLoS ONE 9(9):e108194

Zielhofer C, Fletcher WJ, Mischke S, De Batist M, Campbell JF, Joannin S, Tjallingii R, El Hamouti N, Junginger A, Stele A, Bussmann J, Schneider B, Lauer T, Spitzer K, Strumpler M, Brachert T, Mikdad A (2017) Atlantic forcing of Western Mediterranean winter rain minima during the last 12,000 years. Quat Sci Rev 157:29–51

Zielhofer C, Rabbel W, Wunderlich T, Vött A, Berg S (2018) Integrated geophysical and (geo)archaeological explorations in wetlands. Quat Int 473:1–2

Zielhofer C, Köhler A, Mischke S, Benkaddour A, Mikdad A, Fletcher WJ (2019) Western Mediterranean hydro-climatic consequences of Holocene ice-rafted debris (Bond) events. Clim Past 15:463–475

Zocatelli R, Lavrieux M, Guillemot T, Chassiot L, Le Milbeau C, Jacob J (2017) Fecal biomarker imprints as indicators of past human land uses: source distinction and preservation potential in archaeological and natural archives. J Archaeol Sci 81:79–89

Zolitschka B (2007) Varved lake sediments. In: Elias SA (Hrsg) Encyclopedia of Quaternary Science. Elsevier, Amsterdam, S 3105–3110

Zolitschka B, Negendank JFW (1998a) A high resolution record of Holocene palaeohydrological changes from Lake Holzmaar, Germany. In: Frenzel B (Hrsg) Palaeohydrology as reflected in lake-level changes as climatic evidence for Holocene times. European Paleoclimate and Man 17:37–52

Zolitschka B, Negendank JFW (1998b) Quantitative Erfassung natürlicher und anthropogener Bodenerosion in einem Einzugsgebiet der Eifel. Trierer Geogr Studien 16:61–78

Zolitschka B, Francus P, Ojala AE, Schimmelmann A (2015) Varves in lake sediments – a review. Quat Sci Rev 117:1–41

Zoller H, Erny-Rodmann C, Punchakunnel P (1996) The history of vegetation and land use in the Lower Engadine (Switzerland). Pollen records of the last 13000 years. Nationalpark-Forschung in der Schweiz 86:1–65

Zöller L (2002) Geoarchäologie – Paläogeographie – Archäogeographie. In: Koschlik H (Hrsg) Bodendenkmalpflege und Industriekultur. Materialien zur Bodendenkmalpflege im Rheinland Bd 13. Rheinland-Verlag, Köln, S 34–40

Zöller L, Lehmkuhl F (2019) Löss – Schatztruhe des Nordens. Geogr Rundschau 71(9):10–14

Zöller L, Semmel A (2001) 175 years of loess research in Germany – long records and "unconformities". Earth Sci Rev 54:19–28

Zöller L, Beierkuhnlein C, Faust D, Samimi C (2017) Physische Geographie Deutschlands. WBG, Darmstadt

Zong Y, Chen Z, Innes JB, Chen C, Wang Z, Wang H (2007) Fire and flood management of coastal swamp enabled first rice paddy cultivation in east China. Nature 449:459–462

Zubrow E (2006) Digital archaeology: a historical context. In: Evans T, Daly P (Hrsg) Digital archaeology: bridging method and theory. Routledge, London, S 10–31

Zygmunt E (2004) Archaeological and radiocarbon dating of alluvial fans as an indicator of prehistoric colonisation of the Glubczyce Plateau (southwestern Poland). Geochronometria 23:101–107

Stichwortverzeichnis

A

Abfallgrube 202
Abfluss 95, 97, 117, 374
Abflussregime 81, 97
Ablagerung 220
– im Siedlungsbereich 197
– künstliche 167
Abris 150
Abspülung 116
Ackerbau 74, 113, 116, 234
Ackerberg 189
Ackerterrasse 74
Afrika 109, 174, 181, 243, 359
Ägypten 179
A-Horizont 222
Airborne laser scanning
   (ALS) 267
Akkumulation von Sedimen-
   ten 88
Aktivität und Stabilität
– geomorphologische 89, 101
Aktualismus 14
Aktualitätsprinzip 66
Alge 121, 303, 352
Algorithmus 270
Allerødzeit 126
Allgemeine Bodenabtragsglei-
   chung (ABAG) 116
Alltagsgegenstand 339
Alluvium (Auensediment) 10, 93
Alm 109, 112
Alpen 111, 112, 248
Altflur 187
Altkarte 365, 373
Altsiedellandschaft 90
Altstraße 192
Amtliches topographisch-karto-
   graphisches Informationssys-
   tem (ATKIS) 368
Anden 108
Anthrakologie 129, 230, 307
Anthropologie 32
Anthrosol 112, 113, 232
Antike 136, 137, 163, 234, 338
Aquädukt 163
Arbeitsgemeinschaft Boden-
   kunde 227
Arbeitsgruppe Boden und Ar-
   chäologie 26, 38

Arbeitskreis Geoarchäologie VI,
   VIII, 4, 24, 44, 273
Arbeitsmarkt 30, 43
Arboturbation 244
Archaeological Geology Divi-
   sion der Geological Society of
   America (GSA) 18
Archäobiota 76
Archäobotanik 9, 31, 43, 195,
   300, 306
Archäologie V, VIII, 7, 14
– klassische 7
– naturwissenschaftliche 4
– prähistorische 16
– provinzialrömische 339
Archäometrie 19
Archäopedologie 227
Archäoprognose 269
Archäozoologie 9, 195
Archivarbeit 365
Archivboden 241
Archivierung 263
Aridität 102, 249
Artefakt 198, 240
Artefaktkomplex 339
Asche 202, 251, 294, 313
Asien 110
Äthiopien 109
ATKIS (Amtliches topogra-
   phisch-kartographisches Infor-
   mationssystem) 368
Atlantikum 301
Atmosphäre 349
Atomabsorptionsspektrometrie
   (AAS) 298
Atombombe 350
Aue 82, 261
Auenlehm 74, 82, 88, 95, 133
Auensediment 82, 95, 97, 181
Auenvegetation 88
Aufbewahrung von Proben 262
Auflösung, räumliche 366, 368
Aufschlusstechnik 256
Aufschüttung 167
– künstliche 64
Ausbildung, akademische 44
Ausfällungsprozess 61
Ausgrabung, archäologische 11,
   197, 227, 242
Auswehung 126

B

Badlands 119
Baggerschurf 257
Bänderung 36
Bandkeramik 94
Bärlauch 285
Basislage 115
Baum 345
Baumart 309
Baumpollen 302
Baumwurf 244
Bauschutt 219
Bauvorhaben 257
Bayern 120
Bedingung, anoxische 248
Befund, archäologischer 35, 197,
   240, 341
Beprobung 290
Bergbau 203, 285
Bergbaurelikt 64
Bernstein 334
B-Horizont 222
Bibliothek 365
Big Data 272
Bilanzierung
– von Bodenerosionsprozes-
   sen 120
– von Sedimenten 92
Bildnishügel 169
Biologie 10, 25
Biomarker 318
Biomasse 221
Biomassenentzug 75
Bioturbation 61, 99, 197, 226,
   231, 240, 244, 356
Black Carbon 234, 318, 321
Black mats 157
Bleichung (Lumineszenzme-
   thode) 352, 357
Blumentopf 344
Boden 289
– begrabener 168
– Definition 219
– redoximorpher 235
Bodenaggregat 226
Bodenart 290
Bodenbedeckung 269
Bodenbildung 36, 218, 241, 299
Bodenchemie 289

Bodendenkmal 31, 256, 263
Bodendenkmalbehörde 30
Bodendenkmalpflege, staatliche 32
Bodenerosion 32, 61, 74, 81, 116, 137, 187, 208, 242, 352, 357
Bodenfarbe 290, 291
Bodenflora und -fauna 219
Bodenfruchtbarkeit 116, 293
Bodenfunktion 219
Bodengenese 218
Bodenhorizont 222, 299
Bodenkunde 10, 26, 289
Bodenkundliche Kartieranleitung 208
– deutsche 227, 232
– internationale (WRB) 226
Bodenphysik 289
Bodenprofil 226
Bodenschatz 203
Bodenschutz 241
Bodenwasser 222
Bohrkern 137, 263
Bohrprospektion 211
Bohrraupe 257
Bohrung 256, 369
BP (before present) 351
Braided River 85, 98
Brandbefund 201
Brandenburg 120
Brandgrube 192
Braunerde 224
Brennkrafthammer 257
Brennstoff 201
– fossiler 350
Bronzezeit 50, 296, 338, 376
Brunnen 192
Buche 301
Bulk samples 324

C

CAD-Plan 368
Calcit 161
Calciumcarbonat 250
Carbonat 290, 294
Cäsium-Magnetometer 277
Celtic Fields 188, 268
Chalkophyt 285
China 130, 133, 174, 276
C-Horizont (Ausgangsgestein) 222
Chronologie, archäologische 338
Chronostratigraphie 7, 65, 98
Chronozone 50
C-N-Verhältnis 124

Computerwissenschaft 273
Cross check (Datierungsmethode) 106
Cultural heritage management 273

D

Damm 91
Dänemark 175, 188, 249, 338
Danewerk 175, 176
Dark Earth (Schicht) 234
Darstellung, dreidimensionale 364, 368
Daten, räumliche 364
Datierung 338, 346, 352, 361
– archäologische 338
Datierungsmethode 338
Deckschicht, periglaziale 115
Deflation 116, 126
Deflationswanne 126
Deich 138, 171, 179
Dellen am Hang 119
Deltasediment 58
Dendrochronologie 32, 50, 125, 312, 345
Denisova-Mensch 109
Denkmalbegriff 31
Denkmalfachbehörden in Deutschland 33
Denkmalschutzgesetz 31
Detritus 122
Deutsche Bodenkundliche Gesellschaft (DBG) 26
Deutsche Gesellschaft für Geographie (DGfG) 24
Deutscher Archäologie-Kongress 4, 26
Deutscher Kongress für Geographie (eh. Dt. Geographentag) 4
Deutsches Haupthöhennetz (DHHN) 284
Deutschland 187, 213
De Vries-Effekt 348
Diagenese 248
Diaspore 306
Digitales Geländemodell (DGM) 103, 188, 364, 369, 377
Digitales Höhenmodell (DHM) 364, 369
Direct-Push-Sondierung 139, 256, 258
DNA-Untersuchung 50
Doktorand 42

Donau 88, 130, 132, 377
Dosisleistung 354
Drainagesystem 103
Dreifelderwirtschaft 189
Drohne 11, 267, 368
Drucksondierung, hydraulische 258
Dryaszeit, Jüngere, Ältere, Älteste 126
Dünen 59, 103, 126, 359
Dung 154, 185, 235, 304
Düngemittel 75
Düngung 75, 289, 325
Dünnschliff 195, 312

E

Ecuador 108
Edaphon (Bodenlebewesen) 293
Eem 132, 133
Eiche 312
Eifel 134, 163
Einbruch (Bergbau) 205
Einmessung 279
Einschneidung, fluviale 87
Einstrahlung 374
Einstreu 201
Eisbedeckung (Seen) 122
Eisen 289
Eisen-Mangan-Verhältnis 124
Eisenoxid 224
Eisenzeit 50, 338, 343
Eiskeilpseudomorphose 133, 246
Electrical Resistivity Tomography (ERT) 11
Elektrische Leitfähigkeit 258
Elektronenspinresonanzdatierung 361
Eluvialhorizont 225
Endorheisches Abflusssystem 120
England 176, 188
Entkalkung 36, 219, 222
EPSG-Code 366
Erbe, archäologisches 262
Erddüngung 35
Erdmagnetfeld 278
Erdwall 176
Erdwerk 167
– ingenieursmäßiges 179
Erg (Dünenfeld) 103
Erosion 220
– rückschreitende 120
Erosionsschlucht 116
Erzgebirge 203
Ethnie 50
Eukaryot 219

Europäischer Sandgürtel 126
Europäisches Kulturerbejahr 31
European Geosciences Union
 (EGU) 4
Eustasie 139
Eutrophierung 124
Evapotranspiration 329
Exkrement 202, 235, 304, 307,
 316, 321
Exkursion 44
Extremereignis 120

F

Fachamt, archäologisches 30
Fachzeitschrift 380
Fäkalie 232, 321
Faktor, bodenbildender 221
Farbsonde 261
Federsee 215
Fehnkultur 77
Feinboden und Grobboden 290
Feldabgrenzung 190
Feldlabor 332
Feldmauer 190
Feldspat 353
Felsmalerei 352
Fernerkundung 264, 367
Ferralsol 222
Fett 320
Feuchtbodenarchäologie 260
Feuchtgebiet 157
Feuchtphase, holozäne 107
Feucht- und Trockenphase 96
Feuer 311, 317, 353
Feuernutzung 200
Feuerstein 203, 352, 361
Feuerstelle 104, 198, 200, 277
Fingerabdruck, chemischer 318
Fingerprobe 291
Finowboden 126
Firbas, Franz 301
Fisch 352
Fischerei 136
Flachsbrechen 192
Fließgewässer 58, 81
Fließstein 160
Flotation (Methode) 306
Flugsand 59, 126
Flurbereinigung 187, 241
Flurform 187
Flussaue 81, 94
Flussbett 98
Flussdelta 58
Flusseinzugsgebiet 374
Flüsse und Bäche 56, 81, 95
Flussgeoarchäologie 257

Flussgeschichte 359
Flussterrasse 82, 87, 96
Fluvialmorphologie 371
Foraminifere 294, 327, 352
Formung
– äolische 58
– fluviale 56, 81, 242
– fluvioglaziale 61
– glaziale 60
– glazifluviale 61
– periglaziale 85, 115, 130
– quasinatürliche 56
Förstersonde 277
Forstwirtschaft, historische 76
Fossa Carolina 260
Fossilien 9
Fourier-Transformations-Infra-
 rotspektrometrie (FTIR) 331
Frankreich 120
Freiberufler 43
Fremdlingsfluss 96
Frostdynamik 246
Frosthub 246
Frostmusterboden 36
Frostsprengung 87
FTIR (Fourirer-Transforma-
 tions-Infrarotspektromet-
 rie) 331
Füllung 170
– künstlicher Hohlformen 36
Fund, archäologischer 50, 197,
 256, 338
Fundarmut 187
Funderhaltung 115
Fundleere 117
Fundplatz 240
Fundstättenbildung 17
Fundstelle, archäologische 211
Fundtyp 342
Fundzusammenhang 50
Fußboden 199
Fußfläche 130

G

Galmeipflanze 285
Galmei-Stiefmütterchen 285
Gartenboden 235
Gartenflüchtlinge (Pflanzen) 286
Gaschromatographie (GC) 318
Gauß-Krüger-Koordinatensys-
 tem 281
Gebirgsboden 111
Gebirgsvergletscherung 61
Geest 138
Gefügebildung (Bodenkunde) 226
Geländemodell

– digitales 265, 272
– historisches 267
Geoarchaeology (im angelsächsi-
 schen Raum) 18
Geoarchäologie 14
– Definition V, 4
– digitale 21, 273, 274
– praktische Anwendung der 30
Geoarchiv 6, 56, 72, 97, 123, 227
Geobotanik 306
Geochemie 11
Geochronologie 18
Geodäsie 12, 264
Geodatenportale der Landesver-
 messungsämter 365
Geoelektrik 182
Geofaktorenanalyse 268
Geographie VIII, 9
– historische VIII, 8, 187
– Humangeographie 8
– physische VIII, 9, 14, 24, 274
Geographisches Informationssys-
 tem (GIS) 364, 367
Geological Society of America V
Geologie 9, 25
– historische 15
Geomagnetik 277
Geomorphologie 9, 56, 274
Geoökologie 9
Geophysik 11
Geophyt 286
Georadar 182, 279, 368
Georeferenzierung 366
Georgien 120
Geowissenschaften V, VIII, 9,
 14, 24
Geschichte der Geoarchäolo-
 gie 14
Geschichtswissenschaft 8
Geschiebedecksand 115
Gesellschaft für naturwissen-
 schaftliche Archäologie 24
Getreide 324, 329
Gewann 189
Gewässer 327
Gezeiten 58, 138
GIS (Geographisches Informati-
 onssystem) 364, 367
GIS-Analyse 373
Gitternetz (Vermessung) 281
Glas 250
Glasur auf Keramik 344
Gletscher 60
Gley (Boden) 225
Globales Navigationssatellitensys-
 tem (GNSS) 282
Glühverlust 294
Goethit 224

GPS (Global Positioning System) 368
Graben 63, 176, 192
Grabenfüllung 63
Grabhügel 64, 168, 241, 268, 276, 297, 376
Grabung, archäologische 115, 256
Grabungsexkursion 26
Grabungsfirma 43
Grabungsnetz (Vermessung) 284
Grabungstechnik 26
Grabungstechniker 38
Grenzfläche 66
Grenzstein 192, 282
Griechenland 136, 149, 159, 179, 259, 358
Großrestanalyse 10
Großsteingrab 168
Ground Penetrating Radar (GPR) 279
Grube 192, 277
Grubenfüllung 63
Grubenhaus 194, 317
Grundwasser 96, 125, 156
Grundwasserstand, hoher 257
Guano 155, 251
Gully 116
Gullying 120
Gunstraum 374

H

Hadrianswall 176
Hafen 136, 146, 329
Haithabu 136, 178
Halbwertszeit 164, 347
Halde 64, 205
Hallig 139, 171, 259
Hämatit 203
Hammerschlag-Seismik 259
Hangexposition 111, 369
Hangneigung 115, 116, 369, 370, 374
Hangrutschung 346
Hangsediment 61, 208
Hangsystem 115
Harris-Matrix 67
Hartwassereffekt 352
Harz 203, 285
Hauptlage 115
Haus 294
Hausstruktur 199
Heilige 338
Heiliges Römisches Reich Deutscher Nation 53
Hellige-Pehameter 295

Herbivore und Omnivore 321
Himalaya 111
Hochbeet 75
Hochflutsediment 95, 99
Hochgebirge 108
Hochmoor 60
Hochwasser 56, 82, 136
Höhenlinien 374
Höhenmodell 265
Höhenstufen der Vegetation 108, 111
Höhle 61, 150, 335, 357
Höhlenlehm 62
Hohlweg 192
Holozän 50, 345
– Unterteilung 301
Holz 352
Holzartenbestimmung 211, 309
Holzfund 345
Holzkohle 113, 128, 201, 230, 295, 307, 317, 345, 352
Holzkohlenanalyse (Anthrakologie) 307
Holzrest 306
Hominini 150
Homo
– erectus 162
– heidelbergensis 162
– sapiens 361
Horizont (Bodenkunde) 222
Hornstein 203
Hortisol 235
Hülbe 192
Human antiquity 15
Humangeographie 8
Humboldt, Alexander von 108
Humifizierung 225
Huminsäure 226, 248
Huminstoff 293
Humus 224
Humusabbau (Vergrisung) 36
Humusform 293
Hüttenwerk 308
Hydraulikhammer 257
Hydrologie 9, 116

I

Identifizierung von unbekanntem Material 332
Illuvialhorizont 225
Immergrün, Kleines 285
Impact Factor 380
Indien 179
Infrarotspektrometrie 331

Infrarot stimulierte Lumineszenz (IRSL) 353
Ingenieurgeologie 258
Inlandvereisung 61
Inschrift 340
In situ 60
In-situ-Messung 258
Interdisziplinarität 6, 25, 44
Interflow (Zwischenabfluss) 115
Interglazial 219
International Association of Geomorphologists (IAG) 273
Interpolation 367, 370
Inventarisierung von Proben 262
IRSL-Datierung 353
Isohypsen 374
Isostasie 137, 139
Isotope 297, 346, 347
– stabiles 318, 319, 324
Israel 201, 251, 359
Italien 10

J

Jahrestagung des AK Geoarchäologie 24
Jahreszeitenklima 345
Jahrringe (von Bäumen) 312, 345
Jemen 231, 366
Jordanien 162

K

Kalibrierung 312, 347, 351
Kalium 124
Kalium-Argon-Datierung 18
Kalkstein 61, 152, 161, 294
Kalktuff 61
Kaltzeiten des Quartärs 15
Kammerbohrer 300
Kanal 192, 377
Kaolinit 222
Karbonat 352
Karl der Große 377
Karlsgraben 260, 377
Karpologie 306
Karst 151
Karte
– digitale 365
– historische 365
– thematische 365
– topographische 364
Kartenaufnahme der Rheinlande 367
Kartierung 281
Kartoffel 111

Kartographie 264, 365
Kaskadenmodell 116
Kaskadensystem 92
Katasterkarte 365
Keramik 209, 230, 343, 352, 360
Kernwaffeneffekt 350
Kies (Schotter) 85
Kieselalge 161
Klei 171
Kleinrelief 76
Klima 227, 318, 329, 345, 347
– arides 95
– humides 81, 120
– semiarides 95
Klimageographie 9
Klimageschichte 300
Klimaveränderung 95
Klimawandel 267
Klimaxboden 111
Klimaxvegetation 10
Klimazone 224
Knick (Wallhecke) 190
Knochen 248, 295, 334, 352
Knochenfund 15
Kohäsion 98
Kohlemeiler 308
Kohlendioxid 347
Kohlenhydrate 319, 322
Kohlenstoff 293
Kohlenstoffkreislauf 347
Köhlerei 72, 308
Köhn, Methode nach (Korngrö-
   ßenanalyse) 291
Kolluvisol 113, 208, 233
Kolluvium 61, 74, 93, 116, 133,
   208, 299, 352
Königswasseraufschluss 298
Konkretion 130, 164, 224, 237
Konservierung von Artefak-
   ten 248
Kontextualisierung von Objek-
   ten 342
Konvention von La Valetta bzw.
   Malta 262
Koordinatenreferenzsystem 366
Koprolith 202, 307
Korngröße (Bodenart) 58, 84, 355
Korngrößenanalyse 101, 126,
   134, 290
Korngrößenverteilung 258
Korrespondenzanalyse 338
Korrosion 249
Kotstein 307
Krokus 286
Krotowinen 231, 244
Kryoturbation 133, 226, 246
Kubiëna, Walter Ludwig Kons-
   tantin Ritter von 313

Kultosol 233
Kultur
– archäologische 50
– schriftlose 338
Kulturdenkmal 31
Kulturlandschaft 39, 187, 203,
   289, 303
Kulturschicht 180, 202
Kulturwechselstufe 189
Kulturwissenschaft VIII, 4
Kupfer 204
Kupferschiefer 206
Küste 136

L

Laacher See 115
Laacher-See-Tephra (LST; Laa-
   cher Bims) 85, 115
Labormethoden 289
Lage, periglaziale 115
Lagerungsdichte 290
Lagerungsgesetz 65
Landesarchäologie 26, 39
Landesdenkmalpflege 43
Landeskoordinatennetz 282
Landnutzung 72, 227, 267, 289,
   300, 318, 367
Landnutzungsgeschichte 72
Landnutzungsmodell 72
Landschaftsarchäologie 4, 42
Landschaftswandel 267
Landwehr 176
Landwirtschaft 298
Laserbeugungsverfahren (Korn-
   größenanalyse) 291
Laserscanning 12, 272
Lateritkruste 224
Latrine 321
Laufhorizont 32, 98, 192, 316,
   360, 369, 371
Lebadüne (Lonskedüne), Po-
   len 127
Leeposition von Hängen 115
Legende 338
Leguminose 293
Lehm- und Mergelgrube 35
Lehmziegel 182, 199
Lehrveranstaltung 44
Leipzig 371
Leitartefakt 343
Leitfossilprinzip 65
Leitungstrasse 257
Lesestein 189
Lessivierung 225
Levées 82
Libby, Willard F. 347

LiDAR 32, 265, 308, 367, 377
Limes, Obergermanisch-Raeti-
   scher 176
Lipide 318, 320
Litoral 123
Local Pollen Assemblage Zones
   (LPAZ) 301
Lockergestein 170
Löss 58, 115, 126, 129, 154, 219,
   294, 360
Lösskindel 130, 224
Lösslehm 130
Löss-Paläoboden-Sequenz
   (LPS) 130, 133
Luftbild 264, 367
– historisches 267
Luftbildarchäologie 264, 266
Lufttrocken (lutro) 290
Luftverschmutzung 124
Lumineszensmethode 352, 357
Lumineszenzdatierung 230, 352

M

Mäander 98, 242
Macchie (Vegetationsform) 137
Madeira 192
Magdalenenhochwasser (Juli
   1342) 117
Magnetfeld der Erde 349
Magnetit 277
Magnetogramm 277
Main 88
Mais 111
Makrorestanalyse 306
Malakologie 230
Mandränken, erste und zweite
   Große 138
Marokko 101, 104, 160
Marsch 171
Marschlandschaft 138, 219
Marsch- und Moorhufensiedlun-
   gen 171
Massenspektrometrie (MS) 164,
   318, 348
Maßstab, räumlicher 365
Masterstudiengänge der Geoar-
   chäologie 42, 44
Matrix (Bodenkunde) 222
Mauer 176
Maximalalter 210
Meer 136, 327, 347
Meeresspiegel 137, 329
Meeresspiegelindikator 144
Meeresspiegelschwankungen 139
Meerwassereffekt 351
Meiler (Köhlerei) 308

Meißelzeichen 281
Mensch-Umwelt-Interaktion 6, 14, 108
Mesolithikum 50
Mesopotamien 179
Messtischblatt 365
Metallartefakt 249
Metallophyt 284
Methode
– geophysikalische 275
– geringinvasive 256, 257
– invasive 256
– minimalinvasive 256, 258
Methoden der Geoarchäologie, neue 21
Michelsberger Kultur 50
Mikrofossilien 9, 124
Mikromorphologie 125, 230, 231, 312, 357
Mikroorganismen 219
Mikroskop 300, 309, 312, 330
Millimeterpapier 281
Mittelalter 53, 338, 343, 377
Mittelalterarchäologie 187, 339
Mitteleuropa 115, 123, 133
Mittelgebirge 82
Mittellage 115
Mittelmeer 140, 148
Mittelmeerraum 181, 190
Modellierung 377
Mollusken 134
Mongolei 119
Montanarchäologie 8
Montangebiet 203
Montelius, Oscar 338
Moor 60, 138, 249, 300, 345
Moorkolonisation 192
Moorkultivierung 77
Moorleiche 249
Mühle 91
Mühlenbetrieb 77
Mulden am Hang 119
Müllhalde 185
Multielementanalyse 297
Multi-Proxy-Analyse 139, 327
Multi-Proxy-Ansatz 125
Multispektralbild 268
Mumie 249
Munsell-Farbtafel 291
Münzen 340, 341

N

Nachhaltigkeit 76
Nachwuchs, wissenschaftlicher VIII, 44
Nadelwald 113

n-Alkan 318
Naturwissenschaft VIII, 4
Neandertaler 109, 164, 251
Neobiota 76
Neolithikum 50, 56, 293, 343, 357
Neolithisierung 72
Netzwerkanalyse, bibliometrische 25
Neuseeland 175
Neuzeit 343
Nichtbaumpollen 302
Nichtpollen-Palynomorphe (NPP) 303
Niederlande 171, 188
Niedermoor 60
Niederrheinische Bucht 132
Niedersächsische Institut für historische Küstenforschung (NIhK) 18
Niederschlag 82, 95, 345
Nivellier 284
Nordamerika 112, 130, 163, 169, 308
Nordatlantische Oszillation 102
Norddeutschland 131, 138, 141, 171, 175, 188, 235, 249, 259
Nordeuropa 235
Nordfriesland 138, 141, 171, 259
Normalhöhen-Null (NHN) 284
Notgrabung 39
Nuklide, kosmogene 149
Nutzungssystem, pastorales 109

O

Oberboden 289
Oberbodenhorizont 225
Oberfläche, gekappte 209
Oberflächenform 81
Oberlage 115
Ocker 203
Off-site-Befund 36
Ökofakt 197
Ökokonto 241
Ökologie 72
Ökosystem, aquatisches 327
Öl 320
On-site und off-site 289
Open access journals 380
Optisch stimulierte Lumineszenz (OSL) 353
Orient 181, 307
Orthofoto 269, 367
Örtliches rechtwinkliges Koordinatensystem (ÖRK) 282
Ortstein 234
OSL-Datierung 230, 353

Ostdeutschland 163, 168, 203, 206, 308, 371
Osteologie 32
Österreich 203
Osteuropa 181
Ostrakode 327
Ötzi (Eismumie) 109, 112, 248
Overbank Fines 98
Oxidation
– und Reduktion (Bodenkunde) 225
– von Funden 240

P

Paddy soils (redoximorphe Böden) 235
Paläoboden 56, 59, 99, 126, 130, 219, 220, 231
Paläolithikum 50, 150, 360
Paläomagnetik 135
Paläontologie 9
Paläooberfläche 369, 371, 377
Paläopedologie 42, 220
Paläorinnen 85
Paläosee 125
Paläoumwelt 22, 227, 318
Palisade 176
Palynologie 10, 300
Papierkarte 365, 373
Parabraunerde 215, 225
Pedoanthrakologie 309
Pedosphäre 219
Peer review (Begutachtungsverfahren) 380
Peloponnes, Halbinsel 136
Pelosol 226
Peloturbation 246
Pergamon 137
Permafrost 130
Permeabilität des Bodens 258
Permittivität 279
Peru 109
Petermanns Geographische Mitteilungen 380
Pflügen 75
Pflugerosion 116
Pflughorizont 76
Pfostengrube 192
Pfostenloch 199, 277
Phosphat 290, 296, 321
Photosynthese 325, 347
pH-Wert 290, 295
Phytolith 237, 295, 329
Phytolithenanalyse 230
Pilz 303, 321
Pinge 205

Piping 119
Pixelgröße 366
Plaggenesch 233, 235
Plaggenwirtschaft 76, 126, 190
Planagrabung 256
Plankton 121
Planum 36, 280
Plastikliner (für Bohrungen) 257
Plastikpartikel 219
Pleistozän 133
Plinius der Ältere, röm. Gelehrter 6
Podsol 111, 113, 225
Pollen 60, 352
Pollenanalyse 112, 123, 300
Pollendiagramm 300
Pollenzone 301
Polynesien 169
Poren (Boden) 225, 247
Porenwasser 258
Porzellan 344
Post, Lennart von 300
Postdoc 42
Präboreal 301
Probenarchivierung 262
Probenmenge zur Datierung 348, 354
Profilkappung 92
Prospektion
– geophysikalische 257
– magnetische 277
Protein 319
Prozess
– bodenbildender 222
– postsedimentärer 240
– quasinatürlicher 35
Pseudogley 209, 225
Pseudomycel 224
Publikationsorgan 380
Punktdaten 367, 370
Pyramide 169

Q

Quantifizierung von Sedimenten 92
Quartär 50
Quarz 353
Quelle 156
Quellenkritik 298, 338, 365
Quelltuff 160

R

Radargramm 279
Radioaktivität 347, 353

Radiokohlenstoffdatierung 18, 230, 346
– AMS 210
– konventionelle 210
Rain 116, 119, 187, 189, 294
Rammkernsondierung 123, 139, 257
Rampe 64
Rasterdaten 364, 368
Regentropfen-Effekt 208
Regenwurm 244
Reis 110
Reisanbau 235
Relief 82, 115, 371, 377
Reliefenergie 108
Reliquie 338
Remanenz, magnetische 277
Renaissance 339
Renfrew, Colin V
Rest, verkohlter 306
Rhein 88, 91, 130, 377
Rheinisches Schiefergebirge 120
Rigolhorizont 234
Rigosol 234
Rocky Mountains 111
Rohboden 112
Rohdenburg, Heinrich 101
Röhrenbildung 119
Rohstoff 203
Römer 53, 294, 342, 343, 367
Römische Kaiserzeit 53
Röntgenfluoreszenzanalyse (RFA) 297
Roste 249
Rotlehm 212
Rumänien 119, 361
Rungholt (historischer Ort) 138
Runse 116
Russland 8, 231, 248

S

Sachkultur 338
Sahara 106
Salzgewinnung 136
Samenkorn 306
Sand (Korngröße) 290
Sander 61, 130
Saprolith 119
Satellitenbild 367
Satellitenbildanalyse 272
Satellitendaten 265
Satellitenpositionierungsdienst der deutschen Landesvermessung (SAPOS) 282
Sauerstoff 347

Sauerstoffisotopenverhältnis 346
Scheibler, Methode nach 294
Schicht 256
Schifffahrt 138, 146
Schlacke 352
Schlitzgrube 192
Schluff (Silt) 290
Schmelzwasser 61
Schmidt, Rudolf 18
Schnecken 230, 294, 352
Schotterkörper, pleistozäner 87
Schrägschichtung 126
Schummerung 368, 369
Schurf 257
Schutzgut Boden 241
Schwäbische Alb 150, 192
Schweden 205
Schwemmfächer 58, 96, 120, 130
Schwemmlöss 130
Schwermetalle 11, 124, 206, 219, 285, 346
Sediment 56
– lakustrines 60
Sedimentationsverfahren (Korngrößenanalyse) 291
Sedimentfracht von Wasser 81
Sedimentologie 9
Sedimentprobe 263
Sedimenttransport 291, 356
See 120, 300, 327
Seesediment 60, 121, 123
Seespiegelschwankungen 125, 329
Seeufersiedlung 203, 345
Seismik 139
Seismische Drucksondierung (SCPT) 259
Semmel, Arno 115
Serbien 160
Seriation 338
Sichtfeldanalyse (im GIS) 375
Sieben (Methode) 306
Siebverfahren (Korngrößenanalyse) 291
Siedlung 197, 289, 316, 331, 371
Siedlungsgeographie 374
Siedlungshorizont 202
Siedlungshügel 181
Siedlungsplatz 199
Siedlungsschichte 62
Silber 204
Sinter 352
Slack-Water Deposits 99
Society for American Archaeology V
Software 364
Solifluktion 133
Solum 232

Sonnenlicht 353, 356
Sozialwissenschaft VIII
Spanien 120, 164
Speichergrube 192
Spektralbereich (bei Satellitendaten) 367
Spektrometer 297
Speläotheme (Höhlensedimente) 152
Spitzwegerich 302
Splash-Effekt 208
Sporenanalyse 300, 303
Starkregen 96
Staubsediment 130
Staustufe 91
Steinsetzung 187
Steinzeit 50, 338
Stickstoff 293, 325
Stillwassersediment 58
Stilmerkmal 339
Stinsenpflanze 284
Strabon (antiker Geograph) 8, 136
Strahlung
– ionisierende 353
– kosmische 354
Stratagrabung 256
Stratigraphie 14, 64, 229
– archäologische 66
Streifenflur 189
Streuauflage 293
Streunutzung 76
Strömungsgeschwindigkeit 97
Struktur, archäologische 275
Studiengänge der Geoarchäologie V, 44
Studierende 43, 44
Stufe 187
Sturmflut 136, 141
Subrosion 119
Substanz, organische 75, 290, 292
Subtropen 226
Südafrika 150, 162, 201
Südamerika 170, 175, 234
Süddeutschland 117, 125, 131, 150, 203, 209, 215, 260, 280, 283, 359, 366, 377
Südhalbkugel 347
Suess-Effekt 350
Survey 279
Süßgras 329
Suszeptibilität, magnetische 124, 277
System
– äolisches 125
– fluviales 82, 95

T

Tabak 344
Tachymeter 283, 368
Tal 56
Talboden 94
Taphonomie 240
Taunus 119, 285
Teich 192
Teichwirtschaft 77
Tektonik 136, 148
Tells 180
Temperatur 345
Temporärsiedlung 109
Tephra 11, 135
Terminus
– ante quem 341
– post quem 36, 341
Termiten 244
Terpen und Terpenoid 320
Terra Preta de Indio 234
Terra sigillata 343
Terrasse
– künstliche 110, 187
Thermalquelle 161
Thermokline (Seen) 121
Thermolumineszenz (TL) 353
Thomsen, Christian 50, 338
Tibet 109
Tide 136, 138, 144
TL-Datierung 353
Tomographie, geoelektrische 275
Ton 290
Tonminerale 245, 289
Tonverlagerung 36, 225, 291
Topographie 368, 377
Torf 88, 144, 174, 352
– Abbau 60, 77, 241
Torfmoos 320
Totalstation 283
Tournachon, Gaspar Felix 266
Transekt 258
Travertin 160
Trockengebiet 95
Trockenmauer 187
Troja 182
Troll, Carl 108
Tropfsteine 164
Tsunamis 136, 148, 259
Tsunamite 149
Tundra 131
Turbation 226, 244
Türkei 6, 137, 163, 183
Typentafel 339, 342
Typochronologie 338
Typologie 50, 338

U

Überdünung 74
Überwehung 360
Ufererosion 123
Umlagerung
– postsedimentäre 356
– von Sedimenten 352
Umweltarchäologie 306
Universal Transverse Mercator-System (UTM) 281
Untertagebau 205
Uran 353, 361
Urandatierung 349
Uran-Thorium-Datierung 164
UTM-System 281

V

Vegetation 105, 108, 367
Vegetationsgeographie 300
Vegetationszone, vertikale 108
Vektordaten 374
Venus von Willendorf 132
Verband der Landesarchäologen 42
Verbraunung (Bodenkunde) 36, 224
Verbrennungsrückstände 186
Verbundprojekt 42
Verdunstung 82
Verfahren
– radiometrisches 346, 352, 361
Verfüllung 193
Vergleichsprofil 289
Vergletscherung 60
Verkehrsweg 113
Verkoppelung (Schleswig) 190
Verlehmung 224
Vermessung 12, 280
Vermessungsnagel 281
Versauerung 36
Versteinerung 240
– von Knochen 162
Verursacherarchäologie 39
Verwitterung 85, 111, 130, 134, 221
– chemische 248
– physikalische 248
Viehhaltung 110, 172
Völkerwanderungszeit 53
Vorfluter 116
Vorgeschichte 343
Vor- und Frühgeschichte 7
Vulkanismus 108, 124, 352
Vulnerabilität 136

W

Wachs 320
Wadis 96
Wahrscheinlichkeitskurve, kumulative 101
Wald 187, 241
Waldkante (Dendrochronologie) 312, 345
Waldnutzung, historische 73
Waldrandstufe 74
Waldrodung 74, 302, 345, 357
Waldumwandlung 74
Wald- und Forstordnung 76
Waldweide 76
Wales 204
Wall 64
Wallanlage 241
Wallhecke 190
Wandbemalung 203
Warft 172
Warven 60, 123
Warvenchronologie 123
Wassererosion 208
Wassergehalt 290
Wasserkreislauf 139

Wasserscheide 120, 374
Wasserversorgung 172
Wässerwiesen 189
Wattenmeer 138, 171
Wechsellagerung 107
Wehranlagen 174
Weide, alpine 110
Weidewirtschaft 109, 113, 116, 154
Wein 344, 350
Weinbau 192, 234
Weinbergsboden 234
Weinbergsmauer 192
Weiserjahr 345
Weserbergland 220
West-Deutschland 257
Wikinger 175, 178
Wikingerzeit 168, 178
Winderosion 74, 208, 243
Wölbäcker 75, 188, 241
World Reference Base for Soil Resources (WRB) 226
Würgeboden 133
Würmer (im Darm von Tieren) 304
Wurt 172

Wurzel 306
Wüstenlack 352
Wüstenpflaster 128
Wüstung 285, 298
Wüstungsforschung 187

X

XRF 230

Z

Zähne 248, 361
Zeigerpflanze, geoarchäologische 284
Zerfallskonstante, radioaktive 347
Zerstörungsschicht 341
Zielgruppe des Buchs VIII
Zierpflanze 285
Zone
– subalpine 109, 113
Zwischenabfluss (Interflow) 115
Zwischenfruchtanbau 241

Printed in the United States
by Baker & Taylor Publisher Services